工业和信息化部"十二五"规划教材

YULEI ZONGTI SHEJI LILUN YU FANGFA

鱼雷总体设计理论与方法

张宇文　主编

U0382148

西北工业大学出版社

【内容简介】 本书共 9 章,主要内容包括鱼雷战术技术指标及总体方案论证、外形设计、动静力布局设计、结构设计、电气与软件系统设计、总体空间布置、弹道设计、超空泡鱼雷和系统工程方法等。除了论述设计理论与方法外,还提供了大量数据、资料、世界主要国家先进鱼雷介绍及设计实例。先进性、系统性、注重理论与实际运用相结合是本书的主要特点。

　　本书可作为鱼雷总体设计专业的本科生教材和鱼雷其他专业的研究生教材,也可供从事鱼雷研制、试验、生产与管理的工程技术人员参考,水下航行器、水雷、导弹等相近专业的科技工作者阅读本书也能从中获益。

图书在版编目(CIP)数据

鱼雷总体设计理论与方法/张宇文主编 . —西安:西北工业大学出版社,2015.9
工业和信息化部"十二五"规划教材
ISBN 978 - 7 - 5612 - 4535 - 4

Ⅰ.①鱼…　Ⅱ.①张…　Ⅲ.①鱼雷—总体设计—高等学校—教材　Ⅳ.①TJ630.2

中国版本图书馆 CIP 数据核字(2015)第 194981 号

出版发行:西北工业大学出版社
通信地址:西安市友谊西路 127 号　　邮编:710072
电　　话:(029)88493844　88491757
网　　址:www.nwpup.com
印 刷 者:兴平市博闻印务有限公司
开　　本:787 mm×1 092 mm　1/16
印　　张:25.5
字　　数:626 千字
版　　次:2015 年 9 月第 1 版　2015 年 9 月第 1 次印刷
定　　价:66.00 元

前　　言

　　本书是在张宇文教授 1998 年主编的教材《鱼雷总体设计原理与方法》(西北工业大学出版社)的基础上编写而成的。原书是国家九五规划教材,聚集了苏联援建专家讲义和历任教师的教学经验与科研成果。本书继承了原书的基本结构形式和设计理论与方法的经典部分。同时,结合十多年来科学技术的发展和成就,对原书中不合时宜的部分进行了删减;补充了对鱼雷性能提升和作战运用起重要作用的鱼雷电气与软件系统设计;增加了反映最新研究成果的超空泡鱼雷设计理论和设计方法;扩充了计算机在总体设计中应用的新技术;提供了近二十个型号较先进的国外现役鱼雷相关设计和性能参数资料。

　　全书共分 9 章。第 1 章绪论,主要介绍鱼雷及鱼雷武器系统的组成及功能,鱼雷研制的阶段与过程,鱼雷战术技术指标论证,总体设计所涉及的基本内容、方法和理论;第 2 章至第 7 章,具体论述鱼雷外形设计、动静力布局设计、结构设计、电气与软件系统设计、总体空间布置及弹道设计的设计原理、设计准则、设计内容与设计方法;第 8 章超空泡鱼雷力学原理和设计方法,主要论述超空泡的基本理论,超空泡鱼雷空泡流型概念与数学模型,超空泡鱼雷的减阻、力系平衡和航行控制原理,流体动力特性及设计方法,弹道特性及动力学模型等;第 9 章鱼雷总体设计系统工程方法,介绍了系统工程一般原理、方法与分析模型,论述了系统工程原理在鱼雷总体设计中的应用、鱼雷总体多学科设计优化方法及计算机辅助鱼雷总体设计。

　　本书第 1,2,3,6,7,8 章由张宇文编写,第 9 章由宋保维编写,第 4 章与第 5 章分别由王鹏和李代金编写。全书由张宇文主编。

　　本书力求具有先进性、系统性和实用性,争取做到在传授知识的同时兼具创新意识和创新能力的培养;在掌握基本理论与方法的同时兼具实际鱼雷总体方案设计能力的培养;使学生在总体设计中能牢固树立系统工程的观念,注重计算机技术的运用,努力学习和逐步实现鱼雷总体设计的整体优化与自动化。

　　由于水平有限,不足之处在所难免,希望读者批评指正。

编　者

2015 年 2 月

目　　录

第1章 绪 论

1.1 鱼雷与鱼雷武器系统

1.1.1 鱼雷

现代鱼雷是一种能够在水下自动航行、自动控制、自动寻找与跟踪目标的水下攻击性兵器，又称为水下导弹。它以敌方各种水面舰船与潜艇为主要攻击目标，也可以攻击各种其他水面与水下的运动物体或固定设施。由于鱼雷在水下航行，攻击水下目标或目标的水下部分，因此具有很好的隐蔽性与强大的爆炸威力，是其他任何武器无法比拟与替代的。据记载，鱼雷在历次海上战争中都显示出了强大威力，发挥了重要作用。例如，在第一次世界大战中，仅德国潜艇利用鱼雷就击沉了 5 408 艘舰船，共计 1 118.9 万吨位；在第二次世界大战中，用鱼雷击沉的军舰有 369 艘；1982 年英阿马岛战争中，英国用 MK24 鱼雷击沉阿根廷"贝尔格拉诺将军号"巡洋舰。鱼雷自 18 世纪问世以来，各国已研制了近 200 个型号。鱼雷过去是、现在是、将来仍然是最重要的一种水中兵器，也是世界各大国重点投资与发展的一种水中兵器。

1.1.2 鱼雷的基本组成部分

鱼雷主要由动力推进系统、自动控制系统、导引系统、战斗部、壳体（全雷结构）及全雷电气与软件系统六大部分组成。

一、动力推进系统

动力推进系统由动力装置与推进器两部分组成，为鱼雷自动航行提供动力，使鱼雷具有一定的航行速度并达到一定的航程。

动力装置分热动力装置与电动力装置两大类。热动力装置是把燃料燃烧时产生的热能转换成机械能，带动推进器做功，产生推力，使鱼雷向前运动；电动力装置是把电池产生的电能转换成机械能。

热动力装置的能源来自燃料。燃料又称推进剂，由燃烧剂与氧化剂两部分组成。有时把冷却剂也作为推进剂的一部分。若推进剂中的燃烧剂与氧化剂成为一体（可以是一种化合物，也可以是几种化合物的混和物）进行储存与输送，则称为单组元推进剂，如 MK46 鱼雷使用的 OTTO－Ⅱ燃料即为液体单组元推进剂。53－66 鱼雷使用的燃烧剂为煤油，氧化剂为压缩空气，冷却剂为淡水，它们分别存储在燃油瓶、气舱与水舱内，在送入燃烧室前不混合，这样的推进剂称为多组元推进剂。

电动力装置的能源来自电池。电池常根据正、负极与电解液的材料分类。鱼—4 鱼雷使用的铅酸电池正极为二氧化铅,负极为铅,电解液为硫酸。铅酸电池的特点是价格便宜,但比能量低,只有 15～20W·h/kg。与铅酸电池类似的还有镉镍电池,正极为氧化镍,负极为镉,电解液为氢氧化钾溶液。银锌电池是目前鱼雷用得较多的电池,也是鱼—3 鱼雷使用的电池,其正极为氧化银,负极为锌,电解液为氢氧化钾溶液,其比能量可达 50W·h/kg 以上,由于消耗银,成本比较高。目前海水电池发展较快,许多新型小型鱼雷上都使用海水电池,如意大利的 A244/S 鱼雷使用银镁海水电池,其比能量可达 100W·h/kg 以上。法国的海鳝鱼雷使用铝氧化银电池,比能量达 150W·h/kg 以上。海水电池使用前不注入电解液,电解液的溶质如氢氧化钠平时以固态存放,使用时以海水为溶剂,溶质溶解后形成电解液。因此海水电池的储存寿命长,但由于使用时要抽入海水并形成循环,便多了一套电解液供给系统,使结构复杂化。

电动力鱼雷把电能转换为机械能的装置是电机,鱼雷上多用串激式直流电动机。热动力鱼雷把热能转换为机械能的装置是发动机。鱼雷上用的发动机主要有活塞式发动机、燃气轮机与火箭式发动机三大类。活塞式发动机一般都是外燃式,即推进剂在发动机之外的燃烧室燃烧。53-66 鱼雷的发动机为卧式往复活塞发动机,MK46 和 MK48 鱼雷为斜盘式活塞发动机。燃气轮机的最大特点是输出功率较大,火箭式发动机推进剂消耗速率大,速度快,但航程短,PT—52 鱼雷用的是火箭式发动机,航速可达 60kn 以上,航程只有 600m。

现代鱼雷的推进器主要有 3 种:对转螺旋桨、泵喷射推进器与导管螺旋桨。对转螺旋桨由两个转向相反的螺旋桨组成,是目前鱼雷上使用最多的一种推进器,如 MK46 鱼雷等,其特点是结构简单、失衡力矩小、效率较高、空泡性能较差。泵喷射推进器主要由一个减速型导管、一个转子及一个定子构成,由于转子是在较低的流速下工作,大大改善了空泡性能,易于获得良好的噪声性能,这是泵喷射推进器的最大优点,其缺点是效率较低。美国的 MK48 鱼雷、英国的矛鱼鱼雷使用泵喷射推进器。导管螺旋桨是在对转螺旋桨外侧加一导管,以控制流速。渐扩式导管使流速降低,可以改进螺旋桨的噪声性能,渐缩式导管使流速加大,可以提高螺旋桨的效率。因此导管螺旋桨是一种很有发展前途的鱼雷推进器。美国 MK50、英国鳐鱼、法国海鳝等鱼雷使用的都是导管螺旋桨。

上述 3 种推进器是鱼雷的常规推进器,其原理都是利用具有非对称翼型剖面的叶片旋转产生推力。此外,空中飞行器常用的喷气推进在鱼雷上也有应用,除 PT—52 鱼雷利用火箭式发动机喷气推进外,超空泡鱼雷使用的水冲压发动机也是喷气推进。为了解决喷气推进效率较低的问题,磁流体喷水推进是目前研究的一个新方向。

二、自动控制系统

自动控制系统通过控制鱼雷的运动参数使鱼雷自动地沿着预定的弹道稳定地航行。根据控制参数的不同,有方向自动控制系统、深度自动控制系统、横滚自动控制系统等。现代鱼雷上一般都同时具有这 3 个自动控制系统,以控制鱼雷的航向、航深及横滚。

鱼雷的自动控制系统主要由设定或指令装置、测量装置、信号处理装置、执行机构 4 部分组成。设定或指令装置用以确定鱼雷的运动参数,一般是在鱼雷发射前设定,对于自导或线导鱼雷,也可以由自导或线导装置在航行过程中给出。测量装置主要由敏感元件组成,如方向仪、压力传感器、速率陀螺等,用以测量鱼雷运动参数的实际值,并将它们转换成便于同设定或指令信号比较的物理量。信号处理装置用于对设定信号和测量装置输出信号进行综合处理,输出符合控制规律要求的控制信号。例如,对设定信号与测量信号进行比较,得出偏差信号,对偏差信号再进行微分、积分、放大处理等。执行机构主要由舵机与舵面组成,舵机把信号处理装置输出的控制信号进行功率放大,推动舵面转动,产生流体动力矩,控制鱼雷按预定的弹道运动。横舵机与水平舵控制鱼雷上爬或下潜,直舵机与垂直舵控制鱼雷航向,鱼雷横滚利用水平舵或垂直舵的差动舵角控制。

三、导引系统

鱼雷的自导系统使鱼雷能够按预定程序对目标实施搜索,以发现目标与对目标定位,并按一定的规律把鱼雷导向目标,对目标实施自动跟踪与攻击。

自导系统都是在一定的物理场条件下工作的。可利用的物理场有磁场、电场、水声场、水压场、温度场等。目前鱼雷自导系统大多利用水声场,这是由于声在水下传播过程中的衰减速度较其他物理量小,可以达到较远的距离。利用声场作为自导系统工作参数的自导系统统称为声自导系统。

鱼雷声自导系统分主动、被动、主被动联合 3 种形式。主动声自导系统由发射机、发射换能器基阵、接收换能器基阵、接收机、指令装置 5 部分组成。发射机产生大功率电脉冲信号,经过发射换能器基阵转换成声能,向海水空间辐射声波。发射波遇到目标后,一部分能量被目标接收,另一部分在各个方向上产生反射。反射声波(又称为回波)中的一部分能量为自导系统的接收换能器基阵所接收,并转换为电信号。接收机把接收换能器基阵输出的微弱的电信号进行放大与处理,并形成定向波束。指令装置把接收机的输出信号进行再处理,判别有无目标。有目标时,根据信号发射与接收之间的时间差及声速确定目标相对鱼雷的距离,根据换能器基阵的指向性确定目标相对鱼雷的方位,并输出相应的操纵指令;无目标时,操纵指令通过控制系统操纵鱼雷按既定方式继续搜索目标,发现目标时,按既定的导引方法把鱼雷导向目标,对目标进行跟踪与攻击。被动声自导系统没有发射机与发射换能器基阵,而是由接收换能器基阵直接接收目标自身发出的辐射噪声。由此可见,主动声自导系统结构复杂,占用体积大,而且由于其要主动发射信号,隐蔽性差。而被动声自导系统又依赖于目标的噪声特性,若目标消声系统比较完善,或低速航行,自导系统的作用距离会大大减小,对于静止的目标,被动自导系统则完全无能为力。同时,被动自导系统也易于受干扰与诱骗。主、被动联合声自导系统则可以克服仅为主动或被动声自导系统的缺点,主动系统与被动系统按一定顺序工作,被动自导系统主要用于高速目标,主动自导系统主要用于低速或静止的目标。

鱼雷声自导系统由于受各方面技术条件的限制,作用距离较短,一般只有千米量级。同时,自导作用距离受鱼雷自噪声的影响较大,自噪声增大,作用距离显著减小。鱼雷噪声又随着其航速的增加迅速增加,因此增加自导作用距离的要求又限制了鱼雷航速的增加,不利于攻击现代高速舰艇。此外,声自导系统抗干扰的能力也相对较差。为了克服声自导系统的这些缺点,许多先进的鱼雷都采用遥控系统。遥控系统有无线遥控与有线遥控两种,鱼雷上一般都应用有线遥控,称为线导。在制导/遥控站与鱼雷之间有专用导线相连接。鱼雷在发射前,导线成两捆状分别存放于发射管与鱼雷内,发射后,在鱼雷向前运动的同时放线机构不断放线,可避免导线承受过大拉力和影响鱼雷的运动。导线可长达数万米,但直径较细,只有 1mm 左右。鱼雷上的各种传感装置测得其自身的各种运动参数后,通过导线把它们传送到制导站。制导站一般设在发射平台上,如水面舰船或潜艇等。制导站装备有一套监测与指挥系统,用以测定目标的各种参数,并把它们与鱼雷送回的鱼雷运动参数进行比较与综合处理,获得目标相对于鱼雷的位置参数,并形成修正鱼雷运动参数的操纵指令,再通过导线传送给鱼雷,把鱼雷导向目标。

线导由于是通过制导站远距离导引,当鱼雷与目标距离较近时,线导的导引精度明显低于自导。所以,在现代鱼雷上,如 MK48 鱼雷等同时装有线导和自导,远距离时利用线导,与目标接近时转为自导,以获得最好的导引与命中效果。这种联合形式称为线导加末自导。

四、战斗部

鱼雷的战斗部主要由引信与炸药两部分组成,当鱼雷与目标相遇或邻近时,引信引爆炸药,以摧毁目标。引信与炸药一般都装于鱼雷的头部,鱼雷的战斗部因此也称为战雷头。

鱼雷的引信分触发引信与非触发引信两类。触发引信结构简单、抗干扰性强、动作可靠,至今仍被广泛地应用。非触发引信主要是通过检测物理场中某物理量的强弱与变化而工作。根据利用的物理量不同,分磁引信、水压引信、声引信、电引信、电磁引信等。非触发引信与自导系统类似,也有主、被动之分。利用鱼雷产生的物理场中的物理量工作的非触发引信称为主动引信,利用目标产生的物理场中的物理量工作的非触发引信称为被动引信。非触发引信只要鱼雷与目标之间的距离在引信的作用距离范围内就可以引爆炸药,而不需要两者相交,大大地提高了鱼雷的命中概率。为了确保鱼雷起爆的可靠性,现代鱼雷上大多同时装有触发引信与非触发引信。

装药量是决定鱼雷爆炸威力的一个最重要的因素,在可能的情况下,战斗部应尽可能地多装药。现代小型鱼雷上的装药量大多在 40kg 左右,重型鱼雷装药量可达三四百千克。由于鱼雷容积非常有限,目前提高爆炸威力的主要研究方向有 3 个方面:一是提高炸药质量;二是提高爆炸速度,如网络式引爆方法;三是聚能爆炸,把爆炸能量聚集于目标方向。

五、壳体

鱼雷壳体是回转型的加肋薄壁结构,中部为圆柱形,首、尾为流线型回转体。鱼雷壳体的主要功能是包容与安装鱼雷各种仪表与设备,承受外部水压,保持水密,为各种仪表与设备提供所需的工作环境与条件。

六、全雷电气与软件系统

全雷电气主要是供电系统与电路,包括中频发电机、调压器、热电池、供电切换组件、点火控制盒、接线盒、全雷电缆及信息传输电路等。主要功能是把鱼雷动力、控制、线导、自导、战斗部各分立的系统连接成为一个整体,按规定程序和规格要求,给各电子系统供电,使各种信息在各系统间正确传输。

随着鱼雷的现代化与智能化,鱼雷上的软件应用越来越多,地位越来越重要。鱼雷软件分类方法很多,若按功能来分,可大致分类如下:检测与调试软件,主要完成相关硬件和软件系统的检查与测试;信息装载与程序控制软件,主要完成外部信息的装订、接收及全雷各系统的预定程序控制;制导软件,主要完成鱼雷航行状态参数的检测、导引指令形成、信息综合处理、操舵控制指令的形成与执行等;全雷管理系统软件,主要执行全雷软件系统的实时管理、故障诊断与处理。

1.1.3　鱼雷分类

鱼雷的分类有很大任意性,而且都是相对的。某一确定型号鱼雷如何分类与时代、使用背景及人们所希望强调的鱼雷某一特征相关。常用的分类方法主要有以下几种：

(1)按鱼雷主要组成部分的主要特点分类：热动力鱼雷与电动力鱼雷；直航鱼雷与程序控制鱼雷；自导鱼雷与线导鱼雷；主动式声自导鱼雷、被动声自导鱼雷与主被动联合式声自导鱼雷等。

(2)按用途分类：反舰鱼雷、反潜鱼雷及反潜兼反舰鱼雷。

(3)按鱼雷平台分类：管装鱼雷(水面舰船与潜艇)、空投鱼雷(飞机)和火箭助飞鱼雷等等。

(4)按鱼雷的总体参数与性能分类：533 口径鱼雷与 324 口径鱼雷；重型鱼雷与轻型鱼雷；大深度鱼雷与浅水使用鱼雷等。

世界上第一枚鱼雷是由英国工程师怀特黑德(Robert Whitehead)1866 年发明制造的,命名为"白头"鱼雷。该鱼雷体为两头尖的纺锤形,最大直径为 356mm,航速为 6.5kn,航程为 180m,主机为双缸活塞式发动机,能源为 2.6MPa 压缩空气,推进器为单螺旋桨。与现代鱼雷外形和功能比较接近的第一型鱼雷是意大利白头公司 1896 年生产的 MK1 型白头鱼雷。该鱼雷长 5000mm,直径 450mm,航程 1370m,装有陀螺航向控制系统,全航程方向偏差约为 1.6%。

从第一型鱼雷问世至今近 150 年中,世界各国先后研制与生产了 200 多型各式鱼雷。由于鱼雷的复杂性,目前世界上能够研制与生产鱼雷的国家只有 9 个:美国、英国、法国、意大利、日本、德国、瑞典、俄罗斯及中国。表 1.1 给出了国外主要现役鱼雷的战术技术性能。

表 1.1 若干现代鱼雷主要性能与外形参数

国别	型号	装备时间年	平台与目标	航程 km	航速 kn	航深 m	长度 m	直径 mm	长细比	推进器	鳍舵与布局
美国	MK46-5	1985	空、舰→潜	16.5/11	36/43.5	650	2.59	324	7.99	对转桨	十形翼型全动舵
	MK50	1991	空、舰→潜	20	50	800	2.79	324	8.61	导管对转桨	十形翼型全动舵
	NT37F	1994	空、舰、潜→潜、舰	16	42		4.51	482.6	9.35	对转桨	
	MK48-3	1987	潜、舰→潜、舰	46/20	30/50	914	5.54	533.4	10.39	泵喷射	十形鳍,X 形带端板翼型舵
	MK48 ADCAP	1993	潜、舰→潜、舰	46/18	30/55	1000	5.85	533.4	10.95	泵喷射	十形鳍,X 形带端板翼型舵
英国	鳐鱼	1983	空、舰→潜	8.3	45	750	2.6	324	8.02	导管对转桨	十形鳍,带端圆柱与端板后缘外侧翼型舵
	虎鱼	1981	潜→潜、舰	13.7/27	24/36	350	6.46	533.4	12.11	对转桨	十形鳍,后缘舵带矩形副翼
	矛鱼	1989	潜、舰→潜、舰	40	55	700	6.0	533.4	11.25	泵喷射	十形鳍,X 形带端板舵

续 表

国别	型号	装备时间 年	平台 与目标	航程 km	航速 kn	航深 m	长度 m	直径 mm	长细比	推进器	鳍舵与布局
法国	海鳝	1991	空、舰→潜	15/9.8	38/53	1000	2.8	324	8.64	导管 对转桨	十形翼型 全动舵
	F17-2	1985	潜、舰 →潜、舰	18	40	500	5.112	533.4	9.58	对转桨	十形鳍,后缘 舵,有左、右下 腹鳍
意大利	A290	1993	空舰→潜	12/6	30/42	1000 浅水6	2.75	324	8.49	导管 对转桨	
	A184	1981	潜→潜、舰	25/15	25/37	520	6.0	533.4	11.25	对转桨	
德国	SUT	1980	潜、舰 →潜、舰	34/26	23/34	400	6.15	533.4	11.53	对转桨	十形鳍 后缘舵
	SST-4	1980	潜、舰 →潜、舰	36.5/ 20/11	23/28/35	400	6.08	533.4	11.4	对转桨	十形鳍 后缘舵
俄罗斯	СэТ-72	1972	潜、舰 →潜、舰	8	40		4.5	400	11.25	对转桨	
	ТэСТ-71 МК3	1982	潜→潜、舰	15	40	400	7.863	533.4	14.74	对转桨	
	65 (длт)	1985	潜→舰	46	50	100	11	650	16.92	对转桨	
	А3 (SPR-3)	1992	空→潜	3.4	60~70	800	3.685	350	10.53	喷水	十形鳍 后缘舵
瑞典	TP43X		空、舰、潜 →潜、舰	23/12	16/30	350	2.65	400	6.63	对转桨	十形鳍 后缘舵
	TP2000		潜、舰 →潜、舰	45	50	500	5.9	533.4	11.06	泵喷射	
日本	G-RX2 (89式)		潜→潜、舰	20	55	600	7.09	533.4	13.12		
	G-RX3		空、舰→潜	5	50±5	600	2.6	324	8.02		

1.1.4 鱼雷武器系统

早期的鱼雷武器系统定义仅包括鱼雷与鱼雷平台两部分。随着科学技术的不断进步,现代海军装备与海战不断向网络化、信息化、智能化及海天空一体化方向发展,敌方防御能力也越来越强,为了提高鱼雷的突防能力和命中目标概率,在鱼雷研制中必须要考虑所攻击目标的特性。此外,海洋环境也有重要影响。因此,现代鱼雷武器系统应以鱼雷为中心,由鱼雷、鱼雷平台、攻击目标、海洋环境四部分组成。

鱼雷平台主要执行与完成三方面的任务:

(1)装载与携带鱼雷。

(2)目标的远距离探测。目前常用的探测手段是舰/艇/机载声呐探测,通过网络获取目标信息将成为越来越重要的手段。可能提供目标信息的其他节点包括浮标、巡逻机、舰艇、卫星等。

（3）发控。发射鱼雷并可能对鱼雷的运动进行遥控。

潜艇、水面舰艇与飞机都可以作为鱼雷平台。潜艇是主要的鱼雷平台，大多数潜艇首部都装备有两排三层共 6 具鱼雷发射管，有些潜艇的尾部还有 2～4 具鱼雷发射管，装载的鱼雷数一般都是在 12 枚以上。潜艇由于具有良好的隐蔽性，是各国重点发展的海军装备。

最早用作鱼雷平台的是水面舰船，从水面小型快艇到大型巡洋舰，几乎所有的水面舰船都可以作为鱼雷平台。水面舰船作为鱼雷平台可分为两类：一类是直接的，另一类是间接的。所谓"直接"是指舰船上装有鱼雷发射装置，鱼雷直接从舰船上发射，例如：苏联的 KASHIN 级驱逐舰上装有 5 具鱼雷发射管，KRESTA 巡洋舰上装有 10 具鱼雷发射装置，意大利的 AU－DACE 级驱逐舰、GARIBAIJDI 号直升机母舰、德国的不来梅级 207 型护卫舰、美国 OLIVER HAZARD PERRY 级 FFG－7 导弹护卫舰上都装有 MK32 三联装鱼雷发射管，等等。所谓"间接"是指舰船上载有飞机，飞机又带有鱼雷，鱼雷由飞机投放。在大型的舰船上差不多都有舰载反潜机，除上述的舰船外，又如美国的 1052 KNOX 级护卫舰上载有 LAMPS－1 型直升机，可发射 MK46 鱼雷或 MK50 鱼雷。

飞机作为鱼雷平台的最大优点是机动性好，攻击半径大，而且有些飞机还配备吊放声呐装置，可以做到边搜潜边攻潜。作为鱼雷平台的飞机可以是直升机，也可以是固定翼飞机，飞机可以以陆地为基地，也可以是舰载机，担负攻潜任务的主要是舰载直升机。表 1.2 给出了一些国家海军装备的可用作鱼雷平台的飞机情况。

表 1.2　一些国家的海军飞机

国家	飞机名称	类别	装载鱼雷名称或数量
美国	道格拉斯 AD－4	陆基固定翼	
美国	海上巡逻飞机 P3C	陆基固定翼	4 枚（M46 或 MK50）
美国	反潜机 S3A 与 S3B	舰载固定翼飞机	2 枚
美国	反潜机 SH2D/F. SH3D/H	舰载直升机	MK46 鱼雷
美国	反潜机 SH60F	舰载直升机	3 枚
英国	"猎手"海上侦察机 MK2	陆基固定翼	6 枚
英国	反潜机"海上霸王"	舰载直升机	4 枚
英国	反潜机 WESSEX	舰载直升机	2 枚
英国	反潜机 EH－101	舰载直升机	4 枚
英国	反潜机"黄蜂"	舰载直升机	1 枚
法国	大西洋 ATL2 反潜机	陆基固定翼	数枚
法国	ALIZEBR－1050 反潜机	舰载直升机	
法国	山猫 WG－13 反潜机	舰载直升机	海鳝鱼雷
法国	DOOLFIN 反潜机	舰载直升机	
日本	川崎 P－3C/EP3B（"猎房座"改进型）	陆基固定翼	8 枚（MK46）
日本	新明和 US－1A 水陆两用机	陆基固定翼	MK46
日本	三菱 SH－3A（HSS－2B"海王"）	舰载直升机	4 枚（MK46）
日本	三菱 SH－60J"海鹰"	舰载直升机	2 枚（MK46）
苏联	海上巡逻机伊尔－38"五月"	陆基固定翼	

续 表

国家	飞机名称	类别	装载鱼雷名称或数量
苏联	"蜗牛"AKA－27	直升机	3枚
苏联	"狸"MI－14反潜水陆两用机	直升机	2枚
越南	米－4猎狗B型反潜机	岸基直升机	4枚
越南	卡－25型反潜机	岸基直升机	2枚
美国	DASH无人驾驶机	舰载直升机	2枚(MK46)

水下无人自主航行器和无人机用作鱼雷平台虽然目前还不多见,但是由于无人自主航行器和无人机造价低廉,可以大量生产,且又无人员安全问题,特别是现在网络、通信、遥控等技术发展迅速,无人作战平台在现代战争中发挥的作用将会越来越大,水下无人自主航行器和无人机作为鱼雷平台是一个很有前景的重要发展方向。

鱼雷的攻击目标主要是水面舰船和潜艇,表1.3给出了苏联的潜艇及装备鱼雷的情况。

表 1.3　苏联潜艇统计表

类别	服役期限/年	数量	动力	排水量/t	速度/kn	长/m	宽/m	鱼雷发射管数
WHISKEY	1951—1957	50	柴油机	1350	14	76	6.4	4+2
ZULU	1951—1955	8	柴油机	2300	16	90	7.3	6+4
ROMEO	1958—1961	12	柴油机	1800	14	77	7.3	6+2
FOXTROT	1958—1971	60	柴油机	2500	16	91	7.9	6+4
NOVEMBER	1956—1963	13	核动力	5000	30	110	9.1	8+2
ECHOL	1960—1962	5	核动力	5200	28	114	9.1	6+2
YANKEE	1967—1974	8	核动力	9300	30	130	11.6	6
VICTOR I	1968—1975	16	核动力	5200	32	94	10	6
ALFA	1970	7	核动力	3800	42	79	10	6
TANGO	1973	18	柴油机	3700	16	92	9.1	8
VICTPR II	1976—1978	7	核动力	5800	31	100	10	6
VICTOR III	1982—	16	核动力	6000	30	104	10	6
KILO	1984—	4	柴油机	3000	18	67	9.1	8
SIERRA	1984—	1	核动力	8000		110		
MIKE		1	核动力	9700		110		

美国是随俄罗斯之后的第二大潜艇国,而且多为大型核动力潜艇,例如"海狼"(SSN－21)级核潜艇,水下排水量9100t,长106.7m,宽12.2m,45 000kW核动力,水下航速达35kn。艇上配置多种武器,其中包括MK48－5型(ADCAP)鱼雷,据说还装配有相当于673mm的大直径鱼雷发射管。周边国家日本也是一个潜艇大国,拥有20艘左右潜艇,表1.4给出了日本各级潜艇的主要参数。

表 1.4 日本潜艇统计表

级别	服役期限/年	数量	动力	排水量/t	航速/kn	主尺度/m	鱼雷发射管/数
涡潮	1974—1978	3	柴-电	2430	20	72×9.9×7.5	6(533mm)
夕潮	1980—1989	10	柴-电	2450	20	76×9.9×7.4	6(533mm)
春潮	1990—	6	柴-电	2750	20	80×10.8×7.8	6(533mm)

海洋环境之所以作为鱼雷武器系统的一个组成部分,是因为它对鱼雷的运动、目标探测等都产生重要影响。海洋环境主要关心海洋力学环境(如海况等)、声学环境(如水文状况)、电磁环境及海域深度等。

1.2 鱼雷研制主要阶段

1.2.1 鱼雷研制的一般过程与联系

现代鱼雷研制是一项复杂的系统工程,必须应用多种现代科学成果,经过各方面人员密切配合,精心研究、设计、制造、试验及试用等,最后才能完成。为此,对鱼雷研制全过程的工作须要科学地统筹规划,分成若干阶段,明确各阶段的研究任务、要求与成果,以及各阶段的关联。根据工程系统研制的一般规律和一体化设计的一般方法,鱼雷的研制过程与联系可用图 1.1表示。

1.2.2 我国鱼雷型号研制的阶段划分

根据《常规武器装备研制程序》规定,鱼雷型号产品研制的程序一般划分为 5 个阶段,即论证阶段、方案阶段、工程研制阶段、设计定型阶段、生产定型阶段。

一、论证阶段

(一)主要工作内容

(1)对型号的主要战术技术指标及使用要求进行技术和经济可行性论证,提出鱼雷方案设想和可能采取的技术途径;

(2)确定需要攻关的课题;

(3)提出技术保障条件及需解决的重大问题;

(4)估计鱼雷研制经费和研制周期;

(5)战术技术指标及使用要求论证,由使用部门根据武器装备研制中长期计划或计划程序批准的项目组织有关部门进行,并按有关要求编制论证报告,待领导机关审查下达后,开始对"战术技术指标及使用要求"进行可行性论证;

(6)使用部门会同研制部门提出武器系统总要求(战术技术指标)时,还应从保证新产品的作战使用效能和降低全寿命周期费用考虑贯彻装备体制、系列的同时,提出贯彻标准和保证新产品总体性能、可靠性、维修性、安全性、互换性、环境适应性等的标准化要求;

(7)完成可行性论证报告,准备编制《鱼雷研制任务书》。

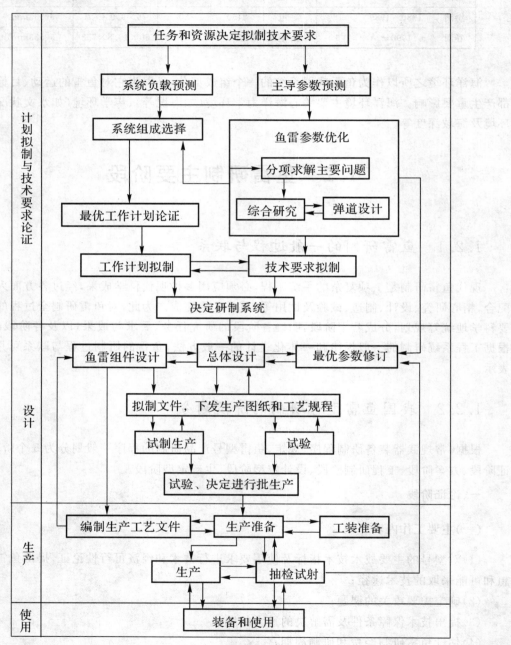

图 1.1　鱼雷研制过程与联系图

(二)战术技术指标要求的主要内容

(1)作战使用任务及作战对象;

(2)主要战术技术指标要求及使用要求;

(3)主要配套装备、设备的初步要求;

(4)研制周期要求。

(三)主要成果

(1)《战术技术指标要求》;

(2)《战术技术指标论证报告》或《鱼雷可行性论证报告》;

(3)《技术经济可行性论证报告》;

(4)《使用要求论证报告》。

二、方案阶段

(一)主要工作内容

(1)根据型号的《可行性论证报告》及《战术技术指标要求》,开展型号产品的方案论证工作。依据提出的总体方案设想确定总体方案设计、各系统方案设计及各单项课题,确定项目分工和接口要求,落实任务;进行型号各系统方案之间的协调工作。

(2)研制单位会同使用单位及有关单位对选定的研制方案进一步论证,并进行初步型号样机(原理性样机)的研制与试验。利用 1∶1 的模型或机械 CAD,确定全雷总体布置方案并提出鱼雷总体布置要求。上述各项经审定,且在关键技术已经解决,研制方案切实可行的基础上编制《研制任务书》,并附《研制方案论证报告》。

(二)型号产品《研制任务书》的主要内容

(1)主要战术技术指标和使用要求;

(2)可靠性指标、可维修性指标;

(3)生产定点及配套产品和关键材料、元器件的安排意见;

(4)研制总进度及分阶段进度安排意见;

(5)试制数量和研制经费预算;

(6)产品成本与价格估算;

(7)试制试验任务的分工和需补充的条件(包括技术引进、测试设备、技术改造等);

(8)需要试验基地和部队提供的特殊试验的补充条件等。

(三)型号产品《研制方案论证报告》的主要内容

(1)技术方案、系统组成及主要战术技术指标和使用要求说明;

(2)质量及可靠性的控制措施;

(3)标准化和测试、计量措施;

(4)产品成本的价格估算。

(四)单项课题开题任务书的内容

(1)开题申请依据及本课题在系统中的作用;

(2)研制目标、主要性能指标的成果形式;

(3)关键技术及采用的技术途径;

(4)课题负责人,投入科研力量及外协内容要求;

(5)进度安排、经费估算及有关保障条件;

(6)其他有关问题和说明。

(五)技术任务书的内容

(1)任务来源;

(2)用途;

(3)技术指标;

(4)任务缓急程度;

(5)成果形式;

(6)进度要求;

(7)完成时间;

(8)研制单位;

(9)项目代号;

(10)负责单位。

(六)委托任务书的内容

(1)任务名称;

(2)用途;

(3)技术要求;

(4)完成形式;

(5)完成时间;

(6)双方领导意见;

(7)联系人等。

(七)组建型号研制两个指挥系统

根据《武器装备研制设计师系统和行政指挥系统工作条例》(以下简称《条例》)的规定,鱼雷型号产品研制应组建设计师系统和行政指挥系统。

(1)设计师系统由总设计师、系统主任设计师及组件主管设计师组成;简单产品可只设主任或主管设计师;各级设计师视需要可设副职协助工作,副总设计师可兼任重要系统的主任设计师。

(2)总设计师是鱼雷研制任务的技术总负责人,即设计技术方面的组织者、指挥者,重大技术问题的决策者。

(3)主任设计师是系统的设计技术负责人,主管设计师是单项产品(组件)的设计技术负责人,其主要职责可参照总设计师职责执行。

(4)总设计师的技术抓总机构是总体设计单位,总设计师的日常办事机构,可以是其所在单位的科技管理部门,也可以在本部门编制内抽调人员设精干的总设计师办公室。

(5)行政指挥系统由总指挥和各级指挥组成,总指挥和各级指挥一般由主管部门或研制部门的行政领导兼任,各级指挥可设副职。

(6)总指挥是该鱼雷产品研制任务的行政总负责人,即行政方面的组织者、指挥者。

(7)系统、单项设备的行政指挥是系统和单项设备研究工作的组织实施者,其职责参照总指挥的职责执行。

(八)标准化工作

(1)方案阶段标准化工作的基本任务是根据《战术技术指标要求》和《标准化要求》,进行新型号鱼雷标准化目标分析,明确新型号鱼雷标准化全部目标,工作范围和各阶段、各层次应达到的具体目标及标准化程度,从我国鱼雷研制的实际情况出发,按《武器装备研制的标准化工作规定》的要求,编制《标准化大纲》。各单项任务或大系统视情况可以单独制定《标准化综合要求》。凡纳入型号的系统,一般不再单独编写《标准化综合要求》。

(2)鱼雷《标准化大纲》是实施战术技术指标,指导工程研制、设计定型阶段标准化工作的基本文件,由设计师系统组织编制,并作为《研制任务书》或《设计任务书》的组成部分。

(3)鱼雷《标准化大纲》的主要内容见《武器装备研制的标准化工作规定》第十一条。

(九)可靠性、维修性大纲

(1)按《军工产品质量管理条例》的要求和 GJB450 的规定编制鱼雷《可靠性保证大纲》。按 GJB368 的规定编制《维修性大纲》。

(2)鱼雷《可靠性保证大纲》和《维修性大纲》应由承制方接受研制任务的单位编制。

(十)编制其他设计文件

编制环境条件及试验方法、标准件选用范围、元器件选用范围等设计文件。

(十一)主要成果

(1)研制方案论证报告;

(2)研制任务书;

(3)合同书或协议书;

(4)两条指挥线的职责任命书;

(5)初步研制型样机;

(6)各类试验;

(7)方案审定。

三、工程研制阶段

(一)主要工作内容

(1)根据《研制任务书》进行鱼雷型号产品的设计工作。

（2）根据设计需要，进行必要的科研试验（包括环境试验、可靠性试验、可维修性试验等），确定设计方案。

（3）在型号产品具体设计过程中要首先进行初步研制型样机设计，然后是试制型样机设计、设计定型样机设计，每个设计阶段完成后均应按 GJB1310 的规定进行设计评审。

（4）经设计评审过的产品图样交试制工厂进行工艺设计及试制。加工生产前应按 GJB1269 规定进行工艺评审。

（5）完成型号产品试制后，研制单位应组织鉴定性试验。

（6）产品质量评审应按 GJB907 的规定进行。

湖、海实航试验前要对参试鱼雷进行全雷质量评审。

（二）主要成果

（1）各种试验报告；

（2）各种评审结论意见；

（3）设计定型试验大纲（初稿）；

（4）设计定型申请报告；

（5）全套生产图样及技术条件；

（6）试制型样机；

（7）设计定型样机。

四、设计定型阶段

鱼雷型号产品设计定型工作的组织实施和审批权限，按《军工产品定型工作条例》执行。

（一）鱼雷定型产品设计定型必须符合的标准和要求

（1）经过设计定型试验，证明产品的性能达到批准的战术技术指标和使用要求。

（2）符合标准化要求。

（3）设计图样及技术文件完整、准确，验收技术条件及产品说明书、使用维修规程等定型文件齐备。

（4）产品配套齐全。

（5）构成产品的所有配套设备、零部件、元器件、原材料等有供货来源并编制合格器材供应单位名单。

（二）鱼雷定型产品提出设计定型试验申请必须符合的条件

（1）经过必要的试验，证明产品的关键技术问题已经解决。

（2）通过各种考核、试验，证明产品性能能够达到批准的战术技术指标和使用要求。

（3）设计定型试验所需要的图纸、技术文件齐备。

研制单位在提出申请前，一般应征求海军鱼雷工程办公室的意见。

（三）设计定型试验

（1）设计定型试验大纲以批准的战术技术指标和使用要求为依据，由鱼雷试验基地（或鱼雷试验场）拟制，并征求研制、使用单位意见，其初步方案应在研制单位对产品进行鉴定性试验前提出。

承担鱼雷设计定型试验的单位完成设计定型试验大纲后,呈报二级定型委员会审批。

(2)设计定型试验应按照批准的试验大纲进行,如须增加大纲以外的项目,应征得研制、使用单位同意,并报请二级定型委员会批准。

(3)按试验大纲完成设计定型试验后,由鱼雷试验场或海军试验基地提出设计定型结果报告,呈报二级定型委员会审批,并抄送有关单位(含研制单位)。

(4)承担鱼雷试验和研制的单位应互相提供必需的设计资料和测试数据等定型试验资料。

(5)设计定型试验完成后,根据试验总结报告,由产品研制单位会同海军鱼雷工程办公室向二级定型委员会提出产品设计定型申请,特殊情况下,也可分别报告。

(6)根据设计定型试验结果,产品的个别主要战术指标需要调整的,要报原批准机关,并取得批准。

(四)其他

(1)已批准设计定型的产品,可由研制单位转入生产单位小批量生产(试生产型样机)。

(2)单件生产的或技术简单的新研制产品,由使用部门和研制部门按批准的战术技术指标和使用要求进行鉴定,鉴定结果呈报二级定型委员会备案。

(3)构成产品的一般零部件、元器件、原材料,由订货单位(整机厂)和生产单位(协作厂)按订货协议进行鉴定。

(五)本阶段主要成果

(1)设计定型试验大纲;

(2)设计定型试验结果报告;

(3)全套产品非标设备设计图样及技术条件;

(4)全套产品工艺文件(工艺规程与工装夹具等设计图样及技术要求、验收技术条件等);

(5)全套设计定型文件;

(6)设计定型总结报告;

(7)试生产型样机。

五、生产定型阶段

生产定型工作的组织实施和审批权限,按《军工产品定型工作条例》执行。

(一)鱼雷型号产品的生产定型必须符合的标准和要求

(1)具备成套批量生产条件,产品质量稳定。

(2)经试验和部队试用,产品性能符合批准设计定型要求的实战需要。

(3)生产与验收的各种技术文件齐全。

(4)配套设备及零部件、元器件、原材料能保证供应。

(二)主要工作内容

(1)生产厂在生产定型阶段根据产品设计定型图样及技术文件组织生产试制(生产定型样机的生产)。

(2)产品完成后,生产厂组织产品的鉴定性试验。然后提供产品供部队试用或进行生产定型试验。

(3)申请生产定型必须事先做好以下工作:

1)生产主管部门按生产定型的要求,组织有关人员对试生产的产品和生产条件进行鉴定。

2)使用部门根据战术使用要求,对试生产的产品按试用大纲组织部队试用,作出试用结论,呈报二级定型委员会,并抄送有关单位(含技术负责单位及生产厂)。

3)根据试生产产品的实际情况,必要时由二级定型委员会组织生产定型试验,并由鱼雷试验场作出试验结论,呈报二级定型委员会,并抄送有关单位(含技术负责单位及生产厂)。

(4)申请生产定型:完成第(3)条规定的工作后,由生产单位会同海军鱼雷工程办公室提出生产定型申请,经生产主管部门审核后,呈报二级定型委员会。

(三)主要成果

(1)部队提出使用结果报告;
(2)生产定型试验结果报告;
(3)全套生产定型文件;
(4)生产定型结果报告;
(5)生产定型样机。

1.3 鱼雷战术技术指标论证分析

鱼雷战术技术指标论证可大致分为 3 个层次或 3 个阶段:作战使命分析、武器系统构成及战术技术指标论证。

一、作战使命分析

依据现代战争的海天空一体化、信息化、网络化的特点,依据我国海军在保卫国家独立、领土完整及海洋资源中的使命,依据敌我双方的装备状况及力量对比,设想战场环境、作战态势,分析鱼雷的作战使命。主要包括 3 个方面。

(一)主要攻击目标及特性分析

(1)目标数目:同时攻击单个或多个目标;
(2)类型:水面舰船、潜艇;
(3)尺度:大、中、小型;
(4)运动特性:航行速度、深度、机动能力等;
(5)物理场特性:声、磁、电、水压特性。

(二)使用环境与特性分析

(1)敌防御能力与对抗手段:防御范围,各种声、电对抗方式与装备,硬杀伤装备与能力等;
(2)使用海域深度;
(3)海况:海流、海浪、风力、风向;

(4)水文条件:水温、温度梯度、含盐浓度等;

(5)特殊环境:电磁环境、地貌、随机或突发环境。

(三)需求分析

依据上述分析,可形成所需鱼雷特性的基本要求与框架如下:

(1)基本用途:由攻击目标类型可确定所需鱼雷的用途是反舰或反潜或两者兼顾;

(2)鱼雷主尺度与装药量:由攻击目标类型与尺度可确定鱼雷的装药量需求,所需鱼雷为重型(大雷)或轻型(小雷);

(3)航速、航深:由目标的航行速度与深度可确定所需鱼雷的航速与航深范围;

(4)类型与航程:由作战态势和敌防御半径等敌防御能力与对抗手段可确定鱼雷的需求类型——舰用或潜用或空投或火箭助飞或兼用,航程需求等;

(5)噪声与制导:由敌防御能力、对抗手段与目标运动性能,可确定对鱼雷的制导方式、导引精度、引信作用距离及辐射噪声级等的基本需求;

(6)适应环境需求:确定鱼雷可使用深度范围、适应海况等级等;

(7)其他:如水文条件和电磁环境的适应性需求、齐射需求等。

二、武器系统分析

(一)鱼雷平台分析

(1)平台的类型:水面舰船、潜艇、固定翼飞机、直升机等;

(2)携带方式:管装、内挂、外挂,周围力学与电磁环境等;

(3)发射方式与发射装置:空投、自航、弹射;水平发射、垂直发射、首与尾发射等;发射装置与吊挂系统结构及其附近空间;发射过程、最大发射过载、离管速度等;

(4)平台运动特性:主要是平台发射鱼雷过程中的航行速度、姿态角、角速度、投放深度或高度的范围等;

(5)目标探测:平台对目标的探测能力与探测精度;

(6)指控系统:与鱼雷机电接口,射前供电、自检、参数装定等,是否遥控,应急投放等。

(二)鱼雷平台确定

依据作战使命分析结果及我国鱼雷携带与发射平台状况,确定鱼雷平台。

(三)平台约束分析

平台确定之后,平台对所论鱼雷会形成一些涉及鱼雷战术技术指标的强制性的约束条件。主要有3个方面。

(1)接口要求。

1)机械接口:如鱼雷与发射管、发射架、飞机舱及挂架的机械接口,首先涉及对鱼雷直径、长度指标的具体要求,其次对鱼雷的安装、固定、投放等的连接方式、结构形式、接口参数等都会提出要求;

2)电气接口:如鱼雷某些仪表的供电、射前检查、参数设定等鱼雷与平台之间都涉及插接件类型、电压、电流等参数的匹配要求。

(2)安全性要求：平台在携带与发射鱼雷的过程中要确保平台与鱼雷的安全。首先是小环境的适应性问题，如潜艇与飞机舱内复杂的电磁环境，飞机起飞、降落及投放鱼雷过程中复杂的力学环境，潜艇发射最小出管速度要求及离艇过程中的复杂力学环境。对这些环境的适应直接关系到鱼雷携带与发射过程中的安全性。适应性问题的进一步细化将会转化为对鱼雷某些指标的要求，如鱼雷的衡重与流体动力布局参数、电磁兼容及可靠性等指标。同时也可能涉及对平台的要求，如，投雷时飞机的飞行高度、速度与姿态，潜艇与舰船发射鱼雷时的航速、姿态与角速度等。此外，还有应急抛射问题等。

(3)指控系统要求：如平台对目标的探测能力，包括可探测目标方位精度、距离及解算时间等，对鱼雷制导系统的选择、精度及弹道等产生影响；又如由线导及火箭助飞鱼雷的控制与导引产生的鱼雷与平台的匹配性要求等。

三、战术技术指标分析

梳理与细化作战使命与平台对鱼雷战技指标提出的需求与要求，形成一套初步的鱼雷战技指标。其主要内容与形式如下：

(1)作战任务及打击对象；

(2)鱼雷口径 D；

(3)鱼雷长度 $L(L \leqslant L_p)$；

(4)鱼雷航速 v：

最高航速：$v_{\max}$，

速制：单速制 v，或双速制 v_1，v_2，或三速制 v_1，v_2，v_3；

(5)鱼雷航程 s：

高速航程，

不同速制混合航程；

(6)鱼雷总质量：$m \leqslant m_y$；

(7)战斗部装药：

牌号：

TNT 当量：$M_N \geqslant M_y$；

(8)引信：

工作方式：触发、非触发、触发＋非触发，

非触发作用距离；

(9)制导：

方式：线导、自导、线导＋自导，

线导：工作距离，

自导：作用距离和导引精度；

(10)辐射噪声级；

(11)作战深度；

(12)使用海区深度；

(13)海况等级；

(14)水文条件；

(15)可靠性指标；

(16)维修性指标；

(17)使用要求；

(18)其他：不同类型的鱼雷还有一些特殊的指标与要求，如空投鱼雷的入水速度与入水角等。

四、战术技术指标可行性论证

主要包括以下工作内容：

(1)提出可以满足战技指标需求与要求的鱼雷总体方案设想；

(2)确定需要攻关的技术问题；

(3)确定主要配套装备、设备的要求；

(4)提出技术保障条件及需解决的重大问题；

(5)评估研制经费需求与研制周期；

(6)相关技术储备、成果与研究团队及攻关能力分析；

(7)主要配套装备、设备及技术保障条件解决能力分析；

(8)部队使用与维修能力等分析；

(9)经费与研制周期承担能力分析；

(10)海军装备体制、系列要求及相关政策分析；

(11)其他。

战术技术指标论证是一项涉及面广的反复协调与迭代过程。在完成论证之后，需要按要求形成一些正式文件，如《战术技术指标要求》《战术技术指标论证报告》《使用要求论证报告》等。

1.4 鱼雷总体设计主要内容与方法

1.4.1 概述

鱼雷总体设计的基本任务是使所设计的鱼雷整体结构与全雷综合性能满足研制任务书的战术技术指标要求，凡与鱼雷整体结构及全雷综合性能相关的问题都是鱼雷总体设计研究的内容。鱼雷总体设计是战术技术性能指标要求和技术实现可能性相结合的具体实施过程，贯穿于鱼雷研制的全过程，从论证到产品定型，不断完善，并达到最优化。其中最重要的、也是最艰巨的一环是鱼雷总体方案设计。

鱼雷总体设计是一项复杂的系统工程，涉及鱼雷武器系统和鱼雷系统两个大系统。鱼雷武器系统研究的基本依据是所要设计鱼雷的战术使命需求，研究的基本内容是鱼雷武器系统中的鱼雷平台、海洋环境及作战对象等组成部分与鱼雷总体设计的关联及影响，研究的成果是为鱼雷总体设计提供约束条件、边界条件及初始条件。鱼雷系统研究的基本依据主要是鱼雷战术技术指标要求，研究的基本内容是确定全雷系统组成与功能配置、各组成系统的选择或设计、各系统之间及总体与系统之间的匹配与协调等，研究的主要成果是鱼雷总体设计方案。

总体设计中，还要处理好先进性与可行性、复杂性与可靠性、新研制与继承性之间的关系。

要立足国内,在尽可能短的时间内,遵循最小费效比原则,为部队研制出使用方便、具有战斗威力的、适合现代战争需求的鱼雷武器。

鱼雷总体设计所依据的基本理论是系统工程原理与方法,是建立在系统分析与系统综合基础上的总体优化设计,以及其中所涉及的数学、流体力学、结构力学、动力学、电学、控制原理、声学、计算机等众多学科的基本理论与分析方法。

根据系统工程原理与方法,鱼雷总体设计的一般过程可用图 1.2 表示,总体设计题解的逻辑模型如图 1.3 所示。其中涉及的具体分析方法与数学模型将在后续章节中给出。

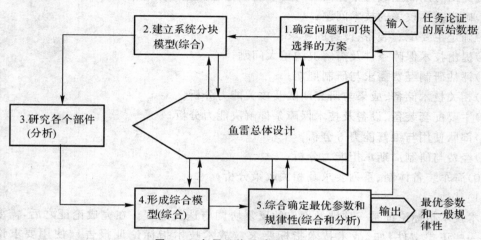

图 1.2　鱼雷总体设计的一般过程

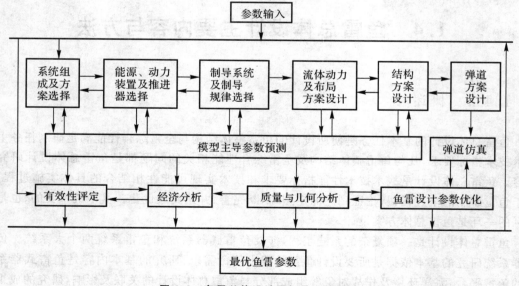

图 1.3　鱼雷总体设计题解的逻辑模型

两个系统的研究就图 1.2 和 1.3 来说,鱼雷武器系统的研究是为两图提供输入,鱼雷系统的研究则是两图方框内的内容,成果是图中输出。在这个意义上说,鱼雷武器系统的研究应由海军部门完成,如海军装备研究院;鱼雷系统的研究则由鱼雷设计及研究部门完成。由于两个系统研究关系的紧密性及国内的传统,鱼雷武器系统的研究一般由军方和地方相关单位共同完成。

多学科设计优化(MDO)方法是近年发展起来的一种分析与求解复杂工程系统的设计方法。该方法采用分解或分层等策略将复杂工程系统设计问题分解成学科层和系统层分别进行分析和求解,既实现了各学科设计的自主性,又保证了相互间设计的一致性,从而可以解决学科问题间的耦合关系,并且与工程实际中的组织与管理模式相适应,在国外已获得了较多应用。

多学科设计优化方法是鱼雷总体设计方法的发展方向,国内开展鱼雷总体多学科设计优化方法的研究也有近十年的历史,目前已具有一定基础。多学科设计优化方法在鱼雷总体设计中的成熟应用,必将使我国的鱼雷设计能力提升到一个新的层次,大大加速我国鱼雷事业的发展。

1.4.2 总体方案设计程序与主要内容

一、外部设计条件分析

外部设计条件指鱼雷之外的相关因素对鱼雷设计提出的约束与要求,是鱼雷设计中必须满足与适应的条件。外部设计条件的主要部分是鱼雷战术技术指标,因此这部分工作与鱼雷战术技术论证工作有一定重叠,但侧重点不同。战术技术论证中研究相关因素目的是确定战术技术指标及其可行性;总体设计中研究相关因素目的是确定鱼雷总体设计应满足的相关要求,需要对相关因素更加细致地分析与理解。

(一)梳理与鱼雷总体设计相关的外部关联与影响因素

(1)作战使命特点:鱼雷任务剖面图和鱼雷从发射至命中目标过程中的运动剖面图等;
(2)敌方防御与对抗手段及能力;
(3)打击目标特点:目标种类、战术技术性能、主要结构尺寸和有关物理场特性等;
(4)作战模式:了解鱼雷对目标的搜索方式、作战态势、目标数目、我艇数目、单雷攻击还是多雷攻击等;
(5)鱼雷平台特点:战术技术特点、运动性能、鱼雷发射方式、鱼雷发射装置、使用环境及对鱼雷的操作要求等;
(6)作战海区特点:几何特点、海况及水文条件等;
(7)鱼雷的主要战术技术指标:主要战术技术指标在很大程度上决定了鱼雷的系统构成及系统与系统之间的匹配关系。

(二)确定并详细列出外部设计要求

在确定要求时尽可能细化、参数化与量化,以便设计中执行及计算机应用。外部设计要求主要有以下几个方面:
(1)战术技术指标要求;
(2)设备接口要求;

(3)环境适应性要求；

(4)安全性要求；

(5 储运、使用与维修要求；

(6)标准化要求；

(7)其他要求。

(三)确定功能需求

画出鱼雷任务剖面图和鱼雷从发射至命中目标过程中的运动剖面图,分析与确定对鱼雷的功能要求。

(四)技术储备与能力分析

总结行业内外及国内外已取得的相关研究成果与技术进步,分析是否有可供继承或参考的总体或系统母型,以及可供借鉴的技术,为总体设计做好技术准备工作。

二、确定系统方案和总体方案原理图

(1)确定全雷系统组成与配置,确定总体对各分系统的主要结构参数与性能指标要求；

(2)选择各组成系统的类型,明确各系统的工作原理、方案和主要性能指标；

(3)画出总体方案原理方框图,明确各组成系统相互之间的接口与匹配关系,明确各系统与总体之间的耦合因素及制约关系等；

(4)明确全雷及系统的技术难点和攻关途径。

三、雷体结构初步设计

(1)设计鱼雷外部构形,进行流体动力布局,包括雷体、鳍、舵、推进器等全雷外形的初步设计与布局；

(2)确定壳体材料、结构形式,对雷体结构进行初步设计。

四、全雷总体布置与静力布局初步设计

(1)进行各系统组件及全雷管路与线路在雷上的布置设计；

(2)依据系统安装、检测、维修、调试及与外部接口等要求,确定鱼雷壳体分段、各分段之间及壳体与内设之间的连接形式,确定鱼雷壳体上的开孔等；

(3)分析与调整全雷的质量与质量分布,浮力与浮心位置,进行静力布局初步设计。

五、鱼雷弹道初步设计

(1)计算流体动力参数、衡重参数,分析雷体开环运动特性；

(2)进行鱼雷弹道初步设计；

(3)协调总体与制导系统的关系。

六、性能指标核算与协调

(1)核算各系统指标,检查是否满足总体要求；

(2)核算全雷综合性能指标,检查是否满足战技指标要求；

(3)进行系统与系统之间、总体与系统之间的协调与匹配。

七、提出总体设计方案报告

主要包括以下几部分内容：

（1）全雷系统组成与总体方案原理方框图。给出全雷及各组成系统的工作原理、各系统的主要结构与衡重参数及性能指标等。

（2）雷体结构及总体布置图、装配与调试流程图。给出雷体与系统组件的几何尺寸、相互位置与连接关系等。

（3）主要总体参数与性能指标及其计算分析报告。这些参数主要是鱼雷口径、鱼雷长度、雷体线型方程、流体动力系数、浮力与浮心位置，全雷质量及质心位置、速度、速制、航程或航行时间、运动稳定性与机动性、辐射噪声级、工作深度范围、适应海况与水文条件、战斗部装药量、引信工作方式及引信作用距离、制导方式、线导工作距离、自导作用距离和导引精度、弹道模式、电磁兼容性、可靠性、维修性及标准化等。

（4）与携带平台及发射装置的接口与匹配关系，对平台正确使用鱼雷武器的要求，提供使用安全性分析报告。

（5）综合分析与评价。

1）满足战技指标（或任务书）评价；

2）技术难点、攻关途径、关键设备、保障条件分析与风险评估；

3）使用特点评价；

4）研究周期与进度评估；

5）研究经费概算等。

习 题

1.1 鱼雷主要由几部分组成？它们的基本功能是什么？

1.2 何谓线导、主动声自导、被动声自导？比较它们的优缺点。

1.3 简述鱼雷武器系统的组成及与鱼雷总体设计的关联。

1.4 鱼雷型号研制过程划分为哪些阶段？每一研制阶段的主要成果是什么？

1.5 简述鱼雷战术技术指标论证方法。

1.6 简述总体设计的内容、方法及其在鱼雷研制中的地位。

1.7 设想现代海战的模式，探讨水下无人自主航行器和无人机作为鱼雷平台的可行性和作用。

第 2 章 雷体线型设计

2.1 雷体外形及主要几何参数

2.1.1 雷体线型几何参数

目前,雷体表面都是回转面。回转面的主要优点是便于加工,成本低;在容积一定的情况下表面积最小,可减小航行阻力与壳体用材;整体结构具有较高的强度与稳定性,耐压性能好;发射装置相对简单,易于发射。回转面是由母线绕旋转轴旋转而成的,所以回转面的几何形状可以用母线的几何形状来表示。母线的几何形状称为线型,因此雷体外形又称为雷体线型。雷体回转面外形的研究与设计便可以转化为雷体平面线型的研究与设计,使问题大为简化。

雷体线型依其几何特点一般由四段组成(见图 2.1):头部曲线段 AB、中部平行段(圆柱段)BC、尾部曲线段 CD 及尾锥段 DE。雷头顶部有平端面与弧形端面两种基本类型,因此雷头曲线段线型有平头线型与圆头线型之分。雷体尾锥段线型一般都把螺旋桨的桨毂包括在内。泵喷射推进器涉及的尾部线型较为复杂,不在这里讨论。

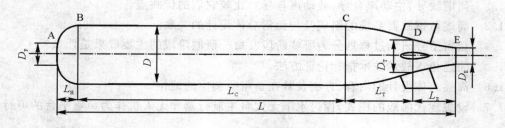

图 2.1 雷体线型

描述如图 2.1 所示的雷体外形的主要几何参数如下:

雷头前端面直径:D_F,对于圆头线型 $D_F = 0$;

头部曲线段轴向长度:L_H;

圆柱段直径(最大直径):D;

圆柱段长度:L_C;

尾部曲线段轴向长度:L_T;

尾部曲线段后端面直径:D_T;

尾锥段轴向长度:L_E;

尾锥半角:α;

尾端面直径:D_E;

全雷长度:L;

头部曲线段线型参数;

尾部曲线段线型参数。

此外,还有经常应用的几何参数如下:

最大横截面积 S,$S=\pi D^2/4$;

雷体沾湿表面积:Ω_k;

雷体体积:V_k;

雷体丰满系数:Ψ,$\Psi=4V_k/(\pi D^2 L)$;

雷体长细比:λ,$\lambda=L/D$,或细长比 f,$f=D/L=1/\lambda$;

雷头体积:V_H;

雷头长细比:λ_h,$\lambda_h=L_H/D$;

雷头前端面直径比:d_f,$d_f=D_F/D$;

雷头丰满系数:Ψ_h,$\Psi_h=4V_H/(\pi D^2 L_H)$。

雷体线型有两种定量表示方法:一种是型值点坐标表示方法,另一种是解析表示法。这两种表示方法所用坐标系均为原点位于雷顶点的雷体坐标系,ox 轴沿雷体轴线,指向雷尾,oy 轴位于鱼雷纵对称面内,指向上方,oz 轴垂直 xoy 平面,指向按右手系确定。型值点坐标表示法通常是以数表的形式列出一组离散的、有序的型线上点的 (x,y) 坐标;解析表示法是用数学表达式 $y=y(x)$ 的形式给出雷体线型方程。由于雷体各段线型具有不同的几何特性,$y(x)$ 只能以分段函数的形式给出。型值点坐标表示法比较直观,便于工程应用;解析式表示法具有连续性,利于数学分析与理论研究。

2.1.2 几型鱼雷雷体线型参数

一、MK46 鱼雷

MK46 鱼雷线型型值点坐标列于表 2.1 中。雷体线型主要几何参数如下:$L=2\,790\,\text{mm}$,$L_H=165\,\text{mm}$,$L_C=1\,703\,\text{mm}$,$L_T=620\,\text{mm}$,$L_E=302\,\text{mm}$,$D_F=203.2\,\text{mm}$,$D=323.85\,\text{mm}$,$D_T=156.6\,\text{mm}$,$\alpha=11.5°$,$d_f=0.627$,$\lambda_h=0.509$,$\lambda=8.615$,$\Psi=0.818$。

二、MK48 鱼雷

MK48 鱼雷雷体线型型值点坐标列于表 2.2 与表 2.3 中。雷体线型主要几何参数如下:$L=5\,838\,\text{mm}$,$L_H=492.1\,\text{mm}$,$L_C=3\,677.9\,\text{mm}$,$L_T=1\,085.1\,\text{mm}$,$L_E=460.2\,\text{mm}$,$D_F=261.6\,\text{mm}$,$D=533.4\,\text{mm}$,$D_T=300.4\,\text{mm}$,$D_E=104.8\,\text{mm}$,$\alpha=12°$,$d_f=0.49$,$\lambda_h=0.923$,$\lambda=10.94$,$\Psi=0.881\,7$。

表 2.1　MK46 鱼雷雷体线型坐标

X	Y	X	Y	X	Y	X	Y
0	101.600	90	155.590	1 988	156.18	2 298	116.190
1	105.305	95	156.615	2 008	154.44	2 308	114.435
2	107.255	100	157.535	2 028	152.555	2 318	112.645
3	108.895	105	158.350	2 048	150.54	2 328	110.825
4	110.360	110	159.065	2 068	148.405	2 338	108.975
5	111.700	115	159.685	2 088	146.165	2 348	107.090
10	117.320	120	160.665	2 108	143.82	2 358	105.180
15	121.905	125	160.220	2 128	141.375	2 368	103.235
20	125.875	130	161.030	2 148	138.825	2 378	101.265
25	129.410	135	161.325	2 168	136.180	2 388	99.265
30	132.600	140	161.545	2 178	134.815	2 398	97.240
35	135.510	145	161.710	2 188	133.425	2 408	95.195
40	138.175	150	161.820	2 198	132.005	2 418	93.125
45	140.630	155	161.885	2 208	130.560	2 428	91.035
50	142.895	160	161.915	2 218	129.085	2 438	88.935
55	144.985	165	161.925	2 228	127.580	2 448	86.820
60	146.910	1 868	161.925	2 238	126.050	2 458	84.690
65	148.690	1 888	161.725	2 248	124.485	2 468	82.560
70	150.325	1908	161.155	2 258	122.890	2 478	80.425
75	151.825	1 928	160.275	2 268	121.260	2 488	78.300
80	153.200	1 948	159.125	2 278	119.605	2 790	16.857
85	154.455	1 968	157.75	2 288	117.915		

表 2.2　MK48 鱼雷雷体头部线型坐标

X	0	34.9	73	111.1	149.2	187.3	225.4
Y	130.8	181.2	201.8	216.3	227.6	236.6	244.2
X	263.5	301.6	339.7	377.8	415.9	454	492.1
Y	250.3	255.3	259.3	262.4	264.7	266.2	266.7

表 2.3　MK48 鱼雷雷体尾部线型坐标

X	0	78.3	179.9	281.5	383.1	519	561.1
Y	150.2	166.5	185.7	202.8	217.8	234.7	239.1
X	662.7	764.3	865.9	929.5	1 031.1	1 085.1	
Y	248.5	255.8	261.2	263.5	265.7	265.9	

三、A244/S 鱼雷

A244/S 鱼雷雷体线型型值点坐标列于表 2.4 中。雷体线型主要几何参数如下：$L = 2\ 750\,\text{mm}$，$L_H = 119\,\text{mm}$，$L_C = 1\ 813.5\,\text{mm}$，$L_T = 290\,\text{mm}$，$L_E = 527.5\,\text{mm}$，$D_F = 228.76\,\text{mm}$，$D = 323.85\,\text{mm}$，$D_T = 263.1\,\text{mm}$，$\alpha = 12°$，$d_f = 0.706$，$\lambda_h = 0.367$，$\lambda = 8.49$，$\Psi = 0.848$。

表 2.4　A244/S鱼雷雷体线型坐标

X	Y	X	Y	X	Y	X	Y
0.00	114.38	23.89	146.85	75.5	161.5	2 082.5	151.5
0.67	120.18	27.15	148.63	119	161.925	2 102.5	149.3
1.64	123.46	30.58	150.31	1 932.5	161.925	2 122.2	146.8
3.03	126.70	34.17	151.90	1 962.5	161.2	2 142.5	144.1
4.85	129.88	37.91	153.38	1 982.5	160.15	2 162.5	141
7.07	132.98	44.45	155.62	2 002.5	158.75	2 182.5	138
9.69	135.99	51.33	157.53	2 022.5	157.15	2 202.5	134.6
12.70	138.90	58.50	159.12	2 042.5	155.4	2 222.5	131.55
17.91	143.03	65.90	160.37	2 062.5	153.5	2 750	19.43

四、PT—52鱼雷

PT—52鱼雷雷体线型型值点坐标列于表2.5中。雷体线型主要几何参数如下：$L = 3\,274\,\text{mm}$，$L_H = 817.5\,\text{mm}$，$L_C = 1\,252\,\text{mm}$，$L_T = 1\,148\,\text{mm}$，$D_F = 0\,\text{mm}$，$D = 450\,\text{mm}$，$D_T = 160\,\text{mm}$，$\lambda_h = 1.817$，$\lambda = 7.276$，$\Psi = 0.76$。

表 2.5　PT—52鱼雷雷体线型坐标

X	11.5	17	22.5	47.5	97.5	147.5	227.5
Y	42	52.5	58	80	110	132	157.4
X	247.5	297.5	347.5	397.5	447.5	497.5	597.5
Y	163	175	185.5	195	202.5	208.75	217
X	647.5	697.5	747.5	797.5	817.5	2 069.5	2 164.5
Y	220	222	223.5	224.5	225	225	223.25
X	2 214.5	2 264.5	2 314.5	2 364.5	2 414.5	2 464.5	2 514.5
Y	221.75	220	218.75	217	214.5	212	208.75
X	2 564.5	2 614.5	2 664.5	2 714.5	2 764.5	2 814.5	2 914.5
Y	205.5	201.5	196.25	190	183.25	176.5	158.5
X	2 964.5	3 014.5	3 064.5	3 114.5	3 164.5	3 217.5	3 274
Y	148.5	137.5	124.5	110.25	95.5	80	63.7

2.2　雷体线型设计原理

2.2.1　基于势流理论的线型生成方法

鱼雷雷体外形是回转体。由于鱼雷在流体介质中运动,其线型首先必须要能够满足流动的一些基本要求,如连续、光滑的流线型,然后还要满足所设计鱼雷特定的几何与力学要求。

因此,获得流线型回转体线型是鱼雷雷体线型设计的基础。流线型回转体线型生成途径有 3 种:几何作图法、势流叠加法及数学解析法。本章只介绍后两种途径的基本概念与方法。

先来考察点源与直线均匀流的叠加。选用柱面坐标系 oxr(见图 2.2),设点源强度为 Q,位于坐标系原点,直线均匀流速度为 v_∞,方向沿 x 轴正向。根据势流叠加原理,叠加流场的流函数 ψ 为

$$\psi = \psi_\infty + \psi_Q = \frac{1}{2}v_\infty r^2 - \frac{Q}{4\pi}\frac{x}{\sqrt{x^2+r^2}} \tag{2.1}$$

流场的两个速度分量 v_x 与 v_r 为

$$\left.\begin{array}{l} v_x = \dfrac{1}{r}\dfrac{\partial \psi}{\partial r} = v_\infty + \dfrac{Q}{4\pi}\dfrac{x}{(x^2+r^2)^{3/2}} \\[3mm] v_r = -\dfrac{1}{r}\dfrac{\partial \psi}{\partial x} = \dfrac{Q}{4\pi}\dfrac{r}{(x^2+r^2)^{3/2}} \end{array}\right\} \tag{2.2}$$

令 $v_x = 0, v_r = 0$,得

$$\left.\begin{array}{l} x_A = -\sqrt{\dfrac{Q}{4\pi v_\infty}} \\[3mm] r_A = 0 \end{array}\right\} \tag{2.3}$$

速度为零的点是驻点,式(2.3)给出了驻点坐标。过驻点的流线方程是

$$\psi(x,r) = \psi(x_A, r_A) \tag{2.4}$$

把式(2.1)与式(2.3)代入式(2.4),得到过驻点的流线方程为

$$\frac{1}{2}v_\infty r^2 - \frac{Q}{4\pi}\frac{x}{\sqrt{x^2+r^2}} = \frac{Q}{4\pi} \tag{2.5}$$

或

$$r^2 = \frac{Q}{2\pi v_\infty}\left(1 + \frac{x}{\sqrt{x^2+r^2}}\right) \tag{2.6}$$

该流线(见图 2.2)把整个流场分成内、外两部分,内、外流场互不影响。如果仅研究外部流场,该流线与真实物面没有区别。根据流线方程式(2.6)可知,该流线是一个回转体线型方程。由此可知,点源与直线均匀流叠加可以生成流线型回转体线型,线型方程即为过驻点的流线方程。事实上,由于点源是一种流体从一点出发,源源不断的向四面八方的流动,并且流速随着距源点的距离增大而减小,因此,在负向 x 轴上,必存在一点,在该点处,源的流速与直线均匀来流的流速大小相等、方向相反,形成驻点;在 ox 轴以外,点源流速与直线均匀流流速叠加后,合成速度的方向指向 ox 的外侧。或者说,点源与直线均匀流叠加后起着把来流向外侧撑开的作用,这种作用与物体头部在流场中的作用完全类似。这正是点源与直线均匀流叠加可以生成起物面作用的流线的根本原因所在。

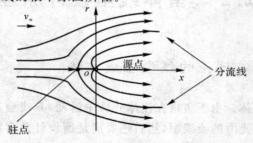

图 2.2 点源与直线均匀流叠加的流动

由式(2.6)可知,它是一个有起点的半无穷长回转体,随着 x 的增大,半径 r 不断增大,当 x 趋向无穷时,r 达到最大值 R,即

$$R^2 = \frac{Q}{\pi v_\infty} \tag{2.7}$$

物面方程用最大半径可表示为

$$r^2 = \frac{R^2}{2}\left(1 + \frac{x}{\sqrt{x^2 + r^2}}\right) \tag{2.8}$$

反之,如果想得到最大半径为 R 的半无穷长回转体线型,只要取强度 $Q = \pi v_\infty R^2$ 的点源与速度为 v_∞ 的直线均匀来流叠加即可。

再考察一对等强度的点源、点汇与直线均匀流的叠加。设点源与点汇分别布置于 x 轴上的 $(-a,0)$ 与 $(a,0)$ 两点,则叠加流场的流函数为

$$\psi = \psi_\infty + \psi_Q + \psi_{-Q} = \frac{1}{2}v_\infty r^2 - \frac{Q}{4\pi}\left[\frac{x+a}{\sqrt{(x+a)^2 + r^2}} - \frac{x-a}{\sqrt{(x-a)^2 + r^2}}\right] \tag{2.9}$$

流场速度分布为

$$\left.\begin{aligned}
v_x &= v_\infty + \frac{Q}{4\pi}\left\{\frac{x+a}{[(x+a)^2 + r^2]^{3/2}} - \frac{x-a}{[(x-a)^2 + r^2]^{3/2}}\right\} \\
v_r &= \frac{Qr}{4\pi}\left\{\frac{1}{[(x+a)^2 + r^2]^{3/2}} - \frac{1}{[(x-a)^2 + r^2]^{3/2}}\right\}
\end{aligned}\right\} \tag{2.10}$$

汇是一种与源流向相反的流动。因此,汇对直线均匀来流具有收拢的作用。一对等强度源、汇与直线均匀流叠加,会产生两个驻点:前驻点位于源点之前,后驻点位于汇点之后(见图 2.3),形成一条过前、后驻点的封闭流线。流线方程为零流线:$\psi = 0$,即

$$r^2 = \frac{Q}{2\pi v_\infty}\left[\frac{x+a}{\sqrt{(x+a)^2 + r^2}} - \frac{x-a}{\sqrt{(x-a)^2 + r^2}}\right] \tag{2.11}$$

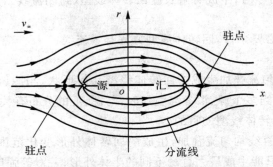

图 2.3　一对等强度源、汇与直线均匀流叠加流场

该流线也起物面的作用,是一个有限长度的回转体外形,常称为兰金卵形体。

令 $v_r = 0$,由式(2.10)得

$$r = 0 \quad \text{或} \quad x = 0 \tag{2.12}$$

令 $v_x = 0$,由式(2.10)得

$$v_\infty + \frac{Q}{4\pi}\left\{\frac{x+a}{[(x+a)^2 + r^2]^{3/2}} - \frac{x-a}{[(x-a)^2 + r^2]^{3/2}}\right\} = 0 \tag{2.13}$$

在 $r = 0$ 求解式(2.13),得驻点坐标。设卵形体的长度为 l,两驻点的 x 坐标 $-l/2, l/2$ 由下

式确定：

$$(l^2 - 4a^2)^2 = \frac{8alQ}{\pi v_\infty} \qquad (2.14)$$

在卵形体最大直径处只有 x 轴方向速度分量。由式(2.11)知，最大直径在 $x=0$ 处，最大半径为 R，

$$R^2 = \frac{aQ}{\pi v_\infty} \frac{1}{\sqrt{a^2 + R^2}} \qquad (2.15)$$

为了获得长度为 l、最大半径为 R 的兰金卵形体，可由式(2.14)与式(2.15)联立求解 Q/v_∞ 及 a。根据求出的源、汇强度及它们的距离，再与直线均匀流叠加，便可生成所需的线型。

在一对等强度的源、汇与直线均匀来流叠加的流动中，当源与汇之间的距离趋于零时，就变为绕圆球体的流动，球体的半径为

$$r = \sqrt{\frac{m}{2\pi v_\infty}} \qquad (2.16)$$

一对等强度的源与汇，当它们的距离趋于零时的流动是偶极流。因此，点偶极与直线均匀流叠加形成绕圆球的流动，式(2.16)中的 m 为偶极强度。

根据以上 3 种流动，可以得到如下结论：

（1）利用源、汇、偶极与直线均匀流叠加，以产生流线型回转体线型。

（2）当参与叠加的源、汇总强度 Q 不为零时，生成半无穷长流线型回转体（简称为半体）线型，且线型方程为

$$\psi(x, r) = \frac{Q}{4\pi} \qquad (2.17)$$

当源、汇总强度 Q 为零时，生成有限长度回转体线型（封闭流线），所以

$$Q = 0 \qquad (2.18)$$

是获得封闭物面的必要条件，回转体线型方程是零流线

$$\psi(x, r) = 0 \qquad (2.19)$$

（3）源、汇与直线均匀流叠加生成的回转体线型几何形状，与源、汇强度及直线均匀来流速度的比值 Q/v_∞ 有关；当多个源、汇参与叠加时，与源、汇的分布有关。因此可以把它们作为控制量，达到生成所需回转体线型的目的。

（4）少数点源、汇与直线均匀流叠加，生成的回转体外形变化范围较小。例如，当一个点源与直线均匀流叠加时只能生成最大直径不同的半体外形；一对等强度源、汇与直线均匀流叠加生成的回转体外形只能改变长度与最大直径。因此，只有以某种形式连续分布的源、汇（如线分布或面分布）与直线均匀流叠加，才能生成适合工程应用的回转体线型。

2.2.2　回转体线型数学表达式建立方法

一、基本要求

鱼雷雷体线型解析方法有两类基本问题：第一类是对于既定雷体线型，如何获得其解析表达式，即线型拟合问题；第二类是对于既定雷体线型要求，如何建立满足要求的雷体线型解析

表达式,即线型设计问题。

鱼雷作为一种水下航行器,其雷体线型必须满足流动的一般要求,即必须是流线型,以保证沿雷体表面的流动是连续的、平滑的。因此,当建立雷体线型数学表达式时,首先需要解决如何用数学方法来定义或描述流线型。我们知道,流函数为常数是一条流线,而流函数满足的流函数方程是 2 阶偏微分方程。由此可以确定,雷体线型的数学表达式须要具有 2 阶连续导数,以保证所表示的雷体线型能够满足流动的一般要求。2 阶导数连续对线型来说,意味着不仅要具有连续的斜率,而且还要其有连续的曲率,因此,满足 2 阶导数连续是对雷体线型表达式的一项基本要求。

为了使建立的回转体线型表达式能用于线型设计,即能满足雷体线型的各种不同要求,(如几何的,力学的,等等)或不同鱼雷的不同需要,数学表达式中须要含有可调参数,通过改变可调参数的数值,以改变线型的几何形状。换句话说,数学表达式表示的是一个流线型曲线系列。可调参数的选择与确定须要遵循 4 个基本准则:

(1)可调参数必须是互相独立的;

(2)可调参数的数值变化对于线型的几何形状应是敏感的,以达到能够并便于对线型几何形状进行调控的目的;

(3)在可调参数数值的允许变化范围内,应使数学表达式能够表示的线型范围尽可能大,以扩大该表达式的适用范围;

(4)可调参数应具有一定的几何意义,反映线型的主要几何特性,以便于设计人员在应用时可以根据所设计线型的需要,迅速地确定可调参数的数值或调整方向。

建立的数学表达式在具有广泛的适用性条件下应尽可能简单。虽然多项式在理论上可以逼近任何曲线,但是对于鱼雷雷体线型这种几何形状的曲线,凯尔文(J. E. Kerwin)曾证明,要达到满意的精度须要用 200 阶以上的多项式表达。这种表达式显然是不可取的。格兰韦尔等人经过多年的研究,为简化回转体线型表达式,提出了分段表达的思想,即把回转体线型分成若干特征段,分段建立表达式。例如,把具有平行中段(圆柱段)的回转体分为 3 段,圆柱段之前为前体段,之后为后体段,圆柱段为中段;对于无平行中段的回转体在最大截面处分段,最大截面之前为前体段,之后为后体段。

二、无量纲坐标与坐标变换

把回转体线型分为两大类:具有平行中段的回转体线型(见图 2.4(a))和无平行中段的回转体线型(见图 2.4(b))。每一类里又可分为许多小类,如平头与圆头,尖尾与截尾,等等。为了在表达时能够简化,采用能统一则统一,不能统一则分开的原则。

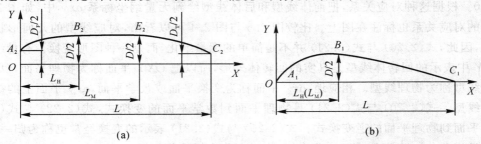

图 2.4 回转体线型

设回转体长度为 L，最大直径为 D，前端面直径为 D_F（对于圆头，$D_F = 0$），前体长度为 L_H，后体最大截面距前体顶端轴向长度为 L_M（无平行中段时，$L_M = L_H$），尾端面直径为 D_T（尖尾时，$D_T = 0$）。

坐标系原点位于回转体顶端，ox 轴沿回转体轴线，指向尾端。线型上任一点坐标用大写的 X,Y 表示。利用下式对有量纲坐标 X,Y 进行无量纲化，无量纲坐标用小写的 x,y 表示。

对于前体

$$\left.\begin{aligned} x &= \frac{X}{L_H} \\ y &= \frac{Y - D_F/2}{D/2 - D_F/2} \quad (\text{对于圆端头，} D_F = 0) \end{aligned}\right\} \tag{2.20}$$

对于后体

$$\left.\begin{aligned} x &= \frac{L - X}{L - L_M} \quad (X \geqslant L_M, \text{对于无平行中段，} L_M = L_H) \\ y &= \frac{Y - D_T/2}{D/2 - D_T/2} \quad (\text{对于尖尾，} D_T = 0) \end{aligned}\right\} \tag{2.21}$$

有量纲坐标 X,Y 可以用无量纲坐标 x,y 表示。

对于前体：

$$Y = D_F/2 + (D/2 - D_F/2)y, \quad X = xL_H \quad (\text{对于圆端头，} D_F = 0) \tag{2.22}$$

对于后体：

$$Y = D_T/2 + (D/2 - D_T/2)y, \quad X = L - (L - L_M)x \tag{2.23}$$

对于尖尾，$D_T = 0$；无平行中段时，$L_M = L_H$。

应用式(2.22)与式(2.23)可以得到回转体线型特征点（见图2.4）的有量纲与无量纲坐标关系如下：

$$\left.\begin{aligned} A_1 \text{ 点：} & \quad X = 0, Y = 0 \rightarrow x = 0, y = 0 \\ A_2 \text{ 点：} & \quad X = 0, Y = D_F/2 \rightarrow x = 0, y = 0 \\ B_1, B_2 \text{ 点：} & \quad X = L_H, Y = D/2 \rightarrow x = 1, y = 1 \\ E_2 \text{ 点：} & \quad X = L_M, Y = D/2 \rightarrow x = 1, y = 1 \\ C_1 \text{ 点：} & \quad X = L, Y = 0 \rightarrow x = 0, y = 0 \\ C_2 \text{ 点：} & \quad X = L, Y = D_T/2 \rightarrow x = 0, y = 0 \end{aligned}\right\} \tag{2.24}$$

因此，对于前体，当 X 由 0 变到 L_H 时，x 由 0 变到 1；当 Y 由 0（或 $D_F/2$）变到 $D/2$ 时，y 由 0 变到 1。对于后体，当 X 从 L_M 变到 L 时，x 由 1 变到 0；当 Y 从 $D/2$ 变到 $D_T/2$（或 0）时，y 由 1 变到 0。根据这种对应关系，把前体线型和后体线型绘到无量纲坐标系 oxy 中，如图 2.5 所示。点的对应关系也标注在图上。比较图 2.5 与图 2.4 可以看出，对应线型的几何形状完全改变了，因此，式(2.20)与式(2.21)并不是简单的无量纲化，而是一种图形变换。有量纲坐标系 OXY 中表示的回转体线型是真实的回转体外形，所以把 OXY 平面称为物理平面，OXY 平面上的线型称为物理线型。相应地，oxy 平面称为变换平面或数学平面，oxy 平面上的线型称为数学线型。式(2.20)与式(2.21)是物理平面到数学平面的变换式，式(2.22)与式(2.23)为数学平面到物理平面的逆变换式。式(2.20)与式(2.21)表示的变换经常也称为归一化（变换），无量纲的 x,y 坐标称为归一化坐标，有时也称为标准化坐标。

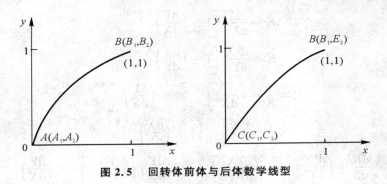

图 2.5　回转体前体与后体数学线型

数学线型是对物理线型的一种抽象,隐含了物理线型中有关具体尺度的几何参数,既减少了变量,便于分析,易于操作,表示起来比较简单,也更具有一般性,更能反映线型几何形状的本质与内在规律,具有更广泛的适用性。因此,回转体线型表达式的建立都是在数学平面上进行的。

三、边界几何条件

雷体线型边界条件须依据满足流动的基本要求提出,并能反映雷体线型的主要几何特征量。综合鱼雷线型的特点,可能的边界点类型有(参见图 2.4)A_1 点,B_1 点,C_1 点,A_2 点,B_2 点,C_2 点。如果允许后体线型有一个拐点,则边界点类型还包括 G 点与 C_3 点(见图 2.6)。对于图 2.6 所示的后体,须要再分为两段,BG 段称为后体前段,GC_3 段称为后体尾段。在这种情况下,有量纲与无量纲坐标的关系为

对于后体前段

$$x = \frac{L_G - X}{L_G - L_M}, \qquad y = \frac{Y - D_G/2}{D/2 - D_G/2} \left. \right\}$$
$$X = L_G - (L_G - L_M)x, \quad Y = D_G/2 + (D/2 - D_G/2)y \quad (2.25)$$

对于后体尾段

$$x = \frac{L - X}{L - L_G}, \qquad y = \frac{Y - D_T/2}{D/2 - D_T/2} \left. \right\}$$
$$X = L - (L - L_G)x, \quad Y = \frac{D_T}{2} + \left(\frac{D}{2} - \frac{D_T}{2}\right)y \quad (2.26)$$

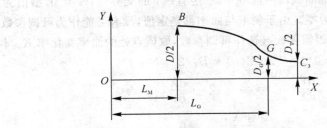

图 2.6　具有拐点与平尾段的后体线型

为了应用方便,在提出边界几何条件前,先列出回转体线型曲率 K、曲率半径 R 及曲率变化率 K_s 的计算公式

$$K = \frac{\mathrm{d}^2 Y}{\mathrm{d}X^2}\left[1+\left(\frac{\mathrm{d}Y}{\mathrm{d}X}\right)^2\right]^{-3/2} \tag{2.27}$$

$$K = \frac{\mathrm{d}^2 X}{\mathrm{d}Y^2}\left[1+\left(\frac{\mathrm{d}X}{\mathrm{d}Y}\right)^2\right]^{-3/2} \tag{2.28}$$

$$R = \frac{1}{K} = \left[\frac{\mathrm{d}^2 Y}{\mathrm{d}X^2}\right]^{-1}\left[1+\left(\frac{\mathrm{d}Y}{\mathrm{d}X}\right)^2\right]^{3/2} \tag{2.29}$$

$$R = \left[\frac{\mathrm{d}^2 X}{\mathrm{d}Y^2}\right]^{-1}\left[1+\left(\frac{\mathrm{d}X}{\mathrm{d}Y}\right)^2\right]^{3/2} \tag{2.30}$$

$$K_S = \frac{\mathrm{d}K}{\mathrm{d}S} = \left(\frac{\mathrm{d}^3 Y}{\mathrm{d}X^3}\right)\left[1+\left(\frac{\mathrm{d}Y}{\mathrm{d}X}\right)^2\right]^{-2} - 3\left(\frac{\mathrm{d}Y}{\mathrm{d}X}\right)\left(\frac{\mathrm{d}^2 Y}{\mathrm{d}X^2}\right)^2\left[1+\left(\frac{\mathrm{d}Y}{\mathrm{d}X}\right)^2\right]^{-3} \tag{2.31}$$

$$K_S = \left(\frac{\mathrm{d}^3 X}{\mathrm{d}Y^3}\right)\left[1+\left(\frac{\mathrm{d}X}{\mathrm{d}Y}\right)^2\right]^{-2} - 3\left(\frac{\mathrm{d}X}{\mathrm{d}Y}\right)\left(\frac{\mathrm{d}^2 X}{\mathrm{d}Y^2}\right)^2\left[1+\left(\frac{\mathrm{d}X}{\mathrm{d}Y}\right)^2\right]^{-3} \tag{2.32}$$

回转体线型各边界点的几何特征量，亦即边界几何条件如下：

(1) A_1 点。在 A_1 点处，$X=0$，型值为零，斜率为无穷大，曲率半径为 R_0，即

$$\left.\begin{array}{c} Y(0)=0 \\ \left.\frac{\mathrm{d}Y}{\mathrm{d}X}\right|_{X=0}=\infty \quad \text{或} \quad \left.\frac{\mathrm{d}X}{\mathrm{d}Y}\right|_{X=0}=0 \\ R_0 = \dfrac{1}{\left.\frac{\mathrm{d}^2 X}{\mathrm{d}Y^2}\right|_{X=0}} \quad \text{或} \quad \left.\frac{\mathrm{d}^2 X}{\mathrm{d}Y^2}\right|_{X=0}=\frac{1}{R_0} \end{array}\right\} \tag{2.33}$$

(2) B_1 点。在 B_1 点处，$X=L_H$，型值最大，1 阶导数为零，曲率为 K_1，即

$$\left.\begin{array}{c} Y(L_H)=D/2 \\ \left.\frac{\mathrm{d}Y}{\mathrm{d}X}\right|_{X=L_H}=0 \\ K_1 = \left.\frac{\mathrm{d}^2 Y}{\mathrm{d}X^2}\right|_{X=L_H} \end{array}\right\} \tag{2.34}$$

(3) C_1 点。C_1 点为尖尾端点，$X=L$，型值为零，斜率为 S_T，即

$$\left.\begin{array}{c} Y(L)=0 \\ S_T = \left.\frac{\mathrm{d}Y}{\mathrm{d}X}\right|_{X=L} \end{array}\right\} \tag{2.35}$$

(4) A_2 点。A_2 点是头部曲线段与前端平面（竖直线）的交界点，$X=0$，型值为前端平面半径，斜率为无穷大，曲率 K_0 为零。由于斜率与曲率都是定值，没有可能作为可调参数。为了使反映该处几何特性的量有可能因需要而被选作可调参数，取该点处的曲率变化率 K_{S0} 作为参数，即

$$\left.\begin{array}{c} Y(0)=D_F/2 \\ \left.\frac{\mathrm{d}Y}{\mathrm{d}X}\right|_{X=0}=\infty \quad \text{或} \quad \left.\frac{\mathrm{d}X}{\mathrm{d}Y}\right|_{X=0}=0 \\ \left.\frac{\mathrm{d}^2 X}{\mathrm{d}Y^2}\right|_{X=0}=0 \\ K_{S0} = \left.\frac{\mathrm{d}^3 X}{\mathrm{d}Y^3}\right|_{X=0} \end{array}\right\} \tag{2.36}$$

(5) B_2 点。B_2 点是头部曲线段与平行段的交界点，$X=L_H$，型值为半径，斜率为零，曲率为零，曲率变化率为 K_{S1}，即

$$\left.\begin{array}{l} Y(L_{\text{H}}) = D/2 \\[2mm] \dfrac{\mathrm{d}Y}{\mathrm{d}X}\Big|_{X=L_{\text{H}}} = 0 \\[2mm] \dfrac{\mathrm{d}^2Y}{\mathrm{d}X^2}\Big|_{X=L_{\text{H}}} = 0 \\[2mm] K_{\text{S1}} = \dfrac{\mathrm{d}^3Y}{\mathrm{d}X^3}\Big|_{X=L_{\text{H}}} \end{array}\right\} \tag{2.37}$$

(6)G 点。G 点为拐点，$X = L_{\text{G}}$，型值为 $D_{\text{G}}/2$，斜率为 S_{T}，即有

$$\left.\begin{array}{l} Y(L_{\text{G}}) = D_{\text{G}}/2 \\[2mm] \dfrac{\mathrm{d}Y}{\mathrm{d}X}\Big|_{X=L_{\text{G}}} = S_{\text{T}} \\[2mm] \dfrac{\mathrm{d}^2Y}{\mathrm{d}X^2}\Big|_{X=L_{\text{G}}} = 0 \end{array}\right\} \tag{2.38}$$

(7)C_3 点。C_3 点是平尾段的后端点，此处线型已趋于水平，因此有

$$\left.\begin{array}{l} Y(L) = D_{\text{T}}/2 \\[2mm] \dfrac{\mathrm{d}Y}{\mathrm{d}X}\Big|_{X=L} = 0 \\[2mm] \dfrac{\mathrm{d}^2Y}{\mathrm{d}X^2}\Big|_{X=L} = 0 \end{array}\right\} \tag{2.39}$$

物理线型的几何边界条件须要转换为数学线型的几何边界条件才能应用。上述 7 种边界条件可以组合成多种回转体线型边界条件。现把它们转换为数学线型的边界条件，并以线型类型的形式列于表 2.6 中，以便查用。

表 2.6　回转体数学线型几何边界条件

类型		无平行中段		有平行中段	
		$x=0$	$x=1$	$x=0$	$x=1$
前体段	圆头	$y=0$ $\mathrm{d}x/\mathrm{d}y=0$ $r_0=\dfrac{1}{\mathrm{d}^2x/\mathrm{d}y}$	$y=1$ $\mathrm{d}y/\mathrm{d}x=0$ $k_1=-\mathrm{d}^2y/\mathrm{d}x$	$y=0$ $\mathrm{d}x/\mathrm{d}y=0$ $r_0=\dfrac{1}{\mathrm{d}^2x/\mathrm{d}y}$	$y=1$ $\mathrm{d}y/\mathrm{d}x=0$ $\mathrm{d}^2y/\mathrm{d}^2x=0$ $k_{s1}=\mathrm{d}^3y/\mathrm{d}^3x$
	平头	$y=0$ $\mathrm{d}x/\mathrm{d}y=0$ $\mathrm{d}^2x/\mathrm{d}^2y=0$ $k_{s0}=\mathrm{d}^3x/\mathrm{d}^3y$	$y=1$ $\mathrm{d}y/\mathrm{d}x=0$ $k_1=-\mathrm{d}^2y/\mathrm{d}x$	$y=0$ $\mathrm{d}x/\mathrm{d}y=0$ $\mathrm{d}^2x/\mathrm{d}^2y=0$ $k_{s0}=\mathrm{d}^3x/\mathrm{d}y$	$y=1$ $\mathrm{d}y/\mathrm{d}x=0$ $\mathrm{d}^2y/\mathrm{d}^2x=0$ $k_{s1}=\mathrm{d}^3y/\mathrm{d}^3x$
无拐点后体段	尖尾	$y=0$ $s_t=\mathrm{d}y/\mathrm{d}x$	$y=1$ $\mathrm{d}y/\mathrm{d}x=0$ $k_1=-\mathrm{d}^2y/\mathrm{d}x$	$y=0$ $s_t=\mathrm{d}y/\mathrm{d}x$	$y=1$ $\mathrm{d}y/\mathrm{d}x=0$ $\mathrm{d}^2y/\mathrm{d}x=0$ $k_{s1}=\mathrm{d}^3y/\mathrm{d}x$
	截尾	$y=0$ $s_t=\mathrm{d}y/\mathrm{d}x$	$y=1$ $\mathrm{d}y/\mathrm{d}x=0$ $k_1=-\mathrm{d}^2y/\mathrm{d}x$	$y=0$ $s_t=\mathrm{d}y/\mathrm{d}x$	$y=1$ $\mathrm{d}y/\mathrm{d}x=0$ $\mathrm{d}^2y/\mathrm{d}^2x=0$ $k_{s1}=\mathrm{d}^3y/\mathrm{d}^3x$

续 表

类型		无平行中段		有平行中段	
		$x=0$	$x=1$	$x=0$	$x=1$
有拐点后体段	后体前段	$y=0$ $s_t=\mathrm{d}y/\mathrm{d}x$ $\mathrm{d}^2/\mathrm{d}x=0$	$y=1$ $\mathrm{d}y/\mathrm{d}x=0$ $k_1=-\mathrm{d}^2y/\mathrm{d}^2x$	$y=0$ $s_t=\mathrm{d}y/\mathrm{d}x$ $\mathrm{d}^2y/\mathrm{d}^2x=0$	$y=1$ $\mathrm{d}y/\mathrm{d}x=0$ $\mathrm{d}^2y/\mathrm{d}^2x=0$ $k_{s1}=\mathrm{d}^3y/\mathrm{d}^3x$
	平尾	$y=0$ $\mathrm{d}y/\mathrm{d}x=0$ $\mathrm{d}^2y/\mathrm{d}^2x=0$	$y=1$ $\mathrm{d}y/\mathrm{d}x=s_t$ $\mathrm{d}^2y/\mathrm{d}^2x=0$	$y=0$ $\mathrm{d}y/\mathrm{d}x=0$ $\mathrm{d}^2y/\mathrm{d}^2x=0$	$y=1$ $\mathrm{d}y/\mathrm{d}x=s_t$ $\mathrm{d}^2y/\mathrm{d}^2x=0$
	截尾	$y=0$ $s_t=\mathrm{d}y/\mathrm{d}x$	$y=1$ $s_t=\mathrm{d}y/\mathrm{d}x$ $\mathrm{d}^2y/\mathrm{d}^2x=0$	$y=0$ $s_t=\mathrm{d}y/\mathrm{d}x$	$y=1$ $s_t=\mathrm{d}y/\mathrm{d}x$ $\mathrm{d}^2y/\mathrm{d}^2x=0$

四、线型数学表达式建立

线型数学表达式可以根据几何边界条件,应用待定系数法建立。

例 2.1 建立无平行中段圆头回转体头部线型表达式。

(1)零参数表达式;

(2)单参数表达式;

(3)双参数表达式。

解 考虑到是圆头,可设所建立的数学表达式形式为

$$y^2=f(x) \tag{2.40}$$

式中,$f(x)$为待定函数,这里选用多项式。由表 2.6 知,所求线型的基本边界条件有 4 个:

$$\left.\begin{array}{ll}y(0)=0, & [\mathrm{d}x/\mathrm{d}y]_{x=0}=0\\y(1)=1, & y'(1)=0\end{array}\right\} \tag{2.41}$$

由于所设表达式式(2.40)为二次方式,相当于已应用了边界条件式(2.41)中的第 2 个边界条件(在 $x=0$ 处,斜率为无穷大),因此可用的边界条件是其余的 3 个。

1.零参数线型表达式建立

不含有可调参数的线型表达式称为零参数表达式,此时待定的系数个数与边界条件数相同。可设

$$f(x)=a_0+a_1x+a_2x^2 \tag{2.42}$$

对式(2.40)求导数

$$2y\frac{\mathrm{d}y}{\mathrm{d}x}=f'(x) \quad 或 \quad 2y=f'(x)\frac{\mathrm{d}x}{\mathrm{d}y} \tag{2.43}$$

代入边界条件式(2.41)得

$$\begin{cases}f(0)=a_0=0\\f(1)=a_0+a_1+a_2=1\\f'(1)=a_1+2a_2=0\end{cases}$$

解此方程组得 $\quad a_0=0, \quad a_1=2, \quad a_2=-1$

代入式(2.40)，得所求数学线型为

$$y^2 = 1 - (1-x)^2 \quad (0 \leqslant x \leqslant 1) \tag{2.44}$$

应用变换式(2.22)，得物理线型为

$$Y^2 = \frac{D^2}{4}\left[1 - \frac{(L_H - X)^2}{L_H^2}\right] \quad (0 \leqslant X \leqslant L_H) \tag{2.45}$$

这是一个半椭圆方程，其中心位于$(L_H, 0)$，半长轴为L_H，半短轴为$D/2$。当$L_H = D/2$时，为其特例，变为半圆。所以，式(2.45)表示的是一个半回转椭球体线型。早期的鱼雷中有些就是应用半椭球头。数学线型式(2.44)尽管表示的是半圆，因其物理线型的关系，一般也称为椭圆形线型。后来人们把它扩展为单参数椭圆形线型

$$y^n = 1 - (1-x)^n \quad (0 \leqslant x \leqslant 1) \tag{2.46}$$

进而又扩展为双参数椭圆形线型

$$y^m = 1 - (1-x)^n \quad (0 \leqslant x \leqslant 1) \tag{2.47}$$

2. 单参数线型表达式建立

如果所设的$f(x)$中的待定系数个数多于边界条件数，则多出的个数即为可调参数的个数，于是设

$$f(x) = a_0 + a_1 x + a_2 x^2 + a_3 x^3 \tag{2.48}$$

应用边界条件式(2.41)可得

$$\left.\begin{array}{l} f(0) = a_0 = 0 \\ f(1) = a_0 + a_1 + a_2 + a_3 = 1 \\ f'(1) = a_1 + 2a_2 + 3a_3 = 0 \end{array}\right\} \tag{2.49}$$

把a_1作为可调参数(暂作已知量看待)，解方程组式(2.49)可得

$$\begin{cases} a_0 = 0 \\ a_2 = 3 - 2a_1 \\ a_3 = a_1 - 2 \end{cases}$$

于是得到含有一个可调参数a_1的圆头回转体线型表达式

$$y^2 = a_1 x + (3 - 2a_1)x^2 + (a_1 - 2)x^3 \tag{2.50}$$

如果利用具有几何意义的曲率或曲率半径代替式(2.50)中的a_1，会更好些。考虑到在$x = 0$处，有

$$r_0 = \frac{1}{[\mathrm{d}^2 x / \mathrm{d}y^2]_{x=0}}$$

若把r_0暂作已知量看待，上式就是一个边界条件。此时建立圆头线型的边界条件成为式(2.41)并另加上式，共5个边界条件。由于r_0其实是未知量，准备用作可调参数，故所设表达式仍为式(2.48)。重新求解a_0, a_1, a_2, a_3，并且代入式(2.48)便得到以r_0为参数的单参数圆头回转体线型表达式

$$y^2 = 2r_0 x + (3 - 4r_0)x^2 + 2(r_0 - 1)x^3 \tag{2.51}$$

显然，r_0作为可调参数分布在各项中不便应用，为此重新改写式(2.51)得

$$y^2 = r_0[2x(1-x)^2] + x^2(3 - 2x) \tag{2.52}$$

3. 双参数线型表达式建立

把圆头线型在$x = 0$处的曲率半径r_0的表达式，以及在$x = 1$处的曲率k_1的表达式也作为

边界条件，于是圆头回转体线型的边界条件式(2.41)改为

$$x=0 \text{ 处}: \quad y=0, \quad \mathrm{d}x/\mathrm{d}y=0, \quad r_0=1/(\mathrm{d}^2x/\mathrm{d}y^2) \atop x=1 \text{ 处}: \quad y=1, \quad \mathrm{d}y/\mathrm{d}x=0, \quad -k_1=\mathrm{d}^2y/\mathrm{d}x^2 \right\} \tag{2.53}$$

线型表达式仿照式(2.52)的多项式线性组合形式设为

$$y^2=f(x)=r_0 f_1(x)+k_1 f_2(x)+f_3(x) \tag{2.54}$$

由于共 6 个边界条件，考虑 y^2 已用了 1 个边界条件，因此 $f_1(x),f_2(x),f_3(x)$ 只能含有 5 个未知参数，即它们均为 4 阶多项式，可设

$$f_j(x)=a_{j0}\sum_{i=1}^{4}a_{ji}x^i \quad (j=1,2,3) \tag{2.55}$$

根据边界条件式(2.53)：

(1) 由 $y(0)=0$，有

$$r_0 f_1(0)+k_1 f_2(0)+f_3(0)=0$$

因为 r_0 和 k_1 是独立且任意的，因此可以推得

$$f_1(0)=f_2(0)=f_3(0)=0 \tag{1}$$

(2) 由 $y(1)=1$，可推得

$$f_1(1)=0, f_2(1)=0, f_3(1)=1 \tag{2}$$

(3) 由 $[\mathrm{d}x/\mathrm{d}y]_{x=0}=0$ 及 $[\mathrm{d}^2x/\mathrm{d}y^2]_{x=0}=0$，对式(2.54)求导数：

$$2y\frac{\mathrm{d}y}{\mathrm{d}x}=f'(x)\rightarrow 2y=f'(x)\frac{\mathrm{d}x}{\mathrm{d}y}$$

$$2=f''(x)\left(\frac{\mathrm{d}x}{\mathrm{d}y}\right)^2+f'(x)\frac{\mathrm{d}^2x}{\mathrm{d}y^2}\rightarrow f'(0)=2r_0=r_0 f'_1(0)+k_1 f'_2(0)+f'_3(0)$$

所以

$$f'_1(0)=2, f'_2(0)=f'_3(0)=0 \tag{3}$$

(4) 由 $y'(1)=0$，可推得

$$f'_1(1)=f'_2(1)=f'_3(1)=0 \tag{4}$$

(5) 由 $y''(1)=-k_1$，式(2.54)对 x 求 2 阶导数

$$2y'^2+2yy''=f''(x)\rightarrow 2y(1)(-k_1)=r_0 f'_1(1)+k_1 f''_2(1)+f''_3(1)=-2k_1$$

所以
$$f''_1(1)=f''_3(1)=0, f''_2(1)=-2 \tag{5}$$

由方程(1)到(5)得到求解 f_1,f_2,f_3 的方程组为

$$\left.\begin{array}{l}f_1(0)=0\\f_1(1)=0\\f'_1(0)=2\\f'_1(1)=0\\f''_1(1)=0\end{array}\right\}\left.\begin{array}{l}f_2(0)=0\\f_2(1)=0\\f'_2(0)=0\\f'_2(1)=0\\f''_2(1)=-2\end{array}\right\}\left.\begin{array}{l}f_3(0)=0\\f_3(1)=1\\f'_3(0)=0\\f'_3(1)=0\\f''_3(1)=0\end{array}\right\} \tag{6}$$

先求解 $f_1(x)$，根据式(2.54)与式(6)得到

$$\left.\begin{array}{l}a_{10}=0\\a_{11}+a_{12}+a_{13}+a_{14}=0\\a_{11}=2\\a_{11}+2a_{12}+3a_{13}+4a_{14}=0\\2a_{12}+6a_{13}+12a_{14}=0\end{array}\right\} \tag{7}$$

解之得

$$a_{10}=0,a_{11}=2,a_{12}=-6,a_{13}=6,a_{14}=-2 \tag{8}$$

于是 $f_1(x)$ 为

$$f_1(x)=2x-6x^2+6x^3-2x^4=-2x(x-1)^3 \tag{2.56}$$

类似可解得

$$f_2(x)=-x^2(x-1)^2 \tag{2.57}$$

$$f_3(2)=x^2(3x^2-8x+6) \tag{2.58}$$

至此,可以得到所建立的双参数圆头线型方程为

$$y^2=-2r_0x(x-1)^3-k_1x^2(x-1)^2+x^2(3x^2-8x+6) \tag{2.59}$$

2.3　雷体外形设计原则

2.3.1　力学特性表征

雷体外形的力学特性包括流体动力特性与绕流产生的声学特性。力学特性的表征与评价主要借助如下力学参数与力学现象:

(1)雷体表面压力沿轴向分布规律,特别是雷头部分的压力分布曲线形状。压力系数 C_p 定义为

$$C_p=\frac{p-p_\infty}{\frac{1}{2}\rho v_\infty^2}=1-\frac{v^2}{v_\infty^2} \tag{2.60}$$

式中　p——雷体表面上任意一点处的压力(压强);

v——雷体表面上同一点处的流体速度;

p_∞——无穷远处未被扰动的来流压力;

v_∞——无穷远处未被扰动的来流速度,对应于鱼雷的航行速度;

ρ——海水密度。

(2)最大减压系数 ξ_{max} 及产生最大减压系数处的轴向位置 x_ξ。减压系数定义为压力系数的负值,即

$$\xi=-C_p=v^2/v_\infty^2-1 \tag{2.61}$$

减压系数中的最大值称为最大减压系数

$$\xi_{max}=\max(\xi)=-\min(C_p)=\frac{p_\infty-p_{min}}{0.5\rho v_\infty^2}=\frac{v_{max}^2}{v_\infty^2}-1 \tag{2.62}$$

最大减压系数 ξ_{max} 的数值大小可以反映雷体表面是否会发生空化现象,ξ_{max} 值越大,越易于产生空化现象。如果发生空化,最大减压系数轴向位置 x_ξ 处的雷体表面将最早发生空化。空化产生噪声,增大阻力,并造成雷体表面剥蚀。

(3)边界层特性:层流边界层长度 L_1 或转捩点位置 x_{cr};边界层位移厚度 δ^*、动量厚度 θ;表面摩擦阻力系数 C_f 分布;边界层分离现象。

边界层计算有动量积分解法与微分方程解法两大类,例如,思韦茨(Thwaites)的层流边界层单参数解法,卡门与黑德(Head)的湍流边界层积分关系式解法,佩特(Patel)的轴对称厚边界层解法,薛贝赛-史密斯(Cebeci-Smith)微分方程的有限差分解法,等等。转捩点位置 x_{cr},判定的方法有米歇尔(Michael)方法、格兰韦尔方法等。雷体边界层特性不仅与阻力有关,而且影响鱼雷航行时的辐射噪声与自噪声。

(4)阻力系数 C_x。C_x 可以通过对雷体表面的压力与摩擦阻力系数积分获得,即

$$C_x = \frac{2\pi}{\Omega_k} \int_0^L C_p \sin\gamma Y dX + \frac{2\pi}{\Omega_k} \int_0^L C_f \cos\gamma Y dX \tag{2.63}$$

式中,γ 为雷体型线的切线与 x 轴的夹角,当 γ 不大时有

$$\sin\gamma \approx \tan\gamma = dY/dX, \cos\gamma \approx 1 \tag{2.64}$$

当对不同雷体外形的阻力大小进行比较时,也经常应用杨(Yang)公式,即

$$C_{xV} = \frac{X}{\frac{1}{2}\rho v_\infty^2 V_k^{2/3}} = \frac{4\pi}{V_k^{2/3}} Y\theta \left(\frac{U}{v_\infty}\right)^{(H=5)/2} \Bigg|_{雷体后缘} \tag{2.65}$$

式中　　U—— 边界层外缘的势流速度;

　　　　H—— 位移厚度与动量厚度之比,即 $H = \delta^*/\theta$,称为形状因子;

　　　　C_{xV}—— 以雷体体积 V_k 的 2/3 次方作为面积特征量的阻力系数。

具有一定的容积(或丰满度)是雷体外形设计中的一项重要要求,把雷体体积引入到阻力系数中,便于在体积一定的条件下对不同雷体外形的阻力进行比较,进而判定雷体外形的优劣。

(5)伴流系数 ω。雷体的影响,使雷体尾部流体速度与来流速度产生一个差值,该差值与来流速度之比称为伴流系数,它直接影响到鳍舵与推进器的效率。

(6)攻角特性:$C_p(\alpha)$,$C_y(\alpha)$,$m_z(\alpha)$ 等,有攻角后雷体的绕流发生了变化,其压力分布、边界层也都发生了变化,不仅阻力增加了,同时也产生了升力与力矩。

(7)浮力特性。雷体的浮力与浮心位置对鱼雷的力系平衡及运动稳定性等都有重要影响。

2.3.2　设计原则

一、减小航行阻力

雷体的沾湿表面积及雷体的阻力占全雷的 90% 以上,因此,减小雷体的航行阻力是雷体线型设计的重要原则之一。

鱼雷发动机的轴功率(传到推进器处的有效输出功率)N_e,与鱼雷航行速度 v 及航行阻力 X 的关系为

$$N_e = Xv/(1000\eta_p) \quad (kW) \tag{2.66}$$

式中,η_p 为推进器的推进效率。由上式可知,当航行速度一定时,所需的发动机轴功率与航行阻力成线性关系,随着航行阻力的增加,发动机轴功率按同一比例增加。

式(2.66)还可写成

$$N_e = A_x v^3 \quad 或 \quad v^3 = N_e/A_x \tag{2.67}$$

式中,$A_x = 0.5\rho C_x \Omega$,称为有量纲阻力系数。可见,在发动机轴功率一定的条件下,鱼雷的航行

速度与阻力（系数）的 1/3 次方成反比，阻力增加，速度下降。

与雷体线型参数直接相关的主要减阻途径有以下几个方面：

（1）尽可能选用低阻力雷体长细比。雷体的阻力系数（压差阻力系数与摩擦阻力系数）随着雷体长细比 L/D 的增大而减小，并趋于平板的阻力系数。但另一方面，雷体阻力中摩擦阻力占主要部分，约占总阻力的 80%，而摩擦阻力的大小又与沾湿表面积有关。在雷体容积一定的情况下，当长细比增大时，表面积与容积之比也随之增大，这对减小摩擦阻力并不有利。

据有关资料介绍，保持鱼雷容积不变，当改变其长细比 L/D 值时（鱼雷的头部和尾部几何相似），鱼雷阻力值也随之改变。图 2.7 给出了鱼雷不同长细比时的阻力与长细比 $L/D=14$ 时的阻力比较曲线。由图可知，当鱼雷长细比在 6～10 范围内时，鱼雷的阻力比较小。此时，鱼雷运动阻力的下降量为 10%～11%。这相当于可使鱼雷的速度提高 3% 左右。当然，选择鱼雷长细比时，还受到鱼雷战术技术指标要求和发射装置尺寸等多方面的制约，需要统一考虑。

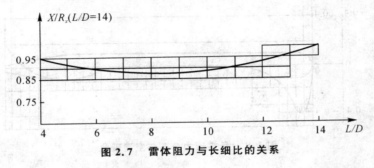

图 2.7　雷体阻力与长细比的关系

（2）减小尾锥半角 α 值。减小尾锥半角可以推迟或避免雷体尾部边界层分离，从而碱小旋涡阻力。据现有的实验资料，尾锥半角小于 12° 时，一般就可以避免发生边界层分离现象。

（3）尽量减小雷体尾端面直径 D_E 值。减小尾端面直径有利于减小底部阻力，同时有利于增加推进器的伴流效益。但是减小 D_E 值与增大容积、减小 α 值将会发生矛盾，D_E 值过小还会影响动力装置的排气，因此确定 D_E 值时需要综合平衡。

（4）增加雷体表面的层流边界层长度。增加雷体层流边界层长度，可以减小湍流附加切应力。

二、不发生空泡现象

当鱼雷表面上的局部压力降低到当地温度下水的饱和蒸汽压力 p_v 之下时，在该局部区域内的水将汽化，产生蒸汽气泡，出现空泡现象。表 2.7 中给出了水的饱和蒸汽压力与温度的关系。

表 2.7　不同温度下水的饱和蒸汽压力

温度 /℃	0	5	10	15	20	30	40	50	100
蒸汽压力 /Pa	610	870	1230	1700	2340	4240	7380	12330	101330

空泡现象的出现，改变了绕流雷体的流动状态，使阻力明显增加。同时，空泡现象也是宽带强噪声源，产生极强的自噪声与辐射噪声。因此，设计的雷体线型必须避免在鱼雷航深范围内产生空泡现象。

为了表明产生空泡现象的难易程度，引入空泡数 σ_v，即

$$\sigma_v = 2(p_\infty - p_v)/(\rho v_\infty^2) = 2(p_a + p_h - p_v)/(\rho v_\infty^2) \tag{2.68}$$

式中 p_a—— 海平面上的标准大气压力;

   p_h—— 鱼雷航行深度处的静水压力;

   p_v—— 鱼雷航行深度处水的饱和蒸汽压力;

   v_∞—— 取鱼雷的航行速度。

空泡数 σ_v 与鱼雷的外形、攻角及所选点无关,只与来流速度 v_∞、压力 p_∞ 和当时温度下的饱和蒸汽压力 p_v 有关,它表明了在既定条件下产生空泡的最小减压系数。容易看出:

当 $\xi_{max} < \sigma_v$ 时,不产生空泡;

当 $\xi_{max} = \sigma_v$ 时,开始形成空泡;

当 $\xi_{max} > \sigma_v$ 时,空泡区增大,在所有 $\xi \geqslant \sigma_k$ 的点上都发生空泡现象(见图 2.8)。

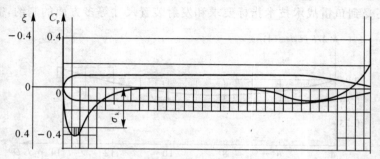

图 2.8   鱼雷压力分布与空泡现象

最大减压系数都发生雷头上,设计鱼雷雷头外形时,在既定航速 v 条件下,头部外形上最大减压系数 ξ_{max} 值应小于该条件下的空泡数 σ_v。因此为使雷头不产生空泡,雷头上 ξ_{max} 的允许极限值为

$$\xi_{max} = 2(p_a + p_h - p_v)/(\rho v_\infty^2) \tag{2.69}$$

当鱼雷航行速度 v 超过某一临界值时,雷头表面上某点的压力 p_{min} 降至当时温度下的饱和蒸汽压力 p_v,则在雷体表面上 p_{min} 点处开始产生空泡,此时鱼雷的运动速度称为"空泡临界速度",以 v_{cr} 表示(当 v 达到 v_{cr} 时,雷头上压力最低点的 $\xi_{max} = \sigma_v$),由式(2.62)得

$$v_{cr} = \sqrt{\frac{2(p_0 - p_v)}{\rho \xi_{max}}} = \sqrt{\frac{2(p_a + p_h - p_v)}{\rho \xi_{max}}} \tag{2.70}$$

实践证明,对鱼雷声自导装置开始产生有害影响的噪声,并不是当鱼雷头部局部的压力 p 降低到该处的饱和蒸汽压力 p_v 时才出现,而是随着压力的降低,溶于海水中的空气将逐渐析出形成气泡。空气泡的振动同样会产生噪声。严格地说,在减压系数大于零的地方都会有空气泡形成。不过只须注意当压力降至某特定值 p_k 时,所形成的空气泡才会妨碍声自导仪表的工作。根据资料,可取 $p_k = 24\,516.6$ 作为参考。由于有害空气泡先于蒸汽空泡而出现,故产生有害噪声的空气泡的临界速度为

$$v'_{cr} = \sqrt{\frac{2(p_a + p_h - p_k)}{\rho \xi_{max}}} \tag{2.71}$$

为了考虑有害空泡的影响,并留有一定的余量,在雷体线型设计中一般以下式作为不产生空泡的条件

$$\xi_{\max} < \sigma_v \quad \text{或} \quad \xi_{\max} < \frac{1}{\eta}\sigma_v \tag{2.72}$$

式中，η 为大于 1 的常数，称为空泡裕度，一般可取 $\eta \approx 1.2$。

根据式(2.72)，式(2.70)改写为

$$v_{cr} = \sqrt{\frac{2(p_a + p_h - p_k)}{\rho \eta \xi_{\max}}} \tag{2.73}$$

例 2.2 设某鱼雷最大减压系数 $\xi_{\max} = 0.373$，航行时水温 $t = 20℃$，取 $\eta = 1$，求：

(1) 航行速度为 50kn，航行深度为 4m，判定航行时是否产生空泡现象；

(2) 航行深度为 4m，求空泡临界速度；

(3) 航行速度为 50kn，求不发生空泡现象的最小航行深度。

解 (1) $\sigma_v = \dfrac{2(p_a + p_h - p_v)}{\rho v^2} = \dfrac{2 \times (101\ 322.3 + 1\ 020 \times 9.81 \times 4 - 2\ 336.9)}{1\ 020 \times (50 \times 0.514)^2} = 0.413$

因为 $\xi_{\max} = 0.373 < \sigma_k = 0.413$，所以不发生空泡现象。

(2) $\quad v_{cr} = \sqrt{\dfrac{2(p_a + p_h - p_v)}{\rho \xi_{\max}}} = \sqrt{\dfrac{278\ 020.4}{380.4}} = 27.03\text{m/s} = 52.55\text{kn}$

(3) 因为 $\quad \xi_{\max} \leqslant \sigma_v = \dfrac{2(p_a + p_h - p_v)}{\rho v^2}, \quad p_h = \rho g h$

求得 $\quad h \geqslant \dfrac{\xi_{\max}\rho v^2 + 2p_v - 2p_a}{2\rho g} = 2.68\text{m}$

所以，$h_{cr} = 2.68\text{m}$。

例 2.3 取 $\eta = 1.2$，重解例 2.2。

解 (1) 因为 $\quad \xi_{\max} = 1.2 \times 0.373 = 0.447\ 6 > \sigma_k = 0.413$

所以将发生空泡现象。

(2) $\quad v_{cr} = \sqrt{\dfrac{278\ 020.4}{1.2 \times 380.46}} = 24.68\text{m/s} = 47.97\text{kn}$

(3) $\quad h_{cr} = \dfrac{\xi_{\max}\rho v^2 + 2p_v - 2p_a}{2\rho g} = 5.21\text{m}$

三、推迟转捩，延长层流边界层长度

层流边界层内的切向应力 τ_1 为牛顿内摩擦应力

$$\tau_1 = \mu \frac{\partial u_x}{\partial y} \tag{2.74}$$

湍流边界层内的切向应力 τ_1 除了牛顿内摩擦应力外，还有湍流附加切向应力，即

$$\tau_1 = \mu \frac{\partial u_x}{\partial y} - \rho \overline{u'_x u'_y} \tag{2.75}$$

式中，μ 为流体动力黏性系数；u'_x，u'_y 分别为 x 轴与 y 轴方向的脉动速度，$-\rho \overline{u'_x u'_y}$ 为正值。所以湍流阻力比层流大得多，延长雷体表面的层流边界层长度，可以减小雷体阻力。

湍流中各物理量都有较大的湍流随机脉动性，并具有较强的旋涡，同时还会激励壳体振动，产生较强的流动噪声，延长层流段有利于降低流动噪声。

由层流到湍流的转捩区，由于流动的不稳定性，产生强烈的流动噪声，是雷头自噪声的主要声源。根据模型实验资料，转捩点后移 10mm，雷头自噪声可以降低 1dB，被动声自导的作

用距离可以增加 8%。可见，推迟转捩发生，对于提高鱼雷性能是非常重要的。

雷体表面的边界层特性，除雷诺数外，主要依赖于雷体表面的压力分布情况，特别是雷头表面的压力分布状况，而压力分布又依赖于雷体线型的几何形状。因此，尽量推迟转捩点的位置，延长层流边界层长度是雷体线型特别是雷头线型设计的重要原则之一。

四、增大容积

雷体应具有较大的容积，以增加装药量，增加能源储备，提高鱼雷的爆炸威力，增大航程，获得较大的浮力以平衡重力。雷体容积一般以丰满度表示，目前大多数鱼雷雷体丰满度 ψ 在 $0.85 \sim 0.88$ 之间。

五、合理匹配

雷体外形应满足内部设备与外部附件的安装与匹配要求，例如，声自导系统对平头线型的要求，鳍舵及推进器为提高效率对雷体尾部线型的要求，发射装置对雷体外形外廓尺寸的限制等。

2.4 应用源汇设计雷体线型

2.4.1 基本公式

一、直线均匀流

直线均匀流是速度的大小与方向处处相同的流动。对于速度大小为 v_∞、方向沿 x 轴正向的直线均匀流，其速度势函数与流函数分别为

$$\varphi = v_\infty x , \quad \psi = v_\infty y \tag{2.76}$$

在柱面和球面坐标系中分别为

$$\varphi = v_\infty x , \quad \psi = \frac{1}{2} v_\infty r^2 \tag{2.77}$$

$$\varphi = v_\infty R\cos\theta , \quad \psi = \frac{1}{2} v_\infty R^2 \sin\theta \tag{2.78}$$

式中，x, r 为柱面坐标系中的坐标；R, θ 为球面坐标系中的坐标。

二、源汇流

流体由一点出发，向四面八方均匀地流出，所形成的流动称为点源流。反之，流体由四面八方均匀地流向一点，称为点汇流。

平面点源的速度势函数与流函数分别为

$$\varphi(x, y) = \frac{Q}{4\pi} \ln\left[(x - \xi)^2 + (y - \eta)^2\right] \tag{2.79}$$

$$\psi(x, y) = \frac{Q}{2\pi} \arctan \frac{y - \eta}{x - \xi} \tag{2.80}$$

在极坐标系中为

$$\varphi(r,\theta) = \frac{Q}{2\pi}\ln r \tag{2.81}$$

$$\psi(r,\theta) = \frac{Q}{2\pi}\theta \tag{2.82}$$

式中,Q 称为源汇强度,取正值表示源,取负值表示汇,以使点源与点汇的公式具有相同的形式。(ξ,η) 是点源所在处的坐标,极坐标的原点取在点源所在点。

空间点源的速度势函数与流函数分别为

$$\varphi(x,y,z) = -\frac{Q}{4\pi}\frac{1}{r_{PQ}} = -\frac{Q}{4\pi}\frac{1}{\sqrt{(x-\xi)^2+(y-\eta)^2+(z-\zeta)^2}} \tag{2.83}$$

$$\psi(x,y,z) = -\frac{Q}{4\pi}\frac{x-\xi}{\sqrt{(x-\xi)^2+(y-\eta)^2+(z-\zeta)^2}} \tag{2.84}$$

式中,r_{PQ} 为源汇所在点 $Q(\xi,\eta,\zeta)$ 到空间任一点 $P(x,y,z)$ 的距离。

沿一条线连续分布空间点源时,称为线源。单位长度上线源的强度称为强度线密度。设在 x 轴上由原点起长度为 L 的线源强度线密度为 $q(\xi)$,则 L 段线源的速度势函数和流函数分别为

$$\varphi(x,y,z) = -\frac{1}{4\pi}\int_0^L \frac{q(\xi)\mathrm{d}\xi}{\sqrt{(x-\xi)^2+y^2+z^2}} \tag{2.85}$$

$$\psi(x,y,z) = -\frac{1}{4\pi}\int_0^L \frac{(x-\xi)q(\xi)\mathrm{d}\xi}{\sqrt{(x-\xi)^2+y^2+z^2}} \tag{2.86}$$

在柱面坐标系中为

$$\varphi(x,r) = -\frac{1}{4\pi}\int_0^L \frac{q(\xi)\mathrm{d}\xi}{\sqrt{(x-\xi)^2+r^2}} \tag{2.87}$$

$$\psi(x,r) = -\frac{1}{4\pi}\int_0^L \frac{(x-\xi)q(\xi)\mathrm{d}\xi}{\sqrt{(x-\xi)^2+r^2}} \tag{2.88}$$

在一块曲面上连续分布空间点源时,称为面源。单位面积上面源的强度称为强度面密度。面积为 S、源强度面密度为 $\sigma(Q)=\sigma(\xi,\eta,\zeta)$ 的面源,其速度势函数和流函数分别为

$$\varphi(x,y,z) = -\frac{1}{4\pi}\iint_S \frac{\sigma(Q)}{r_{PQ}}\mathrm{d}S = -\frac{1}{4\pi}\iint_S \frac{\sigma(\xi,\eta,\zeta)\mathrm{d}S}{\sqrt{(x-\xi)^2+(y-\eta)^2+(z-\zeta)^2}} \tag{2.89}$$

$$\psi(x,y,z) = -\frac{1}{4\pi}\iint_S \frac{(x-\xi)\sigma(\xi,\eta,\zeta)\mathrm{d}S}{\sqrt{(x-\xi)^2+(y-\eta)^2+(z-\zeta)^2}} \tag{2.90}$$

三、回转体物面流线方程

直线均匀流与沿 x 轴 L 段上分布的源汇叠加,其流场为轴对称流场,存在流函数,流函数 ψ 在柱面坐标系中为

$$\psi(x,r) = \psi_\infty + \psi_\mathrm{d} = \frac{1}{2}v_\infty r^2 - \frac{1}{4\pi}\int_0^L \frac{(x-\xi)q(\xi)}{\sqrt{(x-\xi)^2+r^2}}\mathrm{d}\xi \tag{2.91}$$

式中　ψ_∞——直线均匀流的流函数;

ψ_d——分布源汇的流函数。

根据势流理论,流体沿物面流动,物面是条流线(面),流函数为常数时为流线方程。于是回转体物面线型方程为

$$\frac{1}{2}v_\infty r^2 - \frac{1}{4\pi}\int_0^L \frac{(x-\xi)q(\xi)}{\sqrt{(x-\xi)^2+r^2}}\mathrm{d}\xi = \frac{1}{4\pi}\int_0^L q(\xi)\mathrm{d}\xi \qquad (2.92)$$

当物面线型是一条封闭流线时,通过物面流线的流量为零,即

$$\frac{1}{2}v_\infty r^2 - \frac{1}{4\pi}\int_0^L \frac{(x-\xi)q(\xi)}{\sqrt{(x-\xi)^2+r^2}}\mathrm{d}\xi = 0 \qquad (2.93)$$

物面上的速度分布为

$$\left.\begin{array}{l}v_x = \dfrac{1}{r}\dfrac{\partial\psi}{\partial r} = v_\infty + \dfrac{1}{4\pi}\int_0^L \dfrac{(x-\xi)q(\xi)\mathrm{d}\xi}{\sqrt{[(x-\xi)^2+r^2]^{3/2}}}\\[4mm] v_r = -\dfrac{1}{r}\dfrac{\partial\psi}{\partial x} = \dfrac{1}{4\pi}\int_0^L \dfrac{rq(\xi)\mathrm{d}\xi}{\sqrt{[(x-\xi)^2+r^2]^{3/2}}}\end{array}\right\} \qquad (2.94)$$

四、任意物面边界条件

直线均匀流与物面上分布的源汇叠加,其流场的速度势函数为

$$\varphi = \varphi_\infty + \varphi_d = \varphi_\infty - \frac{1}{4\pi}\iint_s \frac{\sigma(Q)}{r_{PQ}}\mathrm{d}s \qquad (2.95)$$

式中 φ_∞ —— 直线均匀流的速度势函数

φ_d —— 分布源汇的速度势函数。

由于 φ 自动满足拉普拉斯方程,只需要使 φ 再满足边界条件。根据物面边界条件有

$$\frac{\partial\varphi}{\partial n}\Big|_s = \nabla\varphi_\infty \cdot \boldsymbol{n} - \frac{1}{4\pi}\frac{\partial}{\partial n}\left[\iint_s \frac{\sigma}{r}\mathrm{d}s\right] = 0$$

上式可进一步写成

$$\frac{1}{2}\sigma(P) - \frac{1}{4\pi}\iint_s \frac{\partial}{\partial n}\left[\frac{1}{r_{PQ}}\right]\sigma(Q)\mathrm{d}s = -\boldsymbol{v}_\infty \cdot \boldsymbol{n}(P) \qquad (2.96)$$

式中 $\boldsymbol{n}(P)$ —— 物面上任一点 P 处的单位外法向矢量;

$\sigma(P)$ —— P 点处的源强面密度,$\frac{1}{2}\sigma(P)$ 是当受扰点 P 无限趋于布源点 Q 时,布源点处源强对布源点处自身的法向速度贡献。

2.4.2   基于正问题的设计方法

一、数值公式

基于正问题的设计方法的基本思路:通过直线均匀流与分布源汇叠加生成一个初步外形,然后对此外形的几何特性与力学性能进行预报,再与既定的外形设计要求比较,若不满足要求,通过改变源汇的强度与分布规律,以生成新的外形,直到获得满足要求的外形。这时的外形即为所要设计的雷体外形。

鱼雷头部与尾部线型设计要求都比较严格,为了获得理想的线型,用以叠加的源汇分布规律都较为复杂,一般须要利用数值方法求解。现以沿回转体轴线分段等强度分布源汇法为例,说明设计无平行中段回转体线型的数值计算公式建立方法及线型设计的基本过程。

如图 2.9 所示,取回转体外形轴线为 ox 轴,设回转体长度为 L,o 点和 B 点分别为回转体的首、尾端点。在 ox 轴上长度为 $l(l=L-x_\mathrm{h}-x_\mathrm{t})$ 段上分布源汇。把 l 段分为 m 个小段:l_1,l_2,

$\cdots,l_j,j=1,2,\cdots,m$；节点处的 x 坐标以 x_j 表示，$j=1,2,\cdots,m,m+1$；每小段上源汇强度线密度为 $q_1,q_2,\cdots,q_j$，则源汇总强度为

$$Q=\sum_{j=1}^{m}q_jl_j \qquad (2.97)$$

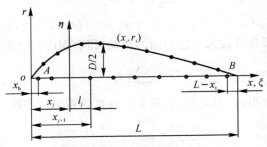

图 2.9　节点与控制点

在型线上取 m 个控制点，坐标以 $(x_i,r_i),i=1,2,\cdots,m$ 表示，则 m 个小段上分布的源汇在第 i 个控制点 (x_i,r_i) 处的流函数为

$$\psi_{di}(x_i,r_i)=-\frac{1}{4\pi}\sum_{j=1}^{m}q_j\int_{x_j}^{x_{j+1}}\frac{(x_i-x_j-\xi)}{\sqrt{(x_i-x_j-\xi)^2+r_i^2}}\mathrm{d}\xi=\sum_{j=1}^{m}q_j\psi_{ij} \qquad (2.98)$$

式中，ψ_{ij} 称为流函数影响系数，表示第 j 个单元上源汇强度为单位值时，对第 i 个控制点的流函数贡献

$$\psi_{ij}=\frac{1}{4\pi}\left[\sqrt{(x_i-x_{j+1})^2+r_i^2}-\sqrt{(x_i-x_j)^2+r_i^2}\right]=\frac{1}{4\pi}(p_{i,j+1}-p_{i,j}) \qquad (2.99)$$

$$p_{ij}=\sqrt{(x_i-x_j)^2+r_i^2} \qquad (2.100)$$

类似地得到

$$\left.\begin{aligned}v_{dx_i}(x_i,r_i)=\sum_{j=1}^{m}q_jv_{x_{ij}}\\v_{dr_i}(x_i,r_i)=\sum_{j=1}^{m}q_jv_{r_{ij}}\end{aligned}\right\} \qquad (2.101)$$

$$\left.\begin{aligned}v_{x_{ij}}=\frac{1}{4\pi}\left[\frac{1}{p_{i,j+1}}-\frac{1}{p_{i,j}}\right]\\v_{r_{ij}}=\frac{1}{4\pi r_i}\left[\frac{x_i-x_j}{p_{i,j}}-\frac{x_i-x_{j+1}}{p_{i,j+1}}\right]\end{aligned}\right\} \qquad (2.102)$$

$v_{x_{ij}}$ 和 $v_{r_{ij}}$ 分别称为 x 方向与 r 方向的速度影响系数。

由 2.2 节知，直线均匀流与源汇叠加形成的物面线型只与直线均匀流速度 v_∞ 及源汇强度 Q 的比值（Q/v_∞）有关，压力分布也只与组合参数（v/v_∞）有关。为了简便，在实际操作中可取 $v_\infty=1$，这对于求解物面型线与压力分布无任何影响，只是求得的源汇强度 Q（或 q）及速度 $v(v_x,v_r)$ 是关于 v_∞ 的相对量。令 $v_\infty=1$，直线均匀流与上述分布源汇叠加后，物面型线方程为

$$r_i^2=-2\sum_{j=1}^{m}q_j\psi_{ij}+\frac{1}{2\pi}\sum_{j=1}^{m}q_jl_j \qquad (i=1,2,\cdots,m) \qquad (2.103)$$

速度与压力分布为

$$v_{x_i}(x_i, r_i) = 1 + \sum_{j=1}^{m} q_j v_{x_{ij}} \quad (i = 1, 2, \cdots, m) \tag{2.104}$$

$$v_{r_i}(x_i, r_i) = \sum_{j=1}^{m} q_j v_{r_{ij}} \quad (i = 1, 2, \cdots, m) \tag{2.105}$$

$$C_{pi}(x_i, r_i) = 1 - (v_{x_i}^2 + v_{r_i}^2) \quad (i = 1, 2, \cdots, m) \tag{2.106}$$

生成封闭物面的必要条件是无通过物面的流动,即物面内的源汇总强度必须为零:

$$Q = \sum_{j=1}^{m} q_j l_j = 0 \tag{2.107}$$

由于是分段等强度分布,q_j 可正可负,源汇总强度为零可以实现。于是式(2.103)变为

$$\sum_{j=1}^{m} q_j \psi_{ij} = -\frac{1}{2} r_i^2 \tag{2.108}$$

式(2.108)是求解源汇强度 q_j 的线性代数方程组。

二、设计过程

基于正问题设计方法的设计过程如图 2.10 所示,这是一种预报与判定式的迭代设计过程。如果在设计中加入优化程序,则变为优化设计。

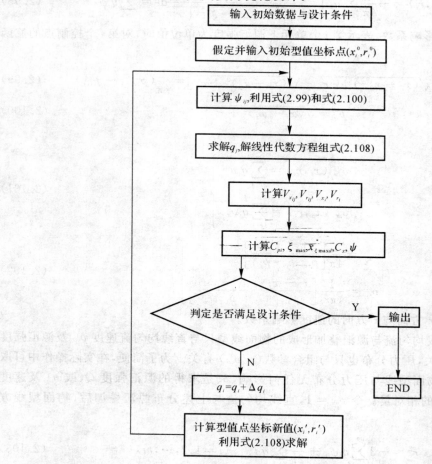

图 2.10　正问题方法设计流程框图

2.4.3　基于逆问题的设计方法

在结构设计中,如果已知某个构件所受到的载荷,并选定了材料,则可以直接通过强度、稳定性等计算,设计出构件。雷体线型设计能否像构件设计一样,根据线型设计要求,直接把线型算出来,这就涉及流体力学中的求逆问题,即给定流场,求解边界条件的问题。要把这种流场求逆方法应用到线型设计中,首先须要把雷体线型的设计要求或目标转化为具体的设计条件,以作为求解线型的已知条件,从而把物理问题转化为数学问题。提出的设计条件在物理上必须能够反映目标的要求,在数学上必须要保证解的存在性与可求性。或者说,设计条件必须是流场参数,并且利用这些参数可以求逆。

雷体线型设计的要求主要是减阻降噪。阻力主要依赖于雷体表面边界层的发展,而表面压力分布,或压力梯度是影响边界层由层流到湍流转捩及边界层分离的一个非常重要的因素。流噪声一般与表面边界层的流动状态有关,另一方面与空化有关,后者直接决定于压力分布的峰值。因此,选择雷体表面压力分布作为设计条件,既反映了对雷体线型的主要要求,也是流场参数。压力分布与速度分布是等价的。

利用流函数求解势流问题,其物面边界条件是流函数在物面上为常数,对于封闭物面为零流线。当利用沿轴线分布源汇与直线均匀流叠加求解流场时,为方程式(2.93)。此外,在势流中,物面上的流体质点速度与物面相切。设物面上一点处的切线与 x 轴的夹角为 γ,则物面上一点处的 x 轴方向的速度分量可表示为

$$v_x \mid_s = v \mid_s \cos\gamma \tag{2.109}$$

式中 v_x 可由式(2.94)求出。当物面上压力分布给定时,速度 v 可由压力表示,切线倾角可用线型斜率表示,即

$$v = v_\infty \sqrt{1 - C_p} \tag{2.110}$$

$$\cos\gamma = \frac{1}{\sqrt{1 + \tan^2\gamma}} = \frac{1}{\sqrt{1 + (\mathrm{d}r/\mathrm{d}x)^2}}$$

把有关各式代入式(2.109)得到

$$\left[v_\infty + \frac{1}{4\pi} \int_0^L \frac{(x-\xi)q(\xi)}{[(x-\xi)^2 + r^2]^{3/2}} \mathrm{d}s \right]_s = \left[\frac{v_\infty \sqrt{1 - C_p}}{\sqrt{1 + (\mathrm{d}r/\mathrm{d}x)^2}} \right]_s \tag{2.111}$$

式(2.102)与式(2.111)是利用流场求逆方法设计雷体线型的基本方程。

求逆设计法的设计过程是一个不断修改线型以满足表面压力分布要求的迭代过程,当达到给定的设计精度时退出迭代过程。设计精度有两种提法:第一种是两次连续迭代中,求出的线型 r 坐标的均方差达到某一给定精度 ε_r,即

$$\sqrt{\frac{1}{m} \sum_{i=1}^{m} (r_i^{k+1} - r_i^k)^2} \leqslant \varepsilon_r \tag{2.112}$$

第二种是在 k 次迭代后,物面的速度或压力分布与给定值的均方差达到某一精度 ε_v 或 ε_{C_p},即

$$\sqrt{\frac{1}{m} \sum_{i=1}^{m} (v_i^k - v_i^0)^2} \leqslant \varepsilon_v \tag{2.113}$$

或

$$\sqrt{\frac{1}{m}\sum_{i=1}^{m}(C_{pi}^{k}-C_{pi}^{0})^{2}}\leqslant\varepsilon_{C_{p}} \tag{2.114}$$

迭代过程中应用的基本方程式(2.111)可写成

$$\sum_{j=1}^{m}v_{x_{ij}}q_{j}=\sqrt{\frac{1-C_{pi}^{0}}{1+s_{i}^{2}}}-1 \tag{2.115}$$

式中,s_i 为第 i 个控制点处的线型斜率,可利用插值公式,比如拉格朗日插值公式计算

$$s_i=\frac{\mathrm{d}r}{\mathrm{d}x}\Big|_i=\frac{x_i-x_{i+1}}{(x_{i-1}-x_i)(x_{i-1}-x_{i+1})}r_{i-1}+\frac{(2x_i-x_{i-1}-x_{i+1})}{(x_i-x_{i-1})(x_i-x_{i+1})}r_i+$$

$$\frac{x_i-x_{i-1}}{(x_{i+1}-x_{i-1})(x_{i+1}-x_i)}r_{i+1} \tag{2.116}$$

给定压力分布,利用求逆法设计雷体线型的程序流程如图 2.11 所示。

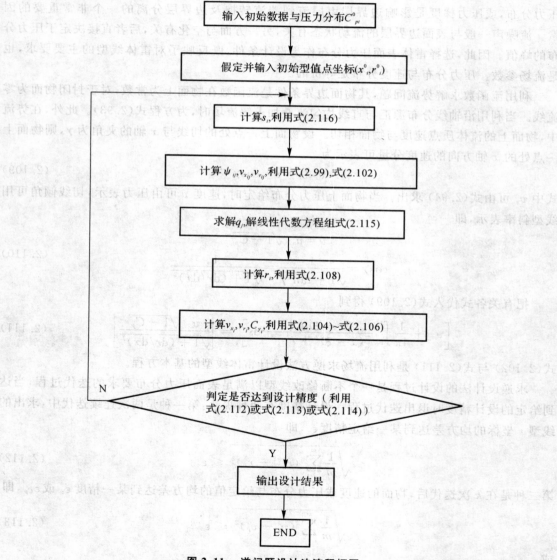

图 2.11　逆问题设计法流程框图

上述给出的都是沿轴线分布源汇与直线均匀流的叠加公式。沿轴线分布源汇只能获得圆端头轴对称回转体线型，若要获得平头或非轴对称线型则须要应用沿表面分布源汇方法设计。其设计方法和过程与沿轴线分布源汇类同，只是各种计算要复杂得多。此外，对于局部凸起或下凹的非规则外形，如艇体、机身等，可以采取先获得基本外形，然后通过在局部"贴"源汇的方法，以对局部外形进行修改，获得所需的局部外形，这种方法在国外也已应用。为了考虑黏性的影响，提高设计精度，可以在每一次迭代过程中，增加边界层的计算，以对压力分布及线型加以修正，这种做法已被广泛应用。

利用沿轴线分布源汇设计出的回转体线型，最大截面之前可作为鱼雷头部线型，最大截面之后可作为鱼雷雷尾线型。

2.5　应用回转体线型表达式设计雷体线型

2.5.1　参数可行域

回转体线型表达式是根据边界条件确定的，表达式中的可调参数并非为任何值时所得的线型都能适合于作雷体线型，只能在一定范围内选择。这个范围便是可行域。只有在可行域内的参数值，其所确定的回转体线型才有可能被选作雷体线型。现仍以圆头回转体线型为例，说明约束条件的提出与建立方法。双参数圆头线型表达式为式(2.59)，即

$$y^2 = -2r_0 x (x-1)^3 - k_1 x^2 (x-1)^2 + x^2(3x^2 - 8x + 6) = f(x, r_0, k_1) \quad (2.117)$$

一、零值条件

式(2.117)等号左端为二次方式(y^2)，其值 f 为负值是没有意义的，即参数 r_0, k_1 选择必须满足

$$y^2 = f(x, r_0, k_1) \geqslant 0 \quad (0 \leqslant x \leqslant 1) \quad (2.118)$$

式(2.118)称为零值条件，是选择 r_0, k_1 值的一个约束条件。此式应用起来不方便，这里应用几何上包络线的概念，以获得 $y^2 = f = 0$ 的方程。联立求解

$$\left. \begin{array}{l} y^2 = f(x, r_0, k_1) = 0 \\ f' = \dfrac{\partial f(x, r_0, k_1)}{\partial x} = 0 \end{array} \right\} \quad (2.119)$$

可得 r_0 与 k_1 的参数方程

$$\left. \begin{array}{l} r_0 = \dfrac{x^2(x-2)}{(x-1)^3} \\ k_1 = \dfrac{x^2 - 4x + 6}{(x-1)^2} \end{array} \right\} \quad (2.120)$$

当 x 从 0 到 1 取不同值时，就可以得到相应的 r_0 与 k_1 值，每一对 r_0 与 k_1 值就是 $r_0 k_1$ 平面上一个点的坐标(r_0, k_1)。于是得到一条 r_0 与 k_1 的关系曲线。该曲线称为零值曲线(见图 2.12)，即当 r_0 与 k_1 在此曲线上取值时，$y^2 = f = 0$，因此该曲线是式(2.118)的边界线，该曲线包围的区域(内侧)，便是满足约束条件式(2.118)时的 r_0 与 k_1 的可行域。

二、单位值条件

x, y 是数学线型方程的归一化坐标,在 $0 \leqslant x \leqslant 1$ 范围内,y 值大于 1 是没有意义的。即参数 r_0, k_1 选择必须满足

$$y^2 = f(x, r_0, k_1) \leqslant 1 \quad (0 \leqslant x \leqslant 1) \tag{2.121}$$

式(2.121)便是单位值条件。仍利用包络线的概念,单位值线由下列方程组确定

$$\left. \begin{array}{r} y^2 = f(x, r_0, k_1) = 1 \\ \dfrac{\partial}{\partial x}\left[f(x, r_0, k_1) - 1\right] = 0 \end{array} \right\} \tag{2.122}$$

解得

$$\left. \begin{array}{l} r_0 = 1 + \dfrac{1}{x} \\ k_1 = \left(1 - \dfrac{1}{x}\right)^2 \end{array} \right\} \quad \text{或} \quad k_1 = (2 - r_0)^2 \tag{2.123}$$

单位值曲线式(2.123)包围的区域(见图2.12)是满足单位值条件的 r_0 与 k_1 的可行域。

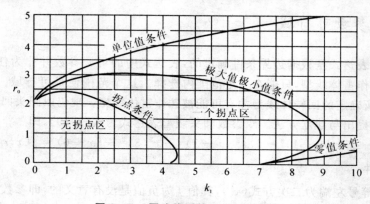

图 2.12　圆头线型的 r_0, k_1 可行域

三、极大值与极小值条件

对于鱼雷线型,在 $0 \leqslant x < 1$ 范围内,y 存在极大值或极小值显然是不适合的,即

$$\frac{\mathrm{d}y}{\mathrm{d}x} = f'(x, r_0, k_1) \neq 0 \quad (0 \leqslant x < 1) \tag{2.124}$$

式(2.124)称为极大值与极小值条件。极大值与极小值线方程为

$$\left. \begin{array}{l} \dfrac{\mathrm{d}y}{\mathrm{d}x} = f'(x, r_0, k_1) = 0 \\ \dfrac{\partial^2 f(x, r_0, k_1)}{\partial x^2} = 0 \end{array} \right\} \tag{2.125}$$

解得

$$\left. \begin{array}{l} r_0 = \dfrac{6x^2}{6x^2 - 4x + 1} \\ k_1 = \dfrac{6\,(x-1)^2}{6x^2 - 4x + 1} \end{array} \right\} \tag{2.126}$$

在由式(2.126)表示的极大值与极小值线上,在 $0 \leqslant x < 1$ 范围内,y 有一个极大值或极小

值点。在极大值与极小值线内无极大值与极小值（除 $x = 1$ 处），是 r_0 与 k_1 的可行域。

四、拐点条件

对于雷头线型，有拐点是不合适的，即

$$\frac{\mathrm{d}^2 y}{\mathrm{d}x^2} \neq 0 \rightarrow 2ff'' - f'^2 \neq 0 \tag{2.127}$$

式（2.127）为拐点值条件。无拐点区域包络线为

$$\left.\begin{array}{r} 2ff'' - f'^2 = 0 \\ f''' = 0 \end{array}\right\} \tag{2.128}$$

该方程组由于有乘积项，难以用解析方法解出 r_0 与 k_1 的表达式，可以用数值法求解。x 在 0 到 1 之间每给定一个值 x_i，可利用式（2.128）得到一个关于 r_0 与 k_1 的方程组，由此解出 r_{0i} 与 k_{1i}，于是便可画出 r_0 与 k_1 曲线（见图 2.12）。在该曲线上，$y^2 = f(x, r_0, k_1)$ 有一个拐点，曲线外侧有两个拐点，曲线包围的区域无拐点，是 r_0 与 k_1 的可行域。

对于其他类型的回转体线型方程，具体表达式及可调参数虽然不同，但确定参数可行域的方法与上述完全类似。确定可行域边界的方法和公式的形式与式（2.119），式（2.122），式（2.125）及式（2.128）各式也基本相同。

2.5.2　物理相似线型

雷体线型设计中须要满足许多设计要求。这些要求是基于鱼雷总体设计的需要或战术技术指标提出的，当然都是针对真实的物理线型提出的。而雷体线型设计所用的线型表达式是在数学平面上建立的数学线型；雷体线型设计的过程是选择与确定数学线型中可调参数的过程；而且，可调参数与线型之间的关系，或者说可调参数对线型特性的影响，一般都是针对数学线型讨论的。因此，在雷体线型设计中须要注意与处理好这些问题。

为了满足力学方面的设计要求，须要对线型的力学性能（如阻力、压力分布等）进行计算与分析。根据相似理论，几何相似是动力相似的基础。数学线型与物理线型的几何形状是完全不同的，当然也不可能是几何相似形，因此，在雷体线型设计中，进行力学分析需要应用物理线型。

假设所要设计的雷体线型的基本外形如图 2.13 所示，由圆头曲线段、圆柱中段、尾部曲线段、尾锥段共 4 段组成。该雷体线型在总体坐标系中物理线型方程可以表示为

$$Y(X) = \left\{\begin{array}{ll} \dfrac{D}{2} y_h(x, r_0, k_{s1}) & \left(0 \leqslant X \leqslant L_H, 0 \leqslant x = \dfrac{X}{L_H} \leqslant 1\right) \\[3mm] \dfrac{D}{2} & \left(L_H \leqslant X \leqslant L_M, 0 \leqslant x = \dfrac{X - L_H}{L_M - L_H} \leqslant 1\right) \\[3mm] \dfrac{D_T}{2} + \left(\dfrac{D}{2} - \dfrac{D_T}{2}\right) y_t(x, k_{s2}, s_t) & \left(L_M \leqslant X \leqslant L_T, 0 \leqslant x = \dfrac{L_T - X}{L_T - L_M} \leqslant 1\right) \\[3mm] \dfrac{D_T}{2} + (1 - x)(L - L_T)s_t & \left(L_T \leqslant X \leqslant L, 0 \leqslant x = \dfrac{L - X}{L - L_T} \leqslant 1\right) \end{array}\right\} \tag{2.129}$$

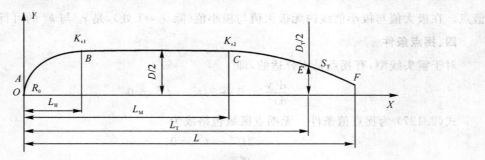

图 2.13   圆头雷体基本外形

有量纲的物理线型不仅变量多,也不便于理论分析与实验研究。把式(2.129)两边除以长度 L,进行无量纲化,得到

$$y^*(x^*) = \frac{Y}{L} = \begin{cases} \dfrac{1}{2\lambda}y_h(x,r_0,k_{s1}) & (0 \leqslant x^* = \dfrac{X}{L} \leqslant l_h, 0 \leqslant x = \dfrac{x^* L}{L_H} \leqslant l_h) \\[2mm] \dfrac{1}{2\lambda} & (l_h \leqslant x^* = \dfrac{X}{L} \leqslant l_m) \\[2mm] \dfrac{1}{2\lambda}[d_t + (1-d_t)y_t(x,k_{s2},s_t)] & (l_m \leqslant x^* = \dfrac{X}{L} \leqslant l_t, 0 \leqslant x = \dfrac{l_t - x^*}{l_t - l_m} \leqslant 1) \\[2mm] \dfrac{1}{2\lambda}[d_t + 2(1-x)(\lambda - \lambda_t)s_t] & (l_t \leqslant x^* \leqslant 1, 0 \leqslant x = \dfrac{1-x^*}{1-l_t} \leqslant 1) \end{cases}$$

(2.130)

式中,$y_h(x,r_0,k_{s1})$ 和 $y_t(x,k_{s2},s_t)$ 分别是圆头曲线段、尾部曲线段的数学线型;x 是数学线型的横坐标($0 \leqslant x \leqslant 1$)。由于数学线型是分段建立的,在某种意义上讲,$x$ 是局部坐标系中的横坐标。x^* 也是无量纲横坐标($0 \leqslant x^* \leqslant 1$),由于这里研究的是整个雷体的线型,$x^*$ 在这里是总体坐标系中的横坐标(见图 2.14)。x^* 与 x 之间的转换关系也给在式(2.130)中。l_h,l_m,l_t 是 L_H,L_M,L_T 相对于雷体总长 L 的无量纲长度,也是它们占雷长的比例,或百分数;d_t 为 D_T 相对于 L 的无量纲半径。

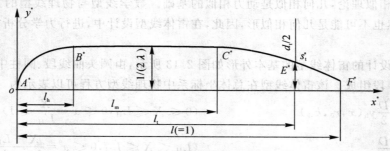

图 2.14   物理相似线型

线型 y^* 是物理线型缩小至 $1/L$ 后得到的,因此它与真实的物理线型 Y 是几何相似形,并且是无量纲的线型,称之为物理相似线型。物理相似线型与其对应的真实雷头线型具有完全相同的无量纲几何参数,如

$$\lambda^* = \lambda, \lambda_h^* = \lambda_H, d_f^* = d_f, s_t^* = s_t, k_{s0}^* = k_{s0}, k_{s1}^* = k_{s1}, \psi^* = \Psi, \psi_h^* = \Psi_H \quad (2.131)$$

当满足动力相似的其他相似准则,如雷诺数相等时,也具有完全相同的流体动力无量纲系

数，即

$$C_p^* = C_p, C_x^* = C_x, \cdots \tag{2.132}$$

因此，物理相似线型是在雷体线型设计中用以分析其几何与力学特性所使用的线型，也是所要设计的线型。在无须强调或不致混淆的情况下，式（2.130）表示的雷体物理相似线型 y^*，一般都直接称为雷头线型，上标"$*$"也不再标注，获得物理相似线型后，再用有关公式把无量纲量转变为有量纲量，便得到真实的雷体物理线型。

2.5.3　丰满系数与影响函数

一、丰满系数

具有较大或一定的容积是对雷体线型设计的一项重要几何要求。容积的大小用丰满度或丰满系数的大小度量。仍以雷头为例，在雷头线型设计中与丰满度有关的量有 4 个。

（1）数学线型丰满系数。数学线型丰满系数 ψ_h 定义为

$$\psi_h = \frac{1}{\pi \times 1^2 \times 1} \int_0^1 \pi y^2(x, k_{s0}, k_{s1}) \mathrm{d}x = \int_0^1 y^2(x, k_{s0}, k_{s1}) \mathrm{d}x \tag{2.133}$$

（2）数学线型棱形系数。当研究数学线型几何特性时，为了便于得到解析结果，避免复杂的积分，针对建立的数学线型为三次方表达式 $y^3 = f$，二次方表达式 $y^2 = f$，一次方表达式 $y = f$，分别以 ψ_1, ψ_2, ψ_3 表示：

$$\left.\begin{array}{l} \psi_3 = \int_0^1 y^3 \mathrm{d}x = \int_0^1 f(x, k_{s0}, k_{s1}) \mathrm{d}x \quad \text{（对于平头，三次方表达式）} \\[2mm] \psi_2 = \int_0^1 y^2 \mathrm{d}x = \int_0^1 f(x, r_0, k_1) \mathrm{d}x \quad \text{（对于圆头，二次方表达式）} \\[2mm] \psi_1 = \int_0^1 y \mathrm{d}x = \int_0^1 f(x, s_t, k_1) \mathrm{d}x \quad \text{（对于一次方表达式）} \end{array}\right\} \tag{2.134}$$

为了与数学线型的丰满系数 ψ 相区别，式（2.134）定义的 ψ_1, ψ_2, ψ_3 称为数学线型的棱形系数。

（3）物理线型的丰满系数。物理线型的丰满系数 Ψ_H 定义为

$$\Psi_H = \frac{4}{\pi D^2 L_H} \int_0^{L_H} \pi Y^2 \mathrm{d}X = d_f^2 + 2d_f(1-d_f) \int_0^1 y \mathrm{d}x + (1-d_f)^2 \int_0^1 y^2 =$$
$$d_f^2 + 2d_f(1-d_f) \int_0^1 y \mathrm{d}x + (1-d_f)^2 \psi_h \tag{2.135}$$

物理相似线型丰满系数 ψ_h^* 定义为

$$\psi_h^* = \frac{4}{\lambda (1/\lambda_h)^2} \int_0^1 y^{*2} \mathrm{d}x = d_f^2 + 2d_f(1-d_f) \int_0^1 y \mathrm{d}x + (1-d_f)^2 \int_0^1 y^2 \mathrm{d}x \tag{2.136}$$

（4）相互关系。比较式（2.133）～（2.136）可以看出：

1）对于平端雷头，物理线型丰满系数 Ψ_H、数学线型丰满系数 ψ_h 及数学线型棱形系数 ψ_{h3} 三者是不相等的。当数学线型用三次方表达式表示时，有 $\Psi_H > \psi_h > \psi_{h3}$。但另一方面，当 ψ_{h3} 增大时，ψ_h 及 Ψ_H 也随着增大。所以，它们的不相等并不妨碍利用 ψ_{h3} 或 ψ_h 来研究可调参数对物理线型丰满度大小变化趋势的影响。

2）对于用二次方表达式表示其数学线型的圆端雷头，其 3 种丰满系数都相等，即

$\Psi_{\mathrm{H}} = \phi_{\mathrm{h}} = \phi_{\mathrm{h2}}$。

3）各种情况下，物理线型与物理相似线型的丰满系数都相等，即 $\Psi_{\mathrm{H}} = \phi_{\mathrm{h}}^{*}$。

雷尾线型的丰满系数与雷头类似，分尖尾、截尾、一次式、二次式等分别讨论，结论也类似。对于完整雷体线型一般只涉及物理线型与物理相似线型的丰满系数，并且二者相等。

二、影响函数

在线型设计中，不仅关心丰满系数的大小，更关心可调参数对丰满系数是如何起作用的，以及在丰满系数一定的情况下，丰满程度沿轴向的分布，这与流体动力特性及内部设备安装也是密切相关的。现仍以雷头为例，并利用双参数圆头线型式(2.59)。为方便，把该线型重写如下：

$$y^2 = r_0 f_1(x) + k_1 f_2(x) + f_3(x)$$
$$f_1(x) = -2x(^x-1)3$$
$$f_2(x) = -x^2(^x-1)2$$
$$f_3(x) = x^2(3x^2-8x+6)$$

丰满系数为

$$\psi = \int_0^1 y^2 \,\mathrm{d}x = r_0 \int_0^1 f_1(x)\,\mathrm{d}x + k_1 \int_0^1 f_2(x)\,\mathrm{d}x + \int_0^1 f_3(x)\,\mathrm{d}x$$

由于 $f_1(x)$，$f_2(x)$，$f_3(x)$ 都是已知函数，因此 ψ 仅决定于可调参数 r_0 与 k_1，这是其一。其二，在 r_0 与 k_1 确定后，r_0 与 k_1 对 ψ 的影响程度与方式又决定于函数 $f_1(x)$ 与 $f_2(x)$ 的积分。因此，把函数 $f_1(x)$ 与 $f_2(x)$ 分别称为 r_0 与 k_1 的影响函数。它们的几何意义分别是当 r_0 与 k_1 为单位值时，对 y 坐标值的贡献。通过研究 $f_1(x)$ 与 $f_2(x)$ 沿 x 轴的分布，可以得到 r_0 与 k_1 对 y 坐标的影响情况，亦即对丰满度轴向分布的影响情况。为了进一步说明其是如何影响的，现以 $f_1(x)$ 与 $f_2(x)$ 为例。

$$f_1(x) \geqslant 0$$
$$\frac{\mathrm{d}f_1(x)}{\mathrm{d}x} = -2(^x-1)2(4x-1)$$
$$\frac{\mathrm{d}^2 f_1(x)}{\mathrm{d}x^2} = -12(x-1)(2x-1)$$

因为 $\qquad f_1(1/4) = 0$， $\qquad f''_1(1/4) < 0$

所以，当 $x = 1/4$ 时，$f_1(x)$ 取得最大值，即

$$f_{1\max} = f(1/4) = 27/128 = 0.211 \qquad (2.137)$$

类似地，$f_2(x) \leqslant 0$，并且当 $x = 1/2$ 时，$f_2(x)$ 取得最小值，即

$$f_{2\max} = f_2(1/2) = -1/16 = -0.063 \qquad (2.138)$$

由上述分析可得到如下信息：

(1) r_0 的影响函数 $f_1(x) \geqslant 0$，是正影响，所以随着 r_0 的增大，雷头线型越来越丰满；k_1 的影响函数 $f_2(x) \leqslant 0$，是负影响，随着 k_1 的增大，雷头线型越来越瘦削。

(2) $f_1(x)$ 的最大值是 $f_2(x)$（绝对值）最大值的 3.35 倍，因此雷头线型对 r_0 的敏感程度大于 k_1。

(3) $f_1(x)$ 的最大值接近雷顶（$x = 0.25$），因此 r_0 对雷头线型前部的影响较大，随着 r_0 的增大，雷头线型前部将变得越来越丰满；k_1 的影响较均匀。

影响函数特性的分析，对于线型设计中如何根据设计要求确定与调整可调参数值是十分

重要的。例如,在上例中,若给定了雷头线型设计丰满系数 ψ_0,可以在保证达到 ψ_0 要求的同时,通过调整 r_0 与 k_1 值,在丰满系数 ψ_0 不变的情况下,调整丰满度的轴向分布,使雷顶附近线型较瘦削,从而达到减小最大减压系数和推后转捩点位置的目的,以提高雷头的力学性能。

2.5.4 设计过程

利用线型数学表达式(常简称为线型方程)设计雷体外形曲线是指通过适当选择雷头及雷尾线型方程中的可调参数,以获得所需的雷头及雷尾线型,并进而构成完整的雷体外形曲线的方法。该方法的主要设计过程如下:

(1)根据总体设计要求,初步确定雷体外形的基本几何参数,例如,雷体长度、最大直径、丰满度等。

(2)根据设计要求及不同类型线型的特性,选择一种适当的雷头及雷尾线型方程。例如,对于平头鱼雷选择平端雷头线型方程,对于圆头鱼雷选择圆头形鱼雷线型方程,并确定选择哪一种类型的线型方程,是选择格兰韦尔线型方程,还是选择变指数椭圆形线型方程等。必要时也可以先选择两种,甚至多种线型方程进行试设计,然后通过比较择其优。

(3)根据可调参数的允许取值范围及可调参数的变化对线型特性的影响,确定一组可调参数的数值,以获得初步的雷头及雷尾线型。

(4)根据确定的雷体外形基本几何参数及获得的雷头及尾部线型,形成初步的、完整的雷体外形曲线。

(5)对初步确定的雷体外形进行验证,检验其是否满足设计要求。例如,计算雷体的丰满度,检查是否满足所需的容积要求;计算雷体表面压力分布,检验在鱼雷既定的运动条件下是否满足无空泡的要求;计算雷体绕流边界层及阻力系数,对其力学及噪声性能进行初步评价。若不能满足设计要求,可通过调整线型可调参数数值,直至满足要求为止,或重新选择线型方程。

(6)对通过上述理论设计得到的雷体外形进行实验确认和必要的修改完善。

2.6 格兰韦尔线型几何特性

多年来,国内外许多学者对水下回转体航行器线型进行了大量的研究工作,建立了许多适用于雷头与雷尾线型设计的数学线型表达式。本节介绍美国学者格兰韦尔(Granville)建立的回转体头部与尾部线型数学表达式及其几何特性。

2.6.1 双参数二次方多项式圆头线型

1.线型表达式

$$
\begin{aligned}
y^2 = f(x) = r_0 R(x) + k_{s1} K_{S1}(x) + Q(x) \quad (0 \leqslant x \leqslant 1) \\
R(x) = 2x(x-1)^4 \\
K_{S1}(x) = \frac{1}{3}x^2(x-1)^3 \\
Q(x) = 1 - (x-1)^4(4x+1)
\end{aligned}
\right\}
\tag{2.139}
$$

式中，r_0 为数学线型在 $x=0$ 处的曲率半径；k_{s1} 为数学线型在 $x=1$ 处的曲率变化率。

2.参数可行域

参数 r_0，k_{s1} 可行域如图 2.15 所示。

3.丰满特性

丰满系数为

$$\psi=\int_0^1 y^2\,\mathrm{d}x=\frac{2}{3}+\frac{r_0}{15}-\frac{k_{s1}}{180} \tag{2.140}$$

根据数值计算，双参数二次方多项式圆头线型可提供的丰满系数范围为

$$0.867\geqslant\psi\geqslant0.556 \tag{2.141}$$

分析 r_0，与 k_{s1} 的影响函数可得

$$\left.\begin{array}{l}R'\left(\dfrac{1}{5}\right)=0,R''\left(\dfrac{1}{5}\right)<0,R_{\max}=R\left(\dfrac{1}{5}\right)=0.163\,84\\[2mm]K'_{S1}\left(\dfrac{2}{5}\right)=0,K''_{S1}\left(\dfrac{2}{5}\right)>0,K_{S1\min}=K_{S1}\left(\dfrac{2}{5}\right)=-0.011\,5\end{array}\right\} \tag{2.142}$$

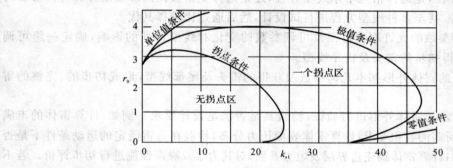

图 2.15 参数 r_0，k_{s1} 可行域

2.6.2 双参数二次方根多项式圆头线型

1.线型表达式

$$\left.\begin{array}{l}y=\sqrt{2r_0}\,R(x)+k_{s1}K_{S1}(x)+Q(x)\quad(0\leqslant x\leqslant1)\\[2mm]R(x)=\sqrt{x}+\dfrac{x}{16}(5x^3-21x^2+35x-35)\\[2mm]K_{S1}(x)=\dfrac{1}{6}x(x-1)^3\\[2mm]Q(x)=1-(x-1)^4\end{array}\right\} \tag{2.143}$$

式中，r_0 为数学线型在 $x=0$ 处的曲率半径；k_{s1} 为数学线型在 $x=1$ 处的曲率变化率。

2.参数可行域

参数 $\sqrt{2r_0}$，k_{s1} 可行域如图 2.16 所示。

3.丰满特性

棱形系数为

$$\psi_1=\int_0^1 y\,\mathrm{d}x=\frac{4}{5}+\frac{7}{192}\sqrt{2r_0}-\frac{k_{s1}}{120} \tag{2.144}$$

由数值计算得 ψ_1 在无拐点区的变化范围为

$$0.95 \geqslant \psi_1 \geqslant 0.685 \tag{2.145}$$

丰满系数为

$$\psi = \int_0^1 y^2 \, \mathrm{d}x = \frac{32}{45} + \frac{311}{101\,376}(2r_0) + \frac{1}{9072}k_{s1}^2 -$$

$$\frac{947}{1\,330\,560}\sqrt{2r_0}\,k_{s1} + \frac{929}{189\,728}\sqrt{2r_0} - \frac{13}{1\,080}k_{s1} \tag{2.146}$$

由数值计算得 ψ 的变化范围为

$$0.902 \geqslant \psi \geqslant 0.562 \tag{2.147}$$

r_0 的影响函数特性

$$R'(x) = \frac{1}{2}x^{-\frac{1}{2}} + \frac{1}{16}(20x^3 - 63x^2 + 70x - 35)$$

经数值计算，$R(x)$ 在 $x = 0.068\,95$ 时取得最大值，即

$$R_{\max} = R(0.068\,95) = 0.121\,73 \tag{2.148}$$

k_{s1} 的影响函数 $K_{S1}(x)$ 在 $x = 0.25$ 时取得最小值，即

$$K_{S1\min} = K_{S1}(0.25) = -0.017\,6 \tag{2.149}$$

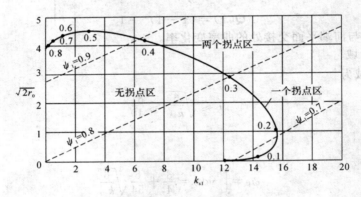

图 2.16　参数 $\sqrt{2r_0}$，k_{s1} 可行域

2.6.3　单参数三次方多项式平头线型

1. 线型表达式

$$\left.\begin{aligned} y^3 &= \frac{1}{k_{s0}}K_{S0}(x) + Q(x) \\ K_{S0}(x) &= -6x\,(x-1)^3 \\ Q(x) &= x^2\,(3x^2 - 8x + 6) \end{aligned}\right\} \tag{2.150}$$

式中，k_{s0} 为线型与前端平面交接处的曲率变化率。

2. 参数可行域

根据零值、单位值、极值及无拐点条件，可得

$$0 \leqslant \frac{1}{k_{s0}} \leqslant \frac{2}{3} \tag{2.151}$$

3.丰满特性

棱形系数为

$$\psi_3 = \int_0^1 y^3 \, \mathrm{d}x = \frac{3}{5} + \frac{3}{10} \frac{1}{k_{s0}} \tag{2.152}$$

· 棱形系数覆盖范围为

$$0.6 \leqslant \psi_3 \leqslant 0.8 \tag{2.153}$$

影响函数 $K_{S0}(x)$ 在 $x = 1/4$ 处取得最大值,即

$$K_{S0\max} = K_{S0}\left(\frac{1}{4}\right) = 0.633 \tag{2.154}$$

2.6.4 单参数三次方根多项式平头线型

1.线型表达式

$$\left. \begin{array}{c} y = \sqrt[3]{\dfrac{6}{k_{s0}}} K_{S0}(x) + Q(x) \quad (0 \leqslant x \leqslant 1) \\[2mm] K_{S0}(x) = \sqrt[3]{x} - \dfrac{1}{9}x(5x^2 - 16x + 20) \\[2mm] Q(x) = (x-1)^3 + 1 \end{array} \right\} \tag{2.155}$$

式中,k_{s0} 为线型与前端平面交接处的曲率变化率。

2.参数可行域

k_{s0} 的可行域为

$$0 \leqslant \sqrt[3]{\frac{6}{k_{s0}}} \leqslant \frac{81}{40} \tag{2.156}$$

3.丰满特性

棱形系数为

$$\psi_1 = \int_0^1 y \, \mathrm{d}x = \frac{3}{4} + \frac{5}{54} \sqrt[3]{\frac{6}{k_{s0}}} \tag{2.157}$$

丰满系数为

$$\psi = \int_0^1 y^2 \, \mathrm{d}x = \frac{9}{14} + \frac{1\,094}{12\,285} \sqrt[3]{\frac{6}{k_{s0}}} + \frac{1\,888}{110\,565} \left(\sqrt[3]{\frac{6}{k_{s0}}}\right)^2 \tag{2.158}$$

ψ 的范围为

$$0.643 \leqslant \psi \leqslant 0.893 \tag{2.159}$$

2.6.5 双参数三次方多项式平头线型

1.线型表达式

$$\left. \begin{array}{c} y^3 = f(x) = \dfrac{1}{k_{s0}} K_{S0}(x) + k_{s1} K_{S1}(x) + Q(x) \quad (0 \leqslant x \leqslant 1) \\[2mm] K_{S0}(x) = 6x \, (x-1)^4 \\[2mm] K_{S1}(x) = \dfrac{1}{2}x^2 \, (x-1)^3 \\[2mm] Q(x) = 1 - (x-1)^4 (4x + 1) \end{array} \right\} \tag{2.160}$$

式中，k_{s0} 为线型与前端平面交接处的曲率变化率；k_{s1} 为线型与平行中段交接处的曲率变化率。

2. 参数可行域

参数 $1/k_{s0}$，k_{s1} 可行域如图 2.17 所示。

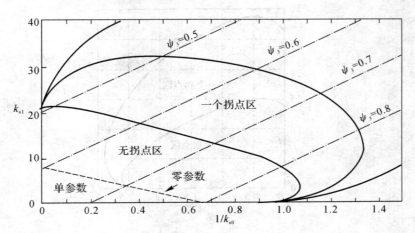

图 2.17　参数 $1/k_{s0}$，k_{s1} 可行域

3. 丰满特性

棱形系数为

$$\psi_3 = \int_0^1 y^3 \mathrm{d}x = \frac{2}{3} + \frac{1}{5}\frac{1}{k_{s0}} - \frac{k_{s1}}{120} \qquad (2.161)$$

经数值计算，棱形系数在无拐点区域内的覆盖范围为

$$0.49 \leqslant \psi \leqslant 0.86$$

影响函数 $K_{S0}(x)$ 大于 0，并在 $x=0.2$ 处取得最大值，即

$$K_{S0}(x) \geqslant 0, \quad K_{S0\max} = K_{S0}(0.2) = 0.492 \qquad (2.162)$$

影响函数 $K_{S1}(x)$ 小于 0，并在 $x=0.4$ 处取得最小值，即

$$K_{S1}(x) \leqslant 0, \quad K_{S1\min} = K_{S1}(0.4) = -0.017\,28 \qquad (2.163)$$

2.6.6　双参数三次方根多项式平头线型

1. 线型表达式

$$
\left.
\begin{aligned}
y &= \sqrt[3]{\frac{6}{k_{s0}}}\, K_{S0}(x) + k_{s1} K_{S1}(x) + Q(x) \\
K_{S0}(x) &= \sqrt[3]{x} - \frac{1}{81}(220 - 264x + 165x^2 - 40x^3) \\
K_{S1}(x) &= \frac{1}{6}x(x-1)^3 \\
Q(x) &= 1 - (x-1)^4
\end{aligned}
\right\}
\qquad (2.164)
$$

式中，k_{s0} 为线型与前端平面交接处的曲率变化率；k_{s1} 为线型与平行中段交接处的曲率变化率。

2. 参数可行域

参数 $\sqrt[3]{\dfrac{6}{k_{s0}}}$，$k_{s1}$ 可行域如图 2.18 所示。

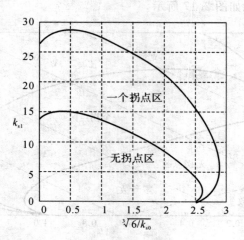

图中标注："一个拐点区"、"无拐点区"；纵轴 k_{s1}，横轴 $\sqrt[3]{6/k_{s0}}$。

图 2.18   参数 $\sqrt[3]{\dfrac{6}{k_{s0}}}$，$k_{s1}$ 可行域

3. 丰满特性

棱形系数为

$$\psi_1 = \int_0^1 y\,\mathrm{d}x = \frac{5}{4} + \frac{11}{162}\sqrt[3]{\frac{6}{k_{s0}}} - \frac{k_{s1}}{120} \tag{2.165}$$

丰满系数为

$$\psi = \int_0^1 y^2\,\mathrm{d}x = \frac{32}{45} + \frac{297\,539}{26\,867\,295}\left(\sqrt[3]{\frac{6}{k_{s0}}}\right)^2 + \frac{1}{9\,072}k_{s1}^2 - \frac{27\,049}{15\,921\,360}\sqrt[3]{\frac{6}{k_{s0}}}\,k_{s1} +$$

$$\frac{179\,113}{2\,653\,560}\sqrt[3]{\frac{6}{k_{s0}}} - \frac{13}{1\,080}k_{s1} \tag{2.166}$$

由数值计算，丰满系数在无拐点区域的变化范围为

$$0.57 \leqslant \psi \leqslant 0.93 \tag{2.167}$$

影响函数 $K_{S0}(x)$ 的导数为

$$K'_{S0}(x) = \frac{1}{3}x^{-2/3} - \frac{1}{81}(220 - 528x + 495x^2 - 160x^3) \tag{2.168}$$

根据数值计算，当 $x = 0.052$ 时，$K_{S0}(x)$ 取得最大值，即

$$K_{S0\max} = K_{S0}(0.052) = 0.240\,55 \tag{2.169}$$

影响函数 $K_{S1}(x)$ 当 $x = 0.4$ 时取得最小值，即

$$K_{S1\min} = K_{S1}(0.25) = -0.017\,58 \tag{2.170}$$

2.6.7　双参数二次方多项式尖头（尾）线型

1.线型表达式

$$\left.\begin{aligned}
y^2 &= s^2 S(x) + k_{s1} K_{S1}(x) + Q(x) \quad (0 \leqslant x \leqslant 1) \\
S(x) &= x^2 (x-1)^4 \\
K_{S1}(x) &= \frac{1}{3} x^3 (x-1)^3 \\
Q(x) &= 1 - (x-1)^4 (10x^2 + 4x + 1)
\end{aligned}\right\} \tag{2.171}$$

式中，s 为 $x=0$ 处的斜率；k_{s1} 为 $x=1$ 处的曲率变化率。

2.参数可行域

参数 s^2，k_{s1} 可行域如图 2.19 所示。

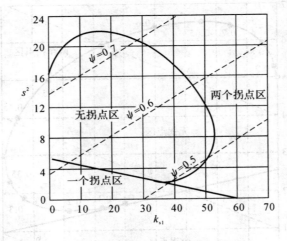

图 2.19　参数 s^2，k_{s1} 可行域

3.丰满特性

丰满系数为

$$\psi = \int_0^1 y^2 \, \mathrm{d}x = \frac{4}{7} + \frac{s^2}{105} - \frac{k_{s1}}{420} \tag{2.172}$$

在无拐点区，ψ 的范围为

$$0.492 \leqslant \psi \leqslant 0.753 \tag{2.173}$$

影响函数 $S(x)$ 在 $x = \frac{1}{3}$ 处取得最大值，即

$$S_{\max} = S\left(\frac{1}{3}\right) = 0.021\,95 \tag{2.174}$$

影响函数 $K_{S1}(x)$ 在 $x = 0.5$ 处取得最小值，即

$$K_{S1\min} = K_{S1}(0.5) = -0.005\,21 \tag{2.175}$$

2.6.8 双参数一般多项式尖头(尾)线型

1. 线型表达式

$$
\left.
\begin{aligned}
y &= sS(x) + k_{s1}K_{S1}(x) + Q(x) \quad (0 \leqslant x \leqslant 1)\\
S(x) &= x\,(x-1)^4\\
K_{S1}(x) &= \frac{1}{6}x^2\,(x-1)^3\\
Q(x) &= 1 - (x-1)^4(4x+1)
\end{aligned}
\right\}
\tag{2.176}
$$

式中,s 为 $x=0$ 处的斜率;k_{s1} 为 $x=1$ 处的曲率变化率。

2. 参数可行域

参数 s,k_{s1} 可行域如图 2.20 所示。

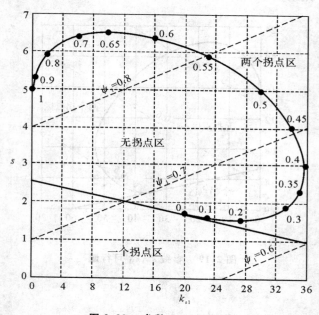

图 2.20 参数 s,k_{s1} 可行域

3. 丰满特性

棱形系数为

$$
\psi_1 = \int_0^1 y\,\mathrm{d}x = \frac{2}{3} + \frac{s}{30} - \frac{k_{s1}}{360}
\tag{2.177}
$$

丰满系数为

$$
\psi = \int_0^1 y^2\,\mathrm{d}x = \frac{56}{99} + \frac{1}{495}s^2 + \frac{1}{83\,160}k_{s1}^2 - \frac{1}{3\,960}sk_{s1} + \frac{14}{495}s - \frac{43}{11\,880}k_{s1}
\tag{2.178}
$$

无拐点区 ψ 的变化范围为

$$
0.507 \leqslant \psi \leqslant 0.8
\tag{2.179}
$$

影响函数 $S(x)$ 在 $x=0.2$ 处取得最大值,即

$$
S_{\max} = S(0.2) = 0.081\,92
\tag{2.180}
$$

影响函数 $K_{S1}(x)$ 在 $x = 0.4$ 处取得最小值，即

$$K_{S1\min} = K_{S1}(0.4) = -0.005\ 76 \tag{2.181}$$

2.6.9　双参数平方多项式叶状有拐点线型

1. 线型表达式

$$
\left.
\begin{aligned}
y^2 &= k_0^2 K_0(x) + k_{s1} K_{S1}(x) + Q(x) \quad (0 \leqslant x \leqslant 1) \\
K_0(x) &= \frac{1}{4} x^4 (x-1)^4 \\
K_{S1}(x) &= \frac{1}{3} x^5 (x-1)^3 \\
Q(x) &= x^5 (35x^3 - 120x^2 + 140x - 56)
\end{aligned}
\right\} \tag{2.182}
$$

式中，k_0 为 $x = 0$ 处的斜率；k_{s1} 为 $x = 1$ 处的曲率变化率。

2. 参数可行域

参数 k_0^2, k_{s1} 可行域如图 2.21 所示。

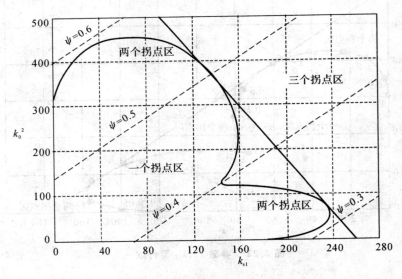

图 2.21　参数 k_0^2, k_{s1} 可行域

3. 丰满特性

丰满系数

$$\psi = \int_0^1 y^2 \mathrm{d}x = \frac{4}{9} + \frac{k_0^2}{2\ 520} - \frac{k_{s1}}{1\ 512} \tag{2.183}$$

在一个拐点区域，ψ 的范围为

$$0.398 \leqslant \psi \leqslant 0.595 \tag{2.184}$$

影响函数 $K_0(x)$ 在 $x = 0.5$ 处取得最大值，即

$$K_{0\max} = K_0(0.5) = 0.000\ 976\ 6 \tag{2.185}$$

影响函数 $K_{S1}(x)$ 在 $x = 5/8$ 处取得最小值，即

$$K_{\text{S1min}} = K_{\text{S1}}(5/8) = -0.001\,676 \tag{2.186}$$

2.6.10 双参数一般多项式叶状有拐点线型

1.线型表达式

$$\left.\begin{aligned} y &= k_0 K_0(x) + k_{\text{s1}} K_{\text{S1}}(x) + Q(x) \quad (0 \leqslant x \leqslant 1) \\ K_0(x) &= \frac{1}{2}x^2\,(x-1)^4 \\ K_{\text{S1}}(x) &= \frac{1}{6}x^3\,(x-1)^3 \\ Q(x) &= 1 - (x-1)^4(10x^2 + 4x + 1) \end{aligned}\right\} \tag{2.187}$$

式中,k_0 为 $x=0$ 处的斜率;k_{s1} 为 $x=1$ 处的曲率变化率。

2.参数可行域

参数 k_0,k_{s1} 可行域如图 2.22 所示。

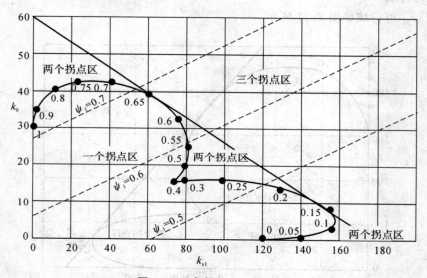

图 2.22 参数 k_0,k_{s1} 可行域

3.丰满特性

棱形系数为

$$\psi_1 = \int_0^1 y\mathrm{d}x = \frac{4}{7} + \frac{k_0}{210} - \frac{k_{\text{s1}}}{840} \tag{2.188}$$

丰满系数为

$$\psi = \int_0^1 y^2\,\mathrm{d}x = \frac{472}{1\,001} + \frac{k_0^2}{25\,740} + \frac{k_{\text{s1}}^2}{432\,432} - \frac{k_0 k_{\text{s1}}}{61\,776} + \frac{59 k_0}{150\,015} - \frac{529 k_{\text{s1}}}{360\,360} \tag{2.189}$$

在一个拐点区域内的变化范围为

$$0.307 \leqslant \psi \leqslant 0.674 \tag{2.190}$$

影响函数 $K_0(x)$ 在 $x=1/3$ 处取得最大值,即

$$K_{0\max} = K_0(1/3) = 0.010\,97 \tag{2.191}$$

影响函数 $K_{S1}(x)$ 在 $x = 0.5$ 处取得最小值，即

$$K_{S1\min} = K_{S1}(0.5) = -0.002\,604 \tag{2.192}$$

2.7　雷体线型优化设计模型

2.7.1　概述

一、设计参数

唯一确定雷体线型几何形状的独立几何参数是设计参数。所设计的雷体线型一般由 4 段组成，即头部曲线段、平行中段、尾部曲线段、尾锥段，并且为平头线型。其设计参数有雷体长度 L、雷体直径 D、前端面直径 D_F、头部曲线段长度 L_H、圆柱段长度 L_C、尾部曲线段长度 L_T、尾部曲线段后端面（与尾锥段交接处）直径 D_T、尾端面直径 D_E、雷头曲线段数学线型参数 q_{h1} 和 q_{h2}（双参数线型）、雷尾曲线段数学线型参数 q_{t1} 和 q_{t2}（双参数线型），共 8 个有量纲独立参数，4 个无量纲独立参数。须要说明的一点是，虽然要求设计参数是相互独立的，但设计参数的选择并不是唯一的，例如，可以以尾锥段的长度 L_E 替代上述的圆柱段长度 L_C，还可以以尾锥段半角 α 替代上述的尾端面直径 D_E 等。

如 2.5 节所述，在线型设计中一般都应用物理相似线型，设计参数是无量纲的几何参数。独立的无量纲几何参数个数比有量纲个数减少一个，例如，对应于上述有量纲设计参数的一组无量纲设计参数为 $\lambda, d_f, \lambda_h, \lambda_c, \lambda_t, d_t, d_e, q_{h1}, q_{h2}, q_{t1}, q_{t2}$。

二、优化目标

在几何方面，主要要求雷体要具有一定的容积，不考虑容积的要求，优化是没有意义的。还会有许多其他方面的要求，如雷尾，要考虑与鳍、舵，特别是推进器匹配方面的要求等。

在流体动力方面，升力与力矩对雷体线型的要求不是突出问题，因为还有鳍、舵设计，主要的要求是要减小航行阻力。

在声学方面，主要要求是降噪。由于目前的理论研究水平还不足以建立噪声与雷体线型之间的关系模型，只能对雷体最大减压系数提出要求，以保证不发生空化。此外，考虑到自噪声对自导系统的影响，还须要对转捩点或最大减压系数位置提出要求。

优化应在给定鱼雷航行速度及容积的条件下进行，否则优化也是没有意义的。

鱼雷航行速度一般都假定为常速，并且放在雷诺数中考虑。关于容积要求有两种处理模式：一是作为优化的约束条件提出，形如

$$\psi \geqslant \psi_0 \tag{2.193}$$

ψ_0 为所设计雷体线型要求的，或允许的丰满系数。这种模式的特点是可以保证所设计的具体雷体线型能够满足容积的总体要求。另一种模式是把容积作为特征量，放在雷诺数与阻力系数中研究，即

$$Re_V = \frac{v_\infty V^{1/3}}{\nu} \tag{2.194}$$

$$C_{xV} = \frac{X}{\frac{1}{2}\rho V^{2/3} v_\infty^2} \qquad (2.195)$$

式中 v_∞ —— 鱼雷的航速;

         V —— 雷体表面包容的体积。

    这种模式的特点是便于研究容积对阻力的影响。盖特洛(Gertler)在其著名的"58 系列"实验(通过系列实验,对回转体线型进行优化设计)中使用了这种模式。其后,美国许多学者在利用计算机进行回转体线型设计中也多采用这种模式。

    关于减阻与降噪的要求,一方面这两项要求具有较紧密的联系,从能量的观点看,噪声降低,消耗的能量便减少,从而也减小了阻力;而阻力的大小依赖于边界层的状态与发展,阻力减小,层流边界层段增长,从而转捩点位置后移;压力分布峰值过高,产生局部空化,阻力增大,而且峰值过后逆压梯度很大,易于产生流动分离,促使边界层转捩,使阻力增大。因此,减阻与降噪具有相当的一致性。当然,阻力与噪声毕竟是两种力学现象,阻力最小,流噪声可能较低,但并不意味着流噪声就一定自动最低,反之亦然。根据实践经验,情况也是如此。另一方面,若把阻力与噪声作为两个目标进行优化,既增加了优化的难度,也不易获得阻力与噪声同时都是最低的优化结果。因此,对这两项要求,目前大都采用以其一作为优化目标,以另一作为约束条件的方式加以处理。

    三、约束条件

    约束条件主要有 3 类:第一类是如前所述的零值条件、单位值条件等,根据对设计参数的一般性要求提出;第二类是根据具体雷体线型的设计要求,对设计参数提出的特殊限制,例如,可能对所设计线型的最大半径有所限制,可能由于内部或外部安装设备的需要,对局部的线型尺寸或形状有所要求,等等;第三类是对与雷体线型性能有关的参数提出约束。雷体线型设计的性能要求,往往既可以作为优化目标,也可以转化为约束条件,如前所述的最大减压系数及其发生的位置。这里,也可能包括对所要求的性能有重要影响的,但既不是设计参数又不是性能参数的其他参数提出约束。例如,为了推迟转捩,防止分离,以减少阻力,对逆压梯度或压力分布曲线的平坦度提出约束。

    对设计参数提出的约束条件,构成了设计参数可行域的边界,在优化设计中,只能在此可行域中进行搜索(不包括松弛之类的技术处理)。对性能参数提出的约束条件,是强迫所设计的线型满足约束条件中的性能要求。

    四、优化方法

    雷体线型优化设计的目标函数或性能参数,如 C_x 和 ξ_{max} 等是雷诺数 Re_V、攻角 α 和线型参数 $y(x_i)$ 的函数,即

$$C_x = C_x[Re_V, \alpha, y(x_i)]$$
$$\xi_{max} = \xi_{max}[Re_V, \alpha, y(x_i)] \qquad (2.196)$$

我们无法直接给出这种函数关系的具体解析式,更谈不上什么线性关系,只能是一种输入、输出关系的数值黑盒子(Black Box);约束条件也相当复杂,既有显式表示的约束条件,也有隐式表示的约束条件,当然也包括非线性关系的约束条件。因此,就性质来说,雷体线型的优化设计是一种多参数、非梯度、非线性、有约束的优化设计问题,也是一个多目标的问题。目前寻优的方法很多,也比较成熟,相应的软件也比较多,可以根据建立的具体模型,选择一种可

靠的、应用方便的优化方法。

2.7.2　优化策略

鉴于雷头线型设计的主要目标是延长层流段,防止发生空泡,并且雷头绕流流场处于上游,受雷体与雷尾处的下游绕流流场影响较小,即雷头的空化等特性受雷尾线型的设计参数影响较小。因此,为了使问题简化,整个雷体线型的优化设计可以分 3 级或 3 步进行。

第一步:对雷头线型参数进行优化设计,雷体与雷尾部分以一个假定的线型相匹配。

第二步:固化雷头线型参数(第一步的优化设计结果),对鱼雷后体圆柱段与雷尾线型参数进行优化设计。

第三步:对整个雷体线型进行优化设计。允许上述优化设计获得的雷体线型各参数在小范围内变化,以使各设计参数得到最佳匹配,获得最优设计结果。

2.7.3　雷头线型优化设计模型

设计参数:λ_h,d_f,q_{h1},q_{h2}(对于圆头,$d_f = 0$)。

目标函数:$\min(\xi_{\max})$,或 $\max(x_d)$。

主要约束条件:

(1) 雷头线型参数 q_{h1},q_{h2} 可行域;

(2) $d_f - d_{f0} \geqslant 0, 0 \leqslant \lambda_h \leqslant \lambda_{h0}$;

(3) $\psi_h \geqslant \psi_{h0}$,$\xi_{\max} \leqslant \dfrac{1}{\eta}\sigma_{v0}$,$x_d \geqslant \zeta x_{d0}$。

式中　　d_{f0}——设计线型所要求的前端面最小直径,根据雷头内部设备,如制导系统换能器布阵提出;

λ_{h0}——设计线型所允许的雷头线型最大长细比,对此参数一般没有严格限制,在初步设计中可适当取大一点,如取 $\lambda_{h0} = 2 \sim 3$;

ψ_{h0}——设计线型所要求的雷头最小丰满系数,一般来说,ψ_{h0} 增大,雷头力学性能变差,ψ_{h0} 根据内部装载需要提出,初步设计中可在 $0.8 \sim 0.9$ 范围内取值;

σ_{v0}——鱼雷实际航行条件下(航行速度、深度、环境水温)的空泡数,按式(2.68)计算;

$\xi_{\max}$——鱼雷实际航行状态下的最大减压系数,在初步设计中可取攻角 $\alpha = 2° \sim 4°$;

x_d——转捩点或最大减压系数发生位置距离顶点的无量纲轴向距离(x 坐标),$x_d = X_d/D$;

x_{d0}——设计线型所要求的 x_d 值,根据自导系统要求提出,以减小自噪声对自导系统的影响;

η,ζ——大于 1 的常数,在初步设计中可取 $\eta = 1.2$,$\zeta = 1.2$;

q_{h1},q_{h2}——雷头线型参数,其数学表达式可以根据需要自行建立,也可以选用已有的线型系列,如格兰韦尔线型表达式,当使用单参数线型时,只有一个线型参数。

选择 $\min(\xi_{\max})$ 还是 $\max(x_d)$ 作为优化设计目标依据所设计线型的主要矛盾而定。例如,对于浅水使用鱼雷,产生空化问题可能是主要矛盾,宜选择 $\min(\xi_{\max})$ 作为优化设计目标;

对于不会发生空化现象的深水使用鱼雷,增大 x_d,以增大自导系统的作用距离便是重要的,选择 $\max(x_d)$ 较合适。

2.7.4 后体线型优化设计模型

设计参数:λ,λ_c(或 l_c),λ_t(或 l_t),d_f,d_e,q_{t1},q_{t2}。

目标函数:$\min(C_x)$。

主要约束条件:

(1) 雷尾数学线型参数 q_{t1},q_{t2} 可行域;

(2) $0 \leqslant \lambda \leqslant \lambda_0$,$\lambda_c \geqslant \lambda_{c0}$,$\lambda_t \leqslant \lambda_{t0}$,$d_t \geqslant d_{t0}$,$d_e \geqslant d_{e0}$;

(3) $\psi \geqslant \psi_0$;

(4) 推进装置和鳍、舵等提出的其他要求。

习　　题

2.1 已知 PT—52 鱼雷航速为 63kn,航深为 4m,雷体线型坐标如表 2.5(见 27 页)所列,设水温为 20℃。

(1) 应用沿轴线分布源汇法,计算雷体表面压力分布;

(2) 判断鱼雷航行时是否发生空泡。

2.2 已知 MK46 鱼雷雷体线型坐标如表 2.1 所列,设水温为 20℃。

(1) 计算最大减压系数 $\xi_{\max}$;

(2) 若航行速度为 43kn,求不发生空泡的最小航行深度;

(3) 若航行深度为 6m,求不发生空泡的临界航行速度。

2.3 已知卡克斯雷头与雷尾线型方程分别为

$$y_h = \frac{(3k_h - 1) - (k_h - 1)x}{2k_h^{3/2}}\sqrt{(k_h + 1 - x)x} \quad (0 \leqslant x \leqslant 1)$$

$$y_t = \frac{(3 - k_t)k_t - (1 - k_t)(k_t + 1 - x)}{3k_t^{3/2}}\sqrt{(k_t + 1 - x)x} \quad (0 \leqslant x \leqslant 1)$$

(1) 求参数 k_h,k_t 的可行域;

(2) 导出雷头与雷尾丰满系数 ψ 的表达式;

(3) 求出雷头与雷尾丰满系数的覆盖范围。

2.4 证明

(1) 二次方根多项式

$$y = \sqrt{2r}\left[x^{1/2} - \frac{x}{8}(3x^2 - 10x + 15)\right] + k_1\left[-\frac{x}{2}(x-1)^2\right] + x[x^2 - 3x + 3]$$

可以作为无平行中段的雷头线型方程(提示:能够满足几何边界条件)。

(2) 满足极值与拐点条件的参数可行域分别为

$$\sqrt{2r} = \frac{24(x-1)^2 x^{3/2}}{1 - 12x + 15x^2 + 12x^{7/2} - 36x^{5/2} + 20x^{3/2}}$$

$$k_1 = \frac{6(x-1)(-1+5x+x^{5/2}-5x^{3/2})}{1-12x+15x^2+12x^{7/2}-36x^{5/2}+20x^{3/2}}$$

$$\sqrt{2r} = \frac{16x^{5/2}}{8x^{5/2}-5x+2}$$

$$k_1 = \frac{2(2x^{5/2}-5x+3)}{8x^{5/2}-5x+2}$$

并画出参数可行域图。

2.5　以 $x=0$ 处的斜率 s，曲率 k_0 为参数，建立无平行中段的雷尾线型一般多项式表达式，并导出参数可行域表达式。

答案：

线型　　　$y = s[-x(x-1)^3] + k_0\left[-\frac{1}{2}x^2(x-1)^2\right] + x^2(3x^2-8x+6)$

零值条件　　　$s = \dfrac{2x^2(x-2)}{(x-1)^8}$，　$k_0 = \dfrac{2(x^2-4x+6)}{(x-1)^2}$

单位值条件　　　$s = 2\left(1+\dfrac{1}{x}\right)$，　$k_0 = 2\left(1-\dfrac{1}{x}\right)^2$

极值条件　　　$s = \dfrac{12x^2}{6x^2-4x+1}$，　$k_0 = \dfrac{12(x-1)^2}{6x^2-4x+1}$

拐点条件　　　$s = \dfrac{4(3x^2-3x+1)}{6x^2-8x+3}$，　$k_0 = \dfrac{12(x-1)^2}{6x^2-8x+3}$

2.6　以双参数椭圆形线型方程 $y^m = 1-(1-x)^n (0 \leqslant x \leqslant 1)$ 作为具有平行中段的雷头线型方程，计算

(1) 用作圆头线型时，参数 m, n 的可行域；

(2) 用作平头线型时，参数 m, n 的可行域。

2.7　(1) 计算 A244/S 鱼雷雷头线型的丰满系数 ψ_{h0}，最大减压系数 ξ_{max0}，最大减压系数点位置 x_{d0}（线型坐标参见表2.4）；

(2) 应用双参数三次方多项式雷头线型表达式对 A244/S 鱼雷头部线型进行优化设计。以 $\min(\xi_{max})$ 为优化目标，保持 d_f 和 λ_h 不变，$\Psi_H \geqslant \Psi_{H0}$，$x_d \geqslant x_{d0}$ 为基本条件。

2.8　(1) 计算 MK48 鱼雷雷头线型的丰满系数 Ψ_{H0}、最大减压系数 ξ_{max0} 及 x_{d0}；

(2) 在 d_f 和 d_h 不变，$\Psi_H \geqslant \Psi_{H0}$，$\xi_{max} \geqslant \xi_{max0}$ 条件下，以 $\max(x_d)$ 为优化目标，应用双参数椭圆形方程对 MK48 鱼雷头部线型进行优化设计。

第3章　　鱼雷动静力布局设计

3.1　作用在鱼雷上的动静力

鱼雷在水中运动时受到各种力的作用,这些力的大小与分布情况决定着鱼雷的运动。如何合理地安排这些力,使鱼雷能够实现预期的运动并进行相应的流体动力部件设计,是鱼雷动、静力布局设计的主要任务。

3.1.1　坐标系

作用在鱼雷上的动、静力可以认为由5部分组成:重力、浮力、推力、流体动力及其他外力。其他外力可能包括由海洋环境如海浪与海流产生的力,以及其他可能遇到的随机扰动力等,在方案设计阶段一般不考虑其他外力,这里暂不讨论。

动、静力都是在一定坐标系中定义的,并一般都以分量的形式给出。因此,在研究与应用这些力时应注意其定义的坐标系,以及力矩的矩心位置。若把这些力应用于不同于其所定义的坐标系中,或矩心发生变化,则应及时进行坐标系转换。定义鱼雷动、静力的坐标系主要有3种(见图3.1):地面坐标系$ox_0y_0z_0$,速度坐标系$ox_1y_1z_1$和雷体坐标系$oxyz$。当研究鱼雷姿态角时还应用随体地面坐标系$ox_0'y_0'z_0'$。

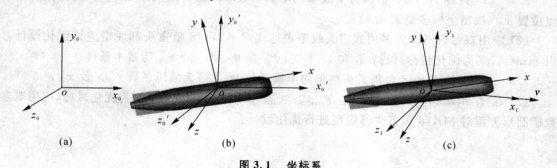

图 3.1　坐标系

(a)地面坐标系;　(b)随体地面坐标系与雷体坐标系;　(c)速度坐标系与雷体坐标系

(1)地面坐标系$ox_0y_0z_0$。地面坐标系与地球固连。坐标系原点常选在鱼雷的发射点,或研究其他运动问题的起始点,oy_0轴铅垂向上,ox_0轴位于水平面内,一般指向鱼雷运动方向一侧,oz_0轴垂直于x_0oy_0平面,指向按右手系确定。

(2)雷体坐标系$oxyz$。雷体坐标系与鱼雷固连。坐标系原点可以选在鱼雷的质心、浮心或质心截面与鱼雷对称轴线的交点上。后两种情况下,ox轴与鱼雷对称轴线重合,指向鱼雷的头部,oy轴位于鱼雷纵对称面内,与ox轴垂直,且指向上方,oz轴垂直xoy平面,指向按右手系确定。

由于鱼雷的浮心在运动过程中一般是不变的,而且位于鱼雷的对称轴上,雷体坐标系的原点大多数情况下都选在浮心上。雷体坐标系的 ox 轴、oy 轴和 oz 轴分别称为鱼雷的纵轴、竖轴和横轴,x_1oy_1 平面称为鱼雷的纵平面或纵对称面,xoz 平面称为鱼雷的横平面。

(3) 速度坐标系 $ox_1y_1z_1$。速度坐标系的原点与雷体坐标系原点重合,ox_1 轴与原点处鱼雷的速度矢量重合,oy_1 轴位于鱼雷的纵对称面(xoy 平面)内,垂直于 ox_1 轴并指向上方,oz_1 轴与 x_1oy_1 平面垂直,指向按右手系确定。

(4) 随体地面坐标系 $ox_0'y_0'z_0'$。随体地面坐标系是坐标原点与雷体坐标系重合的平移地面坐标系。

3.1.2　静力

作用在鱼雷上的静力一般指重力与浮力。

一、重力

重力 G 的大小等于鱼雷质量与重力加速度 g 的乘积,即

$$G = mg \tag{3.1}$$

重力作用在鱼雷的质心上,方向铅垂向下,即地面系中 oy_0 轴的负向。

重力的作用点称为重心。重心位置常用距雷体前端面或尾端面距离、下移量及侧移量来描述。在运动分析中,则常以浮心为原点的雷体坐标系中的 3 个坐标 x_G, y_G, z_G 来定义重心位置。

若把鱼雷放在水槽中,并使鱼雷轴线保持水平,当重心具有侧移量时,会产生一个横滚重力矩 Gz_G。在此横滚力矩的作用下,鱼雷发生滚动。与此同时,因重心具有下移量而产生一个反向横滚重力矩。当达到平衡时,鱼雷转过的角度 φ_0 称为静倾角。φ_0 可用下式计算:

$$\tan\varphi_0 = \frac{z_G}{y_G} \tag{3.2}$$

转动惯量是描述鱼雷转动惯性的物理量,也是反映鱼雷质量分布的一个物理量。一般情况下,把以浮心为原点的雷体坐标系 3 个坐标轴近似看作 3 个惯性主轴,于是描述鱼雷转动惯量的量,只有绕 3 个坐标轴的转动惯量 J_{xx}, J_{yy}, J_{zz},它们分别定义为

$$\left. \begin{aligned}
J_{xx} &= \int_m (y^2 + z^2)\,\mathrm{d}m = \int_V \rho(y^2 + z^2)\,\mathrm{d}V \approx \sum_{i=1}^n (y_i^2 + z_i^2)m_i \\
J_{yy} &= \int_m (x^2 + z^2)\,\mathrm{d}m = \int_V \rho(x^2 + z^2)\,\mathrm{d}V \approx \sum_{i=1}^n (x_i^2 + z_i^2)m_i \\
J_{zz} &= \int_m (x^2 + y^2)\,\mathrm{d}m = \int_V \rho(x^2 + y^2)\,\mathrm{d}V \approx \sum_{i=1}^n (x_i^2 + y_i^2)m_i
\end{aligned} \right\} \tag{3.3}$$

式中,V 为鱼雷的体积。

对于热动力鱼雷,在其航行过程中由于燃料的消耗,重力不断减小,重心位置也是不断变化的。若重力与重心位置在航行过程中变化较大,在鱼雷运动分析中须要考虑这种变化。

二、浮力

浮力是海水作用在鱼雷表面上静压力的合力。浮力 B 的大小等于鱼雷排开水的体积 V 与

海水重度 γ 的乘积,即

$$B = \gamma V = \rho g V \tag{3.4}$$

浮力的方向同 oy_0 轴正向,浮力的作用点称为浮心,浮心位于雷体外形的形心。

　　鱼雷的重力与浮力之差称为负浮力,记为 ΔG

$$\Delta G = G - B \tag{3.5}$$

　　鱼雷的重力与重心位置、浮力与浮心位置,以及转动惯量统称为鱼雷的衡重参数。衡重参数对鱼雷的运动性能具有重要影响,是鱼雷总体设计中的重要设计参数。表 3.1 给出了部分鱼雷的衡重参数。

表 3.1　几种鱼雷的衡重参数

型号及类型	衡重参数	准备射击时鱼雷重力 G/N	淡水中鱼雷的浮力 B/N	淡水中鱼雷的负浮力 $\Delta G/\mathrm{N}$	航行终了的正浮力 B_E/N	重心距后切面的距离 L_C/mm	浮心距后切面的距离 L_B/mm	重心浮力距 x_G/mm	重心下移量 y_G/mm	重心偏移量 z_G/mm
3T-46	战雷	17 738	13 867	-3 871		4 180	4 070	110	12	0.9
	无压重操雷	13 553	13 867		314	4 033	4 070	-37	16	1.2
	有压重操雷	16 337	13 867	-2 470		4 155	4 070	85	14	1.05
3T-80	战雷	17 728	14 249	-3 479		4 060	4 034	26	14	
	有压重操雷	166 670	14 249	-2 421		4 060	4 034	26	10	
CA3T-50	战雷	16 160	13 867	-2 293		4 145	4 065	80	12	1.13
	有压重操雷	14984	13867	-1117		4 135	4 065	70	12	
某电雷	战雷	14 798	14 112	-686		4 210	4 130	80	9~11	0.8
	有压重操雷	13 622	14 112			4 093	4 130	-37	9~11	0.8
某热动力鱼雷	战雷	18 032	14 367	-3 665		4 250	4 240	10	5~8	0.4
	有压重操雷	18 032	14 367	-3 665					10	
T53-38	战雷	15 827	13 543	-2 283		4 015	4 000	15		
T53-39	战雷	17 003	14 171	-2 832		4 140	4 120	20	8	0.6
T53-56	战雷	19 600	14 259	-5 341		4 225	4 270	-45	>8	
L4-2	战雷	5 243	4 871	-372		1 777	1 760	17		
	操雷	4 694	4 871		176	1 730	1 760	-30		
MK25	有压重操雷	10 275	7 938	-2 337		2 290	2 280	10		
MK26	战雷	14 906	11 711	-3 195		3 410	3 360	50		
MK46	操雷	2 107	1 841	-266		1 605	1 621	-16	3.3	0~1.6
MK48-1	战雷	15 323	11 585	-3 780		3 197	3 227	-30		
	操雷	10 780	11 585	805		3 197	3 227	-284		

3.1.3　流体动力

　　鱼雷与流体相对运动而产生的并且随鱼雷运动状态而变化的力称为流体动力。鱼雷流体动力由位置力、阻尼力及惯性力 3 部分组成。每部分流体动力一般都以阻力、升力、侧力、横滚力矩、偏航力矩和俯仰力矩 6 个分量表示。

一、位置力

(一) 流体动力角

鱼雷作定常平移运动时所受到的流体动力,主要与鱼雷的运动速度及其相对于鱼雷的方位角 —— 攻角、侧滑角、舵角 —— 有关,称为位置力。攻角、侧滑角及舵角是鱼雷运动过程中可以产生流体动力的角,通称为流体动力角。

攻角和侧滑角描述鱼雷运动过程中雷体坐标系原点的速度矢量相对于雷体的方位。因此攻角和侧滑角可以利用速度坐标系与雷体坐标系之间的相对位置关系来描述与定义。攻角定义为速度坐标系的 ox_1 轴在雷体坐标系 xoy 坐标平面的投影与雷体系 ox 轴的夹角,以 α 表示。当 ox_1 轴偏向雷体头部下方时 α 为正。侧滑角定义为速度坐标系的 ox_1 轴与雷体坐标系 xoy 坐标平面之间的夹角,以 β 表示。当 ox_1 轴偏向雷体头部右侧时 β 为正。攻角与侧滑角与雷体坐标系中的 3 个速度分量具有如下关系:

$$\left.\begin{aligned} \alpha &= -\arctan\frac{v_y}{v_x} \\ \beta &= \arctan\frac{v_z}{\sqrt{v_x^2+v_y^2}} \end{aligned}\right\} \tag{3.6}$$

舵角描述舵面相对于雷体纵对称面的方位,有水平舵角、垂直舵角及差动舵舵角 3 种,分别以 δ_h,δ_v,δ_d 表示。3 种舵角产生的流体动力分别用以控制雷体的升降(俯仰)、航向及横滚。当水平舵操下舵时 δ_h 为正,当垂直舵操右舵(由雷体尾部向头部看)时 δ_v 为正,当水平舵左、右两舵面或垂直舵上、下两舵面操不同舵角时便构成了差动舵,两舵面的舵角差值为差动舵角。各舵角与单个舵片舵角的关系为

$$\left.\begin{aligned} \delta_h &= (\delta_{hl}+\delta_{hr})/2 \\ \delta_v &= (\delta_{vu}+\delta_{vd})/2 \end{aligned}\right\} \tag{3.7}$$

$$\left.\begin{aligned} \delta_d &= (\delta_{hr}-\delta_{hl})/2, \quad \text{利用水平舵作差动舵时} \\ \delta_d &= (\delta_{vu}-\delta_{vd})/2, \quad \text{利用垂直舵作差动舵时} \end{aligned}\right\} \tag{3.8}$$

式中 δ_{hl},δ_{hr} —— 分别表示水平舵左、右两舵片的舵角;

δ_{vu},δ_{vd} —— 分别表示垂直舵上、下两舵片的舵角。

(二) 阻力

阻力 X 在速度坐标系中定义,总是与鱼雷的运动方向相反,其计算式为

$$X = \frac{1}{2}\rho S C_x v^2 = C_1 C_x v^2 \tag{3.9}$$

式中 C_x —— 无量纲阻力系数;

S —— 特征面积,一般取鱼雷圆柱段的横截面积。

有时也取鱼雷的沾湿表面积 Ω 作为特征面积,这种情况下一般以符号 Ω 表示,当以 Ω 为特征量时,阻力 X 表示为

$$X = \frac{1}{2}\rho \Omega C_{x\Omega} v^2 = C_{1\Omega} C_{x\Omega} v^2 \tag{3.10}$$

以横截面积 S 为特征面积的阻力系数 C_x 和以沾湿表面积 Ω 作为特征面积的阻力系数 $C_{x\Omega}$ 的关系为

$$\Omega C_{x\Omega} = S C_x$$

式中，C_1，$C_{1\Omega}$ 分别为以横截面积为特征面积和以沾湿表面积 Ω 作为特征面积的有量纲系数

$$C_1 = \frac{1}{2}\rho S, \quad C_{1\Omega} = \frac{1}{2}\rho\Omega \tag{3.11}$$

(三) 升力

升力 Y 在速度坐标系中定义，与 oy_1 坐标轴方向一致。其表达式为

$$Y = \frac{1}{2}\rho S C_y v^2 = C_1 C_y v^2 \tag{3.12}$$

式中，C_y 为无量纲升力系数。

当攻角 α 不为零时，鱼雷壳体、雷鳍（舵角 $\delta=0$ 时，把舵作为雷鳍的一部分）都产生升力。这两部分升力在鱼雷流体动力实验中往往是一次测定的，因此通常把它们作为一个整体考虑，称为雷体升力 Y_{bf} 或直接称为鱼雷的升力。当水平舵角 δ_h 不为零时，水平舵也产生升力 Y_{δ_h}。因此，由于存在攻角与舵角时产生的鱼雷升力由两部分组成，即

$$Y = Y(\alpha,\delta_h) = Y_{bf}(\alpha) + Y_{\delta_h}(\delta_h) =$$
$$C_1 C_y v^2 = C_1 C_{ybf} v^2 + C_1 C_{y\delta_h} v^2 = C_1(C_{ybf} + C_{y\delta_h})v^2 \tag{3.13}$$

某些鱼雷，由于外形关于横平面不完全对称，或具有一定安装角，在攻角、舵角为零时也产生一定升力，称为零流体动力角升力，以 Y_0 表示。这种情况下，位置升力由 3 部分组成：

$$Y = Y_0(\alpha=0,\delta_h=0) + Y_{bf}(\alpha) + Y_{\delta_h}(\delta_h) =$$
$$C_1(C_{y0} + C_{ybf} + C_{y\delta_h})v^2 = C_1 C_y v^2 \tag{3.14}$$

式中，C_{ybf}，$C_{y\delta_h}$，C_{y0} 分别称为雷体升力系数、水平舵角升力系数和零流体动力角升力系数。当攻角 α 与舵角 δ_h 不大时，可以认为升力与它们成线性关系，系数便可以用导数表示，即

$$\left. \begin{array}{l} C_{ybf} = \dfrac{\partial C_{ybf}}{\partial \alpha}\alpha = \dfrac{\partial C_y}{\partial \alpha}\alpha = C_y^\alpha \alpha \\ C_{y\delta_h} = \dfrac{\partial C_{y\delta_h}}{\partial \delta_h}\delta_h = \dfrac{\partial C_y}{\partial \delta_h}\delta_h = C_y^{\delta_h}\delta_h \end{array} \right\} \tag{3.15}$$

式中，C_y^α，$C_y^{\delta_h}$ 分别称为升力系数 C_y 对攻角 α 和水平舵角 δ_h 的位置导数。

利用位置导数，鱼雷的升力可表示为

$$Y = C_1(C_{y0} + C_y^\alpha \alpha + C_y^{\delta_h}\delta_h)v^2 \tag{3.16}$$

(四) 侧力

侧力 Z 是流体动力沿速度坐标系 oz_1 轴方向的分量。其表达式为

$$Z = \frac{1}{2}\rho S C_z v^2 = C_1 C_z v^2 \tag{3.17}$$

式中，C_z 为无量纲侧力系数。

与升力类似，侧力由侧滑角 β 产生的雷体侧力 Z_{bf} 与垂直舵角 δ_v 产生的垂直舵侧力 Z_{δ_v}，以及零流体动力角侧力 Z_0 3 部分组成：

$$Z = Z_0(\beta=0,\delta_v=0) + Z_{bf}(\beta) + Z_{\delta_v}(\delta_v) =$$

$$(C_{z0} + C_1 C_{zbf} + C_{z\delta_v}) v^2 = C_1 C_z v^2 \tag{3.18}$$

式中, C_{zbf}, $C_{z\delta_v}$, C_{z0} 分别称为雷体侧力系数、垂直舵角侧力系数和零流体动力角侧力系数。

用系数导数表示时,

$$Z = C_1 (C_{z0} + C_z^\beta \beta + C_z^{\delta_v} \delta_v) v^2 \tag{3.19}$$

式中, C_z^β, $C_z^{\delta_v}$ 分别称为侧力系数 C_z 对侧滑角 β 与垂直舵角 δ_v 的位置导数。

(五) 俯仰力矩

俯仰力矩 M_z 是绕雷体坐标系 oz 轴的流体动力矩,因此是在雷体坐标系中定义的。其表达式为

$$M_z = \frac{1}{2} \rho S L m_z v^2 = C_2 m_z v^2 \tag{3.20}$$

式中　m_z——无量纲俯仰力矩系数;

L——特征长度,一般取鱼雷总长;

C_2——有量纲系数

$$C_2 = \frac{1}{2} \rho S L \tag{3.21}$$

俯仰力矩由攻角 α 产生的雷体俯仰力矩 M_{zbf} 和水平舵角 δ_h 产生的水平舵俯仰力矩 $M_{z\delta_h}$,以及零流体动力角俯仰力矩 M_{z0} 3 部分组成:

$$M_z = M_{z0}(\alpha = 0, \delta_h = 0) + M_{zbf}(\alpha) + M_{z\delta_h}(\delta_h) =$$
$$C_2 (m_{z0} + m_{zbf} + m_{z\delta_h}) v^2 = C_2 m_z v^2 \tag{3.22}$$

式中, m_{zbf}, $m_{z\delta_h}$, m_{z0} 分别称为雷体俯仰力矩系数、水平舵角俯仰力矩系数和零流体动力角俯仰力矩系数。

用系数导数表示时,

$$M_z = C_2 (m_{z0} + m_z^\alpha \alpha + m_z^{\delta_h} \delta_h) v^2 \tag{3.23}$$

式中, m_z^α, $m_z^{\delta_h}$ 分别称为俯仰力矩系数 m_z 对攻角 α 及水平舵角 δ_h 的位置导数。

(六) 偏航力矩

偏航力矩 M_y 是绕雷体系 oy 轴的流体动力矩。有

$$M_y = \frac{1}{2} \rho S L m_y v^2 = C_2 m_y v^2 \tag{3.24}$$

式中, m_y 为无量纲偏航力矩系数。

偏航力矩由侧滑角 β 产生的雷体偏航力矩 M_{ybf} 和垂直舵角 δ_v 体产生的垂直舵偏航力矩 $M_{y\delta_v}$,以及零流体动力角偏航力矩 M_{y0} 3 部分组成:

$$M_y = M_{y0}(\beta = 0, \delta_v = 0) + M_{ybf}(\beta) + M_{y\delta_v}(\delta_v) =$$
$$C_2 (m_{y0} + m_{ybf} + m_{y\delta_v}) v^2 = C_2 m_y v^2 \tag{3.25}$$

式中, m_{ybf}, $m_{y\delta_v}$, m_{y0} 分别称为雷体偏航力矩系数、垂直舵角偏航力矩系数和零流体动力角偏航力矩系数。

用系数导数表示时,

$$M_y = C_2 (m_{y0} + m_y^\beta \beta + m_y^{\delta_v} \delta_v) v^2 \tag{3.26}$$

式中，m_y^α，$m_y^{\delta_v}$ 分别称为偏航力矩系数 m_y 对侧滑角 β 和垂直舵角 δ_v 的位置导数。

（七）横滚力矩

横滚力矩是绕鱼雷对称轴 ox 的力矩。其表达式为

$$M_x = \frac{1}{2}\rho SLm_x v^2 = C_2 m_x v^2 \tag{3.27}$$

式中，m_x 为无量纲横滚力矩系数。

横滚力矩一般可表示为

$$M_x = M_{xbf\alpha}(\alpha) + M_{xbf\beta}(\beta) + M_{x\delta_v}(\delta_v) + M_{x\delta_d}(\delta_d) =$$
$$C_2(m_{xbf\alpha} + m_{xbf\beta} + m_{x\delta_v} + m_{x\delta_d})v^2 = C_2 m_x v^2 \tag{3.28}$$

式中　$M_{xbf\alpha}$，$m_{xbf\alpha}$——由攻角 α 产生的横滚力矩和无量纲横滚力矩系数。当鱼雷外形关于垂直鳍所在纵剖面对称时，攻角 α 不产生横滚力矩，$M_{xbf\alpha}$ 和 $m_{xbf\alpha}$ 为零。

$M_{xbf\beta}$，$m_{xbf\beta}$——由侧滑角 β 产生的横滚力矩和无量纲横滚力矩系数。当鱼雷外形关于水平鳍所在纵剖面对称时，侧滑角 β 不产生横滚力矩。对于早期的无横滚自动控制鱼雷，上垂直鳍和下垂直鳍面积往往不相等，当存在侧滑角 β 时因上、下垂直鳍产生的侧力不同而形成横滚力矩。

$M_{x\delta_v}$，$m_{x\delta_v}$——由垂直舵角 δ_v 产生的横滚力矩和无量纲横滚力矩系数。对于上垂直舵和下垂直舵面积不相等的鱼雷，当操纵垂直舵时便会产生横滚力矩。

$M_{x\delta_d}$，$m_{x\delta_d}$——由差动舵角 δ_d 产生的横滚力矩和无量纲横滚力矩系数。

用系数导数表示时，

$$M_x = C_2(m_x^\alpha \alpha + m_x^\beta \beta + m_x^\delta \delta_v + m_x^{\delta_d} \delta_d)v^2 \tag{3.29}$$

式中，m_x^α，m_x^β，m_x^δ $m_x^{\delta_d}$ 分别称为横滚力矩系数 m_x 对攻角 α 的位置导数、对侧滑角 β 的位置导数、对垂直舵角 δ_v 和差动舵角 δ_d 的位置导数。

二、阻尼力

若鱼雷以速度 v 作平移运动的同时，还作旋转运动，由于旋转运动而产生的流体动力增量称为阻尼力。

（一）升力增量

当鱼雷绕 oz 轴以角速度 ω_z 转动时，雷体上各点都产生了一个附加速度，改变了来流的方向，使各点处的攻角发生了变化，从而使鱼雷的升力发生变化，升力的变化量便是由于旋转运动引起的升力增量 Y_{ω_z}。其表达式为

$$Y_{\omega_z} = \frac{1}{2}\rho SC_{y\omega_z}v^2 = C_1 C_{y\omega_z}v^2 \tag{3.30}$$

式中，$C_{y\omega_z}$ 为角速度 ω_z 产生的无量纲升力系数。

阻尼力一般利用旋转导数表示，即

$$Y_{\omega_z} = \frac{1}{2}\rho SC_{y\omega_z}v^2 = \frac{1}{2}\rho SC_y^{\bar\omega_z}\bar\omega_z v^2 = \frac{1}{2}\rho SLC_y^{\bar\omega_z}\omega_z v = C_2 C_y^{\bar\omega_z}\omega_z v \tag{3.31}$$

式中　$C_y^{\bar\omega_z}$——鱼雷升力系数对无量纲角速度 $\bar\omega_z$ 的旋转导数，$C_y^{\bar\omega_z} = \dfrac{\partial C_{y\omega_z}}{\partial \bar\omega_z} = \dfrac{\partial C_y}{\partial \bar\omega_z}$；

$\overline{\omega}_z$—— 无量纲俯仰角速度，

$$\overline{\omega}_z = \frac{L\omega_z}{v} \tag{3.32}$$

(二) 侧力增量

侧力增量 Z_{ω_y} 是由于鱼雷绕 oy 轴以角速度 ω_y 旋转产生的。与升力类似，有

$$Z_{\omega_y} = \frac{1}{2}\rho S C_{z\omega_y} v^2 = C_1 C_{z\omega_y} v^2 = C_2 C_z^{\overline{\omega}_y} \omega_y v \tag{3.33}$$

式中 $C_{z\omega_y}$—— 角速度 ω_y 产生的无量纲侧力系数；

$C_z^{\overline{\omega}_y}$—— 鱼雷侧力系数对无量纲角速度 $\overline{\omega}_y$ 的旋转导数，$C_z^{\overline{\omega}_y} = \dfrac{\partial C_{z\omega_y}}{\partial \overline{\omega}_y} = \dfrac{\partial C_z}{\partial \overline{\omega}_y}$；

$\overline{\omega}_y$—— 无量纲偏航角速度，

$$\overline{\omega}_y = \frac{L\omega_y}{v} \tag{3.34}$$

(三) 俯仰力矩增量

俯仰力矩增量 $M_{z\omega_z}$ 是鱼雷绕 oz 轴以角速度 ω_z 旋转时产生的，有

$$M_{z\omega_z} = \frac{1}{2}\rho S L m_{z\omega_z} v^2 = \frac{1}{2}\rho S L^2 m_z^{\overline{\omega}_z} \omega_z v = C_3 m_z^{\overline{\omega}_z} \omega_z v \tag{3.35}$$

式中 $m_{z\omega_z}$—— 角速度 ω_z 产生的无量纲俯仰力矩系数；

$m_z^{\overline{\omega}_z}$—— 鱼雷俯仰力矩系数对无量纲角速度 $\overline{\omega}_z$ 的旋转导数，$m_z^{\overline{\omega}_z} = \dfrac{\partial m_{z\omega_z}}{\partial \overline{\omega}_z} = \dfrac{\partial m_z}{\partial \overline{\omega}_z}$；

C_3—— 有量纲系数，

$$C_3 = \frac{1}{2}\rho S L^2 \tag{3.36}$$

(四) 偏航力矩增量

偏航力矩增量 $M_{y\omega_y}$ 是鱼雷绕 oy 轴以角速度 ω_y 旋转时产生的，有

$$M_{y\omega_y} = \frac{1}{2}\rho S L m_{y\omega_y} v^2 = C_3 m_y^{\overline{\omega}_y} \omega_y v \tag{3.37}$$

式中 $m_{y\omega_y}$—— 角速度 ω_y 产生的无量纲偏航力矩系数；

$m_y^{\overline{\omega}_y}$—— 鱼雷偏航力矩系数对无量纲角速度 $\overline{\omega}_y$ 的旋转导数，$m_y^{\overline{\omega}_y} = \dfrac{\partial m_{y\omega_y}}{\partial \overline{\omega}_y} = \dfrac{\partial m_y}{\partial \overline{\omega}_y}$。

(五) 横滚力矩增量

当鱼雷绕 ox 轴以角速度 ω_x 旋转时，改变了水平鳍上的攻角及垂直鳍上的侧滑角，从而产生横滚力矩增量。此外，当鱼雷绕 oy 轴以角速度 ω_y 旋转时，若鱼雷的上垂直鳍舵与下垂直鳍舵不对称，也会产生横滚力矩增量。因此

$$M_{x\omega} = M_{x\omega_x} + M_{x\omega_y} = \frac{1}{2}\rho S L^2 m_x^{\overline{\omega}_x} \omega_x v + \frac{1}{2}\rho S L^2 m_x^{\overline{\omega}_y} v\omega_y =$$

$$C_3(m_x^{\bar{\omega}_x}\omega_x + m_{x'}^{\bar{\omega}}\omega_y)v \tag{3.38}$$

式中　　$m_x^{\bar{\omega}_x}$——鱼雷横滚力矩系数对无量纲角速度 $\bar{\omega}_x$ 的旋转导数，$m_x^{\bar{\omega}_x}=\dfrac{\partial m_x}{\partial \bar{\omega}_x}$；

　　　　$m_{x'}^{\bar{\omega}}$——鱼雷横滚力矩系数对无量纲角速度 $\bar{\omega}_y$ 的旋转导数，$m_{x'}^{\bar{\omega}}=\dfrac{\partial m_x}{\partial \bar{\omega}_y}$。

三、惯性力

鱼雷作非定常运动时的流体动力增量称为流体惯性力。可见惯性力是与鱼雷加速度及角加速度有关的流体动力。鱼雷的流体惯性力及力矩在雷体坐标系中定义，并用附加质量表示。附加质量只与雷体沾湿表面的几何形状有关，若雷体沾湿表面外形关于纵平面 xoy 平面对称，则不为零的附加质量只有 $\lambda_{11},\lambda_{12},\lambda_{16},\lambda_{21},\lambda_{22},\lambda_{26},\lambda_{33},\lambda_{34},\lambda_{35},\lambda_{43},\lambda_{44},\lambda_{45},\lambda_{53},\lambda_{54},\lambda_{55},$ $\lambda_{61},\lambda_{62}\lambda_{66}$，且有 $\lambda_{12}=\lambda_{21}$，$\lambda_{16}=\lambda_{61}$，$\lambda_{26}=\lambda_{62}$，$\lambda_{34}=\lambda_{43}$，$\lambda_{35}=\lambda_{53}$。附加质量矩阵为

$$\lambda_1 = \begin{bmatrix} \lambda_{11} & \lambda_{12} & 0 & 0 & 0 & \lambda_{16} \\ \lambda_{21} & \lambda_{22} & 0 & 0 & 0 & \lambda_{26} \\ 0 & 0 & \lambda_{33} & \lambda_{34} & \lambda_{35} & 0 \\ 0 & 0 & \lambda_{34} & \lambda_{44} & \lambda_{45} & 0 \\ 0 & 0 & \lambda_{35} & \lambda_{45} & \lambda_{55} & 0 \\ \lambda_{16} & \lambda_{26} & 0 & 0 & 0 & \lambda_{66} \end{bmatrix}. \tag{3.39}$$

若雷体沾湿表面外形同时关于 xoy 和 xoz 两个平面对称，则不为零的附加质量只有 λ_{11}，$\lambda_{22},\lambda_{26},\lambda_{33},\lambda_{35}\lambda_{44},\lambda_{53},\lambda_{55},\lambda_{62},\lambda_{66}$，并且 $\lambda_{26}=\lambda_{62}$，$\lambda_{35}=\lambda_{53}$，$\lambda_{33}=\lambda_{22}$，$\lambda_{35}=-\lambda_{26}$，$\lambda_{66}=\lambda_{55}$。附加质量矩阵为

$$\lambda_2 = \begin{bmatrix} \lambda_{11} & 0 & 0 & 0 & 0 & 0 \\ 0 & \lambda_{22} & 0 & 0 & 0 & \lambda_{26} \\ 0 & 0 & \lambda_{33} & 0 & \lambda_{35} & 0 \\ 0 & 0 & 0 & \lambda_{44} & 0 & 0 \\ 0 & 0 & \lambda_{35} & 0 & \lambda_{55} & 0 \\ 0 & \lambda_{26} & 0 & 0 & 0 & \lambda_{66} \end{bmatrix} \tag{3.40}$$

鱼雷的流体惯性力为

$$\begin{bmatrix} R_{x\lambda} \\ R_{y\lambda} \\ R_{z\lambda} \\ M_{x\lambda} \\ M_{y\lambda} \\ M_{z\lambda} \end{bmatrix} = -\lambda \begin{bmatrix} \dot{v}_x \\ \dot{v}_y \\ \dot{v}_z \\ \dot{\omega}_x \\ \dot{\omega}_y \\ \dot{\omega}_z \end{bmatrix} \tag{3.41}$$

附加质量也经常用无量纲的附加质量系数表示。各附加质量系数定义如下：

$$\left. \begin{aligned} K_{11}=\frac{\lambda_{11}}{\rho V}, K_{22}=\frac{\lambda_{22}}{\rho V}, K_{33}=\frac{\lambda_{33}}{\rho V}, K_{26}=\frac{\lambda_{26}}{\rho V^{4/3}} \\ K_{35}=\frac{\lambda_{35}}{\rho V^{4/3}}, K_{44}=\frac{\lambda_{44}}{\rho V^{5/3}}, K_{55}=\frac{\lambda_{55}}{\rho V^{5/3}}, K_{66}=\frac{\lambda_{66}}{\rho V^{5/3}} \end{aligned} \right\} \tag{3.42}$$

表 3.2 给出了几型鱼雷的流体动力参数。

表 3.2　几型鱼雷的流体动力参数

流体动力参数	鱼雷型号			
	CA₃T－50	MK46	53－66	某电雷
$C_{x\Omega}$	2.877×10^{-3}	2.908×10^{-3}	$2.660\ 3 \times 10^{-3}$	2.954×10^{-3}
C_y^α	2.190 0	2.208 0	2.172 0	2.048 0
m_z^α	0.672 0	0.434 0	0.589 2	0.665 3
C_y^δ	0.453 0	1.467 0	0.499 7	0.477 9
m_z^δ	－0.244 0	－0.615 0	－0.265 9	－0.251 9
C_z^β	－2.290 0	－2.208 0	－2.075 7	－2.141 8
m_y^β	0.620 0	0.434 0	0.627 4	0.619 7
C_z^δ	－0.226 0	－1.467 0	－0.228 3	－0.346 8
m_y^δ	－0.120 0	－0.615 0	－0.121 0	－0.184 1
$C_y^{\omega z}$		1.228 0	1.362 0	1.347 1
C_{zy}^ω	－0.988 9	－1.228 0	－1.313 3	－1.386 3
m_{yy}^ω	－0.508 5	－0.647 0	－0.715 1	－0.633 4
$m_x^{\omega z}$	－0.001 415	－0.011 6	－0.001 722	－0.001 658
$m_z^{\omega z}$		－0.647 0	－0.733 9	－0.615 7
m_r^δ		0.022 0	0.204 6	0.198 3
C_r^δ		0.238 0		0.198 3
K_{11}	0.021 0	0.027 0	0.021 0	0.022 0
K_{22}	1.026 9	1.050 0	1.033 0	1.077 0
K_{26}	－0.169 2	－0.170 0	－0.196 0	－0.169 2
K_{55}	3.282 8	3.650 0	3.541 5	3.743 1
m_x^β	－0.000 5		0.004 88	0.001 52
$m_x^{\delta v}$	－0.000 65		－0.000 277	－0.000 319
$m_x^{\omega y}$			0.000 307	0.000 8

3.1.4　推力

推进器的推力 T 也是作用在鱼雷上的一种外力,尽管它与鱼雷的几何参数与运动参数没有直接联系。推力沿鱼雷对称轴 ox 方向,推动鱼雷向前运动。除动力系统启动过程的短暂时间外,认为鱼雷航行中的推力是常数。

3.2　动静力布局的基本要求

为避免符号错误,本节公式中所有流体动力系数或导数在应用时均取正值,某些流体动力系数或导数定义中的负号在公式中已经考虑。

3.2.1　快速性要求

航速与航程是鱼雷的主要战术技术指标之一,提高航速,增大航程是鱼雷设计的一项重要任务。通常是利用鱼雷定常直线运动来研究鱼雷的航速、航程与其他参数之间的关系。根据航行阻力与推力平衡

$$T - 0.5\rho\Omega C_{x\Omega}v^2 = 0 \tag{3.43}$$

设鱼雷主机的轴功率为 N_e,由式(3.43)有

$$N_e = \frac{Tv}{\eta_p} = \frac{\rho\Omega C_{x\Omega}v^3}{2\eta_p} \tag{3.44}$$

式中,η_p 为推进器的推进效率。

由式(3.44)可知,鱼雷主机所需的轴功率与航速的三次方及阻力系数成正比,与推进效率成反比,并随着沾湿表面积的增加而增加。若把式(3.44)改写如下:

$$v^3 = \frac{2N_e\eta_p}{\rho\Omega C_{x\Omega}} \tag{3.45}$$

则在主机轴功率一定的条件下,提高鱼雷的航速需要减小鱼雷的阻力系数和沾湿表面积,提高推进器的推进效率。

减小阻力提高航速可以增大鱼雷的航程,增加能源储备以延长航行时间也可以增大鱼雷的航程。就外形设计而言,增加能源储备意味着增大鱼雷的容积,进而增大了航行阻力,减小了航速或增加了单位时间的能耗,又不利于航程的增加。现在来建立这种增减关系:设 m_n 为单位体积的能源质量,即能源密度;H 为单位质量能源具有的能量;V_n 为鱼雷体内用于储备能源的容积;η 为储备能源容积的有效使用系数。则鱼雷体内所储存能源可有效使用的能量为 $\eta m_n V_n H$,根据能量平衡有

$$\eta m_n V_n H = E \times \frac{1}{2}\rho\Omega C_{x\Omega}v^2$$

或

$$Ev^2 = \frac{2\eta m_n V_n H}{\rho\Omega C_{x\Omega}} \tag{3.46}$$

式中,E 为鱼雷的航程,组合参数 Ev^2 一般称为鱼雷的航行质量指标,是评价鱼雷设计质量的一个重要参数。

若鱼雷的容积增加 ΔV_n 用以增加能源储备,相应的表面积增加为 $\Delta\Omega$。如果增加的容积没有改变鱼雷头部与尾部曲线段线型,例如在圆柱段增加一段,则阻力系数 C_x 变化不大。η 及 H 因容积增加而发生的变化也很小,可忽略不计,于是由式(3.46)可得

$$E'v^2 = Ev^2 \frac{1 + \Delta V_n/V_n}{1 + \Delta\Omega/\Omega} \tag{3.47}$$

如果航速仍保持不变,则增加能源储备后的航程 E' 为

$$E' = E \frac{1 + \Delta V_n/V_n}{1 + \Delta\Omega/\Omega} \tag{3.48}$$

例 3.1　已知某燃气鱼雷航速为 50 kn,阻力系数 $C_{x\Omega} = 0.00256$,沾湿表面积 $\Omega = 12.38m^2$,直径 $D = 0.533m$。

（1）求鱼雷的航行阻力；

（2）设推进器的推进效率 $\eta_p = 0.81$，求主机的轴功率。

解　（1）　　　　　　　　$v = 50 \text{ kn} = 25.7 \text{ m/s}$

阻力　$X = \dfrac{1}{2} C_{x\Omega} \Omega \rho v^2 = 0.5 \times 0.002\,56 \times 12.38 \times 1\,020 \times (25.7)^2 = 10\,676 \text{ N}$

（2）轴功率　　　　$N_e = Xv/\eta_p = 10\,676 \times 25.7/0.81 = 338\,732 \text{ W} \approx 338.7 \text{ kW}$

例 3.2　对于例 3.1 中的鱼雷，在主机轴功率及推进器推进效率不变的情况下，若阻力系数减小 15%，求其航速的增加量。

解　若以 ΔC_x，Δv 表示阻力系数及速度的改变量，则改变阻力系数后的鱼雷阻力系数 C'_x 及航速 v' 可表示为

$$C'_x = C_x + \Delta C_x, \quad v' = v + \Delta v$$

根据式（3.45）可得

$$\frac{\Delta v}{v} = \frac{1}{\sqrt[3]{1 + \dfrac{\Delta C_x}{C_x}}} - 1$$

于是 $\dfrac{\Delta v}{v} = \dfrac{1}{\sqrt[3]{1 - 0.15}} - 1 = 5.57\%$，$\Delta v = 50 \times 0.055\,7 = 2.785 \text{kn}$。

3.2.2　平衡质量要求

一、平衡角

鱼雷作定常水平直线运动时，各运动参数不随时间而变，作用在鱼雷上的所有外力的合力为零，合力矩也为零。根据力与力矩的平衡方程可得鱼雷作定常水平直线运动时的攻角与水平舵角，即

$$\alpha_0 = \frac{\Delta G m_z^{\delta_h} + G \bar{x}_G C_y^{\delta_h}}{(C_y^\alpha + C_x) m_z^{\delta_h} + C_y^{\delta_h} m_z^\alpha} \frac{2}{\rho S v^2} \tag{3.49}$$

$$\delta_{h0} = \frac{\Delta G m_z^\alpha - G \bar{x}_G (C_y^\alpha + C_x)}{(C_y^\alpha + C_x) m_z^{\delta_h} + C_y^{\delta_h} m_z^\alpha} \frac{2}{\rho S v^2} \tag{3.50}$$

式中，$\bar{x}_G = x_G/L$。

α_0 与 δ_{h0} 分别称为平衡攻角与平衡舵角，它们是鱼雷作定常水平直线运动时应该具有的攻角与舵角。

二、平衡系数与平衡质量

平衡舵角 δ_{h0} 与平衡攻角 α_0 之比称为平衡系数：

$$k_h = \frac{\delta_{h0}}{\alpha_0} = \frac{\Delta G m_z^\alpha - G \bar{x}_G (C_y^\alpha + C_x)}{\Delta G m_z^{\delta_h} + G \bar{x}_G C_y^{\delta_h}} = \frac{m_z^\alpha - \lambda C_y^\alpha}{m_z^{\delta_h} + \lambda C_y^{\delta_h}} \tag{3.51}$$

由于 $C_x \ll C_y^\alpha$，这里略去了 C_x 的影响。λ 是无量纲的组合参数，称为衡重特性系数，有

$$\lambda = G \bar{x}_G / \Delta G \tag{3.52}$$

平衡系数表示当鱼雷作定常水平直线运动时，为了使作用在鱼雷上的力和力矩平衡，舵角所占的比例。平衡攻角与平衡舵角都不宜过大，特别是平衡舵角。因为舵是用来操纵鱼雷运

动的,所以在维持鱼雷平衡中,舵所起的作用应尽可能小,使舵有更多的摆动余量用以操纵鱼雷。因此,平衡系数的大小反映了平衡质量的好坏,平衡系数越小,舵在平衡中起的作用越小,平衡质量越好。此外,平衡攻角 α_0 也应减小,以降低鱼雷的航行阻力。表3.3给出了几种鱼雷的平衡攻角及平衡系数。

表3.3 几种鱼雷的平衡攻角及平衡系数

鱼雷型号	速度/kn	平衡攻角 $\alpha_0/(°)$	平衡舵角 $\delta_{h0}/(°)$	平衡系数 k
T53-39	51	0.87	2.84	3.26
T53-56	50	0.68	1.74	2.56
CA$_3$T-50	23	1.62	2.27	1.4
MK46	45	0.2	0.1	0.5
某电雷	31	-0.33	-0.4	1.21

三、平衡质量对动静力布局的要求

根据式(3.51),平衡系数亦即平衡质量与流体动力系数 C_y^α,m_z^α,$C_y^{\delta_h}$,$m_z^{\delta_h}$ 及衡重特性系数 λ 有关。鱼雷的流体动力系数随流体动力布局而变化,当水平鳍和舵的效率增大时,系数 C_y^α,$C_y^{\delta_h}$,$m_z^{\delta_h}$ 都增大,m_z^α 减小,其结果是平衡系数 k_h 减小,平衡质量提高。当衡重特性系数 λ 增大时,平衡系数 k_h 减小,平衡质量提高。

下面考察平衡系数 $k_h=0$ 时,亦即平衡舵角 $\delta_{h0}=0$ 的理想情况,鱼雷可以不依靠舵的力矩就能达到平衡。由式(3.51)得

$$\frac{m_z^\alpha}{C_y^\alpha}=\lambda=\frac{G\bar{x}_G}{\Delta G} \tag{3.53}$$

我们知道,由于攻角变化产生的升力增量的作用点称为焦点。焦点的无量纲纵坐标 $\bar{x}_F$ 为

$$\bar{x}_F=\frac{\mathrm{d}m_z}{\mathrm{d}C_y}=\frac{m_z^\alpha}{C_y^\alpha} \tag{3.54}$$

由式(3.53)与式(3.54)知,平衡系数 $k_h=0$,或平衡舵角 $\delta_{h0}=0$ 的条件为

$$\bar{x}_F=\lambda=\frac{G\bar{x}_G}{\Delta G} \tag{3.55}$$

式(3.55)可改写为

$$\bar{x}_G=\frac{\Delta G}{G}\bar{x}_F \tag{3.56}$$

由于 $\Delta G<G$,对于 $\bar{x}_F>0$ 的情况(鱼雷一般都是这种情况),重心应位于浮心之前,焦点之后。

实际上,由于鱼雷外形及结构布局的种种限制,要满足式(3.55)或式(3.56)成立的条件是很困难的,即现实难以达到理想平衡状态,还必须借助一定的平衡舵角才能维持平衡。有两种情况:

(1)若 $\lambda<\bar{x}_F$,则 $k_h<0$,此时需有一定的、与攻角 α_0 同号的舵角 δ_{h0} 才能达到平衡。鱼雷一般多属于这种情况。

(2)若 $\lambda>\bar{x}_F$,则 $k_h>0$,此时需有一定的、与攻角 α_0 异号的舵角 δ_{h0} 才能达到平衡。当 α_0 为正时,δ_{h0} 为负,而 α_0 的正负依赖于负浮力 ΔG 的正负。这种情况是不利的,将使 α_0 增大。

由上可以看出,平衡质量主要取决于 $\bar{x}_F$ 和 λ 的数值,或 $\bar{x}_F$ 和 λ 点相对于浮心的位置。因此,在进行动、静力布局设计时,可通过改变流体动力的布局以调整 $\bar{x}_F$ 点的位置,通过改变衡重参数以调整 λ 点的位置,使 $\bar{x}_F$ 点与 λ 点尽量接近,以提高平衡质量。

四、侧平面内的平衡

如果鱼雷没有静倾,也没有流体动力不对称和螺旋桨失衡等现象,那么它在定常水平直线航行时就不会出现横倾。这样,重力和浮力就不会在侧平面内产生力和力矩分量,因而在侧平面内就不需要有相应的侧向流体动力和力矩去平衡它。此时 $\delta_{v0} = 0, k_v = 0$,这是理想的情况。

如果由于各种原因鱼雷有一定的航行横倾,那么为了平衡负浮力在侧平面上的分量,就需要有一定的侧滑角 β_0,以产生相应的侧力 Z。侧力 Z 产生的侧向流体动力矩 M_y 除一部分由重力矩 $G\bar{x}_c \sin\varphi$ 平衡外,还需一定的平衡舵角 δ_{v0} 才能维持平衡,有

$$\beta_0 = \frac{\Delta G m_y^{\delta_v} + G\bar{x}_G C_z^{\delta_v}}{(C_z^\beta + C_x)m_y^{\delta_v} + C_z^{\delta_v}m_y^\beta} \frac{2\varphi_0}{\rho S v^2} \tag{3.57}$$

$$\delta_{v0} = \frac{\Delta G m_y^\beta - G\bar{x}_G(C_z^\beta + C_x)}{(C_z^\beta + C_x)m_y^{\delta_v} + C_z^{\delta_v}m_y^\beta} \frac{2\varphi_0}{\rho S v^2} \tag{3.58}$$

式中,φ_0 为鱼雷定常直航时的横倾角。

侧平面的平衡系数为

$$k_v = \frac{\delta_{v0}}{\beta_0} = \frac{m_y^\beta - \lambda C_z^\beta}{m_y^{\delta_v} + C_z^{\delta_v}}$$

既然侧平面内的平衡与纵平面内的平衡现象完全相同,那么,如果参照在纵平面内平衡舵角为零的条件来进行侧平面的布置,使其满足

$$\lambda = \frac{m_y^\beta}{C_z^\beta} = \frac{G\bar{x}_G}{\Delta G} \tag{3.59}$$

则平衡垂直舵角 δ_{v0} 就可以等于零,而且这样的布置可使 δ_{v0} 在任何航行横倾的情况下都等于零。

在需要有一定的平衡垂直舵角 δ_{v0} 的情况下(有航行横倾,且不满足条件式(3.59)时),由于鱼雷的垂直舵一般比水平舵小得多,因此平衡垂直舵角 δ_{v0} 和侧平面系数 k_v 大于纵平面的 δ_{h0} 和 k_h。由于直舵角的最大摆动量有一定限制,如果要求有较大的平衡直舵角,就有可能出现这种情况:在某个横倾角 φ 时,即使直舵打到最大舵角仍不足以平衡侧平面上的流体动力矩以及重力和浮力在侧平面的分量所形成的力矩的代数和。把垂直舵角为最大时所能平衡的航行横倾称为临界横滚角 φ_{cr},超过 φ_{cr} 时,直舵将无法使鱼雷在侧平面内达到平衡。临界横滚角的值可由式(3.58) 推得

$$\varphi_{cr} = \frac{m_y^\beta C_z^{\delta_v} + m_y^{\delta_v} C_z^\beta}{m_y^\beta \Delta G - C_z^\beta G\bar{x}_G} \frac{\delta_{v\max}}{2} \rho S v^2 \tag{3.60}$$

3.2.3　运动稳定性要求

一、静稳定性

静稳定性是描述鱼雷的力矩随来流方位角而变化的特性。当鱼雷处于平衡状态时,若因

扰动,来流方位角发生变化后,能够产生恢复力矩,则称该鱼雷是静稳定的;反之,产生的是颠覆力矩,则称为是静不稳定的;若受扰后既不产生恢复力矩,也不产生颠覆力矩,则称之为中立静稳定。鱼雷的静稳定性一般利用来流方位角为零处的力矩位置导数来判定与度量:

若 $m_z^\alpha\big|_{\alpha=0}<0$,则是纵向静稳定的;

若 $m_z^\alpha\big|_{\alpha=0}>0$,则是纵向静不稳定的;

若 $m_z^\alpha\big|_{\alpha=0}=0$,则是纵向中立静稳定的;

若 $m_y^\beta\big|_{\beta=0}<0$,则是侧向静稳定的;

若 $m_y^\beta\big|_{\beta=0}>0$,则是侧向静不稳定的;

若 $M_y^\beta\big|_{\beta=0}=0$,则是侧向中立静稳定的。

m_z^α 和 m_y^β 分别称为鱼雷的纵向与横向静稳定度。对于静稳定鱼雷,m_z^α 和 m_y^β 的数值越小(或绝对值越大),静稳定性越好;对于静不稳定鱼雷,m_z^α 和 m_y^β 的数值越大,静稳定性越差。

由于 m_z^α 或 m_y^β 在不同攻角与侧滑角处的数值不同,因此鱼雷的静稳定度随着 α 与 β 的不同而变化,特别是对于在 $\alpha=0(\beta=0)$ 附近是静不稳定的鱼雷,总会存在一个攻角 α_m(或 β_m),在该点处,$m_{z\alpha=\alpha_m}=0$,是中立静稳定的,在该点两侧具有性质不同的静稳定性,当 $\alpha<\alpha_m$ 时,$m_z^\alpha>0$,是静不稳定的;当 $\alpha>\alpha_m$ 时,$m_z^\alpha<0$,是静稳定的。α_m(或 β_m)一般称为静稳定性临界攻角(侧滑角)。现有的大部分鱼雷,α_m 为 $6°\sim20°$。

在鱼雷设计中,一般都不要求鱼雷是静稳定的。相反的,大部分鱼雷都是静不稳定的,对于无自动控制的水下航行器,一般都设计成静稳定的。

二、运动稳定性

运动稳定性是指鱼雷保持运动状态的能力。若鱼雷的运动在受扰动后,随着时间的增加,能够恢复到原来的未扰动运动状态,则称鱼雷的运动是稳定的,否则便是不稳定的。

在小扰动假设下,鱼雷受扰后的纵向自由运动方程组为

$$\left.\begin{aligned}&\lambda_{26}\frac{\mathrm{d}\Delta\omega}{\mathrm{d}t}+(m-C_2C_y^\omega)v\Delta\omega-(m+\lambda_{22})v\frac{\mathrm{d}\Delta\alpha}{\mathrm{d}t}-C_1(C_y^\alpha+C_x)v^2\Delta\alpha=0\\&(J+\lambda_{66})\frac{\mathrm{d}\Delta\omega}{\mathrm{d}t}+C_3m_z^\omega v\Delta\omega-\lambda_{26}v\frac{\mathrm{d}\Delta\alpha}{\mathrm{d}t}-C_2m_z^\alpha v^2\Delta\alpha=0\end{aligned}\right\}\tag{3.61}$$

其特征方程为

$$\lambda^2+p\lambda+q=0\tag{3.62}$$

特征方程的系数 p,q 为

$$\left.\begin{aligned}&p=\frac{\left[C_3(m+\lambda_{22})m_z^\omega+(J_{zz}+\lambda_{66})C_1(C_y^\alpha+C_x)-\lambda_{26}C_2(m_z^\alpha+m-m_y^\omega)\right]v}{(m+\lambda_{22})(J_{zz}+\lambda_{66})-\lambda_{26}^2}\\&q=\frac{\left[C_1C_3(C_y^\alpha+C_x)m_z^\omega-(m-C_2C_y^\omega)C_2m_z^\alpha\right]v^2}{(m+\lambda_{22})(J_{zz}+\lambda_{66})-\lambda_{26}^2}\end{aligned}\right\}\tag{3.63}$$

特征方程的两个根 λ_1,λ_2 为

$$\lambda_{1,2}=\frac{-p\pm\sqrt{p^2-4q}}{2}\tag{3.64}$$

扰动运动方程组(3.61)的通解可表示为

$$\left.\begin{aligned}&\Delta\omega=A_1\mathrm{e}^{\lambda_1t}+A_2\mathrm{e}^{\lambda_2t}\\&\Delta a=B_1\mathrm{e}^{\lambda_1t}+B_2\mathrm{e}^{\lambda_2t}\end{aligned}\right\}\tag{3.65}$$

式（3.65）所表示的就是鱼雷的纵向扰动运动。显然，$\Delta\omega$ 和 Δa 随时间的变化规律取决于特征根 λ_1 与 λ_2 特性，进而取决于特征方程的系数 p 与 q 的特性，经分析可得到如下结论：

$p>0$ 时，是鱼雷纵向自由运动稳定的必要条件；

$p>0$ 时，$q>0$，是鱼雷纵向自由运动稳定的充分条件。

根据式（3.63）中 p 的表达式，由于 λ_{26} 为小量，且为负值，可知 p 总是大于零的。因此，满足纵向自由运动稳定的充分条件只要求 $q>0$ 即可。

根据 q 的表达式，令 $q>0$，可得

$$\frac{m_z^\omega}{\mu-C_y^\omega}>\frac{m_z^\alpha}{C_y^\alpha+C_x}\qquad(3.66)$$

式中　μ——鱼雷的相对密度，$\mu=\dfrac{2m}{\rho SL}$；

m——鱼雷的质量。

因此，鱼雷纵向运动稳定的充分条件可用式（3.66）表示。为了便于应用，引入纵向动稳定裕度 G_y

$$G_y=1-\frac{(\mu-C_y^\omega)m_z^\alpha}{(C_y^\alpha+C_x)m_z^\omega}\qquad(3.67)$$

比较式（3.67）与式（3.66）可知，式（3.67）等价于 $G_y>0$，因此鱼雷纵向自由运动稳定的充分条件用 G_y 表示为

$$G_y>0\qquad(3.68)$$

进一步分析可知，当 $0<G_y\leqslant1$ 时，特征方程有负实根，鱼雷受扰后的自由运动为非周期衰减运动；当 $G_y>1$ 时，特征方程有负实部的复根，自由运动为振荡衰减运动。此外，当 $m_z^\alpha<0$ 时，$G_y>1$。因此当 $G_y>1$ 时，鱼雷既是动稳定的，也是静稳定的。现有鱼雷一般都是动稳定而静不稳定的，所以在鱼雷的设计中，动稳定度 G_y 的取值范围一般为

$$1>G_y>0\qquad(3.69)$$

现有大雷的动稳定裕度为 0.6 左右，小雷的动稳定裕度为 0.4 左右。

鱼雷动态特性指操纵机构偏转后，鱼雷运动参数随时间的变化特性。通常用操纵机构阶跃偏转时运动参数过渡过程来研究鱼雷的动态特性。经分析，过渡时间的长短主要取决于特征根 λ_2，并且有

$$\frac{\partial|\lambda_2|}{\partial G_y}>0\qquad(3.70)$$

因此，G_y 越大，$|\lambda_2|$ 越大，过渡时间越短，动态特性越好。

与纵平面类似，侧向运动稳定的充分条件是

$$\frac{m_y^\omega}{\mu-C_z^\omega}>\frac{m_y^\beta}{C_z^\beta+C_xs}\qquad(3.71)$$

或

$$G_z=1-\frac{(\mu-C_z^\omega)m_y^\beta}{(C_z^\beta+C_xs)m_y^\omega}>0\qquad(3.72)$$

通过对鱼雷定常直线运动的横滚自由运动分析，横滚自由运动稳定的充分条件为

$$y_G<0\qquad(3.73)$$

即当重心具有一定的下移量时，横滚的扰动运动就是稳定的。进一步分析可知，若横滚阻尼力

矩(主要由鳍舵产生)较大,重力矩较小,横滚扰动呈非周期衰减;若重力矩很大,阻尼力矩较小,横滚扰动呈振荡衰减。

3.2.4　机动性要求

机动性是指鱼雷改变运动状态的能力。由于鱼雷的速度大小在航行过程中基本上是常数,或是分段常数(对于多速制鱼雷),所以鱼雷的机动性主要是指鱼雷改变运动方向的能力。鱼雷的机动性与鱼雷在初始弹道阶段的适应性、鱼雷迅速进入战斗位置的能力、捕获与跟踪目标的能力都有很大关系。

一、法向过载

鱼雷要改变运动状态,须要产生加速度。改变鱼雷运动速度的大小,须要产生切线方向的加速度,改变鱼雷运动的方向,须要产生法向加速度,因此,鱼雷产生加速度的能力反映了鱼雷机动性的大小。

过载矢量 n 定义为除负浮力之外所有作用在鱼雷上外力的合力 N 与鱼雷重力值 G 之比:

$$n=\frac{N}{G}=\frac{N}{mg}=\frac{N/m}{g}=\frac{a}{g} \tag{3.74}$$

式中,a 为加速度矢量。

法向过载是过载矢量 n 在鱼雷弹道法线方向上的投影,它表示鱼雷运动方向的改变能力。在半速度坐标系中,法向过载可用过载矢量 n 在 oy_* 与 oz_* 两轴上的投影 n_y 与 n_z 表示。根据定义,并在下列假设条件下:

(1) α,β 为小量;

(2) $\Phi=\varphi$;

(3) 不计流体惯性力。

法向过载分量 n_y 与 n_z 为

$$\left.\begin{aligned}
n_y=&\frac{v^2}{G}\{[(C_1C_y^\alpha+C_1C_x+\frac{C_2C_y^\omega}{C_3m_z^\omega}C_2m_z^\alpha)\alpha+(C_1C_y^\delta-\frac{C_2C_y^\omega}{C_3m_z^\omega}C_2m_z^\delta)\delta_h]\cos\varphi+\\
&[(C_1C_z^\beta+C_1C_x+\frac{C_2C_y^\omega}{C_3m_z^\omega}C_2m_y^\beta)\beta+(C_1C_z^\delta-\frac{C_2C_y^\omega}{C_3m_y^\omega}C_2m_y^\delta\delta_v)]\sin\varphi\\
n_z=&\frac{v^2}{G}\{[(C_1C_y^\alpha+C_1C_x+\frac{C_2C_y^\omega}{C_3m_z^\omega}C_2m_z^\alpha)\alpha+(C_1C_y^\delta-\frac{C_2C_y^\omega}{C_3m_z^\omega}C_2m_z^\delta)\delta_h]\sin\varphi-\\
&[(C_1C_z^\beta+C_1C_x+\frac{C_2C_y^\omega}{C_3m_z^\omega}C_2m_y^\beta)\beta+(C_1C_z^\delta-\frac{C_2C_y^\omega}{C_3m_y^\omega}C_2m_y^\delta\delta_v)]\cos\varphi
\end{aligned}\right\} \tag{3.75}$$

二、弹道曲率半径

鱼雷在弹道法线方向上的两个运动方程用法向过载可表示为

$$\left.\begin{aligned}
mv\frac{d\Theta}{dt}=Gn_y-(G-B)\cos\Theta\\
mv\frac{d\Psi}{dt}\cos\Theta=-Gn_z
\end{aligned}\right\} \tag{3.76}$$

弹道的曲率半径可表示为

$$R_z = -\frac{\mathrm{d}s}{\mathrm{d}\Psi} = -\frac{v}{\mathrm{d}\Psi/\mathrm{d}t} \left.\begin{array}{c}\\[2ex]\end{array}\right\} \tag{3.77}$$

$$R_y = \frac{\mathrm{d}s}{\mathrm{d}\Theta} = \frac{v}{\mathrm{d}\Theta/\mathrm{d}t}$$

式中,R_z 与 R_y 分别为水平面与铅垂平面内弹道的曲率半径,当由弹道点指向曲率中心的方向与 oz 轴或 oy 轴正向一致时,R_z 和 R_y 为正值,反之为负值。

于是,可得到法向过载与弹道曲率半径之间的关系,即

$$n_z = \frac{v^2}{gR_z}\cos\Theta \left.\begin{array}{c}\\[2ex]\end{array}\right\} \tag{3.78}$$

$$n_y = \frac{v^2}{gR_y} + \Delta\bar{G}\cos\Theta$$

或

$$R_z = \frac{v^2}{gn_z}\cos\Theta \left.\begin{array}{c}\\[2ex]\end{array}\right\} \tag{3.79}$$

$$R_y = \frac{v^2}{g(n_y - \Delta\bar{G}\cos\Theta)}$$

式中,$\Delta\bar{G}$ 为相对负浮力,也常称为过重度,$\Delta\bar{G} = (G-B)/G$。

由式(3.79)可见,法向过载越大,曲率半径越小,鱼雷机动性越好。

以下讨论几种特殊运动条件下的法向过载与弹道曲率半径。

1. 垂直面内运动

当鱼雷仅在垂直面内运动而无侧向运动时,$\Psi = 0$,$\mathrm{d}\Psi/\mathrm{d}t = 0$,于是有

$$n_z = 0, R_z = \infty \left.\begin{array}{c}\\[2ex]\end{array}\right\} \tag{3.80}$$

$$R_y = \frac{v^2}{g(n_y - \Delta\bar{G}\cos\Theta)}$$

式中,$n_z = 0$ 表明当鱼雷保持在垂直面内运动时,侧向力为零。

若鱼雷在垂直平面内作定常回旋运动,则回转半径与角速度的关系为

$$\omega_z = \frac{v}{R_y} \tag{3.81}$$

可以进一步得到回转半径与攻角的表达式为

$$\alpha = -\frac{(\mu - C_y^\omega)m_z^\delta + m_z^\omega C_y^\delta}{(C_y^\alpha + C_x)m_z^\omega - (\mu - C_y^\omega)m_z^\alpha}\delta_\mathrm{h} + \frac{(\mu - C_y^\omega)\bar{x}_\mathrm{G} - m_z^\alpha \Delta\bar{G}}{(C_y^\alpha + C_x)m_z^\omega - (\mu - C_y^\omega)m_z^\alpha}\bar{G}\cos\theta \left.\begin{array}{c}\\[3ex]\end{array}\right\} \tag{3.82}$$

$$\frac{L}{R_y} = -\frac{[m_z^\alpha C_y^\delta + (C_y^\alpha + C_x S)m_z^\delta]}{(C_y^\alpha + C_x)m_z^\omega - (\mu - C_y^\omega)m_z^\alpha}\delta_\mathrm{h} - \frac{(C_y^\alpha + C_x)\bar{x}_\mathrm{G} - m_z^\alpha \Delta G}{(C_y^\alpha + C_x)m_z^\omega - (\mu - C_y^\omega)m_z^\alpha}\bar{G}\cos\theta$$

式中,$\bar{G} = G/(\frac{1}{2}\rho S v^2)$,无量纲重力。当 R_y 为正值时,鱼雷上爬回旋,为负时,鱼雷下潜回旋。

2. 水平面内运动

鱼雷在水平面内运动时,$\Theta = 0$,$\mathrm{d}\Theta/\mathrm{d}t = 0$,因此

$$n_y = \Delta\bar{G}, R_y = \infty \left.\begin{array}{c}\\[2ex]\end{array}\right\} \tag{3.83}$$

$$R_z = \frac{v^2}{gn_z}$$

鱼雷在水平面内运动时,升力与负浮力平衡。

鱼雷在水平面内作定常回旋运动时,回转半径与角速度之间的关系为

$$\omega_y = -\frac{v}{R_z} \tag{3.84}$$

式中的负号表示角速度与回转半径(即弹道曲率半径)的符号总是相反的。

在不计横滚条件下,鱼雷作水平定常回旋运动时的侧滑角 β 与回转半径 R_z 的表达式为

$$\left. \begin{aligned} \beta &= -\frac{C_z^\delta m_y^\omega + (\mu - C_z^\omega) m_y^\delta}{(C_z^\beta + C_x) m_y^\omega - (\mu - C_z^\omega) m_y^\beta} \delta_v \\ \frac{L}{R_z} &= \frac{(C_z^\beta + C_x) m_y^\delta + C_z^\delta m_y^\beta}{(C_z^\beta + C_x) m_y^\omega - (\mu - C_z^\omega) m_y^\beta} \delta_v \end{aligned} \right\} \tag{3.85}$$

回转半径还可以用侧向运动稳定度 G_z 表示为

$$\frac{L}{R_z} = \frac{(C_z^\beta + C_x) m_y^\delta + C_z^\delta m_y^\beta}{(C_z^\beta + C_x) m_y^\omega} \frac{\delta_v}{G_z} \tag{3.86}$$

可见,回转半径与动稳定度成正比,动稳定度越大,回转半径越大,机动性越差。稳定性与机动性是设计中需要权衡的一对矛盾。

三、设计要求

鱼雷机动性由法向过载或弹道曲率半径来度量,所以,鱼雷机动性的设计要求应能够满足鱼雷按设计弹道航行时所需的法向过载或弹道曲率半径的要求。

可用法向过载(n_{ya},n_{ya})是鱼雷所能产生的最大法向过载,是鱼雷产生法向过载的能力,表征鱼雷的性能。它与鱼雷的外形参数和衡重参数有关。在鱼雷的外形参数和衡重参数确定后,可用法向过载就完全确定了,可利用式(3.75)计算。

需用法向过载是鱼雷沿一条预定弹道航行时所需要的法向过载,预定弹道即为设计弹道,或称为理论弹道,所以需用过载是理论弹道上各点处的法向过载,表征了弹道的特征。它与弹道参数有关,根据理论弹道参数计算。由式(3.76)可得需用法向过载 n_{yd} 和 n_{zd} 的计算公式,即

$$\left. \begin{aligned} n_{yd} &= \frac{v}{g} \frac{d\Theta}{dt} + \Delta \bar{G} \cos\Theta \\ n_{zd} &= -\frac{v}{g} \cos\Theta \frac{d\Psi}{dt} \end{aligned} \right\} \tag{3.87}$$

式中,Θ 和 Ψ 为理论弹道参数。

当式(3.78)中的 R_y,R_z,Θ 使用理论弹道参数时,计算出的法向过载也是需用法向过载。

将需用法向过载与可用法向过载比较,就可以判定鱼雷是否能按理论弹道航行。如果可用法向过载大于需用法向过载,鱼雷能够按理论弹道航行;如果鱼雷的舵已偏转到最大舵角,所产生的法向过载仍不能大于理论弹道上该点的需用法向过载,则鱼雷从该瞬时起偏离理论弹道,而按极限弹道航行。所谓极限弹道是其曲率半径与最大可用法向过载所对应的曲线。因此,可用法向过载大于需用法向过载是鱼雷能够沿理论弹道航行的必要条件,在鱼雷动静力布局设计中,必须满足

$$n_{ya} > n_{yd}, \quad n_{za} > n_{zd} \tag{3.88}$$

鱼雷定常回旋运动的最小回转半径或最大回转角速度是反映鱼雷机动性最简单的参数,也是实际中最常用的参数。令式(3.82)中 $\delta_h = \delta_{h\max}$,式(3.85)中 $\delta_v = \delta_{v\max}$,求得的回转半径就是最小回转半径 $R_{y\min}$,$R_{z\min}$,对应的最大回转角速度为

$$\omega_{z\max} = \frac{v}{R_{y\min}}, \quad \omega_{y\max} = -\frac{v}{R_{z\min}} \tag{3.89}$$

设计条件以最小回转半径或最大回转角速度提出时为

$$\left.\begin{array}{l} R_{y\min a} < R_{y\min d}, R_{z\min a} < R_{z\min d} \\ \omega_{y\max a} > \omega_{y\max d}, \omega_{z\max a} > \omega_{z\max d} \end{array}\right\} \tag{3.90}$$

如果考虑横滚,鱼雷在水平面内作定常回旋运动时的回转半径及侧滑角可利用下式计算:

$$\left.\begin{array}{l} \beta = -\dfrac{C_z^\delta m_y^\omega + (\mu - C_z^\omega)m_z^\delta}{(C_z^\beta + C_x)m_y^\omega - (\mu - C_z^\omega)m_y^\beta}\delta_v + \dfrac{m_y^\omega \Delta\overline{G} - (\mu - C_z^\omega)\overline{x}_G}{(C_z^\beta + C_x)m_y^\omega - (\mu - C_z^\omega)m_y^\beta}\overline{G}\varphi \\[4mm] \dfrac{L}{R_z} = -\dfrac{(C_z^\beta + C_x)m_z^\delta + C_z^\delta m_y^\beta}{(C_z^\beta + C_x)m_y^\omega - (\mu - C_z^\omega)m_y^\beta}\delta_v + \dfrac{(C_z^\beta + C_x)\overline{x}_G - \Delta G m_y^\beta}{(C_z^\beta + C_x)m_y^\omega - (\mu - C_z^\omega)m_y^\beta}\overline{G}\varphi \end{array}\right\} \tag{3.91}$$

式中,φ 为横滚角,

$$\varphi = -\frac{z_G}{y_G} - \frac{M_{xp}v^2}{Gy_G} - \frac{M_x^\beta v^2 \beta}{Gy_G} + \frac{M_x^\delta v^2 \delta_v}{Gy_G} - \frac{v\omega_y}{g} - \frac{M_x^\omega v\omega_y}{Gy_G} = \varphi_1 + \varphi_2 + \varphi_3 + \varphi_4 + \varphi_5 + \varphi_6 \tag{3.92}$$

式中　φ_1——由重心侧移量 z_G 产生的静倾角,$\varphi_1 = -\dfrac{z_G}{y_G}$;

φ_2——由螺旋桨失衡力矩产生的横滚角,$\varphi_2 = -\dfrac{M_{xp}v^2}{Gy_G}$;

φ_3——由于垂直鳍舵上下不对称产生的横滚角,$\varphi_3 = -\dfrac{M_x^\beta v^2 \beta}{Gy_G}$;

φ_4——由于垂直舵上下不对称,操纵舵时产生的横滚角 $\varphi_4 = -\dfrac{M_x^\delta v^2 \delta_v}{Gy_G}$;

φ_5——由于重心具有下移量,回旋运动时离心力产生的横滚角,通常称之为回旋横滚,$\varphi_5 = -v\omega_y/g$,因为回旋运动时有 $\omega_y = -v/R_z$,所以,φ_5 还可以利用回转半径 R_z 表示,即

$$\varphi_5 = \frac{v^2}{gR_z} \tag{3.93}$$

φ_6——由于雷鳍舵不对称,回旋运动时产生的横滚角,$\varphi_6 = -\dfrac{M_x^\omega v^2 \omega_y}{Gy_G}$。

3.2.5　声学要求

一、隐蔽性

隐蔽性是武器及其载体所要求的重要性能,特别是在现代高技术对抗环境下的战争中,对隐蔽性要求更高。为此,出现了隐形飞机、隐形导弹、安静型潜艇等。隐蔽性好的武器可以大大缩短敌方的预警距离与反应时间,从而减小了敌方组织对抗的机会和能力,也降低了敌方目标规避攻击的成功概率,提高了我方武器的生存能力和命中概率。

目前,水下目标远距离探测主要依赖于声场。敌方舰载或潜载声呐系统通过接收鱼雷航行时产生的辐射噪声以发现来袭鱼雷。因此,降低鱼雷的辐射噪声是提高鱼雷隐蔽性的根本途径,进而提高了鱼雷攻击目标的有效性。据有关资料介绍,鱼雷的辐射噪声若降低 5 dB,则命中概率将提高 25%。

二、噪声与制导

鱼雷噪声可分为自噪声和辐射噪声。鱼雷自噪声属于高频范围,在自噪声达到一定声级后,严重地干扰着鱼雷声自导系统的工作,降低自导系统的作用距离。利用声呐方程可以分析鱼雷自噪声降低量与声自导系统作用距离增加量之间的关系(见表3.4)。

表 3.4　鱼雷自噪声对自导作用距离的影响

ΔN_s/dB	2	4	6	8	10	12
$(\Delta S_p/S_p)$/(%)	16.4	34.3	53.6	75.0	97.9	121.4
$(\Delta S_n/S_n)$/(%)	9.0	19.1	29.0	39.2	50.0	62.1

表 3.4 中　　ΔN_s——鱼雷自噪声的降低量;

$\Delta S_p/S_p$——鱼雷自噪声降低后,被动声自导作用距离增加量的百分数;

$\Delta S_n/S_n$——鱼雷自噪声降低后,主动声自导作用距离增加量的百分数。

鱼雷辐射噪声不仅影响鱼雷的隐蔽性,也影响线导鱼雷的导引。线导鱼雷是由设在本艇上的制导站导引的。制导站根据本艇声呐探测的目标运动要素和由鱼雷内测系统测得的并通过导线传输回本艇的鱼雷运动要素,利用计算机进行分析处理,形成鱼雷的导引指令,再通过导线传送给鱼雷,使鱼雷能在远距离以最佳态势接近目标,以弥补鱼雷声自导系统作用距离小的缺陷。显然,制导站要实现对鱼雷的有效导引,其前提是本艇声呐对目标能实现有效探测,发现并能确定目标的运动要素。由于鱼雷位于本艇与目标之间,距本艇较近,如果鱼雷的辐射噪声较强,就会掩盖目标,影响本艇声呐对目标的探测,使本艇声呐难以发现目标。为解决这个问题,目前多采用偏离导引法(或称无干扰导引法)。鱼雷发射后,先导引鱼雷偏离目标方位,以使本艇声呐能够分辨出目标,然后再把鱼雷逐渐导向目标。鱼雷方位和目标方位的夹角(偏离角)大小与目标距离和噪声强度,鱼雷距离和噪声强度,以及本艇声呐方位分辨率等因素有关。仅就鱼雷辐射噪声而言,声强越大,遮蔽目标的能力越强,所需的偏离角越大。偏离角越大,鱼雷弹道越弯曲,鱼雷的航程损失就越大,接敌时间越长,敌舰组织对抗或规避的机会也越多,这些都降低了鱼雷攻击目标的有效性。此外,偏离导引法最终仍避免不了要把鱼雷导向目标。因此,在某种意义上说,偏离导引法只是在目前条件下缓解鱼雷辐射噪声影响的一种权宜之计,解决线导鱼雷导引问题的最有效途径是大幅度地降低鱼雷的辐射噪声,据说美国MK48-0型与Ⅱ型鱼雷研制失败,就是因为其噪声较大。

三、噪声与外形设计

噪声有多种分类方法,鱼雷噪声源也是多方面的,本节仅就与鱼雷外形直接相关的噪声加以讨论。

(一) 空化噪声

空化噪声是流场中发生空化现象后,由于空泡的脉动及溃灭而产生的一种宽带噪声。根据鱼雷模型头部空化噪声的水洞实验,当鱼雷头部发生空化现象时,鱼雷头部自噪声剧增15 dB 以上,可见空化造成的噪声之大,在鱼雷航行中是要绝对避免的。

是否发生空化现象,主要依赖于流场中的最小压力,而最小压力又主要依赖于鱼雷的外形。外形中影响较大的是头部线型(包括平头端面)、舵面翼型及线速度较大的螺旋桨叶梢外形。在这几处的外形设计中,须要使所设计的外形,在给定的攻角及舵角范围内,在最小航深及额定最高航速与转速条件下,不发生空化与流动分离现象。

(二)边界层噪声

在不发生空化的情况下,边界层噪声便成为鱼雷重要的流体动力噪声源。边界层噪声主要是由于边界层的转捩区、湍流边界层及边界层分离区内流动的不稳定性及脉动性造成的。它包括两部分:一是流噪声的直接辐射;二是脉动诱发壳体振动声辐射。前者主要在高频区,后者在低频区。

对于大部分鱼雷,边界层转捩区都位于头部,雷头上也有一部分湍流边界层,它们距自导系统声学阵很近。因此,边界层噪声是雷头自噪声的主要声源。为了降低鱼雷的自噪声,增加雷头层流边界层长度,推后边界层转捩便成为雷头线型设计的主要目标。据鱼雷模型噪声实验资料介绍,雷头边界层转捩沿轴向后移 10 mm,雷头自噪声可减小 1 dB。

(三)表面粗糙度噪声

表面粗糙度噪声是指由于表面的粗糙度而引起的流体动力噪声。关于表面粗糙度对阻力与噪声的影响,国内外以平板与翼型做过大量的实验。实验结果表明,随着粗糙度的增加,噪声谱级随之增加,在流速不变情况下,谱级的增加主要是向低频延伸;随着流速的增加,噪声谱级也随之增加,谱级的增加向高频延伸,频率越高,谱级增加越大;在鱼雷航行速度的范围内,表面粗糙度引起的流体动力噪声可覆盖鱼雷自导的工作频率。

表面粗糙时易于吸附水中的空泡核,并通过发放旋涡而使粗糙单元后出现局部压力降低,从而导致空化起始提前出现,引起空泡噪声。有人以双参数格兰韦尔曲线($1/k_0 = 0.01, k_1 = 8$)作为雷头线型,对直径为 150 mm,具有不同表面粗糙度 R_a 的雷头模型在水洞中进行了起始空化数 σ_i 的实验。实验结果见表 3.5。

表 3.5　起始空化数与粗糙度及水速关系

$R_a/\mu m$ ＼ σ_i ＼ 水速/$(m \cdot s^{-1})$	8	10	11	12	13
$2.5 \sim 5$		0.837			
$0.63 \sim 1.25$		0.386	0.40	0.42	0.47
$0.32 \sim 0.62$		0.383			
$0.04 \sim 0.08$	0.332	0.340	0.380	0.354	0/398

由表 3.5 可以看出,在水速一定的情况下,随着粗糙度的增大,起始空化数不断增大,即空化起始不断提前;当粗糙度一定时,起始空化数随着水速的增加而增加;存在着一个确定的粗糙度,当粗糙度小于该粗糙度时(更光洁),在一定的水流速度范围内,粗糙度对起始空化数基本上无影响。该粗糙度称为起始空化临界粗糙度(或称为许用粗糙度),定义为对起始空化数无影响的最大粗糙度。对于表 3.5 中的实验模型,起始空化临界粗糙度介于 $0.63 \sim 0.08 \mu m$ 之间。层流边界层转捩到湍流边界层的一个重要原因是扰动,粗糙度是重要的扰动源,而且对边界层中的扰动还起着放大作用,导致层流边界层失稳,提前转捩为湍流边界层,使转捩区前

移,噪声增大。

人们对粗糙度对平板边界层转捩的影响进行过大量研究,不同粗糙度平板的转捩临界雷诺数在 $3 \times 10^5 \sim 10^6$ 之间变化。若水流速度为 10 m/s,由于粗糙度的影响,可以把平板边界层的转捩点由距前缘 120 mm 前移到距前缘 36 mm。阿兰·米罗纳(Alan Mironer)根据平板的实验曲线,给出的对转捩无影响的临界粗糙度 R_a(平均值)经验公式为

$$\frac{R_a}{L} = \frac{100}{Re} \tag{3.94}$$

若把式(3.92)应用于 MK46 鱼雷,则对边界层转捩无影响的临界粗糙度约为 $4.5\mu m$。

在上述提到的雷头模型水洞实验中,水速为 8 m/s,当粗糙度为 $2.5 \sim 5\mu m$ 时,层流开始转捩(失稳)的位置距雷顶 80 mm;当粗糙度减小到 $0.63 \sim 1.25\mu m$ 时,层流开始转捩的位置距雷顶 140 mm;当粗糙度进一步减小到 $0.32 \sim 0.63\mu m$ 时,转捩位置不再变化。这表明,随着表面粗糙度的减小,转捩位置不断后移,在该实验条件下,转捩临界粗糙度为 $0.63 \sim 1.25\mu m$。由于随着水流速度(雷诺数)的增加,边界层厚度变薄,粗糙度的影响程度增大。可以推测,当水流速度增大到 20 m/s 以上时,转捩临界粗糙度等级会高于 $0.63 \sim 1.25\mu m$。

(四)表面不连续噪声

在连接环与壳体的连接处,孔盖边缘与壳体的交接处,硫化层边缘,机械设定接口等处,或因缝隙,或因高低不平整等,都会破坏表面的连续性,从而产生噪声。表面不连续产生噪声的机理与粗糙度类似。在外形设计中应尽量避免开孔或接缝等,特别是在敏感的雷头表面,不得已时应采取措施加以光滑过渡。

3.3 鳍、舵翼型设计与选择

3.3.1 翼型

与雷体轴线平行的鳍、舵剖面几何图形称为鳍、舵翼型。翼型一词原是航空上使用的专用术语,指飞机机翼的剖面,后来推广到凡以产生升力为主要目的的流体动力元件的剖面都称为翼型,例如螺旋桨叶片剖面等。翼型的一般几何形状如图 3.2 所示。

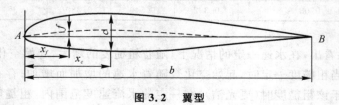

图 3.2 翼型

描述翼型几何特性的主要术语与参数如下:

(1)翼弦:翼型最前点 A(前缘)与翼型最后点 B(后缘)的连线称为翼弦;翼弦的长度称为弦长,用 b 表示;翼弦之上的翼表面称为上翼面;翼弦之下的翼表面称为下翼面。

(2) 厚度：上、下翼面在垂直于翼弦方向的距离称为翼型的厚度,其中的最大距离称为最大厚度,用 c 表示;最大厚度与弦长之比称为最大相对厚度,以 $\bar{c}$ 表示,$\bar{c}=c/b$,最大相对厚度也常简称为翼型的相对厚度。

(3) 最大厚度相对位置：翼型最大厚度的弦向位置(x 坐标)x_c 称为最大厚度位置;最大厚度相对位置 $\bar{x}_c$ 定义为 $\bar{x}_c=x_c/b$,也经常简称 $\bar{x}_c$ 为最大厚度位置。

(4) 弯度：翼型厚度中点的连线称为中弧线,中弧线与翼弦之间的最大距离 f 称为翼型的最大弯度或弯度;相对弯度 $\bar{f}$ 定义为 $\bar{f}=f/b$。

(5) 最大弯度相对位置：翼型最大弯度的弦向位置 x_f 与弦长 b 之比称为最大弯度相对位置,用 $\bar{x}_f$ 表示,$\bar{x}_f=x_f/b$,$\bar{x}_f$ 也常简称为最大弯度位置。

(6) 相对前缘半径：翼型轮廓线在前缘处的曲率半径称为前缘半径,用 r 表示,相对前缘半径 $\bar{r}$ 定义为 $\bar{r}=r/b$。

(7) 后缘角：上、下翼面在后缘处切线的夹角称为后缘角,用 τ 表示。

(8) 对称翼型：上、下翼面关于翼弦对称的翼型称为对称翼型。对称翼型的中弧线与翼弦重合,弯度 $f=0$,翼型厚度分布坐标即为翼型型线坐标。

翼型几何参数 $\bar{c},\bar{x}_c,\bar{f},\bar{x}_f,\bar{r}$ 及 τ 对翼型的流体动力特性,进而对鳍、舵的流体动力特性起决定性影响。鳍舵设计中的一项重要工作就是正确地选择与确定这些参数。

MK46 鱼雷的全动舵为对称翼型,其型线的有量纲坐标见表 3.6。

表 3.6　MK46 鱼雷全动舵翼型坐标

x/mm	0	4	9	14	19	24	29	34	39	44
y/mm	0	2.95	4.34	5.316	6.09	6.74	7.305	7.807	8.285	8.657
x/mm	49	54	59	64	69	74	79	84	89	94
y/mm	9.016	9.332	9.605	9.836	10.025	10.173	10.285	10.358	10.401	10.415
x/mm	99	104	109	114	118	124	129	134	139	144
y/mm	10.389	10.318	10.213	10.078	9.96	9.728	9.515	9.277	9.013	8.726
x/mm	149	154	159	164	169	174	179	184	189	194
y/mm	8.415	8.082	7.33	7.36	6.975	6.578	6.171	5.755	5.333	4.906
x/mm	241	242	243	244	249	254				
y/mm	0	2.95	4.34	5.316	6.09	6.74				

由表 3.6 中翼型数据可知,MK46 鱼雷舵翼型的主要翼型参数为

翼弦 b：$b=254\text{mm}$;

最大相对厚度 $\bar{c}$：$\bar{c}=c/b=2\times10.415/254=8.2\%$;

最大厚度位置 $\bar{x}_c$：$\bar{x}_c=x_c/b=94/254=37\%$。

3.3.2　NACA 翼型系列介绍

鉴于翼型在航空、航天、航海、水电、导弹、鱼雷等方面都有重要应用,世界各国从第一次世界大战以后加强了对翼型的研究工作,建立了各种翼型系列,例如,英国的 R. A. F(英国皇家

空军 Royal Air Force 的缩写)翼型系列,德国的 Göttingen(地名,中译名哥延根,德国最早的空气动力学研究所所在地)翼型系列,苏联的 ЦАГИ(苏联中央空气流体研究院)翼型系列,美国的 NACA(美国国家航空咨询委员会的英文缩写,现改名为国家宇航局,缩写为 NASA)翼型系列。我国若干年前在西北工业大学建立了翼型研究中心,专门从事新型翼型的研究。现有的翼型系列中最著名的是美国的 NACA 翼型系列,其中又分 4 位数翼型系列、5 位数翼型系列、6 系列、7 系列等,不仅列有翼型的几何参数,还附有翼型的气动性能参数。

NACA 4 位数字翼型系列的编号是在 NACA 后接 4 位数字,例如 NACA 2415,第一位数字表示相对弯度的百分数,例中为 2,表示该翼型 $\bar{f}=2\%$;第二位数字为弯度相对位置的十分数,例中为 4,表示 $\bar{x}_f=4/10=40\%$;第三与第四位数字表示最大相对厚度的百分数,例中为 15,表示 $\bar{c}=15\%$。又例如 NACA 0008,这是最大相对厚度为 8% 的对称翼型(弯度为零)。

4 位数字翼型的厚度分布,折合成对称翼型,为

$$\bar{y}_\delta=\pm\frac{\bar{c}}{0.20}(0.296\ 90\bar{x}^{1/2}-0.126\ 00\bar{x}-0.351\ 60\bar{x}^2+0.284\ 30\bar{x}^3-0.101\ 50\bar{x}^4)$$

$$(3.95)$$

式中　$\bar{y}_\delta$——厚度的相对坐标,$\bar{y}_\delta=y_\delta/b$;

　　$\bar{x}$——弦向相对坐标(坐标原点位于前缘点),$\bar{x}=x/b$。

翼型的前缘相对半径为

$$\bar{r}=1.101\ 9\bar{c}^2 \tag{3.96}$$

当 $\bar{c}$ 取不同值时,得到不同厚度的翼型。4 位数字系列的最大厚度弦向位置都为 $\bar{x}_c=30\%$。

4 位数字翼型的中弧线为两段抛物线,在中弧线的最高点处两者相切。中弧线方程为

$$\bar{y}_f=\begin{cases}\dfrac{\bar{f}}{\bar{x}_f}(2\bar{x}_f\bar{x}^2-\bar{x}^2) & (0\leqslant\bar{x}\leqslant\bar{x}_f)\\[3mm]\dfrac{\bar{f}}{(1-\bar{x}_f)^2}[(1-2\bar{x}_f)+2\bar{x}_f\bar{x}-\bar{x}^2] & (\bar{x}_f\leqslant\bar{x}\leqslant1)\end{cases} \tag{3.97}$$

翼型上、下翼面坐标由下式计算:

$$\left.\begin{array}{ll}\bar{x}_a=\bar{x}-\bar{y}_\delta\sin\theta, & \bar{y}_a=\bar{y}_f+\bar{y}_\delta\cos\theta\\\bar{x}_b=\bar{x}+\bar{y}_\delta\sin\theta, & \bar{y}_b=\bar{y}_f-\bar{y}_\delta\cos\theta\end{array}\right\} \tag{3.98}$$

式中,θ 为中弧线在弦向位置 x 处的切线倾角。

前缘半径的圆心位于中弧线在 0.05 弦长处的切线上,距前缘的距离等于前缘半径。对称翼型由于弯度为零,中弧线与翼弦重合,上、下翼面坐标直接由式(3.95)计算。

NACA 5 位数字翼型系列的编号规则是在 NACA 后接 5 位数字,例如 NACA 23012。第一位数字与弯度有关,例中 $\bar{f}=2\%$,第一位数字还与设计升力系数有关,该数乘以 3/2 等于设计升力系数的 10 倍,即 $C_{yS}=(2\times3/2)/10=0.3$;第二位数字表示最大弯度弦向相对位置十分数的 2 倍,例中有 $\bar{x}_f=\dfrac{1}{2}\times\dfrac{3}{10}=15\%$;第三位数字与中弧线特性有关,有 0 与 1 两种情况,0 表示中弧线后段为直线,1 表示中弧线后段为上翘的曲线;第四位与第五位数字表示最大厚度的百分数,例中 $\bar{c}=12\%$。

4 位与 5 位数字翼型系列是 NACA 最早的翼型系列,现在一般把它们称为古典翼型。它

们的最大厚度弦向位置及前缘半径都是固定的。后来这两种翼型都有改型。改型后的系列，这两个参数可以根据需要加以选择。改型方法是在原 4 位与 5 位数字系列后再增加两位数字，例如 NACA 0008-34，NACA 23102-64 等。

　　NACA 层流翼型现在常用的有 6 系列与 7 系列。6 系列翼型通常用 6 位数字表示，并带有一个对中弧线的说明。例如 NACA65,3-218，$\overline{x}_a=0.5$，第一位数字 6 表示 6 系列；第二位数字 5 表示该翼型作为对称翼型使用，当攻角为零时（只有厚度作用，无弯度），最低压强点在 0.5 弦长处（$\overline{x}_{p\min}=5/10=0.5$）；第三位数字 3 表示在设计升力系数上下 3/10 的范围内，翼面上仍有利的压力分布存在；第四位数字 2 表示设计升力系数的 10 倍，即 $C_{yS}=2/10=0.2$，有利压力分布存在范围是 $C_y=0.2\pm3/10=-0.1\sim0.5$；最后两位数字 18 仍表示最大厚度的百分数，$\overline{c}=18\%$；等式表示中弧线类型，即载荷常数分布范围，从前缘至 $\overline{x}_a$ 处载荷为常数。如果无此等式，隐含 $\overline{x}_a=1$，载荷从前缘至后缘都是常数。

　　7 系列的翼型，下翼面的层流段较上翼面的可能更长些。这族翼型的特点是俯仰力矩小，设计用的 C_y 值较大，但所能达到的最大升力系数略低，如 NACA 747A315 第一位数字表示系列；第二位数字表示在设计升力系数下，上翼面从前缘起有利的压强分布（即顺压梯度段）的长度（弦长的十分数），例中 4 表示到 40% 弦长压强分布都是顺压梯度；第三位数字是下翼面有利压强分布的长度为 70%；最后三位数字的意义与 6 系列的相同；夹在中间的大写字母 A 是另一个系列标志。如果两个 7 系列翼型，上、下翼面的有利压强分布长度相同，设计用的升力系数相同，厚度也同，但中弧线有所改变，那么，这个大写字母便改用 B。

　　表 3.7 给出了 NACA 部分对称翼型的气动力特性实验结果。

表 3.7　NACA 对称翼型气动特性参数

翼型	Re_b	$C_{y\max}$ 特性	$C_{y\max}$	$C_y^{\alpha}/(°)^{-1}$	$C_{x\min}$	$\overline{x}_F$	$\alpha_{cr}/(°)$	$\alpha_{翼}/(°)$
0003	8.1×10^6	B	0.96	0.95		0.234		
0006	9×10^6	D	0.92	0.103	0.005 2	0.250	9.0	9.0
0009	9×10^6	D	1.31	0.110	0.005 6	0.250	13.4	11.4
0012	9×10^6	B	1.59	0.106	0.005 7	0.250	16.0	15.0
0015	8.61×10^6	A	1.66	0.097	0.006 4	0.238		
0018	7.84×10^6	A	1.53	0.096	0.007 0	0.233		
0021	8.34×10^6	A	1.48	0.093	0.008 0	0.200		
63-006	9×10^6	D	0.80	0.110	0.004 2	0.258	10.0	7.7
63-009	9×10^6	D	1.15	0.110	0.004 1	0.258	11.0	10.7
63_1-012	9×10^6	D	1.45	0.114	0.004 3	0.265	14.0	12.8
63_2-015	9×10^6	D	1.50	0.118	0.004 9	0.271	14.5	11.0
63_3-018	9×10^6	D	1.52	0.118	0.004 9	0.271	15.5	11.2
63_4-021	9×10^6	D	1.39	0.115	0.005 2	0.273	17.0	9.0
64-006	9×10^6	D	0.80	0.110	0.004 0	0.256	9.0	7.2
64-009	9×10^6	B	1.17	0.110	0.004 0	0.262	11.0	10.0
64_1-012	9×10^6	B	1.46	0.110	0.004 2	0.262	14.5	11.0
64_2-015	9×10^6	D	1.48	0.110	0.004 5	0.267	15.0	13.0
64_3-018	9×10^6	D	1.50	0.110	0.004 5	0.266	17.0	12.0

续 表

翼型	Re_b	C_{ymax} 特性	C_{ymax}	$C_y^\alpha/(°)^{-1}$	C_{xmin}	$\bar{x}_F$	$\alpha_{cr}/(°)$	$\alpha_{fl}/(°)$
64_4-021	9×10^6	B	1.43	0.112	0.005 0	0.274	14.0	10.3
$65-006$	9×10^6	D	0.85	0.115	0.003 5	0.258	12.0	7.6
$65-009$	9×10^6	D	1.09	0.110	0.004 0	0.264	11.0	9.8
65_1-012	9×10^6	B	1.37	0.105	0.003 8	0.261	14.0	10.0
65_2-015	9×10^6	D	1.42	0.110	0.004 0	0.257	15.0	11.2
65_3-018	9×10^6	D	1.38	0.105	0.004 2	0.267	16.0	10.0
65_4-021	9×10^6	D	1.40	0.115	0.004 5	0.267	18.5	7.4
$65,3-018$	9×10^6		1.44	0.100		0.262	17.0	10.0
$65-006$	9×10^6	D	0.80	0.100	0.003 2	0.252	9.0	6.5
$65-009$	9×10^6	D	1.05	0.107	0.003 0	0.259	10.0	10.0
66_1-012	9×10^6	D	1.24	0.105	0.003 2	0.258	14.0	11.2
66_2-015	9×10^6		1.35	0.105	0.005 0	0.265	15.5	12.0
66_3-018	9×10^6	D	1.33	0.100	0.003 4	0.264		
66_4-021	9×10^6		1.36	0.100	0.003 6	0.257		
$66(215)-016$	9×10^6	D	1.36	0.102	0.003 2	0.260	14.0	10.0
63A009	3.5×10^6		0.88	0.014	0.004 0	0.250		
63A010	9×10^6	B	1.19	0.105	0.004 6	0.254	13.0	10.0
63A012	3.5×10^6		0.84	0.102	0.004 5	0.260		
63A015	3.5×10^6		0.97	0.101	0.005 0	0.240		
63A018	3.5×10^6		0.96	0.101	0.006 0	0.240		
63A210	9×10^6		1.43	0.103		0.257	14.0	10.0
64A004	1.6×10^6			0.084	0.004 5	0.230		
64A006	1.6×10^6			0.085	0.004 9	0.230		
64A009	1.6×10^6			0.089	0.005 2	0.220		
64A010	9×10^6		1.20	0.105		0.254	13.0	10.0
64A012	1.6×10^6			0.088	0.004 9	0.250		
65A09	1.6×10^6			0.089	0.005 0	0.230		

表中 　Re_b——以翼型弦长为特征长度的雷诺数,$Re_b=\dfrac{bv_\infty}{\nu}$;

　　C_{ymax}——最大升力系数;

　　C_y^α——升力系数对攻角 α 的位置导数,单位为 $1/(°)$;

　　C_{xmin}——最小阻力系数,即攻角为零时的阻力系数;

　　$\bar{x}_F$——由翼型前缘起的焦点无量纲坐标,$\bar{x}_F=\dfrac{X_F}{b}$;

　　α_{cr}——$C_y=C_{ymax}$ 时的攻角,即失速临界攻角;

　　α_{fl}——升力系数随攻角变化开始偏离线性关系时的攻角；

A，B，C，D——翼型的失速特性。

3.3.3　鳍、舵翼型基本要求

　　根据鱼雷及鳍、舵本身的性能要求，在雷鳍及舵的翼型设计中应满足一些基本要求，主要如下：

　　(1) 在鱼雷航行中的攻角、侧滑角范围内，雷鳍翼型流动不发生空化及流动分离现象，以减小阻力，降低噪声。

　　(2) 在鱼雷航行中的攻角(侧滑角)及舵工作舵角范围内，舵翼型不发生较大的流动分离现象，不发生空化现象。

　　(3) 在舵工作舵角范围内，舵翼型的升力(法向力)与舵角成线性关系，舵翼型的压力中心基本保持不变，以利于鱼雷控制系统的设计及鱼雷运动的控制。

　　(4) 鳍、舵翼型应具有较大的升阻比，以提高鳍、舵的工作效率。

3.3.4　翼型类型确定

　　鱼雷的下潜与上爬运动，左旋与右旋运动都是重要的，相应的水平舵须要向下或向上摆动，方向舵须要向左或向右摆动，因此鱼雷舵的翼型总是选择对称翼型。事实上，几乎所有航行器的控制面都是对称翼型。

　　鱼雷水平鳍翼型若选择带有正弯度的弯度翼型，在攻角一定的条件下，可以产生较大的升力与平衡力矩，有利于减小鱼雷的平衡攻角或水平鳍的面积。另一方面，由于鱼雷在水中浮力较大，需要水平鳍平衡的重力较小，同时，翼型的不对称还会给加工、成本及控制带来一些新的问题，因此鱼雷的水平鳍与垂直鳍一般也都选用对称翼型。

　　早期鱼雷的鳍与舵是平板翼型——平板的前缘及后缘处带一定的倒角，或为圆弧，或倒角加圆弧。这种平板翼型的最大特点是型面简单，易于加工，成本低。缺点是其流体动力性能比曲面翼型差得多，易于发生流动分离，增大阻力，产生噪声。随着对鱼雷性能要求的提高，现代鱼雷的舵都是曲面翼型。由于鱼雷航行时的攻角与侧滑角都不大，雷鳍若选用平板翼型，只要翼型的前缘圆弧及后缘的锥度合适，一般也不会发生流动分离，可以基本满足要求，尽管其效率不如曲面翼型。所以鱼雷鳍翼型的选择，要具体鱼雷具体分析，看有无特殊的需要或特殊困难，一般情况下可以在效率和成本之间权衡，以决定采用曲面翼型或平板翼型。

3.3.5　翼型设计与选择

一、初始参数

在进行翼型设计或选择之前，须要初步确定或计算：

　　(1) 水平鳍与垂直鳍的设计攻角与设计侧滑角 α_{fs} 和 β_{fs}，以及水平鳍与垂直鳍的最大攻角与最大侧滑角 α_{fm} 和 β_{fm}。α_{fs} 和 β_{fs} 可根据正常航行或大部分航行时间中鱼雷的攻角、侧滑角来确定,α_{fm} 和 β_{fm} 可根据鱼雷作大机动运动时的攻角与侧滑角来确定。

（2）水平舵与垂直舵的设计舵角 δ_{hs} 和 δ_{vs},以及极限舵角 δ_{hm} 和 δ_{vm}。δ_{hs} 和 δ_{vs} 根据鱼雷航行中常用的舵角确定;δ_{hm} 和 δ_{vm} 根据鱼雷大机动时的舵角确定。δ_{hs} 和 δ_{vs} 与控制系统的操舵规律有关,如果总是操极限舵,应取 $\delta_{hs} = \delta_{hm}$ 和 $\delta_{vs} = \delta_{vm}$。

（3）翼型的雷诺数 $Re_b = \dfrac{vb}{\nu}$,v 为鱼雷的航行速度,b 为翼型的弦长,ν 为运动黏度。

上述参数可以作为必须执行的设计要求提出,也可以作为一种初值提出,在设计中再进行调整。

二、选用标准翼型

标准翼型,例如 NACA 翼型系列,都经过大量实验,备有各种流体动力参数(见表 3.7),并且数据也比较可靠。选用标准翼型作为鱼雷鳍、舵翼型是最快捷、最简单的方法,成本低。一般情况下都可以选择到较合适的翼型。所以鱼雷鳍、舵翼型应首先考虑从标准翼型中选用。选择的原则按 3.3.3 节中的要求执行,重点是在 δ_{hs},δ_{vs},α_{fs},β_{fs} 附近翼型的流体动力特性。而 δ_{hm},δ_{vm},α_{fm},β_{fm} 在不得已时可适当放松,即允许出现 $\delta_{hm} > \alpha_{fl}$,甚至 $\delta_{hm} > \alpha_{cr}$ 等。因为雷鳍、舵都是小展弦比机翼,由于翼梢效应,其失速临界攻角比翼型大得多。

三、在标准翼型基础上进行修改

当已有翼型系列中的翼型都不能满足要求时,可以考虑选一个较接近的翼型加以修改,以获得满足需要的翼型。可以依据翼型主要几何参数对翼型流体动力特性的影响,确定需要修改的几何参数及修改的方向,修改的数值则要通过一系列的计算,必要时还须要通过实验来验证与修正。

一般说来,几何参数对流体动力特性的影响具有如下趋势:

（1）前缘半径 $\bar{r}$:$\bar{r}$ 减小,有利于翼型在小攻角下获得良好的流体动力特性。但在大攻角下,在前缘附近具有很高的压力峰值,趋于前缘失速,最大升力系数及失速临界攻角趋于减小。此外,$\bar{r}$ 和翼型的最大厚度 $\bar{c}$ 具有一定的匹配关系,当 $\bar{r}$ 增加或减小较多时,$\bar{c}$ 也须相应地作一定的增减。

（2）后缘角 τ:τ 增大,升力线斜率 C_y^α 减小,焦点位置前移。

（3）最大厚度 $\bar{c}$:$\bar{c}$ 增大,有利于具有较好的大攻角流体动力特性,趋于后缘分离,最大升力系数及失速临界攻角也增大。此外,最小阻力系数增加,焦点位置后移。

（4）最大厚度位置 $\bar{x}_c$:$\bar{x}_c$ 增大,有利于获得有利的压力分布,延长层流边界层段长度,减小阻力,同时最大升力系数也相应地减小。

四、根据表面压力分布设计翼型

和雷体线型设计一样,翼型也可以直接根据表面压力分布要求进行设计,并且这种设计方法目前已比较成熟,在许多文献中都可以查到。

3.4　鳍、舵设计与布局

3.4.1　概述

鱼雷壳体由于满足内部装载、承受外压、便于发射、降低成本等需要,一般都设计成回转体外形。回转体外形在攻角状态下会产生相当大的抬头力矩。因此,试图通过调整雷体线型来较大幅度地调整升力与力矩,以满足鱼雷航行的要求是不可能的。所以雷体线型设计主要是减阻降噪,一般不对升力与力矩提出要求。而鱼雷对升力与力矩的要求,主要通过鳍、舵设计来实现。鳍、舵产生一部分升力,以弥补壳体升力的不足,以平衡鱼雷的负浮力;鳍、舵产生低头力矩以平衡壳体的颠覆力矩;舵产生不平衡力矩,以操纵鱼雷改变速度矢量方向。鳍、舵设计与鱼雷航行的稳定性与机动性是密切相关的,保证鱼雷能够稳定地实现预定的运动是鳍、舵设计的首要任务。

雷体线型设计由于可以暂时不考虑升力与力矩方面的要求,因此雷体线型的设计具有相对的独立性。而鳍、舵的设计是在雷体升力与力矩贡献的基础上进行匹配的,以满足鱼雷航行对升力与力矩的要求。所以鳍、舵设计后于壳体设计,鳍、舵设计时,雷体线型应是已知的。当然,鳍、舵的设计也是一个一体化的设计过程,雷体线型也可能须要进行一定的修改与调整,以获得最佳的匹配。

鱼雷鳍、舵设计包括 3 项基本内容:

(1) 鳍、舵剖面几何形状设计,即翼型的设计或选择;

(2) 鳍、舵平面几何形状及大小设计;

(3) 鳍、舵布局设计,主要是确定鳍、舵、雷体、推进器之间的轴向、径向及周向的相对位置及匹配。

3.4.2　鳍、舵平面几何参数

图 3.3 为鱼雷鳍、舵平面几何形状示意图。各几何参数定义如下:

b:弦长;b_1:梢弦长;b_0:根弦长;b_A:平均气动弦长,由下式定义;

$$b_A = \frac{1}{S} \int_{-l/2}^{l/2} b^2 \, dz \tag{3.99}$$

S:包括雷体截面在内的鳍(舵)面积;

l:展长;

χ:后掠角;χ_0:前缘后掠角;$\chi_{0.25}$:1/4 弦线后掠角;

λ:展弦比,$\lambda = l^2/S$;

ξ:梢根比,$\xi = b_1/b_0$;

x_A, z_A:平均气动弦的顶点坐标(坐标系原点位于鳍、舵顶点,见图 3.3(a)),

$$x_A = \frac{1}{S} \int_{-l/2}^{l/2} bx \, dz \,, \quad z_A = \frac{1}{S} \int_{-l/2}^{l/2} bz \, dz \tag{3.100}$$

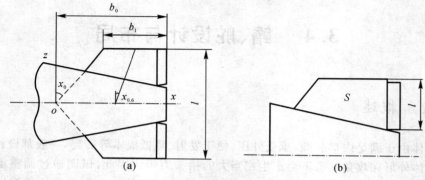

图 3.3　鳍、舵平面几何参数定义

（a）整体鳍舵；　（b）单片鳍舵

对于鳍、舵边缘均为直线的情况，b_A 和 x_A 可用下式直接计算：

$$b_A/b_0 = \frac{2}{3}(1+\xi+\xi^2)/(1+\xi) \tag{3.101}$$

$$x_A/b_0 = \lambda\tan\chi_0(1+2\xi)/12 \tag{3.102}$$

在上述几何参数用于鳍时，把舵包括在内。应用于舵时，把坐标原点移至舵的前缘点，定义类同。

有时，鳍、舵几何参数以单片鳍、舵定义，如图 3.3(b) 所示，单片鳍的面积 S 也包括舵面积在内。

3.4.3　鳍、舵流体动力参数计算

一、升力系数位置导数

根据小展弦比机翼的实验资料，升力系数位置导数与几何参数的关系曲线如图 3.4 所示。纵坐标为 C_y^a/λ，横坐标为 $\lambda\sqrt{1-M_\infty^2}$，$M_\infty$ 为来流马赫数。

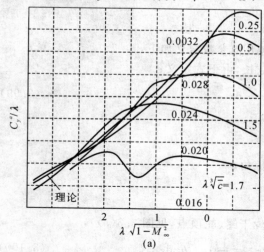
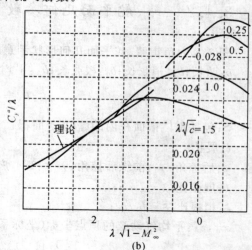

图 3.4　鳍、舵升力系数位置导数

(a)$\lambda\tan\chi_{1/2}=0$；　(b)$\lambda\tan\chi_{1/2}=1$；

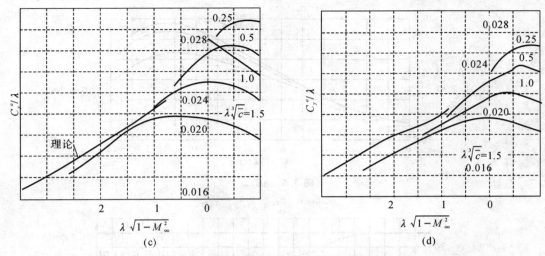

续图 3.4　鳍、舵升力系数位置导数

(c)$\lambda \tan \chi_{1/2} = 2$；　(d)$\lambda \tan \chi_{1/2} = 3$

鳍、舵升力系数位置导数也常使用俄罗斯学者基于单片鳍、舵参数(见图 3.3(b))给出的半经验公式,其中比较著名的是布拉格公式:

$$C_y^{\alpha} = 5.6 \frac{5.5\lambda}{5.5\lambda + 5.6} \tag{3.103}$$

二、最大升力系数与临界攻角

最大升力系数 C_{ymax} 和临界攻角 α_{cr} 可由下式计算:

$$\left. \begin{array}{l} C_{ymax} = C_{ymax0} + \Delta C_{ymax} \\ \alpha_{cr} = \alpha_{cr0} + \Delta \alpha_{cr} \end{array} \right\} \tag{3.104}$$

式中,C_{ymax0} 和 α_{cr0} 为基本值,ΔC_{ymax} 和 $\Delta \alpha_{cr}$ 为增量。它们可以从图 3.5 ～ 图 3.8 中查得。图中,$\Delta \bar{y} = \dfrac{y_{a0.06} - y_{a0.0015}}{b} \times 100$,$y_{a0.06}$ 和 $y_{a0.0015}$ 分别为翼型上翼面上 $b = 0.06$ 及 $b = 0.0015$ 处的坐标,$\beta = \sqrt{1 - M_\infty^2}$,参数 C_1 与 C_2 给在图 3.9 中。

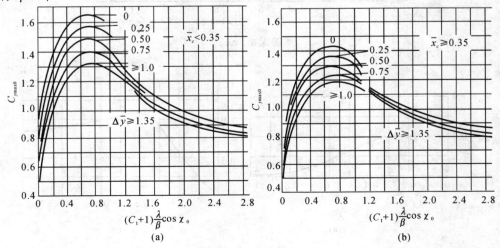

图 3.5　C_{ymax0}

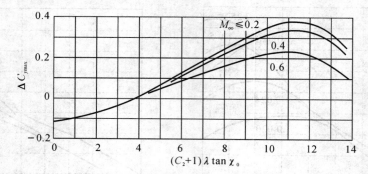

图 3.6 $\Delta C_{y\max}$

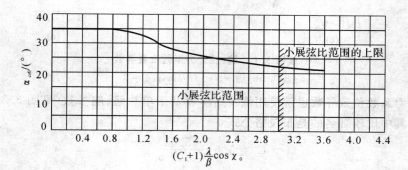

图 3.7 α_{cr0}

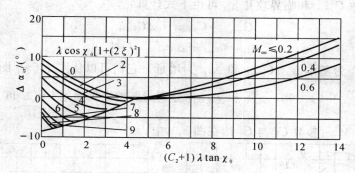

图 3.8 $\Delta \alpha_{cr}$

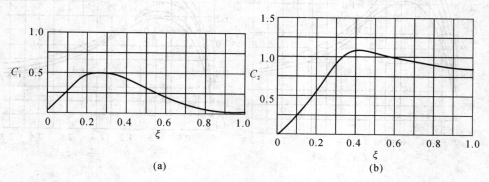

(a)   (b)

图 3.9 C_1, C_2

三、俯仰力矩系数与焦点

坐标系原点位于平均气动弦 b_A 的顶点,俯仰力矩系数为

$$m_z = \frac{M_z}{\frac{1}{2}\rho S b_A} = -\bar{x}_F C_y \tag{3.105}$$

焦点坐标 $\bar{x}_F$ 由下式确定:

$$\bar{x}_F = \frac{x_F}{b_A} = (\bar{x}_F)_{\alpha=0} + \frac{\alpha - 5°}{15°}(\Delta\bar{x}_F)_{\alpha=20°} \tag{3.106}$$

式中 $(\bar{x}_F)_{\alpha=0}$ 及 $(\Delta\bar{x}_F)_{\alpha=20°}$ 值由图 3.10 查得。当 $\alpha \leqslant 5°$ 时,式(3.106)中等号右端第二项为零。

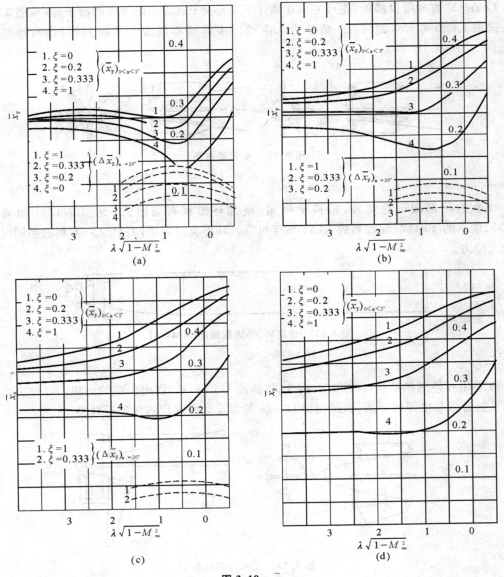

图 3.10 $\bar{x}_F$

(a)$\lambda\tan\chi_{1/2}=0$; (b)$\lambda\tan\chi_{1/2}=1$; (c)$\lambda\tan\chi_{1/2}=2$; (d)$\lambda\tan\chi_{1/2}=3$

3.4.4 鳍、舵布局设计

鱼雷鳍、舵布局的基本原则是最大限度地减小雷体、鳍、舵、推进器之间的各种不利干扰;充分发挥与提高鳍、舵的效能;结构简单可靠;满足鱼雷总体性能及某些几何方面的要求。

(1) 鳍、舵十字形(后缘舵)布置具有结构简单、控制简便、可靠性高的特点,应是首选的鳍、舵布局形式。

(2) 十字形布置的鳍若因几何尺寸限制不能满足稳定性要求时,可考虑采取下列补充措施:

1) 在 45°方向增设鳍板,先可考虑在雷体下半部分±45°方向增设两面子鳍(见图 3.11),如法国的 L4 鱼雷为六面鳍,L3 鱼雷为八面鳍。多面鳍不仅增大平衡力矩,还可增加横滚阻尼。

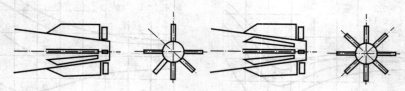

图 3.11　多面鳍布局

2) 在雷尾部增设稳定环,形成十形鳍、舵加环形翼布局形式(见图 3.12),如美国的MK35、瑞典的 TP427、意大利的 A244/S 等鱼雷。环形翼可以增加稳定性,不利的是同时增加了较大阻力。

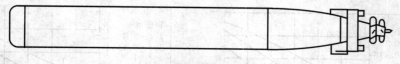

图 3.12　稳定环、外侧舵布局(A244/S)

3) 采用可伸展鳍结构,伸缩式或折叠式,如图 3.13 所示,以增大鳍的面积。可解决增大雷鳍与发射管限制之间的矛盾,如德国的 G-7e 鱼雷及某些现代的导弹运载器。

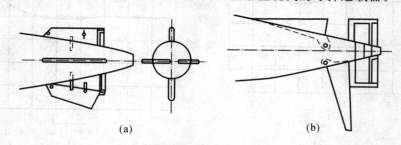

　　　　　　(a)　　　　　　　　　　　　　　　　　(b)

图 3.13　可伸展鳍构型

4）采用非常规结构形式鳍。例如,采用翼型鳍,沿弦向增设一个端板或多个隔板（或类似结构）以减小翼梢效应,提高鳍的效率；当须提高单方向的力或力矩时,可采用非对称翼型,或前缘与后缘带非对称倒角,或具有一定安装角等,如美国的 MK48 鱼雷（见图 3.14）、英国的鳐鱼（Sting Ray）鱼雷（见图 3.15）等。

（3）全动舵结构。鳍、舵合一,成为全动舵,增大了舵面,具有较大的操纵力矩,有利于提高鱼雷的机动能力,所以当鱼雷要求有较高机动性时,可以采用全动舵结构。鱼雷作上爬或下潜运动时,舵产生的升力与所需的向上或向下的运动方向总是相反的,全动舵鱼雷不仅加大了反方向的力,而且损失了鳍、舵分设时雷鳍产生的那部分与运动方向相同的力。在这个意义上,全动舵不如鳍、舵分设。目前,全动舵仅在小型鱼雷上应用,并且多为管装、空投两用鱼雷,如美国的 MK46 和 MK50 鱼雷、法国的海鳝鱼雷（见图 3.16）。全动舵的展长 l 大于雷体直径 D_B,增大了舵的展弦比,提高了舵的效率。增大展长可能是为了适应空投雷需要有较高的稳定性。

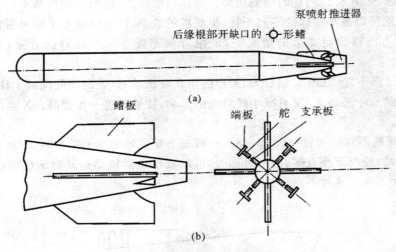

图 3.14 MK48 鱼雷鳍舵布局

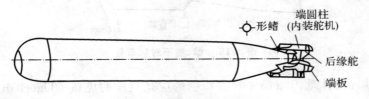

图 3.15 鳐鱼鱼雷流体动力布局

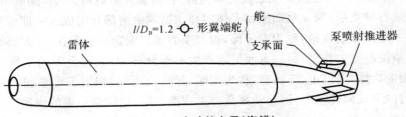

图 3.16 全动舵布局（海鳝）

（4）雷鳍框形结构加后缘舵（见图 3.17）：螺旋桨置于雷鳍中间，有利于提高舵的效率，减小舵偏转时对螺旋桨进流的影响。缺点是结构复杂。早期鱼雷采用框形结构的较多，现代鱼雷很少采用。苏联的许多鱼雷都是框形结构。

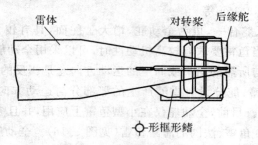

图 3.17　框形、后缘舵布局

（5）外侧舵（见图 3.12）：舵的内侧边离开雷体一段距离，舵的外侧边基本与雷体圆柱段表面齐平。外侧舵可以减小雷体的不利干扰，提高舵的效率，同时也减小了舵对后置推进器的不利干扰。在舵力能够满足要求的情况下，舵沿外侧布置是一个较好的方案，如 A244/S 鱼雷等。

（6）舵成 X 形布置（见图 3.14（b））：X 形舵鱼雷在机动时，若四面舵同时工作，舵效高于十形舵。若同时鳍成十形布置，又可减小鳍对舵的影响，使舵效进一步提高。X 形舵的操纵比十形舵复杂一些。

（7）垂直鳍舵不对称布置（见图 3.18）：一般是下垂直鳍大于上垂直鳍，下垂直舵小于上垂直舵。上垂直鳍、舵与下垂直鳍、舵不对称时，可以减小鱼雷机动运动时的横滚。对于有横滚控制的鱼雷，无须采用这种不对称结构。

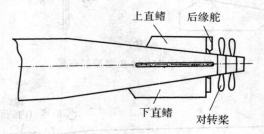

图 3.18　鳍、舵不对称布置

（8）复杂布局：流体动力布局最具有特色的应是英国的虎鱼（Tigerfish）鱼雷与美国的 MK48 鱼雷。虎鱼鱼雷在雷体圆柱段（接近浮心处）上安装了可伸缩的矩形副翼（见图 3.19），副翼弦长为 b，展长为 l，平时副翼收缩在壳体内部，在鱼雷发射后约 5s 后，副翼由壳体左、右两侧完全伸出，航行结束后，副翼自动缩回壳体内部。副翼由两部分组成。一部分伸出后是固定不动的，并有一定的安装攻角，称为安定面，相当于侧鳍。安定面的存在，一方面增大了鱼雷横滚的阻尼，对横滚起安定作用，另一方面可以产生一部分升力，减小全雷的平衡攻角。另一部分位于安定面的后缘，可以上、下转动，称为副舵，其弦长为 b_r，相当于水平舵，当左、右两侧副翼分别向上与向下反向转动时，因差动翼角产生横滚力矩，以控制鱼雷的横滚。

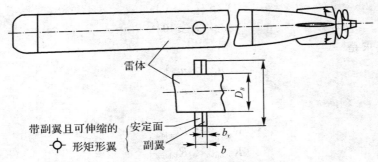

图 3.19　虎鱼鱼雷流体动力布局

　　MK48 鱼雷尾部流体动力布局的最大特点是多升力面组合(见图 3.14)。4 块雷鳍、4 块舵面、4 个支承面、4 个舵端板,还有泵喷射推进器的导管、转子、定子等,如何使众多的升力面协调一致,最大限度地减阻降噪,充分发挥每个升力面的功能作用,提高工作效率,是一个十分重要而突出的问题。MK48 鱼雷雷鳍十形布置,舵 X 形布置,两者在周向成 45°夹角。与处于同一平面的后缘舵比较,减小了鳍对舵的干扰,有利于提高舵的效率与减小阻力,合理地利用支承面。支承面原本是支承导管的,MK48 鱼雷的支承面作了适当的延伸,把舵安装在支承面翼端伸出的舵轴上,使舵远离雷体,并位于泵喷射导管的外侧,既可提高舵的效率,又可防止舵偏转时形成的尾涡进入泵喷射导管内而产生不利影响。支承面剖面采用低速翼型,在与舵相邻处两者翼型基本一致,不仅可以减小支承面的阻力,而且在零舵角时使支承面和舵成为一体,起着雷鳍的作用。有舵角时,支承面在一定程度上还起着舵端板的作用,可以减缓由下向上绕舵端的流动;另一独特之处是雷鳍在后缘根部开有缺口,缺口的展向尺寸约等于泵喷推进器环形进口截面宽度,弦向起始位置前于支承面的前缘,不仅可改善泵喷射推进器的来流品质与舵的效率,同时对雷鳍的稳定作用也无较大损失。

3.4.5　鳍、舵平面几何参数确定

　　在鳍、舵尺寸的初步确定中,主要是考虑满足运动稳定性、机动性及横滚控制的基本要求,然后在此基础上再综合考虑其他问题,实现优化设计。

一、鳍、舵平面几何参数初值确定

　　只有在鳍、舵布局及几何形状已知时,才能获得其流体动力参数,进行鱼雷运动性能分析。因此鳍、舵尺寸必须要有一个初值。初值的确定有两种基本方法:一种是类比法,找一个与所设计鱼雷接近的现有鱼雷作为母型,全部搬用母型雷的鳍、舵,或根据设计者的经验对母型雷的鳍、舵作一定的修改后,作为所设计鱼雷鳍、舵的初值;第二种方法是依据某种简单的法则,通过理论估计以获得鳍、舵的初值。第一种方法简单,有时也很有效。为了简便,第二种方法可以先根据鱼雷的平衡条件来确定鳍、舵的初值。

二、鳍、舵尺寸的调整

　　鳍、舵尺寸调整的基本依据是运动稳定性与机动性的要求。

　　稳定性的要求是

$$\left.\begin{array}{l} 1 > G_y > 0 \\ 1 > G_z > 0 \end{array}\right\} \tag{3.107}$$

机动性的要求是

$$\left.\begin{array}{l} n_{ya} > n_{yd} \\ n_{za} > n_{zd} \end{array}\right\} \tag{3.108}$$

或

$$\left.\begin{array}{l} R_{zmina} < R_{zmind} \\ R_{ymina} < R_{ymind} \\ \omega_{ymaxa} > \omega_{ymaxd} \\ \omega_{zmaxa} > \omega_{zmaxd} \end{array}\right\} \tag{3.109}$$

平衡系数要尽可能小，或者说小于指定的 k_{h0}，即

$$k_h < k_{h0} \tag{3.110}$$

有了鳍、舵初步尺寸后，便可以进行各种流体动力的计算，进而可以计算运动稳定裕度 G_y 和 G_z，可用过载 n_{ya} 和 n_{za}，或回转半径 R_{zmina} 和 R_{ymina}，进而判定是否满足要求。

依据增大雷鳍面积或雷鳍后移可以增大稳定裕度，增加舵的面积或增大舵距浮心的距离可以提高机动性的原则，对鳍、舵尺寸进行修改调整，最后得到满足设计要求的鳍、舵几何设计参数。

三、鳍、舵平面几何参数的优化设计

鳍、舵平面几何参数优化设计的目标可依具体鱼雷的设计要求具体分析，一般情况下可以以提高鱼雷的机动性作为目标。在具体执行中有两种常用的不同模型。

(一) 最小回转半径准则

目标函数

$$\min(R_{zmina}), \min(R_{ymina}) \tag{3.111}$$

设计参数

$$\lambda_f, l_f, b_{f1}, \chi_{f0}, \chi_{f1}$$
$$\lambda_r, l_r, b_{r1}, \chi_{r0}, \chi_{r1}$$

约束条件

$$\left.\begin{array}{l} l_f \leqslant l_{f0}, b_{f1} \leqslant b_{f10}, 0 \leqslant \chi_{f0} \leqslant 90°, 0 \leqslant \chi_{f1} \leqslant 90° \\ l_r \leqslant l_{r0}, b_{r1} \leqslant b_{r10}, 0 \leqslant \chi_{r0} \leqslant 90°, 0 \leqslant \chi_{r1} \leqslant 90° \\ \delta_{hmax} < \delta_{hmax0}, \delta_{vmax} < \delta_{vmax0} \\ 0 < G_y < 1, 0 < G_z < 1 \\ \text{或}\quad n_{ya} > n_{ya}, n_{za} > n_{za} \\ R_{ymina} < R_{ymind}, R_{zmina} < R_{zmind} \\ \xi_{rmax} < \sigma_k \end{array}\right\} \tag{3.112}$$

式中 l_{f0}, l_{r0} —— 根据鱼雷总体要求，对鳍与舵展向尺寸提出的限制，例如不能大于雷体直径等；

b_{f10}, b_{r10} —— 对鳍与舵弦向尺寸提出的限制，例如最多只能向前沿伸到圆柱段等；

χ_{f0}, χ_{r0}, χ_{f1}, χ_{r1} —— 鳍与舵的前缘与后缘后掠角；

ξ_{rmax} —— 舵的最大减压系数，σ_k 为空泡数；

δ_{hmax0}, δ_{vmax0} —— 允许的最大横舵角与直舵角。

(二) 最小舵角准则

目标函数

$$\min(\delta_{hmax}), \min(\delta_{vmax}) \tag{3.113}$$

设计参数

$$\lambda_f, l_f, b_{f1}, \chi_{f0}, \chi_{f1}$$

$$\lambda_r, l_r, b_{r1}, \chi_{r0}, \chi_{r1}$$

约束条件

$$\left.\begin{array}{c} l_f \leqslant l_{f0}, b_{f1} \leqslant b_{f10}, 0 \leqslant \chi_{f0} \leqslant 90°, 0 \leqslant \chi_{f1} \leqslant 90° \\ l_r \leqslant l_{r0}, b_{r1} \leqslant b_{r10}, 0 \leqslant \chi_{r0} \leqslant 90°, 0 \leqslant \chi_{r1} \leqslant 90° \\ \delta_{hmax} < \delta_{hmax0}, \delta_{vmax} < \delta_{vmax0} \\ 0 < G_y < 1, 0 < G_z < 1 \\ n_{ya} > n_{yd}, n_{za} > n_{zd} \\ \text{或} \quad R_{zmina} < R_{zmind}, R_{ymina} < R_{ymind} \\ \xi_{rmax} < \sigma_k \end{array}\right\} \tag{3.114}$$

第一种模型直接以提高机动性为目标，第二种模型不仅隐含了提高机动性，而且还有利于减小阻力、噪声及舵偏转引起的不利干扰。稳定裕度的约束条件，这里 $0 < G_y < 1, 0 < G_z < 1$ 给出的范围较大，对于具体鱼雷可以根据对稳定性和机动性的具体要求给出较小范围的约束条件。例如，对于反鱼雷鱼雷，机动性要求较高，稳定裕度可以降到 0.3，甚至更低。

3.5　动静力布局一体化设计

动静力布局设计是一项复杂的系统工程，属于鱼雷总体设计的一部分，与鱼雷总体其他部分的设计，以及整个鱼雷的设计都紧密相关，互相依赖，互相制约。初学鱼雷设计的人经常提出这样一个问题：鱼雷设计从哪开始，先有总体还是先有部件（内设）？显然，鱼雷各部分的设计是不可能这么简单分开的。鱼雷的设计过程是其各组成部分互相要求、互相适应，最终达到和谐统一的过程，是由简单到复杂，由解决主要矛盾到解决次要矛盾的过程，也是不断修改、不断完善，最后实现最优化的反复设计过程。因此在这个意义上说，鱼雷设计从哪开始并不重要，鱼雷动静力布局设计也是如此。但另一方面，具体的设计程序还是需要的，也是重要的。它关系到能否实际操作与是否便于实际操作，是否有利于简化设计过程和避免走弯路，以及是否有利于最终获得最优设计。

鱼雷动静力布局设计可以大体遵循以下设计过程与原则。

一、确定鱼雷外形总体参数 L, D, l_{ft}

外形总体参数是指界定鱼雷外廓框的几何参数，即鱼雷长度 L、直径 D、鳍或舵的展长

l_{fr}（当 $l_{fr} > D$ 时）。它们初值的确定主要依据：

（1）发射平台（发射装置）对鱼雷外形总体参数的约束。

（2）鱼雷主要战术技术指标，如航程、航速等初步确定的动力推进系统、制导系统、装药量、能源储备等内部设备与装载对鱼雷外形总体参数提出的要求。

（3）兼顾鱼雷长细比对阻力的影响。

二、确定雷头线型参数 D_F, L_H, q_{h1}, q_{h2}

（1）雷头前端面直径 D_F 的约束条件主要根据制导系统的要求提出，当无要求时，可取 $D_F = 0$；

（2）依据无空化、减小压力分布峰值、延长压力分布峰值离雷头的距离，确定雷头长度 L_H、数学线型参数 q_{h1} 和 q_{h2}；

（3）兼顾对雷头容积的要求，可以对雷头的丰满度提出约束条件。

三、初步确定雷体尾锥段参数 D_E, L_E, α

（1）雷体尾端直径 D_E 主要依据动力推进系统确定，如螺旋桨的要求、热动力装置排气要求（包括排气量及排气噪声）等。在满足动力推进系统及强度要求率的前提下，减小 D_E 有利于减小阻力。

（2）主要依据内部容积要求及尾部不发生流动分离，初步确定尾锥段长度 L_E 及半锥角 α 的初值。减小 α 对减小阻力及外部鳍、舵布置都有利。

四、确定雷尾曲线段线型参数 D_T, L_T, q_{t1}, q_{t2}

主要依据内部设备容积及特殊几何尺寸的要求初步确定尾部曲线段的长度 L_T，与尾锥段交接处的直径 D_T，以及数学线型参数 q_{t1} 和 q_{t2}。尾部的丰满度及分布，除了满足内部设备要求外，也经常被用来调整鱼雷的浮力与浮心位置。

五、雷体线型一体化设计，确定雷体线型所有几何参数的第一次迭代值（优化值）

（1）鱼雷雷体线型所有几何参数都有了初步设计值后，就具备了一体化设计的条件。一体化设计的目的，是协调雷体外形各几何参数之间的关系，通过修改各参数的设计初值，使它们达到在当前条件下的和谐与统一，实现最佳匹配。

（2）如果把雷体线型的所有几何参数都作为一体化设计参数，会使问题变得相当复杂，工作量很大，甚至有可能影响最优解的获得。鉴于鱼雷头部处于流动的上游，其力学性能受尾部几何参数影响较小，在一体化设计中（至少在第一次设计中），雷头几何参数可以不作为设计参数，直接应用第 2 步优化设计获得的数值。此外，由于鱼雷总体外形参数 L 和 D 受发射装置的严格限制，D 基本上是确定不变的，L 可变化的范围也非常有限。因此，雷体线型一体化设计的重点是解决雷体尾部线型各几何参数的最优匹配问题。

（3）以阻力最小作为一体化设计的目标函数较合适，其他各方面的要求以约束条件的形式提出。

六、鱼雷推进装置的选择

鱼雷推进装置的类型和性能直接影响鱼雷的航速、航程和噪声。

直航鱼雷只用于高速近程攻击，要求比较高的推进效率，对噪声设有高要求，因此采用窄叶桨是合理的，如俄罗斯 53 - 39 鱼雷。

　　自导鱼雷的推进装置必须同时满足高推进效率和低噪声两个设计要求。对于高速自导鱼雷,甚至应优先考虑噪声性能。目前在自导鱼雷上占优势地位的推进装置,除了对转桨之外,还有泵喷射推进器,其典型结构如图 3.20 所示。自导鱼雷上采用的对转桨一般以宽叶桨为好,如 MK46 鱼雷。泵喷射推进器一般采用减速型导管。这都是为了尽可能降低辐射噪声。这两种推进装置各有优缺点。

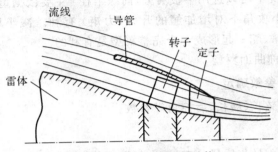

图 3.20　泵喷射推进器结构

　　一般来说,对转桨的阻力比带减速型导管的泵喷射推进器小,所以对转桨的效率比泵喷射推进器高,这使采用对转桨的鱼雷有可能获得较远的航程。在高速和浅深度航行情况下,对转桨比泵喷射推进器容易出现空化现象,并且泵喷射推进器的导管能屏蔽内部发出的辐射噪声,所以泵喷射推进器的辐射噪声明显低于对转桨。另外,泵喷射推进器尾流辐射的噪声也比对转桨尾流辐射的噪声小。泵喷射推进器一般是单轴输出,对转桨则是双轴输出,因此,在传动机构和轴系配置上泵喷射推进器系统比较简单。泵喷射推进器的导管对易损坏的转子和定子叶片起保护罩作用,因此,泵喷射推进器比对转桨容易维护。设计良好的泵喷射推进器的导管对提高鱼雷的稳定性有一定贡献。

　　一般来说,速度小于 40kn 的自导鱼雷(例如,法国的 F17 - P,意大利的 A184,瑞典的 TP427,英国的虎鱼等)采用对转桨比较合适,能充分发挥对转桨效率高的特点。今后对对转桨研究的重点应放在改善噪声性能上,以便研制出高效率、低噪声的对转桨,这对改善鱼雷性能有重要意义。速度高于 45kn 的自导鱼雷(例如,英国的鲟鱼和矛鱼,美国的 MK48 - 1,3,4 型和 ADCAP 型,法国的海鳝等)一般采用泵喷射推进器,能充分发挥泵喷射推进器高速低噪声的特点。

　　自导鱼雷对推进器类型选择的原则可按图 3.21 所示确定。

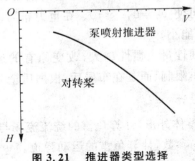

图 3.21　推进器类型选择

七、鳍、舵初步布局

需要确定鳍、舵在雷体上的安装位置：轴向位置与周向位置（十形或 X 形布置）；鳍、舵合一（全动舵）还是分置及鳍、舵位置关系等。

八、确定鳍、舵翼型参数 $\bar{r},\bar{c},\bar{x}_c,\tau$

（1）雷鳍在一般情况下可以选用平板翼型，前缘半径 r 主要依据鱼雷航行中的攻角与侧滑角范围确定，减小 r 在小攻角下对增加鳍的升力（力矩）有利。减小后缘角也有利于增加升力。在后缘舵的情况，鳍、舵一起形成一个完整翼型是有利的。

（2）舵一般选用对称曲面翼型。

九、鳍、舵平面几何参数确定

主要确定鳍与舵的弦长、展长、后掠角等参数。

十、确定静力布局

静力布局指鱼雷的质量与质量分布，浮力与浮力分布，就参数而言，涉及重力 G，重心位置坐标（以浮心为原点的体坐标系）x_G,y_G,z_G，转动惯量 J_{xx},J_{yy},J_{zz}，浮力 B，浮心位置，负浮力 ΔG。它们与鱼雷的平衡质量、稳定性、机动性等性能都有关。

鱼雷的外廓尺寸确定后，并考虑到减阻、降噪及内部设备布置与安装的需要，鱼雷的浮力及浮心位置也就基本确定了，可供调整的余量不大。第一次浮力与浮心的位置的数值，可直接利用根据流体动力原则设计的外形确定。在后续的优化设计中，若需要调整，可通过适当改变圆柱段之后的尾部外形以实现对浮力及浮心位置的微调。

从增加装药量及能源储备来说，增加鱼雷的装载（重力）是有利的，但重力增加，负浮力亦增加，对鱼雷的平衡质量、运动机动性都是不利的。初步确定 G 值时，可考虑按下式原则安排重力：

$$\Delta G/G = 20\% \sim 30\%$$

鱼雷重心位置对鱼雷的平衡质量、运动的稳定性、机动性都有影响。对于负浮力鱼雷，重心位于浮心之前（$x_G > 0$）有利于提高鱼雷的平衡质量与机动性，减轻鳍、舵设计及控制系统设计的压力。因此，应首先考虑 $x_G > 0$ 方案。重心具有一定下移量（$y_G > 0$）是横滚稳定性的需要，当确定 y_G 的具体数值时，须考虑水平回旋运动时离心力产生的横滚，以及与垂直鳍、舵布局综合考虑。重心的侧移置（z_G）主要是平衡推进器的失衡力矩，所以 z_G 数值及正负的确定须依赖推进器的失衡力矩情况而定。对于有横滚控制的鱼雷（现代鱼雷大多通过差动舵对横滚进行控制），在重力布局中，可使 $y_G = 0, z_G = 0$。在重力布局中，还须考虑鱼雷航行中因燃料消耗引起的重心变化量应尽可能小。

转动惯量 J_{xx},J_{yy},J_{zz} 是惯性量。惯性越大，改变原有的运动状态越不易。在静力布局中，一般不特意对转动惯量提出限制，而是在布局后，根据质量分布进行计算。

十一、动静力布局一体化设计

（1）根据获得的初步鱼雷整体外形，计算鱼雷的绕流流场与声场，各流体动力参数与噪声参数，进而结合初步的静力布局参数，计算鱼雷的运动弹道。

（2）根据（1）中的计算结果：

1）检查与评估设计外形在鱼雷航行过程中的不同攻角、侧滑角及舵角下的力学特性与适应性,确定合理的攻角、侧滑角及舵角的设计工作点。

2) 对鳍、舵、推进器的布局形式进行检查与评估。

2) 对鳍、舵,雷体尾部几何参数的匹配进行检查与评估。

3) 对动力布局与静力布局的匹配进行检查与评估。

(3) 调整与修改有关设计参数(几何参数及布局参数),重新进行计算与评估,直至最后达到鱼雷总体性能最优。

习　　题

3.1　利用表 3.1,表 3.2 及表 3.6 中有关 MK46 鱼雷的数据及图 3.22 有关舵的平面几何参数及布局参数,并且假定航速 $v = 43 \text{kn}$,转动惯量 $J_{xx} = 3.23 \text{kg} \cdot \text{m}^2$,$J_{yy} = J_{zz} = 131.12 \text{kg} \cdot \text{m}^2$,计算:

(1) 发动机轴功率 N_c,假设 $\eta_p = 0.85$;

(2) 平衡攻角 α_0、平衡舵角 δ_{h0} 及平衡系数 k_h;

(3) 动稳度 G_y;

(4) 法向过载 n_y,n_z;

(5) 横平面内的最小回转半径 R_{xmin},最大回转角速度度 ω_{ymax},以及对应侧滑角 β,假定 $\delta_{vmax} = 15°$;

(6) 纵平面内的最小回转半径 R_{ymin}、最大回转角速度 ω_{zmax},以及对应攻角 α,假定 $\delta_{hmax} = 15°$,并考虑 δ_{h0} 的不同影响;

(7) 舵的失速临界舵角 δ_{hcr} 及对应的最大升力系数 C_{rymax};

(8) 舵的升力系数 C_{ry};

(9) 舵的焦点坐标 x_F;

(10) 舵的绞链力矩系数 m_r。

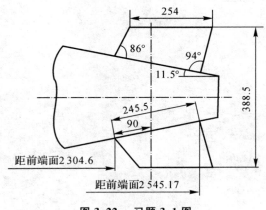

图 3.22　习题 3.1 图

3.2　已知某鱼雷各参数如下:

总体参数:$L = 6 600 \text{mm}$,$D = 534.4 \text{mm}$,$\Omega = 10.8 \text{m}^2$,$v = 35 \text{kn}$,$m = 1 215 \text{kg}$,$B = 12 240 \text{N}$。

浮心距后端面：3 684mm，重心坐标：$x_G=-54$mm，$y_G=-12$mm，$z_G=-1$mm。

转动惯量：$J_{xx}=43.37$kg·m²，$J_{yy}=J_{zz}=3577.8$kg·m²。

极限舵角：$\delta_{hmax}=14°$，$\delta_{vmax}=10.8°$。

流体动力参数：

$C_{x\Omega}=0.002\,565$，$C_y^a=2.154\,4$，$m_z^a=0.586\,6$，$C_y^\omega=1.288\,9$，$m_z^\omega=-0.589\,4$

$C_z^\beta=-2.181\,6$，$m_y^\beta=0.567$，$C_z^\omega=-1.306\,1$，$m_y^\omega y=-0.597\,1$，$m_y^\omega x=0.001\,038\,6$

$C_y^\delta=0.485\,2$，$m_z^\delta=-0.254\,3$，$C_z^\delta=-0.345\,9$，$m_y^\delta=-0.182\,9$

$m_x^\beta=0.002\,013\,5$，$m_x^\delta x=-0.000\,366\,4$，$m_x^\omega x=-0.002\,191$，$m_x^\omega y=-0.001\,039$

$\lambda_{11}=31.59$kg，$\lambda_{22}=\lambda_{33}=1\,554.7$kg，$\lambda_{35}=-\lambda_{26}=276.1$kg·m，$\lambda_{55}=\lambda_{66}=6\,905$kg·m²

计算：

(1) 发动机轴功率 N_c，假设 $\eta_p=0.81$；若航速 $v=43$kn，计算 N_c，η_p 不变；

(2) 平衡攻角 α_0、平衡舵角 δ_{h0}。及平衡系数 k_h；

(3) 直航横滚角 φ_0、平衡侧滑角 β_0、平衡舵角 δ_{v0}、平衡系数 k_v 和临界横滚角 φ_{cr}；

(4) 纵向与侧向动稳定度 G_y，G_z；

(5) 水平左、右定常回旋的最小回转半径 R_{zlmin}，R_{zrmin}，以及相应的侧滑角 β 及横滚角 φ；

(6) 铅垂面内上、下定常最小回转半径 R_{yumin}，R_{ydmin} 以及相应的攻角 α；

(7) 为了减小水平定常回转半径 R_{zmin}，可以采取哪些措施？若使 R_{zmin} 减小 10%，即令 $R'=0.9R_{zmin}$，根据采取的途径，计算出修改后的相应参数，并重新计算 β'_0，δ'_{v0}，G'_z。

第4章 鱼雷壳体结构设计

4.1 壳体载荷与结构形式

4.1.1 壳体结构载荷

鱼雷壳体是全雷的主体结构,它主要用于承受载荷,特别是外部水压,保持各密封舱室的水密,作为内部设备的支撑与包容。

鱼雷壳体上所受的外载荷主要有如下几种:

(1)周围海水静压;

(2)发射压力;

(3)由于壳体内部构件重量分布沿轴向不均匀而引起的,各截面处浮力与重力所产生的剪力与弯矩;

(4)陆上吊运时或由上导平悬挂时重力所产生的剪力与弯矩。

这几种载荷中最主要的是海水静压,其次是发射压力。

当决定鱼雷耐压壳体的设计计算载荷时,首先要决定鱼雷壳体的工作压力。一般情况下,把鱼雷在极限航行深度上所承受的外部静水压力作为鱼雷壳体的工作压力。但是如果鱼雷在发射深度上所承受的静压力载荷加上发射压力大于前述工作压力,则把后者作为工作压力。工作压力乘以安全系数作为鱼雷耐压壳体的设计计算压力,安全系数一般可选择 1.2 左右。

4.1.2 壳体结构形式

现有鱼雷壳体的结构形式首先是从承受深水压力载荷来考虑的,为了增大壳体内部的容积及减轻壳体结构的重量,鱼雷壳体均采用薄壁结构。为了提高壳体抵抗丧失稳定性的能力,壳体内部设有加强环肋,因此,环肋加强薄壁壳体是鱼雷壳体的最基本形式。由于鱼雷头部和尾部的外形是流线型,中段是圆柱体形,鱼雷壳体也相应地分为环形加强圆柱壳、环肋加强圆锥壳、环肋加强轴对称旋转壳三类。电动鱼雷的电池舱就是一个长度较大的均匀环肋加强圆柱壳体。多数鱼雷的舱段长度并不大,一般为鱼雷直径的1～2倍。两端连接环的尺寸往往比内部加强环肋的尺寸大得多,其对壳体强度的影响是需要考虑的,这样的壳体通常作为有限长度壳体来处理。由于壳体内部要安装机械部件和电子组件,内部空间愈大愈好。因此,肋骨的尺寸就受到一定的限制,对于一些小直径鱼雷,环肋的尺寸可能很小,其布置有时也不均匀,尺寸也不完全相同。对于圆锥壳体更是如此,壳体的厚度还可能是变化的。

由于安装和调试的需要,壳体上往往开有各种类型的孔,孔的周围用孔座加强,孔座上加有孔盖。有时是单个孔,有时连续分布几个孔,有些孔的形状还不规则,孔的直径大小也不等,有些孔的直径几乎和鱼雷半径相差无几。环肋往往因为开孔而被切断,切断的环肋又可能作了局部的加强。

4.2 壳体结构强度计算

4.2.1 壳体结构强度与力学分析

雷壳体结构强度及力学分析主要包括如下内容:

(1)静水压力作用下鱼雷耐压壳体的强度,包括环肋加强圆柱壳、圆锥壳和其他环肋加强旋转壳的应力分析。

(2)静水压力作用下鱼雷耐压壳体的稳定性,包括环肋加强圆柱壳、圆锥壳和其他旋转壳体的局部稳定性和总体稳定性分析。

(3)静水压力作用下鱼雷耐压壳体的最小重量设计,即以鱼雷耐压壳体的总重量为目标函数,把鱼雷壳厚、肋骨的数目和肋骨截面形状及尺寸作为设计变量,壳体承受的强度和稳定性指标作为状态约束,壳体内、外径及其他几何尺寸的限制作为几何约束,寻求目标函数的最优解。

(4)静水压力作用下鱼雷耐压壳体的开孔强度。

(5)弯矩和剪切载荷作用下环肋加强壳体的强度和稳定性,包括舱段之间的连接强度。

(6)鱼雷上压力容器及承压元件的强度,包括圆筒形容器、球形容器、环壳形容器以及多种类型封盖、隔板的强度。

目前研究上述鱼雷结构力学问题主要通过理论分析与试验研究相结合的方法,在理论分析方面通常采用两种方法:解析法和数值法。解析法所受到的限制是众所周知的,对简单结构在特定条件下才能得到解析解或近似解,而对于复杂结构通常得不到,而必须采用数值法。

有限元法是经常采用的数值方法之一,它的基本思想是用离散化的结构模型替代真实的连续弹性体。离散化的结构模型由许多有限尺寸的结构单元所组成,这些结构单元按照确定的位移和应力分布规律彼此联系在一起,将这些单元近似地应用和位移解组合起来,就得到结构的位移和应力的近似解。当单元的尺寸减小时,这种近似解便逐渐收敛于真实结构的精确解,因此,它特别适用于复杂结构的分析。如今有限元法不仅可用于求解结构在静载荷作用下的应力和位移场,而且在结构的稳定性分析、结构的固有振动特性分析和结构的动力响应分析中都得到了成功的应用。目前已有各种通用大型结构分析程序相继问世,这些已成为鱼雷结构静动力特性分析的重要工具。

4.2.2 均匀外压下等间距环肋加强圆柱壳体强度计算

等间距环肋加强圆柱壳体是鱼雷壳体结构中的主要形式,例如,鱼雷电池舱壳体一般长度较大,离开两端连接环稍远的中间部分,通常作为无限长等间距环肋加强圆柱壳体来处理。圆柱壳体受到均匀侧向外压力和轴向压力的联合作用,产生对称于轴线的变形,最终可能导致破坏。同时,研究等间距环肋加强圆柱壳体也是研究不等间距、不等强度环肋加强圆柱壳体,环肋加强圆锥壳体等问题的基础。

一、基本微分方程

图 4.1 表示一个用两个相同环肋加强的圆柱壳体,假设它受到侧向均匀外压力 p 和轴向压力 p_1 的联合作用,壳体的名义半径为 R,壳厚为 h,两环肋中心之间的距离为 L_f,环肋与壳体相接触部分的宽度为 b,两环肋之间壳体末支撑部分的长度为

$$L = L_f - b$$

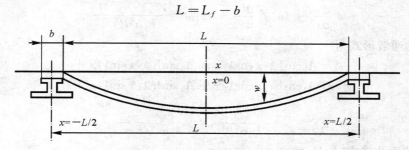

图 4.1　环肋加强的圆柱形壳

从圆柱壳体中取一个长度为 $\mathrm{d}x$,宽度为单位圆周宽度 $R\mathrm{d}\varphi$ 的单元体,如图 4.2 所示。

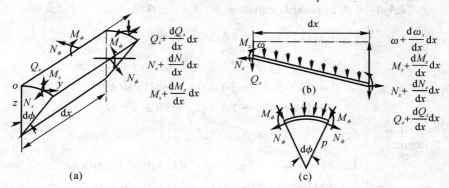

图 4.2　单元体受力分析

根据单元体所受的力和力矩的平衡条件和变形条件,可得到如下的弯曲微分方程:

$$\frac{\mathrm{d}^4\omega}{\mathrm{d}x^4} + \left[\frac{\mu}{R^2} + \frac{6(1-\mu^2)p_1 R}{Eh^3}\right]\frac{\mathrm{d}^2\omega}{\mathrm{d}x^2} + \frac{12(1-\mu^2)}{h^2 R^2}\omega = \frac{12(1-\mu^2)}{Eh^3}p\left(1-\frac{\mu p_1}{2p}\right) \quad (4.1)$$

其中 E 为材料弹性模量。

此方程即为均匀环肋加强圆柱壳体受均匀侧向外压力和轴向压力联合作用时的弯曲微分方程。其弯矩方程和剪切力方程为

$$\left.\begin{array}{l} M_x = -D\left(\dfrac{\partial^2\omega}{\partial x^2} + \dfrac{\mu\omega}{R^2}\right) \\[3mm] M_Q = -D\left(\dfrac{\omega}{R^2} + v\dfrac{\partial^2\omega}{\partial x^2}\right) \\[3mm] Q_x = -D\dfrac{\mathrm{d}^3\omega}{\mathrm{d}x^3} - \dfrac{p_1 R}{2}\dfrac{\mathrm{d}\omega}{\mathrm{d}x} \end{array}\right\} \quad (4.2)$$

通常剪切力方程中等号右边第二项可以忽略不计，只有当 p_1 值较大时，才须考虑这项的影响。

二、微分方程的通解

为了求解微分方程式(4.1)，令

$$\alpha_0^4 = \frac{3(1-\mu^2)}{R^2 h^2}, \quad \beta_0^2 = \frac{p_1 R^3}{2Eh} + \frac{h^2\mu}{12(1-\mu^2)}, \quad C_0 = \frac{R^2}{Eh}\left(p - \frac{\mu p_1}{2p}\right)$$

微分方程式(4.1)简化为

$$\frac{\mathrm{d}^4\omega}{\mathrm{d}x^4} + 4\alpha_0^4\beta_0^2 \frac{\mathrm{d}^2\omega}{\mathrm{d}x^2} + 4\alpha_0^4\omega = \frac{12(1-\mu^2)C_0}{h^2 R^2} \tag{4.3}$$

该方程的通解形式为

$$\omega = A_1\cosh\lambda_1 x\cos\lambda_2 x + A_2\sinh\lambda_1 x\sin\lambda_2 x +$$
$$A_3\cosh\lambda_1 x\cos\lambda_2 x + A_4\sinh\lambda_1 x\sin\lambda_2 x + C_0 \tag{4.4}$$

式中

$$\lambda_1 = \alpha_0\sqrt{1-\alpha_0^2\beta_0^2}, \quad \lambda_2 = \alpha_0\sqrt{1+\alpha_0^2\beta_0^2}$$

根据 ω 的表达式式(4.4)有

$$\frac{\mathrm{d}\omega}{\mathrm{d}x} = (A_1\lambda_1 + A_2\lambda_2)\sinh\lambda_1 x\cos\lambda_2 x + (A_2\lambda_1 - A_1\lambda_2)\cosh\lambda_1 x\sin\lambda_2 x +$$
$$(A_3\lambda_2 + A_4\lambda_1)\cosh\lambda_1 x\cos\lambda_2 x + (A_3\lambda_1 - A_4\lambda_2)\sinh\lambda_1 x\sin\lambda_2 x \tag{4.5}$$

$$\frac{\mathrm{d}^2\omega}{\mathrm{d}x^2} = [A_1(\lambda_1^2 - \lambda_2^2) + 2A_2\lambda_1\lambda_2]\cosh\lambda_1 x\cos\lambda_2 x +$$
$$[A_2(\lambda_1^2 - \lambda_2^2) + 2A_1\lambda_1\lambda_2]\sinh\lambda_1 x\sin\lambda_2 x +$$
$$[A_3(\lambda_1^2 - \lambda_2^2) + 2A_4\lambda_1\lambda_2]\cosh\lambda_1 x\sin\lambda_2 x +$$
$$[A_4(\lambda_1^2 - \lambda_2^2) + 2A_3\lambda_1\lambda_2]\sinh\lambda_1 x\cos\lambda_2 x \tag{4.6}$$

$$\frac{\mathrm{d}^3\omega}{\mathrm{d}x^3} = [A_1\lambda_1(\lambda_1^2 - 3\lambda_2^2) + A_2\lambda_2(3\lambda_1^2 - \lambda_2^2)]\sinh\lambda_1 x\cos\lambda_2 x +$$
$$[A_1\lambda_2(\lambda_2^2 - 3\lambda_1^2) + A_2\lambda_1(\lambda_1^2 - 3\lambda_2^2)]\cosh\lambda_1 x\sin\lambda_2 x +$$
$$[A_3\lambda_2(3\lambda_1^2 - \lambda_2^2) + A_4\lambda_1(\lambda_1^2 - 3\lambda_2^2)]\cosh\lambda_1 x\cos\lambda_2 x +$$
$$[A_3\lambda_1(\lambda_1^2 - 3\lambda_2^2) + A_4\lambda_2(\lambda_2^2 - 3\lambda_1^2)]\sinh\lambda_1 x\sin\lambda_2 x \tag{4.7}$$

三、边界条件

壳体弯曲微分方程式(4.3)的通解式(4.4)中包含 4 个积分常数，可由边界条件来决定。因为壳体的变形在两肋骨之间中点处($x=0$)有对称条件，所以 ω 中奇函数项的系数都等于零，因此得到两个积分常数 A_3 和 A_4，即

$$A_3 = A_4 = 0$$

另外两个积分常数则根据壳体在肋骨部位处($x = \pm L/2$)的边界条件来决定。我们所研究的壳体是无限长均匀环肋加强圆柱壳中的一部分，因此在肋骨部位处壳体的转角应为零，即

$$\frac{\mathrm{d}\omega}{\mathrm{d}x}\bigg|_{x=\pm L/2} = 0 \tag{4.8}$$

同时肋骨支撑处的剪切力应该平衡，考虑到梁柱效应，侧向应力 p 被分解成两个分量：$p\mu/2$ 和 $p(1-\mu/2)$。第一个分量和轴向压力 p_1 一起不引起径向变形，仅仅只考虑侧向压力

的第二分量 $p(1-\mu/2)$ 的影响。

从图 4.3 可以看出，每一单位周长上肋骨所支撑的总载荷为 $2Q+pb(1-\mu/2)$，Q 是肋骨位置处壳体的剪切力。

根据受力平衡条件有

$$2Q+pb(1-\mu/2)=G_1\omega \qquad (4.9)$$

式中 G_1 —— 肋骨刚度系数，即

$$G_1=E\left(\frac{F}{R_f^2}+\frac{bh}{R^2}\right)$$

其中 R_f —— 肋骨形心处的半径；

F —— 肋骨的截面面积。

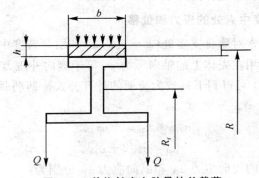

图 4.3 单位长度上肋骨的总载荷

由于鱼雷耐压壳体均采用内肋骨，R_f 与壳体中心面半径 R 不等，为计及其影响，引入等效肋骨截面面积 F_{eff}，使计算结果更能反映实际情况，其式为

$$F_{eff}=F\left(\frac{R}{R_f}\right)^2$$

因此，肋骨刚度系数表达式改写为

$$G_1=E\left(\frac{F_{eff}+bh}{R^2}\right)$$

方程式（4.2）中第 3 个式子变为

$$D\frac{\mathrm{d}^3\omega}{\mathrm{d}x^3}=G_1\omega-G_2 \qquad (在\ x=\pm L/2\ 处) \qquad (4.10)$$

式中

$$G_2=pb(1-\mu/2)$$

根据式（4.8）和式（4.10），可求得

$$A_1=H_1/D,\quad A_2=H_2/D_2$$

式中

$$H_1=-(G_1C_0-G_2)(\lambda_1\cosh 0.5\lambda_1 L\sin 0.5\lambda_2 L+\lambda_2\sinh 0.5\lambda_1 L\cos 0.5\lambda_2 L)$$

$$H_2=(G_1C_0-G_2)(\lambda_1\cosh 0.5\lambda_1 L\cos 0.5\lambda_2 L+\lambda_2\cosh 0.5\lambda_1 L\cos 0.5\lambda_2 L)$$

$$D_1=D_2=\frac{Eh^3}{12(1-\mu^2)}[2\lambda_1\lambda_2(\lambda_1^2+\lambda_2^2)(\cosh\lambda_1 L-\cos\lambda_2 L)]+$$

$$0.5G_1(\lambda_1\sin\lambda_2 L+\lambda_2\sinh\lambda_1 L)$$

至此,4 个积分常数 A_1,A_2,A_3 和 A_4 已全部求得。将通解式(4.4)代入式(4.5)～式(4.7),可分别求得 $\omega,\mathrm{d}\omega/\mathrm{d}x,\mathrm{d}^2\omega/\mathrm{d}x^2,\mathrm{d}^3\omega/\mathrm{d}x^3$,并能求得壳体沿轴向任何部位的位移、转角、$\mathrm{d}\omega/\mathrm{d}x$、弯矩 M_x 和剪切力 Q_x,进而还可以求出壳体沿轴向任何部位的所有应力分量。

四、壳体中的应力分量

圆柱壳体中的应力分量在忽略圆周方向的曲率变化 ω/R^2 影响后,公式为

$$
\left.
\begin{aligned}
\sigma_{x_i,o} &= \frac{N_x}{h} \mp \frac{6M_x}{h^2} = -\frac{p_1 R}{2h} \pm \frac{Eh}{\partial(1-\mu^2)}\frac{\mathrm{d}^2\omega}{\mathrm{d}x^2} \\
\sigma_{\Phi,o} &= \frac{N_\Phi}{h} \mp \frac{6M_\Phi}{h^2} = -\frac{E\omega}{R} - \frac{\mu p_1 R}{2h} \pm \frac{Eh\mu}{\partial(1-\mu^2)}\frac{\mathrm{d}^2\omega}{\mathrm{d}x^2}
\end{aligned}
\right\}
\tag{4.11}
$$

式(4.11)中下标 o,i 分别表示壳体的外表面和内表面。

五、肋骨支座处和跨度中点处的应力和位移

在鱼雷壳体设计中通常对肋骨支座处($x=\pm L/2$)和肋骨跨度中点处($x=0$)的应力、位移更感兴趣。此时假定作用在壳体上的轴向压力 p_1 等于侧向外压力 p,同时也忽略 Φ 方向曲率变化的影响,从式(4.11)可得到下列较为简便的计算公式。两肋骨跨度中点处壳体表面的周向应力 σ_{2mi}^0 和纵向应力 σ_{1mi}^0 分别为

$$\sigma_{2mi}^0 = \sigma_{2mm} \pm \mu\sigma_{1bm} \tag{4.12}$$

$$\sigma_{1mi}^0 = \sigma_u/2 \pm \sigma_{1bm} \tag{4.13}$$

肋骨支座处壳体表面的周向应力 σ_{2fi}^0 和纵向应力 σ_{1fi}^0 分别为

$$\sigma_{2fi}^0 = \sigma_{2mf} \pm \mu\sigma_{1bf} \tag{4.14}$$

$$\sigma_{1fi}^0 = \sigma_u/2 \pm \sigma_{1bf} \tag{4.15}$$

肋骨上的周向应力 σ_{2f} 为

$$\sigma_{2f} = \sigma_{2mf} - \mu\sigma_u/2 \tag{4.16}$$

式中　σ_u——无限长未加肋圆柱壳体的周向应力,$\sigma_u = -pR/n$;

σ_{2mf}——肋骨支座处的壳板周向薄膜应力,$\sigma_{2mf} = (1-\alpha)\sigma_u$;

σ_{2mm}——两肋骨跨度中点址的壳板周向薄膜应力,$\sigma_{2mm} = (1-\alpha F_2)\sigma_u$;

ω_{1bf}——肋骨支座址的壳板纵向弯曲应力,$\omega_{1bf} = \sqrt{\dfrac{0.91}{1-\mu^2}}\alpha F_3\sigma_u$;

ω_{1bm}——两肋骨跨度中点址的壳板纵向弯曲应力,$\sigma_{1bm} = \sqrt{\dfrac{0.91}{1-\mu^2}}\alpha F_4\sigma_u$。

肋骨上的周向应力也可以写成

$$\sigma_{2f} = (1-\mu/2-\alpha)\sigma_u \tag{4.17}$$

其中

$$\alpha = (1-\mu/2)\alpha_f/[\sigma_f + \beta_f + (1-\beta_f)F_1]$$
$$\alpha_f = F_{eff}/L_{fh}$$
$$\beta_f = b/L_f$$

应力函数 F_1,F_2,F_3,F_4 的表达式为

$$F_1 = \left(\frac{4}{\theta}\right)\left[\frac{\eta_1\eta_2(\cosh^2\eta_1\theta - \cos^2\eta_2\theta)}{\eta_1\cosh\eta_1\theta\sinh\eta_1\theta + \eta_1\cos\eta_2\theta\sin\eta_2\theta}\right] \tag{4.18}$$

$$F_2 = \frac{\eta_1 \cosh\eta_1\theta\sin\eta_2\theta + \eta_2 \sinh\eta_1\theta\cos\eta_2\theta}{\eta_2 \cosh\eta_1\theta\sinh\eta_1\theta + \eta_1 \cos\eta_2\theta\sin\eta_2\theta} \tag{4.19}$$

$$F_3 = \sqrt{\frac{3}{0.91}} \left[\frac{\eta_1 \cos\eta_2\theta\sin\eta_2\theta - \eta_2 \cosh\eta_1\theta\sinh\eta_1\theta}{\eta_2 \cosh\eta_1\theta\sinh\eta_1\theta + \eta_1 \cosh\eta_2\theta\sin\eta_2\theta} \right] \tag{4.20}$$

$$F_4 = \sqrt{\frac{3}{0.91}} \left[\frac{\eta_1 \cosh\eta_1\theta\sin\eta_2\theta - \eta_2 \sinh\eta_1\theta\cos\eta_2\theta}{\eta_2 \cosh\eta_1\theta\sinh\eta_1\theta + \eta_1 \cosh\eta_2\theta\sin\eta_2\theta} \right] \tag{4.21}$$

$$\left. \begin{aligned} \eta_1 &= \frac{1}{2}\sqrt{1-\gamma}, \qquad \eta_2 = \frac{1}{2}\sqrt{1+\gamma} \\ \theta &= \frac{\sqrt[4]{3(1-\mu^2)}}{\sqrt{Rh}}L, \quad \gamma = \frac{p}{2E}\left(\frac{R}{h}\right)^2 \sqrt{3(1-\mu^2)} \end{aligned} \right\} \tag{4.22}$$

两肋骨跨度中点壳体的位移 ω_m 用下式表示:

$$\omega_m = \frac{pR^2}{Eh}(1-\mu/2)(1-\alpha) \tag{4.23}$$

肋骨支座处壳体的位移 ω_f 用下式表示:

$$\omega_f = \frac{pR^2}{Eh}(1-\mu/2)(1-\alpha F_2) \tag{4.24}$$

4.2.3　轴对称回转壳体应力分析的有限元方法

一般的鱼雷耐压壳体都可按轴对称的环肋加强旋转壳体进行处理,所承受的载荷按轴对称载荷来处理。前面讨论的解析法是建立在严格的数学推导上的,但它具有一定的局限性,对于一般的鱼雷壳体结构采用有限元法较为有效。本节简要介绍轴对称旋转体有限元分析的原理和方法。

轴对称载荷作用下的旋转体就应力的变形分析而论是二维的,位移仅限于 r 向(径向)和 z 向(轴向)。因此,在轴对称问题的分析中运用平面单元即可。旋转体的几何参数和弹性性质与环向坐标 θ 无关,任一点都没有 θ 方向的位移。但任何径向位移在周向自动引起一应变。而且由于在这个方向的应力肯定不等于零,因此必须考虑这个应变及其相应的应力的第 4 个分量,这就是轴对称问题与平面问题的重要差别。平面单元类型也是多种多样的,目前用于鱼雷壳体轴对称应力分析的单元主要有四边形等参元、威尔逊非协调四边形元。当四边形的相邻两节点号用同一节点号表示时,四边形单元就简化成三角形单元。

一、四边形线性等参元

四边形线性等参元是一个协调元,它具有 8 个自由度,如图 4.4 所示。

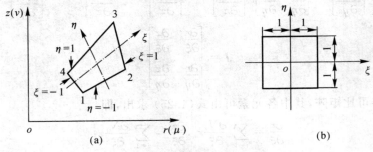

图 4.4　四边形等参元及其映射

4 个角点的每一点 i 上的位移为 u_i 和 v_i，该单元除存在直线边界外，形状是任意的，采用映象函数

$$\begin{bmatrix} r \\ z \end{bmatrix} = \begin{bmatrix} N_1 & 0 & N_2 & 0 & N_3 & 0 & N_4 & 0 \\ 0 & N_1 & 0 & N_2 & 0 & N_3 & 0 & N_4 \end{bmatrix} \begin{bmatrix} r_1 \\ z_1 \\ r_2 \\ \vdots \\ z_4 \end{bmatrix} \qquad (4.25)$$

式中

$$N_1 = \frac{(1-\zeta)(1-\eta)}{4}, \quad N_2 = \frac{(1+\zeta)(1-\eta)}{4} \\ N_3 = \frac{(1+\zeta)(1+\eta)}{4}, \quad N_4 = \frac{(1-\zeta)(1+\eta)}{4} \Bigg\} \qquad (4.26)$$

这个变换关系把等参坐标 ζ，η 上的一个单位正方形变换到 r，z 坐标上的四边形，该四边形的形状和大小由 8 个节点坐标 r_1，z_1，r_2，$\cdots$，z_4 确定，当给出单元内任意点上相应的 ζ，η 坐标时，就得到该点的 r，z 坐标。

在单元内的位移用与确定单元形状相同的插值函数来确定。

$$\begin{bmatrix} u \\ v \end{bmatrix} = \boldsymbol{N} \begin{bmatrix} u_1 \\ v_1 \\ u_2 \\ \vdots \\ v_4 \end{bmatrix} = \boldsymbol{N} \boldsymbol{U}^e \qquad (4.27)$$

式中，$\boldsymbol{N}$ 为方程式(4.25)中的长方阵；$\boldsymbol{U}^e = \begin{bmatrix} u_1 & v_1 & \cdots & v_4 \end{bmatrix}^T$。

式(4.25)和式(4.27)可写成如下简单的式子：

$$\begin{bmatrix} r \\ z \end{bmatrix} = \sum_{i=1}^{4} N_i \begin{bmatrix} r_i \\ z_i \end{bmatrix}, \quad \begin{bmatrix} u \\ v \end{bmatrix} = \sum_{i=1}^{4} N_i \begin{bmatrix} u_i \\ v_i \end{bmatrix} \qquad (4.28)$$

两个坐标系的导数之间的关系，可以用复合函数的微分法则导出

$$\begin{cases} \dfrac{\partial N_i}{\partial \xi} = \dfrac{\partial N_i}{\partial r} \dfrac{\partial r}{\partial \xi} + \dfrac{\partial N_i}{\partial z} \dfrac{\partial z}{\partial \xi} \\ \dfrac{\partial N_i}{\partial \eta} = \dfrac{\partial N_i}{\partial r} \dfrac{\partial r}{\partial \eta} + \dfrac{\partial N_i}{\partial z} \dfrac{\partial z}{\partial \eta} \end{cases}$$

即

$$\begin{bmatrix} \dfrac{\partial N_i}{\partial \xi} \\ \dfrac{\partial N_i}{\partial \eta} \end{bmatrix} = \begin{bmatrix} \dfrac{\partial r}{\partial \xi} & \dfrac{\partial z}{\partial \xi} \\ \dfrac{\partial r}{\partial \eta} & \dfrac{\partial z}{\partial \eta} \end{bmatrix} \begin{bmatrix} \dfrac{\partial N_i}{\partial r} \\ \dfrac{\partial N_i}{\partial z} \end{bmatrix} = \boldsymbol{J} \begin{bmatrix} \dfrac{\partial N_i}{\partial r} \\ \dfrac{\partial N_i}{\partial z} \end{bmatrix}, \quad \begin{bmatrix} \dfrac{\partial N_i}{\partial r} \\ \dfrac{\partial N_i}{\partial z} \end{bmatrix} = \boldsymbol{J}^{-1} \begin{bmatrix} \dfrac{\partial N_i}{\partial \xi} \\ \dfrac{\partial N_i}{\partial \eta} \end{bmatrix}$$

式中

$$\boldsymbol{J} = \begin{bmatrix} \dfrac{\partial r}{\partial \xi} & \dfrac{\partial z}{\partial \xi} \\ \dfrac{\partial r}{\partial \eta} & \dfrac{\partial z}{\partial \eta} \end{bmatrix}$$

为坐标变换的雅可比矩阵，其中各元素可由式(4.25)求出，即

$$\frac{\partial r}{\partial \xi} = \sum_{i=1}^{4} \frac{\partial N_i}{\partial \xi} r_i, \frac{\partial z}{\partial \xi} = \sum_{i=1}^{4} \frac{\partial N_i}{\partial \xi} z_i$$

$$\frac{\partial r}{\partial \eta} = \sum_{i=1}^{4} \frac{\partial N_i}{\partial \eta} r_i, \frac{\partial z}{\partial \eta} = \sum_{i=1}^{4} \frac{\partial N_i}{\partial \eta} z_i$$

写成矩阵形式有

$$\boldsymbol{J} = \begin{bmatrix} \dfrac{\partial N_1}{\partial \xi} & \dfrac{\partial N_2}{\partial \xi} & \dfrac{\partial N_3}{\partial \xi} & \dfrac{\partial N_4}{\partial \xi} \\[2mm] \dfrac{\partial N_1}{\partial \eta} & \dfrac{\partial N_2}{\partial \eta} & \dfrac{\partial N_3}{\partial \eta} & \dfrac{\partial N_4}{\partial \eta} \end{bmatrix} \begin{bmatrix} r_1 & z_1 \\ r_2 & z_2 \\ r_3 & z_3 \\ r_4 & z_4 \end{bmatrix} \tag{4.29}$$

令

$$\boldsymbol{J}^* = \boldsymbol{J}^{-1}$$

$$\boldsymbol{J}^{-1} = \frac{1}{\det \boldsymbol{J}} \begin{bmatrix} \dfrac{\partial z}{\partial \eta} & -\dfrac{\partial z}{\partial \xi} \\[2mm] -\dfrac{\partial r}{\partial \eta} & \dfrac{\partial r}{\partial \xi} \end{bmatrix} \tag{4.30}$$

式中, $\det \boldsymbol{J}$ 为雅可比行列式,

$$\det \boldsymbol{J} = \frac{\partial r}{\partial \xi} \frac{\partial z}{\partial \eta} - \frac{\partial r}{\partial \eta} \frac{\partial z}{\partial \xi}$$

$$\begin{bmatrix} \dfrac{\partial u}{\partial r} \\[2mm] \dfrac{\partial u}{\partial z} \\[2mm] \dfrac{\partial v}{\partial r} \\[2mm] \dfrac{\partial v}{\partial z} \\[2mm] u \end{bmatrix} = \begin{bmatrix} J_{11}^* & J_{12}^* & 0 & 0 & 0 \\ J_{21}^* & J_{22}^* & 0 & 0 & 0 \\ 0 & 0 & J_{11}^* & J_{12}^* & 0 \\ 0 & 0 & J_{21}^* & J_{22}^* & 0 \\ 0 & 0 & 0 & 0 & 1 \end{bmatrix} \begin{bmatrix} \dfrac{\partial u}{\partial \xi} \\[2mm] \dfrac{\partial u}{\partial \eta} \\[2mm] \dfrac{\partial v}{\partial \xi} \\[2mm] \dfrac{\partial v}{\partial \eta} \\[2mm] u \end{bmatrix} \tag{4.31}$$

二、轴对称体应力应变关系

轴对称体的应变与位移之间存在着下列关系:

$$\boldsymbol{\varepsilon} = \boldsymbol{B} \boldsymbol{U}^e \tag{4.32}$$

式中, $\boldsymbol{B}$ 为轴对称体的几何矩阵,经过坐标变换可得

$$\boldsymbol{B} = \begin{bmatrix} 1 & 0 & 0 & 0 & 0 \\ 0 & 0 & 0 & 1 & 0 \\ 0 & 0 & 0 & 0 & \dfrac{1}{r} \\ 0 & 1 & 1 & 0 & 0 \end{bmatrix} \begin{bmatrix} J_{11}^* & J_{12}^* & 0 & 0 & 0 \\ J_{21}^* & J_{22}^* & 0 & 0 & 0 \\ 0 & 0 & J_{11}^* & J_{12}^* & 0 \\ 0 & 0 & J_{21}^* & J_{22}^* & 0 \\ 0 & 0 & 0 & 0 & 1 \end{bmatrix} =$$

$$\begin{bmatrix} \dfrac{\partial N_1}{\partial \xi} & 0 & \dfrac{\partial N_2}{\partial \xi} & 0 & \dfrac{\partial N_3}{\partial \xi} & 0 & \dfrac{\partial N_4}{\partial \xi} & 0 \\[2mm] \dfrac{\partial N_1}{\partial \eta} & 0 & \dfrac{\partial N_2}{\partial \eta} & 0 & \dfrac{\partial N_3}{\partial \eta} & 0 & \dfrac{\partial N_4}{\partial \eta} & 0 \\[2mm] 0 & \dfrac{\partial N_1}{\partial \xi} & 0 & \dfrac{\partial N_2}{\partial \xi} & 0 & \dfrac{\partial N_3}{\partial \xi} & 0 & \dfrac{\partial N_4}{\partial \xi} \\[2mm] 0 & \dfrac{\partial N_1}{\partial \eta} & 0 & \dfrac{\partial N_2}{\partial \eta} & 0 & \dfrac{\partial N_3}{\partial \eta} & 0 & \dfrac{\partial N_4}{\partial \eta} \\[2mm] N_1 & 0 & N_2 & 0 & N_3 & 0 & N_4 & 0 \end{bmatrix} \tag{4.33}$$

对于各向同性材料,轴对称情况下的应力与应变关系为

$$\boldsymbol{\sigma} = \boldsymbol{D}\boldsymbol{\varepsilon} = \boldsymbol{DB}\,\boldsymbol{U}^e \tag{4.34}$$

$$\boldsymbol{\sigma} = \begin{bmatrix} \sigma_r \\ \sigma_z \\ \sigma_\theta \\ \tau_{rz} \end{bmatrix} = \frac{E}{(1+\mu)(1-2\mu)} \begin{bmatrix} 1-\mu & \mu & \mu & 0 \\ \mu & 1-\mu & \mu & 0 \\ \mu & \mu & 1-\mu & 0 \\ 0 & 0 & 0 & \dfrac{1-2\mu}{2} \end{bmatrix} \begin{bmatrix} \varepsilon_r \\ \varepsilon_z \\ \varepsilon_\theta \\ \gamma_{rz} \end{bmatrix} \tag{4.35}$$

式中,$\boldsymbol{D}$ 为弹性矩阵,即

$$\boldsymbol{D} = \frac{E}{(1+\mu)(1-2\mu)} \begin{bmatrix} 1-\mu & \mu & \mu & 0 \\ \mu & 1-\mu & \mu & 0 \\ \mu & \mu & 1-\mu & 0 \\ 0 & 0 & 0 & \dfrac{1-2\mu}{2} \end{bmatrix} \tag{4.36}$$

对于正变异性材料,在材料主轴方向上应力与应变关系为

$$\begin{bmatrix} \varepsilon_n \\ \varepsilon_s \\ \varepsilon_t \\ \varepsilon_{ns} \end{bmatrix} = \begin{bmatrix} \dfrac{1}{E_{11}} & \dfrac{-\mu_{ns}}{E_s} & \dfrac{-\mu_{nt}}{E_t} & 0 \\ & \dfrac{1}{E_s} & \dfrac{-\mu_{st}}{E_t} & 0 \\ & & \dfrac{1}{E_t} & 0 \\ & & & \dfrac{1}{G_{ns}} \end{bmatrix} \begin{bmatrix} \sigma_n \\ \sigma_s \\ \sigma_t \\ \sigma_{ns} \end{bmatrix} \tag{4.37}$$

式中,下标 n,s,t 分别为材料 3 个正交的主轴方向。

其中 t 方向与 rz 平面相垂直,n 方向与 r 轴的夹角为 β（由 r 到 n 逆时针旋转）。式(4.37)可写成下列简单形式:

$$\boldsymbol{\varepsilon}^* = \boldsymbol{C}^* \, \boldsymbol{\sigma}^* \tag{4.38}$$

上式中矩阵 $\boldsymbol{C}^*$ 的行列式必须不等于零,$\boldsymbol{C}^*$ 方能求逆。因为材料主轴与坐标轴有一个夹角 β,因此应力也必须进行坐标变换,即

$$\boldsymbol{\sigma}^* = \boldsymbol{T}\boldsymbol{\varepsilon}^* \tag{4.39}$$

其中

$$\boldsymbol{T} = \begin{bmatrix} \cos^2\beta & \sin^2\beta & 0 & 2\sin\beta\cos\beta \\ \sin^2\beta & \cos^2\beta & 0 & -2\sin\beta\cos\beta \\ 0 & 0 & 1 & 0 \\ -\sin\beta\cos\beta & \sin\beta\cos\beta & 0 & \cos^2\beta\,\sin^2\beta \end{bmatrix}$$

三、单元刚度矩阵和等效节点力

利用单元虚功原理,可以得到下列代数方程:

$$\boldsymbol{K}^e \, \boldsymbol{U}^e = \boldsymbol{R}^e \tag{4.40}$$

式中　　$\boldsymbol{K}^e$——单元刚度矩阵;

　　　　$\boldsymbol{R}^e$——等效节点力。

单元刚度矩阵 $\boldsymbol{K}^e$ 可以按下式计算:

$$K^e = \iiint_v B^{-1} DB r \, d\theta dr dz \tag{4.41}$$

对于等参单元,在数值积分之前要进行通常的坐标变换,所以式(4.41)可写为

$$K^e = 2\pi \int_{-1}^{1} \int_{-1}^{1} B^T DB r \det J \, d\zeta d\eta \tag{4.42}$$

为了完成上述积分,须要采用高精度的数值积分法,如高斯积分法。二维高斯积分法的一般公式为

$$\int_{-1}^{1} \int_{-1}^{1} f(\zeta,\eta) \, d\zeta d\eta = \sum_{i=1}^{n_1} \sum_{j=1}^{n_2} H_i H_j f(\zeta_i,\eta_i) \tag{4.43}$$

式中　n_1, n_2——ζ 方向和 η 方向所需的积分点数,积分点数可以在 2,3,4 之间选择,通常情况 2 点就能获得良好的结果,这种情况下耗费计算时间也较少;

　　H_i, H_j——高斯积分点的加权系数,对应于每种积分点的数目,都有对应的 H_i, H_j 和 ζ_i, η_j,可查表得到,对二维 2×2 高斯积分法,H_i, H_j 均取 1,4 个积分点分别在 $\zeta, \eta = \pm 0.577\,35$ 上。

因此

$$K^e = 2\pi \sum_{i=1}^{2} \sum_{j=1}^{2} B_{ij}^T D B_{ij} (\det J)_{ij} r_{ij} \tag{4.44}$$

对于轴对称问题,r_{ij} 为高斯积分点上的半径,它可以根据节点坐标和形函数插值求得;$(\det J)_{ij}$ 为高斯积分点上雅可比行列式的值。

式(4.40)中 R^e 是等效节点力,它是作用在单元上的体积力、界面力、集中力等简化到各节点上的等效节点力及单元之间相互作用力简化到各节点上的等效节点力之和。

如果单元内单位体力为 $q = [q_r \quad q_z]^T$,则它的等效节点力为

$$R_q^e = 2\pi \int_{-1}^{1} \int_{-1}^{1} N^T q r \det J \, d\xi d\eta \tag{4.45}$$

如果单元的单位面力为 $p = [p_r \quad p_z]^T$,则它的等效节点力为

$$R_p^e = 2\pi \int_s N^T p r \, ds \tag{4.46}$$

这里的曲线积分是沿面力的单元边界进行的。

将所有单元的式(4.40)按顺序进行叠加就可得到

$$KU = R \tag{4.47}$$

式中　K——结构总刚度矩阵;

　　U——全部节点的位移矢量;

　　R——全部节点的载荷矢量。

建立了结构总刚度矩阵全部节点的载荷矢量之后,剩下的问题就是求解线性代数方程组。采用高斯消元法或其他方法,由计算机能很方便地求出 U,再根据各节点的位移矢量 U,可算出所需部位的应力。

四、威尔逊非协调四边形

四边形线性等参元受载后在平面发生弯曲变形时其精度较低,采用威尔逊非协调四边形元便能改进线性等参元的弯曲性能。威尔逊非协调四边形元是以四边形线性等参元为基础,增加两个内部节点,使修改后单元的位移成为

$$u = \sum_{i=1}^{4} N_i u_i + (1-\zeta^2)u_5 + (1-\eta^2)u_6 \\ v = \sum_{i=1}^{4} N_i v_i + (1-\zeta^2)v_5 + (1-\eta^2)v_6 \Bigg\} \tag{4.48}$$

式(4.48)可简写为

$$u = \sum_{i=1}^{6} N_i u_i, \quad v = \sum_{i=1}^{6} N_i v_i \tag{4.49}$$

式中，N_1, N_2, N_3, N_4 可由方程式(4.26)求出，即

$$N_5 = 1-\zeta^2, N_6 = 1-\eta^2$$

其中，u_5, v_5, u_6, v_6 为附加自由度，由于在位移模式中，增加了 ζ 和 η 的二次项，非协调元比四边形等参元在反映弯曲变形时要好得多。由于内部自由度的存在，它们影响单元边界位移，并使单元与相邻单元不协调。为了不扩大结构方程的阶数，在形成单元刚度后，在单元拼装前要用静态凝聚法，在单元一级上把这些内部自由度凝聚掉，并把它们的影响化到节点的自由度上。

如何实现自由度凝聚呢？将非协调单元的单元位移矢量 U 分成两块：一块为节点自由度组成的 U_a，一块为要消去的内部自由度组成的 U_b。同样，单元刚度矩阵 K^e 和单元载荷 R^e 也可作相应的划分。因此有

$$\begin{bmatrix} K_a & K_{ab} \\ K_{ba} & K_b \end{bmatrix} \begin{bmatrix} U_a \\ U_b \end{bmatrix} = \begin{bmatrix} R_a \\ R_b \end{bmatrix} \tag{4.50}$$

由于 U_b 是单元的内部自由度，所以 R_b 也只与该单元有关，而与其他单元无关，也就是说 R_b 是一个完全可以确定的量，由上式展开可得

$$U_b = K_b^{-1} R_b - K_b^{-1} K_{ba} U_a \tag{4.51}$$

$$K^* U_a = R^* \tag{4.52}$$

式中

$$K^* = K_a - K_{ab} K_b^{-1} K_{ba}$$

$$R^* = R_a - K_{ab} K_b^{-1} R_b$$

这样就在单元一级上消去了内部自由度 U_b，在叠加总刚度矩阵时均采用式(4.52)中的 K^* 和 R^*。

4.2.4 壳体强度简便计算方法

一、圆柱形壳体

1.跨度中点处壳板的横向平均应力

$$\sigma_2^0 = K_2^0 p_j R/t \tag{4.53}$$

式中　p_j——壳体计算压力，MPa；

　　　R——圆柱壳半径，cm；

　　　t——壳板厚度，cm；

　　　K_2^0——系数，由图4.5按 u 和 β 两个参数查出，u 和 β 的计算式为

$$u = \sqrt[4]{\frac{3(1-\mu^2)}{16} \frac{l^4}{R^2 t^2}}$$

当 $\mu = 0.3$ 时

$$u = 0.6425 l / \sqrt{Rt}$$

$$\beta = lt / A_r$$

其中，A_r 为肋骨截面积，cm^2；l 为肋骨间距，cm。

2. 肋骨上的应力

$$\sigma_r = K_r p_j R / t \tag{4.54}$$

式中，系数 K_r 由图 4.6 按 u 和 β 两个参数查出。

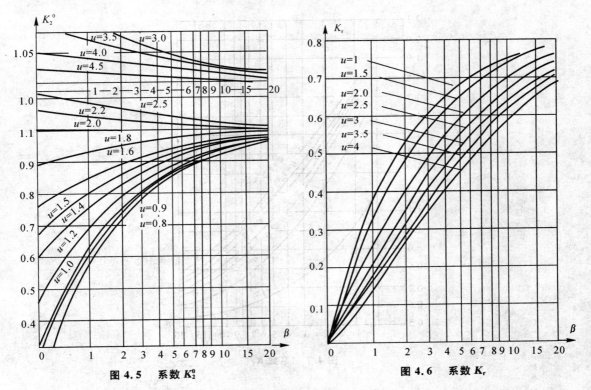

图 4.5　系数 K_2^0　　　　　　　　　图 4.6　系数 K_r

3. 肋骨处壳板的纵向相当应力

$$\sigma_{1eg} \big|_{x=l/2} = (0.91K_1 - 0.3K_r) p_j R / t \tag{4.55}$$

式中，系数 K_r 和 K_1 分别由图 4.6 和图 4.7 查取。

4. 系数 K_2^0，K_r，K_1 的计算公式

$$K_2^0 = 1 - \frac{F_4(u_1, u_2)}{1 + lt F_1(u_1, u_2) / A_r}$$

$$K_1 = 0.5 + \frac{F_2(u_1, u_2)}{1 + lt F_1(u_1, u_2) / A_r}$$

$$K_r = \left(1 - \frac{\mu}{2}\right) \left[1 - \frac{1}{1 + lt F_1(u_1, u_2) / A_r}\right]$$

式中

$$F_1(u_1,u_2) = \sqrt{1-\gamma^2}\,\frac{\cosh 2u_1 - \cos 2u_2}{u_2 \sinh 2u_1 + u_1 \sin 2u_2}$$

$$F_2(u_1,u_2) = \frac{\left(1-\dfrac{\mu}{2}\right)\sqrt{3}}{\sqrt{1-\mu^2}}\,\frac{u_2 \sinh 2u_1 - u_1 \sin 2u_2}{u_2 \sinh 2u_1 + u_1 \sin 2u_2}$$

$$F_4(u_1,u_2) = (2-\mu)\,\frac{u_2 \sinh u_1 \cos u_2 + u_1 \cosh u_1 \sin u_2}{u_2 \sinh 2u_1 + u_1 \sin 2u_2}$$

$$u_1 = u\sqrt{1-\gamma}, \quad u_2 = u\sqrt{1+\gamma}, \quad \gamma = \frac{\sqrt{3(1-\mu^2)}}{2}\,\frac{p_j R^2}{Et^2}$$

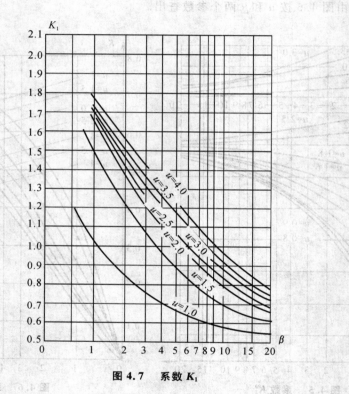

图 4.7 系数 K_1

二、圆锥形壳体

圆锥形壳体的强度计算与圆柱壳体类似,只要把圆柱壳体的公式作如下代换,就可得到圆锥壳体相应的计算公式,即

$$R = r/\cos\alpha, \quad l = l_1/\cos\alpha$$

式中 r——圆锥大端半径;

    α——半锥角;

    l_1——圆锥壳体的肋骨间距。

4.3 壳体结构稳定性计算

4.3.1 壳体结构稳定性分析

一、受外压圆柱壳体的失稳

前一节研究了用肋骨加强的圆柱壳体受均匀外压时壳板和肋骨中应力的计算,在以上强度计算的分析中,我们认为圆柱壳体在均匀外压作用下,由于壳体结构和载荷都对称于壳体的中心轴,因而壳体的变形也对称于中心轴,即在轴向(或纵向)产生均匀压缩及由肋骨支撑而引起的弯曲,在周向仅产生均匀压缩而没有弯曲变形。但是受外压的壳体和受内压的壳体不同。除了应考虑其强度外,还必须考虑到它会由于丧失稳定性而导致壳体的破坏。正如杆和板等受压时有失稳现象一样,受外压的圆柱壳体也将在载荷达某一临界值时丧失稳定性。以上关于强度计算的分析仅适用于失稳以前的情况,在此以前,肋骨间壳板的压缩和弯曲变形是轴对称的,而且处于稳定平衡状态,若对于此平衡状态给予微小的任意偏离,在引起偏离的因素去掉后,壳体将恢复到原来的平衡状态。但当压力增加到某一临界值时,壳体的变形就不再是稳定的了。如果对此平衡状态给予任一微小偏离,则其变形将迅速增长,而不能恢复到原来的平衡状态,这时壳体即开始丧失稳定性,一般在壳体的纵向和周向形成一定数目的凹凸波形,壳板在周向已不单是均匀压缩,而且有弯曲变形,变形也不再对称于中心轴,且这种弯曲应力将急剧增长,最终导致壳体的破坏。对于出现失稳现象的壳体,前面所述的强度计算方法已经没有任何实际意义。须要寻求能够预测壳体丧失稳定性临界压力的计算方法。

二、受外压圆柱壳体的破坏方式

承受均匀静水外压的加肋圆柱壳的破坏方式一般有以下几种。

1. 肋间壳板屈服

壳板中的应力超过了材料的屈服极限,进入塑性状态而导致壳板的破坏,实际上这是壳板屈服和轴对称失稳的综合。其特点是肋间壳板形成轴对称的手风琴式的褶皱,沿周向没有波纹,当壳板相对厚度 t/R 较大且肋骨排列较密(L/R 较小)时可能会出现这种情况。

2. 肋间壳板失稳

肋间壳板沿周向形成许多波纹,壳板失稳后的变形是非轴对称的。壳体受外压后究竟出现第 1 种还是第 2 种破坏方式决定于壳板的相对厚度、肋骨相对间距、肋骨截面尺寸以及材料的物理性质(应力应变图)等因素。一般来说,当壳板相对厚度较小且肋骨排列较疏时可能出现第 2 种破坏情况。

3. 总体失稳(或称舱段失稳)

舱段间肋骨连同壳板一起失稳,这时舱段两端的隔舱壁(或刚性较大的肋骨或连接环等)成为刚性支撑周界。壳体在长度方向形成一个波纹,在圆周方向形成几个波纹,在第 1,2 两种破坏情况下均假设肋骨有足够的周向抗弯刚度,即当肋间壳板屈服或失稳时肋骨还未失稳,仍能保持其正确圆形,如果肋骨刚性不足就将出现总体失稳。影响总体失稳的因素除第 2 中所提及的各项外,主要有肋骨抗弯刚度和舱段相对长度 L/R。

受外压加肋圆柱壳体的 3 种破坏方式如图 4.8 所示。

为了预测各种破坏方式的出现,作为设计的依据,人们进行了大量的实验研究工作,除了分析壳中的应力外,着重寻求相对各种失稳形式的临界压力。由于壳体失稳问题较为复杂,各种理论计算公式与实际情况在不同程度上都还存在一定差异,现仍在继续研究改进中。下面仅介绍在实际设计中常被采用的较为成熟的几个计算临界压力的公式和根据实际情况进行修正的方法。

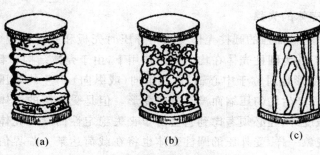

(a)   (b)   (c)

图 4.8   加肋圆柱壳的 3 种破坏方式

(a) 肋间壳板屈服(轴对称); (b) 肋间壳板失稳(非对称); (c) 总体失稳

4.3.2   受均匀外压加肋圆柱壳体稳定性计算

一、理论临界压力

壳体稳定性计算中所使用的主要符号如下:

p_{cr}(MPa)—— 实际临界压力;

p'_{cr}(MPa)—— 理论临界压力;

t(cm)—— 壳板厚度;

R(cm)—— 圆柱壳体半径;

D(cm)—— 圆柱壳体直径;

l(cm)—— 肋骨间距;

L(cm)—— 舱段长度;

h(cm)—— 肋骨高度;

A_r(cm^2)—— 肋骨截面积;

I(cm^4)—— 肋骨连同附连壳板的截面惯性矩;

l_e(cm)—— 壳板有效长度;

μ—— 泊松比;

E(MPa)—— 材料弹性模数;

E_t(MPa)—— 切线弹性模数;

E_s(MPa)—— 割线弹性模数;

m—— 壳体失稳时沿纵向出现的半波数;

n——壳体失稳时沿周向出现的波数；

$\alpha = \pi R/l$——计算肋间壳板失稳时的一个结构参数；

$\alpha_1 = \pi R/L$——计算总体失稳时的一个结构参数；

$\sigma_{cr}(\mathrm{MPa})$——临界应力；

$\sigma'_{cr}(\mathrm{MPa})$——理论临界应力；

η_1, η_2——修正系数；

$m(\mathrm{kg/m})$——每米长壳体(包括壳板及肋骨)的质量；

C_g——质量系数，$C_g = p_{cr}/m$。

对于承受均匀外压的无肋和加肋的圆柱壳体失稳计算，各国学者曾进行过大量的理论分析和实验研究，得出各种形式预测临界压力的理论公式。为了实际应用方便起见，有人从各种不同角度出发作过各种简化，在此仅简略介绍潜艇和鱼雷耐压壳体实际设计中常被采用的几种计算理论临界压力的方法，关于这些公式的理论分析和推导在此不再详述。

对承受径向外压的无限长圆柱壳体(不考虑隔舱或端盖的影响，也没有肋骨)，计算其失稳临界压力的公式为

$$p_{cr} = \frac{E}{4(1-\mu^2)} \left(\frac{t}{R}\right)^3 \tag{4.56}$$

索斯维尔(R. V. Southwell)早在 1913 年得出有限长薄壁圆柱壳体周向失稳(只受径向压力)临界压力的公式为

$$p_{cr} = \frac{Et}{R} \left[\frac{n^2}{12(1-\mu^2)} \frac{t^2}{R^2} + \frac{\alpha^4}{n^6} \right] \tag{4.57}$$

对于有限长薄壁圆柱壳体受径向和轴向外压的情况，最早圆满解决这一问题的是密塞斯(Von Mises)，后来许多学者在他的理论分析基础上进一步发展或作了一定的简化，至今密塞斯临界压力公式还常被推荐使用，认为是比较精确的计算临界压力的公式。密塞斯公式形式如下：

$$p_{cr} = \frac{Et}{R} \left[\frac{1}{n^2 + \frac{1}{2}\left(\frac{\pi R}{l}\right)^2} \right] \left\{ \frac{\left(\frac{\pi R}{l}\right)^4}{\left[n^2 + \left(\frac{\pi R}{l}\right)^2\right]^2} + \frac{\left(\frac{t}{R}\right)^2}{12(1-\mu^2)} \left[n^2 + \left(\frac{\pi R}{l}\right)^2\right]^2 \right\} \tag{4.58}$$

式中，l 为壳体(无肋)长度，如用于加肋圆柱壳体，l 为肋骨间距。此式可用以计算肋间壳板失稳时的临界压力。

在美、英一些资料中还常推荐用温登堡(D. F. Windenburg)公式。式中消掉了周向波数 n，使用较为方便，其形式为

$$p_{cr} = \frac{2.42E}{(1-\mu^2)^{3/4}} \left[\frac{\left(\frac{t}{2R}\right)^{5/2}}{\frac{l}{2R} - 0.45\left(\frac{t}{2R}\right)^{1/2}} \right] \tag{4.59}$$

对于钢材

$$p_{cr} = 0.92E\,(t/R)^2 / \left[(l/R)\sqrt{R/t} - 0.636\,4\right] \tag{4.60}$$

俄罗斯一些资料和书籍中对潜艇耐压壳体的设计还常推荐采用以下一些形式较为简单的公式来计算加肋圆柱壳体的失稳临界压力，这些公式是将索斯维尔公式(式(4.57))或密塞斯公式(式(4.58))中的周向波数 n 根据 p_{cr} 对于 n 的解析极小值的条件消去后并经一定简化而

得到的。因其形式简单,还常被用来作初步计算,不过这些公式作了较多简化,稍嫌粗略。

例如,索斯维尔-巴普考维奇公式为

$$p_{cr} = 1.8 \left(\frac{100t}{R}\right)^{3/2} \left(\frac{100t}{l}\right) \tag{4.61}$$

密塞斯-巴普考维奇公式为

$$p_{cr} = 1.87 \left(\frac{100t}{R}\right)^2 \left(\frac{100tR}{l^2}\right)^{0.58} \tag{4.62}$$

以上二式是在 $\mu = 0.3, E = 1.96 \times 10^4 \text{MPa}$ 的情况下简化的,所以仅适用于钢材。按式(4.62)计算出的 p_{cr},其单位为 MPa。另外,式(4.61)是在未考虑纵向载荷,仅考虑周向均匀外压的情况下推得的,故对于既有周向均匀外压又有纵向载荷的鱼雷来说误差较大,式(4.62)则考虑了纵向载荷,结果较好。

国外造船界给式(4.61)添加了一个修正因数,用以考虑纵向变形的影响,其结果相当圆满。修正后的公式为

$$p_{cr} = \frac{1.8 \left(\frac{100t}{R}\right)^{3/2} \left(\frac{100t}{l}\right)}{1 - \frac{0.62\sqrt{tR}}{l}} \quad \text{(MPa)} \tag{4.63}$$

前面介绍的一些公式用于计算无肋圆柱壳体的理论临界压力,也适用于计算加肋圆柱壳体的肋间壳板失稳时的理论临界压力。式中没有与肋骨刚度有关的项,因而不能用于计算总体失稳时的理论临界压力。上面介绍的许多常用的计算公式,各有特点和适用范围,对于计算鱼雷壳体的临界压力究竟采用哪个公式较好,为了初学者的方便,本书参照潜艇和鱼雷设计现用方法推荐下面的计算肋间壳板失稳和总体失稳的理论临界压力的方法。

1. 总体稳定性(舱段稳定性)

对于鱼雷壳体(加肋圆柱壳)的设计,建议采用以下计算理论临界压力的公式,它是根据弹性失稳理论用能量法推导得出的。把理论临界压力用 $(p'_{cr})_g$ 表示,以便与修正后的实际临界压力相区别。

整个舱段失稳的理论临界压力为

$$(p'_{cr})_g = \frac{1}{1 + \frac{\alpha_1^2}{2(n^2-1)}} \left[\frac{Et^3}{12(1-\mu^2)R^3} \frac{(n^2+\alpha_1^2-1)^2}{(n^2-1)} + \frac{Et}{R} \frac{\alpha_1^4}{(n^2+\alpha_1^2)^2(n^2-1)} + \frac{EI(n^2-1)}{R^3l}\right]$$

$$\tag{4.64}$$

从式(4.64)可以看出,理论临界压力由 3 个部分组成:方括号中的第一项与 t^3 有关,表示壳板抗弯刚度对 $(p'_{cr})_g$ 的影响;第二项与 t 有关,表示壳板中面变形对 $(p'_{cr})_g$ 的影响;第三项与 I 有关,表示肋骨抗弯刚度对 $(p'_{cr})_g$ 的影响。

在 3 个组成部分中,壳板的抗弯刚度较肋骨的抗弯刚度要小得多,在实际应用中可以忽略这一部分。例如,潜艇强度规范中建议采用下式计算舱段理论临界压力,该式就是忽略了第一项,其结果为

$$(p'_{cr})_g = \frac{E}{1 + \frac{\alpha_1^2}{2(n^2-1)}} \left[\frac{t}{R} \frac{\alpha_1^4}{(n^2+\alpha_1^2)^2(n^2-1)} + \frac{I(n^2-1)}{R^3l}\right] \tag{4.65}$$

式(4.65)可用以计算鱼雷壳体总体稳定性的理论临界压力。注意式中,$\alpha_1 = \pi R/L$,其中

L 为舱段全长,不是两肋骨间的间距 l;I 为肋骨及附连壳板(一个间距长的壳板)的截面惯性矩;n 为周向波数。在实际计算中可试取 n 值为 $2,3,4$,使 $(p'_{cr})_g$ 为最小值的波数 n 就是总体失稳时的波数,而所对应的 $(p'_{cr})_g$ 值就是总体失稳的理论临界压力,一般总体失稳时的波数较少,所以从 $n=2$ 起试算几个 $(p'_{cr})_g$ 值就可得出最小的 $(p'_{cr})_g$。

总体失稳时的 n 值也可采用下面的简单公式估算,因失稳时的周向波数 n 应是使 $(p'_{cr})_g$ 为最小的 n 值,即

$$\frac{\partial (p'_{cr})_g}{\partial n} = 0$$

由于 $(p'_{cr})_g$ 与 n 之间的关系比较复杂,可将式(4.64)作一定的简化。对于所感兴趣的壳来说,$\alpha_1 \leqslant 1$,认为 α_1^2 与 n^2 相比可以略去不计,同时 1 与 n^2 相比也可以略去不计,这样式(4.64)方括号前乘数的分母可作为 1,于是

$$(p'_{cr})_g = \frac{Et^3}{12(1-\mu^2)R^3}n^2 + \frac{Et}{R}\frac{\alpha_1^4}{n^6} + \frac{EI}{R^3 l}n^2$$

由此

$$\frac{\partial (p'_{cr})_g}{\partial n} = 2Kn - \frac{6M}{n^7} = 0 \tag{4.66}$$

式中

$$\left.\begin{array}{l} K = \dfrac{EI}{R^3 l} + \dfrac{Et^3}{12(1-\mu^2)R^3} \\[2mm] M = \dfrac{Et}{R}\alpha_1^4 \end{array}\right\} \tag{4.67}$$

从式(4.66)得

$$n = \sqrt[8]{2M/K} \tag{4.68}$$

当考虑总体失稳时,多数情况下 K 式子中等号右边的第二项比第一项小得多,可以略去不计。

2. 壳板稳定性

下面介绍用于计算鱼雷壳体肋间壳板失稳的理论临界压力的公式。这可以从式(4.64)引伸得出,壳板失稳时认为肋骨有足够的刚性,肋骨并没有失稳变形,所以在式(4.64)中去掉包括 I 的那一项(方括号中的第三项),就可用以计算壳板的理论临界压力,只须注意这时应将式中的参数 $\alpha_1 = \pi R/L$ 改为 $\alpha = \pi R/l$,其中 l 为肋骨间距,这样,壳板失稳的理论临界压力公式为

$$p'_{cr} = \frac{E}{n^2 + 0.5\alpha^2 - 1}\left[\frac{t^3}{12(1-\mu^2)R^3}(n^2+\alpha^2-1)^2 + \frac{t}{R}\frac{\alpha^4}{(n^2+\alpha^2)^2}\right] \tag{4.69}$$

对于通常遇到的壳体,肋间壳板失稳后形成的周向波数 n 一般是相当大的($n > 10$),在上式中如果认为 1 与 n^2 相比可以略去不计,那么上式实际上就和前面介绍的密塞斯公式式(4.58)完全一样。对于相对长度 L/R 较大的壳体,失稳时形成的波数很少(例如 $n=2$ 或 3),式(4.58)就不很准确,不如采用式(4.69)好。

计算肋间壳板失稳的理论临界压力公式式(4.69)中含有周向波数 n,使用式(4.69)时须先确定波数 n 才能进行计算,n 值应是使 p'_{cr} 为最小的波数,n 值的确定可以采用图表法。在图 4.9 中:

横坐标　$u=0.642\,5l/\sqrt{Rt}$，$u=0.642\,5l\sqrt{R_{av}\cos\alpha/t}/(R_2\cos\alpha)$　（圆锥）

纵坐标　$\lambda=n/a$，$\lambda=n/\beta$（对圆锥）

$$\beta=\pi\sin\alpha/\ln(R_1/R_2)\quad（当 R_2/R_1<0.8 时）$$

$$\beta=\pi R_2\cos\alpha/l\quad（当 R_2/R_1\geqslant 0.8 时）$$

$$\text{(4.70)}$$

其中 $R_{av}=R_1-\dfrac{l}{2}\tan\alpha$。

根据图 4.9，由参数 u 和 λ 即可求出波数 n，注意 $a=\pi R/l$。

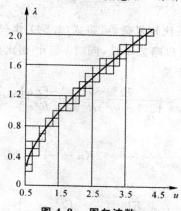

图 4.9　周向波数 n

周向波数 n 也可采用以下办法估计：引用前面介绍的估算总体失稳时波数的公式式（4.68），对于肋间壳板失稳的情况，两肋间只有壳板抗弯，而无肋骨抗弯，因而式（4.67）中 K 的式子去掉含有 I 的项，在 M 的式子中用 α 代替 α_1，即

$$K=\frac{Kt^3}{12(1-\mu^2)R^3},\quad M=\frac{Et\alpha^4}{R} \tag{4.71}$$

于是

$$n=\sqrt[8]{\frac{3M}{K}}=\sqrt[4]{6\pi^2\sqrt{1-\mu^2}\Big/\left(\frac{l^2 t}{R^3}\right)} \tag{4.72}$$

不过，注意到前面推导式（4.68）时曾对式（4.64）作了简化，认为 α_1^2 与 n^2 相比可以略去，但对于肋间壳板失稳，α 的数值一般较大，这时与 n^2 相比略去 α^2 就不合适了，可能导致相当大的误差，所以关于 n 值的确定，在此推荐对于总体失稳还是从 $n=2$ 起试算几个 $(p'_{cr})_g$ 值，取其最小值，或是由式（4.68）估算 n 值，再在此值附近计算几个 $(p'_{cr})_g$ 值，取其最小值，对于肋间壳板失稳则用前面介绍的图表法较好。

二、实际临界压力

由前面介绍的理论公式计算出的临界压力都是理论临界压力，其结果与实际情况尚存在着不同程度的差异，一般理论值偏高，有时可能高出很多，必须加以适当的修正才能符合实际情况，修正后的结果称为实际临界压力，以 p_{cr} 表示。

理论与实际临界压力不符的原因是由于有许多实际因素在理论公式里没有考虑到。一般认为主要有两方面的因素需要考虑：一是要考虑到制造壳体时，由于工艺水平的限制，不可避免地存在着挠度、不圆度等初始形状误差；二是要考虑到材料物理性质方面的因素（不服从胡克定律）对稳定性的影响。

初始缺陷的影响一般采用根据实验和实践经验确定的系数 η_1 来修正，通常建议取 $\eta_1 = 0.75$。材料物理性质方面的影响是指当壳体中应力和应变不成线性关系时（例如，当应力超过比例极限，特别是接近或超过材料的屈服极限时，或是某些应变硬化材料并无明显的屈服极限时），材料的 E 值不是一个固定的值，与推导理论公式时假定材料服从胡克定律就出现明显的差别，应力越接近屈服极限或超出屈服极限越多，偏离线性关系的情况就越严重，理论临界压力值也就比实际临界压力值偏高越多，考虑到应

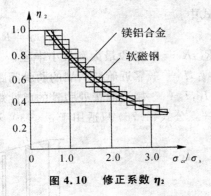

图 4.10　修正系数 η_2

力对稳定性的影响，可采用修正系数 η_2。关于 η_2 值可从图 4.10 中选取。图中横坐标为 σ'_{cr}/σ_s，其中 σ'_{cr} 为根据 p'_{cr} 并考虑了修正系数 η_2 后所计算出的理论临界应力，对于壳板，仍取跨度中点的横向应力作为计算 σ'_{cr} 的依据，即

$$\sigma'_{cr} = K_2^0 \eta_1 p'_{cr} R/t \tag{4.73}$$

有了两个修正系数 η_1 和 η_2 就可得到实际临界压力

$$p_{cr} = \eta_1 \eta_2 p'_{cr} \tag{4.74}$$

4.3.3　圆锥形壳体稳定性计算

一、壳板理论临界压力的计算

如图 4.11 所示，对于加肋圆锥壳体 p'_{cr} 的计算可以将加肋圆柱壳体 p'_{cr} 的公式式(4.69)加以变换，把 α 换成 β，把 R 换成 R_{av}，再加上锥体修正的因素 $\cos\alpha$，成为下式：

$$p'_{cr} = \frac{E\cos\alpha}{n^2 + \beta^2/2 - 1}\left[\frac{t\beta^4 \cos^2\alpha}{R_{av}(n^2 + \beta^2)^2} + \frac{t^3}{12(1-\mu^2)R_{av}^3}(n^2 + \beta^2 - 1)^2\right] \tag{4.75}$$

式中

$$\beta = \frac{\pi}{\ln R_1/R_2}\sin\alpha \quad (当 R_2/R_1 < 0.8 时)$$

$$\beta = \frac{\pi R_2}{l}\cos\alpha \quad (当 R_2/R_1 \geqslant 0.8 时)$$

$$R_2 = R_1 - l\tan\alpha, \quad R_{av} = R_1 - \frac{l}{2}\tan\alpha$$

使 p'_{cr} 为最小的波数 n 仍可由图4.9得出，只须取参数

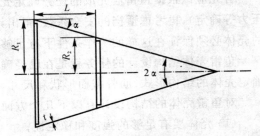

图 4.11　壳板结构参数

$$u = 0.642\,5\frac{l}{R_2\cos\alpha}\sqrt{\frac{R_{av}}{t}\cos\alpha}$$

二、总体(舱段)理论临界压力的计算

如图 4.12 所示，理论临界压力可按以下公式计算：

$$p'_{cr} = \frac{E\cos^3\alpha}{1 + \dfrac{\beta_1^2}{2(n^2-1)}}\left[\frac{I_2\gamma}{R_2^3 l_2}\frac{1 + \gamma\dfrac{I_1 l_2}{I_2 l_1}}{2}(n^2 + 1) + \frac{t\beta_1^4}{R_2(n^2 + \beta_1^2)^2(n^2-1)}\frac{2\gamma}{1+\gamma}\right] \tag{4.76}$$

式中

$$\gamma = R_2/R_1, \beta_1 = \pi\sin\alpha/\ln(R_1/R_2)$$

R_1, R_2——舱段最大和最小半径；

l_1, l_2——靠近舱壁两端的肋骨间距；

I_1, I_2——靠近舱壁处肋骨的惯性矩,附连壳板取一个肋骨间距长。

公式(4.76)只适用于 $\alpha \leqslant 30°$ 和 $\gamma \geqslant 0.5$ 的情况。

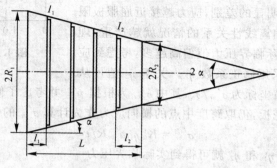

图 4.12　舱段结构参数

4.4　壳体结构设计

4.4.1　壳体结构设计步骤

首先应该根据鱼雷应完成的任务确定壳体的工作压力(由极限下潜深度、发射深度及发射压力等确定),再考虑适当的安全系数,得出计算压力。这是设计鱼雷壳体的原始依据,设计出的壳体必须保证在这样的工作条件下有足够的强度和稳定性。

鱼雷壳体结构设计的任务就是在已经确定的壳体直径和长度等尺寸下,选用合理的材料,确定壳体的结构形式、肋骨截面形状和尺寸,以及肋骨间距等,使其满足设计要求。

对鱼雷壳体的结构设计有以下几个方面的要求:

(1)壳体要有足够的强度和稳定性;

(2)壳体质量要轻,这与选择合适的材料与合理的结构形式有关;

(3)工艺性好,便于施工,内部布置合理,例如,肋骨间距不宜过小,以免引起装配时的困难;

(4)经济性好。

下面分别就选择材料、结构形式以及强度和稳定性等方面的问题作进一步的讨论。

一、结构形式

鱼雷壳体通常采用带有环形肋骨加强的薄壁圆柱形壳体,肋骨的截面形状有矩形、Z 形、I 形、T 形和 U 形等,它们的抗弯刚度各不相同,从肋骨抗弯刚度来考虑,肋骨材料的分布离中性轴越远(与附连壳板一起考虑的中性轴),其效用越大,实际确定肋骨形状时还应考虑工艺性和内部安装等方面的问题。

近些年来对于夹层壳体的研究受到人们的重视,夹层结构的最大优点是质量轻,节省材料,并且可使结构具有一定的刚度。

在各式夹层结构中环肋加强的双层壳以其结构简单而效能较高受到更多的重视,这种结构可以采用高强度材料作外皮,承受高的压力,而分隔较远的内表皮可提供较大的惯性矩,因而可有较大的稳定性,具有较高的临界压力,这种结构能使材料性能得以充分利用,从而得到较轻的结构。据分析,在一定几何尺寸范围内,双层壳体的 p_{cr} 比仅用环肋加强的单层圆柱壳体约高 25%,不过目前它在设计和工艺方面还存在一些问题,尚处在发展研究中。

二、材料选用

鱼雷壳体结构在选材上也不断变化,早期的鱼雷多数采用钢制壳体,随着轻金属的发展,由于其比强度和比刚度明显优于钢材,因而国内外均广泛采用铝合金材料来制造鱼雷壳体,几乎所有的大深度鱼雷壳体都是用铝合金制造的。镁合金、钛合金也得到一定的应用。这些金属材料通常都被视为各向同性材料来处理,由于玻璃纤维增强树脂具有某些优点,而鱼雷又有某些特殊性能上的要求,一些舱段的壳体采用了缠绕或模压玻璃钢材料制造。夹层材料也曾试图被用来制造鱼雷壳体。近年来,纤维增强金属基复合材料特有的良好性能受到人们的重视,国外已有纤维增强金属基复合材料制造的鱼雷壳体用于试验,这几种材料可作为正交异性材料来处理。

金属材料鱼雷壳体的制造常采用 3 种工艺方法。一种是焊接工艺,壳体用薄板卷焊成型,然后整形或旋压而成,再在内部焊上加强环肋,这种工艺往往使壳体具有较大的初始缺陷和不圆度,在失稳临界压力计算时要作较大的几何修正。另一种是铸造工艺,壳体和肋骨采用压力铸造或挤压铸造一次成型,然后再对外表面进行车削精加工,这种工艺特别适合于鱼雷头部和后舱、尾舱非圆柱体的制造。还有一种工艺方法是厚壁挤压管或锻造成型的毛坯直接进行内外表面车削精加工而成,这种壳体加工精度高,初始缺陷和不圆度都很小。后两种工艺都适合于加工变厚度的壳体。

三、强度及稳定性校核标准

参照潜艇设计规范和鱼雷壳体设计现用方法,建议鱼雷壳体各处应力及壳体临界压力应符合以下标准。

1. 壳板强度

壳板各处应力最有意义的是肋骨中间壳板的横向平均应力,一般此应力值较大,而且在肋骨中间较长的一部分壳板的横向应力与这一应力接近;其次在肋骨处壳板的纵向应力也很大,但它属于局部性质,离肋骨稍远处就迅速下降,相对来说,其重要性稍差一些。在计算压力 p_j 的作用下,以上两处应力应满足以下规定:

肋骨中间壳板的横向平均应力不得大于 $0.85\sigma_s$,即

$$\sigma_2^0 = K_2^0 p_j R/t \leqslant 0.85\sigma_s \tag{4.77}$$

肋骨处壳板的纵向相当应力不应超过屈服极限 σ_s,即

$$\sigma_{leg}\mid_{x=l/2} = (0.91K_1 - 0.3K_r)p_j R/t \leqslant \sigma_s \tag{4.78}$$

2. 肋骨强度

在计算压力 p_j 作用下,肋骨应力 σ_r 不应超过材料屈服极限的 55%,即

$$\sigma_r = K_r p_j R/t \leqslant 0.55\sigma_s \tag{4.79}$$

3.壳板稳定性

壳板的实际临界压力 p_{cr} 不应低于计算压力 p_j，即

$$p_{cr} \geqslant p_j \tag{4.80}$$

4.总体(舱段)稳定性

总体失稳的临界压力规定得比壳板的高一些，这样即使壳板发生了局部失稳，肋骨还具有足够的刚性，就可以把失稳限制在局部范围内，壳体的安全还可以得到一定的保障，所以，规定总体失稳的实际临界压力 $(p_{cr})_g$ 不应小于计算压力 p_j 的 $1.1 \sim 1.3$ 倍，即

$$(p_{cr})_g \geqslant (1.1 \sim 1.3)p_j \tag{4.81}$$

四、鱼雷壳体结构设计的方法

对于承受外水压的环形肋骨加强的圆柱形鱼雷壳体，设计时主要须决定壳板厚度 t、肋骨间距 l 和肋骨剖面形状及其面积 A_r。根据前面介绍的强度和稳定性标准，对壳板应力和壳体临界压力都有一定要求，显然可以根据这些要求列出所需要的方程组来确定未知量 t, l, A_r。但是由于在应力和临界压力的计算中包含 3 个未知量，同时在计算过程中所需要的各种系数都与这几个未知量有关，所以，在设计过程中按照一般列出条件求解未知量的办法在实际中运用是有困难的，比较可行的办法是根据一些简化了的条件，首先初步粗略地确定出这几个未知量，然后再根据各公式详细计算各应力与临界压力，与强度校核标准对比，看初次确定的各参数是否合适，根据分析比较，作必要的调整和修改，再次计算，按此逐步逼近的方法，经过几次修改就可以得出比较满意的结果。

当调整和修改初步确定的各参数时，设计者必须明确几个待定参数的值对强度和稳定性条件的影响程度。影响壳板应力大小的主要因素是板厚 t，影响壳板稳定性的主要因素是肋骨间距 l 和板厚 t，影响肋骨应力和总体稳定性的主要因素是肋骨截面积 A_r 和惯性矩 I。下面分别讲述初步确定几个主要结构参数的方法。

(一)确定壳板厚度 t

根据强度标准，壳板中最有意义的应力有两处：一是肋骨中间壳板的平均应力 σ_2^0；一是肋骨处壳板的纵向相当应力 $\sigma_{1eg}|_{x=l/2}$。通常前者较大，初步设计时就根据对前者的要求确定板厚 t，由壳板强度条件

$$\sigma_2^0 = K_2^0 \frac{p_j R}{t} \leqslant 0.85\sigma_s$$

得出

$$t \geqslant \frac{K_2^0 p_j R}{0.85\sigma_s} \tag{4.82}$$

系数 K_2^0 与 l, t, A_r 有关，在这些参数尚未确定的情况下，可取 $K_2^0 = 1$ 或先给 K_2^0 一个估计值。因为实际上在常用的结构几何尺寸范围内，K_2^0 值的变化不是太大，一般在 $0.95 \sim 1.05$ 之间，所以初步设计时取 $K_2^0 = 1$，或稍安全些取 $K_2^0 = 1.05$。这时

$$t \geqslant \frac{1.05 p_j R}{0.85\sigma_s} \tag{4.83}$$

上面得到的 t 是计算厚度，考虑到壳板在加工成型过程中可能被轧薄，打磨抛光时有损耗，同时所确定的名义厚度应是板材规格中现有的(当壳体采用板材卷焊而成时)，故确定板材厚度(名

义厚度）时应稍加大一些,例如增加 $4\% \sim 5\%$。在以下的计算中都是采用计算厚度 t。

(二) 确定肋骨间距 l

确定肋骨间距可以采用下述两种方法:

第一种方法,在确定板厚 t 后,可参照已有的近似结构先假定一个肋骨间距 l,计算其壳板失稳的 p'_{cr} 和 p_{cr},看是否能满足要求,如果不能满足,则修改肋骨间距 l,再用前法计算,直到所得的 p_{cr} 能满足计算载荷 p_j 时为止。

第二种方法,利用较简单的公式求出粗略的 l 值,可利用形式较为简单而效果比较好的式(4.63),即

$$p'_{cr} = \frac{1.80\left(\dfrac{100t}{R}\right)^{3/2}\left(\dfrac{100t}{l}\right)}{1 - \dfrac{0.62\sqrt{Rt}}{l}} \quad \text{(MPa)}$$

解出

$$l = \frac{1.80\left(\dfrac{100t}{R}\right)^{3/2}100t}{p'_{cr}} + 0.62\sqrt{Rt} \quad \text{(cm)}$$

式中理论临界压力还不知道,可以先把计算载荷作为此壳体应能承受的实际载荷,因为

$$p'_{cr} = \frac{p_{cr}}{\eta_1\eta_2} = \frac{p_j}{\eta_1\eta_2}$$

修正系数 η_1 可取为 0.75,修正系数 η_2 与 σ'_{cr}/σ_s 有关。在没有决定出结构尺寸前,σ'_{cr} 暂时还是未知的,不过可以把图 4.10 改造一下,将它的横坐标 σ'_{cr}/σ_s 换成 σ_{cr}/σ_s,如图 4.13 所示。根据强度条件 σ_{cr} 最大不超过 $0.85\sigma_s$,得到

$$\frac{\sigma_{cr}}{\sigma_s} = 0.85$$

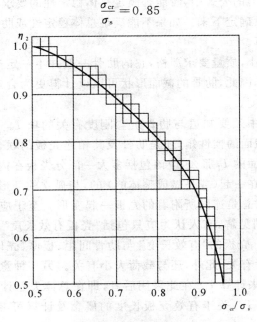

图 4.13　修正系数 η_2

由图 4.13 得到这时的 η_2 为

$$\eta_2 = 0.762$$

于是

$$p'_{cr} = \frac{p_j}{\eta_1 \eta_2} = \frac{p_j}{0.75 \times 0.762} = 1.75 p_j \quad \text{(MPa)}$$

由此可得出确定 l 的公式为

$$l \leqslant \frac{1.029}{p_j} \left(\frac{100t}{R}\right)^{3/2} \times 100t + 0.62\sqrt{Rt} \qquad (4.84)$$

注意:式(4.84)只适用于钢材,且 p_j 的单位为兆帕,如改用其他材料,对 E 值须作修正。

(三) 确定肋骨尺寸

肋骨的结构尺寸应满足以下条件:

(1) 肋骨中应力应满足强度标准,即 $\sigma_r \leqslant 0.55\sigma_s$;

(2) 肋骨在壳板未失稳前应保持稳定性;

(3) 肋骨与壳板一起应满足总体稳定性要求。

鱼雷壳体肋骨的截面面积和厚度较小,而肋骨形成的圆环半径则相对较大,在这种情况下,常常当肋骨具有足够稳定性时,肋骨中的应力总是可以满足强度标准或储备量较大,为此可以先根据肋骨稳定性初步确定肋骨尺寸,然后进行强度校核。肋骨是与壳板连接在一起的,当肋骨处壳板没有失稳时,肋骨本身是不会单独失稳的,所以,肋骨的失稳必须和与其相连接的壳板作为一个整体来考虑,也就是要和壳体的总体失稳一并考虑。因此,确定肋骨尺寸的实用方法是先参照现有相近的壳体结构,选定某种截面形状,试定出肋骨的尺寸,然后计算其截面惯性矩 I,再根据肋骨稳定性的要求初步判定此 I 值是否合适,如能满足,再将计算出的惯性矩 I 代入总体失稳临界压力的公式中,看能否满足总体稳定性的要求,然后再进行强度校核。至此,肋骨尺寸才能算最后确定下来。如果不能满足总体稳定性或肋骨强度要求,就须要修改截面形状和尺寸,重新计算。

由于鱼雷壳体尺寸较小,质量要求严格,它的肋骨一般并不一定选用标准的型材,而是根据设计的要求专门加工的,因此,肋骨的截面形状可以设计得更为合理一些,用尽可能少的材料得到尽可能大的抗弯刚度。

在总体稳定性的验算中须要知道与肋骨抗弯刚度有关的项 I。在此将会产生这样的问题,即 I 是仅指肋骨本身截面的惯性矩,还是肋骨及其相连壳板的联合截面惯性矩;如果是指肋骨及附近壳板的联合截面的 I,那么,应该包括多大一部分壳板在内。因为肋骨是装配在圆筒形壳板内并与壳板焊接在一起(或是做成整体的)的,与孤立的环形肋骨受载荷变形的情况不一样,实际上肋骨失稳时总是连同所附着的壳板一起变形。至于应该包括多大一部分壳板在内,在这个问题上有不同见解,有人认为应只包括"壳板有效长度"的那一部分作为与肋骨一起的附连壳板来计算 I。壳板的"有效长度"与肋骨间距、板厚、壳体半径、肋与壳接触部分宽度、材料性质等诸多因素有关,此外,还与载荷大小有关。另一种意见则认为应包括肋骨及一个间距的全部壳板在内来计算 I。在此采用后者,即在总体失稳计算中取肋骨及一个间距壳板的联合截面的惯性矩 I。关于有效壳板长度的概念及计算可参阅有关文献,在此不再详述。

当肋骨形状较为复杂时,为了计算肋骨及附连壳板联合截面的惯性矩 I,将肋骨截面分成几个部分(见图 4.14),用表 4.1 的方法计算较为方便。

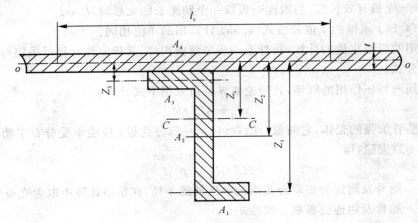

图 4.14　肋骨结构

表 4.1　图 4.14 所示肋骨结构 I 的计算

面积代号	面积 A_i	各面积形心到 o-o 轴距离 Z_i	A_iZ_i	$A_iZ_i^2$	各面积本身的惯性矩 I_{oi}
1	A_1	Z_1	A_1Z_1	$A_1Z_1^2$	I_{o1}
2	A_2	Z_2	A_2Z_2	$A_2Z_2^2$	I_{o2}
3	A_3	Z_3	A_3Z_3	$A_3Z_3^2$	I_{o3}
4	$A_4 = lt$	0	0	0	I_{o4}
总和	$\sum A_i$		$\sum A_iZ_i$	$\sum A_iZ_i^2$	$\sum I_{oi}$

$$I = \sum (A_iZ_i^2 + I_{oi}) - (\sum A_i)Z_c^2 = \sum (A_iZ_i^2 + I_{oi}) - \frac{(\sum A_iZ_i)^2}{\sum A_i} \qquad (4.85)$$

在以上计算中先求出各面积对壳板中心面 o-o 轴的惯性矩(为各面积本身的惯性矩 I_{oi} 加上各面积对平行移轴的惯性矩),然后再求出由 o-o 轴移到形心轴 c-c 的各面积惯性矩,就得到所求的联合截面对其形心的惯性矩 I。

这种直接由各面积本身惯性矩分别移到形心轴 c-c 的方法求惯性矩较为方便,在计算过程中不必求出形心位置 Z_c。如果须要知道 Z_c,可以从表4.1中 $\sum A_i$ 和 $\sum A_iZ_i$ 的值方便地得到,因为

$$Z_c = \frac{\sum A_iZ_i}{\sum A_i}$$

计算肋骨受附连有效壳板联合惯性矩 I 也可用下式:

$$I = \frac{A_rZ_c'^2}{1 + \frac{A_r}{l_et}} + I_r + \frac{l_et^3}{12} \qquad (4.86)$$

式中　A_r——肋骨截面积;

I_r——肋骨本身的惯性矩；

Z'_c——肋骨截面形心到壳板中面的距离；

l_e——壳板有效长度，当附连壳板取一个肋距长的壳板时，$l_e = l$。

运用式（4.86）求得的 I 值和按式（4.85）计算出的 I 值相同。

下面介绍肋骨稳定性的计算：肋骨为一环形薄壁构件，其稳定性计算可采用等截面圆环的稳定性计算公式。

受均布周向外压作用的圆环，其理论临界载荷采用下式计算：

$$p'_{cr} = 3EI / R^3$$

对于用肋骨加强的壳体，它的每一肋骨（包括一部分壳板）应能承受分布于肋骨间距上的全部载荷而不致失稳，即

$$3EI / R^3 \geqslant p'_{cr} l$$

式中　R——肋骨及附连壳板联合截面的中性轴的半径，在粗略计算中取为壳板外径；

I——肋骨及附连壳板联合惯性矩；

l——肋骨间矩。

按实际临界压力来考虑，应加入修正系数 η_1 和 η_2，即

$$\frac{3EI}{R^3 l} \eta_1 \eta_2 > p_{cr}$$

肋骨截面的选择应使其惯性矩满足下列条件：

$$I \geqslant \frac{R^3 l}{3E} \frac{p_{cr}}{\eta_1 \eta_2} \tag{4.87}$$

η_1 和 η_2 可暂取前面计算壳板稳定性时的值。

η_2 较准确的计算与应力有关，且较繁，在此只是为了初步判定选出的肋骨尺寸是否合适，η_2 的选取可较粗略，如果这样估算的 I 值能满足条件，到验算总体稳定性时再较准确地确定 η_2 的值。

（四）关于壳板稳定性和总体稳定性的计算

在结构尺寸初步确定后. 就可以进行稳定性计算和强度的校核。关于壳板稳定性的计算采用式（4.69）计算理论临界压力 p'_{cr}，再按式（4.74）计算实际临界压力。下面就总体稳定性的计算再作以说明。

进行总体稳定性的校核可采用式（4.65）计算理论临界压力 $(p'_{cr})_g$。注意式中 $\alpha_1 = \pi R / L$，须先假定一适当的舱段长度 L 进行试算，看最后得出的实际临界压力 $(p_{cr})_g$ 是否满足要求，如果不满足或 $(p_{cr})_g$ 剩余过多，则应改变 I，必要时须考虑改变舱段长度 L，直至恰能满足总体稳定性标准为止。式中的 I 可按前面讲的肋骨及附连 l 长的壳板计算其联合惯性矩。

计算总体实际临界压力 $(p_{cr})_g$ 时修正系数 η_1 仍取为 0.75，η_2 由图 4.10 的曲线按 σ'_{cr} / σ_s 的比值确定。

理论临界应力为

$$\sigma'_{cr} = (K_r + 0.15) \frac{\eta_1 (p'_{cr})_g R}{t} \tag{4.88}$$

式中，η_1 取 0.75；$(p'_{cr})_g$ 为总体失稳的理论临界压力。有了 σ'_{cr} 就可根据 σ'_{cr} / σ_s 的值从图 4.10 的曲线上找出相应的 η_2，于是总体实际临界压力为

$$(p_{cr})_g = \eta_1 \eta_2 \, (p'_{cr})_g \tag{4.89}$$

对最后所得的 $(p_{cr})_g$ 应检查是否符合稳定性标准，即

$$(p_{cr})_g \geqslant (1.1 \sim 1.3) p_j$$

(五) 壳体设计质量的评定

壳体的设计质量可以从许多方面去评定，例如重量、强度、工艺性、经济性等。在此提出主要从减轻重量的角度来评定设计的质量，采用以下两个系数作为评定质量的标准。

(1) 每单位长(米)壳体的质量。可计算如下：

每米壳板质量：$m_1 = 2\pi R_1 t \times 100 \rho_1$；

每根肋骨质量：$m_2 = 2\pi R_2 A_r \rho_2$；

每米壳体质量：$m = m_1 + N m_2 = m_1 + 100 m_2 / l$。

式中　R_1——壳板截面形心处半径，cm；

　　　R_2——肋骨截面形心处半径，cm；

　　　ρ_1——壳板材料密度，kg/cm^3；

　　　ρ_2——肋骨材料密度，kg/cm^3；

　　　N——每米肋骨根数。

(2) 质量强度系数：表示单位长度壳体质量所能承受的临界压力，以 C_g 表示，即

$$C_g = p_{cr}/m \tag{4.90}$$

4.4.2　壳体结构设计实例

前面已经讨论了壳体结构设计的一般问题以及如何初步确定几个主要参数的方法，由于壳体设计牵涉的参数较多，待定的未知量也较多，所以很难说一定要按某种既定程序来进行。为了初学者的方便，下面以一个实例说明壳体结构设计的一般步骤，作为参考。

例 4.1　设某电动鱼雷，采用加肋薄壁结构的壳体，已知壳体外径 $D = 0.533\,4$ m，$p_0 = 1.275$ MPa，试确定此结构的主要参数。

解　(1) 计算压力 p_j。根据工作压力并选取安全系数 $n = 1.2$，得

$$p_j = n p_0 = 1.2 \times 1.275 = 1.53 \text{ MPa}$$

以下按 $p_j = 1.568$ MPa(相当于 $n = 1.23$) 设计。

(2) 选取材料，确定壳板厚度 t。选取 20A 钢作为壳板及肋骨的材料，其 $\sigma_s = 215.75$MPa，$E = 1.96 \times 10^5$ MPa，$\mu = 0.3$，由式(4.83)得

$$t \geqslant \frac{1.05 p_j R}{0.85 \sigma_s} = \frac{1.05 \times 1.568 \times 0.266\,7}{0.85 \times 215.75} = 0.002\,394 \text{ m} = 0.239\,4 \text{ cm}$$

取 $t = 0.24$ cm，而壳板的名义厚度取为 0.25 cm。

(3) 确定肋骨间距 l。由式(4.84)得

$$l \leqslant \frac{1.029}{p_j}\left(\frac{100t}{R}\right)^{3/2} 100t + 0.62\sqrt{Rt} = \frac{1.029}{1.568}\left(\frac{100 \times 0.002\,4}{0.267\,2}\right)^{3/2} \times 100 \times 0.002\,4 +$$

$$0.62\sqrt{0.267\,2 \times 0.002\,4} = 0.149\,8 \text{ m} = 14.98 \text{ cm}$$

初步设计时暂取 $l = 15$ cm。

（4）计算壳板临界压力。运用式（4.69）计算壳板的理论临界压力值。

$$\alpha = \frac{\pi R}{l} = \frac{\pi \times 0.267\,2}{0.15} = 5.6$$

$$\mu = 0.642\,5\,\frac{l}{\sqrt{Rt}} = 0.642\,5\,\frac{0.15}{\sqrt{0.267\,2 \times 0.002\,4}} = 3.81$$

由图 4.9 查得

$$\lambda = n/\alpha = 1.92$$
$$n = \lambda\alpha = 1.92 \times 5.6 = 10.75 \approx 11$$

将各已知量代入式（4.69）进行计算

$$p'_{cr} = \frac{E}{n^2 + 0.5\alpha^2 - 1}\left[\frac{t^3\,(n^2 + \alpha^2 - 1)^2}{12(1 - \mu^2)R^3} + \frac{t\alpha^4}{R\,(n^2 + \alpha^2)^2}\right] =$$

$$\frac{1.96 \times 10^5}{11^2 + 0.5 \times 5.6^2 - 1}\left[\frac{0.002\,4^3\,(11^2 + 5.6^2 - 1)^2}{12(1 - 0.3^2) \times 0.267\,2^3} + \frac{0.002\,4 \times 5.6^4}{0.267\,2 \times (11^2 + 5.6^2)^2}\right] =$$

$$2.746\ \text{MPa}$$

（5）计算壳板的实际临界压力。运用式（4.74）计算壳板的实际临界压力，为此须先求得修正系数 η_1 和 η_2，而确定 η_2 时又必须先计算理论临界应力 σ'_{cr}，由式（4.73）得

$$\sigma'_{cr} = K_2^0\,\frac{\eta_1 p'_{cr}R}{t}$$

在肋骨间距 l 和肋骨尺寸尚未最后确定前，先不用较精确地计算 K_2^0 值，暂取 $K_2^0 = 1.05$，于是

$$\sigma'_{cr} = 1.05 \times \frac{0.75 \times 2.746 \times 0.267\,2}{0.002\,4} = 240.723\ \text{MPa}$$

$$\frac{\sigma'_{cr}}{\sigma_s} = \frac{240.723}{215.75} = 1.116$$

由图 4.10 查得 $\qquad \eta_2 = 0.762$

壳板的实际临界压力为

$$p_{cr} = \eta_1\eta_2 p'_{cr} = 0.75 \times 0.762 \times 2.746 = 1.569\ \text{MPa}$$

实际临界应力为

$$\sigma_{cr} = \eta_2\sigma'_{cr} = 0.762 \times 240.723 = 183.43\ \text{MPa}$$

从以上计算所得结果看出，实际临界压力 $p_{cr} = 1.569$ MPa，符合壳板稳定性标准，即 $p_{cr} \geqslant p_j$（见式（4.80））。同时实际临界应力 σ_{cr} 也符合壳板强度条件，$\sigma_{cr} \leqslant 0.85\sigma_s$（见式（4.77），此处 $0.85\sigma_s = 183.384$ MPa，因此可判断初步选定的肋距，$l = 15$ cm 是适当的，大致满足要求，设计者可以继续进行下一步较详细的计算。如果进行到这一步发现壳板稳定性不足（p_{cr} 过小）或是强度不足（σ_{cr} 过高），那么就应修改肋距 l，重复以上的计算，直至能够满足上述要求为止。需要说明，至此仅确定了板厚 t 和肋骨间距 l，而肋骨的具体尺寸还未确定。以上应力的计算不是很精确的，因在计算 σ'_{cr} 时取 K_2^0 的估计值 1.05，而不是根据 lt/A_r 值确定的，只有在结构的全部尺寸确定后才能精确校核各处应力，但为了及早断定所选 l 值是否合适，以便修改，这样概略地计算出 σ_{cr} 也是必要的。l 值的选定对后面的计算影响较大，为了进一步说明所选的 l 值是否恰当，下面把用 5 种不同肋距计算的结果列于表 4.2 中，以便分析比较。

表 4.2　不同肋距的应力计算结果

l/cm	t/cm	$(p_{cr})_g$/MPa	p_{cr}/MPa	σ_{cr}/MPa
8	0.24	2.731	1.982	212.407
12	0.24	2.325	1.713	198.884
15	0.24	2.089	1.569	183.43
16	0.24	1.968	1.541	175.158
20	0.24	1.702	1.351	150.719

从表 4.2 可以看出,对于同样厚度的壳板,如果肋骨间距选得小些(例如 $l=8$ 或 $l=12$),肋骨排列较密,从而增大了临界压力 p_{cr} 值,但是,这样安排,壳板的临界应力值在 $l=8$ 或 $l=12$ 时却超过了 0.85σ 值,即增加 p_{cr} 后,壳体将因强度不足而不能工作,因此,对于这样的壳体,如果不采用强度更大的材料作壳板,并不能安全承受高于 1.275 MPa 的压力(表中,当 $l=8$ 时,$p_{cr}=20.212$;$l=12$ 时,$p_{cr}=17.465$),比较之后可以认为选定 $l=15$ 是合适的。

(6)选定肋骨截面形状和尺寸,计算联合截面惯性矩。参照现有鱼雷结构尺寸,考虑到强度、抗弯刚度及工艺性和内部布置等方面的要求,设肋骨截面厚度为 2 mm,初步确定截面形状和尺寸如图 4.15 所示。

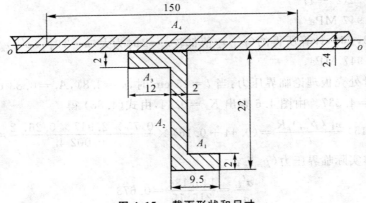

图 4.15　截面形状和尺寸

计算肋骨及附连壳板(一个肋距长的壳板)联合截面的惯性距 I,其计算过程和数据见表 4.3。

表 4.3　肋骨及附连壳板联合截面惯性矩计算结果

面积代号	面积 A_i/cm²	面积形心到 $o\text{-}o$ 轴距离 Z_i/cm	A_iZ_i/cm³	$A_iZ_i^2$/cm⁴	各面积本身的惯性矩 I_{oi}/cm⁴
1	0.15	2.22	0.333	0.739	5.000×10^{-4}
2	0.44	1.22	0.537	0.655	$1\ 774.666 \times 10^{-4}$
3	0.24	0.22	0.052 8	0.011 6	8.000×10^{-4}
4	3.60	0	0	0	172.800×10^{-4}
Σ	4.43		0.923	1.406	$1\ 960.467 \times 10^{-4}$

肋骨及附连壳板的联合截面惯性矩为

$$I = \sum (A_i Z_i^2 + I_{oi}) - \frac{\left(\sum A_i Z_i\right)^2}{\sum A_i} = 1.406 + 0.196 - \frac{(0.923^2)}{4.43} = 1.41 \text{ cm}^4$$

此 I 值应符合式（4.87）的条件，取 $p_{cr} = p_j$，$\eta_1 = 0.75$，$\eta_2 = 0.759$（见板壳稳定性计算），即

$$I = \frac{p_j}{\eta_1 \eta_2} \frac{R^3 l}{3E} = \frac{1.568}{0.75 \times 0.759} \frac{0.267\,2^3 \times 0.15}{3 \times 1.961 \times 10^5} = 1.335 \text{ cm}^4$$

初步确定的 I 值 1.41 cm⁴ 大于该值，符合以上条件，可以继续验算总体稳定性。

（7）检验总体稳定性。

1）计算总体理论临界压力 $(p'_{cr})_g$；设舱段长度 $L = 400$ cm，肋距已选定为 $l = 15$cm，则有

$$\alpha_1 = \frac{\pi R}{L} = \frac{\pi \times 26.72}{400} = 0.21$$

总体失稳周向波数选取 $n = 2$，已算出 $I = 1.41$，由式（4.65）求得

$$(p'_{cr})_g = \frac{E}{1 + \frac{\alpha_1^2}{2(n^2 - 1)}} \left[\frac{t}{R} \frac{\alpha_1^4}{(n^2 + \alpha_1^2)^2 (n^2 - 1)} + (n^2 - 1) \frac{I}{R^3 l} \right] =$$

$$\frac{1.961 \times 10^5}{1 + \frac{0.21^2}{2(2^2 - 1)}} \times \left[\frac{0.002\,4}{0.267\,2} \times \frac{0.21^4}{(2^2 + 0.21^2)^2 \times (2^2 - 1)} + (2^2 - 1) \times \frac{1.41 \times 10^{-8}}{0.267\,2^3 \times 0.15} \right] =$$

2.947 MPa

分别取 $n = 3$，4 时，计算所得的 $(p'_{cr})_g$ 值都较 $n = 2$ 时为大（$n = 3$ 时，$(p'_{cr})_g = 7.713$ MPa），故取 $(p'_{cr})_g = 2.947$ MPa。

2）计算肋骨处壳板理论临界压力：当 $l = 15$ cm 时，$u = 3.81$，$A_r = 0.83$ cm²，$\beta = tl/A_r = 0.24 \times 15/0.83 = 4.337$。由图 4.6 查出 $K_r = 0.44$，由式（4.88）得

$$\sigma'_{cr} = (K_r + 0.15) \frac{\eta_1 (p'_{cr})_g R}{t} = (0.44 + 0.15) \times \frac{0.75 \times 2.947 \times 0.267\,2}{0.002\,4} = 145.184 \text{ MPa}$$

3）计算总体实际临界压力 $(p_{cr})_g$：

$$\frac{\sigma'_{cr}}{\sigma_s} = \frac{145.184}{215.75} = 0.673$$

由图 4.10 查得 $\eta_2 = 0.945$，则

$$(p_{cr})_g = \eta_1 \eta_2 (p'_{cr})_g = 0.75 \times 0.945 \times 2.947 = 2.089 \text{ MPa}$$

将最后所得的 $(p_{cr})_g$ 值与 p_j 比较可知，$(p_{cr})_g = 1.33 p_j$，符合稳定性标准，即

$$(p_{cr})_g \geqslant (1.1 \sim 1.3) p_j$$

计算到此，认为初步确定的肋骨尺寸是合适的。

为了研究壳体结构设计的规律，便于分析比较，对于其他几种不同肋骨间距的情况也进行了计算，在板厚和肋骨形状尺寸不变的情况下几种不同肋距布置可以承受的临界载荷和壳板内应力值列于表 4.4 中作为参考。

表 4.4 中所列数据表明，当肋距 l 取值较小时，壳板稳定和总体稳定所容许的临界载荷值皆可相应提高（如表中 $l = 8$ cm 一栏）；但是实际加大载荷后，σ_{cr} 值将过高，壳板的强度不足，所以虽然加多了肋骨数（肋骨排列较密），壳承载能力并不能比 $l = 15$ cm 时提高，而这时壳体单位长度的质量却增加了，相反，将肋距值 l 加大，虽然壳体单位长度质量有所下降，但壳板稳

定和总体稳定所容许的临界载荷值显著减小,壳体结构已不能再承受原给定的计算载荷。故在进行壳体结构设计时,应使壳体的临界压力值和应力值都能符合要求,这样设计出的壳体重量较轻,也较经济。

表 4.4　不同肋距可承受的临界载荷和壳板内应力

l/cm	t/cm	p'_{cr}/MPa	p_{cr}/MPa	$p_{cr}/(p_j)$	$(p'_{cr})_g/MPa$	$(p_{cr})_g/MPa$	$(p_{cr})_g/(1.3p_j)$
8	0.24	5.736	1.982	1.264	4.887	2.731	1.34
12	0.24	3.536	1.713	1.092	3.502	2.325	1.14
15	0.24	2.746	1.569	1.009	2.947	2.089	1.024
16	0.24	2.567	1.541	0.983	2.749	1.968	0.965
20	0.24	2.006	1.351	0.862	2.273	1.702	0.834

注:在 $(p_{cr})_g$ 的计算中 L 取值为 400 cm。

(8) 校核壳板和肋骨的强度。

1) 跨度中点处壳板的横向平均应力:因为

$$u = 3.81, \quad \beta = 4.337$$

由图 4.5 查得 $K_2^0 = 1.03$,则

$$\sigma_2^0 = K_2^0 \frac{p_j R}{t} = 1.03 \times \frac{1.568 \times 0.2672}{0.0024} = 179.808 \text{ MPa}$$

$$\sigma_2^0 \leqslant 0.85\sigma_s = 183.38 \text{ MPa}$$

2) 肋骨应力:根据 u 和 β 值,由图 4.6 查出 $K_r = 0.44$,则

$$\sigma_r = K_r \frac{p_j R}{t} = 0.44 \times \frac{1.568 \times 0.2672}{0.0024} = 76.811 \text{ MPa}$$

$$\sigma_r \leqslant 0.55\sigma_s = 118.66 \text{ MPa}$$

3) 肋骨处壳板的纵向相当应力:根据 u 和 β 值,由图 4.7 查出 $K_1 = 1.26$,则

$$(\sigma_{1eq})_{x=l/2} = (0.91K_1 - 0.3K_r)\frac{p_j R}{t} = (0.91 \times 1.26 - 0.3 \times 0.44) \times \frac{1.568 \times 0.2672}{0.0024} =$$

$$177.119 \text{ MPa}$$

$$(\sigma_{1eq})_{x=l/2} \leqslant \sigma_s (= 215.75 \text{ MPa})$$

以上 3 处应力按式(4.77)～式(4.79)进行强度校核,均能满足要求,说明所确定的结构从强度方面来看也是合适的。

(9) 壳体质量的评定。前面由步骤(1)到(8)已经确定了所要设计的壳体结构形式和尺寸,并且校核了强度和稳定性,至此,设计计算已经完毕。如果要想与同类其他壳体比较一下设计质量,可再进行以下的计算。

每米壳板质量:$m_1 = 2\pi R t \rho_1 = 2\pi \times 0.2672 \times 0.0024 \times 1 \times 1000 \times 7.8 = 31.43 \text{ kg}$

每根肋骨质量:$m_2 = 2\pi R_1 A_r \rho_2 = 2\pi \times 0.2545 \times 8.3 \times 10^{-5} \times 1000 \times 7.8 = 1.035 \text{ kg}$

每米壳体质量:$m = m_1 + N m_2 = 31.43 + \frac{100}{15} \times 1.035 = 38.33 \text{ kg}$

质量强度系数:$C_g = \dfrac{p_{cr}}{m} = \dfrac{1.569}{38.33} = 0.041 \text{ MPa/kg}$

4.5 舱段连接结构设计

4.5.1 舱段连接一般要求

鱼雷一般由若干个舱段组成,各段之间使用可拆连接方式使水下航行器成为一个整体。以前,水下航行器曾采用过的连接方式有斜螺钉、直螺钉、螺环、夹紧环等连接方式,在小型反潜水下航行器上还使用了楔环、卡箍等连接方式。

从目前国内的几型水下航行器来看,航行器壳体大段连接的主要方式还是螺钉内连接、斜螺钉外连接及螺钉连接与卡箍连接相结合。鱼—1采用了几十个螺钉刚性连接,但大段与大段之间的传递损失很小,隔振效果很差;鱼—3丙鱼雷采用了卡箍连接;而鱼—7则采用了楔环连接,且头部夹有一段玻璃钢壳体,全雷隔振效果好。下面就各种不同的连接方法予以简要介绍。

4.5.2 螺钉连接结构设计

一、螺钉连接结构

这种连接结构采用斜螺钉(或直螺钉)通过水下航行器舱段端面的连接环将两个分段连接起来。这种连接方式是目前水下航行器壳体所采用的最广泛的连接方式之一,如图4.16所示。

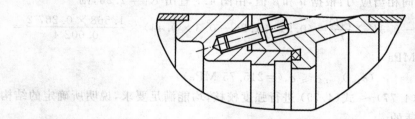

图 4.16 螺钉连接结构图

二、螺钉连接强度分析

螺钉连接方式用于水面舰艇发射或飞机低空投放的水下航行器上,这种连接方式在苏式和德国水下航行器上被广泛采用。当水下航行器入水时,壳体上将承受较大的冲击负荷,连接螺钉相应产生不同的应力。现以水面舰艇发射为例对螺钉受力情况进行讨论。

冲击载荷形成的弯矩将在连接螺钉中产生拉力,各螺钉受到拉力的大小与各螺钉距轴线的距离成正比,最下面的螺钉所受到拉力最大,螺钉的强度应根据最大拉力来计算。

为研究螺钉受力情况,假设螺钉沿螺钉圆连续分布(见图4.17),连接螺钉总数为 n,每个螺钉所占据的圆周角为 $\alpha = \dfrac{2\pi}{n}$,单个螺钉所占有的弧长为 $s = \dfrac{2\pi r_0}{n}$,单位弧长上受到的拉力为

p,则每个螺钉受到的拉力为

$$p_i = \int_\alpha p r_0 \mathrm{d}\alpha \tag{4.91}$$

式中,r_0 为螺钉圆的半径(cm)。

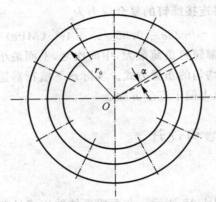

图 4.17 螺钉沿螺钉圆的分布

当 n 取值较大时,每个螺钉所占据的弧长较小,在该弧长内拉力 p 可看作常数,这样,上式可改为

$$p_i = p r_0 \alpha \tag{4.92}$$

这时单位弧长上的拉力为

$$p = \frac{p_i}{s} = \frac{n p_i}{2\pi r_0} \tag{4.93}$$

由于螺钉所受的拉力与螺钉距轴的距离成正比,故每个螺钉的拉力可用最大螺钉拉力 p_{max} 与 α 的函数关系表示,即

$$p_i = \frac{p_{max}}{2}(1 + \cos\alpha) \tag{4.94}$$

或写成单位弧长上拉力 p 的表达式

$$p = \frac{n p_{max}}{4\pi r_0}(1 + \cos\alpha) \tag{4.95}$$

由上面的分析可知,作用在所有螺钉上的拉力对轴的力矩应与冲击外力矩相平衡,从而得到

$$M_z = R_z l_1 = 2\int_0^\pi p r_0 \mathrm{d}\alpha = \frac{3}{4} n p_{max} r_0 \tag{4.96}$$

负荷最大的螺钉中的拉力值为

$$p_{max} = \frac{4M_z}{3n r_0} \ (\mathrm{N}) \tag{4.97}$$

该螺钉中的最大拉应力为

$$\sigma = \frac{p_{max}}{\frac{1}{4}\pi d_1^2} = \frac{16 M_z}{3\pi d_1^2 n r_0} \ (\mathrm{MPa}) \tag{4.98}$$

式中,d_1 为螺钉的螺纹内直径(cm)。

水下航行器头部连接处螺钉除受拉力作用外,还受到航行器头部冲击力作用的剪切力,即

$$\tau = \frac{R_z}{nA_1} \text{（MPa）} \tag{4.99}$$

式中,A_1 为螺钉的螺纹内径断面面积（cm^2）。

由材料力学强度理论求得连接螺钉的复合应力为

$$\sigma_p = 0.35\sigma + 0.65\sqrt{\sigma^2 + 4\tau^2} \text{（MPa）} \tag{4.100}$$

计算结果表明,连接处底部螺钉负荷最大,中间次之,上面最小。在进行结构设计时,可将下面多布置些螺钉,即采用不均匀的布置方式。实际水下航行器连接处螺钉布置并非均匀,故按上述计算方法求得的螺钉拉力偏于安全方面。

4.5.3　楔环连接结构设计

一、楔环连接结构

楔环连接的结构形式如图 4.18 所示。在两段壳体的连接处有相应的连接结构,其中一段的端面外部制成阶梯形,在阶梯上制有外环形槽;另一段的左端内部制成内环形槽。两段壳体连接后,便形成矩形截面的环形空腔,即楔环腔。楔环则是两条矩形截面的环形金属带,在相互拼合的边上做成一定的斜度,二者从安装孔中相向插入到楔环腔内,相互楔紧后用固定块固定,然后用盖板封住安装孔,以保持原来的壳体外形,如图 4.19 所示。壳体大段连接后,依靠楔环传递轴向力,为了防止楔环自动滑落,楔环拼合边的斜度 α 一般应小于滑动的自锁角。楔环与楔环腔在径向上存留一定的间隙,以方便楔环的装卸。

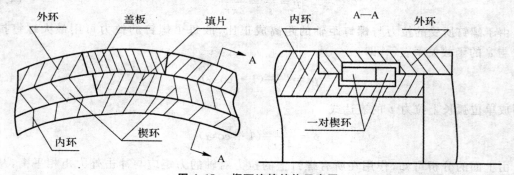

图 4.18　楔环连接结构示意图

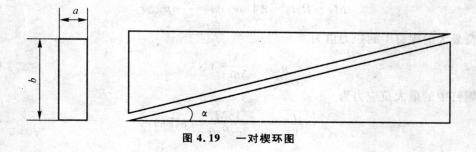

图 4.19　一对楔环图

　　楔环连接结构是利用楔带斜面的作用力把两分段连接在一起的。这种连接方式与过去采用斜螺钉连接方式相比,有很多突出的优点:连接的壳体外表面非常光顺,减少了水下航行器运动时的流体阻力和自身噪声;有助于发挥声自导水下航行器的效能;同时也减小了水下航行器航行时的摩擦阻力;连接结构的重量轻,仅为斜螺钉连接重量的 80%;连接结构紧凑,内腔通孔的利用率高,允许装入分段的装置的尺寸增大;装拆十分方便,只用 1 ～ 2 min 就可以装(拆)一对分段;加工工艺也比较简单。缺点是加工要求较高,楔环中间的调整片经常要调配,不能互换。

二、楔环连接强度分析

　　当壳体表面受到冲击力时,壳体连接部位将产生力矩,该力矩有可能使得楔环连接发生破坏。分析图 4.20 可知,作用于楔环连接处的外力矩,通过楔环将轴向力 p 传递给壳体环槽端面,在环槽的端面上产生挤压应力,另外轴向力 p 还对环槽的根部产生弯曲和剪切力。

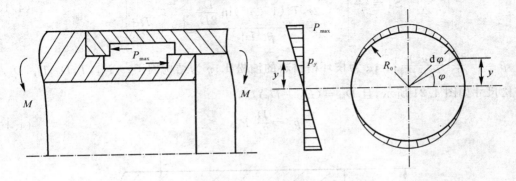

图 4.20　楔环结构受力图

　　通过楔环传递的轴向力在楔环圆周上并非均匀分布,而是与距水下航行器横断面的水平轴的距离 y 成正比,在横断面上方传递的轴向力最大,以 P_{max} 表示,随着 y 的减小,轴向力 p_y 也减小,在横断面的水平轴上轴向力为零。在横断面水平轴上方由楔环传给壳体环槽的轴向力作用在环槽的外侧,而在水平轴下方由楔环传递的轴向力作用在环槽的内侧。

　　距水平轴距离为 y 的点的轴向力由下式求得:

$$p_y = \frac{P_{max} y}{R_0} = P_{max} \sin\varphi \tag{4.101}$$

式中　　P_{max}——单位长度上的最大轴向力;

　　　　p_y——楔环上距水平横轴距离为 y 处单位长度上传递的轴向力;

　　　　R_0——P_{max} 作用点的半径;

　　　　y——距水平轴的距离。

　　楔环传递的轴向力对水平横轴力矩之和等于外加冲击力引起的弯矩,即

$$M = 2\int_0^\pi p_y y R_0 \,d\varphi = 2\int_0^\pi P_{max} \sin\varphi R_0 \sin\varphi R_0 \,d\varphi = \pi R_0^2 P_{max} \tag{4.102}$$

从而求得最大轴向力 P_{max} 为

$$P_{max} = \frac{M}{\pi R_0^2} \tag{4.103}$$

在最大轴向力 P_{max} 的作用下，环槽端将承受挤压力，受力面的高度 $h = \frac{1}{2} \times$ 楔带厚度（cm）。其挤压应力为

$$\sigma_j = \frac{p_{max}}{h} \quad (\sigma_j \leqslant [\sigma_j]) \tag{4.104}$$

对于楔带连接结构，一般取 $[\sigma_j] = \sigma_b$。材料的强度极限 σ_b 应取楔带和环槽体二者材料性能较低的一方。为了防止楔带装配后相互咬死，楔带常取强度较高的材料，这样在计算挤压应力时，σ_b 应取环槽体的材料极限强度。

另外，楔环槽在 p 力作用下产生弯曲应力，最大弯曲力产生在 A 点，如图 4.21 所示。其值用下式计算：

$$S_A = \frac{p_A}{t} \left[1 + \frac{6\left(\eta H_0 + \frac{t}{2}\right)}{\dfrac{2r_0 T^3 (1-\mu^2) \ln \dfrac{D_0}{2D_2}}{\beta t^2 D_1^2} + t + \dfrac{Tt\beta}{2}} \right] \tag{4.105}$$

式中，$\beta = \left\{ \dfrac{3(1-\mu^2)}{[(D_m/2)^2 t^2]} \right\}^{\frac{1}{4}}$；$\mu$ 为楔环槽材料的泊松比；η 为结构因子；$t, H_0, T, D_0, D_1, D_2, D_m$ 等结构尺寸如图 4.21 所示，且 $D_m = (D_0 + D_1)/2$，

$$p_A = \frac{D_1}{2r_0} P_{max} \tag{4.106}$$

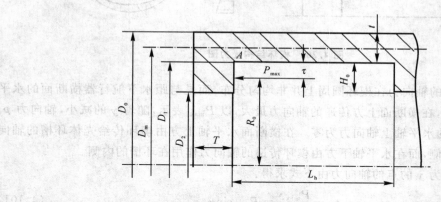

图 4.21　连接处的结构尺寸图

4.5.4　卡箍连接结构设计

一、卡箍连接结构

如图 4.22 所示，两个半圆形的卡箍卡在被连接两段壳体的槽内，再将两段卡箍用螺钉连接紧，从而把两段壳体紧密连接在一起。

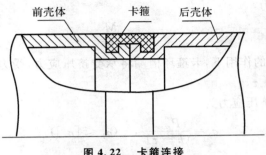

图 4.22　卡箍连接

二、卡箍连接强度分析

当壳体表面受到冲击力时,壳体连接部位将产生力矩,该力矩有可能使得卡箍连接发生破坏。分析图 4.23 可知,卡箍连接结构强度分析与楔环连接基本相似,作用于卡箍连接处的外力矩,通过壳体将轴向力 p 传递给卡箍环槽端面,在环槽的端面上产生挤压应力,另外轴向力 p 还对卡箍环槽的根部产生弯曲和剪切力。

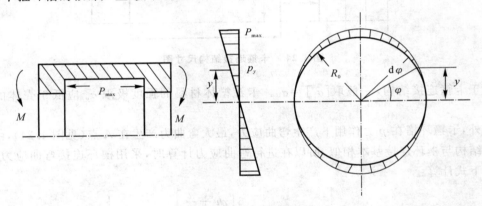

图 4.23　卡箍结构受力图

通过卡箍传递的轴向力在卡箍圆周上并非均匀分布,而是与距水下航行器横断面的水平轴的距离 y 成正比,在横断面上方传递的轴向力最大,以 P_{max} 表示,随着 y 的减小,轴向力也减小,在横断面水平轴上的轴向力为零。在横断面水平轴上方由壳体传给卡箍环槽的轴向力作用在环槽的内侧,而在水平轴下方由壳体传递的轴向力作用在卡箍环槽的外侧。距水平轴为 y 的轴向力由下式求得:

$$p_y = \frac{P_{max}y}{R_0} = P_{max}\sin\varphi \tag{4.107}$$

式中　　P_{max}——单位长度上的最大轴力;

　　　　p_y——卡箍距水平横轴为 y 处单位长度上传递的轴力;

　　　　R_0——P_{max} 作用点的半径;

　　　　y——距水平轴的距离。

壳体传递给卡箍的轴向力对水平横轴力矩之和等于外加冲击力引起的弯矩,即

$$M = 2\int_0^\pi p_y y R_0 \mathrm{d}\varphi = 2\int_0^\pi P_{max}\sin\varphi R_0 \sin\varphi R_0 \mathrm{d}\varphi = \pi R_0^2 P_{max} \tag{4.108}$$

从而求得最大轴向力

$$P_{max} = \frac{M}{\pi R_0^2} \tag{4.109}$$

在最大轴向力 P_{max} 的作用下,卡箍环槽端将承受挤压应力,受力面的高度为安装卡箍所对应壳体环槽的高度 $h - \tau$。

如图 4.24 所示,其挤压应力为

$$\sigma_j = \frac{P_{max}}{(h-\tau)}, \quad (\sigma_j \leqslant [\sigma_j]) \tag{4.110}$$

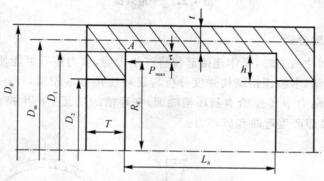

图 4.24　卡箍连接结构尺寸图

对于卡箍连接结构,一般取 $[\sigma_j] = \sigma_b$。卡箍槽体材料的强度极限 σ_b 应低于壳体的材料性能。

另外,卡箍环槽在 p 力作用下产生弯曲应力,最大弯曲力产生在 A 点(见图 4.24),由于卡箍连接结构与楔环连接基本相似,所以在进行弯曲应力计算时,采用楔环连接弯曲应力公式,即可用下式计算:

$$S_A = \frac{p_A}{t}\left[1 + \frac{6\left[\eta h + \dfrac{t}{2}\right]}{\dfrac{2r_0 T^3(1-\mu^2)\ln\dfrac{D_0}{2D_2}}{\beta t^2 D_1^2} + t + \dfrac{Tt\beta}{2}}\right] \tag{4.111}$$

式中　μ—— 卡箍环槽材料的泊松比;

　　　η—— 结构因子,$p_A = \dfrac{D_1}{2r_0}P_{max}$;

$t, h, \tau, T, D_0, D_1, D_2$ 等结构尺寸如图 4.24 所示,其中 $D_m = (D_0 + D_1)/2$。

4.6　密封结构设计

4.6.1　密封结构的一般要求

密封的功能是阻止工作介质与环境介质的相互泄露,保证机械产品安全可靠地工作。密封性能的好坏也是评价机械产品设计质量的一个重要指标。现代工业生产上使用了大量的密封装置与密封结构,以求解决形式繁多而要求又各不相同的泄露问题。在机械设备中,有借助密封力使密封面相互靠紧、接触或嵌入以减少或消除间隙的接触型密封,也有在密封面间预留固定装配间隙的非接触型密封。按照使用条件和技术要求还可分成静密封和动密封两大类。工程设计中,几乎全部静密封都属于接触型密封,如密封垫片、O 型密封环和焊接金属环等;而动密封既有接触型的,也有非接触型的,如采用软填料、金属填料、活塞环、金属套筒和膜片来密封往复运动机件和以填料密封、套筒、不同形状的弹性密封圈(包括 O 型密封环)、径向密封圈和使用不同材料制成的轴向和径向机械密封来密封旋转轴等都属于接触型动密封,而采用间隙密封、迷宫密封和动力密封则属于非接触型动密封。

对密封的要求应是严密、可靠、寿命长,而且结构紧凑,系统简单,制造维修方便,成本低且具有良好的互换性。

鱼雷是一种使用于海水介质中的水下航行器,密封性能的好坏对它有重要意义。鱼雷上的密封装置有静密封型密封,如大段连接处的密封圈,高压气管接头上的紫铜垫片和机舱隔板上各类填料密封等;也有动密封型的密封,如热力发动机上的活塞环,螺旋桨轴处的机械密封(或填料密封)等。

4.6.2　静密封结构设计

一、O 型密封环设计

O 型密封环是采用合成橡胶或合成树脂制成,断面为圆形的一种环状密封件,将这种密封环安装在特定的环形槽中,并给以一定的压紧力,即能保证机械装置的密封要求。

O 型密封环于第二次世界大战时首先在航空的油压系统中使用并取得极大成功,至今已广泛地作为各种机械的密封件。O 型密封环根据其工作状态,可以分为静密封用(如垫环)和动密封用两大类。O 型密封环的结构简单,安装、拆卸容易,外形尺寸小,工作时功率损耗低且有自封作用。密封环的材料能适用于较广泛的温度与压力范围(温度为 $-60 \sim 200 \, ℃$,工作压力在静止条件下为 $9\,800 \, N/cm^2$ 或更高,运动条件下为 $3\,430 \, N/cm^2$,密封面的线速度为 $3 \, m/s$,轴径尺寸最大为 $3 \, m$)且造价低廉。

(一) 密封原理

作为静密封用(见图 4.25):在板状垫圈中,垫圈被均匀地压在平滑表面上,当工作介质的压力 p_1 比接合面的压力 p 大时,则产生泄漏;而 O 型密封环的密封,安装后的压力不大,当工作介质的压力作用在其上面时,O 型密封环被挤在槽的一边,介质压力使接合面的压力增加,其合力超过了介质压力,因此不发生泄漏,这种现象称为自封作用。

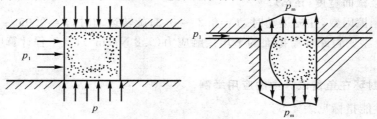

图 4.25　平板形垫圈和 O 型密封环原理

作为动密封用(见图4.26):O型密封环作为往复运动密封用时,也有自封作用。O型密封环上作用着向右方的轴向压紧力,密封环表面与轴表面存在着微观凹凸不平处,工作介质沿着不平处和金属表面接触。设工作介质压力为 p_1,则在自封作用下,金属表面上作用着比 p_1 大一些的接合面压力,该力起密封作用。当轴开始运动时,轴把其上附着的流体从楔形缝隙中曳入不平处,使工作介质压力加大。如果这个压力比密封环上接合面压力还大,介质压力将把密封环部分掀起,结果发生沿轴向泄漏。工作介质的黏度越大或轴的速度越高,这种作用越大,泄漏现象就越严重。低黏度和低速运动的轴,一般不易发生泄漏。

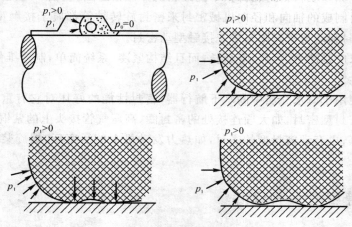

图 4.26 往复运动用 O 型密封环受力图

(二)O 型密封环的安装沟槽与挡圈

O 型密封环的安装用沟槽有矩形、三角形、半圆形、斜底形等,沟槽的内径应大于O型密封环内直径,使 O 型密封环处于拉伸状态,沟槽宽度应使沟槽侧壁对 O 型密封环不挤压,两边留有 $0.3 \sim 0.5d$ 的间隙(d 为 O 型密封环截面直径)。

使用橡胶 O 型密封环,当介质压力超过 980 N/cm²(动密封)和 3 136 N/cm²(静密封)时,应在承压面设置挡圈。

(三)摩擦阻力

O 型密封环的摩擦阻力包括动摩擦阻力和启动摩擦阻力。一般地说,O 型密封环的动摩擦阻力比其他密封形式的摩擦阻力小,而启动摩擦阻力较大,约为动摩擦阻力的 $3 \sim 10$ 倍。密封环的动摩擦阻力与安装密封环接合面压力、接触面宽度 b 有关,动摩擦阻力的表达式为

$$R = 9.8\pi Dbfp_c \text{(N)} \tag{4.112}$$

式中 D——密封环的内径(mm);

b——接触面宽度(mm);

f——摩擦因数,往复运动时,$f = 0.2 \sim 0.3$;旋转运动时,$f = 0.05 \sim 0.9$;

p_c——O 型密封圈环摩擦面的平均接触应力(9.8 N/cm²),在工程计算中可取 $p_c = p_1$,p_1 为介质压力。

二、O 型密封环在鱼雷设计中的应用举例

某鱼雷的性能指标见表 4.5。

表 4.5　某鱼雷的性能指标

全长 /m	2
最大直径 /mm	330
航速 /kn	4
航程 /m	10 000
航深 /m	60
电机功率 /W	250
螺旋桨转速 $n/(\text{r} \cdot \text{min}^{-1})$	1 200

其尾轴采用橡胶 O 型密封环密封,结构形式如图 4.27 所示。在实际运行中发现 O 型密封环与尾轴摩擦生成大量的热,消耗了功率,缩短了航程,并将尾轴磨出了一条环形的痕。

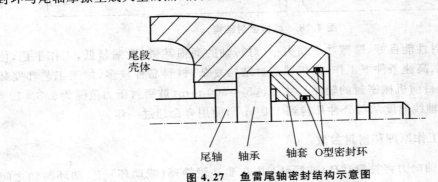

图 4.27　鱼雷尾轴密封结构示意图

尾轴直径 $D = 18$ mm,轴套沟槽深 $h_0 = 2.2$ mm,所用的 O 型密封环内径 $\phi = 17.12 \pm 0.23$ mm,端面直径 $d_0 = 2.62 \pm 0.08$ mm。

O 型密封环的运动摩擦力为

$$F_f = 2\pi f D l_0 P_{cm} \tag{4.113}$$

式中　　F_f—— 密封面上的摩擦力(N);

　　　　f—— 摩擦因数,取 $f = 0.4$;

　　　　D—— O 型密封环摩擦面直径(mm);

　　　　l_0—— 接触面宽度(mm),$l_0 = 3d_0\varepsilon$;

　　　　P_{cm}—— $P_{cm} = 0.9p + 0.25$。

O 型密封环的压缩率:

$$\varepsilon = \frac{d_0 - h_0}{d_0} \times 100\% \tag{4.114}$$

O 型密封环所消耗的功率:

$$N = F_f v \tag{4.115}$$

式中,v 为 O 型密封环摩擦面滑动速度$(\text{m} \cdot \text{s}^{-1})$,$v = \pi D n / 60$。

由此可得到 O 型密封环的压缩率 16%,运动摩擦力为 44.33 N,消耗的功率为 50.14 W。

4.6.3　动密封结构设计

一、机械密封设计

　　机械密封又称端面密封,它是采用垂直于轴线布置的两块光洁平直的平面相互贴合并作相对转动构成密封,它适用于旋转轴的动密封。这种密封装置通常由动环、静环、弹簧加荷装置和辅助密封圈等元件组成(见图 4.28)。

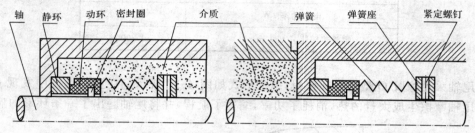

图 4.28　机械密封结构

　　机械密封的密封性能良好,摩擦功率损失小,对转轴的磨损甚微,泄漏量低,工作平稳,使用寿命长,适于高压、高速条件下工作,但机械密封结构复杂,材料品种较多,加工工艺和安装要求高,维修不便。目前机械密封的轴径尺寸可达 $5 \sim 500$ mm,被密封压力范围为 $9.8 \times 10^{-8} \sim 4\,508$ N/cm²,转轴线速度从每分钟几转到 150 m/s,使用寿命超过一年。

(一)机械密封工作原理和密封参数

　　在机械密封中,轴向力将补偿动环(或静环)压在非补偿静环(或动环)上,动环与轴之间的轴向不密封通常靠 O 型圈等辅助密封圈加以严封。在一般情况下,每一种机械密封都是由固定的径向密封元件和旋转的轴向密封元件构成的。为了调整与补偿摩擦副平面平行度和由于机器部件或摩擦副本身的轴向热膨胀以及摩擦副端面的磨损而造成的不良状态,机械密封装置中至少要有一个弹性元件,随着被密封介质压力 p_1 的增高,作用在密封面上的载荷力也增大,力图使密封面贴紧的总轴向密封力 p_0 由四部分组成,即弹簧力 p_F、工作介质载荷力 p_H、辅助密封圈的摩擦力 p_R 和密封缝隙中工作介质力 p_{sp}(见图 4.29)。

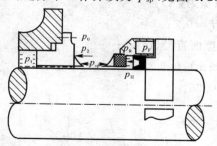

图 4.29　作用在补偿动环上的轴向力

　　辅助密封圈的摩擦力 p_R 受多重因素影响,该力的大小和方向都会发生变化;密封缝隙中工作介质的压力通常与轴向密封力的作用方向相反,p_{sp} 的大小与密封缝隙的几何形状、粗糙度以及载荷系数有关。工作介质的载荷系数 K 的表达式为

$$K = F_H / F$$

式中　F_H——工作介质作用面积(cm^2)；

　　　F——摩擦副接触面积(cm^2)。

根据密封结构尺寸确定系数 K，当 $K < 1$ 时，称为平衡型机械密封；当 $K \geqslant 1$ 时，称为非平衡型机械密封。实际应用中大多数非平衡机械密封的 $K = 1.1 \sim 1.2$，而平衡型机械密封的 K 值在 $0.6 \sim 0.9$ 范围内，减小 K 值可以提高抗热过载能力(见图 4.30)。

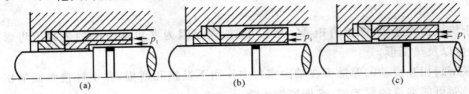

图 4.30　机械密封的液体载荷系数

(a)$K < 1$；　(b)$K = 1$；　(c)$K > 1$

(二) 机械密封泄漏损失

机械密封的泄露是由许多原因造成的，除辅助密封元件的偶然损坏等引起的泄露外，经由两个密封环端面间的密封缝隙产生的泄露也是一个重要原因。通常经过密封缝隙的泄漏量的计算公式为

$$Q = \frac{\pi d_m h_0^3 (p_1 - p_0)}{12 \eta b} \tag{4.116}$$

当流经平行缝隙的泄漏量为 Q 时，摩擦消耗功率 N_R 为

$$N_R = \frac{F \eta V_g^2}{h_0} \tag{4.117}$$

式中　d_m——密封面的平均直径(mm)，$d_m = 2r_m = \dfrac{D+d}{2}$；

　　　h_0——密封缝隙中润滑液膜的厚度(μm)；

　　　b——密封环的有效密封宽度(mm)，$b = \dfrac{D-d}{2}$；

　　　v_g——平均滑动速度(m/s)，$v_g = \dfrac{\pi d_m n}{6\ 000}$；

　　　η——动力黏度($\text{Pa} \cdot \text{s}$)；

　　　p_1——工作介质压力($9.8\ \text{N/cm}^2$)；

　　　p_0——环境介质压力($9.8\ \text{N/cm}^2$)。

由式(4.117)看出，对于机械密封，在其他运转条件均相同的情况下，如果水和油之间的黏度差别为 1：100，则密封油的摩擦功率损失要比密封水的功率损失大 100 倍。

机械密封的摩擦副都采用经过研磨的平端面，实践证明，密封表面的粗糙度和平直度等项技术指标必须达到，才能起到密封作用。目前技术规范规定的抛光表面的微观不平度(或称粗糙度)的算数平均值 $R_a = 0.015 \sim 0.5\ \mu\text{m}$。平直度为 $2 \sim 3$ 个光干涉带。

不同材料加工结果所达到的技术标准不同，如

碳化钨　　　　　　　　　　　$R_a = 0.015 \sim 0.03\ \mu\text{m}$

磨损的金属材料　　　　　　　$R_a = 0.2 \sim 0.3\ \mu\text{m}$

硬碳 $R_{a} = 0.3 \sim 0.4 \ \mu m$

陶瓷 $R_{a} = 0.35 \sim 0.5 \ \mu m$

(三) 机械密封的摩擦损失

在运行情况下,机械密封的总摩擦转矩是由摩擦中的摩擦力矩 M_{G} 和由密封件在密封腔中转动而产生介质涡旋造成的摩擦力矩 M_{F} 所组成的,总摩擦力矩 M_{R} 为

$$M_{R} = M_{G} + M_{F} \tag{4.118}$$

对于机械密封来讲,摩擦力矩 M_{G} 比较重要,这是因为密封缝隙中的热载荷将影响润滑膜、磨损量以及热变形。

机械密封相互滑动的摩擦面在轴向密封力作用下发热和磨损,在不计接触面的机械变形和热变形而可能造成的影响时,端面摩擦力矩

$$M_{G} = r_{g} F p_{g} f \tag{4.119}$$

式中 r_{g} —— 摩擦半径(mm),$r_{g} = 2(R^{3} - r^{3}) / [3(R^{2} - r^{2})] \approx d_{m}/2$;

       R —— 有效密封半径(mm);

       r —— 密封环内半径(mm);

       p_{g} —— 工作接触压力(9.8 N/cm²);

       F —— $F = \pi d_{m} b$;

       f —— 摩擦因数。

摩擦因数和摩擦状态有密切关系,当接触面完全被润滑动压或静压液膜相互分开时,摩擦面上的微观隆起的尖峰被油膜覆盖,此时只有摩擦而没有磨损,其摩擦因数 $f \leqslant 0.005$;在密封缝隙中,由于某种原因局部中断流体动力或静压润滑膜,这时将存在很轻的磨损,其摩擦因数 $f = 0.005 \sim 0.03$;第三种情况是摩擦面之间虽然存在着很薄的润滑膜,可是测不出任何液体压力,即 $p_{sp} = 0$,局部地方发生了固体接触,其摩擦因数 $f = 0.03 \sim 0.15$;第四种情况是摩擦面内不存在液体膜,摩擦主要取决于摩擦面的固体作用,摩擦面上可能有吸附的气体和蒸汽或者存在氧化层,磨损很厉害,其摩擦因数 $f = 0.15 \sim 0.8$。

端面摩擦力矩表达式还可写成

$$M_{G} = \pi \frac{d_{m}^{2}}{2} b p_{g} f \tag{4.120}$$

涡流阻力引起的功率消耗和阻力矩与由于旋转形成的涡流为层流还是紊流、转动件是轴还是壳体有着密切关系。当轴体旋转时,由于补偿或非补偿件的一起运动,层流状态被破坏,阻力矩升高。当结构外壳旋转时,其层流状态大多属于层流,阻力矩相对较小。在估算机械密封的摩擦功率时,可不计密封件对介质搅拌损耗的功率,其表达式为

$$N = \pi D_{m} b f p_{c} V / 102 \tag{4.121}$$

式中各系数的选择见表 4.6、表 4.7 及表 4.8。

表 4.6 摩擦副窄环端面宽度参考值

轴径 /mm	16 ~ 28	30 ~ 40	45 ~ 55	60 ~ 65	66 ~ 70	75 ~ 120
端面宽度 $b^{①}$ /mm	3	4	4.5	5		5.6 ~ 6
端面宽度 $b^{②}$ /mm	2.5				3	

注:① 用于软环对硬环组成的摩擦副。② 适用于硬环对硬环组成的摩擦副。

表 4.7　普通型机械密封摩擦副($p_c V$）的概略值　　单位：9.8 N/cm² · m/s

工况	干摩擦	润滑差	中等润滑	良好润滑
$p_c V$	< 5	< 15	< 50	< 150
备注	例如气相介质	例如易挥发介质	例如常温水	例如油

表 4.8　普通型机械密封的端面比压等推荐值

密封型式		端面比压 p_c/(9.8 N/cm²)	弹簧比压 p_c/(9.8 N/cm²)	载荷系数 K
内装式	非平衡型	1～8	0.8～3	1.15～1.30
	平衡型	1～8	0.8～3	0.55～0.85
外装式	过平衡型	2～4	2～6	−0.15～−0.35
	平衡型	1～6	1～3	0.65～0.80
	非平衡型	1～6	1～3	1.20～1.30

（四）摩擦副材料的选择

在接触端面摩擦中，密封缝隙很难形成流体动力润滑膜，工程上总是按固体接触来考虑的。有时可能出现干摩擦运转状况，摩擦因数很大，故摩擦副不能采用金属对金属结构（硬对硬）。

对于机械密封，大多数情况下都是采用塑料、石墨对各种金属、金属氧化物或金属碳化物作为摩擦副。摩擦副材料的选择和结构布置应做到能良好地散发摩擦热，且把具有较好散热能力的环安放在温度低的一边，如旋转圆盘应采用有较大热容量和在空气中有较好传热系数的金属材料制作。在端面摩擦中，外来杂物会使摩擦面损坏，这种现象主要发生在较软的环上，随着时间推移，被磨损的一面会被较硬的另一面重新磨平，故在选择材料时，应以两种滑动摩擦材料的硬度不同为原则。

二、机械密封在鱼雷设计中的应用举例

机械密封是一种旋转动密封，其特点是运转中不用调整，密封性好，寿命长。采用机械密封改进的某雷的结构形式如图 4.31 所示。

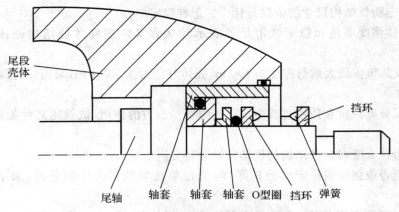

图 4.31　尾轴机械密封结构示意图

摩擦副产生的功率损耗为

$$N = f p_c A v \tag{4.122}$$

式中　p_c——端面比压；

　　　A——密封环带面积；

　　　v——密封平均滑动速度。

选用的机械密封摩擦副材料为铸造锡磷青铜与聚四氟乙烯,摩擦因数 $f = 0.1$,设计参数见表 4.9。从表中可以看到尾轴机械密封所消耗的功率较少,这使得鱼雷航程增加 6.3%。

表 4.9　设计参数

密封环带宽度 b/mm	2
密封环带面积 A/mm^2	131.8
载荷系数 K	1.22
端面比压 p_c/MPa	0.623
密封端面平均滑动速度 $v/(\text{m} \cdot \text{s}^{-1})$	1.31
摩擦副产生的功率损耗 N/W	10.8

习　　题

4.1　鱼雷在运输及使用过程中壳体所受到的曲载荷,哪些载荷在结构设计过程中须重点考虑? 计算载荷如何确定?

4.2　试说明鱼雷壳体具有什么结构特点,在结构设计过程中须注意哪些问题。

4.3　当用有限元法分析鱼雷壳体的应力时,可采用哪些类型的单元建立鱼雷壳体的结构模型? 试给出几个方案,并说出其优缺点。

4.4　什么叫鱼雷壳体的稳定性? 常见的鱼雷壳体失稳的破坏方式有哪几种?

4.5　试分析和比较 4.7 节中所给壳体临界压力的计算公式,其各适用于什么场合?

4.6　鱼雷壳体常采用什么材料制造? 其优缺点是什么?

4.7　鱼雷壳体制造的工艺方法有哪些? 其各适用于制造什么结构形式的壳体?

4.8　确定肋骨结构尺寸的依据是什么? 怎样确定?

4.9　壳体强度不足和稳定性不足各表示什么含义? 怎样才能增加壳体的强度和稳定性?

4.10　设某鱼雷最大航行深度为 400 m,壳体外径为 0.533 4 m,采用加肋薄壁结构,试确定其结构尺寸。

4.11　试分析鱼雷在使用过程中会受到哪些动态力的作用,试叙述其对鱼雷工作性能的影响。

4.12　为什么要对鱼雷结构的振动特性进行分析?

4.13　能否像强度或稳定性分析那样,通过单独对鱼雷壳体的分析,来了解其振动特性? 为什么?

4.14　试说明有限元法、动柔度法和传递矩阵法是如何对鱼雷结构进行振动特性分析的,试述这 3 种方法的优缺点。

第5章　　鱼雷电气与软件系统设计

5.1　　全雷电路及供电系统

　　鱼雷通常由动力、控制、线导、自导、非触发引信、战斗部等系统组成,各系统虽然在工作原理、任务上各不相同,对电能有不同的要求,但它们必须相互协同工作,以保证鱼雷的正常航行,最终摧毁目标。雷上主电源就是各系统电能的供应者,而全雷电气及信息综合就是把各分立的系统连接起来成为一个整体,使不同类型、不同规格的电能及信息按一定的程序和要求在各系统间正确传输。

5.1.1　　全雷电网的配电与输电

　　全雷电网的功用是从电源向用电设备输送电能,保证各系统用电设备正常工作,完成鱼雷所规定的任务。

　　电网按用途可分为由雷上主电源向二次电源输送电能的输电网和将电能从二次电源输送到各系统用电设备的配电网;按电压可分为低压电网和高压(60 V 以上)电网;按电源可分为直流电网和交流电网;按配电方式可分为集中、分散和混合式配电网。

一、全雷电网的配电方式

全雷电网的配电主要有以下方式:

(1) 集中配电方式。该配电方式就是将雷上主电源所产生的电能首先全部集中到二次电源,然后变换成符合鱼雷各系统用电设备要求的电能,再将电能分配到各用电设备上去,如图5.1 所示。集中配电方式的优点是将配电元器件和保护元器件集中在二次电源上,便于安装、控制和维修。但在鱼雷用电设备电源种类较多时,集中配电方式会使电气系统笨重。

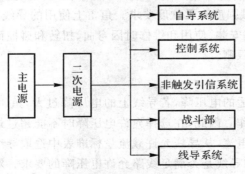

图 5.1　集中配电方式

（2）分散配电方式。雷上有些用电设备由二次电源供电，有的用电设备直接由雷上主电源供电，如图 5.2 所示。采用这种配电方式的优点是简化电网、减小质量。

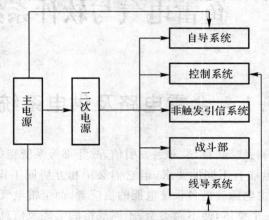

图 5.2　分散配电方式

二、全雷电网的输电方式

鱼雷一般选择双线制输电方式。双线制是指由电源到用电设备的供电采用双导线形式。双线制输电方式能减小地线上的电磁干扰。

5.1.2　全雷电网的设计计算

一、设计要求

电网计算与设计紧密相关，它直接关系到电网的可靠性、生命力、经济性及质量尺寸等技术性能。在电网设计时，首先要绘制出电网图，然后对电网进行计算，一般应考虑以下几个基本要求。

（1）选用电源的供电导线，应保证电流通过时导线发热不超过最高允许温度。导线的载流量是由它的最高允许温度来确定的，它主要取决于所用绝缘材料的热老化性能。

（2）导线允许电压损失应符合所规定的要求。导线电压损失过大，有可能影响用电设备的正常工作，但是导线电压降过小，将导致截面积增大，使电网质量增加。

（3）导线应能满足机械强度和柔软度要求。鱼雷上使用的导线比地面上使用的导线工作环境恶劣，为了避免导线在安装、使用和维修时因弯曲、扭转和碰撞而引起的断裂和损坏，对导线最小截面积应作一定的限制。

二、电压降的计算

电网设计时应选择合适的电压降，若导线上的电压降过大，鱼雷用电设备电压过低，有可能影响用电设备的正常工作。因此，在选择允许电压降时不能超过最大允许电压降的要求。

根据用电设备的工作电流，从导线允许载流量标准表中选取导线的截面积，然后进行导线电压降计算，校核所选择的导线是否满足线路允许电压降的要求。对于电舵机等感性负载，因为启动电流比额定电流大许多倍，故应按其技术条件在启动状态下对允许电压降进行校核。同样，对自导发射机而言，由于它是脉冲特性负载，幅值和频率是变化的，应按最恶劣的情况对允许电压降进行校核。在需要使用较大的导线截面积时，可以按截面积相等的原则更换成多根平行导线，以减小导线的阻抗，增加导线的载流量。电压降的计算有下述两种方法。

（一）直流电路

电压降计算公式为

$$\Delta U = LI/(rS) + \sum R_{\mathrm{K}} I \tag{5.1}$$

式中　S——导线截面积（$\mathrm{mm^2}$）；

　　　L——导线长度（m）；

　　　r——温度为 $t^{\circ}\mathrm{C}$ 时导线的导电率（$\mathrm{m/(\Omega \cdot mm^2)}$），$r = 53/[1 + 0.004(t - 20)]$；

　　　I——实际的负载电流（A）；

　　R_{K}——电路元件的接触电阻（Ω）。

供电电路中元件如继电器、接触器、开关、插头座以及连接片等，它们的接点或触电的接触面间的电阻称为接触电阻，可从元件专用技术条件中查出。导线电阻由导线结构参数表中查出。电压降计算公式可简化为

$$\Delta U = I(R + \sum R_{\mathrm{K}}) \tag{5.2}$$

（二）交流电路

对于单相电路的导线截面积 $S \leqslant 0.8\ \mathrm{mm^2}$，三相电路的导线截面积 $S \leqslant 1.5\ \mathrm{mm^2}$ 时，交流电路电压降按直流电路计算。当导线截面积大于上述值时，计算交流电路电压降应考虑集肤效应而产生的附加损耗和感抗。由于鱼雷上直接使用交流电的设备功率较小，采用的导线截面积通常小于上述值，因此计算交流电路电压降时一般按直流电路的方法计算。

三、导线截面积的计算

导线截面积的计算和选择的步骤如下：

（1）绘制供电线路图，标出导线长度和接点。

（2）查出电路元件的接触电阻，如继电器、接触器、开关、插头座以及连接片等元件的接触电阻。

（3）由用电设备的实际用电量，从导线和电缆载流量标准中选择导线截面积，并根据鱼雷使用环境和温度、工作时间及导线线芯最高允许温度等因素，进行适当修正。

（4）按电压降计算公式，计算线路电压降。若不符合规定要求，选择较大的导线截面积，重新进行计算。

（5）按照有关专用技术条件进行非稳态工况下的允许电压降校核。

根据上述计算步骤，以确定一个最佳导线截面积。

5.1.3　全雷供电系统设计

一、发电机设计准则

1. 设计的先进性和继承性原则

在发电机设计上，应处理好先进性和继承性的关系。

在满足鱼雷对发电机功能、性能及使用要求的前提下,应尽可能采用经以往鱼雷产品考核过的成熟技术。当不能完全满足要求时,可对原产品进行针对性的改进设计,也可采用经预研或其他领域验证过的先进技术。

2.通用化、系列化、组合化原则

根据不同鱼雷及鱼雷结构尺寸的差异,应科学合理地将发电机系列化,以便用最少的品种,尽可能满足各型鱼雷对发电机的需求。

发电机设计时应考虑现役、在研鱼雷的发展规律和使用需求,兼顾考虑未来鱼雷的发展趋势,尽可能选用已有的发电机系列,缩短研制周期,降低研制成本。

3.可靠性设计原则

(1)遵循特定的型号或鱼雷行业的可靠性设计准则。

(2)元器件应 Ⅰ 级降额使用和100%老练筛选。

(3)按要求进行产品的故障模式影响及危害性分析(FME-CA)。

(4)机械结构及电路拓扑结构应尽可能简化。

(5)进行气候、机械、生物、电、人为条件等耐环境设计。

(6)进行热设计,通过器件的选择、电路设计(包括容差、漂移设计和降额设计等)及结构设计以减少温度变化对产品性能的影响,使产品能在较宽的温度范围内可靠地工作。

4.维修性、安全性设计原则

(1)采用合理的结构设计,提高产品的维修可达性。

(2)优选标配件,提高互换性和通用化程度,尽量采用模块化设计。

(3)采用合理的防差错措施及识别标志。

(4)设计时应考虑维修的安全性,应保证储运、运输和维修时的产品及人身安全,如发动机传动轴应有防护盖,电连接器应带有保护帽等。

(5)设计时应考虑产品的检测方式、检测设备、测试点配置等一系列与故障诊断有关的问题。

(6)重视产品不工作的维修性问题。重点应考虑减少或便于干预的预防性维修的设计,尽可能做到无维修储存,或是预防性维修的时间足够长(如 5 年以上)。避免采用在存储期间可能发生致命性故障的元器件和材料,如电解电容、天然橡胶和矿物油等。

5.可生产性原则

(1)设计时应考虑承制单位的生产能力和工艺水平,尽可能简化、优化产品的结构及生产、装配工艺要求。

(2)在满足功能、性能的条件下,尽可能减少复杂、特殊或对环境保护有影响的生产、装配、调试工艺要求。

6.经济性原则

(1)在满足功能、性能及使用要求的前提下,简化结构和电路设计,压缩材料、器件的品种规格,以尽可能少的材料器件消耗获得预定的功能。

(2)采用成熟的磁性材料、标准结构材料、标准器件,尽可能不用或少用新型材料和器件。

(3)采用系统设计、参数设计、容差设计等方法进行优化,在满足产品功能、性能的前提下,尽可能降低材料、元器件的精度等级,以最小代价获得高性能和高可靠性的产品。

（4）采用二维或三维电磁场有限元分析和电子系统仿真分析软件，进行系统仿真，尽可能将问题暴露在方案及工程设计阶段，减少样机制作 → 实验 → 修改设计的反复过程。

二、供电系统工作原理

以某轻型鱼雷为例，其供电系统工作原理如下：

当鱼雷在预设定时，由机、舰火控系统对自导控制系统供电（先由机、舰火控系统提供的电源为 $+27V_{DC}$）。鱼雷发射前，由控制系统发"触发指令"，启动并接入全雷电路及供电系统自带的电池。在电池输出稳定后，切断机、舰火控系统提供的外部供电，转由电池供电，保证鱼雷在发射期间对控制系统不间断供电，直到鱼雷主电源按额定制式开通。当雷上 $\pm 40V_{DC}$ 输出正常时，切断电池供电，转由发电机开始为全雷供电。发电机还向内侧记录系统输出测速信号，用来记录雷速。

鱼雷入水后，全雷电路及供电系统根据控制系统发出的指令，完成自导供电、爆发器待发、转速转换等功能。

某轻型鱼雷电源发电机由动力装置副轴驱动其高速旋转。发电机发出三组三相交流电，其中两组经电机内部的整流和高频 DC/DC 稳压装置输出两种直流电源 $\pm 40V_{DC}$，同时发电机向操雷仪表系统提供 $15V_{DC}$ 交流测速信号。

发电机由稀土永磁同步发电机和整流稳压装置组成，系统构成如图 5.3 所示。

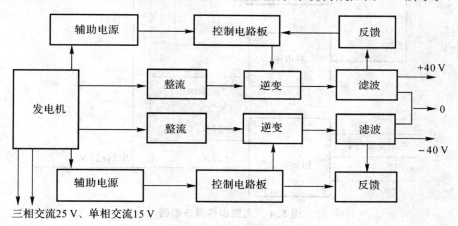

图 5.3　发电机原理框图

三、电源组件

电源组件分电源电路、切换电路和整形电路三部分。其中电源电路包括热电池、$+5V_{DC}$ 电源电路及 $+27V_{DC}$ 直流稳压电路。电源组件原理框图如图 5.4 所示。

$+27V_{DC}$ 电源采用三相整流稳压电路将发电机输出的三相交流电源稳压成 $+27V_{DC}$ 直流电压。

$+5V_{DC}$ 电源采用 DC/DC 模块将 $+27V_{DC}$ 进行交换而得到。

热电池选用体积小、重量轻的电激活热电池。

切换电路根据控制系统发出的指令，通过继电器、延时继电器等完成功能及接口信号的转换。鱼雷设定完成后，控制系统发"触发指令"，电源组件接此指令后，用机、舰火控系统提供的 $+27V_{DC}$ 电源激活热电池，经延时后，输出"雷上电源准备好"信号给控制系统，同时将热电池的输出接入控制系统；鱼雷航行过程中根据控制系统输出的"自导上电""攻击""速制变换"指令，依次接通自导 +27V_{DC} 电源；输出"爆发器待发"信号、"速制转换"信号等。

整形电路将发电机输出的交流电压整形成 5V 方波信号，输出给控制系统。

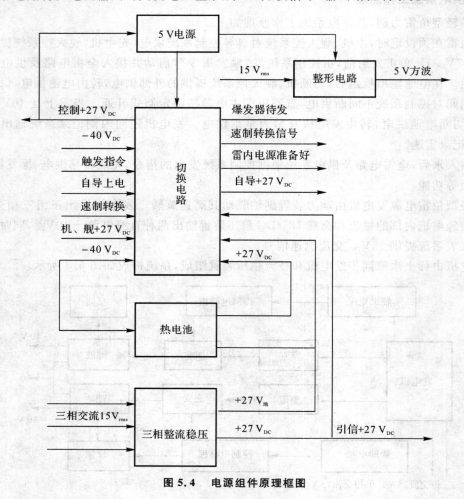

图 5.4　电源组件原理框图

5.1.4　全雷电路安装与电气搭接

一、安装构件的设计与安装

1.构件设计的基本原则

（1）具有足够的强度和刚度。考虑计算、材料、制造等因素，强度安全系数宜取 1.2 ～ 1.5；其构件的刚度应避免与成件在鱼雷运输、航行过程中发生谐振现象。

（2）构件结构简单，便于制造、安装和拆卸。

（3）充分考虑继承性和通用性。

（4）对安装有精度或位移量要求者，尽量采用工艺补偿或设计补偿。

2.安装构件的设计

安装构件无固定的结构模式,设计时除了要遵循一般的基本原则外,还必须视设备的外形结构、安装要求、使用维护要求以及所在位置的雷体结构和环境等,采用合理的结构形式。

(1)继电器盒。在电气系统中,一般都将电器系统中的继电器、时间继电器和接触器等元器件集中装在一个或两个盒内,以利于满足电磁兼容的要求,减少安装空间和便于拆卸、检测、维护。由于鱼雷元、器件都具有较强的耐振和耐冲击过载能力,因此除有特殊要求外,都是采用刚性连接安装,无须专门加减震缓冲装置。

关于继电器和外形结构的设计,应首先根据总体的部位安排,分析其所处的安装位置与周围构件的相互制约关系,来确定盒子外形允许变化的限度。如雷内空间允许,盒子应在不影响安装和使用的情况下略加增大,以便鱼雷改型时可利用多余空间来增装继电器或其他元器件。

在安排盒子内部元器件的安装位置和安装方向时,应首先考虑继电器的磁性干扰问题,当继电器并列安装时,为防止产生磁性干扰,继电器相互间距离应大于继电器的磁间隙(一般小于 3 mm)。除此之外,为了防止铁磁物质造成磁分路,继电器不宜装在铁板上,它的顶部也不宜接触铁板,否则可能造成继电器性能的改变。至于继电器的安装方向,在设计安装结构时,应尽量避免触点的闭合方向与最大过载的方向相同,最好成 90° 方向。

(2)插头座支架。在电气系统中,有大量的插头座要通过支架或卡箍来固定。在安装空间紧的情况下,对使用中不常插拔的插头座,可以用卡箍来固定;但对要经常插拔的插头座,适宜采用插头座支架。

当多个插头座安装在一个支架上时,应将常要插拔的插头座置于容易插拔的位置上;插座安装孔相互间的距离应保证插头座装上后,插座相互间最小距离不小于 5 mm;此外,插头座的排列应利于电缆整齐敷设。

对于特殊的设定电缆插头座,由于插头座要与发射管分离,因此必须考虑安装位置和安装角度的要求。

二、电缆的敷设

电缆的敷设首先应满足电磁兼容性的要求。鱼雷内的导线和电缆应看作是电气电子设备的一部分,在设计初期应与各系统协调所选用的导线和电缆的型号规格、连接长度、屏蔽地线、导线扭绞距、布线等,以保证接地原则和屏蔽的完整性,将电磁耦合、窜扰和地回路等引起的干扰减到最低程度。

电缆承担鱼雷各系统及组件之间的功率传输和信息交换。这些信号的电压可能在几毫伏到几百伏之间,电流可以从几毫安到几百安,频率可以从 0 到几百兆赫,电缆传送这些信号时,不能有相互影响。

首先根据它们的电压、电流和频率区分信号。为减少在一根电缆上的信号干扰,根据最弱的信号应至少是最强信号电压的 1/4 或电流的 1/4 的设计原则,通常把电缆分成 5 组。

(1)AC 电源,AC 回路,机壳地,干扰音频信号和它们的回路。

(2)DC 电源,DC 回路,DC 参考,敏感的音频信号和它们的回路。

(3)数字信号和它们的回路。

(4)RF 干扰信号和它们的回路。

(5)敏感的 RF 信号和它们的回路。

如果必须把所有信号线混装在同一根电缆中,那么每根信号线都要带有自己的信号回路线,并且用特殊的地线隔离噪声信号和敏感信号。

在满足电磁兼容性的前提下,应尽量排列整齐,以便于鱼雷各段和全雷的装配、检查、调试和维护。此外应满足几个要求:

(1)捆扎电缆的条带和固定电缆的卡箍的安全位置应配置合理,以满足对电缆的接地要求和使固定后的电缆不会产生晃动等。因此在电缆的分支处、拐弯处及穿过舱壁的地方要设置电缆的固定点。固定点的距离,沿雷轴方向一般不应超过 500mm,沿周向一般不应超过 250mm。

(2)电缆应尽量避开热源,否则应采取耐高温导线或采取隔热保护措施。对没有屏蔽套的导线束,在卡箍固定外应包扎两层聚四氟乙烯薄膜。'

(3)对带有屏蔽套的导线或电缆,应在有可能造成短路的部位采取绝缘措施。避免电缆急拐弯,普通电缆的内弯曲半径宜大于电缆外径 2 倍,而同轴电缆的内弯曲半径宜大于该电缆外径的 5 倍。

(4)避免电缆受挤压、拉伸、摩擦和接触尖锐物,对在活动部件周围的电缆,与周围活动部件的间隙要足够,以保证鱼雷在航行中和在地面测试、运输的过程中,不致因电缆和活动部件之间产生相对运动而被磨断或挤伤。

(5)在敷设电缆和鱼雷段装、总装时,必须检查插头座和电缆的完好性与连接的协调性,插头座上的标记号应与图纸一致,并在安装时置于容易看到的一面。

(6)对焊在接头上的单根导线,如接地线等,由于在使用过程中,可能有的常被拆装,故应特别注意勿受弯折、拉扯,以防止断线。

(7)对插头座的连接,不要用扳手紧固,若用专用电缆钳紧固时,也应用力适度,否则加力不当会引起螺纹咬扣;在连接插头前,必须检查插头座内是否有多余物,插针与插孔的直径是否匹配,螺纹是否完好和是否存在铝屑等多余物。否则很难保证每个点接触良好。

三、电气搭接

1.搭接的作用

搭接对建立等电位基准、电击危害防护和有效控制电磁干扰十分重要。

电气搭接就是把一定的金属部件机械地连接在一起的过程,从而实现低电阻的电气接触。

2.搭接及接地一般要求

雷内搭接和接地电阻一般要求低于 0.002 5 Ω。

鱼雷电气系统联调实验室的接地电阻一般要求不大于 2 Ω。

3.搭接注意事项

(1)选用没有镀膜材料进行搭接(除非镀层材料的导电性能比被搭接材料好)。

(2)搭接表面必须平整,具有最大接触面积。

(3)需要做盐雾试验的电子组件或设备,所有搭接表面都要有保护层。镀银、镀金或其他具有良好导电性能的金属电镀都是适用的搭接表面保护层。

4.间接搭接

由于鱼雷工作于冲击和振动环境下,活动部件都要用间接搭接(非直接搭接)方法。有几种导电胶、填充剂、密封混合剂可用于管子和套管的螺纹、屏蔽室和密封罩缝隙。鱼雷自导头段内的接地很重要,因此该段内的钢丝螺套、螺钉搭接处等部位,需要加涂导电胶,以保持良好的导电性能。

5.2　全雷信息综合设计

全雷信息综合设计的目的是准确地实现发射载体(舰艇、飞机等)发控导引、全雷弹道及各系统协同动作流程所需要的信息传输。设计完成形式是形成全雷信息规范。全雷信息综合设计包括鱼雷各系统间、鱼雷与检测设备、鱼雷与发射载体的电气接口信息协议,供电与控制信号的传输电路的设计等。

5.2.1　全雷信息设计来源及形式

一、信息设计来源

全雷需要交换和处理的信号、信息主要来源于下列几个方面:

(1)全雷供电体制。

(2)全雷弹道及协同动作流程需要的信息。

(3)各系统需要全雷总体电路供电的信息。

(4)各系统需要借助全雷信息通道进行传输的信息。

(5)发射载体可提供的外部设定、注入及遥控的信息。

(6) 发射载体需要鱼雷提供的自检结果、航路、目标探测信息。

(7)检测设备需要的可表征全雷产品状态是否正常的监测信息。

(8)科技阶段需要记录的雷内温度、振动、冲击、电磁环境等信息。

(9)操雷实航训练需要记录的供试验评估的信息。

二、常用信号形式

信号(信息的具体携带者)可分为通断式信号(含阶跃式信号)、慢变模拟信号、交变调制式(含脉冲调制式)信号、数字式信号等几种。

通常通断式信号可以直接运用,如驱动电磁阀,控制一个继电器,接通某个电机、电路等,此种信号一般幅值较大(如 27V,12V 等),传输时不易受干扰,可靠性取决于开关元件本身,但对一些要求按比例控制的系统不合适。

模拟信号通常是由一些传感器产生的,容易和微电子线路匹配,但设计应用时要注意零漂和长线传输时其电源线上的干扰。

交流调制式信号传输性能较好,接收器通过解调处理后信号失真小,但电路处理较复杂。

数字式信号是目前常用的传输信号,包括以太网、CAN 总线、1553B 总线、串口等,适用于高速、大容量的信息传输,几乎没有失真和衰减,是别的传输信号无法比拟的。但应注意信号电源对其他用电器的高频杂散干扰以及信号电源应具有抗外电源线上的干扰,特别是抗尖峰脉冲干扰的能力。

信号形式选择原则:

(1)信号便于产生,发出信号的电路或机构要简单。

（2）信号在系统内部或系统之间要容易传输、识别、接收、综合和转换。

（3）考虑信号的可传输性，要求信号能不失真地、可靠地传到所有系统和设备。

（4）信号形式选取统一、协调，品种少，尽量简化设计。

5.2.2　全雷信息综合设计

一、信息传输体制分析

鱼雷电子系统是一种信息与控制，或者信息与决策系统，显著特征是信息源的多样性、信息的不确定性、信息的复杂性和处理算法的复杂性。它主要表现在目标和鱼雷本体运动信息的获取、自导律和控制律的产生、作战有效性和对决策略等。因此，实现电子系统一体化，首先涉及的就是信息的统一管理和信息融合，以便能全息地利用各类信号，支撑全雷电子系统一体化有效和可靠地运行。

鱼雷功能上的完善和进步，必然带来系统复杂程度的增加，尤其是各系统间及其内部往来信号数量和体制的增多。

在现代制导鱼类的设计中，仅各种电连接器就多达数十个，各种信号往来多达数百个，涵盖了模拟信号、数字信号、电源等，相互交织在鱼雷壳体内狭小的空间内，并带来诸如布线、屏蔽、抗干扰等众多问题。所有这些，无论从质量、电磁干扰、可靠性等方面都非常不利于鱼雷总体性能的提高。

随着电子技术的发展，数字化技术在鱼雷产品上的应用越来越多，系统的密集度得到极大地提高，同时系统的速度和信号处理性能大大提升，采用总线技术已变成目前各国鱼雷的发展趋势。主要特点体现在以下几个方面：

（1）增加电子系统集成度，利用较短的板级线路代替原有的电缆和多次接插，有利于阻抗特性控制和信号完整性设计。

（2）采用总线技术提高系统的可靠性、可维护性及系统的抗干扰性，最大限度地解决电磁干扰问题。

（3）采用总线技术提高鱼雷的测试性，给鱼雷的维护、降低费用等方面带来了益处。

（4）采用标准总线技术和操作系统给鱼雷在线程序升级提供了方便，同时也为系统电子组件升级提供了保障，有利于产品的快速开发并形成产品。

二、节点规划

根据雷内电子系统的功能、结构和布局划分通信节点。应尽量减少节点数量，优先整合信息传输量巨大，且仅点对点信息交换的节点，使得节点内部通信可以采用内部总线实现信息传输，提高传输效率和可靠性，避免大量使用点对点的通信通道。

不同型号的雷基于各种考虑，有不同的解决方案。雷内可以设置独立的管理控制中心，以管理、调度、协调雷内各系统的工作过程，完成指令、信息发布和转发，完成主流程、弹道逻辑、雷内通信等工作。也可以将上述功能设置在制导系统内，即融合到控制、自导、线导系统的流程中。

现行的较好的方式是采取统一管理、分布控制的方法，即管理控制中心作为全雷的信息枢纽，负责管理、调度全雷各系统的协同动作。在各舱段或系统执行，回送执行结果，信息传输层次清晰,信息处理工作量均衡,便于调试、维修和升级。

三、全雷及系统需要信息分析

1. 雷内信息分析

(1)制导系统信息。如果按照自导、控制、线导的功能分别考虑,其需要与外部交换的主要信息包括:

1)自导。

接收:自检指令,自导开机/关机指令,目标性质(水面/水下),自导工作方式,自导工作工况转化指令,海况,海区深度,航行信息(航行深度、航行速度、姿态信息等),预计目标航向。

发送:自检结果,自适应完成标志,目标检测、丢失标志,单(多)目标水平方位、垂直方位,目标距离,目标走向,目标舷别,目标识别结果,尾流检测(通道)标志。

2)控制。

接收:发射载体类型,导航参数,自检指令,预设定参数,发射指令,传感器信息(深度、速度、姿态、加速度)。

发送:各系统自检指令,雷内供电切换指令,发动机启动指令,引信战斗部供电指令,战斗部解保指令,雷位信息,航行信息,引信工作方式,操舵指令,变速指令,自导工作方式等。

3)线导。

转发:发射载体遥控指令,遥测信息(包括雷位信息、航行信息、自导检测信息等)。

(2)供电系统。接收发射载体指令及控制指令,按时序提供各系统工作电源、发电机转速信息,驱动各级继电器、火工品的动作。

(3)操雷记录系统。执行发射载体发射指令、控制停车指令、响应航行及雷内供电的异常,及时执行动力停车、上浮、雷位指示等动作,记录雷内相关信息。

(4)引战系统。

接收:目标性质信息,工作方式指令,各级解保/恢复指令,自毁指令。

发送:检测有效信号,起爆信号。

(5)动力系统。

接收:发动机启动指令,变速指令,停车指令。

发送:动力系统工作参数。

2. 监测信息分析

各段、系统接收:外部检测设备的指令、激励。

发送:检测结果信息。

3. 发射载体武器系统信息分析

射前主要包括发射载体类型、发射管舷别、导航对准参数、预设定参数、自检指令、发射指令,发射后导引信息分为发出的遥控指令和接收鱼雷遥测信息。遥控指令主要包括水平转角、变深、变速、自导开机/关机、线导/自导优先级转换、遥控停车指令以及修改与设定参数指令等。遥测信息主要包括鱼雷航行参数、自导监测信息等内容。

4. 科研试验记录信息分析

科研试验阶段一般配置了多种传感器或科研记录装置,用于测量鱼雷航行过程中的温度、振动、压力等物理量,需要根据具体需求匹配记录通道和传输通道。

四、设计约束条件分析

1. 系统方案

分析各个系统外围接口类型和性能,包括信息通信的工作负荷、系统软件与硬件工作负荷预计、信息传输的实时性要求、系统中断优先级设置等。

信息的传输和处理一般均可以由软件或硬件独立完成,这时需要权衡。要综合考虑产品的约束条件和自身的技术能力,包括接口结构布局限制、传输距离要求、系统或组件的智能化程度,以及设计人员的技术特长、经验和软硬件技术水平的差异,合理配置软硬件的工作量,以提高传输效率。

2. 全雷结构布局

分析全雷舱段划分及系统、组件的布局,包括节点间通信距离、通信通道及中间转接装置安装位置。预估芯线传输功率、压降损失。

对于检测信息需要分析壳体开口位置、舱段间电连接方式,包括转接电连接器类型、接口屏蔽要求、传输线屏蔽要求等。

五、设计中考虑因素

1. 先进性与可行性

设计中需要兼顾技术的先进性和可行性。信息传输技术发展迅速,总线标准通信接口协议众多,为全雷信息传输体制设计提供了多种选择。在设计中,首先应考虑先进性,在同为现代的主流技术中,优先选择发展前景长远,具备系列化发展的技术产品。其次选择国内自主产品多、应用成熟、应用范围广,不需要先期研发和验证的技术,避免单一生产商的产品,优先选用军标推荐的军用产品。

2. 模块化

进行模块化设计,充分考虑维修性和保障性的要求,将信息传输的环节模块化,形成功能独立、结构独立的信息传输通道,为便于维修、升级打好基础,避免牵一发动全身的设计弊端。

六、确定全雷信息规范

全雷信息规范的形成需要全雷总体单位不断与载体的武器系统责任单位、雷内各系统、检测设备设计单位进行协调,由粗到细,最终目的是指导对系统进行软硬件方案设计,作为设计依据和准则。

通过对信息需求的分析和信息形式的选择,结合全雷各电气节点布局、接口形式选用,形成全雷信息规范。

全雷信息规定应包括以下内容:

(1)范围。主要说明信息规范的使用范围和使用阶段,划定任务界面,一般限定在全雷与武器系统间、雷内各系统间的信息内容。

(2)确定全雷总线体制及定义、冲突处理机制、优先级等。

(3)确定全雷信息传输形式的种类和标准。

(4)信息的名称、代码。

　（5）信息流向（来源、去向），对于多去向的信息有时需要注明转发流向。

　（6）信号规格。

　1）供电电源电压范围、功率、切换时间和条件。

　2）模拟量的范围幅值、频率、切换时间和条件。

　3）开关量 0,1 对应的幅值范围、发出阶段或时刻、初态要求、驱动能力或负载类型。

　4）数字量编码定义、字头、标志字、字节数、上下限范围、浮点数和负数的编码原则、最小位（或最大位）权值、位定义、多字节传输原则、纠错码编码原则，对于周期性传输信息需要确定传输周期。

　5）脉冲量的幅值、宽度、发生时刻、初态要求和负载类型。

　（7）提出信号的隔离要求（方式）、隔离点位置。

　（8）确定信号的相对的电气地。

　（9）特种信号（如多抽头变压器）需要附加说明。

　（10）对于表述位置、姿态、方向性的信息需要明确极性所表示的上下、左右、前后等定义的相对基础基准或零点基准。

　（11）操雷及科研试验需要的信息应单独列出。操雷记录的信息（包括各系统内部记录信息）除以上必要的描述外，还需要明确记录阶段、采样率、精度等，不需要全程记录的信息应注明起始和终止的条件（相关信息或计时）。

5.3　全雷软件系统与编程

5.3.1　全雷软件系统概述

　鱼雷控制系统是鱼雷的控制及信息管理中心。控制系统软件是鱼雷中心计算机的装机软件，包括控制机软件和导航机软件。

　控制机软件主要完成的功能如下：信息综合与控制算法的实现，对预设定信息和线导遥控指令、自导指令以及敏感元件测量的航行参数进行综合处理，按照三通道解耦控制算法形成操舵控制指令；同时负责发射信息装载、全雷时序控制、全雷弹道实现、全雷检测控制、安全保护等功能。

　导航机软件主要完成的功能包括对惯性测量组合（IMU）输出的信息的采集和处理、误差补偿、初始对准及航行姿态解算工作。在鱼雷发射出管前从双口 RAM 中读取控制机转送的注入参数，完成初始对准，在惯导调平后转入导航计算，定时通过双口 RAM 向控制机输出姿态信息等。此外，导航机软件具有系统自检功能，能够依据外部设备输入的硬件检查指令进行详细的硬件检查操作。

　控制机与导航机及雷上其他系统（设备）之间的接口关系如图 5.5 所示。

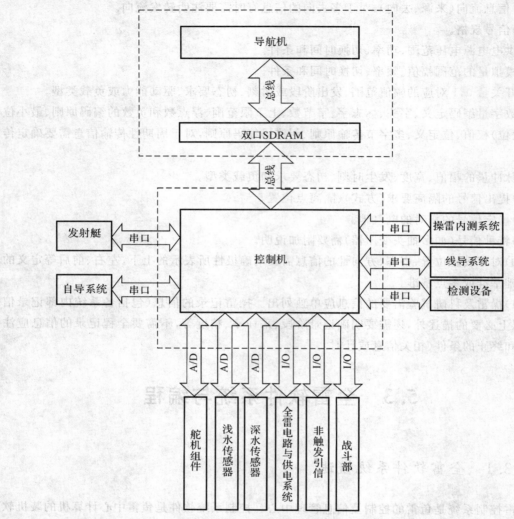

图 5.5 全雷控制机与导航机及其他系统之间的接口关系

5.3.2 全雷控制机软件的配置

一、全雷控制机软件的总体框架

一般地,控制机软件运行平台并不支持多任务并行处理的操作模式,但控制机软件的需求特性要求系统软件在一定时间内可同时对多个任务进行响应处理,并根据不同任务的时间特性达到其实时性要求。

在控制机软件设计中,根据控制机需响应处理任务的时间特性要求,可将任务(事件)分为三类,即定时事件、随机事件和实时事件。根据各定时事件耗时时长和随机事件处理要求,可将系统定时事件又分为单周期处理事件和双周期处理事件两类。通过控制机软件总体框架,在一个稳定控制周期内,完成各类事件处理单元任务的分时调度,以达到系统定周期实时处理的要求。

控制机软件总体框图如图 5.6 所示。

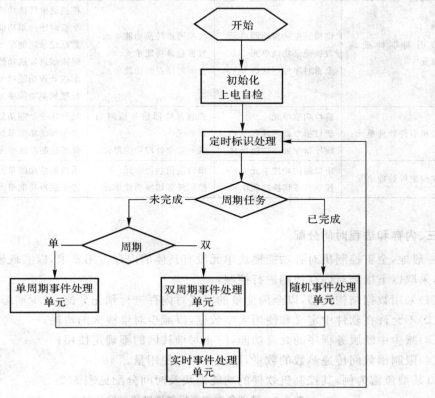

图 5.6　控制机软件总体框图

二、全雷控制机软件的系统状态及模式

根据鱼雷在不同阶段的动作时序要求,各类事件处理单元需处理的任务也有所不同,因此,将各事件处理单元按鱼雷动作的不同阶段分为系统射前准备、待发及射后航行三个阶段;对同一类事件处理单元,不同阶段需完成的功能有所不同。控制机软件系统状态及模式分配情况见表 5.1。

表 5.1　控制机软件系统状态及模式分配

事件单元	射前准备阶段	待发阶段	航行阶段
单周期事件处理单元	模拟通道转换功能单元 数据记录功能单元 双口通信功能单元	模拟通道转换功能单元 数据记录功能单元 双口通信功能单元	模拟通道转换功能单元 深度切换功能单元 双口通信功能单元 测速及雷达解算功能单元 稳定控制及航行限制功能单元 数据记录功能单元

续 表

事件单元	射前准备阶段	待发阶段	航行阶段
双周期事件处理单元	模拟通道转换功能单元 数据记录功能单元 全雷时序控制功能单元	模拟通道转换功能单元 数据记录功能单元 全雷时序控制功能单元	模拟通道转换功能单元 全雷时序控制功能单元 数据记录功能单元 遥测信息发送功能单元 断线处理功能单元 反舰规避功能单元
随机事件处理单元	自检功能单元 艇口指令处理功能单元 线导指令处理功能单元	管装保险器信号检测功能单元 线导指令处理功能单元	线导指令处理功能单元 安全算法功能单元 弹道控制功能单元
实时事件处理单元	串口通信功能单元 控制任务切换功能单元	串口通信功能单元 控制任务切换功能单元	串口通信功能单元 停车逻辑功能单元

三、内存和进程时间分配

一般地,全雷控制机对各功能模块单元没有具体的内存占用要求,以实现模块功能为主要目的,采取以下措施对内存使用进行控制:

(1)采用数据结构类型,以全局变量的形式对内存进行预先分配,减少动态内存分配;

(2)不允许在软件中定义和使用大型数据,以减少对堆栈区的消耗;

(3)减少中断服务程序的处理功能,防止对堆栈区的不确定使用;

(4)限制函数间传递参数的数量,以减少内存使用量。

以某型鱼雷为例,其控制机软件的功能模块及时间分配见表5.2。

表 5.2 某型鱼雷控制机软件进程时间分配表

控制机软件功能单元名称	进程时间分配
上电自检及初始化功能单元	30ms
模拟通道数据采集功能单元	$<500\mu s$
双口通信功能单元	$<100\mu s$
全雷顺序控制功能单元	$<500\mu s$
深度切换功能单元	$<500\mu s$
测速及雷位解算功能单元	$<200\mu s$
稳定控制及航行限制功能单元	$<1ms$
弹道控制功能单元	$<500\mu s$
遥测信息发射功能单元	$<500\mu s$
断线处理功能单元	$<500\mu s$
反舰规避功能单元	$<200\mu s$
数据记录功能单元	$<1ms$
串口通信功能单元	$<1ms$
停车逻辑功能单元	$<500\mu s$

5.3.3　全雷控制机软件的编程

本节根据全雷软件的功能单元划分,对控制机软件各功能单元的编程设计进行介绍。

一、上电自检及初始化功能单元

上电自检及初始化功能单元主要完成以下功能:

(1)初始化:系统上电后首先进行初始化,随后对操/战雷标示及光纤线导标示开关量进行检测,并根据检测结果初始化控制-线导串口、设置雷型;

(2)上电自检:在上电初始化后进行上电自检,上电自检内容包括计算机最小系统检测、协处理器检测、串口自闭环检测、双口读写功能自检、测速功能检测、A/D−D/A 回路检测和开关量初态检测。

二、模拟通道转换功能单元

模拟通道转换功能单元完成控制机模拟通道信号采集,控制机模拟通道包括深度传感器通道(深水传感器通道、浅水传感器通道)和舵反馈通道。

三、双口通信功能单元

双口通信功能单元通过调用底层双口通信函数完成双口数据读/写操作,并根据读取的双口信息对航行参数及惯导调平、陀螺闭合等标志赋值。

控制机对双口的读/写操作包括:

(1)射前准备及待发阶段:读出导航机陀螺闭合及上电自检信息、失谐角信息、调平信息及导航解算参数;写入对准方式、导航注入参数及雷内供电指令信息。

(2)射后航行阶段:读出导航解算信息,写入雷速信息。

四、自检功能单元

自检功能单元完成鱼雷上电后对控制系统及其他系统的检查,包括以下内容:

(1)常规自检:对控制系统、自检接收及全雷连通性进行检查;

(2)状态检查:根据艇串口的自检指令,完成战斗状态自检、检查状态自检、全雷模拟检查、电子头段检查及包装箱检查。

五、艇口指令处理功能单元

艇口指令处理功能单元完成射前艇串口指令信息的处理,包括以下内容:

(1)艇型管口指令:设定艇型、管号及对准方式;

(2)导航参数指令:将注入导航参数转发至导航机双口;

(3)自检指令:根据不同自检指令,进行状态检查;

(4)预设定信息:完成鱼雷设定信息的存储、信息有效性判断和回送;

(5)雷内供电指令:发出"取消闭锁"指令,设置"启动雷内供电检测"标志。

六、线导指令处理功能单元

线导指令处理功能单元完成射前准备、待发及射后航行阶段线导指令的处理。

七、管装保险器检测功能单元

管装保险器检测功能单元在待发状态下完成管装保险器动作信号的检测,设置"管装保险器动作有效"标志,作为"待发"→"射后航行"转换的标志。同时,对管内纵向加速度进行检测,完成"启动故障"判断。

八、全雷时序控制功能单元

全雷时序控制功能单元完成射前准备及待发阶段、射后航行阶段全雷协同动作时序的控制,包括以下内容:

(1)射前准备及待发阶段:定时启动指令发送或开关量输出,根据时间设置状态标示,完成雷内供电状态检测等任务处理;

(2)射后航行阶段:初始测深、头段上电、非触发引信工作频率设定、引信干扰值检测、非触发引信和战斗部解除保险及各输出开关量的脉冲宽度控制等功能,同时根据时间点设置初始机动弹道动作标志。

九、深度切换功能单元

深度切换功能单元完成深水传感器和浅水传感器采集信息的判断,完成两个深度通道的切换和故障判断。

十、测速及雷位解算功能单元

测速及雷位解算功能单元完成对测速通道的读取,间隔一定时间对鱼雷速度进行更新,计算鱼雷雷位、航程,并根据航程给出自导开机距离、安全距离等标示信息。

十一、稳定控制及航行限制功能单元

稳定控制及航行限制功能单元综合深度、速度、姿态、位置等信息及设定的深度、航向角、偏航角速度、俯仰角等控制指令信息,在满足航行限制的情况下,根据控制算法计算并形成操舵指令。其内容如下:

(1)根据全雷航行姿态的变化进行控制参数更新;

(2)对自导导引与线导遥控给出的控制指令进行分析和航行限制判断,根据稳定控制算法形成操舵指令;

(3)将操舵指令通过D/A变换后输出给舵机控制电路;

(4)对前视自导及尾流自导弹道形成的角速度控制指令按增量方式实现角速度控制;

(5)对雷体横滚角进行计算与补偿,实现横滚归零控制;

(6)对航行姿态的变化如变速、变深、变向、爬潜等过程进行判断,并形成相应标识。

十二、弹道控制功能单元

弹道控制功能单元分为初始机动弹道控制、前视自导导引、尾流自导导引及线导导引。

根据全雷弹道,鱼雷出管后首先需进行初始机动,初始机动结束后转入导引弹道控制。导引弹道控制根据不同的使用方式分为线导雷导引弹道控制和自导雷导引弹道控制两种。在线导雷导引弹道控制方式下,同步执行线导导引、前视自导导引或尾流自导导引;在自导雷导引弹道控制方式下,执行前视自导导引或尾流自导导引。

1.初始机动弹道控制

初始机动弹道控制保证雷艇安全分离并使鱼雷进入相应的搜索或战斗深度,由于不同的使用方式(线导、自导、直航)、发射方式(常规发射、沉箱发射)和启动故障条件下鱼雷的初始机动有所区别,因此初始机动弹道控制功能单元又分为自导雷初始机动控制、线导雷初始机动控制、线导雷沉箱发射初始机动控制、直航雷弹道控制和启动故障处理等功能模块。

2.前视自导导引

前视自导导引功能单元按功能分为前视主动自导导引功能单元和前视被动自导导引功能单元。根据检测目标性质,前视主动自导导引功能又分为前视自导主动反潜和前视自导主动反舰两种。

(1)前视主动自导导引:根据雷与目标的距离,前视主动自导检测划分为远程 1、远程 2、中程 1、中程 2、近程等 5 个阶段,检测状态划分为自适应、搜索、直航再搜索、之字形搜索、环形搜索、跟踪等 6 种状态;

(2)前视被动自导导引:前视被动自导模式划分为自适应、搜索、捕获、分跟踪攻击段和再搜索段。

进入前视自导导引功能单元后,控制机软件根据预设定信息或线导遥控指令控制鱼雷在设定搜索深度定深直航,向自导系统发出"自适应"指令;在自导系统自适应结束后,对自导目标检测信息进行判断,完成对目标的搜索和跟踪导引。在前视自导主动反潜和前视自导主动反舰工作方式下,需对自导系统每周期目标检测信息进行判断,控制自导系统下周期的工作状态。

3.尾流自导导引

尾流自导导引是根据尾流自导所给出的目标尾流信息和设定的弹道参数控制鱼雷沿水面舰艇的尾流航行到水面舰艇非接触引信动作区。

4.线导导引

线导导引主要进行线导遥控指令的判断、执行及线导断线判断,遥控指令包括遥控变速、遥控优先级转换、遥控自导开机、遥控动力停车、遥控水面目标识别、遥控自导工作方式更改、遥控偏航角、遥控航速变化、遥控断线偏航角、遥控自导开机距离等。

十三、遥测信息发送功能单元

遥测信息发送功能单元完成遥测数据的准备,并启动发送。

十四、断线处理功能单元

断线处理功能单元完成断线时鱼雷状态的判断和处理,执行断线偏航角指令。

十五、反舰规避功能单元

反舰规避功能单元根据预设定信息,完成鱼雷在尾流自导导引过程中丢失目标或航程到达前所需进行的规定操作。进入反舰规避功能单元后,控制鱼雷回到搜索主航向(入尾流前的航行)±45°的航向,航行一定距离后置反舰规避停车标志。

十六、数据记录功能单元

数据记录功能单元将其他系统发送至控制系统的所有数字量信息转发操雷内测系统进行记录。数据记录功能包括以下阶段内容:

(1)"启动内测发送"标志有效前:对需记录的数字量信息进行暂存;

(2)"启动内测发送"标志有效时:启动暂存数字量信息的发送,发送完毕后,进入周期发送状态;

(3)周期发送状态:以 100ms 或 25ms 为周期,将所有接收到的信息发送至操雷内测系统;当判断到"内测定长批数据发送"标志有效后,启动雷体姿态参数发送。

十七、串口通信功能单元

控制系统通过串口与武器系统及全雷其他电子系统进行信息交互。除调试串口使用查询和单字节收发外,其他串口均采用中断和 FIFO 方式进行收发。根据通信协议,对接收的信息进行有效性验证。

十八、停车逻辑功能单元

停车逻辑功能单元执行停车标志判别及相应操作。具体内容如下:

(1)判断并执行战雷停车,包括航程停车、安全停车、控制系统内部故障停车、遥控停车。

(2)操雷模式下需要反舰规避时执行反舰规避停车,否则判断并执行操雷停车,包括航程停车、遥控停车、安全停车、控制系统内部故障停车、自导故障停车、近程规避停车。

十九、控制任务切换功能单元

控制任务切换功能单元完成射前准备,待发及射后航行各阶段的任务状态切换。

二十、安全算法功能单元

安全算法功能单元完成初始机动及前视自导导引过程中安全算法计算及逻辑判断。

二十一、硬件检查功能单元

控制机通过串口接收检测设备发送的硬件检查指令执行硬件检查。检查内容包括串口检查(如艇串口、自导串口、线导串口、内测串口、调试串口)、I/O 检查(如 27V 和 5V 开关量的输入/输出检查)、测速功能检查、A/D 转换检查、D/A 转换检查、双口握手线检查、双口检查等,检查完成后通过串口回复结果。

二十二、底层模块功能单元

底层模块功能单元完成系统开关量输入/输出、中断设置、串口数据接收/发送、定时基准产生、数字运算、A/D 转换、A/D 通道切换、D/A 转换、双口读/写等底层操作。

5.3.4 全雷导航机软件的配置

导航机软件主要完成 IMU 输出信息的采集与处理、误差补偿、初始对准及航姿解算工作。

导航机软件的外部接口如图 5.7 所示。

导航机软件通过双口与控制机进行信息交互,接收控制机发送的控制指令和对准注入参数,同时通过双口将导航参数和检查结果回送给控制机。

导航机软件通过 6 路可逆计数通道和 A/D 通道对 IMU 输出的信息进行采集,并可通过相应的设置进行各采样通道的自检。

导航机软件可以通过调试串口接收外部设备发送的硬件检查信息,并通过串口输出导航机的调试和自检信息。

导航机软件依据工作时序和结构层次可以分为陀螺闭合及上电自检模块、初始对准模块、模型和误差补偿模块、双口数据通信模块、导航解算模块、修正数学平台再对准模块、硬件检查模块等。

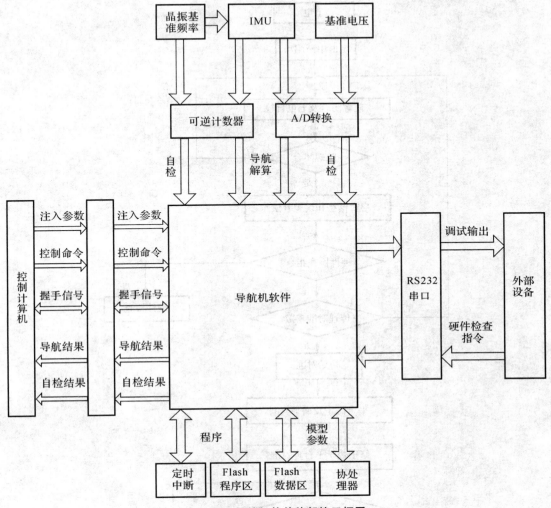

图 5.7　导航机软件外部接口框图

导航机软件的内存和时间分配见表 5.3,其总体流程如图 5.8 所示。

表 5.3　某型鱼雷导航机软件进程时间分配表

导航机软件功能单元名称	内存预算/B	进程时间分配
上电自检	30	10s
在线自检	30	1ms
初始对准滤波周期	2000	87ms
导航解算	100	3ms
硬件检查	30	30s

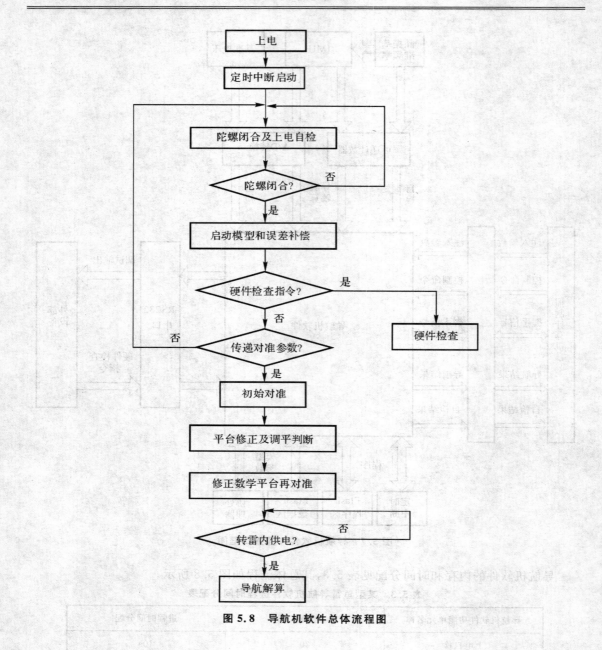

图 5.8 导航机软件总体流程图

5.3.5 全雷导航机软件的编程

下面根据全雷软件的功能单元划分,对导航机软件各功能单元的编程设计进行介绍。

一、陀螺闭合及上电自检模块

导航机在上电初始化完成后,需要等待陀螺的上电闭合。与此同时,导航机持续进行上电自检操作,查询双口接收来自控制机的控制指令和注入参数、查询串口接收来自外部设备的硬件检查指令等。在收到硬件检查指令后,导航机转入执行硬件检查流程;在收到双口的控制指令后,导航机依据控制指令执行下一步操作,根据注入参数完成初始对准。控制指令包括"对准方式""雷内供电指令"等;注入参数射前包括"潜艇航向角""潜艇速度""纬度"等装载信息,射后为"雷速信息"。

上电自检包括 IMU 模型参数和补偿参数自检、中断自检、可逆计数通道自检、协处理器自检、双口读/写自检、测温通道(A/D)自检、串口自检等。导航机在陀螺闭合前,循环进行上电自检的各项检查。在陀螺闭合后,通过双口向控制机发送上电自检结果及陀螺闭合标志。

陀螺闭合及上电自检模块设计流程如图 5.9 所示。

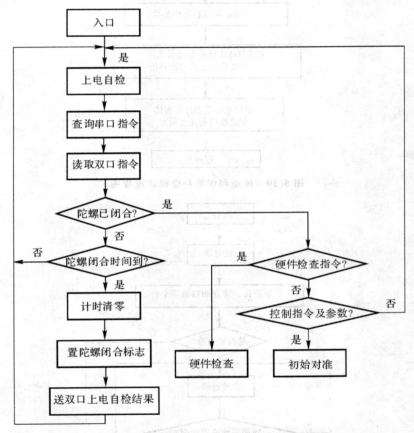

图 5.9　陀螺闭合及上电自检模块设计流程图

二、模型和误差补偿模块

模型和误差补偿模块按周期通过 6 路可逆计数通道和 A/D 转换通道对 IMU 的脉冲量输出及其内部温度进行采集,按系统模型和温度误差对 IMU 原始输出数据进行补偿后,得到雷体的角速度和加速度信息,用于初始对准、导航解算及硬件检查等。

模型和误差补偿模块设计流程图如图 5.10 所示。

1.初始对准模块

若导航机收到控制机由双口发送的"对准方式"指令及注入参数,在陀螺闭合后,进入初始对准模块。利用 IMU 的加速度计输出进行水平自对准,并结合艇注参数中的潜艇航向角信息完成粗对准,建立初始的数学平台。依据"对准方式"指令判断是否进行精对准。在精对准过程中,持续接收艇注参数,以艇注水平速度与惯导解算的水平速度之差为观测量,使用卡尔曼滤波算法,对水平失准角进行滤波估计,并在对准结束后对初始数学平台进行修正。

初始对准模块设计流程图如图 5.11 所示。

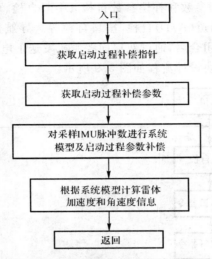

图 5.10　模型和误差补偿模块流程图

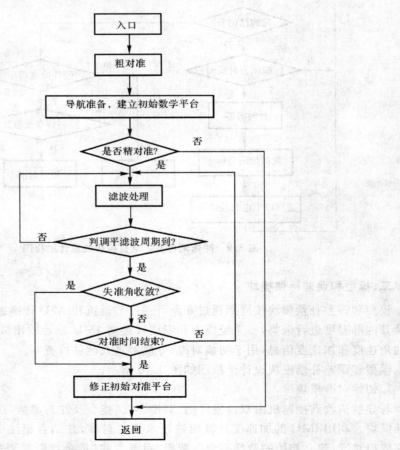

图 5.11　初始对准模块流程图

2.修正数学平台再对准模块

导航机结束初始对准后,实时等待控制机发送的"雷内供电指令"。在未收到控制机发送的"雷内供电指令"前,如果接收到控制机的外部速度信息(即发射艇持续注入的潜艇速度信息),则以外部速度信息与惯导解算的速度信息之差作为观测量,建立卡尔曼滤波器,对平台失准角进行再对准,进一步修正数学平台;在收到"雷内供电指令"后,标志着导航射前状态结束,转入导航解算。

修正数学平台再对准模块设计流程图如图 5.12 所示。

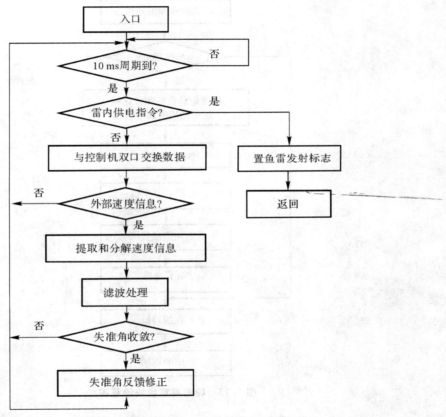

图 5.12　修正数学平台再对准模块流程图

3.导航解算模块

导航机从上电启动 10ms 定时中断。每 10ms 定时对 IMU 输出数据进行采集。对采集的原始脉冲数据,通过模型和温度补偿模块进行补偿后,得到雷体的角速度信息和视加速度信息。在初始对准完成后,开始进行航姿解算,为控制机提供鱼雷运动的姿态角、角速度和加速度等信息;为了减少计算量,导航机采用四元数法进行解算。在工作时,导航机具备在线监测功能,可实时对导航机进行在线监测,用于故障定位及故障排查。在线自检的内容包括中断自检、IMU 输出数据自检(分为 IMU 无数据输出和 IMU 数据输出错误)、测温通道自检、协处理器自检、双口握手线自检等。导航机在每周期自检结束后将自检结果写入双口回复区。

导航解算模块设计流程图如图 5.13 所示。

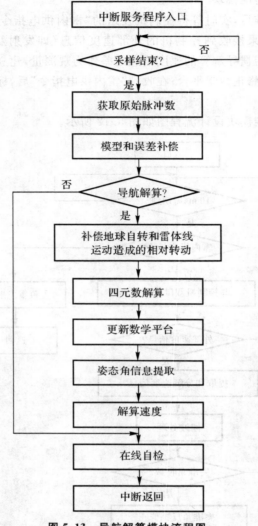

图 5.13　导航解算模块流程图

4. 双口数据通信模块

双口数据通信模块通过双口 RAM 进行导航机软件和控制机软件内部数据的交换。发射前，通过双口从控制机接收导航注入参数、对准方式指令、雷内供电指令等外部信息，并向控制机回复陀螺闭合及上电自检结果、失斜角信息、调平信息等。发射后主要从控制机接收雷速信息，并向控制机发送导航解算结果、在线自检状态等。

双口数据通信模块设计流程图如图 5.14 所示。

5. 硬件检查模块

导航机通过串口接收外部设备发送的硬件检查指令执行硬件检查。硬件检查内容包括补偿参数数据自检、中断自检、可逆计数通道自检、测温通道（A/D）自检、双口读/写通信自检、双口握手线自检、IMU 输出数据自检、串口自检等。硬件检查完成后，通过串口向外部设备输出硬件检查结果。

硬件检查模块设计流程如图 5.15 所示。

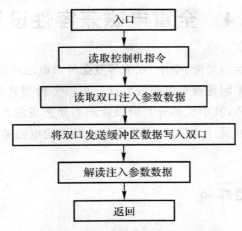

图 5.14　双口数据通信模块流程图

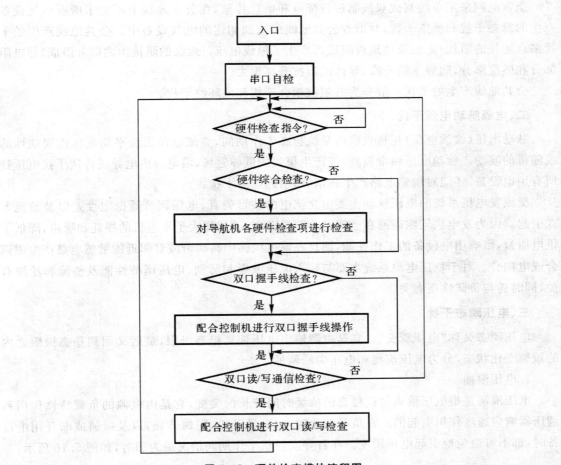

图 5.15　硬件检查模块流程图

5.4 全雷电磁兼容性设计

鱼雷在使用期内还要经历地面、空中、水下等复杂外部电磁环境,为了保证鱼雷可靠工作,必须要解决的一个突出技术问题就是电磁兼容性。根据多种型号鱼雷的经验,在研制试验中出现较多的电磁兼容性故障,其中大部分是因设计不当而造成的。因此,在系统方案开始时,就应考虑和重视电磁兼容性设计,这是确保鱼雷及各系统的电磁兼容性的最有效和最经济的方法。

5.4.1 雷内电磁环境

一、公共地线产生的干扰

全雷电网采用单线制或双线制进行配电和信息传输,在公共地线上汇集了所有电气设备产生的瞬态干扰和噪声干扰,并沿着公共地线传送到相连的电气设备中。公共地线产生的干扰来自地线的阻抗,电流流过地线阻抗而产生了地线电压。地线的阻抗由两部分组成,即电阻部分和感抗部分,随频率的升高,导体的阻抗升高很大。

公共地线产生的干扰一般分为共阻抗耦合干扰和地环路干扰。

二、电源脉动电压干扰

脉动电压(纹波电压)是指直供电系统稳态工作期间,直流电压围绕平均电压作周期性的或随机的波动。脉动电压频带较宽,能产生很强的低频磁场,沿电源供电导线传送干扰电压到所有用电设备,还能对敏感电路产生磁耦合,引起电磁干扰。

交流发电机系统的电压脉动主要由交流电的波形失真、电压调节器稳定性差以及整流方式引起。因为发电机气隙磁通在空间的非正常分布,不仅增大了发电机的损耗和噪声,降低了供电质量,影响用电设备的工作性能,而且在输电线路中高次谐波对邻近的敏感电路产生磁耦合或电耦合。对于稳压电源系统主要与输入电压波形和脉动、电压调节性能及整流和滤波有关,同时还与负载性质有关。

三、电压瞬态干扰

电压瞬态又称"电压瞬变"。它是电源输出电压偏离稳态极限,最后又回到稳态极限之内的短暂变化状态,分为电压浪涌和电压尖峰两种。

1.电压浪涌

电压浪涌是指电压偏离被控稳态的持续时间较长的突变,它是由电源的负载特性作用和调压器响应速度作用引起的。在负载变化时,如自导开机、陀螺开锁,以及接通或断开用电设备时,都不可避免地引起电压瞬变。在自导发射机工作期间情况最为恶劣,如图 5.16 所示。

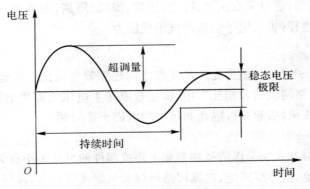

图 5.16　浪涌电压示意图

2.电压尖峰

电压尖峰是指电压偏离某一浪涌值或被控稳态值,在极短时间内达到最大值,并且又迅速衰减到浪涌或稳态范围内的电压瞬态。尖峰的持续时间通常规定小于 $50\mu s$,峰值很高,它可能叠加在电压浪涌上,也可能叠加在稳态电压波形上,通常用谐波分量来表示。它是在负载接通或断开时,由高频电流产生的,与电压调压器无关。叠加在稳态波形上的电压尖峰如图5.17所示。

电压瞬态虽然时间短暂,但有时出现过高电压或过高电流能产生假信号和触发冲击,导致计算机以及其他电气电子设备发生误动作。如触发器会发生触发错误;计数器出现计数错误;瞬态信号被当作控制信号放大;开关状态改变,出现错误动作等。电压瞬态对半导体器件的损坏是元件失效的主要原因。鱼雷上使用的元器件虽然经过筛选和老化测试,仍经常出现元器件损坏问题,根本原因是忽略了瞬态干扰所造成的破坏作用。

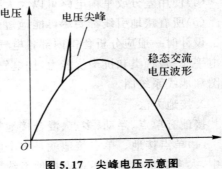

图 5.17　尖峰电压示意图

3.传输导线之间的交叉耦合与串扰

串扰是指在传输导线束内,由于与其相邻的导线发生电或磁的相互耦合而引入的不希望有的信号。由于鱼雷空间结构限制,一般都将处于同一方向敷设的导线和电缆捆扎在一起,固定在鱼雷壳体上。导线束内有直流、低频、高频线路,相邻导线间干扰源电路和敏感线路之间可以是低频耦合,也可以是高频耦合,它们以电场、磁场、电容传导耦合形式产生干扰电压信号。如高电频电路是一个潜在的辐射干扰源,而敏感线路对高电频交流线路和脉冲线路产生的串扰问题特别敏感,因此布线时,将干扰导线与被干扰导线之间隔离一段距离(一般规定为5 cm),但实际上鱼雷布线是难以满足这个要求的,还需要采取其他措施。

5.4.2　电磁兼容性设计

鱼雷内部电磁环境是比较恶劣的。为了保证各系统用电设备在一定的电磁环境中能正常工作,从方案论证、设计、研制、试验全过程都要进行电磁兼容性控制。电磁兼容性设计是电磁兼容性控制的首要工作,通过采取接地、屏蔽、搭接、滤波、隔离、电缆敷设等技术措施,抑制干扰源,切断干扰耦合途径,提高电子设备的抗干扰能力。

一、接地

接地是为了在电子线路与鱼雷壳体基准点之间建立导电通路。接地设计时,必须防止不希望有的地电流在回路间流动和相互作用,以免造成寄生电压或寄生电流耦合到电路和部件中,降低屏蔽和滤波效果,引起难以隔离和解决的电磁干扰问题。

1. 接地电路设计一般准则

(1)电子设备接地方式与工作信号频率和电路或部件的尺寸大小有关。

(2)对信号回路地、信号屏蔽地、电源回路地以及机架或外壳地,保持独立的接地系统是合理的,在一个接地基准点上将它们连接在一起。通常采用所谓的"四套法"接地方法,即根据接地信号特点分为四套:

第一套是敏感信号地和低电平信号地,如前置放大器。

第二套是不敏感信号地和高电平信号地,如功率放大器。

第三套是干扰源地,如电机、继电器等地。

第四套是金属结构地,如各分机构的机架和设备外壳、信号屏蔽线的地。

(3)接雷体的地线应具有高的导电率。

(4)使用差分或平衡电路可以大大减小地线干扰的影响。

(5)所有接地引线都要尽可能地短而直,导线端连接可靠。

设计时一般应分析鱼雷内部各电气部件的干扰特性,搞清设备内部包含的电路单元的工作电平、信号种类和抗干扰能力,按电气部件和电路特性将地线分类划组,最终画出总体布局框图和地线系统图。

2. 接地方法

接地有单点、浮动、多点、混合接地等多种方法,应根据具体情况进行设计。

(1)单点接地。单点接地就是多个电路的地线接到一个公共地线的同一点,常用于低频电路中,大多数鱼雷都采用单点接地系统。

图 5.18 表示一个纯单点接地系统。每个电路和每个屏蔽壳体都单独接至单点接地点。每个框架都与机壳有一个搭接点,这个接法将消除共阻抗耦合和低频接地环路。单点接地系统可用于低于 1MHz 的电路,但敏感模拟电路仍能拾取电感和电容耦合噪声,并且接地线数目太多,接线比较烦琐。

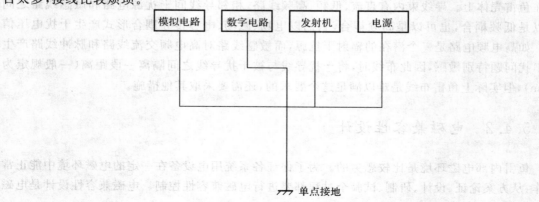

图 5.18 纯单点接地系统

图 5.19 表示一种改进的单点接地系统。把具有相同噪声特性的电路连接在一起,敏感的电路离单点地最近。这种接线法减少了所需地线的总数,但公共阻抗耦合略有增加。

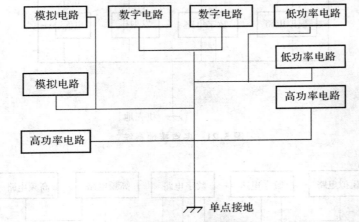

图 5.19　改进的单点接地系统

(2)浮动接地。图 5.20 所示为用于电路的浮地系统。这个接法要求电路和机壳全隔离,而且电源和信号必须通过变压器或隔离器进入和离开系统。

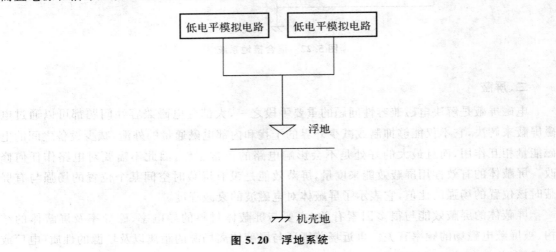

图 5.20　浮地系统

在浮动接地系统中,鱼雷各系统有它们各自独立的地,在电气上将系统所属组件或部件与可能引入地电流的公共接地面或公共导线加以隔离,以减小公共阻抗耦合和地环路产生的干扰,常用方法是采用隔离变压器、光学隔离器和带通滤波器。为防止静电积累,可在信号地和机壳地之间设置一个高阻值泄放电阻。

(3)多点接地。图 5.21 表示多点接地系统。电路和机壳在许多点搭接,这类接地系统通常用于具有相同噪声特性的高频电路($f \leqslant 10\text{MHz}$)。因为可能产生许多接地环路,因此不应用于敏感电路。

(4)混合接地。图 5.22 表示由浮地、单点接地和多点接地系统组合而成的混合接地系统。在图中,一个约 1mH 的电感器用来泄放静电,同时将高频电路与机壳地隔离。采用时必须小心避免接地系统中分布电容和电感引起的谐振现象。

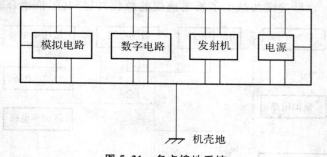

图 5.21　多点接地系统

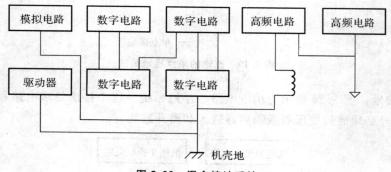

图 5.22　混合接地系统

二、屏蔽

电磁屏蔽是解决电磁兼容性问题的重要手段之一,大部分电磁兼容性问题都可以通过电磁屏蔽来解决,它不仅能够抑制或减少外界的干扰和内部电磁通量的外泄,减少设备之间的电磁能量相互作用,而且最大的好处是不会影响电路的正常工作,因此不需要对电路作任何修改。屏蔽体的有效性用屏蔽效能来度量,屏蔽效能是没有屏蔽时空间某个位置的场强与有屏蔽时该位置的场强的比值,它表示了屏蔽体对电磁波的衰减程度。

屏蔽体的屏蔽效能与很多因素有关,主要与屏蔽体材料的导电率、磁导率及屏蔽体的结构、被屏蔽电磁场的频率有关。再近场范围还与屏蔽体离场源的距离以及场源的性质(电厂或磁场)有关。

1. 电场屏蔽

在鱼雷各系统电子设备中所涉及的电场一般均是时变场,这样可把两个单元间的电场感应看作是两者间分布电容的耦合。对电场屏蔽的实质是干扰源发出的电力线被终止于屏蔽体,从而切断干扰源与感受器之间电力线的交连;从电路的观点来看,屏蔽体起着减少干扰源与感受器之间分布电容的作用。

为了获得有效的电场屏蔽,在设计时必须注意:

(1)屏蔽体必须良好接地,最好是屏蔽体直接接地。

(2)正确选择接地点,即屏蔽体的接地点应靠近被屏蔽的低电平元件的入地点。

(3)合理设计屏蔽体的形状。

（4）注意屏蔽体材料的选择。在时变场作用下，屏蔽体上有电流流动，为减小屏蔽体上的电位差，电屏蔽体应选用良导体，如铜、铝等。在高频时，铜屏蔽体表面应镀银，以提高屏蔽效能。

（5）电屏蔽体的厚度没有特殊要求，只要屏蔽体结构的刚性和强度满足要求就可以。

2.磁场屏蔽

磁场屏蔽通常只是对电流或甚低频磁场的屏蔽，其屏蔽效能远不如电场屏蔽和电磁屏蔽。磁场屏蔽的机理主要是依赖高磁导率材料所具有的小磁阻尼起磁分路作用，也就是由磁屏蔽体为磁场提供一条低磁阻分路，使屏蔽体内部空间的磁场大大减小。

在进行磁场屏蔽设计时要遵循以下要求：

（1）磁屏蔽体应选用铁磁性材料，如钢、工业纯铁、硅钢、高磁导率铁镍合金等。应从费效比要求选择合适材料。

（2）屏蔽体内腔若含有磁性元件时，则应使磁性元件与屏蔽体腔内壁留有一定的间隙，防止磁短路现象。

（3）磁屏蔽体效能随壁厚的增加而提高，但壁厚一般不宜超过 2.5mm，否则加工困难。在单层屏蔽不能满足要求时，可采用双层甚至多层屏蔽结构。

（4）屏蔽强磁场时，要防止屏蔽体的磁饱和。

（5）屏蔽体上的接缝与孔洞的配置要注意方向，尽可能使孔、缝的长边平行于磁通流向，圆孔的排列要使磁路长度增加量最小。

（6）屏蔽体经机加工成型后都要进行退火处理。退火后的磁屏蔽罩不能再进行任何机加工，尤其是坡莫合金一类的屏蔽体，对机械应力特别敏感，在运输和安装过程中均要防止撞击。

（7）根据磁屏蔽机理，屏蔽体不需要接地，但为了防止电场感应，一般还是接地为好。

3.电磁屏蔽

电磁屏蔽是用屏蔽体阻止电磁场在空间传播的一种措施，电磁场在通过金属或对电磁场有衰减作用的阻挡层时，会受到一定程度的衰减，即产生屏蔽作用。屏蔽效能的大小与电磁场的性质及自身的特性有关。

电磁屏蔽的机理与电场屏蔽、磁场屏蔽不同。电磁波在穿过屏蔽体时发生衰减是因为能量有了损耗，这种损耗可以分为两部分：反射损耗和吸收损耗。当电磁波入射到不同媒介的分界面时，发生反射现象，使穿过界面的电磁能量减弱，造成的电磁能量损失称为反射损耗。当电磁波穿过一层屏蔽体时要经过两个界面，因此要发生两次反射，电磁波穿过屏蔽体时的反射损耗等于两个界面上的反射损耗总和。电磁波在屏蔽材料中传播时，会有一部分能量转化成热量，导致电磁能量的损失，损失的这部分能量称为屏蔽材料的吸收损耗。

电磁屏蔽设计时可按如下程序进行：

（1）判断干扰源、感受器及其耦合方式，确定屏蔽对象。一般来说高电平电路是干扰源，低电平电路是感受器。有时干扰原因很复杂，可能有数个干扰源，通过不同的耦合途径，同时作用于一个感受器，这时首先要抑制较强的干扰，然后再对其他干扰采取相应的抑制措施。

为了抑制干扰，一般仅需单独屏蔽干扰源或感受器，在屏蔽要求特别高的场合，干扰源和感受器都需要屏蔽。

（2）根据设备和电路单元、组件工作时的电磁环境要求，提出保证设备或系统能正常运行所必需的屏蔽效能值，确定屏蔽要求。对于诸如接收机、灵敏的测试仪器和控制系统等敏感设备,可根据敏感度极限值和工作环境的电磁干扰强度确定其屏蔽效能。对于各种信号源、发射机及其他干扰场源,可根据有关标准规定的辐射发射极限值和自身的辐射场强来确定所需要的屏蔽效能。

（3）初步设计。根据屏蔽效能要求,并结合拟采用的屏蔽体结构形式,对屏蔽效能进行计算,直到满足要求。

（4）协调屏蔽与其他要求的矛盾。对屏蔽的要求往往与对系统其他方面的要求有矛盾,如通风散热、易维护性、易观察性、体积、质量和成本等。这就要求设计人员权衡利弊,从获得较佳的费效比出发,寻求最佳的设计方案,以满足设备技术条件规定的各方面要求。

（5）屏蔽体的结构设计。首先选择屏蔽材料,然后根据屏蔽要求选择屏蔽体的结构形式。适当增大屏蔽体壳体厚度和采用多层屏蔽方法,能提高屏蔽效果,并能扩大屏蔽的频率范围;壳体上的检查孔、调整孔、通风散热孔的数目和尺寸应减至最少,所有孔洞应采用导电玻璃或金属网将其封住;壳体接头、接缝、密封衬垫等缝隙数也应减至最少,以保证不降低屏蔽效果。

三、滤波

滤波器能非常有效地减小和抑制电磁干扰,能使不需要的电磁信号受到衰减,而让所有需要的信号通过。对于产生或容易受到电磁干扰的电路和设备应使用滤波装置,使干扰电磁场降低到允许范围内。在进行滤波设计之前必须了解所面对的干扰电流的种类,正确区分共模干扰电流和差模干扰电流。

1. 滤波器种类

滤波器是由集中参数的电阻、电感和电容,或分布参数的电阻、电感和电容构成的一种网络。根据干扰源的特性、频率范围、电压和阻抗等参数及负载特性的要求,可适当选取滤波器。滤波器按类型一般分为低通滤波器、高通滤波器,带通滤波器、带阻滤波器、吸收滤波器、有源滤波器和专用通道滤波器。滤波器按电路一般分为单容型(C 型)、单电感型(L 型)、Γ 型、反 Γ型、T 型和 Π 型。不同结构的电路适合于不同的源阻抗和负载阻抗,如图 5.23 所示。

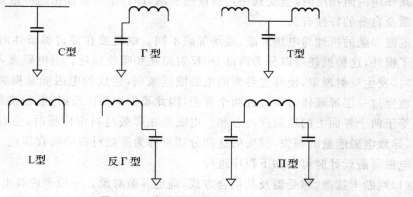

图 5.23　滤波器的类型

T 型滤波器适用于信号源内阻和负载电阻比较小(如低于 50Ω)的情况;Π 型滤波器适用于信号源内阻和负载电阻都比较高的情况;当信号源内阻和负载电阻不相等时,可以选用 L型或 C 型滤波电路;对于低信号源阻抗和高负载阻抗,可选 L 型滤波器;反之,可选用 C 型滤波器。选用不同形式的滤波器,有助于减少信号源内阻和负载电阻对滤波器频率特性的影响。

滤波器最重要的特性是对于干扰的衰减特性,即插入损耗。其表达式为

$$E_{dB} = 20\lg(V_1/V_2) \tag{5.1}$$

式中　E_{dB}——滤波器插入损耗(dB);

　　　V_1——干扰信号通过滤波器后在负载电阻上的电压(V);

　　　V_2——在没有滤波器时,干扰信号在负载电阻上的电压(V)。

2.滤波器的选择

滤波器选择时主要考虑以下要求:

(1)要求电磁干扰滤波器在相应的工作频段范围内,能满足负载要求的衰减特性,若一种滤波器衰减量不能满足要求,则可采用多级联,可以获得比单级更高的衰减,不同的滤波器级联,可以获得在宽频带内良好的衰减特性。

(2)要满足负载电路工作频率和需抑制频率的要求,如果要抑制的频率和有用信号频率非常接近,则需要频率特性非常陡峭的滤波器,才能满足把抑制的干扰频率滤掉,只允许通过有用频率信号的要求。

(3)在所要求的频率上,滤波器的阻抗必须与和它相连接的干扰源阻抗和负载阻抗相匹配。如果负载是高阻抗,则滤波器输出阻抗应为低阻;如果电源或干扰源是低阻抗,则滤波器输出阻抗应为高阻;如果电源或干扰源是未知的或者是在一个很大的范围内变化,很难得到稳定的滤波特性,为了使滤波器具有良好的比较稳定的滤波特性,可以在滤波器输入端和输出端同时并接一个固定电阻。

(4)滤波器必须具有一定的耐压能力,要根据电源和干扰源的额定电压来选择滤波器,使它具有足够高的额定电压,以保证在所有预期工作的条件下都能可靠地工作,能够经受输入瞬时高压的冲击。

(5)滤波器允许通过的电流应与电路中连续运行的额定电流一致。额定电流高了,会加大滤波器的体积和质量;额定电流低了,又会降低滤波器的可靠性。

(6)滤波器应具有足够的机械强度,结构简单,质量小,体积小,安装方便,安全可靠。

3.滤波器的安装

选择好滤波器,如果安装不适当,仍然会破坏滤波器的衰减特性。只有恰当地安装滤波器才能获得良好的效果。一般考虑以下要求:

(1)滤波器最好安装在干扰源出口处,再将干扰源和滤波器完全屏蔽起来。如果干扰源内腔空间有限,则应在靠近干扰源电源线出口外侧,滤波器壳体与干扰源壳体应进行良好的搭接。

(2)滤波器的输入线和输出线必须分开,防止输入端和输出端线路耦合,降低滤波特性,通常利用隔板或底盘来固定滤波器。若不能实施隔离,则采用屏蔽引线。

(3)滤波器中电容器导线应尽量短,以防止感抗与容抗在某频率上形成谐振。

(4)滤波器接地线上有很大的短路电流,能辐射电磁干扰,要进行良好的屏蔽。

(5)焊接在统一插座上的每根导线必须进行滤波,否则会使滤波的衰减特性完全失去。

(6)管状滤波器必须完全同轴安装,使电磁干扰电流成辐射状流过滤波器。

习　　题

5.1　全雷电网的功用是什么,有哪几种配电方式?

5.2　全雷供电系统发电机的设计应遵循哪些基本原则?

5.3　全雷信息设计的来源有哪些? 简述其常见的信息形式及信息形式的选择原则。

5.4　鱼雷控制机软件的主要功能是什么?

5.5　何谓电压尖峰? 其危害是什么?

5.6　鱼雷电磁兼容性设计中有哪些接地方法?

5.7　你认为在鱼雷电气设计中需要注意哪些问题?

第6章 鱼雷总体布置与国外典型鱼雷介绍

6.1 鱼雷总体布置的一般原则

总体布置是鱼雷总体设计中的重要一环,总体布置服从鱼雷总体性能的要求,也直接关系到战术技术指标的实现与总体性能的优劣。不同鱼雷总体布置的要求与方法会有所不同,但一般地说,鱼雷总体布置应遵循以下的基本原则。

一、尽量满足鱼雷动力平衡和运动性能所提出的质心位置要求

在鱼雷外形确定后,鱼雷的浮力和浮心位置及流体动力和压力中心位置随之确定,这时重心位置的确定就将决定重心、浮心和压力中心三者的相互位置关系,而这三者的关系将直接影响到鱼雷静力和动力的平衡、运动稳定性与操纵性。

鱼雷质心纵向位置的取值,应能减小鱼雷的平衡舵角,以提高平衡质量;从运动稳定性方面考虑,质心越靠近雷头,稳定性越好,但机动性能降低。因此,需要统筹考虑。一般情况下,鱼雷质心的纵向位置,在以浮心为坐标系原点的雷体坐标系中的轴向坐标 x_G 的值应在 $-45\sim+110$ mm 范围内。对于负浮力鱼雷,质心位置多在浮心位置之前,即 x_G 为正;对于正浮力鱼雷,一般 x_G 值多为负值,即质心在浮心之后。

鱼雷质心越低,直航时的横滚稳定性越好,但质心太低将导致鱼雷在回旋时横滚和偏深过大。现有鱼雷质心在以浮心为坐标系原点的雷体坐标系中的竖向坐标 y_G 的值一般在 $-5\sim-8$ mm 范围内。早期无横滚控制的鱼雷的质心下移量都较大,例如,ЭT-46 鱼雷,$y_G=-15$mm。

为了使鱼雷依靠自身的重力产生静力矩,以平衡螺旋桨失衡力矩或螺旋桨外轴对壳体的摩擦力矩,使鱼雷在航行中的横滚不致过大,有些鱼雷的质心位置有一定的侧移量 z_G,一般 z_G 在 $0\sim\pm2$mm 范围内。

在鱼雷结构布置与质量分布设计中应尽量考虑满足上述质心位置的要求。在万不得已的情况下,可以采用配重(压铅)的方法来调整全雷质心位置。对于具有较好横滚自动控制系统的现代鱼雷,质心的下移与侧移要求不是必需的,许多鱼雷 $y_G\approx0$,$z_G=0$。

二、合理调整鱼雷的负浮力

从提高鱼雷运动性能角度,负浮力越小越好,特别是自导鱼雷。但从加大发动机功率和增加能源储备以提高鱼雷的航速与航程角度,从增加装药量以提高爆破威力角度,鱼雷的负载质量越大越好,这就需要鱼雷具有一定的负浮力。因此,需要综合权衡。一般情况下负浮力不大于鱼雷质量的 30%。此外,鱼雷浮心的轴向位置也是很重要的,与鱼雷质心轴向位置综合影响鱼雷的运动性能。当质心位置调整困难时,可以考虑调整浮心位置,以满足两者的匹配。调整浮力与浮心位置的途径主要是调整中部圆柱段的长度与尾部曲线段的线型。

三、尽量减小内部系统和线路的迂回

减小内部系统和线路的迂回可以提高可靠性,减少传动的积累误差,同时也可减轻质量。

根据这一原则对鱼雷的发动机和燃料供应系统、自导和控制系统、传动系统以及气路、水路、油路、电路等进行合理的连接和布局。

四、考虑与发射装置配合的互换性

同一发射装置可以发射多种类型的鱼雷,这在战时是非常重要的。因此对于所设计的鱼雷如果是使用舰艇上现有的发射装置发射,就要考虑发射装置对鱼雷总体布置的要求。主要有以下几个方面:

(1)对鱼雷外形尺寸的要求:鱼雷的直径、长度等外廓尺寸都应在发射装置允许的范围内。例如某 53 口径液压平衡式鱼雷发射装置,要求鱼雷直径不大于 533.4 mm,长度一般不超过 7 000 mm。

(2)对鱼雷射前的检测与参数设定装置部位的要求:鱼雷在发射前,需对鱼雷的某些电气或机械系统进行检测,对深度、方向等一些运动参数进行设定。其检测和设定装置在发射装置上都有固定的部位和窗口,在鱼雷总体布置时应与发射装置一致,各类机电接口也均应与发射装置相匹配。

(3)对于能源的补充部位也应一致。例如,蒸汽燃气鱼雷气舱(或电雷的气瓶)的空气,需要在发射装置中补充和检查压力,所以其充气阀、锁气阀应和发射装置上检查孔位置一致。

(4)为了将鱼雷固定在发射装置中,鱼雷上的制止块应与发射装置上的制止器位置一致。

(5)鱼雷扳机应与发射装置上扳机闩位置一致。

如果所设计的鱼雷有许多特殊的要求,使用现有发射装置无法解决,那么就须要考虑设计新的发射装置。

五、工艺性与可维修性要求

各组件在雷体内要便于且能够可靠地安装;易损件要便于更换;各检测部件与部位应布置在各分段的暴露位置,以便于检查与维修;雷体上尽量少设置孔盖,避免降低壳体的强度与破坏雷体线型的完整性。

六、兼容性与可靠性要求

(1)强电与弱电设备尽可能分开布置,以减少电磁干扰,必要时增加隔离屏蔽,以满足电磁兼容性要求。

(2)发热组件(如大功率电源、燃烧室、发动机等)与热敏感组件尽可能分开布置。

(3)对于某些对振动与噪声较敏感的元器件,布置时应远离振源与噪声源,以保证这些元器件能可靠地工作。

七、尽可能满足各机组、各装置的特殊要求

(1)炸药及引信:为使鱼雷攻击目标时能有效地发挥爆炸威力,炸药应放在鱼雷的头部,使其靠近目标。爆发器也应布置在炸药的爆心位置,通常把炸药和引爆装置等作为一段,布置在鱼雷头部,称为战雷头段。

(2)动力系统:热动力鱼雷的能源在航行中逐步消耗,将影响到全雷质心位置的改变,所以应尽可能地将能源部分布置在全雷的质心附近,使燃料消耗过程中质心位置变化不大。

主机和推进装置原则上应尽可能靠近,以缩短推进轴。由于往往受到鱼雷舱室容积的限制,通常主机布置在鱼雷尾部曲线段的最大直径处,主机的燃烧室和汽缸等部件布置在非水密舱内以便冷却。

能源的输送和控制装置,如关气阀、锁气阀、启动阀、气水油开关等布置在能源和主机之间。

(3)深度操纵系统:水压定深器的布置应避免鱼雷周围流场对静压力的影响,使其能感受真实的海水压力,须布置在距鱼雷头部曲线段一定距离的圆柱段上;为避免或减小鱼雷绕质心转动所产生的惯性力对定深器工作的影响,应尽量把它布置在靠近鱼雷质心的位置;为防止位移信号传送失真和滞后,横舵机一般应布置在定深器附近。由于横舵常布置在鱼雷尾部,以增大操纵力矩,这使得操纵杆较长,连接处增多。为减小其不利影响,舵杆连接结构设计须尽量消除间隙和最大限度地减小弹性变形,以保证操舵系统的精度。

(4)方向操纵系统:方向仪的布置从本身的性能来看,应靠近鱼雷质心位置以减少惯性力的影响。操舵杆和直舵的布置要求与横舵系统类似。

(5)自导装置和非触发引信:自导装置的布置从其本身的性能来看,应处在视野最开阔、受鱼雷自噪声影响最小的位置,显然应将其布置在鱼雷的最前端。

主动电磁非触发引信的布置应考虑信号发送器和信号接收器之间留有一定的距离,以保证引信的正常工作,并且使信号接收器尽可能少受其他各种信号、声音以及振动的影响。因此,一般将信号发送器放置在鱼雷后舱外表面靠近雷鳍处,而信号接收器放置在雷头靠前端处;对于自导鱼雷,信号接收器一般放置在自导装置的接收、发射和放大装置的后面。

(6)线导鱼雷的雷内线圈应尽可能靠近导线出口,以减小导线穿过的管路长度,且导线应尽量平直,不允许有突变的弯折点。

6.2　国外典型鱼雷组成系统与总体布置

6.2.1　美国鱼雷

美国目前的鱼雷研制与生产水平居世界领先水平。从 20 世纪 60 年代起主要研制与不断改进 MK46,MK48 及 MK50 等 3 种型号鱼雷。

一、MK46 鱼雷

MK46 鱼雷是一种多用途的声自导热动力反潜鱼雷,可由水面舰艇发射管发射,也可由直升机或固定翼飞机投放,还可作为反潜导弹的战斗部。MK46 鱼雷有 0,1,2,3,4,5 共 6 个型号,目前共生产了 20 000 枚左右,是世界上产量最多的一种鱼雷,除美国自用,还出口到世界许多国家。

MK46-0 型鱼雷 1963 年由美国通用航空喷气发动机(Aerojet General)公司研制成功,至 1965 年共生产了约 1 200 枚。MK46-0 型鱼雷采用固体火药作燃料,MK46-1 型鱼雷,后又称为 MK46-1 型 2 阶段,采用单组元奥托型液体燃料,1965—1969 年共生产了约 10 000 枚。MK46-2 型是由 MK46-1 型 2 阶段略经改进的,20 世纪 70 年代共生产了约 6 000 枚,大量出口供应美国的盟国和地区。MK46-3型鱼雷没有生产。MK46-4型鱼雷用作 MK60 荚壳水雷的战斗部,共生产了约 2 000 枚。MK46-5 型鱼雷是 70 年代末研制成功的,相对于 MK46-2 型主要改进了声自导系统和控制系统,提高了搜索检测的灵敏度,同时采用了双速制。MK46-5 型鱼雷 80 年代初开始装备部队,是美国现役的主要反潜鱼雷。

(一)主要战术技术性能

MK46 型鱼雷的主要战术技术性能见表 6.1。

表 6.1　MK46 型鱼雷主要战术技术性能

参数	MK46-2 型战雷	MK46-2 型正浮力操雷	MK46-5 型战雷
直径/mm	324	324	324
长度/mm	2 591	2 786	
质量/kg	230	214	231
排水量/m³	0.189	0.219	
(速度/kn)/(航程/m)(15m 航深时)	44/10 300	44/7 200	43.5/11 200,36/16 500
装药量/kg	44		44
最大作战深度/m	460		610
制导方式	主、被动声自导	主、被动声自导	主、被动声自导

(二)总体结构与布置

MK46 型鱼雷全雷分为 4 大段(见图 6.1),即自导头(雷顶)、雷头(战雷头或操雷头)、控制段和燃料舱、后舱和雷尾。

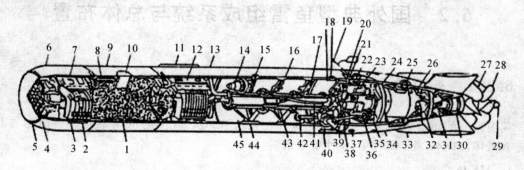

图 6.1　MK46 鱼雷总体结构布置

1—炸药;　2—接收机;　3—发射机;　4—换能器;　5—透声段;　6—雷顶段;　7—前接线盒;　8—感应线圈;　9—战雷头;　10—爆发器;　11—控制组件;　12—后接线盒;　13—长燃料舱;　14—减压器;　15—通气孔塞;　16—前挡板;　17—后隔板;　18—燃料注入孔;　19—海水电池保险索;　20—燃料泵;　21—单向阀;　22—海水电池;　23—燃烧室;　24—辅机隔板组件;　25—设定插座;　26—发动机;　27—前桨;　28—后桨;　29—排气阀;　30—止推轴承;　31—内、外轴;　32—舵机;　33—鳍舵;　34—后舱;　35—海水泵;　36—双速阀;　37—海水入口;　38—点火器;　39—交流发电机;　40—互锁阀;　41—燃料舱电缆;　42—互锁阀导管;　43—气瓶;　44—电缆管;　45—前隔板

自导头内安装声自导系统的各组件,战雷头内装有主装药和引信。头部前端外表面装有

磁非触发引信感应线圈,线圈缠绕在壳体上,外表面以树脂固封并经加工保持原来线型和粗糙度。这样可减少单独的引信段。

控制段和燃料舱虽分隔开,但是合为一段壳体。实际上控制组件,包括电源、计算机、自动驾驶仪和后接线盘等都装在一起,用 6 个长螺栓固定在雷头的后端面上。燃料舱的前部专门有一段空间以容纳控制组件。除自导系统的电子组件外,鱼雷全部电子器件都集中布置在控制段内。电源电缆经燃料舱插在后接线盒上,控制组件的连接电缆通过左、右两侧的接线盒接出。全雷一共有 4 条电缆,每根电缆上的接插件均不相同,因而可避免安装时出差错。

燃料舱分长、短两种,短的主要是考虑正浮力操雷的需要。战雷和标准操雷使用 3 个可相通的分隔室,装燃料 42.5 kg。短燃料舱只有两个分隔室,可装 30 kg 燃料。采取分隔室的目的是避免鱼雷航行中因滚动等不稳定运动所产生的大量液体燃料流动。采用短燃料舱时,为了容纳雷头后端面突出的控制组件,须加装一段空的正浮力舱壳体。长、短燃料舱除分隔室数量和总长度不同外,其他结构完全相同。燃料舱中央有一小的圆柱形空腔,空腔内可装一个二氧化碳气瓶(同样分长、短两种)。同时电缆也可从此空腔内通到后舱。二氧化碳气体是供压送燃料到燃料泵入口处用的。

后舱和雷尾合为一段,也称后段,内装热动力系统各组件和电动伺服舵机;外部为推进器和鳍舵结合的全动舵。

MK46-2 型鱼雷由各不同舱段可组成 5 种构型,即战雷、标准操雷、正浮力操雷、三维跟踪标准操雷、三维跟踪正浮力操雷。三维跟踪操雷头与标准操雷头不同,前者可详细测量和记录鱼雷的航行轨迹。

(三)动力推进系统

动力推进系统由燃料舱和后舱组成,为鱼雷前进提供动力并为自导控制系统提供电源。当鱼雷发射时,海水电池的保险索被抽出,鱼雷入水后,海水便可流入电池内并将之激活。海水电池产生的电能启动燃料的增压系统,并使燃料室内的点火器点火。点火器着火后首先点燃固体药柱,固体药柱生成的燃气压力提高到 6~10.5MPa 后,启动发动机并打开互锁阀。燃料增压系统的启动首先是由来自海水电池的电能将二氧化碳气瓶的电爆阀打开,二氧化碳气体经管路送到减压器。减压后压力为 0.6~1MPa 的二氧化碳气体再进入燃料舱。电爆阀打开后约过 2s,燃料舱内的压力可提高到 0.7MPa,燃料被压送到互锁阀。

互锁阀由一密封铜膜片和一被柱塞驱动的尖刀组成。当固体药柱点燃后压力提高到 0.21MPa 时,柱塞被推动向前,尖刀刺破铜膜片(约经 0.5~1.0 s),于是燃料被送入燃料泵。主机启动后同时带动燃料泵,于是约 28MPa 的高压燃料经单向阀和燃烧室喷雾器被送入燃烧室内。经雾化后的燃料,被火药柱燃气加热后分解燃烧产生燃气混合气体,使发动机继续工作。当固体药柱燃烧完毕,燃气完全由 OTTO-I 燃料燃烧后产生。随着燃气生成率的增加,推进系统建立起发动机稳定的工作状态。

凸轮式发动机由 5 个汽缸组成,旋转式配气阀依次将高温高压燃气分配到各汽缸,并推动汽缸内的活塞运动。活塞杆将力作用在双峰凸轮盘上,使发动机的汽缸和凸轮盘相对反向旋转,将燃气的热能转变为旋转运动的动能。凸轮盘带动内推进轴逆时针旋转,汽缸体带动外推进轴顺时针旋转。内推进轴上方带动配气阀一起转动,在汽缸内工作过的废气和冷却汽缸的海水通过旋转配气阀上的排气孔和内推进轴的内孔以及内轴尾端的排气阀排出雷外。排气阀只当排气压力大于海水压力 0.15～0.45MPa 时才能打开,平时将轴密封。

发动机的辅机均装在发动机前端的(辅机)隔板上,辅机有海水泵、燃料泵和交流发电机/变流器,这些旋转的辅机由装在发动机前端的齿轮带动。燃烧室也装在(辅机)隔板的中央。鱼雷推进器为对转螺旋桨,材料为铝质,前桨有 6 叶,后桨有 7 叶。盘面比,前桨为 0.724,后桨为 1.099。后桨空化临界深度为 20 m,比前桨先出现空化现象。另一种螺旋桨采用高强度塑料制造,前桨有 7 叶,后桨只有 5 叶。

发动机功率为 62 kW(4 270 r/min),前桨 25 kW(2 085 r/min),后桨 29.5 kW(2 185r/min),辅机功率为 7.5 kW。

为了减小鱼雷噪声,对动力系统采取了隔振措施。整个动力系统通过主机隔板固定在后舱内,各固定螺栓均有弹性衬套和复合材料垫圈。

MK46-5 型鱼雷的动力推进系统与 2 型比较主要是增加了双速制。战雷在搜索阶段或攻击低速目标时采用低速制(36kn),攻击高速目标时采用高速制。操雷航行时,因雷长增加使两种雷速分别降低约 0.5kn。鱼雷航速不受航行深度影响,但航程随深度增加而减小。如高速时,航深 15m 时,航程 11 200m,航行时间 8.35min;航深 460m 时,航程 8700m,航行时间 6.47min。一般情况下鱼雷航行中均变速,所以,实际航程和航行时间应在高速和低速规定的数据之间。

双速阀装在燃料互锁阀和燃料泵之间,从燃料泵输出的燃料还要通过双速阀的出口,并经单向阀送到燃烧室。通过是否加给电磁阀 40 V 直流控制信号来选择双速阀的高速或低速。当加上电压时,激励电磁阀的线圈为低速;当切断电压时则为高速。

(四)制导系统

制导系统包括雷顶和控制组件,它们为鱼雷提供探测、识别、导引和操舵功能。鱼雷可采取主动或被动声自导进行搜索、跟踪和攻击目标。自导系统安装在雷顶内,它包括声换能器基阵、波束变换网络、发射机和接收机以及前接线盒。控制组件由计算机、自动驾驶仪、电源和后接线盒组成。

换能器基阵由 6 列 48 个圆柱形锆钛酸铅压电陶瓷阵元组成,布置在雷顶前端的平面内,各型 MK46 鱼雷所用换能器均相同。48 个阵元中上面 6 个和下面 6 个阵元在 MK46-5 型鱼雷中均未使用,因为它们形成窄波束发射,而 MK46-5 型鱼雷没有这种发射要求。

在发射期间,发射机给基阵的两个输入端提供一定形状的驱动脉冲,分别激励换能器在左边和右边的阵元。6 列换能器阵元分别由 6 路功率放大器供电,中间两列为高功率,左、右两旁为低功率,其余两列为中功率,这样可形成所要求的发射波束。基阵的各列可同相位驱动以产生轴向波束,也可经发射机中各路的移相电路以不同相位驱动,产生一个向右偏离鱼雷纵轴 12°的水平面发射波束。利用波束开关继电器的通断可以改变发射阵元的数目,以产生在垂直面上的窄带发射波束或宽带发射波束。加到每个阵元上的功率由变压器的束控系统控制,在发射脉冲的最大幅值点上,发射机向换能器基阵提供约 1 600 W 电功率,其轴向声压在距离 1m 处约 219 dB(μPa)。发射波束的特性见表 6.2。

表 6.2 发射波束特性

波形	波束宽度 (－6dB 点间的角度)	副瓣 (最大响应曲线以下的最小 dB 值)
水平	29°～35°	25
垂直	29°～35°	15

在接收期间,阵元的输出由变压器网络综合成 4 路输出电压,称为左波束、右波束、下波束和中波束,它们送入接收机的输入端。左波束电压来自左边 4 列阵元,右波束电压来自右边 4 列阵元,中间两列阵元同时为左、右波束提供电压,以便在左、右波束电压间形成所需的相位。中波束电压来自中间的 36 个阵元,下波束从中间下半部分的 18 个阵元取得电压。4 路接收波束的特性见表 6.3。其灵敏度均为－177 dB(V/μPa),最大输出阻抗为 650Ω。

表 6.3 接收波束特性

接收工作	波形	波束宽度 (－6dB 点间的角度)	副瓣 (最大响应曲线以下的最小 dB 值)
左、右波束	水平	39°～47°	25
	垂直	27°～33°	14
下波束	水平	33°～39°	25
	垂直	47°～59°	15
中波束	水平	37°～39°	25
	垂直	27°～33°	14

发射机把从交流发电机变流器来的直流电转换成有一定波束的交流发射脉冲信号,该脉冲信号可激励换能器阵元。鱼雷与目标距离缩短时,发射机脉冲周期变小,$R > A$(796m)时为 2.03 s,$R < A$ 时为 1.25 s,$R < B$(320 m)时为 0.625 s;同时脉冲包络的宽度减小,$R > C$(91.5 m)时为 54 ms,$R < C$ 时为 27 ms,发射幅度也相应减小。鱼雷航行深度小于 30 m 时,发射机减小输出功率。发射机还为接收机逻辑提供一个间隔脉冲,并利用两个晶体振荡器产生 29.108 kHz(高速)或 29.260 kHz(低速)的载频发射频率。选择两个晶体振荡器中的哪一个频率发射由高速信号的逻辑电平决定。接收机主要用来实现目标检测,为此要对输入的声信号进行放大,对接收频带加以限制。

接收机可提供一个时变增益(TVG),它按照混响特性改变接收机的增益。接收信号被转换成一个中频信号(IF),借助于自身多普勒抑制(ODN)电路使其中心频率(30 kHz,宽带 1.8 kHz)对准接收机滤波器的中心,于是中频信号经过处理提供频率、幅值和相位信息。将这些信息与检测门限进行比较,产生指示目标检测的有效回波信号(G)。在有效回波期间,接收机利用鉴相器确定目标和鱼雷的相位位置,从而输出偏航角数据(YAD)和俯仰角数据(PAD)。接收机还包括一个自动增益控制电路(AGC),当连续背景信号,如混响或自噪声存在时,用 AGC 控制接收机低多普勒通道的增益。

控制组件由电源与配电组件、辅助组件、－15 V 稳压器、火控设定器、＋15 V 稳压器、自动驾驶仪和计算机组成。控制组件共有 6 块电模板,提供电源输出与分配、定时与逻辑控制、姿态控制、方向控制及发射前的程序设定。

电源与配电组件包括接线器、电缆以及控制组件内各部件之间和控制组件与鱼雷及其他组件之间连接的接线板,还有两个深度压力传感器(0～1.4MPa,0～7.0MPa),一个0.15MPa机械压力开关(与爆发器电器连接),400 Hz 和 4 800 Hz 振荡器,90V 直流电源,以及其他电子元器件等。

鱼雷发射前,火控系统可发出指令对鱼雷发射方式、搜索深度、上限深度和自导工作方式进行设定。设定指令以电信号通过可分离电缆与连接于鱼雷后舱上的插座送到控制组件的火控设定器内。火控设定器主要由两个步进(波段)开关和两个锁定继电器等组成。设定信息特性和内容与发射方式有关。发射方式有空投/阿斯洛克发射、管装发射和直升机鱼雷攻击系统(HATS)发射 3 种。当选定空投/阿斯洛克发射方式时,就自动设定为环形搜索;火控设定器再对搜索深度、上限深度、爆发器失效上限深度、主动自导或被动/主动自导方式进行设定。管装发射时,自动设定蛇形搜索、主动方式和 15 m 上限深度;火控再设定搜索深度和主航向(0°,±35°,±70°)。HATS 发射时,自动设定蛇形搜索和主动自导方式;火控再设定搜索深度和主航向(上限深度按搜索深度自行选定,初始旋回方向按主航向 0°,±35°,±70°,±950°,±120°,±150°,±180°确定)。上限深度和爆发器失效深度总是设定成相同的,用以保护我方水面舰船。

计算机可执行下述 4 种功能:

(1)产生系统脉冲;

(2)储存和执行攻击和再搜索逻辑;

(3)处理目标信息,从而确定目标距离和目标类型;

(4)为自动驾驶仪提供控制俯仰和航向操舵信号。

系统脉冲包括控制组件所需的全部重复的设定信号,这些信号由主时钟分频得到。主时钟为 5 330 Hz,由一个 22 120 Hz 的振荡器经 4 分频后得到。主时钟再经 27 分频产生一个 -204.8Hz 的频率,该频率用作可编程只读存储器(PROM)地址计数器时钟,它和 PROM 3 个 4 位寄存器产生一系列系统重复信号。系统各重复信号通常是每周期重复一次。一个周期指鱼雷完成一个完整的发射/接收周期所需的时间。

攻击期间要作一系列的逻辑判断,这些判断用于提高攻击的有效性,还用于在目标丢失后选择适当的再搜索方式。逻辑判断信号共有 43 种之多,如干扰识别 CI,门抑制 GI,再搜索 N_1,距离判别 $R<A$,目标核实 TV 等。攻击期间还出现一些初始化信号(如计算机启动 CE,高速 HISPD,搜索深度未达 SDNA,蛇行搜索 SS 等)的检测信号(多普勒门序列,相关抑制 IT,距离门 R 等)。

再搜索有 7 种类型,每种弹道按预先规定的方式变化。如果捕获到目标则开始一次新的攻击。这 7 种搜索为远距离丢失目标 N1,近距离丢失目标 N2,在远距离上由于鱼雷速度增加而丢失目标 N1A,接近 1 型或 2 型干扰的目标 CA,远离 1 型或 2 型干扰器材的目标 CP,紧随着±或干多普勒序列而来的第一次器材 3 型干扰 C3R,第二次干扰器材 SC。1 型干扰器材指脉冲发射装置或扫描器产生的间断辐射;3 型干扰器材指回波转发器或应答器产生的触发式脉冲。若鱼雷受到干扰,则以一定深度差穿过干扰器材,然后再按规定的逻辑进行再搜索以期达到最大的再捕获概率。

操舵控制系统完成数字逻辑和模拟信号处理。根据需要由操舵判别对偏航角与俯仰角进行采样,然后将采样得到的数据作为自动驾驶仪使用的模拟电压值储存起来。

自动驾驶仪完成 3 个主要控制功能:稳定鱼雷在偏航、俯仰、滚动三轴上的运动;控制鱼雷按设定深度、主航向及回旋速率航行;为计算机提供接口以接收偏航和俯仰操舵指令。自动驾驶仪利用 3 个速率陀螺、3 个摆式线性加速度计、1 个航向陀螺和 2 个深度传感器来敏感雷体速率、姿态和深度。根据这些传感器的输出信号产生相应的信号以驱动横舵机和直舵机。

自动驾驶仪的输出信号先接通电接口,舵机控制器才能驱动舵机组件。自动驾驶仪向控制器输出 3 个低电平数字信号,用以控制鱼雷的俯仰、航向和横滚。控制器对俯仰控制信号进行放大,然后驱动横舵机控制器。对偏航和横滚信号先进行综合和放大,然后驱动上直舵机和下直舵机。3 个直流永磁电动舵机按自动驾驶仪指令并通过控制器可左右(或上下)摆动。当上、下直舵摆动角度不同时,可产生一控制鱼雷横滚的力矩。控制器中的低电平逻辑电路装在控制组件的输出部分插板上。驱动电动舵机的大功率管线路安装在控制组件的铸件上。

控制组件中的辅助组件和 15V 直流稳压器均是提供专用电源的组件。

(五)引爆系统

引信有惯性引信和磁感应引信两种。当水平方向碰撞引起鱼雷产生不小于 5.5g(9g,作用时间 25ms)减速度时,惯性引信接通碰撞点火电路。于是点火电容器通过处于待发状态下的待发旋转体内的电爆管放电,并将其引爆。当爆发器处于待发状态时,待发旋转体旋转过 90°,待发旋转体内的电爆管与隔板里的导引传爆管对准,所以能依次引爆传爆管和主装药。电爆管的发火电流不小于 250mA,导引传爆管装 11g 的 CH—6,传爆管装 49g 的 CH—6,主装药为 44 kg 的 H—6。

电磁感应击发时,由绕在战雷头或操雷头外表面的感应线圈产生感应电压。当鱼雷接近目标到达感应激发电路规定的作用距离(0.65 m)以内,电压被爆发器里的感应放大器放大并超过门限电平时,便触发可控硅开关以及感应点火电容器,于是逐次引爆战雷头主装药。

爆发器有一系列安全装置,包括 6m 上限开关(两个)、转子制动器(机械的)、隔爆机械装置(可转动的螺线管,带电爆管的待发旋转体,隔板)和电路的通断器等。

(六)空投系统

空投系统由空中稳定装置、吊挂装置和投放附件等组成。

空中稳定装置由伞包、降落伞、开伞机构和解脱机构组成。MK46 鱼雷有 6 种空中稳定装置,即火箭助飞鱼雷用的 MK27-0 型、固定翼飞机投放用的 MK28-2 型和 MK28-3 型、直升机投放用的 MK31-0 型和 MK31-1 型,以及 KIT P/N1330872。稳定装置安装在鱼雷推进轴尾端的排气阀上。稳定装置安装好以后,利用两根吊挂把鱼雷悬挂到飞机下方,并连接好释放钢丝绳和开伞绳(直升机用和固定翼飞机用有所不同)。鱼雷投放时利用释放钢丝绳松开吊带,利用开伞绳释放伞包,把降落伞从伞包中拉出来。

MK31-0 型和 MK31-1 型稳定装置专用于直升机在 13.7±1.5 m 高度悬停状态下投放的鱼雷,或者在飞行速度为 30～120kn,高度为 33～68.6 m(MK31-1 型高度为 33～137.2 m)状态下投放的鱼雷。

MK28-2 型和 MK28-3 型稳定装置的降落伞是一个平面圆形条幅伞,伞阻力面积为 2.04 m²。伞衣由 12 块有 12 股丝带的三角布拼接而成,用 12 根长 2.7 m 的伞绳连接到降落伞的解脱机构上,伞衣、伞绳均装在铝制前盖板的伞包内,一个螺旋桨的制动器连接在稳定装置的前盖板上,当鱼雷入水降落伞解脱机构动作时,同降落伞一起与鱼雷分离。MK28-3型降落伞的解脱机构是一个惯性的球锁,与鱼雷排气阀连接。降落伞展开后,机械引燃的气体发生器使球锁处于待发状态,鱼雷入水时解脱机构与鱼雷排气阀分离。MK31-0型稳定装置的降落伞是一种无肋导向面伞,伞阻力面积约 2.787 m²。MK31-1 型稳定装置的降落伞为二级开伞,第一级伞阻力面积为 0.372 m²,第二级伞阻力面积为 2.787 m²。MK31-0 型和 MK31-1 型稳定装置的解脱机构由一个带凹槽的折叠底扳、两个连接附件和对开式连接器组成。发射时连接附件将对开式连接器夹紧在鱼雷轴上,鱼雷入水时折叠底板叠起来使稳定器与鱼雷分离开。

(七)鱼雷的工作阶段和弹道

除发射前的设定阶段外,MK46 鱼雷还有下述 5 个阶段的工作和弹道:

(1)发射段。管装和 HATS(直升机)发射前,要将航向陀螺开锁,然后使火控设定电缆与鱼雷分离,并拔掉动力系统海水电池的待发索。待发索拔掉后并拉脱柱塞,使鱼雷入水后,海水可进入电池。空投/火箭助飞和 HATS 发射方式还有打开降落伞和解脱稳定装置等动作。

(2)下潜段。鱼雷入水后约 2s,发动机启动中频交流发电机,变流器产生 ±40 V 直流。鱼雷下潜深度取决于入水姿态和速度,最小约 6.5 m。在接通电源 3 s 内,驾驶仪对深度和俯仰进行抑制,旋回速率为 0.2 s 后,超深度误差信号、俯仰速率陀螺信号有效,俯仰抑制取消,鱼雷高速以 45° 下潜至设定的搜索深度,当下潜到距搜索深度 37 m 时,撤销 45° 下潜指令,下潜角开始逐渐变小,当到达搜索深度时,变为 0°。当选定 38 m 搜索深度时,高速下潜可能会超过 38m,因而必须上爬。当管装发射时,鱼雷可在搜索深度上航行,超调量为 ±5m。

(3)搜索段。在计算机启动后,声自导系统正常工作前,要接通一系列信号,即完成一系列初始化事件(称为系统初始化阶段),于是鱼雷搜索段开始。鱼雷管装发射时,自动执行主动自导和蛇行搜索。供电 6 s 后鱼雷以 20°/s 速率转向设定的蛇行主航向。在走完设定直航航程后,以 6.5°/s 的速率按 ±45°(相对主航向)进行蛇行搜索,直到捕获目标或燃料消耗尽为止。当鱼雷由飞机空投或火箭助飞投射时,自动执行环行搜索,但要设定自导工作方式。设定主动方式时,供电 6s 后,鱼雷以 10°/s 速率右旋环形搜索,直到捕获目标或将燃料消耗尽为止。设定被动方式时,计算机启动后,鱼雷以 20°/s 速率右旋环形搜索。若搜索 26 s 不能捕获目标,则以 10°/s 速率环形搜索,直到捕获目标或将燃料消耗尽为止。

(4)捕获和攻击阶段。自导主动工作方式时,当鱼雷接收到一个有效回波时,就转入捕获阶段,并在深度平面上转向目标。接收到两个连续有效回波时,目标就被核实,于是开始进入攻击阶段。除 38 m 搜索深度外,鱼雷攻击开始时,俯仰启动,即鱼雷能在双平面上跟踪目标。

自导被动工作方式时,当接收到目标的辐射噪声使噪声门和相关门同时选通时,鱼雷检测到目标并在深度平面上转向目标。当接收到的辐射噪声使辐射门选通时,俯仰启动,鱼雷在双平面上跟踪目标。

在攻击阶段,鱼雷靠自导直接跟踪法瞄准目标。主动自导时,利用回波前沿后 20 ms 或回波后沿操舵,可使鱼雷攻击目标命中点获得一提前量。

(5)再搜索段。仅当鱼雷攻击阶段丢失了目标或穿越目标而不能命中时,转入再搜索段。自导工作方式在目标丢失前后仍保持不变,即目标丢失前是主动(或被动)自导,则再搜索时仍进行主动(或被动)自导。再搜索时应尽可能获得最大的再捕获概率,由于丢失目标时所处的情况可能非常复杂,因而要作出一系列的逻辑判断。

被动自导再搜索时,先跟踪保持 5s,如不能捕获目标,则转为以 $20°/s$ 角速度右旋环形搜索,如搜索 26 s 仍未能发现目标,则转为主动自导以 $10°/s$ 角速度右旋环形搜索,直到重新捕获目标或将燃料消耗尽为止。主动自导再搜索时逻辑判断较复杂。MK46 - 2 型和 MK46 - 5 型鱼雷也有所不同。MK46 - 2 型鱼雷再搜索方式因鱼雷发射方式(管装、空投/火箭助飞)、丢失目标时接收到的回波数或连续收到的回波数,以及鱼雷与目标的距离不同而不同。MK46 - 5 型鱼雷再搜索方式则有 7 种类型(见制导系统)。

二、MK48 鱼雷

MK48 鱼雷是潜用反潜兼反舰的大型高速、远程、大深度、线导加主被动声自导热动力鱼雷,到目前已有 5 种型号。其中,MK48 - 0 型和 MK48 - 2 型由西屋电气公司研制,0 型只反潜,2 型兼顾反舰,两者均是采用涡轮发动机做主机,性能不如 1 型,因此鉴定后就终止了研制。MK48 - 1 型由高尔特公司研制,采用活塞式斜盘机,在 1971 年开始生产和陆续装备潜艇部队,它是一种单向传播信号的遥控线导鱼雷。MK48 - 3 型和 MK48 - 4 型是在 MK48 - 1 型的基础上加以改进的,3 型的线导系统是遥测兼遥控的双向远距离通信,4 型声自导系统采用大规模集成电路,并用全数字电路取代模拟-数字电路,使其搜索能力和识别能力有所提高。MK48ADCAP(也称为 MK48 - 5 型)已在 1989 年起开始小批量装备部队。MK48 鱼雷共生产 3 000 多枚,仍在进行降低噪声、增加航程与下潜深度、增强电子对抗和目标识别与攻击能力等方面的改进。

(一)主要战术技术性能

MK48 - 1 型鱼雷主要战术技术指标如下:

直径:533 mm;

长度:5 840mm;

质量:1 580kg;

速度与航程:28kn/42 500m,55kn/22 000m;

装药量:295kg(PBXN);

最大作战深度:914m;

制导:线导＋主、被动声自导。

(二)总体结构与布置

MK48 鱼雷全雷分为 5 段,即雷顶段、战雷头/操雷头、控制段、燃料舱和后舱雷尾(见图 6.2)。

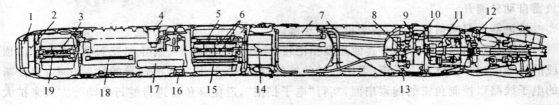

图 6.2　MK48 鱼雷主要组件与布置

1—换能器;　2—发射机;　3—自导控制;　4—引信;　5—功率控制;　6—陀螺控制;　7—燃料舱;
8—燃料泵;　9—海水泵;　10—压泵;　11—发动机;　12—速度传感器开关;　13—发电机;
14—导线团;　15—指令控制;　16—航程装置;　17—战雷头电子组件;　18—信息中心;　19—接收机

  雷顶段最前端为换能器基阵,共有 52 个换能器单元。基阵后为发射机,发射机的电/声转换效率据称可高达 90%。发射机后为自导控制逻辑组件,包括两个微计算机和两个微处理器。接收机配置在逻辑组件的下方。

  战雷头除主装药和爆发器外,还留出部分空间以安装全雷信息处理中心、雷头电子组件以及深度传感器组件等。电磁引信的 4 根辐射线圈棒,按45°角度分布装在雷头壳体内壁的纵向槽内。引信有关组件也安装在雷头段内。

  控制段内安装有陀螺等传感器控制组件、电源组件、指令控制组件以及线导控制组件等。在控制器的前端装有距离设定装置。

  燃料舱是一个圆柱形的铅合金薄壁圆筒,前端盖是圆形平板,后端盖是向前凸的半球形凸盖,用于装载奥托-Ⅱ燃料。全舱分为两段,由一个向后凸的半球形凸盖隔开。燃料由燃料泵输送,先使用前舱燃料,用完后再用后舱燃料。燃料舱前部有一段圆柱空间以安装线导系统的雷内放线器。导线经一个穿过燃料舱下部的管子引出,再经后舱从下鳍板穿出。

  后舱前部装有 6 缸活塞式斜盘发动机。发动机功率为 370kW,汽缸直径为 70mm,转速为 1500 r/min,单轴旋转。采用旋转燃烧室,其内套与发动机配气阀连接在一起一同旋转,可减少高压燃气的泄漏。燃烧室最大工作压力达 35.2MPa,动力系统比功率为 1.9 kW/kg。燃烧室产生如此高的燃气压力,是为了发动机大背压(约 9MPa)工作时仍具有大的膨胀比,从而使动力系统具有较大的比功率。燃烧室内装有启动固体火药柱和点火器。启动时信号接通,电流引燃点火器并点燃药柱,产生高温燃气驱动发动机启动。发动机旋转时带动各辅助泵工作,燃料泵将燃料压送入燃烧室后被药柱高温燃气点燃,燃料稳定地输送到燃烧室,可使发动机稳定地工作。活塞式发动机相当于外燃机,燃气通过旋转的配气阀定时定量送到各汽缸内,依靠气体膨胀推动活塞做功,发动机每转一周各活塞做功一次。废气通过配气阀从汽缸内排出,再与冷却汽缸用的海水混合后一同经内推进轴的内孔排出。活塞式斜盘发动机除驱动其斜盘做功外,还要通过传动齿轮驱动电源发电机、液压泵、海水泵和滑油泵等。各活塞的做功,不是通过曲轴传输而是通过斜盘和约束机构进行。由于发动机是开式循环,发动机的功率受背压即航行深度的影响极为敏感,因此动力系统设有自动控制机构。该机构可随鱼雷航行深度增加而调整燃料的流量和压力,使发动机功率基本保持不变。各型 MK48 鱼雷发动机的结构基本相同,仅燃料舱容量有所不同,如 MK48 - 4 型鱼雷,因电子组部件改用大规模集成电路使体积大为减小,鱼雷长度减小了 0.5 m,于是燃料舱容量得到提高,结果使鱼雷航速由 50kn 提高到 55kn。后舱内还安装有舵液压伺服机构,该机构按指令操纵水平舵和方向舵。

  设定电缆的 65 芯插座装在后舱下方壳体上,与火控系统的电缆插头相连接。鱼雷发射前各种指令和参数均经火控系统通过电缆设定。发射时通过切断两个小的定位螺钉,使插头与鱼雷自动分离开。

  推进器为泵喷射推进器,装于鱼雷的尾部。

  MK48 ADCAP 与 MK48 其他几型相比较,主要是改进雷顶、制导和控制系统;改善雷顶段的外形以减少流体动力噪声;采用高效的换能器基阵,加大主动声自导的发射功率;设计新的电子线路以控制鱼雷的搜索扇面,实行“电子扫描”,避免靠鱼雷进行蛇行机动等方式来扩大搜索区域以节省有效航程;同时提高自导系统的目标识别能力,能识别并引导鱼雷攻击目标的要害部位;有高的抗混响能力,适于在浅水区和复杂的海情条件下工作。自导系统性能的提高与雷内微计算机和信号处理机的运算速度与容量密切相关。

三、MK50 鱼雷

MK50 鱼雷也称为鲭鱼(Barracuda),是美国新一代的小型反潜鱼雷,可供水面舰船、飞机和新一代的海长矛(Sea Lance)反潜导弹(战斗部)使用。

(一)主要战术技术性能

MK50 鱼雷主要战术技术指标如下:
直径:323.85 mm;
长度:2 800mm;
质量:364kg;
速度与航程:50kn/13 700m;
装药量:50kg(聚能、定向);
最大作战深度:750m;
制导:主、被动声自导。

(二)总体结构与布置

MK50 鱼雷结构与总体布置如图 6.3 所示。

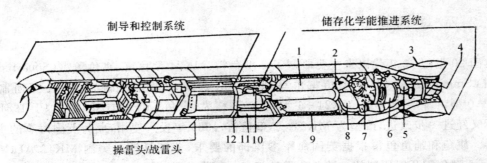

图 6.3 MK50 鱼雷结构与总体布置

1—锂锅炉; 2—六氟化硫喷嘴; 3—全动舵; 4—导管对转螺旋桨; 5—舵机; 6—交流发电机;
7—涡轮机与变速箱; 8—给水箱; 9—冷凝器; 10—热电池; 11—六氟化硫储箱; 12—动力装置控制器

MK50 鱼雷与美国现役的 MK48 和 MK46 鱼雷比较,其最大相异处是采用了储存化学能推进系统(SCEPS)。这是一种热动力采用兰金循环的闭式循环系统,因而使鱼雷的航程、速度、航深、无迹性和噪声等指标都得到很大的改善。

储存化学能推进系统采用锂和六氟化硫作燃料。当鱼雷发射时,两种燃料起化学反应,即进行非一般意义下的燃烧反应。锂在常温下是固态,六氟化硫则为气态。锂(约 8kg)储存在反应器中,启动时先加热使其成为液态。六氟化硫减压后蒸发成气态喷入反应器内,即在反应器比较低的压力下,两者进行气-液两相化学反应,同时放出大量的热。反应生成物是氟化锂和硫化锂,这两者的单位体积重量都比液态锂大,会自动下沉于反应器的底部。又因其体积比液态锂小,在反应过程中不需要将反应物排出鱼雷体外,因而可以成为一个封闭式循环。

与核反应堆有点相似,这种反应器仅产生热,所以也可称为第一回路。而第二回路是用水作工质,水吸热后生成高温高压蒸汽来驱动涡轮机做功,热力循环采用兰金循环。水通过围绕在反应器表面的螺旋形水管吸收热量,生成约 600℃、8MPa 的蒸汽。蒸汽推动涡轮机膨胀做功后,排出的废蒸汽通过紧靠在鱼雷外壳上的冷却水道被雷外的海水冷却成液态水。再用水泵将冷凝水送回反应器外的螺旋管中加热。如此循环不已,涡轮机继续做功。这个淡水—蒸汽回路同样是封闭的,没有废蒸汽排到海水里,因此发动机的功率不受鱼雷航行深度影响,鱼雷航速可以保持稳定。涡轮机的转速为 20 000 r/min,经减速器减速后由推进轴带动螺旋桨旋转,驱使鱼雷前进。

声自导系统采用平面基阵,自导信号采用单频脉冲和调频脉冲。检测方式采用多普勒门,有 64 个通道,用一台高性能微型计算机作信号处理机。系统有目标识别和电子对抗能力,浅水性能好,有良好的抗混响和抗干扰能力。加之鱼雷自噪声低,可以提高对目标的探测能力。据称,MK50 鱼雷具有自适应和自学习能力,是"智能"鱼雷。

鱼雷采用定向聚能战雷头,制导系统能引导鱼雷垂直命中潜艇要害部位,破坏威力巨大。

新一代的反潜导弹"海长矛"兼有"阿斯洛克"和"沙布洛克"的功能,可从水面舰艇上垂直发射,也可从潜艇鱼雷发射管内水平发射,"海长矛"的战斗部为 MK50 鱼雷。鱼雷和其后的固体火箭助推器装在一密封弹筒内,筒体的外径与标准大型鱼雷相同,因此可由潜艇发射管发射。美国现代的大、中型军舰都采用导弹垂直发射系统,对舰、对空和对潜导弹均可由该装置发射。

6.2.2　英国鱼雷

英国 20 世纪 70 年代以来主要研制了 3 型鱼雷:MK24 型鱼雷、旗鱼鱼雷(Spearfish)、鲔鱼鱼雷(Sing Ray)。MK24 型鱼雷由马可尼公司 1969 年开始研制,于 1974 年研制成功 MK24-0 型鱼雷,后改型为 MK24-1 型鱼雷,亦称为"虎鱼"(Tigerfish)鱼雷,于 1981 年服役。后又经进一步改进,改型为 MK24-2 型鱼雷,1986 年投入使用,成为英国海军的主要鱼雷武器。旗鱼和鲔鱼鱼雷根据英国海军参谋部的要求,分别是针对美国 MK48 ADCAD 和 MK46-5 型鱼雷开展研制的。鲔鱼鱼雷是舰船、空投、火箭助飞三用的轻型电动力反潜声自导鱼雷,于 80 年代装备部队。

一、MK24 型鱼雷

(一)主要战术技术性能

MK24 型鱼雷是潜艇发射的反潜和反舰大型线导加主、被动声自导电动力鱼雷。MK24-1 鱼雷主要战术技术指标见表 6.4。

表 6.4　MK24-1 型鱼雷主要战术技术性能

参数	战雷	操雷
直径/mm	533	533
长度/mm	6 464	6 566
质量/kg	1 580(射前) 1 546(航行终了)	1 285.7(射前) 1 273.9(航行终了)
排水量/m³	1.275	1.297

续　表

参数	战雷	操雷
（速度/kn）/（航程/m）	24/27 000,36/13 500	24/9 500,36/5 000
装药量/kg	120(Torpex)	
引爆	触发＋主动电磁引信	
最大作战深度/m	400	400
制导方式	线导＋主、被动声自导	

（二）总体结构与布置

鱼雷壳体由 10 段组成,如图 6.4 所示。壳体用铝扳焊接,肋骨用环氧树脂固定在壳体内。各段之间用连接环连接,相互间有插口,并用 O 型密封环密封。

（三）动力推进系统

电动力能源采用银锌电池,战雷用一次电池,操雷用二次电池,电解液为氢氧化钾溶液。一次电池包括内注液系统和电池组本体。电池组分前、后两大组,每组有 41 个单体电池。电池组质量为 587 kg,长度为 2 110 mm,容量为 31.2 kW·h,电池的比能为 53 W·h/kg,靠重力注液,从注液开始到电池达到全电压约 16 s。电池供推进电机用电,同时也向自导和控制各用电组件供电。

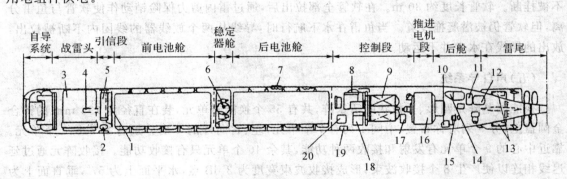

图 6.4　MK24 鱼雷主要组件与总体布局

1—引信电子组件；　2—引信接收线圈；　3—炸药；　4—雷管；　5—引信；　6—横滚陀螺；　7—上导子；
8—航向陀螺；　9—雷内放线器；　10—线导电源；　11—后控制组件；　12—变流器部件；　13—引信发射线圈；
14—线导组件；　15—油泵；　16—电机；　17—前控制组件；　18—深度组件；　19—深度传感器；　20—接触器组件

两组电池通过接触器可并联或串联工作,串联时电压高,鱼雷高速航行,并联时电压低,鱼雷低速航行。通常鱼雷开始航行时采用高速,搜索目标时自动转为低速,捕获目标并实施攻击时又采用高速。速度转换由制导系统提供的信号控制。

鱼雷推进器电机采用串激双转直流电机,有 3 对电极。电机的电枢和磁绕组通过内、外推进轴带动正反向旋转的螺旋桨。电机由前、后弹性架支撑在后舱内,由于没有传动齿轮,电机噪声较低。电机的输出功率为 120 kW(高速时),电流为 1 200 A,平均电压约 110 V,单轴转速为 1 150～1 200 r/min,效率约 83%,质量为 192 kg,比功率为 0.625 kW/kg。工作时温度为 270℃,受绝缘材料所制约。

螺旋桨前桨 7 叶,后桨 5 叶,转速限制在 1 200 r/min 以下,以避免空化现象,但由于推进电机是直接带动螺旋桨,所以电机转速也受到限制不能再提高,这是推进电机比功率较低的原因之一。鱼雷在水深 30 m 以下高速航行时螺旋桨不会产生空化,但水深浅于 30 m 时,空化现象出现,从而使螺旋桨效率降低;水深为 6m 时,鱼雷航速降低约 1.5kn。但如果鱼雷采用低速航行,此时螺旋桨转速只有 750～800 r/min,就不会因螺旋桨出现空化而使效率降低。

(四)线导系统

火控台利用线导操纵鱼雷的信号有向左、向右、向上、向下、变速、自导方式、打开引信保险、停车、提前角/最佳航向导引、上限深度变化和自导抑制等 11 种。鱼雷通过线导向火控台返回的信号有同步脉冲、应答向左、应答向右、速度、自导方式、航行深度、导引方式、引信保险打开、导引阶段、自导抑制、距离(鱼雷与潜艇)、奇偶检查等 12 种。

线导系统包括雷内的线导组件、线导电源组件和线导线路三大部分。线导组件装在鱼雷后舱内,它能接收从火控台通过导线线路传给鱼雷的各种指令。不同指令采用不同频率,线导组件中的选频电路可将各有关信号传到鱼雷各系统。鱼雷向火控台返回信号同样由线导组件传送。

线导线路包括装在鱼雷发射管后部的管内放线器。导线总长度为 22 500 m,其中发射管内放线器的导线长度为 6 000 m,雷内放线器的导线长度为 16 500 m(操雷为 9 150 m)。管内放线器端有一金属软管与鱼雷尾部相接,导线从管内通过,这可保护导线在离开发射管前端时不被挂断。软管长度约 30 m。在软管全部拉出后,通过雷内剪力保险销动作使软管与鱼雷分离,但软管仍被潜艇拖曳着。当鱼雷在水下航行时,导线从两个放线器的线团内不断被拉出,放出的导线在水中并不运动。

(五)声自导系统

换能器基阵是圆形、平板状的活塞阵,共有 55 个换能器单元,装在直径为 298 mm 的铝合金圆盘上,分 9 列对称布置,中间 1 列有 7 个单元,左、右向外的 4 列分别有 8,7,6,3 个单元。靠近中心的 9 个单元有发射和接收两种功能,其余 46 个单元只有接收功能。接收阵元通过延迟线相连以便产生 8 个接收波束,形成接收波束宽度为 3 dB 点,水平面上为 57°,垂直面上为 27°。当接近目标时,接收波束增加 6 个中间波束,分别置于原上、下两排波束中间,使波束布置较紧密,以便精确地确定目标的位置。比较电路根据接收波束以确定目标所在的位置,先作左、右比较,后作上、下比较。以主动自导方式工作时,发射机向中央 9 个换能器单元提供电脉冲。电脉冲为单频(31～35 kHz)矩形波,宽度为 20 ms。发射周期随鱼雷与目标之间距离的缩短而缩短:1500m,2.4 s;800 m,1.2 s;400 m,0.6 s;200m,0.3 s。发射波束宽度为 3 dB 点,水平面内为 130°,垂直面内为 27°。发射功率为 201 dB(1 Hz,1m,1μPa)。逻辑组件处理来自接收组件的波束信息后提供操舵指令,它还可控制鱼雷的变速、导引方式或导引阶段等。逻辑组件通过接口电路与外组件连接,自导装置的电源也通过接口电路输入。自导系统工作方式由火控台经线导系统通过指令设定。通常对噪声大的目标用被动工作方式,例如攻击水面舰船与噪声大的潜艇。用主动工作方式攻击潜艇与航速较低甚至静止不动的水面舰船。当鱼雷接近目标距离到 400～600 m 时,自导系统也能自动由被动工作方式转为主动工作方式,同时向引信装置发出指令使其处于待发状态。当火控系统识别出假目标时,可通过线导系统发出自导抑制指令,切断自导系统工作。自导系统的两种导引方法——直接瞄准法和固定提前角($\pm 15°$)法同样可用线导系统选择设定。

自导系统的抗干扰措施:时间增益控制(TGC)以压缩主动工作方式时接收的声信号来抑制混响干扰;在浅水域搜索目标时仅用上排 4 个接收波束以抑制海底的反射干扰;在边缘(左或右)波束上接收到干扰信号时就相应关闭干扰的边缘(左或右)波束。

被动自导作用距离,低速时为 1 700 m,高速时约为 1 000 m(目标辐射噪声为 100 dB/μPa)。主动自导作用距离,低速时为 1 350 m(目标反射强度为 10 dB)。

(六)控制系统

控制系统分航向控制、深度控制和横滚控制 3 个分系统。前两者主要组件装在鱼雷控制段内,后者在前、后电池舱之间的稳定器舱内。

航向控制系统主要由航向陀螺、航向控制组件、舵机和舵组成。航向陀螺可控制鱼雷在线导和自导系统发出操纵指令之前保持恒定的初始航向。鱼雷的初始航向可以由火控台通过指令来设定,每给出一个指令信号可使鱼雷航向改变 $5°$。鱼雷发射时初始航向的设定取决于目标的航向,但必须使鱼雷初始航向与潜艇航向相差 $10°$,避免鱼雷的导线布放在潜艇航行的航道上。当鱼雷处于待发状态时,应将潜艇电源(3 相,115 V 和 -24 V,400 Hz)接到鱼雷上准备启动各陀螺。按下鱼雷发射按钮,鱼雷发射阶段开始,雷内各陀螺启动,电池开始注液,电池达到全电压后鱼雷才可能开始运动。按下发射按钮到鱼雷在发射管内开始运动的时间间隔为 20 s。在鱼雷开始运动前的瞬间切断潜艇电源,改由鱼雷内部电源供电,相应有关制止器和连锁安全装置等都解脱开。

深度控制系统由两个深度传感器、深度控制组件、舵机和舵组成。深度控制系统通过深度陀螺可控制鱼雷的俯仰姿态。每给出一个指令信号,鱼雷俯仰角变化 $5°$,下潜与上爬俯仰角最大为 $30°$。通过深度传感器将鱼雷控制在 7.6 m 和 411 m 上下深度限之间航行。每给出一个指令信号,深度改变 30.5 m。鱼雷出管后即为(舵角)管制航行阶段的开始,鱼雷开始下潜,经过 $7 \sim 8$ s 后可达到预先设定的航行深度上,再管制航行约 275 m 后,舵角解除管制,于是转入线导搜索阶段,此时鱼雷在线导系统控制下航行,自导系统和引信同时开始工作,通常鱼雷采取低速航行和自导被动工作方式。

鱼雷在控制系统操纵下的最小回旋半径为 60 m,旋回角速度高速时为 $18°/s$,低速时为 $14°/s$。

横滚控制系统由横滚陀螺、伺服系统和副翼组成,后者装在稳定器舱段左、右两侧。副翼是一对短轴翼板,鱼雷出管后约 5s,副翼从舱段左、右两侧完全伸出,航行结束后,副翼能自动收回舱内。副翼有固定攻角以产生附加升力,当左、右副翼差动时,控制鱼雷的横滚。横滚控制系统可以使鱼雷横滚限制在 $\pm 2°$ 范围内。

(七)引信系统和鱼雷各安全装置

鱼雷引信系统包括主动电磁引信和惯性触发引信。主动电磁引信包括装在鱼雷尾鳍内产生辐射电磁波的 4 个辐射线圈、装在鱼雷引信段内的一组接收线圈、引信电子组件和引信等。惯性触发引信也装在电子组件内。在引信各安全互锁保险打开之前,引信不能工作。保险措施有：

（1）液压泵输出的压力能使接触器压力开关动作，以确保推进电机旋转，鱼雷已运动。

（2）横滚副翼伸出后发出信号，以确信鱼雷已离开发射管。

（3）管制航行阶段已结束。

（4）火控台发出"引信打开保险"指令，且鱼雷确已收到。

（5）收到自导系统发出的"进入战斗状态"指令。

当所有保险都已打开，电磁引信距目标 6m 内时，引信电子组件就点燃点火器；当与目标直接碰撞，且惯性力达到 8g 时，同样会引起点火器点火并引爆战雷头。此外，鱼雷还有一些其他安全（电路）装置，如线导停车指令电路、低压停车电路等。

二、旗鱼（Spearfish）鱼雷

（一）主要战术技术性能

旗鱼鱼雷是大型潜用反潜和反舰高速热动力线导加主、被动声自导鱼雷，主要战术技术指标如下：

直径：533 mm；

长度：约 6 000 mm；

质量：1 850 kg；

速度与航程：>55 kn/40 000 m；

装药量：约 300 kg（定向爆破占 20%）；

深度：发射 500 m，最大 800 m；

制导：线导＋主、被动声自导。

（二）总体结构与布置

全雷结构与布置如图 6.5 所示。

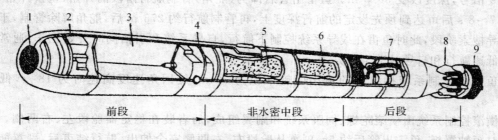

图 6.5 旗鱼鱼雷总体布置

1—声换能器基阵； 2—制导系统； 3—战雷头； 4—电子装置； 5—HAP 氧化剂；
6—奥托-Ⅱ燃料； 7—主机； 8—雷尾； 9—管内放线器

（三）动力推进系统

主机采用森德斯屈兰特（Suntrand）公司研制的单级冲动式燃气轮机。这种燃气轮机的比功率大，可以承受高温，有利于使海水的盐分呈熔融状态排出。动力采用开式循环，海水背压对发动机功率和鱼雷速度有影响。据报导该雷在浅水域中做试验时航速曾达到 70.5 kn,按一般功率计算式推算其相应功率为 1 000 kW。在深水域航行时航速为 55kn,主机功率估计约 500kW,航程为 40 000 m。系统在航行后的保养维修工作主要是用淡水冲洗,据称可实航 20 次,无须大修。重复实航只要重新灌注燃料,在燃烧室内重装启动药柱和转动一下运动组件即可。

　　燃料采用奥托-Ⅱ和 82.5% 羟基过氯酸胺(HAP)水溶液,并用海水做冷却剂,即燃料由三组元组成。这样可克服单组元奥托-Ⅱ燃料因贫氧可燃成分不能充分利用的缺点。按计算,此三组元燃料的重量比能和容积比能分别比奥托-Ⅱ大 40% 和 70%,燃烧后生成的废蒸汽有 82% 可溶于水,而奥托-Ⅱ的分解产物只有 10% 溶于水。这样可大大减少鱼雷因排出不溶于水的废气而残留在水中引起的航迹,同时也可大大减少废蒸汽气泡因破裂扰动所产生的噪声。三组元奥托-Ⅱ、HAP 和海水的最佳质量组合比例为 20.52% : 54.48% : 25%。由于采用三组元燃料,各组元分别送入燃烧室内,故燃料压送和调节系统远比单组元燃料输送系统复杂得多。

(四)制导系统

　　旗鱼鱼雷线导系统的功能与组成和虎鱼鱼雷有些类似。鱼雷通过导线接收潜艇火控台发出的指令,并将鱼雷的有关信息送回给潜艇。信息的发出和收回每秒钟均为 70 个。

　　雷内有多台专用计算机,计算机存储容量约 5MB,并可加以扩充。计算机处理从潜艇经线导系统、声自导系统换能器基阵捕获来的目标信息,以建立起有关目标特性和敌我战术态势的图像,当线导系统断线或不能工作时,声自导系统仍能有效地搜索和跟踪目标。

　　鱼雷在航行的初始阶段和搜索过程中采用低速,自导系统采用被动工作方式,加之鱼雷噪声较低,所以在搜索过程中不易被目标发现而加以规避。待捕获到目标并证实为有效时,则自导由被动转为主动工作方式,同时鱼雷转为高速航行以攻击目标。采取主动自导工作方式时有利于确定目标的特性和识别真伪,并能选定潜艇的薄弱部位加以攻击。

　　鱼雷控制系统采用捷联式惯性陀螺导航装置,该装置能反映鱼雷在空间的姿态及其变化的各有关参数。这些参数输送到雷内计算机后便能迅速正确地转换为操舵指令,控制鱼雷的弹道。与虎鱼鱼雷类似,旗鱼鱼雷也可能有控制横滚的副翼系统。旗鱼鱼雷制导控制系统采用大容量计算机来处理信息并作出决策,因此英国人称之"会思考的鱼雷"。

(五)战雷头

　　由于旗鱼鱼雷制导系统的精度能保证直接命中目标,且接触爆炸更有利于摧毁大型舰艇,因此旗鱼鱼雷的引信系统只有惯性触发引信。

　　战雷头装药约 300 kg,采用聚能定向爆炸方式,同时战雷头内还有 30～40 kg 的金属碎片。战雷头碰撞潜艇非耐压壳体起爆后,聚集的能量和金属片可以在 2m 外击穿厚度大于 5cm 的耐压艇体,并形成直径大于 20cm 的洞口。

6.2.3　法国鱼雷

　　法国鱼雷研制与生产由海军装备技术局(DCN)领导,研制与生产的都是电动力鱼雷,现役的鱼雷主要有 L4,L5,F17P 及海鳝鱼雷。

一、海鳝鱼雷

(一)主要战术技术性能

海鳝(Murene)鱼雷是法国 20 世纪 80 年代开始研制的一种小型声自导反潜电动鱼雷,可用于水面舰艇管装与空投发射,其最大特点是能够垂直命中目标要害部位。海鳝鱼雷主要战术技术指标如下:

直径:323.85 mm;

长度:2 960 mm;

质量:300 kg;

速度与航程:38 kn/15 000 m,53 kn/9 800 m;

装药量:60 kg;

作战深度:30~1 000 m;

制导:主、被动声自导。

(二)总体结构与布置

鱼雷由自导段、战雷头、控制段、电池段、后舱与雷尾组成,其总体结构与布置如图 6.6 所示。

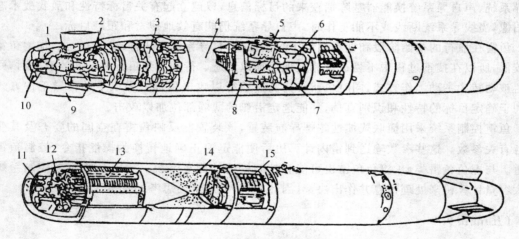

图 6.6 海鳝鱼雷主要组件与总体布置

1—导管; 2—舵机; 3—推进电机; 4—海水电池; 5—海水注入阀; 6—辅助电池; 7—电动循环泵组件; 8—去磁器; 9—全动舵; 10—喷射推进器转子; 11—平面主基体; 12—侧基阵; 13—声自导头; 14—战雷头; 15—指令中心装置

(三)声自导系统

自导系统和鱼雷控制中心共采用了 7 台高速微处理器(摩托罗拉 68000)加上 Mangouste 计算机,其存储容量 16 位时达到 0.7 MB。信号处理机速度高达 5 000 万次/s(50 MOPS)。系统具有多通道频谱分析和滤波能力,因而有较强的电子对抗和目标识别能力,并具有抗混响能力。采用双波束自导和精确定向,能命中目标的要害部位。换能器主基阵为 7 列 30 个单元的平面阵。此外还有左、右和下方 3 个边基阵,边基阵各有 4 个单元。主基阵能形成 13 个波束,有主动和被动工作方式。工作方式的转换由计算机控制。主动发射采取两种等幅波(连续波,CW1 和 CW2)和一种调频(FM)脉冲信号。左、右边基阵的频率高,其有效作用距离约 100 m。

由水面舰艇发射时先进行直航搜索。由飞机空投或火箭助飞投射入水时,由于入水点与目标距离较近,则进行环形搜索,较易发现目标。

鱼雷采用直接瞄准追踪方式,当主基阵将鱼雷导引到接近目标且相距约 50 m 时,鱼雷即转向与目标平行运动。鱼雷的末弹道主要由边基阵控制。在与目标平行运动过程中修正航深与目标航深一致,同时算出目标的要害部位。鱼雷航行到适当位置上就立即转向,使其能垂直命中目标。

(四)控制系统

控制系统的控制指令中心位于控制段。控制中心由 SFIM 公司研制,为捷联式惯性控制系统。它由 3 台 68000 微处理器、1 台 Mangouste 计算机、1 台浮点运算器、1 台公用储存器和 3 台 GAM 速率陀螺等组成。它与声自导系统一起使鱼雷控制功能趋于完善,可稳定控制鱼雷空中和水下航行姿态。大深度寻深时,可接近垂直姿态下潜,能准确地控制鱼雷末弹道并垂直命中目标。GAM 动态调节速率陀螺为一种动不平衡的挠性陀螺,是捷联式惯导系统的敏感元件,具有两个自由度。陀螺直径为 23.8 mm,长为 51.2 mm,质量为 0.12 kg。鱼雷各轴向线性加速度可由速率陀螺的输出数据经计算机求得;自导头下方的声换能器基阵实际上是一种回音测深仪,可控制鱼雷沿起伏不平的海底航行。

舵面是 4 片十字形全动舵,由位于推进电机后方的 4 台电动舵机分别控制。

(五)动力推进系统

电源采用 SAFT 公司研制的铝-氧化银电池。该电池的电解质氢氧化钠以固态储存,鱼雷入水后靠海水溶解电解质,电池本体质量为 43 kg,输出功率约 100 kW。输出功率与电解液的温度和浓度有关。鱼雷入水后 3~4 s 内电池即可开始工作。

鱼雷入水时海水通过进水阀(启动阀)进入并溶解固态氢氧化钠。在电池被激活前,电动海水(电解液)循环泵先由辅助锂电池供电,使海水顺利流入,起启动鱼雷的作用。在鱼雷工作过程中,循环泵继续工作,将电解液输送到温度调节器和冷却器,电解液的流量受温度调节器控制,因而再送回电池的电解液的温度和浓度也得到控制。当电池进行化学反应放电时,电池极板上生成的氢气泡随电解液的流动自气液分离器排出,起去极化作用,使电池能在正常状态下稳定放电。

推进电机为永磁电机,直径为 250~280 mm,长为 350 mm,功率为 75 kW,电机壳体材料为钛合金,能耐高温,当工作结束时,绕组温升接近 600℃。电机质量为 19 kg,质量比功率接近 4 kW/kg。动力系统为双速制。

推进器采用泵喷射,转子有 7 块叶片,定子有 5 块叶片。

(六)战雷头

战雷头装药为定向聚能爆破形式,药柱最大直径为 300 mm,前端为空心圆锥形。战雷头爆炸穿透能力是等直径装药的 4 倍。主装药前端为抛物面线型,以达到爆炸时聚能的目的。战雷头及其引爆系统具有良好的电磁防护,可确保在装载状态下的安全性。

二、F17P 鱼雷

(一)主要战术技术性能

F17P 鱼雷是 20 世纪 70 年代研制、80 年代装备部队、用以攻击潜艇与水面舰船的大型线导加声自导电动鱼雷。F17P 鱼雷有 F17P1 和 F17P2 两型,它们的主要战术技术指标见表 6.5。

表 6.5　F17P 鱼雷主要战术技术性能

参数	F17P1	F17P2
直径/mm	533	533
长度/mm	5 900(包括管内放线器)	5 112
质量/kg	1 320	1 410
(速度/kn)/(航程/m)	35/19 000	40/18 000
装药量/kg	250(HBX3,TNT 当量 1.6)	250
最大作战深度/m	500	500
制导方式	线导＋主、被动声自导	线导＋主、被动声自导

(二)主要系统结构与设计特点

1.总体结构

鱼雷总体结构分为 5 大段,含 9 个部分:雷顶(自导头)、陀螺段、战雷头、电池舱、线导舱、控制段、非触发引信段、后舱(电机)和雷尾。非触发引信发射与接收线圈段利用玻璃钢制造,其余各段雷壳均采用铝合金制造。

2.线导系统

线导系统由发射管内放线器、鱼雷内放线器、导线以及程序控制装置等组成。

线导为双芯电缆,芯径为 0.25 mm,可保证发射舰艇的火控系统和鱼雷之间的可靠双向通信,传输的信号为二进制编码。鱼雷内放线器装的导线长度为 18 000m,水面舰发射管内放线器装的导线长度为 8 000m,潜艇发射管内放线器装的导线长度只有 4 000m。

发射管内放线器的前端为一金属软管套,管套长度与发射舰艇类型有关,一般长约 40m。金属软管套前有一配重(约 7kg),当鱼雷发射出管并拖出软管后,软管在配重的作用下往下沉,以满足安全性要求。导线分别由雷内和管内放线器放出,软管则紧贴艇体,不致影响鱼雷和发射艇的运动。当线导过程结束后,软管受到约 3 000N 的拉力时,则软管和导线被切断,鱼雷发射管可关闭前盖。

程序控制装置安装在鱼雷后舱的电子组件内,它不但与线导部分联系,还与自导装置、自动驾驶仪、引信、航向及航深等联系。电子组件有 24 块电插板,还有电源与伺服机构等。

3.声自导系统

自导系统由换能器基阵和电子组件等组成。换能器基阵是由 19 个压电陶瓷单元组成的活塞式平面阵。接收时 19 个单元全部工作,发射时仅用右侧 3 个单元。电子组件包括前置放大器、波束形成器、发射机、目标数据处理器和电源等部分。自导系统无专门抗干扰措施,采用时间增益控制和发射线性调频宽带脉冲信号来抑制混响。

航速为 35kn 时,自导被动工作方式的作用距离见表 6.6。航速为 35kn、脉冲周期为 1.5s 状态下,自导主动工作方式下深海区域(水深≥200m)和浅海区域的作用距离分别见表 6.7 与表 6.8。

表 6.6 自导被动工作方式作用距离 单位:m

海区深度		20	50	100	150
	鱼雷航深	6	6	6	6
作用距离	目标为 20kn 驱逐舰	1 250	1 250	2 500	2 500
	目标为 10kn 商船	1 000	1 000	1 700	1 700

表 6.7 深海区域自导主动工作方式作用距离

目标发射强度/dB	0	5	10	15	20
作用距离/m	1 050	1 100	1 100	1 100	1 100

表 6.8 浅海区域自导主动工作方式作用距离 单位:m

海区深度		20	50	100	150
作用距离	风速<15 m/s	1 100	1 100	1 100	1 100
	风速>17.5 m/s	620	640	730	700

4.控制系统

F17P 鱼雷控制系统为航向和深度两通道控制系统。

航向控制系统由航向电陀螺、指令装置和液压舵机等组成。陀螺启动由发射舰艇供电,115V、3 相、400Hz,工作用电为 55V、3 相、400Hz,启动时间不大于 10s。陀螺控制鱼雷出管后的直航段,以便线导系统的导线向前伸展。出管后 13s,鱼雷可按设定的航向转向,当接到线导或自导系统的信号指令时,由线导或自导系统控制鱼雷的航向。

深度控制系统由陀螺、摆锤、深度传感器、比较器、放大器及液压舵机等组成。陀螺的作用是控制鱼雷出管后以 -5° 姿态角下潜,经 13s 后,改由摆锤控制鱼雷的纵倾。鱼雷上爬或下潜由深度传感器、摆锤和预设定深度等信号经比较器叠加后输出信号控制舵机操纵鱼雷。

F17P 鱼雷有两个深度传感器,工作深度分别为 0~70m 和 0~350m,当深度超过 150m 时,浅水用深度传感器自动关闭,用以保护。

F17P 鱼雷利用质心下移、上下鳍板不对称、水平鳍下方45°角处增设两片对称侧鳍的方法以控制与减小鱼雷横滚。

5.电动力推进系统

推进电机为单转直流串激式,输入功率为 92.75kW,输出功率为 84kW。前端有一单相、

200V、400Hz 直流发电机。电机转速为 8 300r/min,经齿轮减速后正反推进轴转速为 980r/min,输出功率为 80kW。电机本体质量为 53kg,齿轮箱质量为 27kg,比功率为 1kW/kg。鱼雷发射后 1.5s,电机可达额定转速。电机运转中最高温度不超过150℃,电机寿命 25～30 次,电刷寿命 2～3 次。电机前后端与鱼雷后舱壳体连接处均采用弹性装置,以减小振动和降低噪声。

电源采用银锌电池,战雷用一次电池,操雷用二次电池。一次电池电压 265V(开路电压 350～370V),单体电压 1.38V,共有 192 个单体。放电电流为 359A,工作时间为 18min,容量为 28kW·h(105A·h),比功率为 0.265kW/h,储存温度 5～20℃,储存寿命 15 年。

注液系统包括两个装在耐压罐内的电解液皮袋(容积共 31L)、氮气瓶(压力 5～7MPa)、减压器、安全阀、电爆阀、刺破装置和管路等。鱼雷发射时,火控系统发出指令引爆电爆阀,氮气减压后进入耐压罐。同时另一路高压氮气通到刺破装置,刺破电解液皮袋,使电解液能被挤压到电池单体内,并激活电池。注液时间为 1s,一般注液 6s 后可发射鱼雷,紧急情况下注液 2s 后也可发射。

电池注液后应在 1h 内发射鱼雷,若电池注液后 4～5h 仍不发射鱼雷,则电池有爆炸的危险,必要时须应急抛射。

6.2.4　意大利 A184 鱼雷

意大利白头公司是世界上最早的鱼雷和水下武器系统制造公司,从 1864 年建厂以来共生产了近 30 000 枚鱼雷。20 世纪 70 年代研制了 A244 小型电动力鱼雷,寓意是美国 MK44 鱼雷性能的两倍,后又相继改型为 A244/S,A244/S0 和 A244/S1。此外,还研制了 A184 大型电动力鱼雷和小型 A290 电动力鱼雷。除了装备本国部队外,还大量出口到国外许多国家和地区。我国在 80 年代曾经进口 40 枚 A244/S 鱼雷。本节主要介绍 A184 鱼雷。

一、主要战术技术性能

A184 鱼雷是 20 世纪 80 年代装备部队的多用途大型线导加声自导电动鱼雷,可由潜艇或水面舰艇发射,可攻击敌潜艇或水面舰艇。鱼雷主要战术技术指标见表 6.9。

表 6.9　A184 型鱼雷主要战术技术性能

参数	战雷	操雷
直径/mm	533	533
长度/mm	6 000	6 000
质量/kg	1 315	1 160
排水量/m³	1.147	1.147
(速度/kn)/(航程/m)	25/25 000,37/15 000	
装药量/kg	260(238)(HBX3)	
最大作战深度/m	450	
制导方式	线导＋主、被动声自导	

二、总体结构与布置

全雷结构由 5 段组成:雷顶(自导系统)、雷头及引信(战雷头或操雷头)、电池段、线导段、后舱与首尾,如图 6.7 所示。

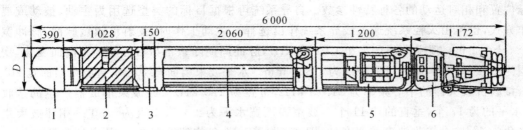

图 6.7　A184 鱼雷主要组件与布置

1—声自导头、换能器、电子插件、转换器；　2—战雷头、装药、触发引信；　3—非触发引信、上下声换能器；
4—电池舱、一次动力推进电池、仪表电池；　5—战导段、线导电子部件、陀螺、导引传感器、线导线团、磁化点检测器；
6—后舵、推进电机、开关、螺旋桨、垂直舵与水平舵、设定电缆部件

三、线导系统

线导系统导线外径为 1.27 mm，为双芯电缆，拉断力为 78.5 N。导线装在舰上发射管和雷内的放线器内。舰上发射管内的放线器类型与发射舰和发射方式等有关。A184 鱼雷有 3 种放线器：

1. 小型潜艇艏管发射用放线器

放线器箱长为 465 mm，直径为 600 mm，质量为 25 kg；放线器长为 410 mm，质量约为 55 kg，与鱼雷分别装入发射管内；金属软管质量约为 11kg，导线长约为 6 000 m。

2. 中型潜艇艏管发射用放线器

放线器箱长为 720 mm，直径为 600 mm，质量约为 30 kg；放线器长为 630 mm，质量约为 80 kg，与鱼雷一道装入发射管内；金属软管质量约为 15 kg，导线长约为 8 000 m。

3. 水面舰艇艉管发射用放线器

放线器箱长为 720 mm，直径为 600 mm，质量约为 30 kg；放线器长为 615 mm，质量约为 70 kg，不带金属软管，导线长度约为 14 000 m。

鱼雷内放线器装在雷体内，位于推进电机的前方，长约为 450 mm。电缆从电机推进轴内引出，长度约为 15 000 m。鱼雷装管时，与发射舰艇上的管内放线器的电缆相接通。信号双向传送采用数字通信技术。雷内放线器电缆上每隔一定距离涂上一层磁性材料（磁化点），鱼雷尾部出口处有一磁探头（电子计数器），记录放出的电缆长度，由此计算鱼雷航行的速度和距离。

四、声自导系统

自导头是全景/波束型，其型号为 SEPA 公司研制的 AG67，包括换能器基阵、电子组件、变换电路和底座等部分。

换能器基阵是由两个圆柱面十字交叉组成的类球状空间阵，共有 160 个单元，水平柱面 112 个，垂直柱面 48 个。换能器单元为压电陶瓷型，在水平柱面上每 4 个单元联成一组，在垂直柱面上每 2 个单元联成一组，这样可减少放大器的通道数目。换能器外面覆盖一层 CY 221 型环氧树脂，外形自头部椭球体过渡到圆柱体相接处。为了降低流体动力噪声，雷头表面不平度小于 1.6 μm，雷体部分小于 3.2 μm。

自导电子组件包括发射机、放大滤波器、检波与积分电路及信号处理机等。部分电路为模拟电路，部分电路为数字电路。接收到的信号要转变为数字信号供可编程计算机处理，并生成

目标位置和相对运动的各种特性参数。自导系统可根据目标的类型选用为主动、被动或混合工作方式,也可由火控系统通过线导系统作出选择。主动工作时,发射单频短脉冲,脉冲宽度为 2.5 ± 0.2 ms,频率为 $(31.25\pm0.01\%)$ kHz,脉冲周期随鱼雷与目标间的距离而变化,变化范围为 $2.4\sim0.6$ s,最大可测距离为 1 800 mm。水平波束扇面宽 $70°$,垂直波束扇面宽 $20°$。

接收机放大器的中心频率为 31.75 kHz,带宽为 1.5 kHz。经波束形成器产生的接收波束,水平的为 17 个,垂直的约 11 个。波束扇面宽水平为 $\pm45°$,垂直为 $\pm30°$。相邻波束之间的夹角为 $6°$,单个接收波束的宽度(3 dB 点)为 $9°\pm1°$,各相邻波束在 3 dB 点处交叉。

信号处理机为可编程计算机,中心处理机(CPU)为 Intel 8086。计算机和有关电路能快速识别各波束接收到的信号,以控制和引导鱼雷航向目标。使用可编程数字计算机后自导系统能执行声对抗程序,克服自然和人为的各种干扰。更改计算机软件可调整或更换对抗逻辑,也可调整或更换鱼雷搜索、跟踪和再搜索的工作方式或程序。

跟踪弹道在垂直面上为纯追踪方式,在水平面上有两种方式,即比例导引和固定提前角追踪。提前角在 $0°\sim\pm36°$ 内,每 $6°$ 为一档。在远程跟踪时,鱼雷只作水平面运动,当到达近距离时(主动方式,距潜艇 720 m,距水面舰船 360 m)转入双平面运动。

A184 鱼雷自噪声与航行深度的关系见表 6.10。

表 6.10 A184 鱼雷自噪声与航深的关系

航深/m	20	50	100	150
自噪声谱级/(dB/(10^{-1}Pa · Hz))	−42	−46	−48	−53

自导作用距离:主动工作方式,高速时为 1 150 m,低速时为 1 200 m;被动工作方式,高速时为 1 450 m,低速时为 2 500 m(条件:目标噪声强度 20dB/μPa,鱼雷航深 100m,理想水文条件)。

五、动力推进系统

电源为银锌电池,由法国 SAFT 公司研制,战雷用一次电池,操雷用二次电池。电池由 164 个单体组成,分两组安装。一次电池 MAZT－6 型采用集中式的内注液系统。内注液系统由氮气瓶、带软塑料袋的电解液容器、电爆管和刺破装置、安全阀和泄气阀等组成。当鱼雷发射时,电爆管起爆,高压氮气沿管路送到电解液容器两端,并推动刺破装置,于是软塑料袋内的电解液(浓度为 41% 的 KOH 溶液)被挤压到电池组内。积存在电池体内的气体经泄气阀排到电解液容器内。当电解液容器内压力超过规定值时,安全阀自动打开,将氮气排到雷体内。注液 1s 后电池被激活,$1.5\sim2$ s 后电池输出电流可达额定值。电池组和内注液系统安装在一个容器内,尺寸为 1703 mm×446 mm×448(高)mm,质量为 338 ± 10 kg。电池标称容量为 110 Ah,鱼雷高速航行时,两组电池串联,电流为 500 ± 5 A,电压为 $210\sim230$V,功率为 110 ± 4 kW,比能为 70 Wh/kg。放电时间:储存 2 年内,大于 13 min;储存 5 年内,大于 11min。低速航行时,两组电池并联,电流为 320 ± 5A,电压为 $115\sim125$ V,放电时间大于 20 min。电池工作环境温度为 $10\sim50℃$,如温度过低则用内部加热器(400W 交流电)加热。电池干态储存环境温度为 30℃,储存寿命为 2 年。二次银锌电池的性能与一次电池基本相同。二次电池存放 6 个月,能放电 8 次,放电时间 12 min,存放 $6\sim10$ 个月,则放电时间减为 9 min。

鱼雷电子线路由辅助银锌电池供电,电流为 65A,电压为 30 ± 2V,工作时间大于 20min。

推进电机为双转 5 对极直流串激式电机。电机采用轴向式滑环,并安装在换向器端的支承端盖上。电机通过前、后两个板状端盖固定在鱼雷内。电机输出功率为 93.5kW,相对转速为 2 600 r/min,电压为 220V,电流为 500 A,工作时间为 12 min,质量为 83 kg,比功率为 1.126 kW/kg。工作寿命:12 min,22 次;13 min,2 次;共 24 次。平均效率高于 85%。电机起始工作环境温度应低于 30℃。每全程工作(12min)后必须经 6h 冷却才能再工作。每工作 6 次后,须检查电机。

螺旋桨前、后桨叶片数均为 4,材料为铝合金,推进效率高于 90%,是目前鱼雷对转桨中推进效率最高的。鱼雷在深度小于 5m 高速航行时会出现空化现象。

六、引信系统

引信系统采用惯性触发引信和声非触发引信。触发引信是机电型,任意方向上受到 2~7g 减速度时惯性摆动作,使点火电容器放电并引爆雷管。引信有机械保险装置,鱼雷出管前,雷管转动到"待发"位置。此外,在自导系统操纵之前或接近攻击阶段之前有防止向点火电容器充电的电路。线导系统也可通过指令要求鱼雷在接近攻击前充电或在任何时刻阻止电容器充电。非触发引信为声主动引信,装在雷头后面的专用舱室内。在鱼雷壳体的上、下方各装有一个声电换能器,内有控制电子装置。当鱼雷在目标上、下方 0.3~7m 距离内时,非触发引信动作,使点火电容器放电,引爆雷管和主装药。

6.2.5　德国 SUT 鱼雷

德国 20 世纪 70 年代以来共研制了 6 个型号鱼雷,主要是 DM1(海蛇),DM2A1(海豹),DM2A3(海鳗),SST-3,SST-4 及 SUT,都是大型电动力线导鱼雷,相互间有许多类似之处,这里主要介绍 SUT 鱼雷。

一、主要战术技术性能

SUT 鱼雷是德国 20 世纪 80 年代研制与生产的一种大型线导加声自导电动鱼雷,专用于出口,其主要战术技术指标如下:

直径:533 mm;

长度:6 150mm/6 622mm(包括放线器);

质量:1 424kg/1 506kg(包括雷内放线器质量);

速度与航程:34kn/11 000m,23kn/26 000m;

排水体积:1.226m³;

装药量:260 kg(TR8870,TNT 当量 1.92);

作战深度:2~404m;

引信:触发和非触发两种;

制导:线导+主、被动声自导;

自导作用距离:2 000m(主动),4 000~6 000m(被动);

线导导线长度:导线总长 18 400m,发射管内放线器导线长 8 000~14 000m;

发射方式:自航式/压缩空气发射。

二、总体结构与布置

SUT 鱼雷总体结构与布置如图 6.8 所示。

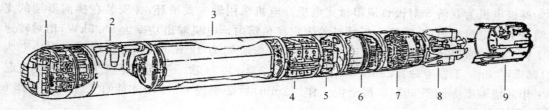

图 6.8　SUT 鱼雷总体结构与布置

1—自导头；　2—带爆发器战雷头；　3—电池段；　4—电子段；　5—传感器段；

6—导线团；　7—推进电机；　8—雷尾；　9—雷尾罩

三、动力推进系统

SUT 鱼雷采用 3 速制,战雷用一次镀锌电池,操雷使用二次银锌电池。一次电池分为两组,推进用的一组有电池单体 150 块,全雷辅助用电的一组有单体电池 20 块。推进电池容量与鱼雷速度有关,高、中、低速时分别为 110,225,225Ah,相应工作电压为 208,113,86V,电流为 470,300,235 A。电池长度为 1 739mm,质量为 402kg。电池的储存寿命为 6 年,环境温度为 —15～25℃。在 — 2～15℃ 使用时,电池先要用电热器加热。

内注液系统采用高压氮气(7MPa)挤压电解液(40 L),气瓶与电解液桶之间装有电磁开关,在接通注液指令后,电磁开关打开,高压气冲破电解液桶进气口的密封薄膜,当桶内压强增加到约 3.5MPa 时,电解液桶出液口的密封薄膜被压破,电解液即可通过管道分别进入各个单体电池。注液时间不到 1 s,即将电池激活。

推进电机为双转直流串激式电机,通过内、外轴直接带动螺旋桨旋转。变速时转速变化较大,高、中、低航速的相对转速分别为 3 100,2 100,1 700 r/min。鱼雷在低速,即搜索速度 18kn 航行时,没有给出相应航程指标。因低速时只利用一部分电池工作,所以主电路设计不尽合理。电机质量为 119kg,最大功率为 80 kW,比功率为 0.672 kW/kg。

6.2.6　瑞典 TP617 型鱼雷

瑞典从 20 世纪 40 年代就开始研制与生产鱼雷,研制的鱼雷有其显著的自身特点,如小型鱼雷的直径为 400mm,且带线导系统,大型鱼雷则为采用高浓度的过氧化氢为氧化剂的热动力反舰鱼雷。从 60 年代至 90 年代研发了大、小型两个系列的鱼雷型号。小型鱼雷型号有 TP411,TP412,TP421,TP422,TP4427,TP431,TP43×0,TP43×2 等,大型鱼雷型号有 TP142,TP271,TP272,TP611,TP612,TP613,TP617,TP618 等。本节介绍有代表性的 TP617 鱼雷。

一、主要战术技术性能

TP617 鱼雷是一种大型线导加声自导热动力蒸汽燃气鱼雷,由水面舰艇或潜艇发射,用以攻击水面舰船。其主要战术技术参数如下:

直径:533 mm;

长度:6 980mm;

质量:1 860kg;

速度与航程:25kn/30 000m;30kn/20 000m;

装药量:240 kg(HBX);

作战深度:＜20m;

引信:触发和非触发两种;

制导:线导＋声自导。

二、全雷结构与布置

全雷结构如图 6.9 所示,共分 6 段,即雷头、仪器舱(电子组件段)、中段(燃料舱)、发动机舱、后舱和雷尾。

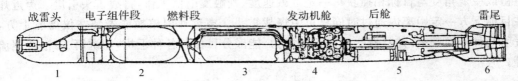

图 6.9　TP617 鱼雷主要组件与布置

1—自导头、装药、安全装置、触发引信;　2—计算机、控制装置、信号处理机、近炸引信;

3—压缩空气、酒精、淡水、过氧化氢舱;　4—催化剂、蒸汽发生器、主机、速度与氧化剂调节装置;

5—方向与深度控制装置、雷内放线器、伺服控制电子装置、管内安全锁定;

6—齿轮箱、舵、螺旋桨、电源、导线出口

三、动力推进系统

热动力系统采用浓度为 85%～90% 的过氧化氢(HTP)作氧化剂,用纯度为 99.5% 的乙醇作燃烧剂,用淡水作冷却剂。还装有 20MPa 的压缩空气供挤压式燃料输送系统用,并驱动气动航向陀螺和舵机。

过氧化氢先催化分解生成水蒸气和氧,氧气与酒精燃烧生成燃气,再加淡水冷却成 700～800℃ 的蒸汽燃气。过氧化氢储存在一弹性袋里,高压空气经减压后进到燃料舱内,空气挤压弹性袋使过氧化氢输送至分解室内,然后再进入燃烧室,其后的工作过程与一般蒸汽燃气动力系统相同。过氧化氢加酒精作燃料,能量密度高,燃烧后的废气大部分(约 80%)可溶于水,因而航迹比之一般蒸汽燃气鱼雷明显减小。

发动机采用星型双排 12 个汽缸的活塞式发动机,最大输出功率为 350kW。鱼雷是双速制,可以在发射前设定,也可由制导系统控制变速。鱼雷的速度可测量,并由线导系统传输给发射舰的火控系统。发动机可带动装在后舱内的交流发电机,向雷内各电子组件供电。

四、制导系统

线导系统的雷内放线器装在鱼雷后舱内,鱼雷航行时放出导线。发射管内放线器与舰上火控系统相连接。导线是单芯的,利用海水作回路。鱼雷与火控系统之间的信息传输采用时间分划复合器。声自导系统的换能器基阵装在雷头前端的安装孔内,基阵是圆平面阵,电子线路和放大器等位于基阵后面。信号处理采用相关技术,能探测到低噪声的目标。总的看自导技术属中等水平,主要依靠较精确的线导系统,使鱼雷获得较高的命中概率。

仪器舱位于雷头后,舱的上方装有声引信的换能器,内部装有自导和引信电子器件及多功能计算机。计算机按程序管理鱼雷有关部件和控制鱼雷的运动,保证鱼雷按预定弹道航行。

鱼雷航向陀螺仪、深度控制仪表和舵机等均装在后舱内。陀螺仪和舵机均靠空气驱动,陀螺仪启动后 0.3 s 即达到稳定速度,鱼雷直航 10 min,其航向误差小于 50m,即误差为 0.1%。

鱼雷航行深度在发射前设定,也可通过线导系统输入指令来改变航行深度。

五、雷头

战雷头内装有约 240kg 的 HBX 高能炸药。爆发器及其传爆药系统,设有多道保险机构以保证平时或运输时的安全。在鱼雷发射和发动机启动后保险机构被解脱。当鱼雷航行到一定距离,即离开发射舰抵达安全距离时,爆发器进入待发状态。待发状态也受发射舰艇火控系统控制,通过线导系统发出指令,可停止或重新恢复待发状态。当爆发器处于待发状态时,如果鱼雷以一定角度与目标相撞获得一定的减速度,则触发引信工作,将战雷头引爆。声近炸引信在目标下方一定距离内通过时同样可引爆战雷头。声近炸引信换能器装在仪器舱上方,它可发射几种不同频率,并具有一定的识别能力,能区分目标与各种干扰,如诱饵、海浪或尾流影响等。

6.2.7　日本鱼雷

日本从 20 世纪 60 年代开始引进美国鱼雷,先后有 MK16,MK32,MK37,M44,MK46-2,MK46-5 等型号,并取得生产权。与此同时也开展独立研制,研制的型号有 G-RX1,G-RX2,G-RX3(G-RX4),73 和 73 改等。它们的母型或追赶的对象分别是美国的 MK37,MK48,ALWT,MK44,MK46-2。90 年代又提出 G-RX5,G-RX6 的研制计划。

日本鱼雷研制的型号虽然比较多,但批量生产的不多。在役的鱼雷除了美国的鱼雷外,主要是 G-RX2 和 G-RX3 两型鱼雷。

G-RX2 鱼雷 70 年代初开始研制,80 年代初开始小批量生产,历时十多年。G-RX2 鱼雷定型小批量生产后改称为 89 式鱼雷。

89 式鱼雷是一种潜用大型热动力鱼雷,用以反潜和反水面舰船。其主要性能接近美国 MK48-1 型鱼雷,主要战术技术参数如下:

直径:533 mm;
长度:7 000mm;
速度与航程:55kn/20 000m;
作战深度:600m;
制导:线导+主、被动声自导;
主动声自导作用距离:2 000m(目标反射强度 5dB);
被动环形搜索半径:130m。

原预定采用高浓度过氧化氢和酒精作燃料,采用斜盘活塞式发动机。按此推想应该采用半闭式循环才有可能在大深度高背压下工作。由于采用活塞式发动机且要长时间工作,不可能采用海水冷却燃气,只能利用鱼雷本身携带的淡水,并要不断冷凝—蒸发循环使用,具有一定的技术风险。由于 80 年代中期,日本已掌握 MK46-5 型鱼雷的生产技术,从运用成熟技术及后勤保障等方面考虑,G-RX2 鱼雷改用单组元奥托燃料的可能性是存在的。

壳体材料采用高强度铝合金,并经表面处理以增强耐腐蚀性。

G-RX3 鱼雷 80 年代初开始研制,是一种小型、大深度、自导反潜电动力鱼雷。该雷噪声低,自导系统具有抗混响和抗干扰性能,具有良好的机动性。

6.2.8　俄罗斯鱼雷

俄罗斯是世界上鱼雷型号和种类最多的国家。首先有多种尺度的鱼雷,直径有 350mm,400mm,450mm,533mm,650mm 多种,长度最长的可达 11 000mm;鱼雷动力有热动力和电动力。热动力有氧气鱼雷、蒸汽瓦斯鱼雷、过氧化氢鱼雷、喷气及喷水鱼雷等;制导除线导和声自导外还有尾流自导;战雷头除常规装药外,还有核装药;既有常规的全沾湿鱼雷,又有超空泡超高速鱼雷。可见,俄罗斯鱼雷研制一直走自己的路,特色明显:注重需求,武器与平台并重;注重创新,条条框框较少;注重提高鱼雷的威慑力,特别是攻击大型舰船及航母的能力。

本书主要介绍 3 种具有特点的鱼雷,这里先介绍 65 型和 АПР - 3Э 两种鱼雷,第 8 章将介绍暴风雪超空泡鱼雷。

一、АПР - 3Э 鱼雷

(一)主要战术技术性能

АПР - 3Э 鱼雷简称 А - 3 鱼雷,是俄罗斯 20 世纪 90 年代初定型的一种主、被动声自导空投反潜鱼雷。其主要战术技术指标见表 6.11。

表 6.11　АПР - 3Э 主要战术技术指标

参数	指标	备注
质量/kg	525＋25	
长度/mm	3 684	含伞包
	3 460	水下
直径/mm	350	
翼展/mm	500	
排水体积/m³	0.28	
最大速度/(km·h⁻¹)	130	36.1m/s
主动自导作用距离/m	1 500～2 000	
攻击条件下自导作用距离/m	650～800	
作战深度/m	8～800	
工作海区海深/m	大于 100	
海况/级	小于 6	
发动机工作时间/s	113	
装药量/kg	45	74kg TNT 当量

续 表

参数		指标	备注
质量/kg		525＋25	
命中概率		0.85	深度：30～450m
		0.8	深度：450～600m
		0.7	深度：600～800m
悬停投弹高度/m		15～30	
飞行投放高度/m		100～250	飞行速度：50～150km/h
		250～600	飞行速度：50～300km/h
发射波束角/(°)	深海	87×45	水平方向×垂直方向
	浅海	87×25	水平方向×垂直方向
引信类型		触发＋声非触发联合制式	
非触发引信作用半径/m		2±0.5	
发动机类型		固体燃料涡轮喷水发动机	
发动机工作制(速制)/(m·s⁻¹)		18	第一工作制
		30	第二工作制
		36	第三工作制

可见，AПP-3Э鱼雷具有两个明显的特点：

(1)负浮力大。AПP-3Э鱼雷质量约为530kg，浮力约为280kg，负浮力为250kg，负浮力占质量近50%，而其他鱼雷的负浮力只占质量的20%～25%左右。这种负浮力大的鱼雷也称为高密度鱼雷，适合于空投武器，可以实现无动力、小倾角螺旋下潜搜索。

(2)速度快。AПP-3Э鱼雷最高航速70kn(36m/s)，比西方国家的在役鱼雷速度都快。使它能够攻击航速更快的敌潜艇，同时可提高命中概率和毁伤强度。

(二)总体结构与系统组成

AПP-3Э鱼雷总体结构由7段组成，从头到尾依次为保护罩、1号仪器舱、战斗部、2号仪器舱、动力段、3号仪器舱、稳定装置，各段壳体之间利用连接环连接。

1.保护罩

保护罩用于减小鱼雷空投入水冲击载荷，保护鱼雷结构及仪表免于损坏。鱼雷入水后，保护罩自动脱离。

2.1号仪器舱

1号仪器舱内主要是自导装置，故也称为自导头段。包括水声换能器的17对发射基阵阵元、7对接收基阵阵元、目标传感器的8个收/发共用声引信基阵阵元、2对入水传感器元件、目标传感器的3个触发传感器和声非触发引信，以及计算机系统等。

3.战斗部

战斗部包括炸药、保险执行机构、前后盖。与1号仪器舱段壳体用连接环连接。

4. 2 号仪器舱

2 号仪器舱内主要是控制仪表,包括:

(1)控制仪器块。控制仪器块的组成与功能:

1)俯仰、横滚陀螺传感器;

2)角速度传感器块,测量 3 轴角速度;

3)跟踪放大器,放大俯仰、横滚陀螺传感器的横滚信号,传给跟踪电机;

4)程序-逻辑块,包括输入/输出装置和程序形成器(形成程序控制指令);

5)指令形成器,产生按设定算法形成的时间指令和时间信号;

6)门限装置;

7)控制规律形成器:A:$\psi-\varphi$ 通道控制规律形成器,按设定规律形成控制信号,传给上下舵机;B:$\theta/H-\varphi$ 通道控制规律形成器,按设定规律形成控制信号,传给左、右舵机;

8)电源块。

(2)深度传感器(4 个)。深度传感器为应变式压力传感器。

压力测量范围:$0\sim10\mathrm{kg/cm^2}$(对应 $0\sim100\mathrm{m}$);

极限压力:$150\mathrm{kg/cm^2}$。

(3)降落伞控制装置。

(4)电气接口。与 1 号仪器舱通过 7 根电缆连接;同战斗部的保险机构用 1 根电缆连接;同 3 号仪器舱相连的电缆由导弹壳体外部下侧的电缆导管通过;与飞机通过表面的预置电缆插座,用预置电缆连接。

(5)大段连接。与战斗部段用连接环连接,与动力段通过发动机盖压环上的 18 个螺栓连接。

5. 动力段

АПР - 3Э 鱼雷的动力推进装置为固体燃料涡轮喷水发动机,主要由燃气发生器和涡轮泵组成。燃气发生器包括壳体、固体火药柱、前后盖和点火装置等,实际上是无喷管的固体燃料喷气发动机。涡轮泵由涡轮泵壳体、涡轮、涡轮轴、叶片、喷管、4 个入水口、排气管和冷却系统等组成。燃气发生器的固体火药柱点火后,产生的高温、高压燃气通过 4 根导流管导向涡轮。1,2,3 号导流管逆时针吹向涡轮,4 号导流管顺时针吹向涡轮(起阻尼作用)。4 根导流管同时通气时,发动机处于低速工作制;关闭 4 号导流管后,发动机处于高速工作制;再关闭 2 号导流管后,发动机处于最高速工作制。导流管关闭是利用电爆管使活塞移动切断气道,因此发动机速制是不可逆转的。

АПР - 3Э 鱼雷动力推进装置的主要技术指标如下:

总质量:255kg;

固体混合燃料:直径 300mm,长度 850mm;

燃烧室最大压力:29.9MPa;

发动机正常推力:6 200N;

发动机额定工作时间:113s;

航速:三速制,即

第一工作制(低速):18m/s(65km/h),

第二工作制(高速):30m/s(108km/h),

第三工作制(最高速):36m/s(130km/h)。

速制转换逻辑如下:

(1)当在浅海工作状态时,发动机只在低速制工作。

(2)无浅海工作指令时:

1)深度小于50m时发动机点火,前15s低速工作制,之后进行深度判断,深度大于50m,立即转入高速工作制;

2)导弹深度大于50m,若攻击下方目标,前5s为低速工作制,之后转入高速工作制;若攻击上方目标,前15s低速工作制,之后进行深度判断,深度大于50m,立即转入高速工作制;

3)若下旋搜索一直未发现目标,当深度达到250m时,发动机点火,前5s低速工作制,之后立即转入高速工作制;

4)当深度达到350m时,立即转入最高速工作制。

6.3 号仪器舱

3 号仪器舱是鱼雷尾舱段,内部主要装有自动仪器块、4 个电动舵机等,外部安装 4 片稳定翼(鳍)、水平舵和垂直舵等。仪器舱段壳体与动力段壳体用连接环连接。

电动舵机的主要性能参数如下:

额定功率:40W;

轴工作转角:±23°;

轴最大转角:±29°;

角速度:不小于90°/s;

最大负载:27.5N·m;

电机额定电压:+27V;

二次电源电压:40±4V,1 000±25Hz;

轴偏转传感器电压:+12V;

电流:≤2.5A(直流电),≤0.25A(交流电);

控制信号:电压≤6.2V,频率≤12Hz;

输入电阻:≥15kΩ;

质量:≤3.2kg。

7. 稳定装置

稳定装置主要包括稳定环与伞包两部分。伞包主要由降落伞及开伞装置组成,降落伞伞衣面积为 4.36m²。

二、65 型鱼雷

(一)主要战术技术性能

65 型鱼雷有 ДПТ 和 ДПТ - 1 两种型号,前者专反舰,后者反舰兼反潜,分别于 20 世纪 80 年代初期和中期研制成功。65 型鱼雷 1993 年在阿联酋阿布扎比展览时称为 DST - 92 鱼雷。其主要战术技术指标见表 6.12。

表 6.12　65 型鱼雷主要战术技术指标

参数	ДПТ	ДПТ－1
直径/mm	650	650
长度/mm	11 000	12 000/9 144
质量/kg	4 750	3 500
(速度/kn)/(航程/m)	35/90 000,50/46 000	50/45 000(30/100 000)
装药量/kg	557	400
最大作战深度/m	20(最大发射深度 100)	150
制导方式	尾流＋主动声自导	尾流＋声自导

(二)分段与结构特点

65 型鱼雷总体结构由 8 段组成,从头到尾依次为仪表段、战雷头段、3 个燃料舱段、发动机段、制导段及雷尾段。动力段(燃料舱与发动机段)长度约占全雷长度的 65％。

热动力推进系统的燃料为过氧化氢和煤油,并用淡水冷却燃气。发动机采用燃气轮机。热力循环为半封闭式,即燃烧产物中大部分的水蒸气经冷却后仍然供再循环使用,不凝结的 CO_2 气体则由专用泵将之排出雷外。所以发动机的背压基本不受海水深度影响,鱼雷可在较大深度(150m)上航行。为了控制发动机的功率不受航行深度的影响,设有专门的调节系统。燃料输送采用挤压式,利用减压后的空气挤压燃料。发动机通过推进轴带动螺旋桨旋转。

若采用海水作冷却剂,则含有盐分的废气需要排出雷外,便不能实现半封闭式循环。65 型鱼雷专用于反舰时,航深一般不超过 20m,不必要采用闭式循环,则可采用海水冷却燃气。

有资料报道,65 型反舰鱼雷仅采用单平面主、被动声自导。考虑到俄罗斯其他多种反舰鱼雷都采用尾流自导,若仅采用声自导而不同时运用尾流自导将会使鱼雷目标捕获概率受到影响,对于 65 型这种大型反舰鱼雷没有理由不应用尾流自导。对于出口型,拆除先进的尾流制导部分的设备是可能的,对于原型,制导应为尾流自导加声自导。

65 型鱼雷控制系统采用气动航向陀螺、速率陀螺及横滚与俯仰陀螺。陀螺启动气压约为 20MPa,启动时间为 0.5s。航向陀螺精度为 1°/h,相当于方向误差为直航距离的 0.5％。陀螺启动后,利用电使其保持长时间稳定工作。控制系统执行元件为液压舵机,通过操舵控制鱼雷的航向、深度和横滚。

战雷头装药除高性能烈性炸药外,也可能装载 TNT 当量 1.5～2 万吨的核装药。引信有触发和非触发两种,非触发引信作用半径约 1m。

习　　题

6.1　鱼雷总体布置应遵循哪些基本原则?

6.2　根据介绍的十多种鱼雷总体结构与布置,列出它们布置的共同规律。

6.3 鱼雷的动力系统有几种类型？它们各有什么优缺点？

6.4 什么是闭式循环？它的主要优点是什么？

6.5 线导系统是如何工作的？线导鱼雷为什么还要声自导系统？

6.6 说明 MK46 鱼雷从发射到命中目标的全过程弹道及阶段弹道转换关系。

6.7 你认为鱼雷的发展方向是什么？

第7章 鱼雷弹道设计

7.1 弹 道

7.1.1 弹道含义

鱼雷弹道字面上仅指鱼雷的运动轨迹。但是,在研究鱼雷的运动或设计中,当说到鱼雷弹道时,通常含义要广泛得多,除了描述运动轨迹的 3 个地面坐标系中位置坐标(x_0,y_0,z_0) 外,鱼雷的运动速度 $v(v_x,v_y,v_z)$,角速度 $\omega(\omega_x,\omega_y,\omega_z)$,姿态角 θ,ψ,φ,弹道角 Θ,Ψ,Φ,都称为弹道参数,并且与鱼雷运动及运动规律相联系的各种内在与外部因素也都包含在其中。

鱼雷的全过程运动从发射时起,至命中目标(或燃料耗尽)时止,这也是鱼雷弹道的起止点。与鱼雷全过程运动相对应的鱼雷弹道也称为鱼雷的全弹道。由于鱼雷在运动过程中的不同阶段支配鱼雷运动的主导因素不同,运动特点不同,因而鱼雷的全弹道也据此分为不同的弹道段,以便分别加以研究。

7.1.2 发射弹道

发射弹道是鱼雷由启动,到离开发射平台的运动过程弹道。发射弹道主要与发射平台及发射装置有关。

一、发射平台及发射装置

1. 水面舰船发射

水面舰船主要有鱼雷发射管与发射架两种发射装置。国内目前的水面舰船鱼雷发射管主要是发射直径 324mm 轻型鱼雷的三联装发射管,发射动力源为高压气,由高压气在鱼雷尾部产生的压力推动鱼雷出管,发射过程中鱼雷动力系统不启动。水面舰船鱼雷发射架主要用于发射火箭助飞鱼雷。发射架分倾斜架和垂直架两种,为鱼雷离架后提供两种不同的初始运动方向,发射架在鱼雷发射过程中主要起横向约束作用,发射动力一般为鱼雷自身动力,由鱼雷发动机启动后推动鱼雷离架。

2. 潜艇发射

潜艇的鱼雷发射装置主要是发射管,国内目前使用的发射管主要是液压平衡式发射装置。发射动力源为高压气,由高压气推动活塞,活塞推动水,水推动鱼雷出管。发射前,把艇外海水引入活塞背面,抵消艇外背压,从而使鱼雷的出管速度基本与发射深度无关。发射过程中鱼雷动力系统不启动。

发射动力除高压气外,还常用燃气。此外还有自航式发射,鱼雷在发射管内通过启动鱼雷的动力系统,借助自身的推力航行出发射管,无须外部动力。如果是筒状发射管,对于具有火箭发动机的鱼雷来说,发动机点火后,除了发动机自身推力外,喷出的燃气在发射管内建立的压力场,作用在鱼雷尾部的壳体表面上,也会形成一定推力,加速鱼雷的出管速度。国内潜艇目前还没有鱼雷自航式发射装置,只有导弹发射筒。

3.飞机发射

飞机作为鱼雷发射平台主要是吊挂。对于直升机,鱼雷一般挂在机身之外;对于固定翼飞机,鱼雷一般挂于机身弹仓内,也可以挂于机身之外。通过解脱吊挂装置释放鱼雷,鱼雷在重力的作用下离开飞机。

4.二次发射

二次发射大致有以下 3 种类型。

(1)由舰船第一次发射的不是鱼雷,而是鱼雷的运载器,如火箭助飞鱼雷,第一次发射的是火箭运载器,当运载器飞行到预定区域或目标附近时,自动实施第二次发射,鱼雷与运载器分离。

(2)由舰船第一次发射的是鱼雷的二次发射平台,把二次发射平台布放到预定水域。目前应用的二次发射平台主要是锚系平台。锚系平台主要有两种类型,一种是鱼雷直接系于锚索上,通过切断锚索实现二次发射,鱼雷在浮力或自身推力的作用下离开平台。另一种类型的是锚索系留的是发射筒,由发射筒实现二次发射。

(3)舰船第一次发射的是装载有鱼雷的水下自主航行器。水下自主航行器的功能可以类似潜艇,执行运载、探测与发射任务。

二、弹道特点

发射弹道具有如下几个明显特征。

1.非定常性

发射弹道是鱼雷全弹道中的第一段弹道,鱼雷由相对平台静止状态启动,到离开平台,主要是加速运动过程。发射时平台的运动参数,如速度、姿态角等,都是发射弹道的初始条件。

2.多体运动耦合

平台在发射鱼雷的过程中,平台也在运动,鱼雷在平台的运动流场运动,受到平台运动的影响,平台运动也一定程度上受到鱼雷运动流场的影响,两流场的耦合造成鱼雷运动的复杂性。

3.多样性

发射平台的多样性决定了发射弹道的多样性。潜艇发射管鱼雷发射,发射弹道包含 3 个特征明显的特征段:第一段弹道,鱼雷在发射管导轨的约束下,由静止到启动,沿发射管轴线作直线加速运动;第二段弹道,当鱼雷的圆柱段(或导子)脱离了发射管导轨后,径向约束松弛了,鱼雷在向前运动的同时还发生转动;第三段弹道,当鱼雷尾端离开发射管后,鱼雷的运动为无约束的自由运动。受到发射管约束的鱼雷第一段和第二段弹道常称为内弹道。内弹道还可以根据发射管类型、发射动力等进一步细分。

水面舰船管装与发射架鱼雷发射,发射弹道和潜艇发射管发射鱼雷弹道类同,同样包括 3 段特征不同的弹道段。不同的主要是发射装置的类型及流体介质。

释放式发射弹道主要是空投鱼雷的发射弹道,通过解锁吊挂装置实现鱼雷的发射。鱼雷由开锁至开伞之前的运动阶段为发射弹道。此外,对于较大的、非常规外形的鱼雷或水下航行器常采用水面舰船吊挂或潜艇背驮方式携带,其发射方式也大多采用释放式。锚雷的发射弹道是另一类释放式发射弹道,通过切断锚索发射,鱼雷或平台在浮力或推力的作用下向上运动。

鱼雷发射弹道是全弹道中力学环境最复杂的一段弹道。

7.1.3　空中弹道

空中弹道是指鱼雷在空气介质中的运动弹道。鱼雷的空中弹道主要有 3 种情况:水面舰船发射鱼雷的空中弹道,飞机空投鱼雷的空中弹道,火箭助飞鱼雷的空中弹道。

水面舰船管装鱼雷发射的空中弹道是鱼雷离开发射管后在空中的运动弹道,它主要依赖于鱼雷离开发射管时具有的初始条件:速度、角速度及距水面的高度等,空气动力的影响较小。鱼雷离开发射管后的运动类似于子弹与炮弹出管后的运动,是无动力、无控制的运动。人们一般把子弹和炮弹出管后的运动弹道称为外弹道,所以水面舰船发射鱼雷的空中弹道有时亦称为外弹道。

飞机空投鱼雷的空中弹道一般由 3 段组成:开伞前的单雷弹道,开伞过程中的雷伞弹道以及伞完全涨满后的雷伞弹道。开伞前的单雷弹道,受飞机运动流场及边界影响比较大,一般放在发射弹道中考虑。当高空投放时,伞完全张开后的雷伞弹道是空中弹道的主要部分,对于低空投放情况,如直升机低空悬停投放,当鱼雷入水时,伞可能尚未完全张开。

火箭助飞鱼雷空中弹道的起始点,对于水面舰船发射由鱼雷离开发射装置时计起,对于水下发射由鱼雷尾端面离开水面时计起。火箭助飞鱼雷的空中弹道的主要部分是鱼雷在火箭推力作用下的飞行弹道,一般称为助推段弹道,或巡航段弹道,其航程一般在 20km 以上。当到达预定空域时实施箭雷分离,其后的空中弹道与飞机空投鱼雷的类同,包括开伞前、开伞过程及开伞后的 3 段不同特征弹道。

7.1.4　入水与出水弹道

鱼雷经历空中弹道之后开始入水,入水弹道是从鱼雷头部触水时起到鱼雷表面完全沾湿时止的运动弹道。在鱼雷由空中穿越水面进入水下的过程中,鱼雷除头部局部表面被水沾湿外,其余表面均为空气所包围,开始时为开口空泡,随着鱼雷完全进入水中,开口空泡逐渐变为闭口空泡,鱼雷在封闭的空泡中与空泡一起向下运动,随着海水压力的增加,空泡体积逐渐减小,并首先在鱼雷尾部溃灭,完整的封闭空泡变为局部空泡,鱼雷表面一部分被沾湿,一部分被空化,直至空泡最后完全溃灭,鱼雷表面全部沾湿。可见,入水弹道伴随着空泡的产生、发展与溃灭的全过程,所以,入水弹道又常称为空泡段弹道。

出水弹道是鱼雷由水下穿越水面进入空中过程的弹道,由雷头接触水面时计起,到雷尾离开水面时结束。

入水弹道与出水弹道都经历流体介质的变化,都穿越自由液面,产生较大扰动。由于水的密度是空气的 800 倍,并且几乎是不可压缩的,所以鱼雷在入水与出水过程中,流体动力都要发生巨大的变化,入水加载,出水卸载,发生强烈的流固耦合。

7.1.5 初始弹道

初始弹道是鱼雷发射之后至进入定常工作状态之前的鱼雷水下运动弹道。初始弹道包括下列 3 种情况：

(1)常规鱼雷水下发射:从鱼雷离开发射装置或发射平台时起至进入定常工作状态时止的鱼雷运动弹道。

(2)常规鱼雷水面舰船发射或空投鱼雷或火箭助飞鱼雷由空中进入水下:从鱼雷表面全沾湿时起至进入定常工作时止的鱼雷运动弹道。

(3)火箭助飞鱼雷(导弹或导弹运载器)水下发射:从鱼雷离开发射装置时起至鱼雷头部达到水面时止(出水前)的鱼雷运动弹道。

在实际中,初始弹道主要是指上述第一种情况,第二种情况更多地是作为入水弹道的一部分加以考虑。

在初始弹道阶段鱼雷自身的状态比较复杂,可能是有动力、无动力或动力系统处于启动过程中,可能是无控制或有程序控制,等等。不同鱼雷或不同状态下的初始弹道会有较大差别。运动的非定常性和具有随机性是鱼雷初始弹道的基本特性。

7.1.6 搜索弹道

鱼雷初始弹道之后,鱼雷的航速达到设定航速,深度达到设定深度,鱼雷的自动控制系统、自导系统开始工作,鱼雷处于搜索目标过程中的运动弹道称为搜索弹道。搜索弹道一般都是程序控制弹道,是按照预先设定的运动程序进行搜索的弹道。搜索弹道的基本形式有直航弹道(直航搜索)、梯形弹道(梯形搜索)、蛇形弹道(蛇形搜索)、环形弹道(环形搜索)、螺线形弹道(螺线形搜索)、螺旋形弹道(螺旋形搜索)等。

搜索弹道分初始搜索弹道与再搜索弹道两种,前者紧接鱼雷的初始弹道之后,在执行搜索之前没有发现目标;后者是指发现目标后,又丢失了目标,或攻击目标失败,然后再次进行搜索的弹道。由于再搜索时比初始搜索多了丢失目标时的目标方位、距离等信息,因此再搜索弹道与初始搜索弹道的程序和弹道模式一般都会有所不同。

7.1.7 导引弹道

导引弹道是指发射舰艇或鱼雷发现目标后,根据选择的导引方法,遥控鱼雷或鱼雷自动跟踪并不断接近目标,直至最后命中目标的鱼雷运动弹道。导引弹道可分为线导导引弹道与自导导引弹道两类。

线导导引弹道是鱼雷按照设在发射舰艇上的遥控制导系统利用线导导线传送来的指令而运动的弹道。线导导引由发射舰艇的声呐系统、导航系统、火控系统及鱼雷的内测系统共同实现。声呐系统测定并确定目标方位、距离等,导航系统确定发射舰艇的航行速度及航向等,鱼雷内测系统确定鱼雷的航行速度及航向等运动要素,并通过线导导线传送给发射舰艇。发射舰艇把获得的目标、自身及鱼雷的信息集中到火控系统,进行解算,得到目标的运动要素及鱼雷、目标、自身三者的相对位置关系，并根据所用的导引方法生成鱼雷运动的遥控指令，通过线导传送给鱼雷，控制鱼雷的运动，把鱼雷导向目标。常用的线导导引方法有方位重合法及无干扰导引（偏离导引）法等。

自导导引弹道是鱼雷按照自导系统发出的导引指令控制鱼雷运动的弹道。目前的鱼雷都是声自导的，有主动、被动、主被动联合 3 种类型。主动声自导主要用于噪声强度较低的低速或静止的目标，通过发射并接收由目标返射回的声波，确定目标的方位与距离，进而依据选择的导引方法解算出鱼雷的导引指令。被动声自导则直接接收目标发出的噪声信号，确定目标的方位等。常用的自导导引方法有追踪法、固定提前角法和比例导引法等。尾流导引弹道也属自导导引弹道。目前，尾流自导弹道主要是利用舰船尾流场的声反射特性导引鱼雷跟踪与攻击目标。

声自导不仅适用于自导鱼雷，也用于线导鱼雷的末制导。当鱼雷距目标较近时，自导导引精度一般都高于线导导引精度。

自导导引弹道包括自导追踪弹道与攻击弹道，完成跟踪、攻击和命中目标的功能。当鱼雷与目标距离很近时，常按固定参数（如固定提前角）攻击目标。

7.2　空间运动方程组

7.2.1　坐标系

为了研究鱼雷的运动，应选用一些坐标系。一般来说，坐标系的选择是任意的，但是，如果坐标系选取得当，会给讨论问题带来方便。本章中常用到的坐标系有地面坐标系 $ox_0y_0z_0$，雷体坐标系 $oxyz$、速度坐标系 $ox_1y_1z_1$ 及随体平移坐标系 $o'x'_0y'_0z'_0$。研究鱼雷水下运动时，由于鱼雷浮心位置在航行过程中是不变的，一般选择鱼雷的浮心为坐标系原点，研究空中运动时一般选择鱼雷的质心为坐标系原点。各坐标系的定义可参阅 3.1 节。

7.2.2　运动学参数与运动方程组

鱼雷运动过程中的空间位置由雷体坐标系的原点在地面坐标系中的坐标 (x_0, y_0, z_0) 确定：

$$x_0 = x_0(t), \quad y_0 = y_0(t), \quad z_0 = z_0(t) \tag{7.1}$$

式 (7.1) 描绘了鱼雷的空间运动轨迹。

鱼雷的速度定义为雷体坐标系原点处的速度，其在雷体坐标系和地面坐标系中的分量分别用 v_x, v_y, v_z 和 v_{x0}, v_{y0}, v_{z0} 表示，即

$$v = \sqrt{v_x^2 + v_y^2 + v_z^2} = \sqrt{v_{x0}^2 + v_{y0}^2 + v_{z0}^2} \tag{7.2}$$

任一时刻鱼雷的空间位置和速度之间的关系为

$$\frac{\mathrm{d}x_0}{\mathrm{d}t} = v_{x0}, \quad \frac{\mathrm{d}y_0}{\mathrm{d}t} = v_{y0}, \quad \frac{\mathrm{d}z_0}{\mathrm{d}t} = v_{z0} \tag{7.3}$$

鱼雷的姿态用俯仰角 θ、偏航角 ψ、横滚角 φ 描述,3 个姿态角由地面坐标系和雷体坐标系的角度位置关系定义与确定。俯仰角 θ 定义为雷体系的 ox 轴与地面系的 x_0oz_0 坐标平面的夹角,即鱼雷纵轴与水平面的夹角;偏航角 ψ 定义为雷体系的 ox 轴在水平面的投影与地面系 ox_0 轴的夹角;横滚角 φ 定义为雷体系的 oy 轴与通过 ox 轴且垂直于地面系的 x_0oz_0 坐标平面的铅垂平面的夹角。俯仰角 θ、偏航角 ψ、横滚角 φ 也是描述鱼雷转动的 3 个欧拉角,它们的正向按右手螺旋规则确定。

鱼雷的旋转角速度常用雷体坐标系中的 3 个分量 $\omega_x,\omega_y,\omega_z$ 表示。角速度与姿态角的关系为

$$\left.\begin{aligned}
\omega_x &= \frac{\mathrm{d}\varphi}{\mathrm{d}t} + \frac{\mathrm{d}\psi}{\mathrm{d}t}\sin\theta \\
\omega_y &= \frac{\mathrm{d}\psi}{\mathrm{d}t}\cos\theta\cos\varphi + \frac{\mathrm{d}\theta}{\mathrm{d}t}\sin\varphi \\
\omega_z &= \frac{\mathrm{d}\theta}{\mathrm{d}t}\cos\varphi + \frac{\mathrm{d}\psi}{\mathrm{d}t}\cos\theta\sin\varphi
\end{aligned}\right\} \tag{7.4}$$

或

$$\left.\begin{aligned}
\frac{\mathrm{d}\theta}{\mathrm{d}t} &= \omega_z\cos\varphi + \omega_y\sin\varphi \\
\frac{\mathrm{d}\psi}{\mathrm{d}t} &= \sec\theta(\omega_y\cos\varphi - \omega_z\sin\varphi) \\
\frac{\mathrm{d}\varphi}{\mathrm{d}t} &= \omega_x - \tan\theta(\omega_y\cos\varphi - \omega_z\sin\varphi)
\end{aligned}\right\} \tag{7.5}$$

鱼雷弹道在地面坐标系中的方位角,亦是鱼雷速度矢量在地面坐标系中的方位角,用弹道倾角 Θ、弹道偏角 Ψ 和弹道倾斜角 Φ 描述,3 个弹道角由地面坐标系和速度坐标系的角度位置关系定义与确定。弹道倾角定义为速度坐标系的 ox_1 轴与地面系的 x_0oz_0 坐标平面的夹角;弹道偏角定义为速度坐标系的 ox_1 轴在水平面的投影与地面系 ox_0 轴的夹角;弹道倾斜角定义为速度坐标系的 oy_1 轴与通过 ox_1 轴且垂直于地面系的 x_0oz_0 坐标平面的铅垂平面的夹角。

鱼雷运动过程中的攻角 α 和侧滑角 β 与雷体坐标系中的 3 个速度分量具有如下关系:

$$\alpha = -\arctan\frac{v_y}{v_x}, \quad \beta = \arctan\frac{v_z}{\sqrt{v_x^2 + v_y^2}} \tag{7.6}$$

7.2.3 坐标转换矩阵

不同坐标系中的坐标可借助坐标转换矩阵进行转换。由地面坐标系坐标 (x_0,y_0,z_0) 转换为雷体坐标系坐标 (x,y,z) 的转换关系为

$$\begin{bmatrix} x \\ y \\ z \end{bmatrix} = \boldsymbol{C}_b^0 \begin{bmatrix} x_0 \\ y_0 \\ z_0 \end{bmatrix} \tag{7.7}$$

式中,$\boldsymbol{C}_b^0$ 为地面坐标系到雷体坐标系的坐标转换矩阵:

$$\boldsymbol{C}_b^0 = \begin{pmatrix} \cos\theta\cos\psi & \sin\theta & -\cos\theta\sin\psi \\ -\sin\theta\cos\psi\cos\varphi + \sin\psi\sin\varphi & \cos\theta\cos\varphi & \sin\theta\sin\psi\cos\varphi + \cos\psi\sin\varphi \\ \sin\theta\cos\psi\sin\varphi + \sin\psi\cos\varphi & -\cos\theta\sin\varphi & -\sin\theta\sin\psi\sin\varphi + \cos\psi\cos\varphi \end{pmatrix} \tag{7.8}$$

由速度坐标系到雷体坐标系的坐标转换矩阵 $\boldsymbol{C}_b^1$ 为

$$\boldsymbol{C}_b^1 = \begin{pmatrix} \cos\alpha\cos\beta & \sin\alpha & -\cos\alpha\sin\beta \\ -\sin\alpha\cos\beta & \cos\alpha & \sin\alpha\sin\beta \\ \sin\beta & 0 & \cos\beta \end{pmatrix} \tag{7.9}$$

由速度坐标系到地面坐标系的坐标转换矩阵 $\boldsymbol{C}_0^1$ 为

$$\boldsymbol{C}_0^1 = \begin{pmatrix} \cos\Theta\cos\Psi & -\sin\Theta\cos\Psi\cos\Phi + \sin\Psi\sin\Phi & \sin\Theta\cos\Psi\sin\Phi + \sin\Psi\cos\Phi \\ \sin\Theta & \cos\Theta\cos\Phi & -\cos\Theta\sin\Phi \\ -\cos\Theta\sin\Psi & \sin\Theta\sin\Psi\cos\Phi + \cos\Psi\sin\Phi & -\sin\Theta\sin\Psi\sin\Phi + \cos\Psi\cos\Phi \end{pmatrix} \tag{7.10}$$

由转换矩阵 $\boldsymbol{C}_0^1$,可得鱼雷速度在地面坐标系中的 3 个分量:

$$\begin{bmatrix} v_{x0} \\ v_{y0} \\ v_{z0} \end{bmatrix} = \boldsymbol{C}_b^1 \begin{bmatrix} v \\ 0 \\ 0 \end{bmatrix} = \begin{bmatrix} v\cos\Theta\cos\Psi \\ v\sin\Theta \\ -v\cos\Theta\sin\Psi \end{bmatrix} \tag{7.11}$$

鱼雷的空间位置坐标方程式(7.3) 可改写为

$$\left. \begin{aligned} \frac{\mathrm{d}x_0}{\mathrm{d}t} &= v\cos\Theta\cos\Psi \\ \frac{\mathrm{d}y_0}{\mathrm{d}t} &= v\sin\Theta \\ \frac{\mathrm{d}z_0}{\mathrm{d}t} &= -v\cos\Theta\sin\Psi \end{aligned} \right\} \tag{7.12}$$

坐标转换矩阵具有两个性质。第一个性质:由 A 坐标系到 B 坐标系的转换矩阵等于由 B 坐标系到 A 坐标系转换矩阵的转置矩阵,即

$$\boldsymbol{C}_B^A = [\boldsymbol{C}_A^B]^\mathrm{T} \tag{7.13}$$

据此,由 $\boldsymbol{C}_b^0$, $\boldsymbol{C}_b^1$, $\boldsymbol{C}_0^1$ 可得到转换矩阵 $\boldsymbol{C}_0^b$, $\boldsymbol{C}_1^b$, $\boldsymbol{C}_1^0$,如

$$\boldsymbol{C}_0^b = [\boldsymbol{C}_b^0]^\mathrm{T} = \begin{pmatrix} \cos\theta\cos\psi & -\sin\theta\cos\psi\cos\varphi + \sin\psi\sin\varphi & \sin\theta\cos\psi\sin\varphi + \sin\psi\cos\varphi \\ \sin\theta & \cos\theta\cos\varphi & -\cos\theta\sin\varphi \\ -\cos\theta\sin\psi & \sin\theta\sin\psi\cos\varphi + \cos\psi\sin\varphi & -\sin\theta\sin\psi\sin\varphi + \cos\psi\cos\varphi \end{pmatrix} \tag{7.14}$$

坐标转换矩阵第二个性质:

$$\boldsymbol{C}_B^A \boldsymbol{C}_A^C \boldsymbol{C}_C^D = \boldsymbol{C}_A^D \tag{7.15}$$

据此利用关系式 $\boldsymbol{C}_0^1 = \boldsymbol{C}_0^b \boldsymbol{C}_b^1$ 得到鱼雷姿态角、弹道角、攻角及侧滑角之间的关系式:

$$\left. \begin{aligned} \sin\Theta &= \cos\alpha\cos\beta\sin\theta - \sin\alpha\cos\beta\cos\theta\cos\varphi - \sin\beta\cos\theta\sin\varphi \\ \sin\Psi\cos\Theta &= \cos\alpha\cos\beta\sin\psi\cos\theta + \sin\alpha\cos\beta\sin\theta\sin\psi\cos\varphi + \sin\alpha\cos\beta\cos\psi\sin\varphi - \\ &\quad \sin\beta\cos\psi\cos\varphi + \sin\beta\sin\theta\sin\psi\sin\varphi \\ \sin\Phi\cos\Theta &= \cos\alpha\sin\beta\sin\theta - \sin\alpha\sin\beta\cos\theta\cos\varphi + \cos\beta\cos\theta\sin\varphi \end{aligned} \right\} \tag{7.16}$$

7.2.4 动力学方程组

假定鱼雷为刚体,具有 xoy 纵对称面,利用动量与动量矩定理,在雷体坐标系中建立鱼雷空间运动的动力学方程组,可得

$$
\boldsymbol{A}_m \begin{bmatrix} \dot{v}_x \\ \dot{v}_y \\ \dot{v}_z \\ \dot{\omega}_x \\ \dot{\omega}_y \\ \dot{\omega}_z \end{bmatrix} + \frac{\mathrm{d}\boldsymbol{A}_m}{\mathrm{d}t} \begin{bmatrix} v_x \\ v_y \\ v_z \\ \omega_x \\ \omega_y \\ \omega_z \end{bmatrix} + \boldsymbol{A}_v \left\{ \boldsymbol{A}_m \begin{bmatrix} v_x \\ v_y \\ v_z \\ \omega_x \\ \omega_y \\ \omega_z \end{bmatrix} \right\} = \begin{bmatrix} F'_x \\ F'_y \\ F'_z \\ M'_x \\ M'_y \\ M'_z \end{bmatrix} \tag{7.17}
$$

式中,

$\boldsymbol{A}_m$ 为质量矩阵:

$$
\boldsymbol{A}_m = \begin{bmatrix}
m+\lambda_{11} & \lambda_{12} & 0 & 0 & mz_G & \lambda_{16}-my_G \\
\lambda_{12} & m+\lambda_{22} & 0 & -mz_G & 0 & mx_G+\lambda_{26} \\
0 & 0 & m+\lambda_{33} & my_G+\lambda_{34} & \lambda_{35}-mx_G & 0 \\
0 & -mz_G & my_G+\lambda_{34} & J_{xx}+\lambda_{44} & \lambda_{45}-J_{xy} & -J_{xz} \\
mz_G & 0 & \lambda_{35}-mx_G & \lambda_{45}-J_{yx} & J_{yy}+\lambda_{55} & -J_{yz} \\
\lambda_{16}-my_G & mx_G+\lambda_{26} & 0 & -J_{zx} & -J_{zy} & J_{zz}+\lambda_{66}
\end{bmatrix} \tag{7.18}
$$

$\boldsymbol{A}_v$ 为速度矩阵:

$$
\boldsymbol{A}_v = \begin{bmatrix}
0 & -\omega_z & \omega_y & 0 & 0 & 0 \\
\omega_z & 0 & -\omega_x & 0 & 0 & 0 \\
-\omega_y & \omega_x & 0 & 0 & 0 & 0 \\
0 & -v_z & v_y & 0 & -\omega_z & \omega_y \\
v_z & 0 & -v_x & \omega_z & 0 & -\omega_x \\
-v_y & v_x & 0 & -\omega_y & \omega_x & 0
\end{bmatrix} \tag{7.19}
$$

方程组式(7.17)等号右端为力矩阵:

$$
\begin{bmatrix} F'_x \\ F'_y \\ F'_z \\ M'_x \\ M'_y \\ M'_z \end{bmatrix} = \begin{bmatrix}
X+T+G_x+B_x+F_{dx} \\
Y+G_y+B_y+F_{dy} \\
Z+G_z+B_z+F_{dz} \\
M_x+M_{Gx}+M_{Bx}+M_{dx} \\
M_y+M_{Gy}+M_{By}+M_{dy} \\
M_z+M_{Gz}+M_{Bz}+M_{dz}
\end{bmatrix} \tag{7.20}
$$

J_{xx}, J_{yy}, J_{zz}—— 雷体坐标系中对三轴的转动惯量:

$$\left.\begin{array}{l} J_{xx} = \displaystyle\int_{m} (y^2 + z^2)\, \mathrm{d}m \\[2mm] J_{yy} = \displaystyle\int_{m} (x^2 + z^2)\, \mathrm{d}m \\[2mm] J_{zz} = \displaystyle\int_{m} (x^2 + y^2)\, \mathrm{d}m \end{array}\right\} \tag{7.21}$$

J_{xy}, J_{yx} —— 雷体坐标系中对 z 轴的惯性积：

$$J_{xy} = \int_{m} x y\, \mathrm{d}m = \int_{m} y x\, \mathrm{d}m = J_{yx} \tag{7.22}$$

J_{xz}, J_{zx} —— 雷体坐标系中对 y 轴的惯性积：

$$J_{xz} = \int_{m} x z\, \mathrm{d}m = \int_{m} z x\, \mathrm{d}m = J_{zx} \tag{7.23}$$

J_{yz}, J_{zy} —— 雷体坐标系中对 x 轴的惯性积：

$$J_{yz} = \int_{m} y z\, \mathrm{d}m = \int_{m} z y\, \mathrm{d}m = J_{zy} \tag{7.24}$$

G —— 鱼雷重力,沿地面坐标系 oy_0 轴的负向,有

$$G = mg \tag{7.25}$$

式中, m 为鱼雷的质量, g 为重力加速度。

G_x, G_y, G_z —— 重力在雷体坐标系中的 3 个分量：

$$\begin{bmatrix} G_x \\ G_y \\ G_z \end{bmatrix} = C_b^0 \begin{bmatrix} 0 \\ -G \\ 0 \end{bmatrix} = \begin{bmatrix} -G\sin\theta \\ -G\cos\theta\cos\varphi \\ G\cos\theta\sin\varphi \end{bmatrix} \tag{7.26}$$

M_{Gx}, M_{Gy}, M_{Gz} —— 重力产生的力矩在雷体坐标系中的 3 个分量：

$$\begin{bmatrix} M_{Gx} \\ M_{Gx} \\ M_{Gx} \end{bmatrix} = \begin{bmatrix} 0 & -z_G & y_G \\ z_G & 0 & -x_G \\ -y_G & x_G & 0 \end{bmatrix} \begin{bmatrix} G_x \\ G_y \\ G_z \end{bmatrix} = \begin{bmatrix} G\cos\theta(y_G\sin\varphi + z_G\cos\varphi) \\ -G(x_G\cos\theta\sin\varphi + z_G\sin\theta) \\ G(y_G\sin\theta - x_G\cos\theta\cos\varphi) \end{bmatrix} \tag{7.27}$$

x_G, y_G, z_G —— 鱼雷质心在雷体坐标系中的 3 个坐标。

B —— 鱼雷浮力,沿地面坐标系 oy_0 轴的正向,有

$$B = \rho V_{\mathrm{w}} \tag{7.28}$$

式中, V_{w} 为鱼雷沾湿部分的体积。

B_x, B_y, B_z —— 浮力在雷体坐标系中的 3 个分量：

$$\begin{bmatrix} B_x \\ B_y \\ B_z \end{bmatrix} = \begin{bmatrix} B\sin\theta \\ B\cos\theta\cos\varphi \\ -B\cos\theta\sin\varphi \end{bmatrix} \tag{7.29}$$

M_{Bx}, M_{By}, M_{Bz} —— 浮力矩在雷体坐标系中的 3 个分量：

$$\begin{bmatrix} M_{Bx} \\ M_{Bx} \\ M_{Bx} \end{bmatrix} = \begin{bmatrix} -B\cos\theta(y_B\sin\varphi + z_B\cos\varphi) \\ B(x_B\cos\theta\sin\varphi + z_B\sin\theta) \\ -B(y_B\sin\theta - x_B\cos\theta\cos\varphi) \end{bmatrix} \tag{7.30}$$

x_B, y_B, z_B —— 鱼雷浮心在雷体坐标系中的 3 个坐标。

X, Y, Z, M_x, M_y, M_z —— 鱼雷航行过程中受到的流体动力与力矩在雷体坐标系中的 3 个

分量。流体动力是鱼雷运动过程中受到的主要外力。

$F_{dx}, F_{dy}, F_{dz}, M_{dx}, M_{dy}, M_{dz}$ —— 鱼雷航行过程中受到的扰动力与扰动力矩在雷体坐标系中的3个分量。扰动力主要来自海洋环境,扰动力是随机的、复杂的,可能不止一种,也可能没有或可忽略不计,需针对鱼雷的具体运动状况具体分析,并加以细化与模型化。

动力学方程组式(7.17)是广泛适用的鱼雷空间运动动力学方程组,适用于变质量系统,雷体坐标系的原点可以任意指定,各种常用的鱼雷动力学方程组都可以由此简化或变换获得。

在变质量系统情况,对于既定的鱼雷,其质量变化率 $\dot{m}$ 应为已知量,因此可获得质心坐标的变化率、转动惯量的变化率及质量矩阵式(7.18)对时间的导数矩阵,通过积分可以进一步获得任一时刻鱼雷的质量、重力、质心坐标及转动惯量数值,从而使动力学方程组式(7.17)中相关质量与质量分布的物理量都成为已知量。

以下给出一种动力学方程组式(7.17)的简化实例。简化的条件如下:

(1)鱼雷处于全沾湿状态;

(2)选择鱼雷浮心作为雷体坐标系的原点;

(3)鱼雷外形具有关于 xoy 平面和 xoz 平面两个对称面;

(4)鱼雷运动过程中质量变化率较小,可以不计质量变化;

(5)暂不考虑扰动力。

由条件(1),可知鱼雷的浮心位置、浮力及各附加质量的数值在鱼雷运动过程中为常量,不随时空变化;

由条件(2),可知鱼雷浮心在雷体坐标系中的坐标值为零,从而方程组中与浮心坐标相关的量均为零;

由条件(3),可知鱼雷附加质量不为零的只有 $\lambda_{11}, \lambda_{22}, \lambda_{26}, \lambda_{33}, \lambda_{35}, \lambda_{44}, \lambda_{53}, \lambda_{55}, \lambda_{62}$ 及 λ_{66} 10 个,而且有

$$\lambda_{33} = \lambda_{22}, \lambda_{66} = \lambda_{55}, \lambda_{35} = -\lambda_{26}, \lambda_{53} = \lambda_{35}, \lambda_{62} = \lambda_{26}$$

由条件(4),可知鱼雷质量矩阵对时间的导数矩阵为零;

由条件(5),可令扰动力为零。

于是,动力学方程组式(7.17)可以简化为

$$\boldsymbol{A}_m \begin{bmatrix} \dot{v}_x \\ \dot{v}_y \\ \dot{v}_z \\ \dot{\omega}_x \\ \dot{\omega}_y \\ \dot{\omega}_z \end{bmatrix} + \boldsymbol{A}_v \left\{ \boldsymbol{A}_m \begin{bmatrix} v_x \\ v_y \\ v_z \\ \omega_x \\ \omega_y \\ \omega_z \end{bmatrix} \right\} = \begin{bmatrix} F'_x \\ F'_y \\ F'_z \\ M'_x \\ M'_y \\ M'_z \end{bmatrix} \quad (7.31)$$

质量矩阵 $\boldsymbol{A}_m$ 简化为

$$A_m = \begin{bmatrix} m+\lambda_{11} & 0 & 0 & 0 & mz_G & -my_G \\ 0 & m+\lambda_{22} & 0 & -mz_G & 0 & mx_G+\lambda_{26} \\ 0 & 0 & m+\lambda_{33} & my_G & \lambda_{35}-mx_G & 0 \\ 0 & -mz_G & my_G & J_{xx}+\lambda_{44} & 0 & 0 \\ mz_G & 0 & \lambda_{35}-mx_G & 0 & J_{yy}+\lambda_{55} & 0 \\ -my_G & mx_G+\lambda_{26} & 0 & 0 & 0 & J_{zz}+\lambda_{66} \end{bmatrix} \tag{7.32}$$

力矩阵简化为

$$\begin{bmatrix} F'_x \\ F'_y \\ F'_z \\ M'_x \\ M'_y \\ M'_z \end{bmatrix} = \begin{bmatrix} X+T+G_x+B_x \\ Y+G_y+B_y \\ Z+G_z+B_z \\ M_x+M_{Gx} \\ M_y+M_{Gy} \\ M_z+M_{Gz} \end{bmatrix} \tag{7.33}$$

动力学方程组展开的形式为

$$(m+\lambda_{11})\dot{v}_x - my_G\dot{\omega}_z + mz_G\dot{\omega}_y + m[v_z\omega_y - v_y\omega_z + y_G\omega_x\omega_y + z_G\omega_z\omega_x - x_G(\omega_y^2+\omega_z^2)] =$$
$$-(G-B)\sin\theta + T + X \tag{7.34}$$

$$(m+\lambda_{22})\dot{v}_y + (mx_G+\lambda_{26})\dot{\omega}_z - mz_G\dot{\omega}_x + m[v_x\omega_z - v_z\omega_x + x_G\omega_x\omega_y +$$
$$z_G\omega_y\omega_z - y_G(\omega_x^2+\omega_z^2)] = -(G-B)\cos\theta\cos\varphi + Y \tag{7.35}$$

$$(m+\lambda_{33})\dot{v}_z - (mx_G-\lambda_{35})\dot{\omega}_y + my_G\dot{\omega}_x + m[v_y\omega_x - v_x\omega_y + x_G\omega_z\omega_x +$$
$$y_G\omega_y\omega_z - z_G(\omega_x^2+\omega_y^2)] = (G-B)\cos\theta\sin\varphi + Z \tag{7.36}$$

$$(J_{xx}+\lambda_{44})\dot{\omega}_x + my_G\dot{v}_z - mz_G\dot{v}_y + my_G(v_y\omega_x - v_x\omega_y) + mz_G(v_z\omega_x - v_x\omega_z) =$$
$$G\cos\theta(y_G\sin\varphi + z_G\cos\varphi) + M_x \tag{7.37}$$

$$(J_{yy}+\lambda_{55})\dot{\omega}_y + mz_G\dot{v}_x - (mx_G-\lambda_{35})\dot{v}_z + mz_G(v_z\omega_y - v_y\omega_z) + mx_G(v_x\omega_y - v_y\omega_x) +$$
$$(J_{xx}-J_{zz})\omega_z\omega_x = -G(x_G\cos\theta\sin\varphi + z_G\sin\theta) + M_y \tag{7.38}$$

$$(J_{zz}+\lambda_{66})\dot{\omega}_z - my_G\dot{v}_x + (mx_G+\lambda_{26})\dot{v}_y + mx_G(v_x\omega_z - v_z\omega_x) + my_G(v_y\omega_z - v_z\omega_y) +$$
$$(J_{yy}-J_{xx})\omega_x\omega_y = G(y_G\sin\theta - x_G\cos\theta\cos\varphi) + M_z \tag{7.39}$$

在攻角与侧滑角不大的情况下,流体动力具有良好的线性性,上述各式中流体动力及力矩的各分量 X,Y,Z,M_x,M_y,M_z 可以使用线性化的导数表示:

$$\left.\begin{array}{l} X = C_1 C_x v^2 \\ Y = C_1(C_y^\alpha\alpha + C_y^{\delta_h}\delta_h)v^2 + C_2 C_y^{\omega_z}v\omega_z \\ Z = C_1(C_z^\beta\beta + C_z^{\delta_v}\delta_v)v^2 + C_2 C_z^{\omega_y}v\omega_y \end{array}\right\} \tag{7.40}$$

$$\left.\begin{array}{l} M_x = C_2 m_x^{\delta_d}\delta_d v^2 + C_3 m_x^{\omega_x}v\omega_x \\ M_y = C_2(m_y^\beta\beta + m_y^{\delta_v}\delta_v)v^2 + C_3 m_y^{\omega_y}v\omega_y \\ M_z = C_2(m_z^\alpha\alpha + m_z^{\delta_h}\delta_h)v^2 + C_3 m_z^{\omega_z}v\omega_z \end{array}\right\} \tag{7.41}$$

有因次系数 C_1,C_2,C_3 由下式计算:

$$C_1 = 0.5\rho S, \quad C_2 = 0.5\rho SL, \quad C_3 = 0.5\rho SL^2 \tag{7.42}$$

上述动力学方程组是一种常用的鱼雷空间动力学方程组形式,联合运动学方程式(7.2),式(7.5),式(7.6),式(7.12),式(7.16),共含有 18 个方程,18 个未知量: $x_0,y_0,z_0,v_x,v_y,v_z,$

$\omega_x,\omega_y,\omega_z,\theta,\psi,\varphi,\Theta,\Psi,\Phi,\alpha,\beta,\upsilon$,构成了鱼雷空间运动的封闭方程组。方程组中的舵角信息为设定值或由制导系统实时给出。

7.3 弹 道 设 计

7.3.1 概述

鱼雷弹道设计的基本目的是在给定的条件下最大限度地提高鱼雷命中目标的概率。鱼雷弹道是连接鱼雷、发射平台、海洋环境、目标这 4 个基本要素的纽带(见图 7.1),鱼雷战术使命的完成有赖于这 4 个基本要素的协调与相互适应,它们之间的匹配主要是通过弹道设计来体现与完成的。因此,鱼雷弹道设计首先必须满足发射平台和目标这首尾两端提出的设计要求,适应中间海洋环境的变化。这是武器系统级对弹道设计的基本要求。在鱼雷系统级,如图7.2所示,弹道也是连接鱼雷各系统的纽带,设计弹道的实现需要鱼雷各系统的协同动作与配合。在这个意义上,鱼雷各系统及总体设计都是为最优设计弹道的实现服务的,都须要满足弹道设计提出的要求,弹道设计在鱼雷设计中占有主导地位。鱼雷实航弹道是鱼雷综合性能的主要体现,是反映鱼雷整体设计水平的主要指标。另一方面,鱼雷弹道设计也要建立在可技术实现的基础上,当鱼雷各系统及总体设计不能满足弹道设计所提出的要求时,则需要反过来对弹道设计进行修改,使之相适应。所以弹道设计是鱼雷设计的一个基本组成部分,贯穿鱼雷设计的始终。弹道设计与其他部分设计必须结合起来,同步进行,不断地协调与匹配,以达到和谐与一致,最大限度地发挥出各系统的功能与优点,弥补某些系统的不足,最后达到整体最优的效果。鱼雷弹道设计对鱼雷系统设计具有带动及相互依赖、相互制约的关系。

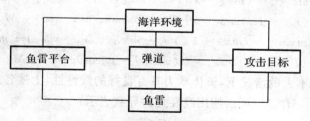

图 7.1 鱼雷弹道与鱼雷武器系统

图 7.2 鱼雷弹道与鱼雷系统

鱼雷弹道设计首先应根据鱼雷的战术、技术要求（例如：发射平台类型、发射方式；攻击目标的类型（水面、水下、两者兼顾）、目标特性（航速、航深、机动性、对抗手段及噪声级等）及可能的战术姿态；战区海洋环境（水域深度范围、力学与水文条件、海况要求等）；鱼雷的类型（空投、助飞、管装发射）、航速、航程、制导方式等要求），对全弹道进行总体规划与初步方案设计，并提出对全雷系统功能配置、鱼雷机动性、稳定性、承载能力等方面的基本要求。

根据弹道设计及内部设备与装载等提出的要求，对鱼雷的功能配置与系统构成、鱼雷外部构形与流体动力布局、主要系统选型及全雷布置进行规划，提出鱼雷总体设计方案。通过计算或实验获得流体动力参数、衡重参数、控制面特性等参数，在此基础上分析鱼雷的稳定性、机动性及允许的最大姿态角或弹道角、最大攻角、最大侧滑角、最大舵角、最大回转角速度等雷体运动特性，并与弹道设计的要求进行比较、协调，通过总体或弹道方案的修改，达到统一。

7.3.2 弹道设计

一、发射弹道设计

发射弹道设计的基本准则是满足发射安全性要求，保证鱼雷的可靠发射及发射过程中发射平台与鱼雷的安全，并满足下一阶段弹道对初始条件的要求。

鱼雷发射前固连在发射平台上，与发射平台是相对静止的，因此发射弹道的初始条件是发射平台的运动参数。发射的动力是发射装置的推力，如目前的潜艇使用的液压平衡式发射装置及水面舰船的三联装发射管；或是鱼雷自身动力，如目前火箭助飞鱼雷水面舰船发射；或是鱼雷的重力与浮力，如空投鱼雷飞机的发射及水下锚系发射等。发射过程中鱼雷受到的外力除推力与重力外，还有流体动力、发射装置的约束力及平台运动的扰动力。流体动力与鱼雷外形相关，约束力与鱼雷及发射装置的结构和相对位置等相关，扰动力与平台的运动、外形及鱼雷的相对位置等相关。

对于既定的发射平台、发射装置及鱼雷，发射弹道设计主要是通过发射弹道仿真计算，确定可以满足发射安全性要求的平台运动参数范围，如发射时舰船或潜艇的航速、姿态角及角速度等的允许范围，空投鱼雷发射时的飞行高度、速度等的允许范围，以及确定鱼雷离开发射装置的安全速度范围，如舰船与潜艇发射的鱼雷离管速度允许范围，飞机发射的安全落高范围（在此高度范围内鱼雷不能发生较大转动或开伞）。如果确定的参数范围平台或发射装置难以实现，则需要调整平台或发射装置或鱼雷的某些相关设计参数，以满足安全性需要。在我国一般是武器服从平台，出现这种情况首先考虑的是修改鱼雷的某些设计参数，如调整鱼雷的衡重参数等。

二、空中弹道设计

空中弹道设计的基本准则是保证鱼雷的空中弹道稳定，并满足鱼雷入水时的运动参数要求，如入水速度、姿态角的范围及落点散布等要求，以及在开伞及入水过程中鱼雷结构与内部仪表设备的安全。

水面舰船管装鱼雷发射的空中弹道时间历程较短，且无动力、无控制，鱼雷作抛物线运动，并伴随转动。影响水面舰船管装鱼雷发射空中弹道的主要因素有两个方面：一是初始条件，主要是鱼雷离管速度、角速度及距水面高度，二是鱼雷的衡重参数。弹道设计的主要目的是满足鱼雷入水参数的要求。水面舰船管装发射鱼雷的入水速度都不大,入水参数中最重要的是入水角,不能太小,否则易于造成鱼雷入水拍击损坏或跳水。对于大多数鱼雷,入水角需要在15°左右。弹道设计是通过空中弹道仿真计算,对发射装置参数、发射时水面舰船的运动参数及鱼雷的衡重参数进行协调匹配,以满足鱼雷入水参数的要求。

空投鱼雷空中弹道设计的第一项任务是保证在预定的时间按时、有效开伞。开伞一般采用程序控制,常见的有两种形式,一种是利用秒表设定开伞时刻,解锁开伞装置,如苏联的PT52空投鱼雷采用3秒表控制开伞;第二种是利用开伞绳开伞,开伞绳一端与飞机连接,另一端与开伞装置连接,伞绳长度与安全开伞时间(安全落高)相对应,利用伞绳拉力解锁开伞装置,如美国的MK46空投鱼雷。

空投鱼雷空中弹道设计的第二项任务是对伞系统(减速稳定装置)提出设计要求。在既定的空投条件下,以入水参数要求为基本约束条件,通过空中弹道仿真计算,逐步确定伞系统的主要设计参数,如确定伞包的力矩特性、伞的阻力特征面积、开伞最大过载、开伞与脱伞方式及控制等。

空投鱼雷空中弹道设计的第三项任务是建立雷射表,即建立空投条件与入水参数之间的对应关系,并给出优选范围,供战术使用。

空投鱼雷空中弹道设计的最大难点是雷伞系统的稳定性。柔软织物制成的降落伞结构的对称性很难实现,充气与泄气都难以均衡,也极易受干扰,雷、伞之间易于产生不同步摆动,影响弹道的稳定性。除了伞结构的不对称因素外,伞系统参数的匹配(如阻力特征面积、伞绳长度与根数、透气量等)与流体动力特性,特别是空中随机横向气流对稳定性的影响也很大,此外与雷、伞之间的连接及鱼雷的流体动力特性、衡重参数也有一定关系,影响因素多而复杂,摆动难以准确预报,也无法根除,只有通过多次的计算与实验来减小摆动量。在鱼雷入水前伞的摆动量应控制在2°范围内。

火箭助飞鱼雷的空中弹道设计首先要根据空中航程等的战术技术指标要求,对弹道进行总体规划,确定雷、箭分离节点位置、分离方法与分离控制。火箭助飞鱼雷实施箭、雷分离后的空中弹道与空投鱼雷相同,不同的是分离前的巡航段弹道。巡航段弹道设计以满足航程、雷箭分离位置与分离条件为主要约束条件,对助推火箭特性参数(如推力、质量、工作时间等)及中继控制提出设计要求,并根据运动稳定性等要求,对雷、箭空中运动气动特性等的设计提出要求。

三、入水与出水弹道设计

入水弹道一般与入水后的初始弹道连接成一体研究,出水弹道也一般与出水前的水下弹道一起研究。这样可减少一个节点,减少大量工作。

入水与出水阶段易于出现雷体结构损坏、沉雷或跳水等严重事故,因此入水与出水弹道设计要始终把安全性放在第一位。通过弹道计算首先建立入水参数或出水参数与鱼雷载荷之间的关系,为鱼雷结构强度设计提供依据,或反之对入水参数或出水参数提出约束,以确保鱼雷入水或出水过程中的结构安全。其次,在入水或出水参数散布范围内及考虑海洋力学环境扰动情况下,考察运动稳定性,观察是否出现入水后跳水或沉底、出水后出现急转等不稳定现象。如果存在不稳定现象,则需要对入水或出水参数范围提出修改,或对投雷海洋环境或水域深度提出限制,或对鱼雷设计提出新的要求。最后,入水与出水弹道设计还需满足后续弹道可控的初始条件要求。

四、初始弹道设计

潜艇发射鱼雷的初始弹道常从鱼雷尾端离开发射管开始。从发射管口至潜艇外壳鱼雷出口之间的区域称为平台区,长度随艇型而不同,大多在 0.5~5m 之间,管口至外壳出口之间设计有一个无障碍区。初始弹道设计的第一个要求是保证鱼雷出艇过程中不发生任何碰撞,安全离艇。其次是鱼雷离艇后不能发生急剧偏转,避免碰艇,并达到后续弹道可控的初始条件要求。初始弹道设计需把鱼雷离管条件、艇体运动流场与海洋环境、雷体衡重与流体动力特性、动力与控制系统特性等主要相关因素有机地结合在一起,进行综合优化设计,以确定各种管制参数,对鱼雷离管速度与角速度、或动力系统的启动特性及控制系统的供电时间、或雷体衡重特性等的设计提出要求,或对可适应的海洋环境提出约束。

五、搜索弹道设计

搜索弹道设计的基本任务是确定搜索深度、搜索弹道图形、搜索程序,以及与之相匹配的速制(高速、低速)、制导方式(线导、自导、主动、被动、主被动联合)、控制系统的控制程序、自导主动方式旋回搜索时的鱼雷旋回角速度等。搜索弹道设计需要与目标类型(水面、水下)、目标特性(航速、航深范围、噪声级等)、制导系统特性(自导作用距离、自导扇面角等)、鱼雷的机动能力等相结合,进行一体化设计。搜索弹道的设计目标是在鱼雷航程消耗最少的条件下获得最高的目标捕获率。

鱼雷搜索弹道一般都是程序控制弹道,即按照预先设定的运动程序进行搜索的弹道。搜索弹道的基本形式有直航弹道(直航搜索)、梯形弹道(梯形搜索)、蛇形弹道(蛇形搜索)、环形弹道(环形搜索)、螺线形弹道(螺线形搜索)、螺旋形弹道(螺旋形搜索)等。

搜索弹道分初始搜索弹道与再搜索弹道两种,前者紧接鱼雷的初始弹道之后,在执行搜索之前没有发现目标;后者是指发现目标后,又丢失了目标,或攻击目标失败,然后再次进行搜索的弹道。由于再搜索时比初始搜索多了丢失目标时的目标方位、距离等信息,因此再搜索弹道与初始搜索弹道的程序和形式一般都会有所不同。

鱼雷控制系统进入正常工作状态后,首先控制鱼雷尽快到达设定搜索深度。可用增加下潜角的方法减少到达设定深度的时间。下潜角的范围一般为 $-30°\sim-60°$,如,A244/S 鱼雷下潜角为 $-40°$,MK46 鱼雷下潜角为 $-45°$,鲟鱼鱼雷下潜角为 $-60°$。浅海区域鱼雷按浅水使用设定方法寻深。

水面舰艇、潜艇发射鱼雷的自导搜索,一般先采用直航或蛇形搜索的形式,以便鱼雷迅速离开本艇,向目标散布区运动。当目标散布较小、目标方位较准确时,用直航搜索,反之用蛇形搜索。当直航搜索或蛇形搜索不能捕获目标时,再用环形搜索或螺旋形搜索等,进一步扩大搜索区;空投和助飞鱼雷入水后一般离目标较近,采用环形搜索,若不能捕获目标,再用螺线形或螺旋形继续搜索。

对双速制鱼雷,管装发射时,一般先高速搜索 10~50s,若不能捕获目标,再改为低速搜索。空投和助飞鱼雷,则先用低速搜索。

自导搜索的制导方式有主动、被动和混合方式。对低速目标一般采用主动自导方式;距离较远时或攻击高速目标时,采用被动自导方式,以保持鱼雷攻击的隐蔽性。被动搜索一段时间后不能捕获目标,转为主动搜索或主、被动交替搜索。

主动自导采用旋回搜索时,鱼雷旋回角速度受自导扇面、发射周期的约束,不能随意选取。

这是因为只有目标既在发射扇面,又在接收扇面内时,才能被检测到。如果鱼雷旋回角速度过大,会使接收扇面与发射扇面不重合或重合部分太少。只有当

$$w_t \leqslant \frac{\lambda_t}{T} \qquad (7.43)$$

时,才能保证发射扇面有一定的重合。

式中　　ω_t——鱼雷旋回搜索时的角速度(°/s);

λ_t——鱼雷主动自导发射扇面角的一半(°);

T——鱼雷主动发射周期(s)。

自导系统设计时,使接收扇面大于发射扇面,且当鱼雷旋回搜索时,使发射扇面轴向旋回方向偏移。这样,允许增加鱼雷旋回搜索时的角速度而仍能保持一定的接收扇面与发射扇面的重合。

六、导引弹道设计

导引弹道主要取决于两个因素:一个是目标的运动规律,另一个是鱼雷运动性能与导引方法。对于匀速直航目标,导引弹道的特性主要取决于所采用的导引方法。

导引弹道特性主要包括弹道的法向过载、跟踪时间和与目标的相遇角。所有这些归根到底影响鱼雷的命中概率、命中精度和爆炸威力。所以导引弹道设计应有利于鱼雷快速接近目标,减少目标规避的可能性,减少鱼雷航程消耗;应有利于命中目标要害部位,有利于增大命中角,提高目标毁伤能力。

自导导引弹道的设计是依据各种战术姿态下鱼雷导引精度及命中角的要求,结合鱼雷机动性及自导系统的技术实现可能,选择或设计自导导引方法。线导导引弹道的设计是根据目标特性、鱼雷性能、发射舰艇观通和火控系统能力,选择或设计线导导引方法,以使鱼雷在遥控导引下,尽快发现目标与跟踪目标。

七、全弹道仿真

在总体规划与各段弹道的初步设计基础上,通过鱼雷全弹道仿真,对鱼雷作战效能进行评估,对弹道设计参数进行优选,并结合鱼雷其他部分及总体设计,对全雷进行一体化设计,使鱼雷弹道与鱼雷各系统达到协同一致,完美匹配,实现全雷综合性能最优。

7.4 导引方法

7.4.1 古典导引法

一、分类

古典导引法中,鱼雷、目标和导引站(可以是水面舰艇、潜艇或其他地面固定设施)都视为质点,将鱼雷的运动看作是服从某些约束关系的质点运动,即认为导引和控制系统是理想的。

古典导引法归根到底是确定提前角,可以分为如下几种:

(1)零提前角导引:这种导引方法提前角为零,即对准目标跟踪。零提前角导引法通常称

为追踪法或尾追法。

（2）常值提前角导引：这种导引方法中提前角为常数，通常称为固定提前角导引法。

（3）变提前角导引：这种导引方法中，提前角按一定规律变化，它包括多种导引法，如平行接近导引法和比例导引法等。

二、相对运动方程

研究导引弹道时总是采用以坐标形式表示的相对运动方程。鱼雷与目标的相对运动关系如图 7.3 所示。图中，T 表示鱼雷的位置；t 表示目标的位置；TC 是视线，也称瞄准线；r 表示鱼雷与目标间的距离；q 表示视线与攻击平面内某一基准线 x_0 的角，称为视线角（如果以目标航向为基准，视线角与舷角差 $180°$，即舷角$=180°-q$），从基准线逆时针转向视线角为正；v_T 表示鱼雷速度；v_t 表示目标速度；η 表示鱼雷航向与视线的夹角，称为提前角或前置角，从鱼雷速度矢量逆时针转向视线为正；η_t 表示目标的航向与视线的夹角，称为目标的提前角或前置角，从目标速度矢量逆时针转向视线为正；ψ 是鱼雷的航向角；ψ_t 是目标的航向角，它以 x_0 为基准，逆时针转动为正。

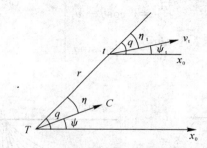

图 7.3 鱼雷与目标的相对运动关系

参阅图 7.3，鱼雷速度和目标速度在视线上的投影分别为 $v_T\cos(q-\psi)$ 和 $v_t\cos(q-\psi_t)$。前者使距离 r 缩短，后者使距离增大，于是得到距离 r 的变化率为

$$\frac{\mathrm{d}r}{\mathrm{d}t} = v_t\cos(q-\psi_t) - v_T\cos(q-\psi)$$

视线角的变化率取决于鱼雷和目标速度在垂直于视线方向的投影 $v_T\sin(q-\psi)$ 和 $v_t\sin(q-\psi_t)$。前者使视线角增大，后者使视线角减小，于是得

$$\frac{\mathrm{d}q}{\mathrm{d}t} = \frac{1}{r}\big[v_T\sin(q-\psi) - v_t\sin(q-\psi_t)\big]$$

所得到的描述距离和视线角变化的两个方程就是极坐标形式表示的相对运动方程组。

$$\left.\begin{aligned}
\frac{\mathrm{d}r}{\mathrm{d}t} &= v_t\cos(q-\psi_t) - v_T\cos(q-\psi) \\
\frac{\mathrm{d}q}{\mathrm{d}t} &= \frac{1}{r}\big[v_T\sin(q-\psi) - v_t\sin(q-\psi_t)\big]
\end{aligned}\right\} \tag{7.44}$$

由图 7.3 可以得到运动参量的如下关系：

$$q = \eta + \psi = \eta_t + \psi_t \tag{7.45}$$

将式（7.45）代入式（7.44），得到相对运动方程组的另一组形式，即

$$\left.\begin{array}{l}\dfrac{\mathrm{d}r}{\mathrm{d}t}=v_t\cos\eta_t-v_T\cos\eta\\[2mm]\dfrac{\mathrm{d}q}{\mathrm{d}t}=\dfrac{1}{r}\left[v_T\sin\eta-v_t\sin\eta_t\right]\end{array}\right\}\qquad(7.46)$$

在给定目标运动规律之后,方程组式(7.46)中的 v_t,η_t 和鱼雷速度 v_T 是已知的,所以,方程组式(7.46)中含有 3 个未知数:距离 r、视线角 q 和鱼雷提前角 η。为了求解该方程组,尚须补充一个方程,这个方程就是由导引方法所确定的约束条件。

三、追踪法

追踪法是提前角 η 等于零的一种导引方法,用这种导引方法时,鱼雷的航向始终指向目标,即弹道切线与视线重合,如图 7.4 所示。在图 7.4 中参考方向 x_0 与目标航向一致。

追踪法导引时有

$$\eta=0,\qquad \eta_t=q$$

将上式代入式(7.46),得到追踪法导引时的相对运动(见图 7.5)方程组

$$\left.\begin{array}{l}\dfrac{\mathrm{d}r}{\mathrm{d}t}=v_t\cos q-v_T\\[2mm]\dfrac{\mathrm{d}q}{\mathrm{d}t}=-\dfrac{1}{r}v_t\sin q\end{array}\right\}\qquad(7.47)$$

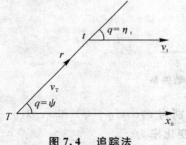

图 7.4 追踪法

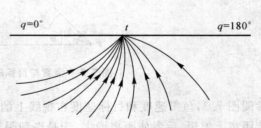

图 7.5 追踪法导引的相对运动弹道

用方程组式(7.47)的第二式除第一式得

$$\frac{\mathrm{d}r}{r}=\frac{p}{\sin q}\mathrm{d}q-\frac{\cos q}{\sin q}\mathrm{d}q$$

将上式积分

$$\ln r=p\ln\tan\frac{q}{2}-\ln\sin q+\ln A$$

从而得到

$$r=A\frac{\left(\tan\dfrac{q}{2}\right)^p}{\cos q}=A\frac{\left(\dfrac{\sin q}{1+\cos q}\right)^p}{\sin q}=A\frac{(\sin q)^{p-1}}{(1+\cos q)^p}\qquad(7.48)$$

式中,$p=v_T/v_t$ 是鱼雷速度与目标速度之比,称为速比;A 是由初始条件决定的积分常数。如果令 $t=0$(鱼雷开始导引的时刻)时,$r=r_0$,$q=q_0$,则有

$$A=r_0\frac{(1+\cos q_0)^p}{(\sin q_0)^{p-1}}$$

由方程组式(7.47)还可以求出导引时间(或称跟踪时间)。将方程组式(7.47)的第一式

乘以 $\cos q$，第二式乘以 $\sin q$，并相减得

$$\frac{\mathrm{d}r}{\mathrm{d}t}\cos q - r\frac{\mathrm{d}q}{\mathrm{d}t}\sin q = v_t - v_T\cos q \tag{7.49}$$

由方程组式 (7.47) 的第一式解出 $\cos q$，即

$$\cos q = \frac{\mathrm{d}r/\mathrm{d}t + v_T}{v_t}$$

将所解出的 $\cos q$ 代入式 (7.49) 等号的右端得

$$(\cos q + p)\mathrm{d}r - r\sin q\mathrm{d}q = (v_t - pv_T)\mathrm{d}t$$

求出导引运动开始 $(r=r_0, q=q_0)$ 到与目标相遇 $(r=0)$ 时的积分

$$r(\cos q + p)\mid_{r=0} - r(\cos q + p)\mid_{q=q_0}^{r=r_0} = (v_t - pv_T)t_f$$

从而求出导引时间为

$$t_f = -\frac{r_0(\cos q_0 + p)}{v_t - pv_T} = \frac{r_0(\cos q_0 + p)}{v_t - (p^2 - 1)} \tag{7.50}$$

将式 (7.48) 代入方程组式 (7.47) 的第二式，并注意 $q=\psi$，得到弹道切线的旋转角速度

$$\frac{\mathrm{d}\psi}{\mathrm{d}t} = -\frac{v_t}{A}\frac{(1+\cos q)p}{(\sin q)^{p-2}} \tag{7.51}$$

弹道的法向过载为

$$n = -\frac{v_T}{g}\frac{\mathrm{d}\psi}{\mathrm{d}t}$$

将式 (7.51) 代入上式得

$$n = \frac{v_T v_t}{Ag}\frac{(1+\cos q)^p}{(\sin q)^{p-2}} \tag{7.52}$$

由于法向过载与弹道切线旋转角速度成正比，所以有关法向过载的讨论都可以用 $\mathrm{d}\psi/\mathrm{d}t$ 代替。图 7.5 所示是利用式 (7.48) 绘制的追踪法导引的相对运动弹道。

追踪弹道的特点总结如下：

(1) 导引方法简单，易于实现；

(2) 因为提前角为零，所以导引时间长；

(3) 当鱼雷接近目标时的视线角趋近于零，使相遇角小；

(4) 仅存在两条直线弹道，其中 $q=180°$ 的直线弹道是不稳定的，因此实际上不能实现；

(5) 如果鱼雷的导引运动是从目标的前半球开始，需用法向过载较大，这就导致在目标的前半球出现一个导引禁区。

四、平行接近法

当目标匀速直航时，可以通过选择提前角，使导引弹道成为直线。这个提前角可由下式确定，即

$$\sin\eta = \frac{1}{q}\sin q_0$$

改写成

$$v_T\sin\eta = v_t\sin q_0 \tag{7.53}$$

式中，$v_T\sin\eta$ 和 $v_t\sin q_0$ 分别是鱼雷和目标的速度在垂直于视线方向的投影。

由于鱼雷速度和目标速度垂直于视线方向的投影相等，因此在导引过程中视线总是平行

于鱼雷自身移动,如图 7.6 所示。图中参考方向 x_0 与目标运动方向平行,在任何情况下(目标速度的大小和方向都可以变化)都保持视线平行于自身移动的导引方法称为平行接近导引法。

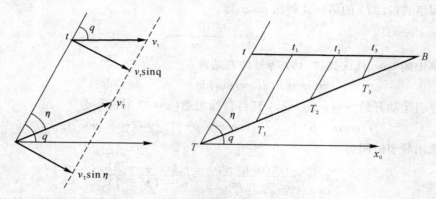

图 7.6　平行接近法导引

参阅图 7.6,当目标匀速直航时,相对运动方程组为

$$
\left.
\begin{aligned}
\frac{\mathrm{d}r}{\mathrm{d}t} &= v_t \cos q - v_T \cos \eta \\
\frac{\mathrm{d}q}{\mathrm{d}t} &= \frac{1}{r}(v_T \sin \eta - v_t \sin q)
\end{aligned}
\right\}
\tag{7.54}
$$

约束方程为

$$
\frac{\mathrm{d}q}{\mathrm{d}t} = 0
\tag{7.55}
$$

将式(7.55)代入方程组式(7.54)的第二式得

$$
\sin \eta = \frac{1}{p} \sin q
\tag{7.56}
$$

上式表明,当目标匀速直航,用平行接近法导引时,导引弹道总是直线,并且与固定提前角导引法的弹道相同。

将式(7.56)改写成

$$
\frac{v_t}{v_T} = \frac{\sin \eta}{\sin q} = \frac{\sin \eta}{\sin(180° - q)}
$$

参阅图 7.6,由 $\triangle tTB$ 得

$$
\frac{\sin \eta}{\sin(180° - q)} = \frac{\overline{tB}}{\overline{TB}}
$$

所以

$$
\frac{\overline{TB}}{v_T} = \frac{\overline{tB}}{v_t}
$$

以上结果表明,鱼雷与目标同时到达 B 点,就是说,鱼雷的航向总是对准相遇点 B。

当目标机动(目标速度大小和方向都可以随时间变化的运动)时,鱼雷和目标相对运动关系如图 7.4 所示。参阅图 7.4,可写出相对运动方程组如下:

$$\left.\begin{array}{l}\dfrac{\mathrm{d}r}{\mathrm{d}t}=v_t\cos\eta_t-v_T\cos\eta\\[2mm]\dfrac{\mathrm{d}q}{\mathrm{d}t}=\dfrac{1}{r}\big[v_T\sin\eta-v_t\sin\eta_t\big]\\[2mm]q=\psi+\eta=\psi_t+\eta_t\end{array}\right\}\tag{7.57}$$

约束方程为

$$\frac{\mathrm{d}q}{\mathrm{d}t}=0\tag{7.58}$$

将式(7.58)代入方程组式(7.57)的第二式得

$$\sin\eta=\frac{1}{p}\sin\eta_t\tag{7.59}$$

平行接近导引法最突出的优点是弹道的法向过载小。前面已经谈到,当目标匀速直航时,用平行接近导引法,鱼雷的弹道总是直线,弹道的法向过载等于零。当目标机动时,与其他导引法相比,平行接近导引法的导引弹道的差别最小,即弹道的法向过载最小。可以证明,当速比保持常数(如目标机动时只改变速度大小)并大于 1 时,用平行接近法导引,导引弹道的需用法向过载不超过目标机动的法向过载。下面证明这个结论。

因为用平行接近导引法时,$\mathrm{d}q/\mathrm{d}t=0$,由方程组式(7.57)的第三式求得

$$\frac{\mathrm{d}\psi}{\mathrm{d}t}+\frac{\mathrm{d}\eta}{\mathrm{d}t}=0\tag{7.60}$$

将式(7.59)对时间求导数

$$\frac{\mathrm{d}\eta}{\mathrm{d}t}=\frac{1}{p}\frac{\cos\eta_t}{\cos\eta}\frac{\mathrm{d}\eta_t}{\mathrm{d}t}$$

由方程组式(7.57)的第三式

$$\eta=q-\psi,\quad\eta_t=q-\psi_t$$

得到

$$\frac{\mathrm{d}\psi}{\mathrm{d}t}=\frac{1}{p}\frac{\cos\eta_t}{\cos\eta}\frac{\mathrm{d}\psi_t}{\mathrm{d}t}$$

将上式的两端取绝对值

$$\left|\frac{\mathrm{d}\psi}{\mathrm{d}t}\right|=\frac{1}{p}\frac{\cos\eta_t}{\cos\eta}\left|\frac{\mathrm{d}\psi_t}{\mathrm{d}t}\right|$$

因为

$$\left|\frac{\mathrm{d}\psi}{\mathrm{d}t}\right|=\frac{g}{v_T}\mid n\mid,\quad\left|\frac{\mathrm{d}\psi_t}{\mathrm{d}t}\right|=\frac{g}{v_t}\mid n_t\mid$$

式中,n 和 n_t 分别是鱼雷和目标的法向过载,于是

$$\mid n\mid=\mid n_t\mid\frac{\cos\eta_t}{\cos\eta}\tag{7.61}$$

由于速比 p 大于 1,所以由式(7.60)得到

$$\sin\eta<\sin\eta_t$$

从而

$$\cos\eta>\cos\eta_t,\quad\frac{\cos\eta_t}{\cos\eta}<1$$

于是

$$|n| < |n_t| \qquad (7.62)$$

由此得出结论,用平行接近法导引时,在 $p=$ 常数 >1 的情况下,不论目标怎样机动,鱼雷的法向过载不会超过目标的法向过载。当然,导引系统的理想工作是上述结论的必要条件,否则 $\mathrm{d}q/\mathrm{d}t \neq 0$,作为论证基础的式(7.59)和式(7.60)遭到破坏。但无论如何,即使鱼雷的法向过载超过了目标的法向过载,其超过量也不会是很大的,从这个意义上说,平行接近法是一个较好的导引方法。

五、比例导引法

比例导引法是鱼雷弹道切线的旋转角速度与视线的旋转角速度成正比的一种导引方法,其约束方程为

$$\frac{\mathrm{d}\psi}{\mathrm{d}t} = k\frac{\mathrm{d}q}{\mathrm{d}t}$$

或

$$\frac{\mathrm{d}\psi}{\mathrm{d}t} - k\frac{\mathrm{d}q}{\mathrm{d}t} = 0 \qquad (7.63)$$

式中,k 是比例系数。

因为 $q = \psi + \eta$,还可将上式写成

$$\frac{\mathrm{d}\eta}{\mathrm{d}t} - \frac{(1-k)}{k}\frac{\mathrm{d}\psi}{\mathrm{d}t} = 0 \qquad (7.64)$$

$$\frac{\mathrm{d}\eta}{\mathrm{d}t} - (1-k)\frac{\mathrm{d}q}{\mathrm{d}t} = 0 \qquad (7.65)$$

将式(7.63)积分得

$$\eta - k(q - q_0) = 0 \qquad (7.66)$$

由式(7.66)不难看出,追踪法、固定提前角法和平行接近法都可以看作是比例导引法的特殊情况。因为,当 $k=1$,$q_0=0$ 时,由式(7.66)得到 $q=\psi$,这表示鱼雷的提前角 $\eta=0$,是追踪法。当 $k=1$,$q_0=$ 常数 $\neq 0$ 时,是固定提前角导引法。当 $k \to \infty$ 时,由式(7.64)得到 $\mathrm{d}\eta/\mathrm{d}t \to (-\mathrm{d}\psi/\mathrm{d}t)$,又因为 $\mathrm{d}q/\mathrm{d}t = \mathrm{d}\psi/\mathrm{d}t + \mathrm{d}\eta/\mathrm{d}t$,所以 $\mathrm{d}q/\mathrm{d}t \to 0$,是平行接近导引法。

由以上讨论可以得出如下结论:比例导引法介于固定提前角导引法($k=1$)和平行接近导引法($k \to \infty$)之间,当 k 在上述范围内变化时,导引弹道的性质介于固定提前角导引弹道和平行接近导引弹道之间。当 $k=1$ 时,固定提前角导引,随着 k 的增加,视线的转动变得缓慢了;当 $k \to \infty$ 时,在任何初始条件下,视线平行于自身移动。因此随着比例系数 k 的增加,比例导引法的导引弹道就更加接近于平行接近法的导引弹道。下面对比例导引法的导引弹道作一些简要的分析。

(一)直线弹道

只有目标匀速直航的情况下才有可能得到直线弹道。当目标匀速直航时相对运动方程组为

$$\left.\begin{array}{l} \dfrac{\mathrm{d}r}{\mathrm{d}t} = v_{\mathrm{t}}\cos q - v_{\mathrm{T}}\cos\eta \\[2mm] \dfrac{\mathrm{d}q}{\mathrm{d}t} = \dfrac{1}{r}\left[v_{\mathrm{T}}\sin\eta - v_{\mathrm{t}}\sin q\right] \\[2mm] q = \psi + \eta \end{array}\right\} \tag{7.67}$$

约束条件为

$$\frac{\mathrm{d}\psi}{\mathrm{d}t} - k\,\frac{\mathrm{d}q}{\mathrm{d}t} = 0 \tag{7.68}$$

当鱼雷匀速直航时，$\mathrm{d}\psi/\mathrm{d}t = 0$，由约束方程式(7.68)及相对运动方程组式(7.67)的第二式得直线弹道的条件是

$$\sin\eta = \frac{1}{p}\sin q \tag{7.69}$$

如果提前角 η 满足

$$\sin\eta = \frac{1}{p}\sin q_0 \tag{7.70}$$

就能得到直线弹道。所以，用比例导引法时，只要合理地选择提前角，在任何初始视线角 q_0 的情况下，都可以得到直线弹道。在 q_0 已知后，为了得到一条直线弹道，提前角应按下式选定：

$$\eta = \arcsin\left(\frac{1}{p}\sin q_0\right) \tag{7.71}$$

如果提前角不满足上述条件，导引弹道将不是直线，那么这时的弹道和直线差别有多大，即弹道的弯曲程度如何，下面讨论这个问题。将约束方程式(7.65)积分得

$$(\eta_{\mathrm{f}} - \eta) - (1 - k)(q_{\mathrm{f}} - q_0) = 0 \tag{7.72}$$

式中　η_{f}—— 相遇时的提前角；

　　q_{f}—— 相遇时的视线角；

　　η—— 初始提前角；

　　q_0—— 初始视线角。

设初始提前角 $\eta = 0$，式(7.72)化为

$$\eta_{\mathrm{f}} = (1 - k)(q_{\mathrm{f}} - q_0) \tag{7.73}$$

可以证明，在任何初始条件下，鱼雷与目标相遇时有

$$\sin\eta_{\mathrm{f}} = \frac{1}{p}\sin q_{\mathrm{f}} \tag{7.74}$$

由式(7.73)和式(7.74)得

$$\arcsin\left(\frac{1}{p}\sin q_{\mathrm{f}}\right) = (1 - k)\,|\,q_{\mathrm{f}} - q_0\,|$$

因为 $\sin q_{\mathrm{f}} \leqslant 1$，所以

$$\arcsin\frac{1}{p} \geqslant (1 - k)(q_{\mathrm{f}} - q_0)$$

或者写成

$$|\,q_{\mathrm{f}} - q_0\,| \leqslant \frac{\arcsin\dfrac{1}{p}}{k - 1} \tag{7.75}$$

在导向目标过程中，视线角 q 的变化，即 $|\,q_{\mathrm{f}} - q_0\,|$ 反映了弹道弯曲程度，式(7.49)给出了

视线角变化的上界。取 $p=1.5$，按式(7.75)计算，结果见表 7.1。

由表 7.1 可看出，随着比例系数 k 的增大，鱼雷在整个导向目标过程中视线角的变化减小，这表明，随着 k 值的增加，弹道的弯曲程度减小，或者说弹道的法向过载减小。

表 7.1　比例系数与弹道法向过载的关系

k	2	3	4	5
$\mid q_f - q_0 \mid /(°)$	42	21	14	10.5

(二) 弹道收敛问题

所谓弹道收敛，是指接近目标时视线的旋转角速度 $\mid dq/dt \mid$ 不断减小。用比例导引法时，鱼雷弹道切线旋转角速度 $d\psi/dt$ 与视线的旋转角速度 dq/dt 成正比。因此，如果弹道是收敛的，说明弹道的需用法向过载随着鱼雷接近目标而不断减小，反之，如果弹道的常用法向过载随着鱼雷接近目标而不断增大，则认为弹道是发散的。

视线的旋转角速度由方程式(7.67)的第二式所描述，即

$$\frac{dq}{dt} = \frac{1}{r}(v_T\sin\eta - v_t\sin q)$$

将上式的两端对时间求导数得

$$\frac{dr}{dt}\frac{dq}{dt} + r\frac{d^2q}{dt^2} = v_T\cos\eta\frac{d\eta}{dt} - v_t\cos q\frac{dq}{dt} \tag{7.76}$$

由式(7.65)知

$$\frac{d\eta}{dt} = (1-k)\frac{dq}{dt}$$

将 $d\eta/dt$ 代入式(7.76)得

$$\frac{dq^2}{dt^2} = \frac{1}{r}(v_T\cos\eta - v_t\cos q - kv_T\cos\eta - \frac{dr}{dt})\frac{dq}{dt} = -\frac{1}{r}(kv_T\cos\eta + 2\frac{dr}{dt})\frac{dq}{dt}$$

或者写成

$$\frac{dq^2}{dt^2} + \frac{1}{r}(kv_T\cos\eta + 2\frac{dr}{dt})\frac{dq}{dt} = 0 \tag{7.77}$$

式(7.77)是一个以 dq/dt 为未知函数的微分方程，dq/dt 随时间衰减的条件是方程的系数必须大于零，从而得到弹道收敛的条件为

$$kv_T\cos\eta + 2\frac{dr}{dt} > 0$$

将上式改写成

$$k > \frac{2\left|\frac{dr}{dt}\right|}{v_T\cos\eta} \tag{7.78}$$

上式表明，只要比例系数 k 足够大，弹道是收敛的。

7.4.2　线导导引弹道

线导导引是发射艇对鱼雷的遥控导引。线导导引的目的是尽快把鱼雷导引到某一定范围

内,以便鱼雷自导装置捕获目标。同时,当发射显控台发现鱼雷处在声隐区时,可以发出指令,导引鱼雷驶出声隐区,以利鱼雷自导装置发现目标;当发现鱼雷在攻击敌方的水声对抗器材时,可以进行干预。

线导导引弹道设计是选择和设计鱼雷接近目标的导引方法,其原则:

(1)使鱼雷尽快到达便于鱼雷自导装置捕获目标的位置(小于一定的距离及有利于捕获目标的方位)。

(2)尽可能减小鱼雷辐射噪声对发射艇测量目标方位的影响。

(3)可实现性:实现导引方法所必需的信息及遥测、遥控的时间间隔,鱼雷转角控制精度等。

由于目标潜艇在水平面上的活动范围较大而在深度上变化有限,因此线导导引主要在水平面上进行,导引方法也仅指水平面上的导引方法。

常见的线导导引方法有方位重合法、无干扰法、追踪法、提前角法等,下面分别予以介绍。

一、方位重合法

在线导导引中,发射艇按周期测出目标方位,并由导线得到鱼雷位置和速度信息,解算出鱼雷的方位。方位重合法是使鱼雷的方位与目标的方位相一致。

由图 7.7 可以得到采用方位重合法导引鱼雷运动方向与本艇运动速度、目标方位的关系,即

$$D_T \dot{\beta}_M = v_T \sin(K_T - \beta_M) - v_W \sin(K_W - \beta_M) \tag{7.79}$$

式中　　D_T—— 本艇到鱼雷距离,m;

　　　　β_M—— 目标方位角,rad;

　　　　v_T—— 鱼雷速度,m/s;

　　　　K_T—— 鱼雷航向,rad;

　　　　v_W—— 发射艇速度,m/s;

　　　　K_W—— 发射艇航向,rad。

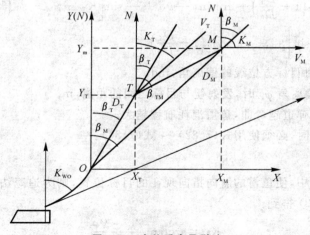

图 7.7　方位重合导引法

加进修正后,得到方位重合导引时鱼雷航向角的计算公式为

$$K_T = \beta_M + \arcsin\left[\frac{D_T}{v_T}\beta_M + \frac{v_w}{v_T}\sin(K_w - \beta_M) - K_{Ty}\frac{D_T}{v_T}\sin(\beta_T - \beta_M)\right] \tag{7.80}$$

式中，K_{Ty} 为调整放大系数，单位为 $1/s$。

为避免把鱼雷导向发射艇，限制

$$|K_T - \beta_T| \leqslant \gamma_x \tag{7.81}$$

式中，γ_x 为一角度，推荐取 $\gamma_x = 70°$。

如果不满足条件式（7.81），则鱼雷航向采用公式

$$K_T = \beta_T + \gamma_x \, \mathrm{sgn}(\beta_M - \beta_T) \tag{7.82}$$

当发射艇发射鱼雷时的方向是 K_{w0} 时，鱼雷对发射方向的偏航角 ψ_T 为

$$\psi_T = K_T - K_{w0} \tag{7.83}$$

按周期计算出 $K_T(n)$，就可以计算出相应时刻的鱼雷偏航角 $\psi_T(n)$，实现方位重合法导引。由式（7.83）可见，只要知道目标的方位角、方位角变化率，就可以实现方位重合法。方位重合法导引弹道在后期有超前的特点，与追踪法相比，减少了导引时间。

二、无干扰导引法

鱼雷在航行过程中是一个有一定强度的辐射噪声源。在线导导引的最初阶段，鱼雷离发射艇很近，其辐射噪声会干扰本艇声呐对目标方位的测量。

无干扰导引法，即把鱼雷导引到偏离目标方位线的方向，以消除鱼雷辐射噪声对本艇声呐的干扰。显然，当鱼雷方位与目标方位的夹角大于声呐分辨角时，鱼雷的辐射噪声就不会影响本艇声呐对目标方位的测量。

无干扰导引法是方位重合法的变形，实施时，偏离角随着鱼雷远离而变小，直到偏离角为零。

把式（7.80）中的目标方位角 β_M 写成 $\beta_M + \psi_P\left(1 - \frac{D_T}{v_P}\right)$，可以得到无干扰导引法鱼雷航向的表达式

$$K_T = \beta_M + \psi_P\left(1 - \frac{D_T}{D_P}\right) + \arcsin\left\{\frac{D_T}{v_T}\beta_M + \frac{v_w}{v_T}\sin\left[K_w - \beta_M - \psi_P\left(1 - \frac{D_T}{D_P}\right)\right]\right\} - $$
$$K_{Ty}\frac{D_T}{v_T}\sin\left[\beta_T - \beta_M - \psi_P\left(1 - \frac{D_T}{D_P}\right)\right] \tag{7.84}$$

式中　ψ_P——鱼雷对目标方位线的偏离角，rad；

　　　D_P——对应偏离角 ψ_P 时，发射艇与目标之间的距离，m。

偏离角 ψ_P 越大，弹道越弯曲，鱼雷消耗航程越大。

用无干扰导引法时，必须使用式（7.82）～ 式（7.84）。

三、追踪法

在线导导引过程中，使鱼雷的航向指向现在的目标位置，则为追踪法。由图 7.7 可见，追踪法的 K_T 由式（7.82）得到

$$K_T = \arctan\frac{Y_M - Y_T}{X_M - X_T} \tag{7.85}$$

因此，实现追踪法导引，必须知道目标坐标，用追踪法导引时，同样必须使用式（7.82）～ 式（7.84）。

四、提前角法

线导导引中，使鱼雷航向指向与目标的相遇点，就实现了提前角导引法。参考图 7.7，提前角法的鱼雷航向角由下式得到：

$$K_\mathrm{T} = \beta_\mathrm{TM} + \arcsin\left[\frac{v_\mathrm{M}}{v_\mathrm{T}}\sin(K_\mathrm{M} - \beta_\mathrm{TM})\right] \tag{7.86}$$

式中，β_TM 为鱼雷与目标连线的方位角，单位为 rad。

$$\beta_\mathrm{TM} = \arctan\frac{Y_\mathrm{M} - Y_\mathrm{T}}{X_\mathrm{M} - X_\mathrm{T}} \tag{7.87}$$

可见，实现提前角法导引，必须要知道目标坐标和它的运动要素 v_M 和 K_M。用提前角法导引时，同样，必须使用式（7.82）～式（7.84）。

7.4.3　基于现代控制理论的最优导引律

以往鱼雷控制系统的设计通常使用的古典导引法原则上只适合单输入系统和线性定常系统。要在统一的制导系统中实现鱼雷控制的多种战术任务已很困难，因此，以状态空间法为基础的现代控制理论就成为新型鱼雷控制系统设计的有力工具。

现代控制理论内容丰富，应用广泛，并且还在不断发展。概略地说，主要包括以下内容：

（1）线性系统理论：主要研究线性系统的结构问题，是现代控制理论的基础。古典控制理论中采用的数学模型主要是传递函数，而现代控制理论中采用的数学模型主要是状态空间表达式。线性系统理论研究控制系统状态空间表达式的不同形式以及它们的特征和变换、控制系统的能控性与能观性等问题。

（2）最优控制理论：主要研究在给定约束条件和指标的情况下，寻找使给定的性能指标达到最优（最大或最小）的控制规律问题。假如考虑到实际系统的噪声干扰，而且其干扰可以用随机过程明确表示出来的动态系统，解决这类系统的最优控制问题称为随机最优控制问题。由于所处理的都是随机变量，所以在随机最优控制中性能指标一般都用统计平均值来表示。

（3）最优估计理论：当系统的状态不能直接测量或测得的信息中含有随机噪声时，在系统的结构和参数已知的条件下，应用概率论的理论和方法，对所获取的信息进行处理，取得系统真实状态的最好估计，就是最优估计问题。

（4）系统辨识理论：前面提到的最优控制和最优状态估计问题都是在系统的数学模型为已知的基础上进行的。而当实际设计最优控制系统时，往往系统数学模型的结构和参数不确定或无法用解析方法建立，利用在试验或运行过程中测得的系统输入／输出数据，以确定系统的数学模型，称为动态系统辨识问题。

（5）自适应控制理论：假如控制系统的数学模型不仅难以准确建立，而且在运动过程中还有明显的变化，采用自适应系统可随时辨识系统的数学模型，并按辨识模型调整最优控制律。另一类自适应控制是采用模型参考的方法，利用理想参考模型替代难以确定的数学模型，以达到预期的控制目的。

现代控制理论在军事、航天、航空及导航领域中已经取得巨大的成功。举世注目的阿波罗 11 号飞行任务中，宇航员成功地把月球旅行舱软着陆到了月球表面，这是一件人类历史上的创举，也是现代控制理论应用的一个光辉范例。应用庞特里雅金极大值原理导出飞船在月球上空降落时的最优控制律:起初为自由降落,当高度 h 和 v 达到一定值时,飞船在控制作用下,沿最优规律在月球表面软着陆,并且使燃料消耗最少。

鱼雷拦截弹道最优导引律的研究促进了现代控制理论的深入发展,20多年来涌现出了大量的研究文献,并在实践中取得进展。Kishi 和 Betwy 在论文"Optimal and Suboptimal Designs of Proportional Navigation Systems"中的研究具有代表性。文章将交战双方的运动学方程在碰撞弹道附近进行线性化,并选择终端脱靶量和控制量的线性二次型泛函为性能指标,从而将最优导引问题表示成线性最优控制问题。以后最优导引律研究的发展几乎都是基于这种线性二次型最优控制的模式。Kishi 和 Bettwy 的论文将模型中略去了控制系统动态过程的影响,且假定目标直航,无机动加速度,在这样前提下得到的最优导引律是时变系数的比例导引法。以后许多学者提出的最优导引律更符合实战情况。这些研究都围绕着使拦截的终端脱靶量大大减少为目标,并取得了良好的结果。

鱼雷拦截弹道最优导引律的研究与导弹有着许多相似之处,国外有关文献公开发表的极少,国内鱼雷学术界关于此问题的研究甚为活跃。这方面的研究大多参照导弹拦截弹道最优导引律的模式。首先建立自导鱼雷导引弹道控制系统的状态空间表达式。从自导鱼雷与目标的交战几何关系入手,导出一组运动学关系式,再考虑鱼雷流体动力学以及目标的机动模型等,最后建立起导引弹道控制系统的数学模型,即

$$\boldsymbol{X} = \boldsymbol{AX} + \boldsymbol{Bu} \tag{7.88}$$

式中　$\boldsymbol{X}$——系统的状态矢量,包括雷体动力学方程和鱼雷、目标相对运动中必需的状态变量;

　　$\boldsymbol{u}$——控制量,对鱼雷系统来说,即舵角;

　　$\boldsymbol{A},\boldsymbol{B}$——系数矩阵。

控制系统的最优性只是对某一特定性能而言的,通过比较发现性能指标取二次型,即

$$J = \boldsymbol{x}_1^{\mathrm{T}}(t_{\mathrm{f}})\,\boldsymbol{S}_t\,\boldsymbol{x}_1(t_{\mathrm{f}}) + \frac{1}{2}\int_{t_0}^{t_{\mathrm{f}}}\boldsymbol{u}^{\mathrm{T}}(t)\boldsymbol{ru}(t)\mathrm{d}t \tag{7.89}$$

能够给出较好的拦截特性。

式中　t_{f}——导引段的终端时刻。

　　$\boldsymbol{x}_1(t_{\mathrm{f}})$——终端脱靶量。

　　$\boldsymbol{S}_t,\boldsymbol{r}$——权矩阵。

因为鱼雷的舵角是有限的,通过适当地选择 $\boldsymbol{r}$ 和 $\boldsymbol{S}_t$ 的比值可以满足舵角的限制要求。于是,鱼雷导引弹道的最优控制可以表达为:在给定的约束条件下,寻找最优控制规律 $\boldsymbol{u}^*(t)$,使终端脱靶量和操舵使用的能量之和为最小。求解这类二次型性能指标下的最优控制理论方法比较成熟,可以得到最优控制律为线性状态反馈,即

$$\boldsymbol{u}^*(t) = -\boldsymbol{r}^{-1}\,\boldsymbol{B}^{\mathrm{T}}\,\boldsymbol{p}(t)\boldsymbol{X}(t) \tag{7.90}$$

式中　$\boldsymbol{p}(t)$——黎卡提微分方程的解;

　　$\boldsymbol{B}$——系数矩阵。

要使最优控制律得到工程上的实际使用,必须实时解出 $\boldsymbol{p}(t)$ 和对状态变量的实时观测。显然,黎卡提方程的解 $\boldsymbol{p}(t)$ 与系统的阶数和数学模型的复杂程度有关。采用数值积分方法求解在雷载微机上实现达不到实时控制要求。寻找最优控制律的解析表达式以及对全部状态变量的实时观测实施反馈就成为最优控制理论在工程上实际应用的关键。MK46鱼雷导引弹道

采用了最优导引控制规律,具有脱靶量小、弹道平直等明显优点。

近几年,鱼雷拦截弹道的研究得到进一步扩展,其中一类是所谓垂直(正交)命中问题。小型反潜自导鱼雷由于装药少,为了更有效地摧毁潜艇,要求采用聚能爆炸方式,并对鱼雷末攻击弹道有一定要求,因此就有最优末攻击弹道设计问题。具体说就是要求鱼雷命中目标时,其命中角应该接近90°,并且命中点在目标要害部位。这一要求表示在性能指标 J 上应加上末端垂直约束条件,并要求对目标要害部位的观测。

另一类研究是针对目标的机动而提出的。假定目标以某种机动形式或某种随机机动,使系统的数学模型改变,由此求解二次型性能指标的最优控制。

影响现代控制理论在鱼雷拦截弹道最优控制中实际应用的有两个主要因素:

(1)最优控制律 $u^*(t)$ 需要状态变量的全反馈,而在实际交战过程中,某些状态变量尚无法测量或无法精确测量,如鱼雷与目标相对运动的某些参数,鱼雷运动的侧滑角等。

(2)按以上模式求得的最优控制律 $u^*(t)$ 要求状态变量的反馈虽是线性的,但其系数却是时变的。因黎卡提方程的解 $p(t)$ 是时间的函数,在实际应用中要求雷载微机实时算出 $p(t)$,并随时间调整最优控制律。

由于上述原因,目前在国内、外自导鱼雷上主要采用的还是传统的导引律,如尾追法、固定提前角法、自动调整提前角法、比例导引法等。这些导引方法在某种意义上说都不是最优的,而仅仅是次优的,但简便易行。最优控制律研究的意义在于理论上提出鱼雷拦截弹道能够达到的精度。如有必要,可以通过仿真,用定常系数代替时变系数 $p(t)$,而某些状态变量用观测器解决,得到的次优控制系统是可行的。

应用现代控制理论改善鱼雷航行状态的研究所取得的结果是比较容易实现的。如寻找最优控制律使鱼雷偏离稳定航行深度的偏差最小,或使鱼雷航行中横倾恢复为零的时间最短等都能得到满意的结果,且已付诸实施。

以上的研究都是在雷体数学模型确定的前提下进行的,而且为了分析方便都对数学模型进行了某种程度的简化或线性化,这与鱼雷实际航行情况主要存在以下差别:

(1)雷体数学模型中的流体动力系数一般由理论计算和风洞或水洞试验求得,和鱼雷实际航行的情况有差别。

(2)试验得到的流体动力系数与鱼雷运动参数之间的关系一般是线性的,只有鱼雷在定常状态附近作小扰动运动时,雷体线性数学模型才比较符合实际。

(3)鱼雷航行时自身所带燃料的消耗,衡重的改变,速度以及运动参数的波动,海水的扰动都会使雷体的数学模型呈现不确定性,而且带有随机性。

针对以上情况,现代控制理论具有广泛的应用前景,许多文献从以下3个方面作了有益的探索:

(1)进行鱼雷动态系统辨识的研究,根据鱼雷航行时输入/输出值的测量,辨识系统的结构和参数。

(2)考虑到鱼雷数学模型的复杂性和不确定性,采用模糊控制或鲁棒控制器解决鱼雷控制中的实际问题,该类控制通常对系统的数学模型不敏感。

(3)自适应控制的研究。鱼雷在航行过程中,控制系统能根据测量到的被控制系统输入/输出值,用在线辨识的方法估计被控制参数随机干扰模型。根据其估计值,按系统的性能指标随时调整控制参数,给出合适的控制信号,使系统工作处于最优工作状态,这类自适应控制称为自校正控制。

另一类是模型参考自适应控制,设计者根据工程要求设计一个动态品质良好的模型,在鱼雷航行过程中,按照一定的规律给出理想的输出信号,使被控制系统的动态特性与模型的相一致。

近些年来,自适应控制理论有了较大发展,人们正在研究更高级的自适应控制系统,如自学习系统、人工神经网络系统和具有人工智能的系统等。

现代控制理论应用的前提是微型计算机在鱼雷上的在线使用。现代鱼雷普遍采用微机,并且微机的功能和计算速度不断提高,浮点运算速度达到每秒上百亿次或更高,已经引起鱼雷技术的深刻变革。控制系统中过去用机械或电子逻辑组件对传感器得到的信息进行综合,形成反馈控制规律,现在用微机数控技术能对信号进行高速运算和处理,形成各种控制规律,并且在鱼雷航行过程中,控制规律可以随时变换。这不仅为现代控制理论的应用创造了条件,而且为鱼雷的自导、线导、控制等各子系统信息的交流和处理提供了极大的方便。

7.5 国外鱼雷典型弹道

7.5.1 俄罗斯 АПР - 3Э 鱼雷

一、反潜工作过程与弹道

俄罗斯АПР-3Э鱼雷是一种专用于空投反潜的自导鱼雷,其反潜工作过程见表7.2,全弹道如图7.8所示。

表 7.2 АПР - 3Э 鱼雷反潜工作过程

阶段	指令或信号	含义和用途
(1) 起飞前准备	1) 询问初始状态指令 2) 归零指令 3) 初始状态反馈信号	自检
(2) 投弹前60s准备	1) 禁止陀螺仪开锁指令	禁止开锁
	2) 悬停投放指令	设定入水初始段控制参数
	3) 第二工作制(浅海)指令	发动机低速;设定自导系统波束形状和偏转角
	4) 左旋指令	左旋搜索,波束左偏
	5) 实际脱离信号	
(3) 投弹前15s准备	1) 蓄电池提前准备指令	解除蓄电池控制电路第一道保险
(4) 投弹前5s准备	1) 允许蓄电池工作指令 2) 取消禁止陀螺仪开锁指令 3) 取消归零指令 4) 准备就绪信号	就绪
(5) 投弹前0s准备	1) 投放指令 2) 离机指令	投放

续 表

阶段	指令或信号	含义和用途
(6) 空中段	1) 脱落指令	横滚通道控制打开;自导系统启动;伞控系统开始计时;解除引信第一道保险;解除开伞点保险电路及发动机点火保险点火装置的连锁
	2) 开伞指令	开伞电爆管起爆
(7) 入水至初始搜索段	1) 入水指令	关闭横滚通道的控制,使舵归零
	2) 爆伞指令	解脱降落伞装置
	3) 入水指令 1	解除保险执行机构第二道保险
	4) 入水指令 2	启动自爆计时装置
	5) 空泡结束信号	入水延时 0.5s 后接通三通道控制
	6) 横滚归零信号	
	7)25m 深度信号	
	8)18° 纵倾角信号	
	9) 初始搜索指令	
(8) 搜索目标段	1) 开始搜索	重力作用下,螺旋线下潜,航向面上 15°/s 回旋搜索目标;横滚角和纵倾角保持原值不变 (0° 和 18°)
	2) 自导搜索目标	1 个 8ms 的短脉冲,2 个 37ms 的长脉冲,脉冲在垂直面上成 45°,在水平面上成 87°;波束向鱼雷旋转方向偏转 15° ~ 20°
	3) 闭锁脉冲指令	锁定自导系统和引信系统的接收机
	4) 目标指令	
	5) 目标脉冲指令	
	6) 方位信号	
	7) 发动机点火指令	
	8)250m 限深指令	
	9) 允许发动机点火指令	
	10) 点火指令	发动机点火
	11)350m 深度信号	低速制,延时 5s 转入高速制
	12) 第三工作制指令	最高速制(36m/s)
(9) 跟踪目标段	1) 发动机点火	关闭自导接收机 3.2s
	2) 自导重开机后如果丢失目标,直航 27s 搜索	自导仪器块的探测脉冲发生器周期由 2.4s 变为 1.6s
	3) 仍未发现目标执行搜索目标指令	
	4) 再搜索 1 指令	以 10°/s 的角速度向下搜索 3s
	5) 再搜索 2 指令	以 20°/s 的角速度向右搜索 3s
	6) 再搜索 3 指令	以 10°/s 的角速度向上搜索 6s
	7) 水平面环形搜索	水平面环形搜索直至发动机工作结束
	8) 再搜索脉冲	发射周期 1.6s,脉冲宽度 37ms
	9) 发动机速制变换逻辑	发动机允许点火指令产生后,若存在目标纵倾指令或 250m 限深指令,经过 5s 后发动机转换工作制;如果没有目标纵倾指令,15s 后转换工作制
	10) 鱼雷接近目标,发射周期减小,当 $T \leq 0.5s$ 时产生近距 I 指令;当 $T \leq 0.2s$ 时产生近距 II 指令;脉冲宽度由 37ms 变为 8ms	
	11) 根据近距 II 指令,目标传感器打开触发通道和非触发通道	
(10) 自爆	1) 时间计满 15±3min 或蓄电池的工作电压降低为 12±3V	自毁

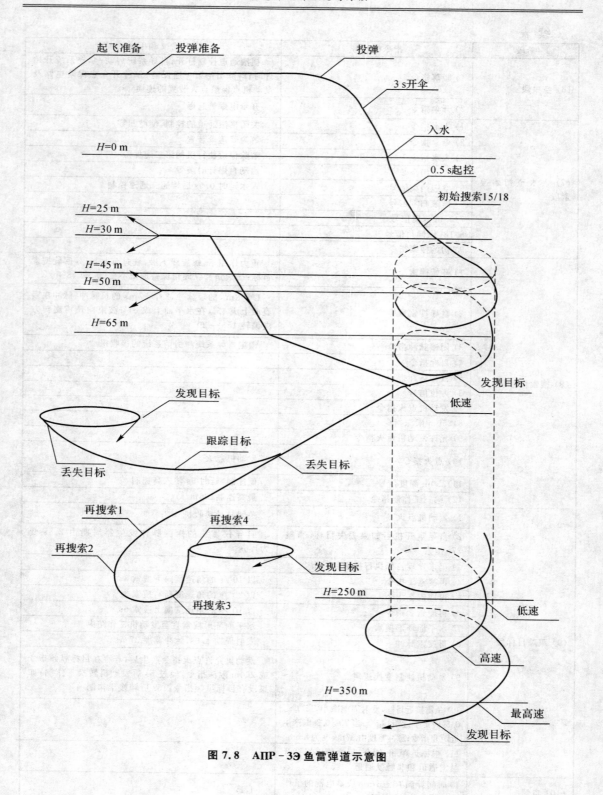

起飞准备　投弹准备　　　　　投弹

3 s开伞

入水

$H=0$ m

0.5 s起控

初始搜索15/18

$H=25$ m

$H=30$ m

$H=45$ m

$H=50$ m

$H=65$ m

发现目标

跟踪目标

丢失目标　　　　　　　　丢失目标

发现目标

低速

再搜索1

再搜索4

再搜索2

发现目标

$H=250$ m

低速

再搜索3

高速

$H=350$ m

最高速

发现目标

图 7.8　АПР - 3Э 鱼雷弹道示意图

二、各弹道段控制规律

AΠP-3Э 鱼雷弹道复杂,各段弹道采用不同的控制规律实施控制。

(1) 空中段弹道。对航向和俯仰通道进行清零,只对横滚通道进行控制。

$\theta < 65°$ 时:　　　　　　　　$\Delta X = K_1 \omega_x + K_2 \varphi$

$\theta \geqslant 65°$ 时:　　　　　$\Delta X = K_1 \omega_x + K_2 \varphi + K_3 \int \omega_x \mathrm{d}t$

式中,K_1,K_2,K_3 分别为控制方程中 ω_x 项、φ 项及 ω_x 积分项的控制系数。

(2) 入水至空泡结束段弹道。给舵位控制清零信号,将舵片锁定,不进行控制。

(3) 空泡结束至横滚归零段弹道。接通 3 个通道,对横滚通道进行归零控制。

$\theta < 65°$ 时:　　　　　　　　$\Delta X = K_1 \omega_x + K_2 \varphi$

$\theta \geqslant 65°$ 时:　　　　　$\Delta X = K_1 \omega_x + K_2 \varphi + K_3 \int \omega_x \mathrm{d}t$

$$\Delta Y = K_4 \omega_y$$

$$\Delta Z = K_5 \omega_z$$

式中,K_4 和 K_5 分别为控制方程中 ω_y 项和 ω_z 项的控制系数。

(4) 横滚归零至初始搜索段弹道。控制横滚很快归零,俯仰角在俯仰控制下逐渐接近设定值。

$\theta < 65°$ 时:　　　　　　　　$\Delta X = K_1 \omega_x + K_2 \varphi$

$\theta \geqslant 65°$ 时:　　　　　$\Delta X = K_1 \omega_x + K_2 \varphi + K_3 \int \omega_x \mathrm{d}t$

$$\Delta Y = K_4 \omega_y$$

$$\Delta Z = K_5 \omega_z + K_6 (\theta - \theta_{sh})$$

式中,K_6 为控制方程中俯仰角的控制系数;θ_{sh} 为设定俯仰角。

(5) 初始搜索至发现目标段弹道。根据设定的角速度和俯仰角,实现向左或向右螺旋搜索。

$$\Delta X = K_1 \omega_x + K_2 \varphi$$

$$\Delta Y = K_7 (\omega_y + \omega_{ysh})$$

$$\Delta Z = K_5 \omega_z + K_6 (\theta - \theta_{sh})$$

式中,K_7 为控制方程中偏航角速度的控制系数;ω_{ysh} 为设定偏航角速度。

(6) 发现目标至发动机点火段弹道。锁定以前的对横滚和俯仰控制,通过目标方位角 ε_ψ 和航向角速度及其积分实现航向控制,航向角速度保持在 $\omega_y = (50° \pm 10°)/\mathrm{s}$,保证鱼雷以目标方位角转弯,当目标指令取消而又没有允许发动机点火指令时,恢复螺旋搜索状态,这个过程可以重复多次。

$$\Delta X = K_1 \omega_x + K_2 \varphi$$

$$\Delta Y = K_4 \omega_y + K_8 \int \omega_y \mathrm{d}t + K_9 \varepsilon_\psi$$

$$\Delta Z = K_5 \omega_z + K_6 (\theta - \theta_{sh})$$

式中,K_8 为控制方程中 ω_y 积分项的控制系数;ε_ψ 为偏航角控制精度;K_9 为 ε_ψ 系数。

(7) 允许发动机点火至自导头重新开机(3.2s)。关闭自导系统并计时,通过目标方位角 ε_ψ 和俯仰方位角信号 ε_θ 航行。

$$\Delta X = K_1 \omega_x + K_2 \varphi$$

$$\Delta Y = K_4 \omega_y + K_8 \int \omega_y dt + K_9 \varepsilon_\psi$$

$$\Delta Z = K_5 \omega_z + K_6 (\theta - \theta_{sh}) + K_{10} \varepsilon_\theta$$

式中，ε_θ 为俯仰角控制精度；K_{10} 为 ε_θ 的系数。

(8) 自导头重新开机至 27s 结束段弹道。重新开机后，目标指令消失，说明目标丢失。此时，方位角被锁定，以保证直线航行直到目标指令重新产生或 27s 后开始再搜索。此段控制规律同(7)，但控制系数减小。

$$\Delta X = K_1 \omega_x + K_2 \varphi$$

$$\Delta Y = K_4 \omega_y + K_8 \int \omega_y dt + K_9 \varepsilon_\psi$$

$$\Delta Z = K_5 \omega_z + K_6 (\theta - \theta_{sh}) + K_{10} \varepsilon_\theta$$

(9) 再搜索段弹道。根据程序设定：

先以角速度 $\omega_{zsh} = -10°/s$ 向下转动 3s：$\Delta Z = K_{11} (\omega_z - \omega_{zsh})$；

再以角速度 $\omega_{ysh} = 20°/s$ 向右 / 左转动 3s：$\Delta Y = K_7 (\omega_y \mp \omega_{ysh})$；

再以角速度 $\omega_{zsh} = 10°/s$ 向上转动 6s：$\Delta Z = K_{11} (\omega_z - \omega_{zsh})$；

若仍未发现目标，进入水平面环形搜索直至发现目标或发动机工作结束

$$\Delta X = K_1 \omega_x + K_2 \varphi$$

$$\Delta Y = K_7 (\omega_y + \omega_{ysh})$$

$$\Delta Z = K_5 \theta + K_{12} \omega_z$$

式中，K_{11} 为俯仰角速度控制系数；ω_{zsh} 为设定俯仰角速度；K_{12} 为控制方程中 θ 项的控制系数。

(10) 攻击目标段弹道。再搜索过程中任何时刻如果传来目标指令，根据目标方位角信号，控制鱼雷：

$$\Delta X = K_1 \omega_x + K_2 \varphi$$

$$\Delta Y = K_4 \omega_y + K_8 \int \omega_y dt + K_9 \varepsilon_\psi$$

$$\Delta Z = K_5 \omega_z + K_{13} \int \omega_z dt + K_{10} \varepsilon_\theta$$

式中，K_{13} 为控制方程中 ω_z 积分项的控制系数。

(11) 攻击状态下丢失目标。若丢失目标，此时鱼雷沿切线方向运行：若存在近距指令 2，沿切线方向运行 5s；无近距指令 2，沿切线方向运行 15s。然后产生进入水平面信号，进行水平面环形搜索直至发现目标或发动机工作结束。环形搜索规律：

$$\Delta X = K_1 \omega_x + K_2 \varphi$$

$$\Delta Y = K_4 \omega_y + K_8 \int \omega_y dt$$

$$\Delta Z = K_5 \omega_z + K_{13} \int \omega_z dt$$

(12) 鱼雷攻击较浅目标。当以低速 / 高速工作制向上航行深度处于 $(45 \pm 4)/(65 \pm 4)$m 时，门限装置产生 30/50m 限深信号，程序形成器关闭纵倾通道控制，鱼雷在设定深度 30/50m 根据航向跟踪目标，当传来近距指令后才恢复纵倾通道控制。这段控制规律为

$$\Delta X = K_1\omega_x + K_2\varphi$$
$$\Delta Y = K_4\omega_y + K_8\int\omega_y \mathrm{d}t + K_9\varepsilon_\psi$$
$$\Delta Z = K_{12}\theta + K_5\omega_z + K_{14}(H - H_{sh})$$

式中，H_{sh} 为设定深度；K_{14} 为深度控制系数。

(13)250m 深度限令至发动机第三工作制。当螺旋搜索至深度 250m 没有发现目标时，深度信号器产生 250m 限深令，自导仪器块产生允许发动机点火指令，自动仪器块产生发动机第一工作制点火指令，发动机以低速（18m/s）航行，经过 5s 后自动仪器块产生发动机第三工作制点火指令，发动机以高速（30m/s）航行。这段控制规律为

$$\Delta X = K_1\omega_x + K_2\varphi$$
$$\Delta Y = K_7(\omega_y + \omega_{ysh})$$
$$\Delta Z = K_5\omega_z + K_6(\theta - \theta_{sh})$$

(14) 发动机第三工作制至发动机第二工作制。当发动机以高速（30m/s）工作状态航行至深度 350m 时，深度信号器产生 350m 限深令，自动仪器块产生发动机第二工作制点火令，发动机以最高速（36m/s）在更大深度航行。这段控制规律同上，只是控制系数有所改变

$$\Delta X = K_1\omega_x + K_2\varphi$$
$$\Delta Y = K_7(\omega_y + \omega_{ysh})$$
$$\Delta Z = K_5\omega_z + K_6(\theta - \theta_{sh})$$

7.5.2　意大利 A244/S 鱼雷

A244/S 鱼雷是供水面舰艇、直升飞机和固定飞机使用的主、被动声自导反潜鱼雷。平均航速为 33kn，水下航行时间 7min。A244/S 鱼雷（下面简称鱼雷）弹道由空中段、入水段、搜索段、捕获段、攻击段和再搜索段等组成。

一、空中段

鱼雷由降落伞稳定装置来保证其在空中稳定，用限定飞机的投放条件来保证鱼雷入水时有适当的入水参数。

鱼雷由直升飞机悬停投放时高度大于 15m。

鱼雷由直升飞机带速投放时高度为 50～150m，速度为 20～55kn。

鱼雷由固定翼飞机投放时高度为 50～150m，速度为 40～120kn。

规格书中规定飞机投放的验收标准为：直升飞机带速投放的标准投放高度为 80±5m，标准投放速度为 90±10kn。直升飞机悬停投放高度为 15±1.5m。

二、入水段

鱼雷入水后 6s，开始以 40° 的俯仰角下潜向预设定搜索深度（ISD）寻深。与此同时，鱼雷以 20°/s 的角速率转向设定航向。到达设定航向后，进入初始直航搜索（ISR）。

三、搜索段

当鱼雷直航一定距离（可以在 0～3 600m 内预设定，每 1 200m 一档）时，自导开启，即开始搜索。搜索方式有两种：直航搜索（距离可以在 0～4 200m 内预设定，每 600m 一档）或按搜

索图形搜索。

搜索图形有以下两种：

（1）螺旋形：以速率 $\omega=7°/s(R=130m$ 左右)向左旋回37s后，以 $+10°$ 的俯仰角或以 $-10°$ 的俯仰角在预设定的上限或下限深度间旋回。如设定在"浅水"和螺旋形，则鱼雷在初始搜索深度上作圆周运动，直到捕获目标或航行终止。

（2）螺线形：旋回的前37s与螺旋形一样，旋回时的俯仰角总是 $0°$，在第37s到74s，$\omega=3.5°/s(R$ 为260m左右)，在第74s以后，$\omega=1.75°/s(R$ 为520m左右)，直到捕获目标或航行终了。

螺旋形搜索和螺线形搜索分别如图7.9和图7.10所示。

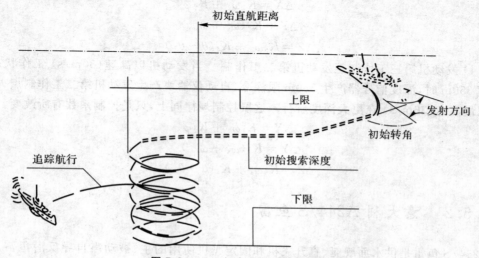

图7.9　A244/S鱼雷螺旋形搜索图

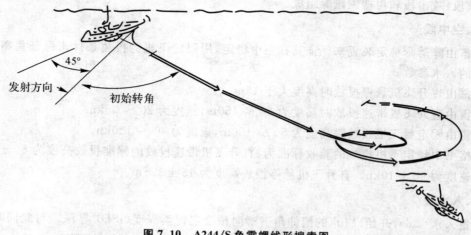

图7.10　A244/S鱼雷螺线形搜索图

四、捕获段

鱼雷一旦接收到信号，捕获段就开始。接收到的信号经过一系列检查，经确认是有效目标时,才为核实目标。

五、攻击段

鱼雷一旦捕获了目标,就按照预定的声自导方式开始进入攻击阶段。导引方式如下:

(1)水平面的攻击弹首先是纯追踪 P.P.C 方式,只有当主动自导方式要求鱼雷旋回速率大于 $7°/s$,且鱼雷与目标的距离小于 180m 时,鱼雷才按20°的固定前置角方式追踪并命中目标,否则,由纯追踪方式直到命中目标。

(2)在垂直平面,自导电子线路通过收到目标的上或下的次数信息来确定鱼雷的俯仰角,给出操舵指令,实现对目标的追踪。

六、再搜索段

在追踪期间捕获目标后又丢失目标,或者没有命中目标,鱼雷就进入再搜索阶段,此时,采用丢失目标时的自导方式。

再搜索段弹道由 4 部分组成,按以下顺序进行:

(1)按设定的初值直航(ISR)搜索目标。此时发射重复周期是 2.3s,跟踪保持 3 个周期,即鱼雷的俯仰和航向保持不变,当设定为"浅水"时,鱼雷保持 0°俯仰角。

(2)再保持 3 个周期的鱼雷航向不变,而在垂直面如下:

当预设定为"深水"时,俯仰角为 0°;

当预设定为"浅水"时,鱼雷返回到初始搜索深度(ISD)上航行。

(3)鱼雷继续以 0°俯仰角航行 41.4s(18 个发射周期),水平面的机动如下:

如果是在"混合"式主动自导方式的跟踪航行期间,且距离小于 720m 时丢失了目标,则鱼雷以 $\omega = 7°/s$ 作圆周搜索,直到航行终了。至于是向右旋回还是向左旋回,取决于左 / 右信息转向右 / 左信息的次数的多少。如果至少出现两次反向,则旋回方向与累计项的符号有关(如果累计项为正,则向右旋回;累计项为负,则向左旋回);如果出现反向少于两次,则旋回方向与最后捕获有关(如果最后在右边捕获,则向右旋回;最后在左边捕获,则向左旋回)。

如果以主动自导方式跟踪航行,且在距离大于 720m 时丢失目标,则鱼雷进行直航再搜索。

(4)直航搜索后的鱼雷机动取决于预设定水深。

当预设定为"深水"时,鱼雷在预设定的上、下限之间进行螺旋形搜索,向上或向下取决于丢失目标时实际命令的俯仰角,而旋回方向按第(3)条中的方法确定。

当预设定为"浅水"时,鱼雷在预设定深度上进行环形搜索,其旋回方向按第(3)条中的方法确定。

在上面每个阶段期间,一旦捕获目标,鱼雷就继续跟踪攻击目标。

7.5.3　美国 MK45-F 鱼雷

一、参数设定

MK45-F 是线导加尾流自导鱼雷,最高航速达 40kn,用于攻击水面舰艇。

使用该雷时要求在目标舰后面发射,以便鱼雷很快探测到目标尾流。发射前设定以下参数:

(1)陀螺转角:发射管方向与鱼雷搜索方向的夹角,可以在 0°～360°之间选择。

(2) 命中距离：鱼雷发射点到命中目标尾流之间或通过目标尾流的预测距离，一般选择在 914～13 700m 之间。

(3) 攻击深度：根据对目标吃水深度的估算和触发引信的工作距离、海况等级选择，一般选在 2～15m 之间。

(4) 鱼雷航行深度：可以选择鱼雷的攻击深度为航行深度，也可以选"深水航行"的 38m 为航行深度。

(5) 初次引导方向角：鱼雷最初测到目标尾流后的旋回角度。

(6) 回转距离：从授权点开始到鱼雷转回的直航搜索距离。

(7) 鱼雷线导或非线导：设定非线导时，可以作为自导鱼雷使用。

上述设定参数与鱼雷弹道有密切的关系。下面按典型尾流自导弹道、初始直航搜索弹道、环形再搜索道分别介绍。

二、典型尾流自导弹道

图 7.11 表示该鱼雷自平台发射后的垂直面弹道。若发射前设定为"深水航行"，鱼雷在 38m 深度上航行到距授权点 1 830m 时，就上爬到攻击深度，准备搜索尾流，以后就一直在攻击深度上。

图 7.12 表示该鱼雷自平台发射后的水平面弹道。鱼雷自平台发射后，按设定的陀螺转角，旋回到搜索航向。当直航到授权点时，开始探测尾流。当鱼雷进入尾流时，自导装置就探测到尾流，并按设定的初次引导方向角操纵鱼雷改变航向，经几次调整，使其与尾流的交角为 30°，时而穿出尾流，时而穿入尾流，不断接近目标舰，最后撞击并毁伤目标。

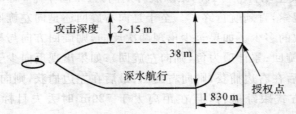

图 7.11　MK45－F 鱼雷发射后的垂直面弹道

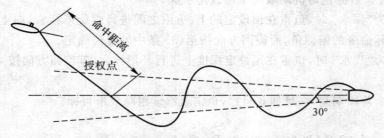

图 7.12　MK45－F 鱼雷发射后的水平面弹道

三、初始直航搜索弹道

当鱼雷从授权点开始直航搜索，到设定的回转距离还不能探测到尾流时，鱼雷就旋回 180°，再直航相同的回转距离，若在此过程中还不能探测到尾流，则再旋回 180°，作直航搜索（见图 7.13），直至探测到尾流或航程终了。

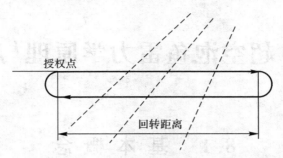

图 7.13　MK45 – F 鱼雷初始直航搜索及设定回转

四、环形再搜索

当按图 7.12 的尾流自导攻击目标,最后在目标的前方通过而不能与目标舰撞击,而且鱼雷穿出尾流的时间超出预定值时,鱼雷就开始环形再搜索(见图 7.14),直至再探测到尾流或航程终了。

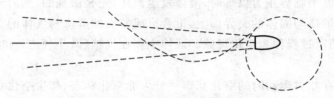

图 7.14　MK45 – F 鱼雷环形再搜索

习　　题

7.1　试推导从 $\omega_x,\omega_y,\omega_z$ 求解 $\dfrac{\mathrm{d}\theta}{\mathrm{d}t},\dfrac{\mathrm{d}\psi}{\mathrm{d}t},\dfrac{\mathrm{d}\varphi}{\mathrm{d}t}$ 的转换矩阵,并说明当 $\theta=90°$ 时该矩阵奇异。

7.2　试推导鱼雷在铅垂面和水平面运动时的几何关系式分别为 $\Theta=\theta-\alpha,\Psi=\psi-\beta$,并画图说明。

7.3　比较古典导引法与基于现代控制理论的最优导引律的异同点。

7.4　当目标以 10kn 速度直航,鱼雷速度为 30kn,求解初始距离 500m,初始视线角 90° 和 135° 两种情况下的尾追弹道,仿真计算并绘图说明鱼雷、目标的质点弹道,并求出最大法向过载的发生处。

7.5　试证明:用平行接近法导引时,在速比 $p>1$ 的情况下,不论目标如何机动,鱼雷的法向过载不会超过目标的法向过载。

7.6　说明线导导引弹道的方位重合导引法与尾追法相比,减少了导引时间。

7.7　绘图说明 A244/S 鱼雷的全弹道及其特点。

第8章 超空泡鱼雷力学原理与设计方法

8.1 基 本 概 念

8.1.1 空泡

空泡是在液体介质连续性遭到破坏的基础上出现的,是压力降低的结果。或者说,当液体内某点压力降低到某个临界压力以下时,液体发生汽化,先是微观的,然后成为宏观的小气泡,尔后在液体内部或液体与固体的交界面上,汇合形成较大的蒸汽与气体的空腔,称为空泡。空泡的产生、发展与溃灭过程称为空化现象。液体中存在气核(微小气泡)和压力降低是空化发生的两个必要条件。

物体与液体存在相对运动时的空化状态可分为非空化状态、初生空化状态、局部空化状态和超空化状态。非空化状态是指运动体附近流场中没有发生空泡的状态,物体表面处于完全沾湿的状态;初生空化状态是指鱼雷表面开始出现空泡的状态,此时的空泡形态为孤立气泡或气泡群,当气泡越来越密集时成为云状空泡(见图 8.1(a));局部空化状态是指在物体局部表面上和邻近液体内部已经出现成片的空泡状态。局部空化状态的空泡称为局部空泡,也常称为附体空泡或片状空泡(见图 8.1(b));超空化状态是指在整个物体表面上和物体尾端附近的液体中都出现空泡的状态。超空化状态下,形成的空泡犹如一个大汽/气袋,超过物体的尾端,或把整个物体装于其中,这种空泡称为超空泡(见图 8.1(c))。

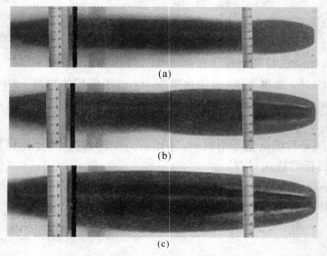

(a)

(b)

(c)

图 8.1 空化状态与空泡形态

(a)云状空泡; (b)局部空泡; (c)超空泡

8.1.2　超空泡生成

一、空泡生成途径

空化数是空泡流的基本相似参数,通过改变空化数的大小可以改变流场的空化状态。当空化数 σ 的值降到小于起始空化数 σ_i 时,流场就由非空化状态变为空化状态;进一步降低空化数,在一定条件下流场就可能由气泡空化状态发展为局部附体空泡状态,继而发展到超空泡状态。由此可知,生成超空泡的基本途径是减小空化数。空化数 σ 的定义式为

$$\sigma = \frac{p_\infty - p_c}{\frac{1}{2}\rho v_\infty^2}$$ (8.1)

式中　p_∞——来流压力;

　　　p_c——空泡压力;

　　　v_∞——来流速度;

　　　ρ——液体密度。

根据空化数定义式,当液体密度为常量时,减小空化数有 3 种基本方法:

(1)增加来流速度 v_∞。随着来流速度的增加,物体表面上的液体压力降低,当压力降到低于液体的蒸气压力时,如水的蒸气压力 $p_v = 2\ 350\mathrm{Pa}$(温度 20℃),空泡产生并发展为超空泡。以这种方式生成的超空泡常称为自然超空泡或蒸气超空泡。自然超空泡为液体的蒸气所充满,空泡内的压力等于液体的蒸气压力 $p_c = p_v$。

(2)减小来流压力 p_∞。通过减小来流压力 p_∞,进而减小了空化数定义式中的差值($p_\infty - p_c$),达到降低空化数的目的。例如减小封闭水洞中的压力,降低了水洞中水流的空化数,从而得以在水洞较低的水速下进行空化实验。这也是能够在水洞中进行空化实验的基本原理。

(3)增加空泡内的压力 p_c。通过增加空泡内的压力 p_c 也可以减小空化数定义式中的差值($p_\infty - p_c$),从而减小空化数。增加空泡内压力的途径之一是,向绕流物体头部表面的低压区充入空气或其他不溶于水的气体,增大泡内压力,使空泡迅速形成与扩大。

这种方法生成的超空泡称为人工超空泡或通气超空泡。这种通过通气生成超空泡的方法最早由艾诗丁(L. A. Epshtein)和理查德(H. Reichardt)于 1944—1945 年提出,并在水洞实验中成功实现。

二、人工超空泡生成方法

人工超空泡主要有 3 种生成方法。

(一)气体射流方法

由物体头部向来流液体中注入气体射流,形成包围物体的气腔,如图 8.2 所示。显然,这种超空泡生成方式中气体的压力必须大于物体头部驻点处液体的压力,才有可能产生气体射流。根据伯努利方程,这种方法开始生成空泡时的气体射流速度 v_g 必须满足

$$v_g > v_\infty \sqrt{\frac{\rho}{\rho_g}(1+\sigma)}$$ (8.2)

当气体为空气、液体为水时,气体射流速度需满足:

$$v_{\mathrm{g}} > 28.5\left(1+\frac{\sigma}{2}\right)v_{\infty} \tag{8.3}$$

可以看出,气体射流的流量率必须要很高,这样虽然可以产生超空泡,但难以在实际中应用。

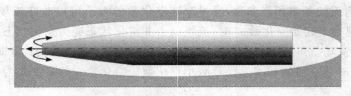

图 8.2　气体射流超空泡的生成方法

(二) 液体射流方法

从物体头部向来流喷射细长水射流,同时向物体驻点区域通入气体,形成包围物体的气腔,如图 8.3 所示。这种空泡流把本位于物体头部的驻点向前推到了物体之前的流体中,并且在理想的情况下物体尾部压力能够完全恢复,使物体受到一个推力 T 作用。

$$T = \rho S_{\mathrm{j}} v_{\mathrm{j}} v_{\infty} \tag{8.4}$$

式中　　S_{j}—— 射流的横截面积;

　　　　v_{j}—— 射流的平均速度。

图 8.3　液体射流超空泡的生成方法

这种情况下,物体的阻力只有带固体空化器时的一半。在真实的流动中,空泡不可能在物体尾部平滑闭合,压力也不能完全恢复,所以产生的推力是很小的。这是一种具有应用前景的超空泡流模式。

(三) 空化器方法

如图 8.4 所示,物体头部具有扩张锐角的外形,在扩张外形之后通入气体,形成包围物体的气腔。这种人工通气超空泡生成方法可以生成稳定、光滑的透明空泡表面,是最常用的超空泡生成方法,易于在来流速度 $v_{\infty} = 10 \sim 100\mathrm{m/s}$ 范围内,甚至更低的来流速度下生成超空泡,被广泛地用于实验室内超空泡的研究。这种用以生成超空泡的具有锐角的头部的物体称为空化器(Cavitator)。常用的空化器有圆盘空化器和圆锥空化器(见图 8.5)。与这种圆盘或圆锥类的固体空化器相对应,前述的具有同样生成超空泡功能的射流也常称为射流空化器。

图 8.4　空化器超空泡的生成方法

图 8.5　圆锥与圆盘空化器

图 8.6 所示是头部为圆盘空化器的航行器模型在来流速度为 9m/s 下的人工通气超空泡水洞实验照片。

图 8.6　圆盘空化器航行器模型人工通气超空泡实验照片

超空泡只有在小的空泡数下才可能产生,人工通气生成超空泡的空泡数范围为

$$\sigma_{\min} < \sigma_{\mathrm{c}} < 0.1 \tag{8.5}$$

目前,通气超空泡的应用范围大多在 $0.01 < \sigma_{\mathrm{c}} < 0.1$。通气虽然可以减小空泡数,但不能无限减小,在不同的条件下都存在一个可生成稳定通气超空泡的最小空泡数值。例如,在重力影响不可忽略的情况下,通气超空泡可实现的最小空泡数为

$$\sigma_{\min} \approx \sqrt[3]{\frac{2.5 C_{x0}}{Fr_{\mathrm{n}}^4}} \tag{8.6}$$

式中　C_{x0}——$\sigma = 0$ 时空化器的阻力系数;

Fr_{n}——以空化器直径 D_{n} 为特征长度的弗劳德数

$$Fr_{\mathrm{n}} = \frac{v_{\infty}}{\sqrt{gD_{\mathrm{n}}}} \tag{8.7}$$

通气超空泡的稳定条件:

$$1 \leqslant \beta = \frac{\sigma_{\mathrm{v}}}{\sigma_{\mathrm{c}}} < 2.645 \tag{8.8}$$

β 称为人工通气超空泡的无量纲动力学参数,反映了水和空泡内的气体对于压力扰动的响应速度差别。因此参数 β 表征了空泡内气体弹性的影响,β 增加,气体弹性的影响增加。$\beta >$ 2.645 时,通气空泡就会出现波动(见图 8.7),易于形成自激振荡分离,空泡发生大段周期性脱落。波数 N 为

$$N = \mathrm{int}\left(\frac{\sqrt{6(\beta - 1)}}{\pi}\right) \tag{8.9}$$

动力学参数 β 和空泡数 σ、弗劳德数 Fr 是关系到通气超空泡生成、形态和稳定性的 3 个重要无量纲参数。

图 8.7　通气超空泡发生波动失稳水洞实验照片

8.1.3　超空泡减阻

长期以来,水下航行器的航速都比较低,目前常规潜艇的航速都低于 30kn,速度比较快的常规鱼雷航速也只有 50kn 左右。制约水下航行器速度提高的主要障碍有两个:首先是航行阻力大。航行器的航行阻力与流体介质密度成正比,水下航行器与空中飞行器相比,由于水的密度是空气的 800 倍,同样条件下水下航行器的航行阻力是空中飞行器飞行阻力的 800 倍,所以水下航行器的航行速度比空中飞行器的飞行速度低 2～3 个量级。其次,水下航行器随着航行速度的提高,航行器表面某些部位的压力就会降至水的饱和蒸气压力,发生汽化,形成气泡与局部空泡。这种空泡的起始、发展及溃灭受环境等多种因素影响,十分复杂,难以预计与控制,并且伴随产生振动、噪声与剥蚀等一系列不良后果。这种空化现象是水下高速航行器的一种客观物理现象,当航速超过 60kn 时难以避免。

俄罗斯科学家经过长期的研究,提出了水下超空泡航行器的新概念,把水下航行器基本包围在空泡之中(见图 8.1(c)),使航行器壁面附近的流体介质由水变为气体,水下航行器表面与水隔绝,犹如飞行器在空气介质中飞行一样,从而大大降低航行阻力,解决了水下航行器阻力大的难题。降低航行器周围流体介质的密度是超空泡减阻的基本原理。另一方面,在水下航行器自然空化发生的基础上,通过人工通气,使航行器表面的空泡面积增大,发展为超空泡,并使空泡稳定。通气方法不仅可以实现航行器的超空泡,而且使得对空泡的控制成为可能,可以有效地避免局部空化造成的振动、噪声等不良后果。这就从根本上解决了阻碍水下航行器速度提高的两大难题,为实现水下航行器航行航速的大幅度提高奠定了理论基础。

利用超空泡减小水下航行器的航行阻力,是空化应用中具有重大意义的发现,如同空气介质中飞行器速度突破声障一样,超空泡减阻将给水下航行器带来一场影响深远的技术革命,甚至改变未来海军作战的模式。

笔者 2001 年进行了超空泡鱼雷减阻水洞模型实验。模型直径 50mm,水速 10m/s,采用人工通气方法生成超空泡。阻力实验曲线(见图 8.8(c))表明鱼雷超空泡生成后阻力大幅下降。

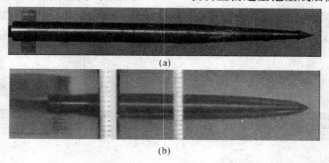

(a)

(b)

图 8.8　超空泡鱼雷模型减阻水洞实验

(a)实验模型;　(b)鱼雷模型超空泡照片

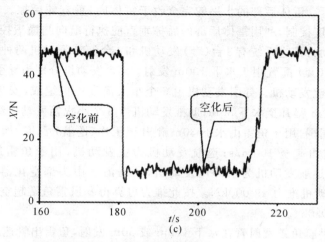

续图 8.8　超空泡鱼雷模型减阻水洞实验

(c) 阻力实验曲线

8.1.4　暴风雪超空泡鱼雷

俄罗斯于 1994 年在阿布扎比国际防务装备展览会上首次对外展示了称为"暴风雪"(Shkval) 的超空泡高速鱼雷(见图 8.9)。该雷直径 0.533 4m,长度 8.2m,起始质量 2 700kg,巡航深度 4 ~ 7m,巡航速度 90 ~ 100m/s,航程 10km,为直航攻击鱼雷,以攻击水面目标为主,兼顾攻击水下目标。

暴风雪鱼雷采用空化器与人工通气联合生成与控制空泡技术,空泡系统主要由空化器、气源及通气系统组成。空化器位于鱼雷的前端(见图 8.10),为椭圆形平板,椭圆长轴长 100mm,位于纵对称面内,短轴长 98mm,位于横对称面内。空化器采用椭圆形是为了在空化器具有一定攻角状态下其迎流投影面为圆形,生成圆形截面空泡。气源为专用燃气发生器产生的不溶于水的燃气。燃气由管路引至鱼雷头部,分 4 路流出体外。一路向前流向空化器背面,另三路通过导流碗流出(见图 8.10)。据说鱼雷巡航时空泡闭合在尾舵之前。

图 8.9　俄罗斯暴风雪超空泡鱼雷

图 8.10　超空泡鱼雷头部

暴风雪鱼雷具有两套航行闭环控制系统,5 个控制面。第一套控制系统用于鱼雷由沾湿状态向空化状态转变的爬升加速段航行,第二套控制系统用于超空泡状态水平巡航段航行。第一套控制系统操纵位于雷体后部"十"字形布局的水平舵和垂直舵,执行深度、航向及横滚控制;在超空泡巡航段,雷体后部的水平舵完全收于雷体内,垂直舵后掠。利用雷顶的空化器作为水平舵,执行深度控制,利用雷体后部的后掠垂直舵执行航向与横滚控制。

　　暴风雪鱼雷的动力推进系统有3台(套)发动机和4台(套)发动机两种配置,3台配置用于水下30m发射,4台(套)配置用于水下100m发射。4台发动机分别为导引发动机、助推发动机、加速发动机和巡航发动机。导引发动机由6个小火箭发动机组成,安装于鱼雷头部周围,用于鱼雷由水下100m爬升至水下30m;助推发动机由8个小火箭发动机组成,安装于鱼雷尾部巡航发动机喷管周围,用于鱼雷由水下30m爬升至工作(巡航)深度;加速发动机为固体火箭发动机,用于鱼雷加速至100m/s;巡航发动机为主发动机,用于鱼雷超空泡巡航状态以100m/s速度航行。巡航发动机为水冲压发动机,所需海水由头部空化器的中心孔(见图8.10)进入雷体内,发动机推力49 000kN。按此推力可算得暴风雪鱼雷超空泡巡航状态下的阻力系数为0.043～0.054。

　　暴风雪鱼雷由潜艇鱼雷发射管在水下100m或30m发射,鱼雷出管速度15m/s左右。鱼雷出管后的弹道可以分为5段:第一段为惯性运动段,鱼雷出管后作无动力惯性运动,直至鱼雷离艇到达发动机点火安全区。该阶段鱼雷处于全沾湿状态。第二段为爬升弹道段,导引发动机点火,鱼雷由水平运动转入爬升运动,航行速度由15m/s左右加速至25m/s左右,当爬升至水下30m左右,导引发动机工作完成,并从雷体分离。同时助推发动机点火,继续爬升,并在鱼雷工作深度转入水平航行状态,至此助推发动机任务完成,并从雷体分离。爬升弹道段鱼雷由全沾湿状态发展为局部空化状态。第三段为加速弹道段,加速发动机点火,鱼雷航速迅速增加到巡航速度。在该阶段中,开始人工通气,鱼雷由局部空化状态迅速发展为超空泡状态。第四段为巡航弹道段,巡航发动机点火,调整人工通气量,保持鱼雷超空泡状态稳定水平航行。第五段为攻击弹道段,当鱼雷接近目标时,以固定舵角攻击,正水平舵角攻击水面目标,负水平舵角攻击水下目标。

8.2　超空泡几何形状预报

8.2.1　基本理论

　　目前超空泡几何分析主要是基于势流理论,可以获得近似解析解的基本理论一是基于动量定理建立的空泡积分形式方程,二是基于细长体理论建立的空泡流场微分方程。

一、超空泡截面独立扩张原理

　　俄罗斯学者洛格维诺维奇(G. V. Logvinovich)基于动量定理结合细长体理论简化,提出了空泡截面扩张独立性原理。其基本内涵:对于高速运动物体形成的超空泡,细长超空泡附近流体的运动主要发生在空泡的径向,空泡的每一个固定的横截面都相对于空化物体中心运动轨迹按相同的规律扩张,该扩张规律依赖于空化物体通过所论截面所在平面时刻的条件:空化物体的尺度、速度、阻力及无限远处与空泡内的压力差,而与空化物体此时刻之前或之后的运动几乎无关。建立的基本方程有:

　　(1)空化物体阻力 D 计算公式:

$$D = k\Delta p S_{\mathrm{m}} = k\sigma S_{\mathrm{m}} \frac{\varrho v_\infty^2}{2} \tag{8.10}$$

式中　Δp—— 压力差，$\Delta p = (p_\infty - p_c)$；

　　　S_{m}—— 空泡最大横截面积；

　　　k—— 修正系数，其值接近 1，有

$$k = \frac{1 + 50\sigma}{1 + 56.2\sigma} \tag{8.11}$$

由式(8.10)可见，伴有充分发展空泡的空化物体受到的流体阻力与压力差 Δp 和空泡最大截面积 S_{m} 成正比。

（2）空泡径向扩张方程：定常空泡在某一固定观察面内的空泡截面扩张方程为

$$S(t) = S_{\mathrm{m}}\left[1 - \left(1 - \frac{S_0}{S_{\mathrm{m}}}\right)\left(1 - \frac{t}{t_{\mathrm{m}}}\right)^{\frac{2}{\eta}}\right] \tag{8.12}$$

适于非定常空泡的空泡截面扩张方程为

$$S = S_0 + \dot{S}_0 t - \xi \int_0^t \int_0^t \frac{\Delta p}{\rho} \mathrm{d}t\mathrm{d}t, \quad \xi = \frac{4\pi C_x}{a^2} \tag{8.13}$$

式中　S—— 空泡横截面面积；

　　　S_0—— 空泡脱体处的空泡横截面面积；

　　　t_{m}—— 空泡横截面积达到最大值 S_{m} 时的时间；

　　　η—— 接近 1 的修正系数（根据实验，$\eta \approx 0.85$）；

　　　ξ—— 修正系数

$$\xi = \frac{4\pi C_x}{a^2}$$

　　　C_x—— 空化物体阻力系数；

　　　a—— 半经验常数，可在 $2 \sim 2.5$ 之间选择。

二、细长轴对称超空泡流基本方程

设空化物体在柱面坐标系 xor 中的型面方程为 $r = r_1(x)$；空泡壁面方程为 $r = R(x)$；空泡脱体截面是固定的，脱体截面处的 x 坐标为 $x = x_0$。于是，空化物体和空泡可作为一个轴对称整体考虑，其表面型线也是一条自由流线，其方程可表示为

$$\left.\begin{array}{l} r = r_1(x), \quad 0 \leqslant x \leqslant x_0 \\ r = R(x), \quad x_0 \leqslant x \leqslant x_0 + L_c \end{array}\right\} \tag{8.14}$$

空化物体与其超空泡空泡壁面构成的整体回转体横向尺度与其长度的比值是个小量，由超空泡势流基本方程简化，可得到细长轴对称超空泡流场方程：

控制方程：

$$\frac{\partial^2 \varphi}{\partial r^2} + \frac{1}{r}\frac{\partial \varphi}{\partial r} = 0 \tag{8.15}$$

几何边界条件：

1）型面连续条件：

$$[R = r_1]_{x = x_0} \tag{8.16}$$

2）空泡光滑脱体条件：

$$\left[\frac{\mathrm{d}R}{\mathrm{d}x} = \frac{\mathrm{d}r_1}{\mathrm{d}x}\right]_{x=x_0} \tag{8.17}$$

动力学空泡边界条件：

$$\left[\frac{1}{2}\left(\frac{\partial \varphi}{\partial r}\right)^2 + \frac{1}{2}\left(\frac{\partial \varphi}{\partial x}\right)^2 + V_\infty \frac{\partial \varphi}{\partial x} = \frac{\Delta p}{\rho}\right]_{r=R(x)} \tag{8.18}$$

无穷远边界条件：

$$\varphi \mid_{r\to\infty, x\to\infty} = 0 \tag{8.19}$$

运动学边界条件：

1）空化物体壁面的边界条件：

$$\left[\frac{\partial \varphi}{\partial r} = V_\infty \frac{\mathrm{d}r_1}{\mathrm{d}x}\right]_{r=r_1(x)} \tag{8.20}$$

2）空泡壁面的边界条件：

$$\frac{\partial \varphi}{\partial r}\bigg|_{r=R(x)} = V_\infty \frac{\mathrm{d}R}{\mathrm{d}x} \tag{8.21}$$

空泡壁面的动力学边界条件：

$$\left[\frac{1}{2}\left(\frac{\partial \varphi}{\partial r}\right)^2 + V_\infty \frac{\partial \varphi}{\partial x} = \frac{\Delta p}{\rho}\right]_{r=R(x)} \tag{8.22}$$

式（8.15）～式（8.22）是在空泡为细长回转体条件下得到的不可压、不计重力的空泡定常势流基本方程和边界条件。

8.2.2　定常轴对称空泡外形预报

一、概述

根据小空泡数时流经空化器的超空泡实验照片分析（见图 8.11），整个超空泡外形可以分为 3 个不同特征部分：毗邻空化器的空泡前部为第一部分，具有空化器直径量级的长度，它以空泡边界具有很大曲率为特征；接下来的第二部分是空泡的主要部分，具有空泡 90% 以上的长度，其外形接近回转椭球面；第三部分是空泡尾部，空泡尾部闭合区域是充满了蒸气、液滴、气泡与旋涡的多相流湍流区，空泡边界是非定常、非稳定，也是非清晰的，利用势流理论确定是不可能的。

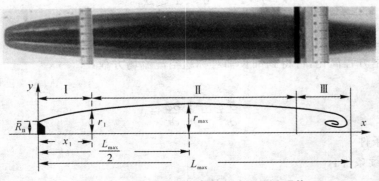

图 8.11　超空泡外形几何特征水洞实验照片

针对超空泡外形的以上特征,空泡外形预报的主要内容:

(1)空泡的主要特征尺寸:最大半径与半长;空泡主要部分的剖面形状;空泡头部外形,利用经验公式计算。

(2)尾部外形,采用镜像假设,即假定空泡最大横截面前后的空泡是对称的。

(3)对其他因素引起的空泡变形在基本空泡外形的基础上进行修正。

二、空泡外形参数计算

根据空泡截面独立扩张原理及细长轴对称空泡流理论,可以推导出空泡主要外形参数的计算公式。

(一)空泡最大截面面积 S_m 及最大半径 R_c 计算公式

$$S_m = S_0 \frac{C_x}{k\sigma} \tag{8.23}$$

若空化物体为圆盘和圆锥类空化器,则空泡脱体截面为空化器的最大圆截面,其截面面积可用空化器的半径 R_n 表示,空泡的最大截面也为圆形截面,上式可改写为空泡最大截面半径 R_c 计算公式

$$\frac{R_c}{R_n} = \sqrt{\frac{C_x}{k\sigma}} \tag{8.24}$$

式中,C_x 为空化物体的迎流阻力系数,是空化数的弱函数,可近似表示为

$$\left.\begin{array}{ll} C_x \approx C_{x0} + \sigma, & \text{对于细长空化物体} \\ C_x \approx C_{x0}(1+\sigma), & \text{对于非细长空化物体} \end{array}\right\} \tag{8.25}$$

式中,C_{x0} 为空化数为零时的阻力系数。

对于圆盘空化器:

$$C_x = C_{x0}(1+\sigma), \quad C_{x0} = 0.83 \tag{8.26}$$

对于圆锥空化器:

$$\left.\begin{array}{ll} C_x = C_{x0} + (0.524 + 0.672\alpha)\sigma, & 0 \leqslant \sigma \leqslant 0.25 \\ C_{x0} = 0.5 + 1.81(\alpha - 0.25) - 2(\alpha - 0.25)^2, & \pi/12 \leqslant \pi\alpha < \pi/2 \end{array}\right\} \tag{8.27}$$

式中,$\pi\alpha$ 为圆锥空化器的半锥角。

(二)空泡纵剖面形状计算

在柱面坐标系中,空泡直径 R 沿空泡轴线 ox 的分布方程为

$$R^2(x) = R_c^2 \left[1 - \left(1 - \frac{R_0^2}{R_c^2}\right)\left(1 - \frac{x}{x_m}\right)^{\frac{2}{\eta}} \right] \tag{8.28}$$

上式当 $\eta = 1$ 时,是一个半短轴为 R_c、半长轴为 $x_m / \sqrt{1 - R_0^2/R_c^2}$ 的椭圆方程。因此,空泡的纵剖面外形是一个近似的椭圆曲线。大量的实验结果表明 η 值一般都小于1,接近于0.85。同时在空化物体附近,空泡形状主要与空化物体相关,不依赖于空化数,接近于 3 次抛物线:

$$R(x) = R_0 \sqrt[3]{1 + \frac{3x}{R_0}} \tag{8.29}$$

因此,轴对称空泡的纵剖面形状,在 $x = x_1$ 之前应用式(8.29),之后应用式(8.28),在 $x = x_1$ 点,两式计算的空泡半径应相等。经验表明,可取 $x = x_1 = 2R_0$ 作为两曲线的匹配点,连接

点处的空泡半径为 $R_1 = R(x_1) \approx 1.92R_0$。空泡纵剖面形状可以用统一公式计算：

$$R^2(x) = \begin{cases} R_0^2\left[1+\dfrac{3x}{R_0}\right]^{\frac{2}{3}}, & 0 \leqslant x < 2R_0 \\ R_c^2\left[1-\left(1-\dfrac{R_1^2}{R_c^2}\right)\left(1-\dfrac{x-2R_0}{x_m-2R_0}\right)^{\frac{2}{7}}\right], & 2R_0 \leqslant x \leqslant x_m \end{cases} \tag{8.30}$$

式中，x_m 为空泡最大截面的 x 坐标，即空泡长度的一半 L_{bc}，空泡脱体处的物体 / 空泡半径 R_0 以下一般直接以空化器半径 R_n 替代。

(三) 空泡长度计算

在小空化数情况下由式(8.30)获得的空泡半长 L_{bc} 计算公式为

$$L_{bc} = \frac{C_x R_n}{\sigma}\left(\frac{1.92}{k} - \frac{5\sigma}{C_x}\right) \tag{8.31}$$

洛格维诺维奇给出的简化式为

$$\frac{L_{bc}}{R_n} = \frac{(1.92 - 3\sigma)}{\sigma} \quad \text{(圆盘空化器)} \tag{8.32}$$

由细长体理论获得的空泡长度逐渐解：

$$\frac{L_{bc}}{R_n} = \frac{\sqrt{C_x \ln\frac{1}{\sigma}}}{\sigma} \quad \text{(圆盘空化器)} \tag{8.33}$$

$$\frac{L_{bc}}{R_n} = \left[\frac{1.1}{\sigma} - \frac{4(1-2\alpha)}{1+144\alpha^2}\right]\sqrt{C_x \ln\frac{1}{\sigma}} \quad \text{(圆锥空化器)} \tag{8.34}$$

(四) 半经验公式

乌克兰国家科学院水动力实验室对带有圆盘空化器的超空化模型在速度 50～1 400m/s 范围内进行了大量自由运动实验。根据空化数 $\sigma = 0.012 \sim 0.057$ 范围内的实验结果，给出了圆盘空化器超空泡外形的半经验公式。

空泡纵剖面形状：

$$\bar{R}^2 = 3.659 + 0.847(\bar{x} - 2.0) - 0.236\sigma(\bar{x} - 2.0)^2, \quad \bar{x} > 2.0 \tag{8.35}$$

空泡最大半径：

$$\bar{R}_c = \frac{R_c}{R_n} = \sqrt{3.659 + \frac{0.761}{\sigma}} \tag{8.36}$$

空泡半长：

$$\frac{L_{bc}}{R_n} = 2.0 + \frac{1.797\,5}{\sigma} \tag{8.37}$$

这里，$\bar{x}$ 为空泡无量纲轴向坐标，$\bar{x} = x/R_n$。

由上述公式可见：空化物体产生的超空泡几何形状（无量纲外形）只与空化物体的阻力系数相关，与空化物体的外形无关。

三、空泡外形修正

(一) 重力效应

在重力场中水下水平超空泡的上、下表面存在静压差,空泡受到浮力的作用,产生变形,空泡沿轴向从头到尾逐渐上翘。对于空泡沿轴向的变形,可应用一阶近似的动量定理来建立近似计算公式:

$$\dot{h}_g(x) = \frac{gV(x)}{\pi v_\infty R^2(x)} \tag{8.38}$$

沿 x 轴积分,

$$h_g(x) = \frac{g}{\pi v_\infty} \int_0^x \frac{V(s)}{R^2(s)} \mathrm{d}s \tag{8.39}$$

式中　$h_g(x)$——空泡对称轴线的变形高度;

$V_c(x)$——空泡从 0 到 x 部分的体积;

$R(x)$——x 处的空泡截面半径。

积分式(8.39)得到近似计算公式:

$$\bar{h}_g(\bar{x}) = \frac{(1+\sigma)\bar{x}^2}{3Fr_L}, \quad 0 \leqslant \sigma \leqslant 0.1, \quad 2.0 \leqslant Fr_L \leqslant 3.5 \tag{8.40}$$

式中　$\bar{h}_g$,$\bar{x}$——以空泡长度为特征量的对称轴线无量纲变形高度和无量纲轴向坐标;

Fr_L——以空泡长度为特征量的弗劳德数:

$$Fr_L = \frac{V_\infty}{\sqrt{gL_c}} \tag{8.41}$$

可见,重力效应与弗劳德数的二次方成反比。俄罗斯学者 Buyvol 提出的重力效应可以忽略不计的条件是

$$\nu = \sigma\sqrt{\sigma} Fr_n > 10 \tag{8.42}$$

式中,Fr_n 为以空化器半径为特征长度的弗劳德数。超空泡鱼雷原型的 ν 值为 100 量级,因此可以不考虑重力对空泡形态的影响。对于水洞模型空泡实验,重力的空泡效应还是很明显的。

(二) 空化器攻角影响

空化器攻角对空泡形态影响的原理和重力类似。当空化器与来流成一定攻角时,空化器产生的升力 F_y 会造成空泡轴线变形。空化器正升力导致空泡轴线向下偏斜。G. V. Logvinovich 给出的近似计算公式为

$$\dot{h}_n(x) = -\frac{F_y}{\rho \pi v_\infty^2 R^2(x)}$$

$$h_n(\bar{x}) = -C_y R_n (0.46 - \sigma + 2\bar{x}) \tag{8.43}$$

式中　C_y——空化器的升力系数,由下式定义:

$$C_y = \frac{2F_y}{\rho \pi v_\infty^2 R_n^2}$$

$\bar{x}$——以空泡长度为特征量的空泡轴向坐标,$\bar{x} = x/L_c$。

（三）航行体攻角影响

目前关于空泡外形的理论都是针对空化器的，航行体对于空泡的影响比较复杂。基于空化器空泡轴线与来流方向一致假设，航行体攻角 α 将引起空泡轴线偏斜，无量纲偏斜量 $h_\alpha(\bar{x})$ 可由下式估算：

$$h_\alpha(\bar{x}) = \bar{x}\tan\alpha \approx \bar{x}\alpha \tag{8.44}$$

式中，$\bar{x}$ 是以空泡长度为特征量的空泡轴向坐标。

8.2.3 定常回转运动的空泡外形预报

一、由直航到回转运动状态的超空泡形态过渡过程

考虑超空泡鱼雷由直航运动状态转入回转运动状态，如图 8.12 所示，在鱼雷转动过程中鱼雷头部空化器随之转动，迎流方向不断改变。根据 G. V. Logvinovich 空泡截面独立扩张原理：鱼雷超空泡截面的扩张规律只依赖于所论时刻的条件，空泡截面的后续发展只与该截面初生时刻的条件有关而与此时刻之前或之后的条件几乎无关。因此，鱼雷头部空化器在转动过程中每一时刻产生的新空泡截面方向不断改变，与迎流垂直，其余空泡截面的扩张与收缩规律都只依赖于此前的直航状态条件。如此，鱼雷由直航状态转入回转后，空泡由头部起不断变形弯曲，并向后不断延伸，直至完全替代直航状态的超空泡。图 8.13 给出了空泡形态的这一变化过程。图中纵坐标为 $z_0(\text{mm})$，横坐标为 $x_0(\text{mm})$。

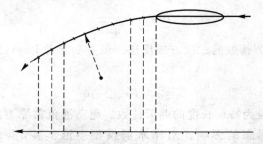

图 8.12　鱼雷由直航转入回转运动过程中鱼雷空化器运动历程示意图

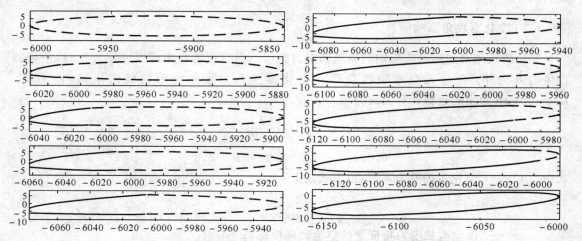

图 8.13　鱼雷由直航转入回转运动过程中鱼雷超空泡变形历程图

二、定常回转运动的超空泡形态

如果以定常角速度回转,则超空泡形态在完成由直航到机动的过渡后,空泡形态不再改变,形成"月牙形"的回转运动稳态超空泡形态。为了描述鱼雷回转运动时的空泡形态,建立空泡体坐标系 lor,坐标系原点 o 位于空泡起始截面中心,ol 坐标轴与空泡对称轴线重合,指向空泡尾部,or 坐标轴沿空泡径向,指向按右手法则确定(见图8.14)。

在空泡体坐标系中,上一节建立的有关空泡外形公式仍然适用,只是这里的空泡轴线不是直线,而是曲线。若鱼雷以角速度 ω、回转半径 R 作回转运动,空泡轴线显然是半径为 R 的一段圆弧线,称为空泡中弧线。空泡长度为空泡中弧线长度,空泡横截面沿空泡中弧线法向,形状仍然为圆形。

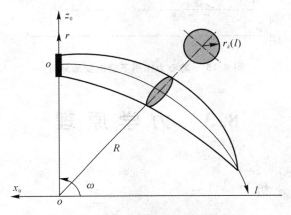

图 8.14　空泡体坐标系和地面坐标系

三、离心力对回转运动超空泡形状的影响

鱼雷作回转运动时,空泡内侧表面和外侧表面上流体的点,由于回转半径不同,速度不同,内表面点速度小,外表面点速度大(见图8.15)。根据伯努利方程,空泡内表面压力大,外表面压力小,内外压力差形成沿回转半径方向的合力(离心力);此外,空泡内的气体具有一定质量,在回转运动过程中会产生惯性力,也是离心力。离心力使空泡弧形轴线由头至尾逐渐向回转半径外侧偏斜。设鱼雷以角速度 ω、回转半径 R 作回转运动,利用动量定理和伯努利方程可建立如下的近似计算公式:

$$\bar{r}_H(\bar{l}) = \frac{1}{3}(1+\sigma)(1+\bar{\rho}_q)\bar{\omega}\,\bar{l}^2 \tag{8.45}$$

式中　$\bar{r}_H$——以空泡中弧线弧长为特征量的无量纲中弧线外移量,$\bar{r}_H = r/L_{hc}$;

$\bar{l}$——以空泡中弧线弧长为特征量的无量纲中弧线坐标,$\bar{l}=l/L_{hc}$;

$\bar{\rho}_q$——以水的密度为特征量的空泡内气体无量纲密度,$\bar{\rho}_q=\rho_q/\rho$;

$\bar{\omega}$——无量纲回转角速度,定义为

$$\bar{\omega}=\frac{\omega L_{hc}}{v} \tag{8.46}$$

可见,离心力使超空泡鱼雷回转运动空泡中弧线沿径向向外侧移动,外移量与超空泡鱼雷的角速度成正比,由头部至尾部逐渐增大,在尾端达到最大值。

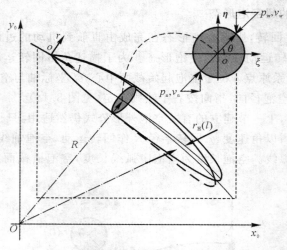

图 8.15　离心力作用下空泡变形分析

8.3　力学原理

8.3.1　一般分析

常规鱼雷的流体介质完全是水,鱼雷的表面是全沾湿的,流体介质作用于整个鱼雷表面。超空泡鱼雷的表面大部分为空泡所包围,鱼雷大部分表面直接接触的流体介质由水变成了气体。一方面气体的密度比水的密度小两个量级,另一方面空泡内的压力为常数,鱼雷表面受到的气体压力处处相等。因此空泡内鱼雷表面受到的流体动力常可以忽略不计。超空泡鱼雷的这个力学特征使得超空泡鱼雷的流体动力设计原理与方法完全不同于常规的全沾湿鱼雷。常规全沾湿鱼雷的流体动力依赖于鱼雷的外形,流体动力设计主要是鱼雷外形设计。超空泡鱼雷的流体动力则决定于空泡生成后鱼雷的沾湿表面,外形设计主要是鱼雷的沾湿表面设计。沾湿表面不仅决定于鱼雷外形,更决定于空泡外形。鱼雷空泡外形不仅与通气系统相关(通气空泡),还与鱼雷的外形、运动状态、运动环境等具有复杂的耦合关系,同时空泡还有其自身的一些固有特性,使得超空泡鱼雷的流体动力设计变得非常复杂。

此外,超空泡鱼雷流体动力设计还面临许多其他新的问题,概括起来主要有以下几个方面:

(1) 失去了常规全沾湿鱼雷所具有的浮力作用,超空泡鱼雷的重力平衡成为一个突出问题;

(2) 超空泡鱼雷头部空化器总是处于沾湿状态,流体动力作用中心远离鱼雷质心,且位于质心之前,违背了常规鱼雷运动稳定性基本准则;

(3) 在超空泡状态下鱼雷运动控制力的产生遇到了困难,如何实现对鱼雷的运动控制成为一个需要解决的新课题;

(4) 空泡本身可能还存在较大的脉动与稳定性问题,从而造成鱼雷流体动力的非定常性;

(5) 减阻不再完全依赖于鱼雷的外形,主要取决于鱼雷的空泡形态。

为了理顺复杂的关系,解决出现的新问题,这里提出"超空泡鱼雷空泡流型"的概念,把超空泡鱼雷流体动力涉及的 3 个核心方面 —— 鱼雷外形、空泡外形、鱼雷外形和空泡外形的几何匹配关系统一为一体,用超空泡鱼雷空泡流型来描述,以鱼雷空泡流型为主导来进行超空泡鱼雷的流体动力设计。首先,从空泡本身的特性出发,研究与确定鱼雷可以生成哪些空泡流型,特别是可以稳定的鱼雷空泡流型;然后,从鱼雷运动的力学原理出发,研究与确定哪些鱼雷空泡流型可以满足鱼雷实现稳定运动的要求;最后,研究鱼雷空泡流型与鱼雷外形及空泡生成系统的关联性,特别是定量关系,提出所需空泡流型的设计方法及程序。从而完成鱼雷的流体动力设计。

8.3.2　空泡流型

一、理论空泡流型

根据超空泡理论,鱼雷可以生成 3 种通气空泡流型。

(一) 局部空泡流型(双空泡流型)

局部空泡流型定义为空泡在鱼雷壳体上闭合的空泡流型(见图 8.16),闭合处的圆柱直径小于空泡最大截面直径:$D_b < D_c$,并且一般形成环形回射流。局部空泡流型时经常在鱼雷圆柱段的底部同时产生一个尾部底空泡,这种情况的局部空泡流型常称为双空泡流型。

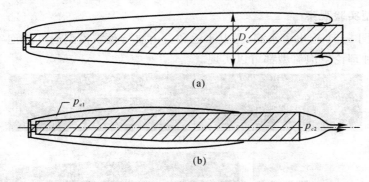

(a)

(b)

图 8.16　局部空泡流型
(a) 具有回射流的局部空泡;　(b) 双空泡

(二) 尾部闭合空泡流型

尾部闭合空泡流型定义为空泡在鱼雷尾部闭合的空泡流型(见图 8.17(a))。尾部闭合空泡流型有两种空泡闭合模式,第一种模式称为 Riaboushinsky scheme,空泡光滑地闭合在类似于头部空化器的鱼雷尾端面上,空泡沿轴向关于最大空泡截面对称;空泡闭合处鱼雷的直径小于空泡最大截面直径:$D_b < D_c$;第二种模式称为 Gilbarg-Efros scheme,在鱼雷尾部闭合处形成回射流(见图 8.17(b)),闭合处的圆柱直径小于空泡最大截面直径:$D_b < D_c$。

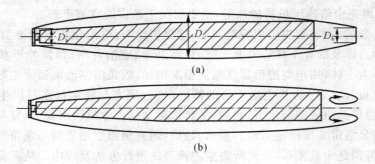

图 8.17　尾部闭合空泡流型

(三) 自由闭合空泡流型

　　自由闭合空泡流型定义为空泡在鱼雷后方闭合的空泡流型,鱼雷尾部截面处的空泡直径大于鱼雷尾部截面半径(见图 8.18)。相对空泡在鱼雷上闭合的情况,自由闭合空泡流型也常称为开式空泡流型。

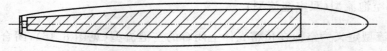

图 8.18　自由闭合空泡流型

二、空泡流型实验观察

　　图 8.19 ～ 图 8.21 给出了水洞、拖曳水池和自由航行鱼雷模型通气空泡实验的空泡流型照片,验证了几种理论空泡流型都可以实现。

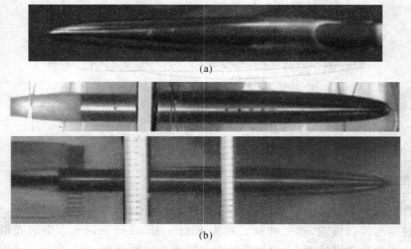

图 8.19　鱼雷局部流型模型实验照片
(a) 具有回射流的局部空泡流型拖曳水池通气空泡模型实验照片; (b) 双空泡流型水洞通气空泡模型实验照片

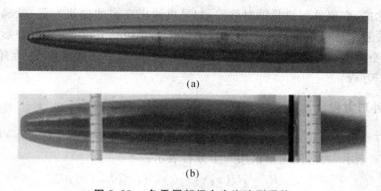

(a)

(b)

图 8.20　鱼雷尾部闭合空泡流型照片

(a) 拖曳水池通气空泡模型实验照片；　(b) 水洞通气空泡模型实验照片

图 8.21　鱼雷后方自由闭合空泡流型水洞通气空泡模型实验照片

三、空泡流型的数学描述

(一) 空泡流型体坐标系

如前所述，鱼雷空泡流型涉及鱼雷外形、空泡外形及鱼雷外形和空泡外形的位置关系 3 个方面，因此空泡流型的数学描述可以利用在同一个坐标系中鱼雷和空泡外形的描述来实现。建立空泡流型体坐标系 $ox_1R_{1y}R_{1z}$（见图 8.22）。坐标原点 o 位于鱼雷头部顶点空化器中心，ox_1 轴与鱼雷轴线一致，指向鱼雷尾部，oR_{1y} 轴位于鱼雷纵对称面内，指向上方，oR_{1z} 轴位于鱼雷横对称面内，指向按右手定则确定。

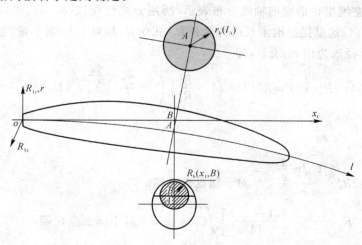

图 8.22　鱼雷空泡流型坐标系及空泡流型示意图

由于空泡是由空化器起始的，这就确定了空泡与雷体的轴向位置关系。超空泡鱼雷的主体外形是轴对称的,空泡外形也是轴对称的,如果再给出空泡的轴线方程,就确定了雷体和空泡的径向位置关系。所以鱼雷空泡流型的数学描述主要包括 3 部分:鱼雷外形半径沿轴向分布、空泡半径沿空泡轴线分布和空泡轴线方程。空泡总是与空化数相关的,所有的空泡流型中还需包括空化数方程。

(二) 鱼雷外形方程

鱼雷外形方程包括鱼雷主体外形和尾控制面外形及布局。鱼雷主体外形可以用鱼雷半径 R_1 的分段函数来表示,为简便这里仅用一个方程表示:

$$R_1 = R_b(x_1), \quad 0 \leqslant x_1 \leqslant L \tag{8.47}$$

式中 $R_b(x_1)$——纵坐标为 x_1 处的鱼雷当地外形半径;

L——鱼雷总长。

控制面外形及安装参数确定后,控制面外形方程在控制面所在的坐标平面内,可以利用控制面前缘线、梢弦线、后缘线点的坐标沿轴向分布来表示。这里也仅用一个方程表示:

$$R_{1y} = R_{my}(x_1), \quad L_{myq} \leqslant x_1 \leqslant L_{myh} \tag{8.48}$$

式中 $R_{my}(x_1)$——$x_1 o R_{1y}$ 坐标面内控制面型线在 x_1 处的纵坐标;

L_{myq}, L_{myh}——控制面根弦前、后缘距鱼雷前端距离。

(三) 空化数方程

$$\sigma = \frac{p_0 + \rho g h - p_c}{0.5 \rho v^2} \tag{8.49}$$

式中 p_0——水面大气压;

h——鱼雷的航行深度。

(四) 空泡外形方程

空泡外形用空泡半径沿空泡轴线分布表示,所用公式已在式(8.30)、式(8.24)、式(8.33)及式(8.34)中给出,这里把空泡半长改为全长 L_c,式中 R_0 相对于 L_c 为小量,忽略不计,同时为避免混淆,空泡半径改为用 r_k 表示,即

$$\left. \begin{array}{l} r_k^2(x_1) = R_1^2(x_1) = R_c^2 \left[1 - \left(1 - \dfrac{R_n^2}{R_c^2} \right) \left(1 - \dfrac{2x_1}{L_c} \right)^{\frac{2}{\eta}} \right], \quad L_c \geqslant x_1 \geqslant 0 \\[4mm] R_c = R_n \sqrt{\dfrac{C_x}{k\sigma}} \\[4mm] L_c = 2R_n \dfrac{\sqrt{C_x \ln \dfrac{1}{\sigma}}}{\sigma}, \quad \text{对于圆盘空化器} \\[4mm] L_c = 2R_n \left[\dfrac{1.1}{\sigma} - \dfrac{4(1-2\alpha)}{1+144\alpha^2} \right] \sqrt{C_x \ln \dfrac{1}{\sigma}}, \quad \text{对于圆锥空化器} \end{array} \right\} \tag{8.50}$$

式(8.50)表示的空泡其轴线为 ox_1 轴,与鱼雷轴线重合,常称为基准空泡。进行空泡流型设计时首先考虑的是基准空泡流型,也称为设计空泡流型,如图 8.23 所示。

当空泡轴线发生变形时,空泡半径定义为沿空泡轴线 ol 法向(见图 8.22),空泡半径沿曲

线 ol 的分布规律仍然利用式(8.50)近似计算。

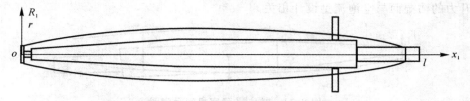

图 8.23　设计空泡流型的空泡轴线与鱼雷轴线重合

(五)空泡轴线方程

空泡轴线在鱼雷运动中会发生变形,如前所述,重力场、空化器攻角、角速度、离心力等都引发空泡轴线变形。这里假定:鱼雷纵平面运动参数引发的空泡形状变化和横平面运动参数引发的空泡形状变化是独立的,没有交连;同一平面不同因素引发的空泡变形可以线性叠加。

空泡变形前的轴线为 ox_1 轴,轴线方程为

$$R_{1y} = 0, \quad R_{1z} = 0, \quad 0 \leqslant x_1 \leqslant L_c \tag{8.51}$$

设鱼雷的攻角为 α,侧滑角为 β,旋转角速度为 ω_y, ω_z,空化器攻角为 α_n,侧滑角为 β_n。根据以上假定,空泡轴线方程可以表示为

$$\left.\begin{array}{l} R_{1y} = \dfrac{v}{\omega_z}\left(\sqrt{1 - \left(\dfrac{\omega_z x_1}{v}\right)^2} - 1\right) + \dfrac{1}{3}(1+\sigma)\dfrac{\omega_z x_1^2}{v} + \dfrac{(1+\sigma)x_1}{3Fr_L L_c} - \\[3mm] \quad R_n C_{x0}(1+\sigma)\left(0.23 - 0.5\sigma + \dfrac{x_1}{L_c}\right)\sin 2\alpha_n + x_1\alpha \\[3mm] R_{1z} = \dfrac{v}{\omega_y}\left(\sqrt{1 - \left(\dfrac{\omega_y x_1}{v}\right)^2} - 1\right) + \dfrac{1}{3}(1+\sigma)\dfrac{\omega_y x_1^2}{v} + x_1\beta - \\[3mm] \quad R_n C_{x0}(1+\sigma)\left(0.23 - 0.5\sigma + \dfrac{x_1}{L_c}\right)\sin 2\beta_n \\[3mm] 0 \leqslant x_1 \leqslant L_c \end{array}\right\} \tag{8.52}$$

式中第一个方程等号右端第一项至第四项依次为角速度、离心力、重力场及空化器攻角产生的空泡轴线变形,这里忽略了空泡内气体质量产生的离心力影响。第二个方程等号右端各项类似。式(8.52)为鱼雷空泡轴线的一般形式方程组,适用于鱼雷定常与非定常运动。鱼雷定常水平直线运动、定常水平回转运动等特殊运动形式的空泡轴线方程可以由式(8.52)简化获得。

8.3.3　力学原理

一、"抬式"稳定机制

"抬式"稳定机制如图 8.24 所示,在超空泡鱼雷的头部产生一个升力,在鱼雷的尾部产生一个升力,以平衡鱼雷的重力。尾部升力产生稳定力矩,流体动力作用点位于质心之后,实现超空泡鱼雷运动稳定。

鱼雷头部升力可由空化器产生。空化器位于鱼雷的前端,空化器的前端面为迎流面,始终

处于沾湿状态,当空化器具有一定的攻角时,便产生升力,升力大小可由空化器攻角调整。生成尾部升力的沾湿面与空泡流型设计相关。

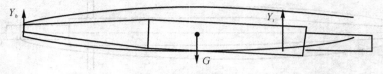

图 8.24 "抬式"稳定机制示意图

可生成超空泡鱼雷尾部沾湿面的基本流型有 3 种。第一种为局部空泡流型(或双空泡流型),空泡在鱼雷圆柱段后部闭合。当鱼雷航行时,由于重力的作用,鱼雷发生纵倾,原轴对称的空泡流型(见图 8.25(a))变为上下非对称的空泡流型,鱼雷尾部沾湿面也由轴对称变为下沾湿面大于上沾湿面(见图 8.25(b)),上、下沾湿面的压力差形成了尾部升力的主要部分。此外,鱼雷尾部沾湿部分的浮力也对升力有一定贡献。

可生成超空泡鱼雷尾部沾湿面的第二种基本流型是鱼雷尾部闭合的空泡流型(见图 8.26)。在这种空泡流型下,当鱼雷航行时,在重力的作用下鱼雷的尾部沿空泡下表面滑行,尾部滑行产生的升力提供稳定力矩。这种状态下鱼雷尾部产生的升力一般称为划水力。

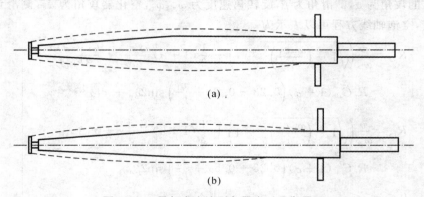

图 8.25 局部空泡流型鱼雷力系平衡原理

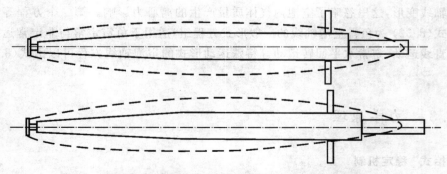

图 8.26 尾部闭合空泡流型鱼雷力系平衡原理

可以形成"抬式"稳定机制的第三种基本流型是鱼雷尾后自由闭合的空泡流型。在这种空泡流型下,鱼雷尾部下表面仍会形成沾湿面,产生滑行升力和稳定力矩(见图 8.27)。也可以通过尾部配置水平鳍产生升力。

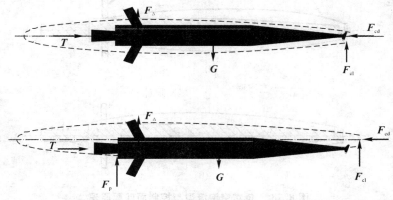

图 8.27　自由闭合空泡流型鱼雷力系平衡原理

采用"抬式"稳定机制,当超空泡鱼雷在运动过程中受到不大的扰动时,鱼雷具有自动恢复原运动状态的趋势,鱼雷在小攻角下具有静稳定性。

二、航行控制原理

超空泡鱼雷的运动控制与常规鱼雷相比,主要不同点是控制力的产生和控制面的布局问题。

超空泡鱼雷若利用控制面舵角产生控制力,控制面还必须满足 3 个必要条件:

(1)控制面必须处于沾湿状态,这是控制面能够产生可用控制力的必要条件。这意味着控制面必须全部或部分处于鱼雷的主体空泡之外。

(2)控制面在工作状态时,必须具有确定的沾湿区,以保证控制力是可预知的,控制力的变化是渐进的。

(3)控制面工作时,对鱼雷主体空泡扰动小,不破坏鱼雷超空泡的基本流型。

空化器位于鱼雷前端,其迎流面总是处于沾湿状态,当空化器具有一定攻角(舵角)时,就会产生升力。空化器攻角虽然使空泡轴线稍有下移,但不会对鱼雷空泡流型产生破坏性改变。因此,空化器可以用作控制面。

鱼雷经典的控制面是布置在鱼雷的尾部,为了使超空泡鱼雷也能利用尾控制面,或者说,使尾控制面能够具有沾湿表面,尾控制面有两种布局模式。

第一种:采用局部空泡流型,空泡闭合于圆柱段上,闭合点位于尾控制面之前,使控制面在主体空泡之外(见图 8.28(a)),始终处于全沾湿状态。

第二种:采用尾部闭合空泡流型,匹配鱼雷主体空泡和控制面的尺度,使尾控制面能够径向穿刺主体空泡,控制面有一部分位于主体空泡之外,成为沾湿面(见图 8.28(b))。

在鱼雷高速航行条件下,控制面本身也存在空化问题。为保证控制面有确定的空化区和沾湿面,高速鱼雷尾控制面翼型不能使用空泡脱体点易于变化的曲线翼型,而应采用具有棱角的对称翼型。例如,小顶角的对称三角形或多边形翼型(见图 8.29),以获得控制力和舵角之间较好的线性关系。

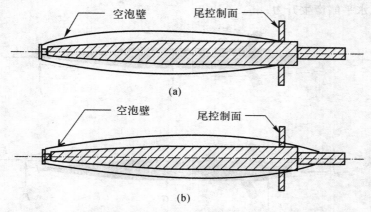

图 8.28　鱼雷空泡流型与控制面匹配原理

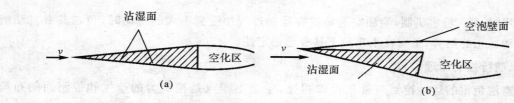

图 8.29　鱼雷控制面翼型设计原理示意图

(a) 零舵角时；(b) 有舵角时

　　根据空泡截面独立扩张原理,尾控制面的存在只对其后的空泡截面有影响,对其之前的空泡基本无影响,不会对鱼雷空泡流型产生破坏性改变。因此,超空泡鱼雷采用尾控制面在原理上也是可行的。

　　除了上述已成功应用的利用首尾控制面控制鱼雷运动的模式外,还可能存在以下两种与鱼雷超空泡形态关联不大的鱼雷运动控制模式：

　　(1) 仅利用空化器作为控制面。鱼雷在航行过程中可通过控制系统执行机构实现空化器的迎流面与鱼雷轴线成任一方位角,从而实施鱼雷上下左右等方位转动控制。例如,德国的"梭鱼"声自导反鱼雷鱼雷实验模型就是利用圆锥空化器作为唯一的控制面,空化器可以向任一方位偏转,以实现航行器的任一方向控制。

　　(2) 利用燃气舵代替外置尾控制面。把控制面设置在发动机尾喷管口附近,利用发动机的高速外喷燃气作为对控制面做功的流体介质,产生控制力。这种控制模式以燃气替代水作为产生控制力的流体介质,从而使控制力基本不受鱼雷超空泡形态的影响。这种控制模式目前还未见在超空泡鱼雷上应用。

三、减阻原理

　　超空泡鱼雷减阻的基本原理是把鱼雷周围的流体介质由密度大的水变为密度小的气体。基于这个原理,减小超空泡鱼雷的沾湿面积是减阻的基本途径。鱼雷头部空化器的迎流面始终是沾湿面,超空泡鱼雷的阻力主要来自空化器,空化器的阻力可占鱼雷总阻力的 $70\%\sim80\%$。因此,通过综合考虑空化器直径、空化数(通气流量)等空泡系统参数,在满足空泡流型要求的条件下,尽量减小空化器的直径是减小鱼雷阻力的重要努力方向。其次,减小鱼雷尾部和控制面的沾湿面积,也会收到良好的减阻效果。

根据空泡截面独立扩张原理,自由闭合空泡流型的的航行阻力 X 为

$$X = k\sigma_c S_c \frac{\rho v_\infty^2}{2} \tag{8.53}$$

以鱼雷最大横截面面积为特征面积的阻力系数为 $C_x = k\sigma_c \overline{S}_c$。可见,超空泡鱼雷的航行阻力系数与空化数 σ_c 和空泡最大相对横截面面积 $\overline{S}_c$ 成正比。减小 σ_c 和 $\overline{S}_c$ 是相矛盾的,减小 σ_c 的同时 $\overline{S}_c$ 增大。但是,$\overline{S}_c$ 或空泡最大直径 D_c 随 σ_c 减小而增加的速度比空泡长度 L_c 增加的速度小一个量级。因此,减小鱼雷阻力可以通过增加空泡长细比来实现。由式(8.24)和式(8.33)可得超空泡外形的长细比 λ 计算公式:

$$\lambda = \frac{L_c}{D_c} = \sqrt{\ln\frac{1}{\sigma}} \sqrt{\frac{k}{\sigma}} \approx \sqrt{\frac{1}{\sigma}\ln\frac{1}{\sigma}} \tag{8.54}$$

此外,空泡闭合模式对超空泡鱼雷的阻力也有较大影响。G. V. Logvinovich 认为,如果当 $\sigma > 0$ 时在鱼雷底部形成定常回射流空泡流型(见图 8.30),在理论上,在小空化数情况下回射流的绝对速度是来流速度的 2 倍,产生的向前压力形成推力,抵消鱼雷部分阻力,实现减阻。

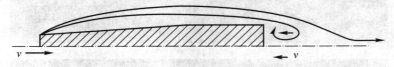

图 8.30　回射流产生推力原理

8.3.4　实验观察

图 8.31 ~ 图 8.32 给出了鱼雷水洞、拖曳水池通气空泡模型实验的空泡流型照片,验证了:

(1)可以实现空泡在控制面之前闭合的空泡流型(见图 8.31);

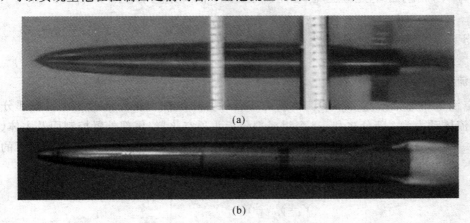

图 8.31　控制面位于主体空泡之后的空泡流型模型实验照片

(a)空泡流型水洞模型实验照片;　(b)空泡流型拖曳水池模型实验照片

(2)可以实现控制面穿刺主体空泡的空泡流型(见图 8.32(a)(b));

(3)尾控制面穿刺及尾控制面空泡对尾控制面之前的主体空泡流型基本无影响(见图 8.32(c)),尾控制面舵角对空泡流型基本无影响(见图 8.32(d))。

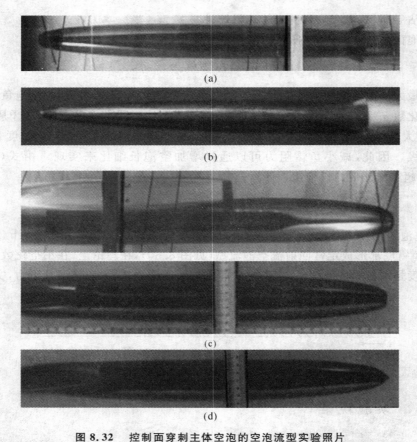

图 8.32　控制面穿刺主体空泡的空泡流型实验照片

(a)控制面穿刺空泡流型水洞模型实验照片；　(b)控制面穿刺空泡流型拖曳水池模型实验照片；
(c)控制面穿刺空泡尾舵空泡形态；　(d)控制面5°下舵角穿刺空泡流型水洞模型实验照片

8.3.5　流体动力特性与工程计算

一、流体动力基本结构

超空泡鱼雷超空泡状态下的流体动力工程计算一般按鱼雷外形的 3 个组成部分分别计算,总的流体动力为 3 部分之和。3 个组成部分指头顶空化器、尾部外置控制面及主体(习惯称为体壳)。每部分的流体动力结构仍然分为位置力、阻尼力及惯性力。超空泡状态下的惯性力相比为小量,在工程计算中一般忽略不计。

$$\left.\begin{array}{l} X = X_n + X_b + X_\delta \\ Y = Y_n + Y_b + Y_\delta \\ Z = Z_n + Z_b + Z_\delta \\ M_x = M_{xb} + M_{x\delta} \\ M_y = M_{yn} + M_{yb} + M_{y\delta} \\ M_z = M_{zn} + M_{zb} + M_{z\delta} \end{array}\right\} \tag{8.55}$$

式中,下标为 n,b,δ 的量分别表示空化器、壳体及尾控制面。

二、空化器流体动力

空化器流体动力在雷体坐标系中的轴向力 X_n、法向力 Y_n、侧向力 Z_n、偏航力矩 M_{yn}、俯仰力矩 M_{zn} 分别为

$$X_n = \frac{1}{2}\rho S_n v^2 C_{xn} \cos^3\delta_{nh} \cos^3\delta_{nv} \tag{8.56}$$

$$Y_n = C_{xn} \frac{1}{2}\rho S_n v^2 \left[\cos^2\delta_{nh} + \sin2\delta_{nh} \frac{L_n\omega_z}{v}\right]\sin\delta_{nh} \tag{8.57}$$

$$Z_n = C_{xn} \frac{1}{2}\rho S_n v^2 \left[\cos^2\delta_{nv} + \sin2\delta_{nv} \frac{L_n\omega_y}{v}\right]\sin\delta_{nv} \tag{8.58}$$

$$M_{yn} = -C_{xn} \frac{1}{2}\rho S_n L_n v^2 \left[\cos^2\delta_{nv} + \sin2\delta_{nv} \frac{L_n\omega_y}{v}\right]\sin\delta_{nv} \tag{8.59}$$

$$M_{zn} = C_{xn} \frac{1}{2}\rho S_n L_n \left[\cos^2\delta_{nh} + \sin2\delta_{nh} \frac{L_n\omega_z}{v}\right]\sin\delta_{nh} v^2 \tag{8.60}$$

式中　C_{xn}——空化器迎面阻力系数,由式(8.25)确定;

　　　S_n——空化器盘面面积;

　　　L_n——空化器中心距雷体坐标系原点的轴向距离;

　δ_{nh},δ_{nv}——空化器的水平舵角和垂直舵角。

水平舵角 δ_{nh} 定义为圆盘面法线与 xoz 坐标平面的夹角,当指向运动方向的法线位于 ox 轴下方时,δ_{nh} 为正;垂直舵角 δ_{nv} 定义为圆盘面或圆锥底盘面的法线与 xoy 坐标平面的夹角,当指向运动方向的法线指向 oz 轴的负向一侧时,δ_{nh} 为正。

空化器的流体动力的计算公式中包括了位置力和阻尼力,式中 $L_n\omega_z/v$ 即为由旋转角速度 ω_z 在空化器处产生的攻角增量,以攻角增量近似计算阻尼力。由公式中可以看出位置力是空化器流体动力的主要部分,阻尼力比位置力小一个量级。空化器的惯性力一般忽略不计。

三、壳体流体动力

(一) 流体动力特性

超空泡鱼雷壳体沾湿状况与初始设计的超空泡对称空泡流型相关,图 8.33 ~ 图 8.38 分别给出了某小型超空泡鱼雷壳体在初始双空泡流型、尾部闭合超空泡流型、自由闭合超空泡流型下的流体动力随攻角的变化规律;图 8.39 所示为自由闭合超空泡流型下超空泡鱼雷壳体的阻尼力随角速度的变化规律;图 8.40 ~ 图 8.42 分别给出了自由闭合超空泡流型下超空泡鱼雷空化器、壳体、尾控制面及整体的流体动力随攻角的变化规律。

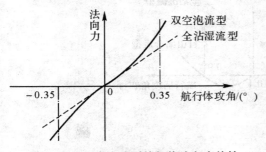

图 8.33　双空泡流型航行体法向力特性

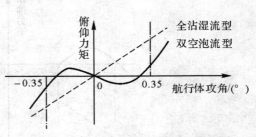

图 8.34　双空泡流型航行体力矩特性

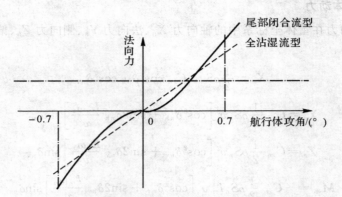

图 8.35　尾部闭合流型航行体法向力特性

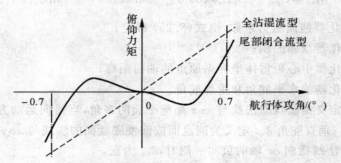

图 8.36　尾部闭合流型航行体力矩特性

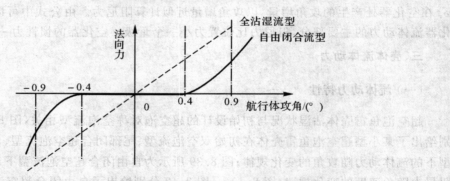

图 8.37　自由闭合空泡流型航行体力矩特性

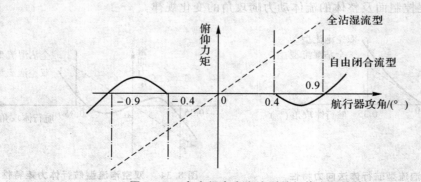

图 8.38　自由闭合空泡流型航行体力矩特性

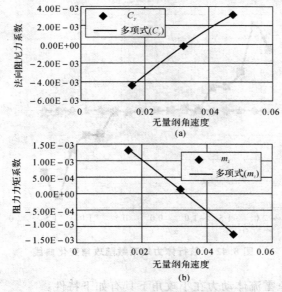

(a)

(b)

图 8.39　回转运动条件下的阻尼力系数

（a）法向阻尼力系数；（b）阻尼力矩系数

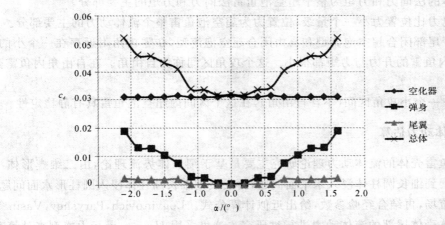

图 8.40　航行体阻力系数随攻角变化曲线

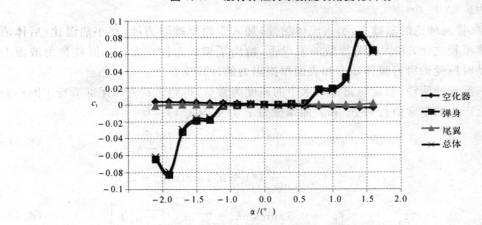

图 8.41　航行体升力系数随攻角变化曲线

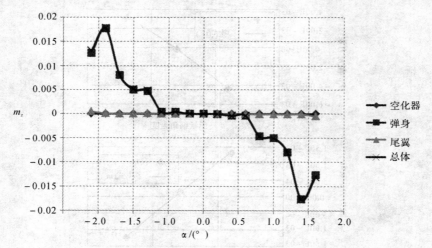

图 8.42　航行体力矩系数随攻角变化曲线

由图可见,超空泡鱼雷流体动力在小攻角下具有如下特性:

(1) 空化器阻力为整个超空泡鱼雷阻力的主要部分。

(2) 壳体的法向力和力矩为整个超空泡鱼雷法向力和力矩的主要部分。

(3) 阻尼力比位置力小一个量级,位置力为超空泡鱼雷整个流体动力的主要部分。

(4) 对于尾部闭合超空泡流型和自由闭合超空泡流型,在零攻角附近存在一个小的区间,在这个区间内鱼雷的升力与力矩都很小。这个攻角区间称为自由角。在自由角内鱼雷壳体无沾湿表面。

(5) 存在一个小攻角区间(不含自由角),在这个区间内超空泡鱼雷具有静稳定性。

(二) 流体动力估算

超空泡鱼雷壳体的流体动力理论研究主要是基于细长体势流理论,由二维楔形体浸入水平面问题发展到细长圆柱体浸入水平面问题,再发展到细长圆柱体浸入圆柱形水面问题,通过简化求解势流场,再结合经验参数,给出近似计算公式。Logvinovich,Paryshev,Vasin 等都对超空泡航行体壳体尾部的流体动力进行过研究。这里采用 Hassan 滑行力模型来计算壳体的尾部流体动力。

Hassan 在势流理论的基础上,引入流体黏性,加入表面摩擦阻力项,在小沾湿比(后体沾湿深度与后体半径之比) 和大弗劳德数的假设下,给出了细长圆柱在无扰动圆柱自由液面上定常前向运动时所受的滑行流体动力和表面摩擦阻力的计算模型。

基于小沾湿比的假设,假定鱼雷浸入水中的速度为常量,得到鱼雷壳体尾部滑行于圆柱面的自由液面上产生的定常滑行力 F_n 和表面摩擦力 F_{xf}(见图 8.43) 为

$$F_n = -\frac{1}{2}\rho\pi R_{be}^2 v^2 \sin\alpha_w \cos\alpha_w \left(\frac{R_{be}+h_e}{R_{be}+2h_e}\right)\left[1-\left(\frac{\xi}{\xi+h_e}\right)^2\right] \tag{8.61}$$

$$F_{xf} = -\frac{1}{2}\rho v^2 \cos^2\alpha_w C_{xf}\left[\frac{4R_{be}\xi}{\tan\alpha_w}((1+u_c^2)\arctan u_c - u_c) + \right.$$

$$\left. \frac{R_{be}^3}{2\xi\arctan\alpha_w}((u_s^2-0.5)\arcsin u_s - 0.5u_s\sqrt{1-u_s^2})\right] \tag{8.62}$$

式中 α_w—— 鱼雷滑行角,为鱼雷纵轴与滑行液体表面的夹角;

C_{xf}—— 平面自由液面滑行阻力系数,按下式计算:

$$C_{xf} = \frac{0.031}{(v_x l_{bw}/\nu)^{1/7}} \tag{8.63}$$

l_{bw}—— 壳体尾部沾湿部分轴向长度;

v_x—— 沿水平自由液面的流速,也就是鱼雷在雷体坐标系中的轴向速度;

ν—— 水的运动黏性系数;

ξ—— 壳体尾端面空泡半径 r_{ke} 与壳体半径 R_{be} 之差:

$$\xi = r_{ke} - R_{be} \tag{8.64}$$

u_c, u_s—— 无量纲参数:

$$u_c = \sqrt{h_e/\xi}, \quad u_s = 2\sqrt{\xi h_e}/R_b \tag{8.65}$$

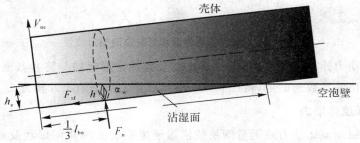

图 8.43 鱼雷壳体尾部滑行受力图示

由此得到超空泡鱼雷壳体尾部的流体动力主矢 $\boldsymbol{F}_b$ 在雷体坐标系中的 3 个分量为

$$\left.\begin{array}{l} X_b = F_{xf} \\ Y_b = F_n \cos\theta_{sP} \\ Z_b = F_n \sin\theta_{sP} \end{array}\right\} \tag{8.66}$$

壳体尾部沾湿表面为三角形锥面,可近似认为压力中心为沾湿表面的形心 P 点,其在雷体坐标系的坐标或由雷体坐标系原点至 P 点的矢径 $\boldsymbol{r}_{oP}$ 为

$$\boldsymbol{r}_{oP} = \left(\frac{1}{3}l_{bw} - L_e + L_n\right)\boldsymbol{i} - R_{bP}\cos\theta_{sP}\boldsymbol{j} + R_{bP}\sin\theta_{sP}\boldsymbol{k} \tag{8.67}$$

壳体尾部产生的主矩为 $\boldsymbol{M}_b = \boldsymbol{r}_{oP} \times \boldsymbol{F}_b$,展开得三个分量为

$$\left.\begin{array}{l} M_{xb} = -R_{bP}(\cos\theta_{sP}Z_b + \sin\theta_{sP}Y_b) \\ M_{yb} = R_{bP}\sin\theta_{sP}X_b - \left(\frac{1}{3}l_{bw} - L_e + L_n\right)Z_b \\ M_{zb} = \left(\frac{1}{3}l_P - L_e + L_n\right)Y_b + R_{bP}\cos\theta_{sP}X_b \end{array}\right\} \tag{8.68}$$

式中 θ_{sP}—— 流体动力主矢作用点 P 所在横截面壳体与空泡的接触角,定义鱼雷中心与空泡中心连线和雷体坐标系 oy 轴的夹角(见图 8.44):

$$\theta_{sP} = \arctan\left|\frac{R_{1zP}}{R_{1yP}}\right| \tag{8.69}$$

θ_{sP} 也可以利用壳体沾湿面起始点截面和壳体尾端面的接触角 θ_{s0} 和 θ_{se} 来计算。

$$\theta_{sP} = \frac{1}{4}(\theta_{s0} + 3\theta_{se}) \tag{8.70}$$

L_e—— 壳体尾端面距空化器的轴向距离；

L_n—— 雷体坐标系原点至空化器的轴向距离。

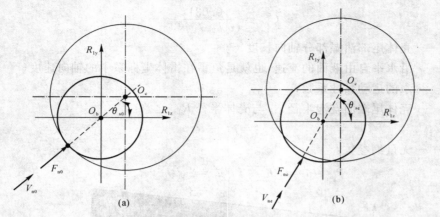

图 8.44　航行器后体滑水时与空泡相对位置

在上述流体动力计算公式中尚有 α_w，l_{bw}，h_e 及壳体沾湿起始与终止截面及流体动力作用点截面的空泡与鱼雷参数未确定，将在 8.5.4 中结合空泡流型给出计算公式。

四、尾控制面流体动力

常规的尾控制面流体动力或无量纲系数依赖于尾控制面的几何形状及舵角，超空泡鱼雷的尾控制面流体动力还受空泡形状影响，尾部的空泡形状决定了尾控制面的沾湿状态与沾湿面积。此外，不同控制面的沾湿状态可能不同，因此尾部控制面的流体动力都需单片计算。因此，尾控制面产生的总的轴向力 X_δ，法向力 Y_δ，侧向力 Z_δ，横滚力矩 $M_{x\delta}$，偏航力矩 $M_{y\delta}$，俯仰力矩 $M_{z\delta}$ 可表示为

$$\left.\begin{aligned}
X_\delta &= X_{vu} + X_{vd} + X_{hl} + X_{hr} \\
Y_\delta &= Y_{hl} + Y_{hr} \\
Z_\delta &= Z_{vu} + Z_{vd} \\
M_{x\delta} &= M_{xh} + M_{xv} \\
M_{y\delta} &= M_{yvu} + M_{yvd} \\
M_{z\delta} &= M_{zhl} + M_{zhr}
\end{aligned}\right\} \tag{8.71}$$

式中

(1) X_{vu}，X_{vd} —— 上垂直舵片、下垂直舵片产生的轴向力：

$$\left.\begin{aligned}
X_{vu} &= \frac{1}{2}\rho v^2 S_v C_{bu}(k_{xv}C_{xv} + k_z C_{zw}^\delta \delta_{lu}^2) \\
X_{vd} &= \frac{1}{2}\rho v^2 S_v C_{bd}(k_{xv}C_{xv} + k_z C_{zw}^\delta \delta_{ld}^2)
\end{aligned}\right\} \tag{8.72}$$

S_v —— 单垂直舵面积，这里作为特征面积。

C_{bu}，C_{bd} —— 上、下垂直舵穿刺体空泡的相对长度：

$$C_{bu} = \frac{c_{vu}}{b_v}, \quad C_{bd} = \frac{c_{vd}}{b_v} \tag{8.73}$$

c_{vu}，c_{vd} —— 上、下垂直舵穿刺体空泡长度，垂直舵片位于空泡之外的展向长度。

b_v —— 单垂直舵片的展长。

C_{xv} —— 单垂直舵片全沾湿状态下流体动力角为零时的轴向力系数。通过模型实验或流场计算获得。

k_{xv} —— 轴向力无量纲修正系数。主要反映垂直舵片平面形状对轴向力系数 C_{xv} 的影响。对于既定的垂直舵片,通过系列实验或计算获得。对于矩形舵片,k_{xv} 可近似取为 1。

k_z —— 垂直舵侧向力无量纲修正系数。反映垂直舵片弦长沿展向分布及展向不同位置单位长度效率对垂直舵侧向力位置导数的影响。对于既定的垂直舵片,k_z 需通过系列实验或计算获得。对于矩形舵片,k_z 可近似取为 1。

C_{zw}^{δ} —— 单垂直舵片、全展长都处于体空泡外时的侧向力系数对流体动力角的位置导数。通过模型实验或流场计算获得。

δ_{lu}, δ_{ld} —— 上垂直舵与下垂直舵流体动力角:

$$\delta_{lu} = \delta_{vu} + \beta + \beta_\omega, \quad \delta_{ld} = \delta_{vd} + \beta + \beta_\omega \tag{8.74}$$

δ_{vu}, δ_{vd} —— 上垂直舵舵角与下垂直舵舵角。

β —— 鱼雷侧滑角。

β_ω —— 鱼雷旋转运动在垂直舵压力中心处产生的侧滑角增量:

$$\beta_\omega = \frac{\omega_y L_{vo}}{v} \tag{8.75}$$

L_{vo} —— 尾垂直舵压力中心所在的雷体横截面距雷体坐标系原点的轴向距离。

(2)X_{hl}, X_{hr} —— 左水平舵片、右水平舵片产生的轴向力:

$$X_{hl} = \frac{1}{2}\rho v^2 S_h C_{bl}(k_{xh}C_{xh} + k_y C_{yw}^{\delta}\delta_{ll}^2)$$

$$X_{hr} = \frac{1}{2}\rho v^2 S_h C_{br}(k_{xv}C_{xh} + k_y C_{yw}^{\delta}\delta_{lr}^2) \tag{8.76}$$

S_h —— 单水平舵面积,这里作为特征面积。

C_{bl}, C_{br} —— 左水平舵和右水平舵的相对沾湿长度:

$$C_{bl} = \frac{c_{hl}}{b_h}, \quad C_{br} = \frac{c_{hr}}{b_h} \tag{8.77}$$

c_{hl}, c_{hr} —— 左水平舵和右水平舵的舵沾湿长度。

b_h —— 单水平舵展长。

k_{xh} —— 轴向力无量纲修正系数。主要反映水平舵片平面形状对轴向力系数 C_{xh} 的影响。对于既定的水平舵片,通过系列实验或计算获得。对于矩形舵片,k_{xh} 可近似取为 1。

C_{xh} —— 单水平舵片全沾湿状态下流体动力角为零时的轴向力系数。通过模型实验或流场计算获得。

k_y —— 法向力无量纲修正系数。反映水平舵片弦长沿展向分布及展向不同位置单位长度效率对位置导数的影响。对于既定的水平舵片,k_y 需通过系列实验或计算获得。对于矩形舵片,k_y 可近似取为 1。

C_{yw}^{δ} —— 单水平舵片全沾湿时的法向力系数对流体动力角的位置导数。通过模型实验或流场计算获得。

δ_{ll}，δ_{lr}—— 左水平舵和右水平舵的流体动力角：

$$\delta_{ll} = \delta_{hl} + \alpha + \alpha_\omega, \quad \delta_{lr} = \delta_{hr} + \alpha + \alpha_\omega \tag{8.78}$$

δ_{hl}，δ_{hr}—— 左水平舵和右水平舵的舵角。

α—— 鱼雷攻角。

α_ω—— 鱼雷旋转在水平舵压力中心处产生的攻角增量：

$$\alpha_\omega = \frac{\omega_z L_{ho}}{v} \tag{8.79}$$

L_{ho}—— 水平舵压力中心所在的雷体横截面距雷体坐标系原点的轴向距离。

(3)Z_{vu}，Z_{vd}—— 上垂直舵片、下垂直舵片产生的侧向力：

$$\left. \begin{aligned} Z_{vu} &= \frac{1}{2}\rho v^2 S_v k_z C_{bu} C_{zw}^\delta \delta_{lu} \\ Z_{vd} &= \frac{1}{2}\rho v^2 S_v k_z C_{bd} C_{zw}^\delta \delta_{ld} \end{aligned} \right\} \tag{8.80}$$

(4)Y_{hl}，Y_{hr}—— 左水平舵片和右水平舵片产生的法向力：

$$\left. \begin{aligned} Y_{hl} &= \frac{1}{2}\rho v^2 S_h k_y C_{bl} C_{yw}^\delta \delta_{ll} \\ Y_{hr} &= \frac{1}{2}\rho v^2 S_h k_y C_{br} C_{yw}^\delta \delta_{lr} \end{aligned} \right\} \tag{8.81}$$

(5)M_{xv}，M_{xh}—— 垂直舵与水平舵产生的横滚力矩：

$$\left. \begin{aligned} M_{xv} &= -Z_{vu} l_{vu} + Z_{vd} l_{vd} \\ M_{xh} &= Y_{hl} l_{hl} - Y_{hr} l_{hr} \end{aligned} \right\} \tag{8.82}$$

l_{vu}，l_{vd}—— 上、下垂直舵片压力中心到鱼雷轴线的距离。

l_{hl}，l_{hr}—— 左、右水平舵片压力中心到鱼雷轴线的距离。

(6)M_{yvu}，M_{gvd}—— 垂直舵产生的偏航力矩：

$$\left. \begin{aligned} M_{yvu} &= Z_{vu} + l_{vu} \\ M_{yvd} &= Z_{vd} l_{vd} \end{aligned} \right\} \tag{8.83}$$

(7)M_{zhl}，M_{zlr}—— 水平舵产生的俯仰力矩：

$$\left. \begin{aligned} M_{zhl} &= Y_{zhl} l_{hl} \\ M_{zhr} &= Y_{zhr} l_{hr} \end{aligned} \right\} \tag{8.84}$$

在上述壳体及尾舵流体动力计算公式中尚有 α_w，l_{bw}，h_e 与 c_{vu}，c_{vd}，c_{hl}，c_{hr} 及相关流体动力作用点位置等参数尚未确定，将在 8.5.4 中结合空泡流型给出它们的计算公式。

8.4 流体动力设计

8.4.1 概述

如前所述,超空泡鱼雷的流体动力依赖于空泡流型,因此流体动力设计实际上就是空泡流型设计。空泡流型涉及空泡外形、鱼雷外形及两者的匹配关系。空泡外形主要由空泡生成系统的设计参数决定,空泡生成系统主要由空化器、气道、气室和气源 4 部分组成,完成鱼雷超空泡的生成、形态控制及保持稳定的主要功能;鱼雷外形指鱼雷巡航段的外形,由壳体外形和附件外形两大部分组成。壳体外形由前体、中体和后体 3 部分组成,附件包括安装于头部的空泡系统及安装于鱼雷尾部的控制面。由于空泡总是由空化器起始,空泡的起始点是固定的,也是确定的,因此空泡与雷体的匹配关系主要是空泡在雷体上闭合的轴向位置。当然,要保证空泡在闭合点之前与雷体表面无干涉。

8.4.2　空泡系统设计

一、空化器设计

空化器在鱼雷空泡生成过程中的主要作用如下:

(1)产生压力降峰值,诱导与促进空化的发生。

(2)在鱼雷头部(空化器后)产生低压涡流区,有利于通入气体的初始聚集和空泡的快速生成与发展。

(3)空化器保证了鱼雷超空泡总是在空化器的外缘处脱体,空泡有着确定的、不变的起始位置,有利于在扰动下保持空泡的连续和光滑,提高鱼雷超空泡流型的稳定性与抗干扰的能力。

(4)空化器相对来流有攻角时,使空泡产生一定的非对称性,正攻角时,超空泡由头至尾向下偏斜,在一定程度上抵消了重力效应的影响。

(5)空化器的最大功能是控制超空泡的主尺度。

超空泡鱼雷常用的空化器有圆盘和圆锥两种类型,在生成相同空泡尺度的条件下,圆锥空化器比圆盘空化器具有较大的尺度和沾湿面。声自导超空泡鱼雷一般选用圆锥空化器,利用其较大的空间和沾湿面以安装声学装置,与外界进行声信号传输。其他超空泡鱼雷一般选用圆盘空化器。

空化器的尺度与超空泡的尺度直接相关,8.2 节中的空泡最大直径和长度计算公式可以改写为如下形式:

$$D_c = k_D(\sigma)D_n\sqrt{C_{xo}}, \quad L_c = k_L(\sigma)D_n\sqrt{C_{xo}} \tag{8.85}$$

可见,当空化数一定时,鱼雷空泡的最大直径 D_c 和空泡长度 L_c 与空化器的直径 D_n 成正比。

如前所述,空化器的尺度也直接关系到鱼雷的阻力,随着空化器尺度的增加,鱼雷的阻力迅速增大。因此,空化器尺度的确定需要综合考虑空泡尺度与减阻两个方面的需求。在方案论证或优化设计中,根据经验可取鱼雷圆柱段直径的 1/5 左右为圆盘空化器直径的初值,即 $D_{n0}=0.2D$。如果选择圆锥空化器,可以根据与直径为 D_{n0} 的圆盘空化器产生相等阻力的原则,初步确定圆锥空化器的锥顶角和底部直径。

如果超空泡鱼雷航行过程中需要从外部引入海水,例如使用水冲压发动机的情况,海水一般是通过具有沾湿面的头部空化器引入。这种情况下,需要在空化器上开进水孔,具有进水孔的空化器直径 D_{nk} 与无孔空化器直径 D_n 具有以下关系:

$$D_{nk} = D_n\sqrt{\frac{C_{xo}}{C_{xok}}} \tag{8.86}$$

式中，C_{xo} 和 C_{xok} 分别为无孔空化器和有孔空化器零空化数的迎面阻力系数。

当空化器具有一定舵角时，沿鱼雷轴线法线的空泡截面为椭圆形，而鱼雷截面为圆形，空泡截面未被充分利用。为此，经常把空化器设计为椭圆形，使沿鱼雷轴线法线的空泡截面接近圆形，既不影响空泡的利用，又可减小空化器的面积，达到进一步减阻的目的。椭圆形空化器长、短轴之差视常用舵角而定，一般为长轴的 $2\% \sim 4\%$。

二、通气流量确定

(一) 流量系数

通气流量是空泡系统的重要设计参数，它通过改变空化数直接影响超空泡鱼雷空泡的生成、尺度和空泡的稳定性。

通气流量经常以无量纲流量系数表示：

$$C_q = \frac{\dot{Q}}{v_\infty D_n^2} \tag{8.87}$$

式中　$\dot{Q}$—— 在压力 p_c 下的气体体积流量，$\mathrm{m^3/s}$；

　　　C_q—— 气体体积流量系数。

根据俄罗斯学者的研究，鱼雷稳定空泡的泄气量，即通气流量主要与空泡的闭合模式相关。

(二) 自由闭合空泡流型的通气流量

根据理论和实验研究，自由闭合空泡流型有阵泄气和涡管泄气两种泄气模式。泄气模式主要与弗劳德数和空化数相关，Buyvol 提出的判据是

$$\nu = \sigma \sqrt{\sigma} Fr_n^2 \begin{cases} \geqslant 1.5 & \text{（阵泄气）} \\ < 1.5 & \text{（涡管泄气）} \end{cases} \tag{8.88}$$

阵泄气过程是非定常和多参数的，十分复杂，气体泡沫以环形涡或它的部分形式从空泡尾部周期性泄出。根据实验数据，阵泄气过程的斯特劳哈尔数为

$$Sr = \frac{fL_m}{v_\infty} \approx 0.315 \tag{8.89}$$

式中，L_m 为平均空泡长度，真实过程的频率 f 值在不同实验中为 $10 \sim 100\mathrm{Hz}$。

G. V. Logvinovich 建立了自由闭合空泡流型阵泄气率半经验公式：

$$C_q = \gamma \frac{\pi}{4} \frac{C_x}{\sigma_c} \left(\frac{\sigma_v}{\sigma_c} - 1 \right) \tag{8.90}$$

式中　γ—— 经验常数，约为 $0.01 \sim 0.02$；

　　　C_x—— 空化器阻力系数。

在重力影响起重要作用的情况下，通气超空泡在尾部就会发生裂变，空泡以两个中空涡管作为尾端，气体从涡管中泄出，形成涡管泄气模式。通气流量系数主要依赖于空化数和弗劳德数，很多学者都提出了泄气率的计算公式。L. A. Epshtein 提出的半经验公式目前被认为是最可行的：

$$C_q = \frac{0.42 C_{x0}^2}{\sigma(\sigma^3 Fr_n^4 - 2.5 C_{x0})} \tag{8.91}$$

对于航速 100m/s、空化数 0.02、空化器直径 0.1m 量级的中等尺度的超空泡鱼雷,其 ν 值都远大于 1.5,自由闭合空泡流型的泄气模式理论上都属于阵泄气。

(三) 雷体上闭合空泡流型的通气流量

对于空泡闭合在雷体上的情况,G. V. Logvinovich 提出的泄气率公式为

$$\dot{Q} = \zeta V_\infty S_j \left(1 - \frac{D_b^2}{D_c^2}\right), \quad S_j = \frac{C_x}{4} \frac{\pi D_n^2}{4}, \quad D_b < D_c \tag{8.92}$$

无量纲形式为

$$C_q = \zeta \frac{\pi C_x}{16} \left(1 - \frac{D_b^2}{D_c^2}\right) = \zeta \frac{\pi \sigma}{16} \left(\frac{C_x}{\sigma} - \frac{D_b^2}{D_n^2}\right) \tag{8.93}$$

式中,ζ 为计及空泡闭合状态的系数;D_c 为空泡最大横截面直径。

R. T. Knapp 应用动量定理建立了回射流的泄气体积流量公式:

$$\dot{Q} = \pi D_b d v_r \tag{8.94}$$

式中　　v_r—— 回射流速度,$v_r = v_\infty \sqrt{1 + \sigma}$;

　　　　d—— 回射流厚度,有

$$d = \frac{\Delta C_x D_b}{8(1 + \sigma + \sqrt{1 + \sigma})} \tag{8.95}$$

　　ΔC_x—— 鱼雷有、无空泡时的阻力系数差。

式(8.95) 以流量系数表示为

$$C_q = \frac{\pi \Delta C_x}{8} \left(\frac{D_b}{D_n}\right)^2 \frac{\sqrt{1 + \sigma}}{(1 + \sigma + \sqrt{1 + \sigma})} \approx \frac{\pi \Delta C_x}{8} \frac{1 + 0.5\sigma}{2 + 1.5\sigma} \left(\frac{D_b}{D_n}\right)^2 \tag{8.96}$$

也可以从维持鱼雷空泡稳定的需求角度来建立通气空泡流量的计算公式。根据伯努利方程得到空泡表面的水流速度为

$$v_c = v_\infty \sqrt{1 + \sigma_c} \tag{8.97}$$

空泡内的气体理想速度 v_{go} 应和空泡壁处水的流速度基本一致。

若取空泡最大截面处环状截面面积作为通入气体的流通面积 S_{cb},即

$$S_{cb} = \frac{\pi (D_c^2 - D_b^2)}{4} \tag{8.98}$$

假定空泡内气体的流动是均匀的,则气体流量的需求为

$$\dot{Q} = v_{go} S_{cb} = v_\infty \sqrt{1 + \sigma_c} \frac{\pi (D_c^2 - D_b^2)}{4} \tag{8.99}$$

把上式写成无量纲形式,并考虑简化误差,引入修正系数 c 得

$$C_q = c \frac{\pi}{4} \sqrt{1 + \sigma_c} \left(\frac{C_x}{\sigma_c} - \frac{D_b^2}{D_n^2}\right) \tag{8.100}$$

三、气道设计

(一) 设计参数

通气空泡用的气体需为不溶于水的气体,如空气、燃气等,超空泡鱼雷一般使用燃气。燃气可以来自专为通气配置的燃气发生器,也可以利用推进发动机的尾气。来自气源的燃气一

般先进入气室,然后经气道通入空泡内。气道设计关系到通气位置、通气速度、通气方向等通气参数的控制,直接影响空泡的生成与稳定,是空泡系统设计的重要组成部分。

气道的设计参数主要有通气流道数 N_g、通气流道的特征过流截面积 S_g、通气流道的位置参数 x_g、流道的形状(线型)特征参数 r_g。

(二)气道特征截面面积

通气气道截面面积与通气流量和通气气流速度有关。通气流量已经确定的情况下,通气气道特征截面面积可根据通气速度要求来确定。如前所述,空泡内的气体理想速度 v_{go} 应和空泡壁面水的流速度基本一致,因此,可以考虑以空泡内气体的最大流通面积 S_{cb} 作为气道截面的参考面积,以实现气流速度和空泡壁处水的流速度基本一致。气道内的气体速度显然也不能超过声速,否则气道会发生堵塞,即

$$\left.\begin{array}{l} S_g \leqslant S_{cb} \\ v_g = \dfrac{\dot{Q}}{S_g} \approx v_c < a_g \end{array}\right\} \tag{8.101}$$

式中　S_g——气道特征截面面积;
　　　v_g——气道内气流速度;
　　　a_g——当地声速。

(三)通气路数与流量分配

通气流量利用一个气道集中通入空泡内,易于引发空泡失稳,同时根据空泡生成的要求,需要一路通气直接沿鱼雷轴向通向空化器的背流面,另一路通向鱼雷侧向空泡内以补充气体。因此,一般都采用多路通气,路数的多少依通气量的多少和鱼雷尺度的大小而定。俄罗斯直径 534mm 的暴风雪鱼雷采用四路通气,一路向前通气,三路侧向通气;乌克兰的直径 204mm 的超空泡鱼雷采用三路通气,一路向前通气,两路侧向通气。所以,通气路数 N_g 的选择范围一般可取:

$$2 \leqslant N_g \leqslant 4 \tag{8.102}$$

各个通气气路的流量分配也是一个复杂的问题,主要涉及空泡的生成速度和通气流量的利用效率。Yu. N. Savechenko 认为各路通气流量从鱼雷头部向后排列逐步增大,其建议是

$$\dot{Q}_{gi} < \dot{Q}_{gi+1}, \quad S_{gi} < S_{gi+1}, \quad i = 1,2,\cdots,N_g \tag{8.103}$$

根据我们的模型实验结果,各路通气流量分配在一定范围内变化时,对空泡形态与稳定性都没有明显的影响。无论是否按式(8.102)配置,都应满足:

$$\sum_{i=1}^{N_g} \dot{Q}_i = \dot{Q}, \quad \sum_{i=1}^{N_g} S_{gi} = S_g, \quad \dfrac{\dot{Q}_i}{S_{gi}} = v_g, \quad i = 1,2,\cdots,N_g \tag{8.104}$$

(四)通气气道线型设计

通气气道线型影响通气气流方向、流场均匀性和流道损失等。气流方向可能影响到空泡的稳定性。通气方向与鱼雷轴线方向接近垂直时空泡可能波动失稳,当通气方向倾角小于40°时对空泡基本没有影响。通气方向是通过气道线型设计保证的,在结构上呈碗状,称为导流碗(见图8.45(b))。气道表面为回转体流面,其线型可以利用2.6节的格兰韦尔建立的单参数或

双参数线型方程来设计,把气道线型设计简化为确定线型方程中的一个或两个线型参数。通过气道流场数值模拟,使气流速度、方向等流场特性满足设计要求,来确定线型方程中的可调参数。

(五) 通气道轴向位置

实验表明,通气位置对空泡初生有影响。当通气位置与方向有利于通入气体快速与顺利地进入鱼雷头部空化器形成的低压涡流区时,则有利于通入气体的初始聚集和空泡的快速生成,也可以提高空泡生成阶段通气流量的利用效率;如果在鱼雷圆柱段上通气,超空泡就难以生成。在鱼雷超空泡已经形成的情况下,通气轴向位置对空泡流型的影响不显著,但对空泡的最大截面直径有 5% 左右的影响,如果位于空泡尾部通气,会对空泡的闭合产生一定影响。

一般情况下,空泡系统的气道位置都位于鱼雷头部空化器后方附近(见图 8.45(c)),第一路侧向通气流道的位置距空化器的距离应为空化器直径的 2 倍左右,而最后一路通气流道的位置距空化器的距离一般不大于空化器直径的 5 倍。

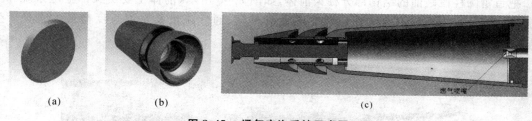

图 8.45 通气空泡系统示意图
(a) 空化器; (b) 导流碗; (c) 气道轴向位置

四、小结

空泡系统直接关系到鱼雷超空泡的生成、稳定和流型控制,空泡系统的设计是通气超空泡鱼雷流体动力设计中最关键的环节,而通气流量的确定是空泡系统设计中最困难的一项工作。

鱼雷通气空泡的泄气机理与过程都十分复杂,不仅与空化数、弗劳德数、雷诺数、韦伯数等有关,而且受到各种扰动的影响,还与闭合处鱼雷的外形和表面粗糙度等相关。空泡的泄气过程是非定常的,空泡尾部的形态也是不稳定的。寻求合理的通气流量目的也仅在于维持空泡的宏观稳定。

各种通气流量的计算公式都是在模型化的假设条件下获得的,都具有一定的针对性和局限性,各种有关通气流量的实验室模型实验都是在不完全相似的条件下完成的,实验结果都具有局限性,并且会有较大的散布。

确定通气流量,一方面需要进行大量的计算和模型实验,认真比对与分析各种计算和实验结果,审慎选择与确定设计值,另一方面也需要通过一定航次的通气流量原型试验,才能最终确定合理的通气流量。

8.4.3 鱼雷主体外形设计

一、主体外形

鱼雷主尺度受到装载、携带与发射平台的约束,在此基础上鱼雷外形主要与空泡流型相匹配,实现减阻、操控和稳定性要求。

在超空泡鱼雷空化数和弗劳德数的范围内,超空泡外形是近似的回转椭球体,如果鱼雷主体外形按阻力最小原则设计,理想的鱼雷外形应与空泡外形基本相似,为按比例缩小的椭球体。在实际中,基于结构简单、平台发射及空泡稳定性等要求,超空泡鱼雷的主体基本外形为两头细、中体粗的三段式轴对称回转体,前体大多为圆锥台形,中体为大直径圆柱形,后体为小直径圆柱形。

根据超空泡自身特性及鱼雷减阻要求,超空泡鱼雷应为细长回转体。通气超空泡鱼雷的空化数一般在 0.01～0.03 之间,对应的空泡长细比在 11～21 之间。因此,在可能的情况下应选择大长细比,以利于减小航行阻力。暴风雪鱼雷的长细比为 15.4。

二、前体外形

(一) 空泡系统外形

把鱼雷圆柱段之前的结构部分称为前体,如图 8.46 所示,前体主要由头部空泡系统和前部壳体两部分组成。鱼雷前体外形对空泡生成速度、通气流量及空泡长度与最大直径产生影响。

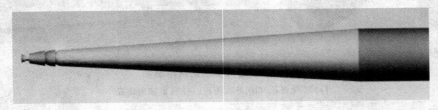

图 8.46　鱼雷前体

空泡系统的外形主要涉及空化器外形和导流碗外形(见图 8.45)。空化器外形的主参数是圆盘面直径(圆盘空化器)或半锥角及底端面直径(圆锥空化器)。如前所述,它们主要根据所设计的空泡长度和最大直径要求确定。各导流碗外形的包络面为圆锥台面(见图 8.45(b)(c)),第一个导流碗外形为前端带圆弧的圆锥台面,其他导流碗的外形为通气气道流面,主要由气道线型设计确定。由于鱼雷头部附近的径向尺度较小,因而给结构设计带来一定困难,易于出现导流碗外径偏大的情况,其结果会造成鱼雷空泡的最大直径增大,而影响减阻效果,或者造成与空泡干涉,导流碗外表面产生部分沾湿面,空泡出现不连续现象,这种情况是不允许出现的。为了避免这种情况发生,各导流碗端面外径要依据小于当地空泡直径确定。根据头部空泡外形公式,导流碗外包络面直径 R_w 需要满足下式的约束条件:

$$R_w(x) < R(x) = R_n \sqrt[3]{1 + \frac{3x}{R_n}} \tag{8.105}$$

(二) 前部壳体外形

1. 圆锥台外形

超空泡生成后,鱼雷前部壳体应完全被包围在空泡内。超空泡外形特征决定了前部壳体外形必为渐粗的细长回转体。这种外形的最简单形式是细长圆锥台,也是前部壳体常采用的外形,人们习惯称其为前锥段。前锥段的半锥角是鱼雷前体外形的重要设计参数,它与超空泡的生成速度、通气流量及空泡形态都有重要关联。

在对具有前锥段的鱼雷模型通气超空泡实验研究中,可以发现如下几种现象:

(1)鱼雷空泡在生成发展过程中,空泡"很难"通过前锥段和圆柱段的交界处(以下称为鱼雷肩部),只有当通气流量增大到一定程度时,空泡才能越过鱼雷肩部。

(2)随着前锥段半锥角的增大,空泡越过鱼雷肩部的难度增大,越过肩部所需的通气流量增大。

(3)空泡一旦越过鱼雷肩部,就会沿圆柱段迅速向后扩展。

(4)当前锥段的半锥角增大到一定程度后,一方面由鱼雷头部空化器起始的空泡发展到肩部之前的某处停止不前,另一方面产生由鱼雷肩部起始的空泡,鱼雷形成两段不连续空泡的现象。随着通气流量的进一步增大,前体空泡越过肩部,迅速形成鱼雷连续的超空泡。

(5)继续增大前锥段的半锥角,当通气流量增大到前体空泡能够越过肩部时,鱼雷超空泡虽然形成了,但却出现了空泡波动不稳定的现象。

Yu. N. Savchenko 等人实验研究了空泡长度、通气流量及空泡闭合角的关系。空泡闭合角定义为空泡在物体上闭合点处的空泡切线和物体表面切线的夹角。研究结果表明,通气流量 C_q 和空泡长度 L_c 都依赖于空泡在物体上的闭合角 α:$C_q \propto \alpha$,$L_c \propto \alpha$。

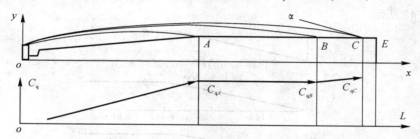

图 8.47　超空泡鱼雷通气空泡长度与空泡闭合角

把空泡闭合角与通气流量及空泡长度的关系应用于带有前锥段的超空泡鱼雷外形,如图 8.47 所示。设空泡闭合于前锥段和圆柱段交界点 A 的空泡长度为 L_{cA},对应的通气流量和空泡闭合角分别为 C_{qA},α_A;圆柱段上 B 点是空泡闭合角 α_B 与 A 点相同的点,即 $\alpha_B = \alpha_A$,其空泡长度和通气流量分别以 L_{cB},C_{qB} 表示;C 点是圆柱段上位于 B 点之后的点,其通气流量以 C_{qC} 表示;E 点为圆柱段的尾端点。由图 8.47 可知:

(1)由于 $\alpha_B = \alpha_A$,所以 $C_{qB} = C_{qA}$,在鱼雷空泡生成过程中,当通气流量增加到 C_{qA} 时空泡越过 A 点,并迅速到达 B 点(对应的半锥角记为 γ_B),若继续增加通气流量,空泡沿圆柱体向后扩展。

(2)随着前锥段半锥角 γ 的增大,空泡闭合角 α_A 增大,具有相同空泡闭合角的 B 点将向后移动。当半锥角增大到某个值 γ_E,B 点将向后移动到鱼雷圆柱段的尾端点 E。继续增大半锥角 γ,当空泡越过 A 点后,空泡会立即在鱼雷后方闭合。若进一步增大半锥角到某个值 γ_S,空泡越过 A 点所需的通气流量 C_{qA} 可能达到了空泡失稳的通气流量,就出现了波状失稳空泡。

据此,可以得到前锥段半锥角的设计要求:鱼雷前锥段半锥角的设计值 γ 应使空泡越过肩部的通气流量 $C_{qA}(\gamma)$ 小于生成所设计的空泡流型所需的通气流量 C_q,即

$$C_{qA}(\gamma) < C_q(\gamma) \tag{8.106}$$

或表述为:如果鱼雷的超空泡流型设计为在鱼雷圆柱段上后部 C 点处闭合的空泡流型,则半锥

角的设计值 γ 应满足

$$\gamma < \gamma_C \tag{8.107}$$

如果鱼雷的超空泡流型设计为在鱼雷圆柱段后端闭合的空泡流型,则半锥角的设计值 γ 应满足

$$\gamma < \gamma_E \tag{8.108}$$

按上述准则确定鱼雷前锥段半锥角,一方面使我们能够利用剩余通气流量($C_q(\gamma)$ — $C_{qA}(\gamma)$)实现对空泡控制,另一方面减小了空泡受扰动后失稳与溃灭的风险。

鱼雷前锥段半锥角确定后,在中部圆柱段直径一定的情况下,前锥段的长度也就基本确定了。超空泡鱼雷前锥段实际的半锥角一般不大于 5°。

2. 曲线外形

为了进一步研究鱼雷前体外形对鱼雷超空泡生成的影响,在西北工业大学水洞中进行了鱼雷曲线段外形前体和锥段外形前体的对比模型空泡实验。设计了 4 种具有不同前体外形的鱼雷实验模型(见图 8.48),模型 1 的鱼雷前体外形是半锥角为 4° 的圆锥台段,模型 2、模型 3、模型 4 的前体外形是采用格兰韦尔线型设计方法设计的曲线外形。模型的其他部分外形相同,总长 900mm,圆柱段直径 40mm,空化器直径 10mm。3 种曲线形前体模型的斜率沿轴向分布如图 8.49 所示。

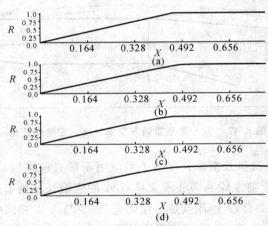

图 8.48　实验模型四种前体外形比较

(a) 模型 1;　(b) 模型 2;　(c) 模型 3;　(d) 模型 4

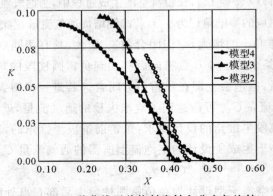

图 8.49　3 种曲线形前体斜率轴向分布与比较

对不同模型的通气流量和空泡生成时间进行实验。实验结果表明,鱼雷前体外形对超空泡鱼雷的生成时间和通气流量都有一定影响,3 种曲线形前体比圆锥台前体空泡的生成时间都缩短了,生成超空泡的通气流量都减小了。这是因为前体的曲线外形设计可以减小前锥段上空泡的闭合角。

三、圆柱段

鱼雷的中体为圆柱段,圆柱段的直径主要受发射平台约束,圆柱段的长度主要根据装载和鱼雷长细比确定,圆柱段长度一般占鱼雷长度的 45% ~ 50%。

四、后体外形

圆柱段之后为后体,后体外形主要影响通气超空泡的闭合与闭合的稳定性。鱼雷后体外形主要有 3 类:扩张形、收缩形和台阶形(见图 8.50)。

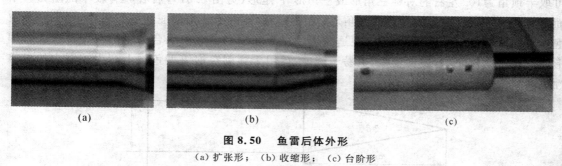

图 8.50　鱼雷后体外形
(a) 扩张形; (b) 收缩形; (c) 台阶形

扩张外形后体对空泡向其后发展起着阻滞作用,有利于实现空泡在扩张体之前闭合。扩张角 χ 越大,空泡在扩张体之前闭合的可靠性越高,稳定性越好,抗干扰能力越强。但是,随着扩张角 χ 的增大,鱼雷的阻力不断增大,这和超空泡鱼雷减阻目的是背道而驰的。此外,扩张后体表面当鱼雷具有倾角时为一升力面,可以提供一定升力和稳定力矩。但是,如果此升力和力矩太大,可能造成鱼雷难以控制。因此如果采用扩张后体,扩张角及扩张后体长度要综合考虑。

收缩形后体与空泡尾部也是收缩形趋势一致,有利于通气空泡在鱼雷尾部附近闭合。但是这种闭合模式的空泡流型稳定性较差,抗扰动能力弱,尚未见在超空泡鱼雷上应用。

变直径台阶形后体,在鱼雷中体圆柱段后紧接小直径圆柱,从水洞模型的实验结果看,这种外形可以获得空泡在鱼雷中体圆柱段上闭合的局部空泡流型、在中体圆柱段之后的小圆柱上闭合的空泡流型及在小圆柱之后自由闭合的空泡流型。

五、控制面布局与设计

超空泡鱼雷的控制面有多种可能的组合和布局模式,主要有 3 种:

(1)首尾控制面布局:利用头部空化器作为深度与俯仰控制面,利用尾部控制面作为航向与横滚控制面。

(2)纯首控制面布局:利用头部空化器的不同转向,实现对鱼雷的航向、深度与俯仰等控制。

(3)纯尾控制面布局:完全利用尾控制面执行航行器航向、深度与横滚控制。

第一种控制面组合与布局模式已在暴风雪超空泡鱼雷上成功应用,首控制面利用圆盘空化器，尾控制面利用外置的上下垂直舵。第二种控制面布局模式已在德国的"梭鱼"鱼雷实验模型上应用，首控制面为圆锥空化器。由于圆锥空化器作为控制面控制能力受到一定限制，美国海军水下战中心还研究了圆锥空化器附加 4 个小翼的复合控制面方案，以提高圆锥空化器作为首控制面的控制能力。第三种控制面组合与布局模式目前未见应用，尾控制面有位置舵和内置的燃气舵两种不同形式，由于超空泡鱼雷压力中心的特殊性，纯尾控制面布局能否实现鱼雷运动的三通道控制，还有待进一步研究与验证。

控制面的设计主要包括：控制面剖面参数、平面形状参数和控制面安装参数（轴向位置和角度等参数）的设计。控制面参数的确定受多种因素制约，例如：鱼雷空泡流型选择、空泡形态控制精度、控制力需求、鱼雷减阻与运动稳定性、控制面本身的结构强度，等等。控制面几何参数的最后确定需要协调各种因素，通过优化设计获得。对于外置尾控制面的初步设计，剖面可取半顶角为10°左右的对称三角形或三角形＋矩形（见图 8.51），后者具有较小的阻力。平面形状常采用接近矩形的梯形或三角形（见图 8.52）。由于三角形舵面展长较小，用于穿刺空泡对空泡流型控制精度要求较高，更适合用于空泡在控制面之前闭合的空泡流型鱼雷上。梯形舵面相对比较简单，展长较大，也易于调整，运用于穿刺空泡流型鱼雷上产生控制力的可靠性更高。

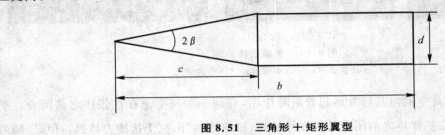

图 8.51　三角形＋矩形翼型

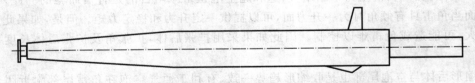

图 8.52　超空泡鱼雷两种典型的尾控制面平面形状

8.4.4　空泡流型设计裕度

鱼雷航行过程中不可避免地会受到扰动，扰动主要来自海洋环境和鱼雷的制造偏差，主要表现为速度变化和压力变化。速度变化可以来自于鱼雷自身推力的变化和海流速度的影响，压力的变化可以来自鱼雷航行深度的变化和通气流量的变化。速度和压力的变化都会影响到空化数，进而影响到鱼雷空泡流型与稳定性，更进一步影响到鱼雷的流体动力特性和运动性能。因此，在超空泡鱼雷流体动力设计中需要考虑到可能受到的扰动，要留有一定余地，在设计后需要评估能够承受的扰动范围。这个"余地"或"范围"在超空泡鱼雷流体动力设计中用空泡流型裕度来描述与度量。

由于深度和速度变化引起的空化数变化量可以从空化数的定义式导出：

$$\sigma_H = \sigma_0 \left(1 + \frac{\rho g \Delta h}{p_\infty - p_c}\right), \quad \Delta \sigma_H = \sigma_H - \sigma_0 = \frac{\rho g \Delta h}{p_\infty - p_c} \sigma_0 \tag{8.109}$$

$$\sigma_v = \frac{\sigma_0}{\left(1 + \frac{\Delta v}{v_\infty}\right)^2} \approx \sigma_0 \left(1 - 2\frac{\Delta v}{v_\infty}\right), \quad \Delta \sigma_v = \sigma_v - \sigma_0 = -\frac{2\Delta v}{v_\infty} \sigma_0 \tag{8.110}$$

式中　Δh——鱼雷航行深度变化量,$\Delta h = H - H_0$,H_0 为航行深度设计值,H 为受扰后的航行深度;

　　　σ_H——鱼雷航行深度为 H 时的空化数;

　　　Δv——鱼雷相对于水的速度变化量,$\Delta v = v - v_\infty$,v_∞ 为航行速度设计值,v 为受扰后的航行速度;

　　　σ_v——速度为 v 时的空化数。

若 Δh,Δv 为各种可能扰动强度下鱼雷航行深度与航行速度的最大变化量,则由于深度与速度扰动引起的空化数最大改变量(空化数扰动量)$\Delta \sigma$ 定义为

$$\Delta \sigma = |\Delta \sigma_H| + |\Delta \sigma_v| = a_\sigma \sigma_0 \tag{8.111}$$

由式(8.109)和式(8.110)得到系数

$$a_\sigma = \left|\frac{\rho g \Delta h}{p_\infty - p_c}\right| + \left|-\frac{2\Delta v}{v_\infty}\right| \tag{8.112}$$

a_σ 的物理意义是空化数相对改变量 $\overline{\Delta \sigma}$,即

$$\overline{\Delta \sigma} = \frac{\Delta \sigma}{\sigma_0} = a_\sigma \tag{8.113}$$

于是,鱼雷航行过程中的空化数可能变化范围为

$$\sigma_{\min} = \sigma_0(1 - a_\sigma) \leqslant \sigma \leqslant \sigma_0(1 + a_\sigma) = \sigma_{\max} \tag{8.114}$$

鱼雷航行中,如果空化数在式(8.114)范围内变化时,鱼雷的空泡流型不发生性质改变并保持稳定,流体动力特性因此也不会发生性质改变,鱼雷可保持正常航行。无量纲参数 a_σ 称为空化数设计裕度。

在空泡流型中最重要、最直观的参数是空泡长度。可以推得空泡长度对应 $\Delta \sigma$ 的相对变化量也为 a_σ,因此,在鱼雷空泡流型设计中确定空泡长度 L_{c0} 时,要考虑空泡长度 L_c 在下式范围内变化时空泡流型性质不发生改变:

$$L_{c\min} = L_{c0}(1 - a_\sigma) \leqslant L_c \leqslant L_{c0}(1 + a_\sigma) = L_{c\max} \tag{8.115}$$

所以,a_σ 也称为空泡长度设计裕度,一般统称为空泡流型设计裕度。

8.5　弹道及动力学建模

8.5.1　弹道特征

对于由常规鱼雷发射管发射的超空泡鱼雷,通常由潜艇在水下一定深度发射,出管速度 15m/s 左右,出管后一般先经历一段无动力的惯性运动,然后发动机点火,开始加速与爬升运动,直至爬升到水下 6m 左右转入水平航行,速度达到 70m/s 左右开始人工通气,转入到航速

100m/s 左右的超空泡状态巡航阶段,最后是超空泡状态攻击阶段,这是直航超空泡鱼雷的全弹道历程。如果是制导超空泡鱼雷,全弹道历程还包括超空泡状态搜索弹道和跟踪弹道。如果完全按照上述运动过程划分弹道阶段,力学特征不明显,不利于动力学模型的建立与运动求解。另一方面,可以看到超空泡鱼雷整个运动过程总是处于全沾湿、部分空化及超空化 3 个状态之一,据此把超空泡鱼雷全弹道划分为 3 个特征明显阶段:全沾湿阶段,称为初始弹道;局部空泡阶段,称为加速弹道;超空泡阶段,称为超空泡弹道或巡航弹道。

空泡状态与空化数相关,空化数又与鱼雷的航行速度和航行深度相关,因此各弹道的分界点与鱼雷的具体运动工况相关。在明确了鱼雷的运动工况后,分界点可以通过试算或空泡状态监控的方法确定,例如以鱼雷头部开始形成片状自然空泡作为初始弹道与加速弹道的分界点。在初步研究中,也可大致以鱼雷的航速作为分界点,例如,航速 30m/s 以下为初始阶段弹道,航速 30 ～ 90m/s 为加速阶段弹道,航速 90m/s 以上为超空泡阶段弹道。

8.5.2 初始弹道

超空泡鱼雷初始阶段弹道处于全沾湿状态,其动力学模型完全同常规鱼雷,第 7 章已进行了论述,这里不再重复。

8.5.3 加速段弹道

一、动力学方程组

超空泡鱼雷的加速段弹道的基本特征:鱼雷处于局部空泡状态,且空泡随着鱼雷速度的增加及可能的航行深度减小而不断增大,鱼雷的沾湿表面随之变化,鱼雷的浮力、各流体动力系数及附加质量不再是常数,是时空函数。另外,在加速弹道阶段鱼雷推进系统的燃料消耗较快,鱼雷是一个变质量系统。

此外,鱼雷加速弹道建模过程中,以下的假设是基本成立的,或引起的偏差不大:

(1)局部空泡是轴对称的;

(2)鱼雷外形具有 xoy 平面和 xoz 平面两个对称面;

(3)鱼雷质量变化是轴对称的,质心位置仅沿鱼雷轴线变化,质量与质心的变化规律是已知的;

(4)鱼雷的浮力是轴对称的;

(5)轴向附加质量 $\lambda_{11},\lambda_{44}$ 为常量。

在此假设下,考虑以加速段弹道初始时刻的鱼雷浮心为雷体坐标系的原点,加速段弹道在雷体坐标系中的动力学方程组为

$$\boldsymbol{A}_m\begin{bmatrix}\dot{v}_x\\\dot{v}_y\\\dot{v}_z\\\dot{\omega}_x\\\dot{\omega}_y\\\dot{\omega}_z\end{bmatrix}+\frac{\mathrm{d}\boldsymbol{A}_m}{\mathrm{d}t}\begin{bmatrix}v_x\\v_y\\v_z\\\omega_x\\\omega_y\\\omega_z\end{bmatrix}+\boldsymbol{A}_v\boldsymbol{A}_m\begin{bmatrix}v_x\\v_y\\v_z\\\omega_x\\\omega_y\\\omega_z\end{bmatrix}=\begin{bmatrix}X+T-(G-B)\sin\theta\\Y-(G-B)\cos\theta\cos\varphi\\Z+(G-B)\cos\theta\sin\varphi\\M_x+G\cos\theta(y_G\sin\varphi+z_G\cos\varphi)\\M_y+(Bx_B-Gx_G)\cos\theta\sin\varphi+Gz_G\sin\theta\\M_z+(Bx_B-Gx_G)\cos\theta\cos\varphi+Gy_G\sin\theta\end{bmatrix}$$

(8.116)

式中,A_m 为质量矩阵:

$$A_m = \begin{bmatrix} m+\lambda_{11} & 0 & 0 & 0 & mz_G & -my_G \\ 0 & m+\lambda_{22} & 0 & -mz_G & 0 & mx_G+\lambda_{26} \\ 0 & 0 & m+\lambda_{33} & my_G & \lambda_{35}-mx_G & 0 \\ 0 & -mz_G & my_G & J_{xx}+\lambda_{44} & 0 & 0 \\ mz_G & 0 & \lambda_{35}-mx_G & 0 & J_{yy}+\lambda_{55} & 0 \\ -my_G & mx_G+\lambda_{26} & 0 & 0 & 0 & J_{zz}+\lambda_{66} \end{bmatrix}$$

(8.117)

质量矩阵的时间导数矩阵为

$$\frac{\mathrm{d}A_m}{\mathrm{d}t} = \begin{bmatrix} \dot{m} & 0 & 0 & 0 & \dot{m}z_G & -\dot{m}y_G \\ 0 & \dot{m}+\dot{\lambda}_{22} & 0 & -\dot{m}z_G & 0 & \dot{m}x_G+m\dot{x}_G+\dot{\lambda}_{26} \\ 0 & 0 & \dot{m}+\dot{\lambda}_{33} & \dot{m}y_G & \dot{\lambda}_{35}-\dot{m}x_G-m\dot{x}_G & 0 \\ 0 & -\dot{m}z_G & \dot{m}y_G & \dot{J}_{xx} & 0 & 0 \\ \dot{m}z_G & 0 & \dot{\lambda}_{35}-\dot{m}x_G-m\dot{x}_G & 0 & \dot{J}_{yy}+\dot{\lambda}_{55} & 0 \\ -\dot{m}y_G & \dot{m}x_G+m\dot{x}_G+\dot{\lambda}_{26} & 0 & 0 & 0 & \dot{J}_{zz}+\dot{\lambda}_{66} \end{bmatrix}$$

(8.118)

式中　$\dot{m}$——鱼雷质量的变化率,对于既定的鱼雷为已知量。任意时刻的质量 $m=\int \dot{m}\mathrm{d}t$。$\dot{m}$ 为常量时,$m(t)=m_0+\dot{m}t$。

m_0——加速段弹道起始时鱼雷的质量。

$\dot{x}_G$——鱼雷质心 x 坐标的变化率,对于既定的鱼雷为已知量。任意时刻质心的 x 坐标为 $x_G(t)=x_{G0}+\dot{x}_G t$。

x_{G0}——加速段弹道起始时鱼雷质心的 x 坐标。

$\dot{J}_{xx}$——鱼雷绕 ox 轴的转动惯量变化率。任意时刻的 J_{xx} 为

$$J_{xx}(t)=J_{xx0}+\dot{m}t\sqrt{\frac{J_{xx0}}{m_0}}$$

(8.119)

J_{xx0}——加速段弹道起始时鱼雷绕 ox 轴的转动惯量。

$\dot{J}_{yy},\dot{J}_{zz}$——鱼雷绕 oy 轴和 oz 轴的转动惯量变化率。任意时刻的 J_{yy},J_{zz} 为

$$J_{yy}(t)\approx J_{zz}(t)=J_{yy0}+m(t)(\dot{x}_G t)^2$$

(8.120)

J_{yy0}——加速段弹道起始时鱼雷绕 oy 轴的转动惯量。

$\dot{\lambda}_{22}$——沿 y 轴方向的附加质量随时间的变化率。

G——鱼雷重力,$G(t)=m(t)g$。

速度矩阵 A_v:

$$\mathbf{A}_v = \begin{bmatrix} 0 & -\omega_z & \omega_y & 0 & 0 & 0 \\ \omega_z & 0 & -\omega_x & 0 & 0 & 0 \\ -\omega_y & \omega_x & 0 & 0 & 0 & 0 \\ 0 & -v_z & v_y & 0 & -\omega_z & \omega_y \\ v_z & 0 & -v_x & \omega_z & 0 & -\omega_x \\ -v_y & v_x & 0 & -\omega_y & \omega_x & 0 \end{bmatrix} \qquad (8.121)$$

二、流体动力模型

加速弹道阶段鱼雷的局部空泡形状是时变的,鱼雷的沾湿表面、进而流体动力随之变化。据空泡外形轴对称的假定,空泡流型与空泡在鱼雷上的闭合长度 l_h(见图 8.53)是一一对应的,因此流体动力与空泡长度之间可以通过时间参数 t 相联系,使流体动力简化为仅是空泡长度的函数。

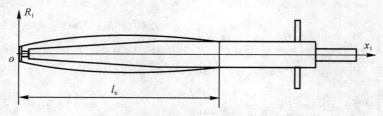

图 8.53　加速段局部空泡长度示意图

空泡长度及与时间的对应关系由空泡流型确定。加速段弹道空泡流型主要是空化数随航速及航深的变化。考虑到加速弹道阶段的空泡为自然空化泡,且空化数跨度比较大,采用以下的空泡流型方程组。

鱼雷外形方程:
$$R_1 = R_b(x_1), \quad 0 \leqslant x_1 \leqslant L \qquad (8.122)$$

空泡外形方程:

$$R_1(x_1,t) = r_k(x_1,t) = R_c(t)\left[1 - \left(1 - \frac{R_n^2}{R_c^2(t)}\right)\left(1 - \frac{2x_1}{L_c(t)}\right)^{\frac{2}{\eta}}\right]^{\frac{1}{2}}, \quad L_c \geqslant x_1 \geqslant 0$$

$$R_c(t) = R_n\sqrt{\frac{C_x}{k\sigma(t)}}$$

$$L_c(t) = \begin{cases} 2R_n\dfrac{\sqrt{C_x\ln\dfrac{1}{\sigma(t)}}}{\sigma(t)}, & \text{圆盘空化器} \\[3mm] 2R_n\left[\dfrac{1.1}{\sigma(t)} - \dfrac{4(1-2\alpha)}{1+144\alpha^2}\right]\sqrt{C_x\ln\dfrac{1}{\sigma(t)}}, & \text{圆锥空化器} \end{cases}$$

$$\sigma(t) = \frac{p_0 + \rho g h(t) - p_v}{\frac{1}{2}\rho v^2(t)}, \quad h(t) = -\int_0^t y'_0(t)\,\mathrm{d}t = h_0 - y_0(t)$$

$$(8.123)$$

式中　p_0——水面大气压;

h_0, h——鱼雷的初始深度和航行深度;

y_0——鱼雷在地面坐标系中铅垂方向的位置坐标。

在加速段弹道中任一时刻,通过比较空泡半径与鱼雷半径获得空泡在鱼雷上的闭合位置,闭合处的横坐标 x_1 即为鱼雷上的空泡长度 l_{h},即

$$r_{\mathrm{k}}(t,x_1)=R_{\mathrm{b}}(x_1),\quad l_{\mathrm{h}}(t)=x_1 \tag{8.124}$$

这样,加速段弹道中的非定常流体动力由是时间的函数转化为是空泡长度的函数。如此可以事先通过模型实验或计算的方法,获得以空泡长度为自变量的流体动力或其系数的数表或拟合成曲线或导数。

若流体动力以数表形式表示,弹道计算中流体动力可以采用插值的方法确定;若以拟合曲线的形式表示,流体动力则利用拟合公式计算;若以导数的形式表示,则流体动力 X,Y,Z,M_x,M_y,M_z 可由下式计算:

$$\left.\begin{aligned}
X(t)&=C_1 C_x(l_{\mathrm{h}}(t))v^2(t)\\
Y(t)&=C_1\left(C_y^{\alpha}(l_{\mathrm{h}}(t))\alpha(t)+C_y^{\delta_{\mathrm{h}}}\delta_{\mathrm{h}}\right)v^2(t)+C_2 C_y^{\bar{\omega}_z}(l_{\mathrm{h}}(t))v(t)\omega_z(t)\\
Z(t)&=C_1\left(C_z^{\beta}(l_{\mathrm{h}}(t))\beta(t)+C_{z_v}^{\delta}\delta_v\right)v^2(t)+C_2 C_z^{\bar{\omega}_y}((l_{\mathrm{h}}(t))v(t)\omega_y(t)\\
M_x(t)&=C_2 m_x^{\delta_{\mathrm{d}}}\delta_{\mathrm{d}}v^2(t)+C_3 m_x^{\bar{\omega}_x}(l_{\mathrm{h}}(t))v(t)\omega_x(t)\\
M_y(t)&=C_2\left(m_y^{\beta}(l_{\mathrm{h}}(t))\beta(t)+m_y^{\delta}\delta_v\right)v^2(t)+C_3 m_y^{\bar{\omega}_y}(l_{\mathrm{h}}(t))v(t)\omega_y(t)\\
M_z(t)&=C_2\left(m_z^{\alpha}(l_{\mathrm{h}}(t))\alpha(t)+m_z^{\delta}\delta_{\mathrm{h}}\right)v^2(t)+C_3 m_z^{\bar{\omega}_z}(l_{\mathrm{h}}(t))v(t)\omega_z(t)
\end{aligned}\right\} \tag{8.125}$$

浮力可根据空泡在鱼雷上的闭合长度 l_{h} 计算:

$$B(t)=B(l_{\mathrm{h}}(t))=\rho g\left[V-V_{l_{\mathrm{h}}}(l_{\mathrm{h}})\right] \tag{8.126}$$

式中,V 和 $V_{l_{\mathrm{h}}}$ 分别为鱼雷总排水体积和空泡段排水体积。 浮心坐标为沾湿段 $\left[V-V_{l_{\mathrm{h}}}(l_{\mathrm{h}})\right]$ 的形心,或利用下式近似计算:

$$x_{\mathrm{b}}=x_{\mathrm{b}}(l_{\mathrm{h}})=L_{\mathrm{n}}-\left(\frac{L_y-l_{\mathrm{h}}}{2}+l_{\mathrm{h}}\right) \tag{8.127}$$

式中,L_{n} 为雷体坐标系原点距空化器的距离;L_y 为鱼雷圆柱段尾端面距空化器的距离。

附加质量与空泡闭合长度的关系可以通过对鱼雷沾湿段 $(L-l_{\mathrm{h}})$ 利用切片法计算获得,如:

$$\lambda_{22}(t)=\lambda_{22}(l_{\mathrm{h}}(t))=\lambda_{22}(l_{\mathrm{h}})=\lambda_{22}(L-l_{\mathrm{h}}) \tag{8.128}$$

附加质量变化率可用差分法计算,如:

$$\dot{\lambda}_{22}=\frac{\lambda_{22}\left[l_{\mathrm{h}}(t)\right]-\lambda_{22}\left[l_{\mathrm{h}}(t-\Delta t)\right]}{\Delta t} \tag{8.129}$$

8.5.4　超空泡段弹道

一、基本假设

超空泡鱼雷超空泡状态航行时,鱼雷的沾湿表面较小,在动力学模型建立中以下假设是基本成立的,或引起的偏差不大。

(1) 鱼雷外形具有 xoy 平面和 xoz 平面两个对称面;

(2) 鱼雷质量变化是轴对称的,质心位置仅沿鱼雷轴线变化,质量与质心的变化规律是已知的;

(3) 附加质量忽略不计;

(4) 浮力忽略不计;

（5）鱼雷纵平面运动参数引发的空泡形状变化和横平面运动参数引发的空泡形状变化是独立的，没有交连；同一平面不同因素引发的空泡变形可以叠加；

（6）纵平面的流体动力仅依赖于纵平面的运动参数和纵平面的空泡流型，横平面的流体动力仅依赖于横平面的运动参数和横平面的空泡流型；

（7）暂不考虑扰动力。

二、动力学方程组

在以上基本假设下可得到鱼雷超空泡状态运动的动力学方程组，其展开形式如下：

$$m\dot{v}_x - my_G\dot{\omega}_z + mz_G\dot{\omega}_y + \dot{m}v_x + m[v_z\omega_y - v_y\omega_z - x_G(\omega_y^2 + \omega_z^2) +$$
$$y_G\omega_x\omega_y + z_G\omega_z\omega_x] + \dot{m}z_G\omega_y - \dot{m}y_G\omega_z = -G\sin\theta + T + X \quad (8.130)$$

$$m\dot{v}_y + mx_G\dot{\omega}_z - mz_G\dot{\omega}_x + m[v_x\omega_z - v_z\omega_x + x_G\omega_x\omega_y + z_G\omega_z\omega_y - y_G(\omega_x^2 + \omega_z^2)] +$$
$$\dot{m}v_y - \dot{m}z_G\omega_x + (\dot{m}x_G + m\dot{x}_G)\omega_z = -G\cos\theta\cos\varphi + Y \quad (8.131)$$

$$m\dot{v}_z - mx_G\dot{\omega}_y + my_G\dot{\omega}_x + m[v_y\omega_x - v_x\omega_y + x_G\omega_z\omega_x + y_G\omega_y\omega_z - z_G(\omega_x^2 + \omega_y^2)] +$$
$$\dot{m}v_z + \dot{m}y_G\omega_x - (\dot{m}x_G + m\dot{x}_G)\omega_y = G\cos\theta\sin\varphi + Z \quad (8.132)$$

$$J_{xx}\dot{\omega}_x - mz_G\dot{v}_y + my_G\dot{v}_z + my_G(v_y\omega_x - v_x\omega_y) + mz_G(v_z\omega_x - v_x\omega_z) -$$
$$\dot{m}z_Gv_y + \dot{m}y_Gv_z + \dot{J}_{xx}\omega_x = G\cos\theta(y_G\sin\varphi + z_G\cos\varphi) + M_x \quad (8.133)$$

$$J_{yy}\dot{\omega}_y + mz_G\dot{v}_x - mx_G\dot{v}_z + mz_G(v_z\omega_y - v_y\omega_z) + mx_G(v_x\omega_y - v_y\omega_x) + \dot{J}_{yy}\omega_y + mz_G\dot{v}_x -$$
$$(\dot{m}x_G + m\dot{x}_G)v_z + (J_{xx} - J_{zz})\omega_z\omega_x = -G(x_G\cos\theta\sin\varphi + z_G\sin\theta) + M_y \quad (8.134)$$

$$J_{zz}\dot{\omega}_z - my_G\dot{v}_x + mx_G\dot{v}_y + mx_G(v_x\omega_z - v_z\omega_x) + my_G(v_y\omega_z - v_z\omega_y) - \dot{m}y_Gv_x +$$
$$(J_{yy} - J_{xx})\omega_x\omega_y + (\dot{m}x_G + m\dot{x}_G)v_y + \dot{J}_{zz}\omega_z = G(y_G\sin\theta - x_G\cos\theta\cos\varphi) + M_z$$
$$(8.135)$$

式中与变质量相关的重力、转动惯量、质心位置及它们的导数等按加速段弹道中的有关公式计算，只是量值不同。

三、流体动力模型

超空泡鱼雷超空泡状态时的流体动力与空泡形状相关，本节将利用空泡流型方程组来确定任一时刻的空泡形状，进而导出在 8.3.5 节的流体动力计算公式中尚未确定的相关几何量的计算公式。

研究非定常空泡如同研究其他非定常问题一样，需要知道初始条件，才能获得其他时刻的解。最原始的空泡流型就是设计空泡流型，为轴对称空泡流型（见图 8.23）。如果要研究的鱼雷运动由水平定常直航开始，可以以设计空泡流型作为初始条件。

此外，根据空泡截面独立扩张原理，空泡形成具有延迟特性。因此研究空泡的非定常变化，还需要知道空泡沿轴线的伸展速度。根据式（8.97）伸展速度 v_c 近似认为就是来流速度，即鱼雷的航行速度。

以下讨论鱼雷空间运动过程中任一时刻 t 的流体动力近似计算公式。8.3.5 节给出的流体动力计算公式也适用于非定常运动，包括总的流体动力式（8.56）及空化器、壳体与尾控制面流体动力的相关公式，只要把公式中运动参数及空泡流型参数中的时变值改为实时值即可。运动参数由弹道方程解算给出，本节主要给出空泡流型参数的实时计算公式。

（一）尾控制面穿刺主体空泡长度计算

现以求解时刻 t 尾垂直舵上、下舵片的穿刺长度 c_{vu} 与 c_{vd} 为例。要求解 c_{vu} 与 c_{vd} 首先需知

道 t 时刻尾垂直舵所在的横截面的空泡与鱼雷相对位置关系及空泡半径。为此,设尾垂直舵所在的横截面(可近似取垂直舵根弦中点所在截面)距鱼雷前端空化器的轴向距离为 L_{vn},根据空泡生成延迟特性,该截面 t 时刻的空泡形状只与 $T = t - \tau$ 时刻的鱼雷运动状态有关。τ 为空泡由空化器起始至空泡伸展到尾垂直舵所在横截面的时间,可由下式近似计算:

$$\tau = \frac{L_{vn}}{v} \tag{8.136}$$

于是,可以由非定常空泡流型方程组中的式(8.52)求得尾垂直舵所在横截面处 t 时刻的空泡截面中心坐标 (x_1, R_{1y}, R_{1z}):

$$
\left.
\begin{aligned}
x_1 &= L_{vn} \\
R_{1y}(t, L_{vn}) &= \frac{v(T)}{\omega_z(T)}\left[\sqrt{1 - \left(\frac{\omega_z(T)L_{vn}}{v(T)}\right)^2} - 1\right] + \frac{1}{3}\left[1 + \sigma(T)\right]\frac{\omega_z(T)L_{vn}^2}{v(T)} + L_{vn}\alpha(T) + \\
&\quad \frac{[1 + \sigma(T)]L_{vn}^2}{3Fr_L L_c(T)} - R_n C_{x0}[1 + \sigma(T)]\left[0.23 - 0.5\sigma(T) + \frac{L_{vn}}{L_c(T)}\right]\sin 2\alpha_n(T) \\
R_{1z}(t, L_{vn}) &= \frac{v(t - \tau)}{\omega_y(T)}\left[\sqrt{1 - \left(\frac{\omega_y(T)L_{vn}}{v(T)}\right)^2} - 1\right] + \frac{1}{3}\left[1 + \sigma(T)\right]\frac{\omega_y(T)L_{vn}^2}{v(T)} - \\
&\quad R_n C_{x0}[1 + \sigma(T)]\left[0.23 - 0.5\sigma(T) + \frac{L_{vn}}{L_c(T)}\right]\sin 2\beta_n(T) + L_{vn}\beta(T)
\end{aligned}
\right\} \tag{8.137}
$$

尾垂直舵所在横截面处的空泡截面半径 r_k 由式(8.28)等求出:

$$r_k^2(t, L_{vn}) = R_c^2(T)\left[1 - \left(1 - \frac{R_n^2}{R_c^2(T)}\right)\left(1 - \frac{L_{vn}}{L_c(T)}\right)^{\frac{2}{\eta}}\right] \tag{8.138}$$

$$R_c(T) = R_n\sqrt{\frac{C_x(T)}{k\sigma(T)}}, \quad k = \frac{1 + 50\sigma(T)}{1 + 56.2\sigma(T)} \tag{8.139}$$

$$
L_c(T) = \begin{cases}
2R_n\dfrac{\sqrt{C_x(T)\ln\dfrac{1}{\sigma(T)}}}{\sigma(T)}, & \text{圆盘空化器} \\[4mm]
2R_n\left[\dfrac{1.1}{\sigma(T)} - \dfrac{4(1 - 2\gamma)}{1 + 144\gamma^2}\right]\sqrt{C_x\ln\dfrac{1}{\sigma(T)}}, & \text{圆锥空化器}
\end{cases} \tag{8.140}
$$

$$
\left.
\begin{aligned}
\sigma(T) &= \frac{p_0 + \rho g h(T) - p_c}{\frac{1}{2}\rho v^2(T)} \\
h(T) &= -\int_0^T y'_0(t)\,dt = h_0 - y_0(T)
\end{aligned}
\right\} \tag{8.141}
$$

尾垂直舵上、下舵片的穿刺长度 c_{vu} 与 c_{vd} 可由下式求出(见图 8.54):

$$
\left.
\begin{aligned}
c_{vu}(t) &= [b + R_b(L_{vn})] - \left[\sqrt{r_k^2(t, L_{vn}) - R_{1z}^2(t, L_{vn})} + R_{1y}(t, L_{vn})\right] \\
c_{vd}(t) &= [b + R_b(L_{vn})] - \left[\sqrt{r_k^2(t, L_{vn}) - R_{1z}^2(t, L_{vn})} - R_{1y}(t, L_{vn})\right]
\end{aligned}
\right\} \tag{8.142}
$$

由上式计算得到的 c_{vu} 与 c_{vd} 有 3 种情况:

若 $c_{vu} \leqslant 0$,或 $c_{vd} \leqslant 0$,则上垂直舵或下垂直舵未穿刺;

若 $b > c_{vu} > 0$,或 $b > c_{vd} > 0$,则上垂直舵或下垂直舵部分穿刺;

若 $c_{vu} \geqslant b$,或 $c_{vd} \geqslant b$,则上垂直舵或下垂直舵全穿刺。

水平舵的穿刺长度可用类似方法导出,这里不再一一列出。

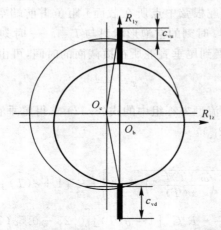

图 8.54　尾垂直舵所在截面的空泡外形及其与鱼雷的位置关系

(二) 壳体尾部沾湿状态几何参数确定

鱼雷壳体尾部最大沾湿深度 h_e 可由下式计算:

$$h_e = R_{be} + \sqrt{(R_{1ye})^2 + (R_{1ze})^2} - r_{ke} \tag{8.143}$$

式中　　R_{1ye}, R_{1ze}——鱼雷壳体尾端面空泡中心在空泡流型坐标系中的坐标,可以利用式(8.137)求解:令 $x_1 = L_e, t = t - \tau, \tau = L_e/v$,得到 t 时刻的壳体尾端面空泡中心坐标。

　　　　　r_{ke}——鱼雷壳体尾端面空泡半径,由式(8.138)～式(8.141)利用类似的方法求出。

壳体尾端面空泡接触角 θ_{se} 为

$$\theta_{se} = \arctan \left| \frac{R_{1ze}}{R_{1ye}} \right| \tag{8.144}$$

要确定鱼雷壳体的沾湿长度 l_{bw},首先需要知道壳体沾湿深度为零的沾湿起始点截面的轴向位置 x_{10}。x_{10} 满足下式:

$$R_b + \sqrt{(R_{1y}(x_{10}))^2 + (R_{1z}(x_{10}))^2} - r_k(x_{10}) = 0 \tag{8.145}$$

上式一般需用迭代法求解。得到 x_{10} 后,壳体的沾湿长度 l_{bw} 和滑行角 α_w 由下式计算:

$$l_{bw} = L_e - x_{10} \tag{8.146}$$

$$\alpha_w = \arctan \frac{h_e}{l_{bw}} \tag{8.147}$$

鱼雷壳体尾部流体动力作用点截面轴向位置坐标 x_{1p} 为

$$x_{1p} = L_e - \frac{1}{3} l_{bw} \tag{8.148}$$

x_{10}, x_{1p} 截面的空泡参数可以利用求解壳体尾端面空泡参数的方法求得,进而可以求得其他相关参数,如 θ_{s0}:

$$\theta_{s0} = \arctan \left| \frac{R_{1z0}}{R_{1y0}} \right| \tag{8.149}$$

超空泡鱼雷壳体的流体动力也可以利用其他近似公式计算或通过数值计算及模型实验获得。利用商业软件需掌握内部模型的细节,模型实验需掌握相似条件的满足情况,以便应用与修正。超空泡鱼雷壳体的流体动力对空泡形态比较敏感,涉及面也比较广,其精确计算还有待于大量可验证实验资料的积累。

8.5.5　水平直线巡航弹道

超空泡鱼雷的主要运动形式是水平直线巡航。如果超空泡鱼雷在设计空泡流型下,通过数值模拟或模型实验获得小攻角下鱼雷的法向力及俯仰力矩系数的位置导数,由超空泡状态空间运动方程组简化可得到鱼雷水平直线运动方程组:

$$\dot{m}v_x = -mg\sin\theta + T + C_1 C_x v^2 \tag{8.150}$$

$$\dot{m}v_y = -mg\cos\theta + C_1(C_y^\alpha \alpha + C_{y_n}^\delta \delta_n)v^2 \tag{8.151}$$

$$-\dot{m}y_G v_x + (\dot{m}x_G + m\dot{x}_G)v_y = mg(y_G\sin\theta - x_G\cos\theta) + C_2(m_z^\alpha \alpha + m_{z_n}^\delta \delta_n)v^2 \tag{8.152}$$

$$v = \sqrt{v_x^2 + v_y^2} \tag{8.153}$$

$$\alpha = -\arctan\frac{v_y}{v_x} \tag{8.154}$$

$$\theta = \alpha \tag{8.155}$$

考虑到鱼雷水平直线运动时的攻角很小,作以下线性假设:

$$\sin\alpha = \alpha, \quad \cos\alpha = 1, \quad v_y = -v_x\tan\alpha = -v_x\alpha$$

并略去高阶小量:

$$v = v_x\sqrt{1 + \frac{v_y^2}{v_x^2}} = v_x, \quad y_G\sin\alpha = y_G\alpha = 0,$$

$$(\dot{m}x_G + m\dot{x}_G)v_y = v(\alpha\dot{m}x_G + \alpha m\dot{x}_G) = 0$$

于是,方程组可进一步简化为

$$\left.\begin{array}{l} C_1 C_x v^2 - \dot{m}v - mg\alpha + T = 0 \\ C_1(C_y^\alpha \alpha + C_{y_n}^\delta \delta_n)v^2 + \dot{m}v\alpha - mg = 0 \\ C_2(m_z^\alpha \alpha + m_{z_n}^\delta \delta_n)v^2 + \dot{m}y_G v - mgx_G = 0 \end{array}\right\} \tag{8.156}$$

式(8.156)中含有 3 个方程,3 个未知量,是封闭方程组,可用数值方法求得航行速度 v、平衡攻角 α、平衡空化器舵角 δ_n。也可采用近似算法,考虑到 $mg\alpha$,$\dot{m}v\alpha$ 和 $\dot{m}y_G v$ 三项在各自的方程中都是相对小量,略去不计,则式(8.156)变为

$$\left.\begin{array}{l} C_1 C_x v^2 - \dot{m}v + T = 0 \\ C_1(C_y^\alpha \alpha + C_{y_n}^\delta \delta_n)v^2 - mg = 0 \\ C_2(m_z^\alpha \alpha + m_{z_n}^\delta \delta_n)v^2 + mgx_G = 0 \end{array}\right\} \tag{8.157}$$

解此方程组得到

$$v = \frac{\dot{m} - \sqrt{\dot{m}^2 - 2\rho S C_x T}}{\rho S C_x}$$

$$\alpha = \frac{m_z^{\delta_n} - \bar{x}_G C_y^{\delta_n}}{C_y^\alpha m_z^{\delta_n} - C_y^{\delta_n} m_z^\alpha} \cdot \frac{2mg}{\rho S v^2}$$

$$\delta_n = \frac{C_y^\alpha \bar{x}_G - m_z^\alpha}{C_y^\alpha m_z^{\delta_n} - C_y^{\delta_n} m_z^\alpha} \cdot \frac{2mg}{\rho S v^2}$$

$$m(t) = m_0 + \int_0^t \dot{m}\,dt = m_0 + \dot{m}t, \quad t_0 = 0$$

(8.158)

可见,超空泡鱼雷在巡航弹道段,为了维持水平直航,舵角需随时变化。

8.5.6 加速段弹道到超空泡段弹道过渡

一、过渡段弹道特点

1. 空泡特性

在加速段弹道中的某点,开始人工通气。随着气体的进入,鱼雷空泡迅速向后推进,由局部自然空泡发展为通气超空泡。由于通气的扰动及航行速度的变化,鱼雷超空泡经历一个不稳定过程。该过程是复杂的,鱼雷超空泡形成后初期,空泡尺度可能仍继续变大,然后出现波动,发生大段脱落,继而可能出现反复,直到在合适的条件下才稳定到所设计的空泡流型。

2. 流体动力特性

流体动力随着空泡的变化而变化。鱼雷空泡由局部空泡变为超空泡过程中,随着沾湿面积的减小,鱼雷流体动力迅速减小,分布规律不断变化,升力作用点不断后移,尾部流体动力份额不断增长,尾部力矩快速增大。在超空泡稳定过程中,流体动力的大小和方向都具有随机性与瞬变性。

3. 运动特性

由于流体动力的快速变化和随机性,鱼雷的运动响应是复杂的,在产生俯仰、横滚运动的同时,可能还伴随着强烈的不规则振动。运动可能失稳,发生剧烈转动,出现跳水或扎底现象。

超空泡鱼雷过渡段弹道的最大特点是强烈的非定常特性和不可准确预测性。

二、过渡段弹道设计思路

根据过渡段弹道的特点,采用运动闭环控制是困难的。可以针对加速段弹道中发生的现象和可能出现的问题,采取缓解矛盾、加速过渡的方法,把问题遏制在萌芽状态,达到平稳过渡的目的。据此,可以采用以下技术途径:

(1)增大过渡段弹道发动机推力。增大加速发动机推力,提高鱼雷航速,缩短加速过程时间,同时也降低空化数,加速超空泡的生成速度。为此,可采用两级推力发动机,第一级大推力发动机用于过渡段弹道加速,第二级小推力发动机用于巡航段弹道,满足巡航速度要求。

(2)增大过渡段弹道通气流量。增大通气流量,加速空泡扩展速度,缩短超空泡生成时间,亦减少了流体动力不平衡时段。可采用两级通气流量,第一级大通气流量,用于过渡段弹道空泡快速生成,第二级小通气流量,用于巡航段弹道,满足巡航弹道空泡流型设计要求。

(3)设置空化器攻角,减小尾控制面尺度。在过渡弹道阶段设置空化器攻角,减小尾控制面尺度,以减小空泡生成过程中鱼雷流体动力的变化幅度,同时缓解鱼雷首尾流体动力的不平衡程度,降低鱼雷发生剧烈转动的风险。

(4) 系统规划相关设计参数和控制参数。相关的设计参数主要有一级发动机推力与工作时间、一级通气流量与通气时间、空化器设定攻角等。

过渡段弹道的控制采用时间程序控制。主要的控制程序有通气起始和连续时间程序、尾控制面尺度改变时间程序、空化器攻角设定时间程序等,需要匹配合理,才能取得预期效果。

8.5.7　实验验证与完善

国内超空泡鱼雷研究时间相对较短,积累的资料和经验相对不足,对超空泡鱼雷设计的可行性与合理性进行单项或综合验证实验是必不可少的。验证实验主要有两类:自由航行实验与实航实验。

自由航行实验主要验证设计空泡流型的实现状况,确定与完善空泡系统设计参数,特别是通气流量的确定与修正;考察鱼雷自由运动特性,结合空泡流型的实现状况确定与完善鱼雷外形设计参数。实航实验可以进行各种单项验证实验,例如上述的空泡流型验证实验及结构强度与控制系统验证实验等,更主要的是综合验证,验证各系统的匹配性,确定与完善各匹配参数,考察各项设计指标的实现状况,获得鱼雷的综合性能参数等。

图 8.55 所示为笔者在发射水池完成的超空泡鱼雷模型自由航行实验的模型与空泡照片。模型长 1 500 mm,圆柱段直径 100 mm,有带动力和无动力两种实验模型。

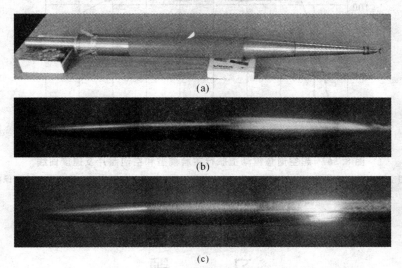

(a)

(b)

(c)

图 8.55　超空泡鱼雷模型水池自由航行实验模型和空泡照片
(a) 鱼雷自由航行通气空泡模型实验模型照片;　(b) 无动力自由航行通气空泡模型实验高速摄像照片(航速 102m/s);
(c) 有动力自由航行通气空泡模型实验高速摄像照片(航速 104m/s)

图 8.56 所示为笔者完成的小型超空泡鱼雷湖上直航弹道实验的模型示意图、实验空泡照片及速度曲线。模型主要由空泡系统、动力推进系统、三通道闭环控制系统、测量系统、减速回收装置及主体结构等组成。动力系统使用了火箭发动机和水冲压发动机两种发动机。实验结

果表明,实现了所设计的尾控制面穿刺空泡流型,巡航速度达105m/s,阻力系数 $C_x = 0.038\ 6$,以水冲压发动机为推进动力时,最高航速超过 130m/s。

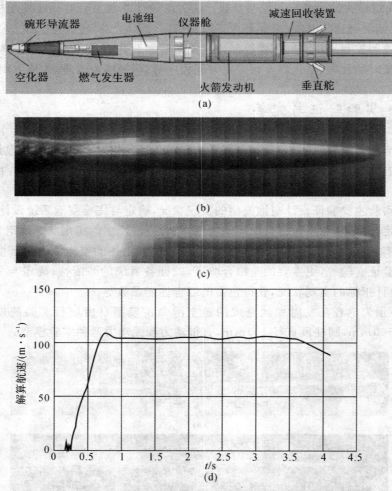

图 8.56　超空泡鱼雷湖上航行实验模型和空泡照片及速度曲线
(a)超空泡鱼雷湖上航行实验模型示意图;　(b)超空泡鱼雷湖上航行实验空泡流型高速摄像照片;
(c)以水冲压发动机提供动力的超空泡鱼雷湖上航行实验空泡流型高速摄像照片;
(d)超空泡鱼雷模型湖上航行实验航速历程曲线

习　　题

8.1　简述超空泡鱼雷减阻原理。

8.2　试述人工通气超空泡的生成原理、方法与条件。

8.3　阐述空泡截面独立扩张原理的要点。

8.4　列出超空泡外形计算公式,分析影响空泡外形的主要物理量与参数。

8.5　简述超空泡鱼雷空泡流型的含义与类型。

8.6　简述超空泡鱼雷的力系平衡与航行控制原理。

8.7　简述超空泡鱼雷流体动力设计内容与方法。

8.8　分析超空泡变形对鱼雷机动性的影响。

8.9　建立超空泡鱼雷定常水平直线运动方程，分析实现定常水平直线运动的条件。

8.10　建立超空泡鱼雷水平定常旋转运动方程，分析影响超空泡鱼雷机动能力的主要因素。

8.11　综述空泡流型在超空泡鱼雷总体设计中的地位和应用方法。

第9章　　鱼雷总体设计系统工程方法

9.1　概　　述

9.1.1　系统定义

"系统"这个词来自拉丁语的"systema",一般认为是"群"与"集合"的意思。

在韦氏(webster)大辞典中,"系统"一词定义为"有组织的或被组织化的整体",是"形成集合整体的各种概念、原理的综合",是"以有规律的相互作用或相互依存形式结合起来的对象的集合"。

因此,系统可定义为具有一定功能的、相互间具有有机联系的、由许多要素或构成部分组成的整体。一般系统论的创始人 L. V. 贝塔期菲(L. V. Bertalanffy)把"系统"定义为"相互作用诸要素的综合体"。美国著名学者 R. L. 阿柯夫(R. L. Ackoff)认为,"系统是由两个或两个以上相互联系的任何种类的要素所构成的集合"。

综上所述,系统是可以分解的,一个系统可以是一个更大系统的组成部分,而该系统本身又可包含若干个子系统,因此,系统是有层次的,任一个系统都有它的层次结构、规模、环境与功能。

9.1.2　系统特征

1.整体性

系统是由相互依赖的若干部分组成的,各部分之间存在着有机的联系,构成一个综合的整体,以实现一定的功能。这表现为系统具有集合性,即构成系统的各个部分可以具有不同的功能,但要实现系统的整体功能,因此,系统不是各部分的简单组合,而要有统一性和整体性,要充分注意各组成部分或各层次的协调和连接,提高系统的有序性和整体的运行效果。

2.相关性

系统中相互关联的部分或部件形成"部件集","集"中各部分的特性和行为相互制约和相互影响,这种相关性确定了系统的性质和形态。

3.目的性

大多数系统的活动或行为可以完成一定的功能,但不一定所有系统都有目的。人造系统或复合系统都是根据系统的目的来设定其功能的,这类系统也是系统工程研究的主要对象。例如,军事系统为保全自己,消灭敌人,就要利用运筹学和现代科学技术组织作战,研制武器。

4. 环境适应性

一个系统和包围该系统的环境之间通常都有物质、能量和信息的交换,外界环境的变化会引起系统特性的改变,相应地引起系统内各部分相互关系和功能的变化。为了保持和恢复系统原有特性,系统必须具有对环境的适应能力,例如反馈系统、自适应系统和自学习系统等。

5. 动态性

物质和运动是密不可分的,各种物质的特性、形态、结构、功能及其规律性,都是通过运动表现出来的,要认识物质首先要研究物质的运动和系统的动态性使其具有生命周期。开放系统与外界环境有物质、能量和信息的交换,系统内部结构也可以随时间变化。一般来讲,系统的发展是一个有方向性的动态过程。

6. 有序性

由于系统的结构、功能和层次的动态演变有某种方向性,因而使系统具有有序性的特点。一般系统论的一个重要成果是把生物和生命现象的有序性和目的性同系统的结构稳定性联系起来,也就是说,有序能使系统趋于稳定,有目的才能使系统走向期望的稳定系统结构。

9.1.3　系统工程含义

系统工程在系统科学结构体系中,属于工程技术类,它是一门新兴的学科,国内外有一些学者对系统工程的含义进行过不少阐述,但至今仍无统一的定义。

1978 年我国著名学者钱学森指出:"系统工程是组织管理系统的规划、研究、设计、制造、试验和使用的科学方法,是一种对所有系统都具有普遍意义的方法"。

1977 年日本学者三浦武雄指出:"系统工程与其他工程学不同之点在于它是跨越许多学科的科学,而且是填补这些学科边界空白的一种边缘学科。因为系统工程的目的是研制一个系统,而系统不仅涉及工程学的领域,还涉及社会、经济和政治等领域,所以为了适当地解决这些领域的问题,除了需要某些纵向技术以外,还要有一种技术从横的方向把它们组织起来,这种横向技术就是系统工程"。

1975 年美国科学技术辞典的论述为:"系统工程是研究复杂系统设计的科学,该系统由许多密切的元素所组成。设计该复杂系统时,应有明确的预定功能及目标,并协调各个元素之间及元素和整体之间的有机联系,以使系统能从总体上达到最优目标,设计系统时,要同时考虑到参与系统活动的人的因素及其作用。"

从以上各种论点可以看出,系统工程是以大型复杂系统为研究对象,按一定目的进行设计、开发、管理与控制,以期达到总体效果最优的理论与方法。系统工程是一门工程技术,用以改造客观世界并取得实际成果,这与一般工程技术问题有共同之处。

9.1.4　系统工程基本方法

美国学者霍尔(Hall A. D.)1969 年提出了系统工程的三维结构,如图 9.1 所示。图中所示三维结构通常称霍尔三维结构,它概括了系统工程方法和内容所涉及的 3 个方面,按时间维(时间进程)、逻辑维(方法步序)和知识维(科学技术)来表示目前用系统工程方法解决复杂大系统问题的方法和思路。

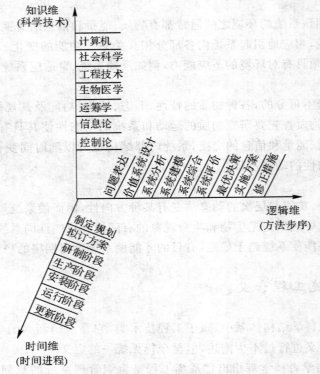

图 9.1　系统工程的三维结构

1. 时间维

时间是指系统工程从规划到更新的大略顺序或阶段,通常分为 7 个阶段:

(1) 规划阶段:谋求系统工程活动的政策或规划。

(2) 拟订方案:提出具体的计划方案。

(3) 研制阶段:实现系统的研制方案,并作出生产计划。

(4) 生产阶段:生产出系统的零部件及整个系统,并提出系统的安装计划。

(5) 安装阶段:把系统安装好,并完成系统的运行计划。

(6) 运行阶段:系统按其预期用途服务。

(7) 更新阶段:取消旧系统代之以新系统,或将原系统改进,使之更有效地工作。

2. 逻辑维

逻辑维是指在系统工程的每一个阶段所要完成的工作步骤,通常分为 9 步:

(1) 问题表述:尽量全面地收集和提供有关要解决问题的历史、现状及发展趋势的资料和数据,弄清问题的边界。

(2) 系统设计:提出为解决问题需要达到的目的,并用价值指标作为衡量是否达到目的的标准 —— 系统规范。

(3) 系统分析:根据要求的系统规范,运用各种分析手段来分析对象,通过对满足规范的各种条件的研究和讨论,得到系统所需的足够信息,以便设计出最合理、最优的系统。

(4) 系统建模:用恰当的数学形式、语言形式、网络形式、图表或结构语言框形式来说明系统的组成或行为,将对象的现象和过程的复杂关系用定性或定量的近似关系表示。

(5)系统设计(综合):把可能入选的能够达到预期目的的政策、活动、控制或整个系统概念化。

(6)系统评价:从技术和经济观点出发,对系统设计书进行综合性的评价研究,并考虑系统成功的可能性。

(7)最优决策:对不同的可能对策,精心选择其参数与系数,进行优化处理,使它们都满足系统指标,在诸对策中,选择一个或多个,或进一步考虑系统的价值。

(8)实施方案:在选定的对策中,根据实际可能来制定并完成实施方案。

(9)修正措施:在实施方案中,发现系统的不足,提出修正措施。

应当指出,通常系统工程工作都要按以上步序反复进行;在时间维的不同阶段,逻辑维的各个步序的侧重点不同。

3.知识维

知识维是指完成上述各项工作所需要的各种专业知识与技术素养。其主要涉及控制论、信息论、运筹学、生物医学、工程技术、社会科学和计算机 7 个大类。

9.2　系统模型化

为了掌握系统发展变化的规律,必须根据系统的目的,抓住系统各单元之间的联系,系统地考察与研究,其中最容易、最方便的方法是模型化的方法。系统的模型化就是建立系统模型。它是把系统各单元之间相互关联的信息,用数学、物理及其他方法进行抽象,使其与系统有类似结构或行为,并体现系统这一统一整体的科学方法。

9.2.1　模型分类

由于客观世界的复杂性、研究方法的多样性以及关于实体目的性的各不相同,模型可能取各种不同的形式,而模型的分类并没有统一的原则。按模型的表达,一般可粗略地分为实体模型和符号模型两大类。

一、实体模型

实体模型包括实物模型和模拟模型两大类。

1.实物模型

实物模型是按照模型相似性理论构造的原系统的小型(或放大)复制品。图9.2说明了二维空间的模型相似性原理。如桥梁模型、城市模型、水工实验模型、船舶模型、电机模型、作战沙盘、风洞实验中的飞机模型、水洞实验中的鱼雷模型等都是实物模型。

2.模拟模型

模拟模型是基于不同的物理领域(力、电、热、液、气)内物理意义完全不同的变量之间服从类似规律这个

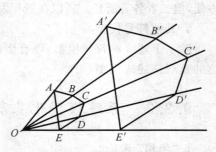

图 9.2　模型相似性原理

前提,进行比拟类推的一类模型。在一定条件下,物理系统的变量之间满足线性系统规律,根据比拟类推,可以通过较易试验的情况(如电系统)去模拟较难试验的情况。

二、符号模型

符号模型也称为语言模型,这是模型中最丰富多彩的一大部分。

1.数学模型

数学模型是用数学语言描述的一大类模型的总称。数学模型可能是一个(或一组)代数方程、微分方程、差分方程、积分方程或统计学方程,或是它们的某种组合。通过它们定量(或定性)地描述各变量之间明确的数学关系。

数学模型按横向可分为以下几种:

(1)理论模型:这是按不同学科的基本理论,采用统一的数学语言建立的数学模型,可以用该学科内特定的定律或法则解释模型中各变量之间的关系。理论模型的建模关键在于相应学科的基本理论,并用数学语言去描述它。

(2)实验模型:这是根据已有的实际装置、模拟装置或通过推理对实际上尚不存在的实体所建立的理论模型进行实验分析而建立的模型。实验模型还被称为测辨模型。

(3)优化模型:它是在理论模型或实验模型的基础上,加上性能指标(目标函数)、约束条件(等式或不等式约束)的一种模型。在动态优化模型中,还要给定容许控制集。优化模型的目的在于找到最优控制律,实现最优控制。

(4)决策模型:这是在决策分析中经常用的一类数学模型的总称。它可以是单目标的,也可以是多目标的;可以是单一决策人,也可以是多个决策人。多个决策人的决策模型又称为对策模型,特别是结合了最优控制理论的动态对策模型,通常叫作微分对策模型。

2.结构模型

结构模型更多关心模型内的结构(几何)特点和因果关系,而把变量间的数学关系放到次要地位。例如,运筹学中的活动网络或网络模型,大系统理论中的布尔网络模型,近年来常用于社会经济系统分析和大工程项目规划分析以至世界经济预测中的解释性结构模型、交叉影响分析、层次分析法、系统动力学模型,等等。

3.仿真模型

它是通过数字或混合(数字/模拟)计算机上运行的程序来表达模型的。数学模型和结构模型都可能过渡到仿真模型,只要采用适当的仿真语言或依据相应的仿真程序即可实现。

与测辨(实验)模型相比,仿真模型回避了较复杂的测辨算法,能够在计算机上直接并立即显示结果。不过仿真模型得到的结果往往是数值或图形,因而在分析和综合系统时不如测辨模型方便,但二者各有所长。所以在近年发展的机辅设计和机辅制造技术中,往往兼收并蓄。

4.其他符号模型

除了上述3种符号模型,还有诸如化学、音乐、美术等学科的符号模型,包括用自然语言表达的直观描述式模型。

9.2.2 系统模型化基本理论

1."黑箱"理论

对内部结构和行为不清楚的系统,依据可控因素的输入所引起的可观测因素变化的各种实验数据来确定系统运行规律,从而建立系统模型的理论和方法称之为"黑箱"理论。

"黑箱"理论即将系统当作未知的"黑箱",通过试验的方法得出系统运行规律的方法,它通常用输出输入方程(传递函数)来描述。

2."白箱"理论

对系统内部结构和行为清楚的系统,应用各种已知的科学知识进行描述从而建立系统模型的理论和方法称之为"白箱"理论。

"白箱"理论是将系统当作一个已知的"白箱",通过系统输入引起系统状态的变化,利用系统输出变化的规律来描述系统的方法,它通常用状态方程描述一个系统。

3."灰箱"理论

对系统内部结构和行为的主要部分清楚,其他部分不清楚的系统,采用已知的科学知识建立模型,然后通过试验对所建的模型进行补充和修正,从而建立系统模型的理论和方法称之为"灰箱"理论。

"灰箱"理论是将"白箱"理论和"黑箱"理论相结合而建立模型的一种方法,该方法有较大的实用价值。

4.数理统计和分析的理论

对属于"黑箱"但又不能进行试验的系统,采用数理统计和分析的方法,应用统计规律建立系统模型的理论和方法称为数理统计和分析的理论。

应用数理统计和分析的理论及方法建立系统模型是系统工程中最常用的方法之一。它常用于建立系统预测模型。

9.2.3　系统模型建立原则和过程

1.模型建立原则

无论采用哪种理论建立系统模型,都必须符合以下原则:

(1)系统模型是现实系统的代表而不是系统的本身。建立模型时,要抓住系统本质行为、各部分之间的普遍联系,建立一个比系统简洁得多的又能反映系统基本特征而不是全部特征的模型。

(2)系统模型要符合一定的假设条件。任何模型都要有假设条件,关键在于假设条件要尽量符合实际,假设条件依系统的研究目的而定,一般情况下,满足一定环境,为了特定目的的模型与系统全部特征并不吻合,因此,合理的假设是处理系统的重要前提,也是模型范围的界限。

(3)模型的规模、难度要适当。所谓模型规模即指模型的大小,模型的大小是相对所研究的系统而言的,"大"的系统可建较大规模的模型,"小"的系统可建小规模的模型。建立模型的目的是为研究系统的特性,因此模型的规模应根据研究目的而定。只要能达到研究目的而定,应尽可能建立小规模的模型,这样可减少处理模型的工作量。所谓模型的难度是指求解模型所应用的理论的深浅程度,所需理论较深,处理难度大,反之则小,因此所建模型的难度也应依据系统的研究目的而定,尽可能建立难度小的模型。

(4)模型要有代表性,要有指导意义。为建模型而建模型是模型化的最大禁忌之一,模型化的目的是处理系统,因此所建模型必须代表系统的普遍特性,要应用由特殊到一般的原理建立适用面广、有指导意义的模型。

（5）模型要保证足够的精度。因模型是系统的代表,故在建模型时要把反映系统本质的因素包含在模型之中,而把非本质因素排除在模型之外且使其不影响系统的特征或影响甚小,这就要求模型所反映的本质与系统的本质特征误差很小,即保证足够的精度。

（6）尽量采用标准化的模型和借鉴已有成功经验的模型。

2.模型建立过程

建模过程是一个反复迭代过程,工程系统的建模过程相对而言要简单一些。在整个系统工程的方法中,建模（系统模型化）是关键的一步。通常的系统建模过程如下所述。

（1）确定建模目的。从研究的对象系统中抽出一个子问题出发,首先要明确建模目的（问题的定义）,其中包括建模的准则（如精度标准,定量还是定性）。除了相当简单的模型,一般情况下都要通过专家咨询、讨论分析。对于对象系统的经济、技术、咨询、理论等各方面有什么问题要进行详细分析。

（2）选择模型形式。在对问题进行了详细分析、确定建模目的的基础上,选择适当的模型形式。这一步技术性很强,建模者应有足够的理论基础和实践经验。通常是先设计一个较简单的模型,在建模过程中逐步完善提高,直至满意为止。如选择数学模型,则要确定模型维数（阶数）、决策变量数、方程形式、变量关系等。

（3）数据分析处理。模型方程中的未知数尽可能从文献或从特别设计的测试法中取得,其余未知数用参数估计法确定。进行参数估计和模型验证,需要足够的数据,为此要进行数据采集、数据分析和数据处理。

（4）模型数量规范。确定模型的效用尺度（性能指标、价值系统）、约束条件,必要时要确定偏好系统（由决策人的偏好决定）;选定计算方法,编制程序,上机运行（用不同的数据集,采用优化方法）,输出结果。

（5）模型评价。根据假设检验、评价准则、相容性（对于原始信息的相容性及适用于不同情况的相容性）、敏感性、合理性、实用性、满意程度及选择余地等对所得的模型进行评价,看它是否达到了预期目标。

（6）模型应用。在得到初步模型后进行应用,在应用中如发现问题还需反复迭代,直至满意为止,达到预期目的的模型,即可付诸技术实现。

以上建模过程如图9.3所示。

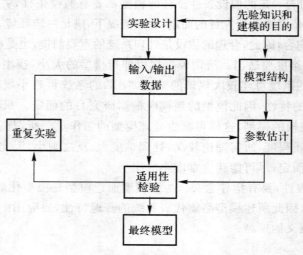

图9.3　建模过程

应当指出,以上是一般子系统的建模过程,一个大系统可能包含多个类似过程。子系统的模型进入大系统后,发现不满意时,需再进行修正。

9.2.4　常用系统建模方法

系统模型化是对系统整体而言的,由上述程序可见,系统模型化最终落实到对具体提出的问题建立模型,因此本节简单介绍几种建立模型的具体方法。

(1)直接法。该方法是按系统的性质和范围,通过直接分析的方法,应用已知的科学知识建立模型,它是应用"白箱"理论建立模型的方法。

(2)数理统计分析法。该方法是用数理统计学理论,根据对所占有资料的分析得出模型的方法。

(3)模拟分析法。用一个容易实现试验和计算的系统代替与其有相似特性的,但进行数量描述与试验有困难的系统的方法叫模拟分析法。

9.3　系统决策与综合评价

9.3.1　决策过程

(1)对决策问题的处理步骤,首先应该弄清所要处理的决策问题,包括弄清楚问题本身和问题所处的环境。这一步有时又称为"系统的预分析",为以下各步做好准备,如确定评价指标体系,形成可行方案,是否存在不定性,选择决策方法等。

(2)确定系统目标,在建立评价目标集合后,还要作出目标间的价值权衡以确定目标的权重系数。

(3)提出可行方案。

(4)进行不定性分析,如问题属于风险型决策问题,还要作出结局发生的概率估计。

(5)进行方案优化分析及排序,首先应该选择优化方法,并针对具体的决策问题进行优化分析、排序及优化方案的鲁棒性分析。

(6)在进行上述分析之后,给决策者提供大量的决策信息,最后由决策者作出抉择。

上述决策过程如图 9.4 所示。

对上述决策过程应该强调的是:

(1)执行上述决策过程并对问题作出决策绝不是一次能够完成的,应该进行多次反复,直到满意为止。在反复过程中所做的工作包括:修改目标体系,使之更加合理,不断产生新的方案,扩展可行解集合;通过调查收集信息,把主观估计的先验概率修正为后验概率;对价值权衡、效用估计、优化分析及排序不断完善,使之更加合理。

图 9.4　决策过程

（2）在整个决策过程中，应该尽量吸收决策者参加决策的全过程，使他们成为决策的主人，而不要把他们看作"决策分析"的局外人。

（3）优化方案排序的鲁棒性分析十分重要，原因是决策者不仅关心方案优劣排序结果，还十分关心方案排序结果的鲁棒性。决策者所希望的最优方案具有相当强的鲁棒性。鲁棒性问题的产生来自决策过程，本身包含很多不精确性，例如权重系数就不能精确确定。如果方案优劣排序对这种不精确性很敏感，稍有偏差就改变排序结果，则这种排序的可信度就较低。鲁棒性分析的实质就是灵敏度分析，可用灵敏度分析的概念和方法进行处理。

（4）如对长期性问题，尤其是对长远的全局性战略问题作出决策，由于人们的价值观随着时间的发展会有所改变，因此决策问题会构成为"动态多目标决策"问题。

9.3.2 单目标决策方法

假定所处理的决策问题是从有限个离散方案中选择出最佳方案。

一、确定性情况下决策方法

这种情况下的决策问题是最简单的，结局是唯一确定的，所以比较各方案的价值函数值就可以了。对这类决策问题的数学描述是

$$a_i^* = \max_{a_i \in A} V(a_i) \tag{9.1}$$

式中　A——方案集合；

$V(a_i)$——方案 a_i 的价值函数值；

a_i^*——最佳方案。

二、风险情况下决策方法

在这种情况下，每一个方案对应的是可能有多种结局，而且可以知道各种结局发生的概率。这时对方案的优劣排序通过计算比较各个方案的期望效用值来实现，其数学描述为

$$U(a_i) = \sum_{j=1}^{m} P(c_j) u(a_i, c_j) \tag{9.2}$$

$$\sum_{j=1}^{m} P(c_j) = 1$$

$$a_i^* = \max_{a_i \in A} U(a_i) \tag{9.3}$$

式中　A——方案集合，$a_i \in A$；

c_j——第 j 种结局，$j=1,2,\cdots,m$；

$u(a_i, c_j)$——第 i 种方案在 c_j 结局下的效用值；

$P(c_j)$——结局 c_j 出现的概率；

$U(a_i)$——方案 a_i 的期望效用值；

a_i^*——最佳方案。

对于风险决策，涉及结局发生的概率如何估计，一般来说，人们对大量的决策问题无法进行随机试验。这时决策者只能依据对事件的观察、自身的经验以及主观推理去设定事件发生的概率，所以称其为主观概率。主观概率反映判断人对事件可能出现的一种信念程度，这不是主观臆造，而是基于知识、经验、预测的理智上的判断。当然，对同一结局，不同人对它的主观

概率的定量判断有可能不同,这也反映了主观概率的主观性。显然,主观概率估计上存在的不定性会影响方案排序。因此,在决策分析中,也要针对这种不定性对最优方案作出鲁棒性分析,分析主观概率在多大范围内变动时不影响排序结果。

三、不确定性情况下决策方法

在这种情况下,每一种方案所对应的也是多种结局,但是不知道各种结局发生的概率。于是依据不同的处理观点,产生下述不同处理方法。

(1)Laplace 准则(平均准则):这种对不确定性决策问题处理的思路是,认为各种结局出现的概率等同,这时相当于认为

$$P(c_1) = P(c_2) = \cdots = P(c_m) = \frac{1}{m} \tag{9.4}$$

因此,各个方案 a_i 的期望效用值成为

$$U(a_i) = \frac{1}{m} \sum_{j=1}^{m} u(a_i, c_j) \tag{9.5}$$

这时的最优方案 a_i^* 应该是

$$a_i^* = \max_{a_i \in A} U(a_i) \tag{9.6}$$

(2)max - min 准则(悲观准则):这种对不确定性决策问题处理的思路是,认为每种方案的"选择"总是最坏的结局,或者说对问题持最悲观的态度,然后再从诸结局中择优作为最佳方案。其数学表达式为

$$U(a_i^*) = \max_{a_i \in A} \{ \min_{1 \leqslant j \leqslant m} u(a_i, c_j) \} \tag{9.7}$$

(3)max - max 准则(乐观准则):这种对不确定性决策问题处理的思路和悲观准则相反,认为每种方案"选择"的结局总是最好的,也就是说,总是持最乐观的态度,然后再从诸结局中择优作为最佳方案。其数学表达式为

$$U(a_i^*) = \max_{a_i \in A} \{ \max_{1 \leqslant j \leqslant m} u(a_i, c_j) \} \tag{9.8}$$

(4)max - min/max - max 折中准则(悲观/乐观混合准则):采用悲观准则或采用乐观准则处理决策问题时,有的决策者认为这样处理过于极端,于是提出把这两种观点综合起来,引入折中系数 a, $0 \leqslant a \leqslant 1$,用下式表示这种折中关系:

$$U(a_i) = a \max_{1 \leqslant j \leqslant m} u(a_i, c_j) + (1-a) \min_{1 \leqslant j \leqslant m} u(a_i, c_j) \tag{9.9}$$

然后通过下式确定最佳方案:

$$U(a_i^*) = \max_{a_i \in A} \{ U(a_i) \} \tag{9.10}$$

(5)min - max 准则(后悔值准则):这种处理不确定性决策问题的思路是,每种结局总有一个方案可达到最好的情况,或者说达到最优值,如选其他方案,在这个结局下效益达不到最优值,其差值称为后悔值。把一个方案中后悔值最大的代表这个方案的效用,然后从诸方案中把具有最小后悔值的方案作为最佳方案,所以就构成"min - max 准则",以 R(regret) 表示后悔值,则各方案在各种结局下的 R 值为

$$R(a_i) = \min_{1 \leqslant j \leqslant n} \{ \min_{1 \leqslant i \leqslant n} [u(a_i, c_j)] - u(a_i, c_j) \} \quad (i = 1, 2, \cdots, n) \tag{9.11}$$

则最佳方案为

$$U(a_i^*) = \min_{a_i \in A} \{ R(a_i) \} \tag{9.12}$$

9.3.3　多目标决策方法

实际上大量的决策问题需要考查多项指标,这样就构成了多目标决策问题。

一、多目标决策问题的数学描述

多目标决策的实质是多目标最优化问题,或者说矢量最优化问题。把这样的优化问题记为

$$\left.\begin{array}{l}V-\max\limits_{x\in R}F(x)\\ g_i(x)\leqslant 0\quad(i=1,2,\cdots,m)\end{array}\right\}\tag{9.13}$$

式中　　$x=[x_1\quad x_2\quad\cdots\quad x_n]^T\in\mathbf{R}$;

　　$F(x)$——目标矢量,$F(x)=[f_1(x)\quad f_2(x)\quad\cdots\quad f_p(x)]^T$;

　　$V-\max$——矢量求最大;

　　$g_i(x)$——约束条件函数。

关于多目标优化问题的解,最基本的概念有:使 p 个子目标同时达到最优的解称为最优解;对于至少有一个子目标函数值大于其他任一解的相应目标函数值的解,称为非劣解,或称有效解,或称 Pareto 解;不属于上述解的则称为劣解。实际的多目标优化问题很难达到或根本不存在最优解,具有实际意义的是非劣解。

实际决策问题涉及风险、决策者偏好等诸多不定性,从系统工程观点来说,追求系统的最优解是不现实的。经济学家西蒙(H. Simon)认为,决策人由于受到认识上的限制,不可能知道他们的决策所产生的全部后果,同时,由于时间、金钱和资料完备性的限制,也不可能对所有方案进行详尽的比较和分析。西蒙否定了"经济人"的概念和"最大化"的行为准则,得出了"管理人"的概念和"令人满意"的行为准则。所以,现代管理决策所追求的并非绝对意义的最优解,而是相对意义的满意解。

二、多目标决策问题的方法

1.线性加权和法

令 $a_i(i=1,2,\cdots,m)$ 为多目标函数 $F(x)$ 的各个分量 $f_i(x)$ 的加权系数,作线性加权和评价函数

$$U(x)=\sum_{i=1}^m a_i f_i(x)\tag{9.14}$$

最优的方案即为 $\min\limits_{x\in G}U(x)$ 的解或解集合,G 为所有方案集合。

2.二次方加权和法

先求出各分量的最优值

$$f_i^*(x)=\min_{x\in G}f_i(x)\quad(i=1,2,\cdots,n)\tag{9.15}$$

并分别给予权系数 a_i,作二次方加权和评价函数

$$U(x)=\sum_{i=1}^m a_i[f_i(x)-f_i^*(x)]^2\tag{9.16}$$

最优的方案即为 $\min\limits_{x\in G}U(x)$ 的解或解集合。

3. 统计加权和法

此法的特点是用统计方法处理权系数，以进行方案比较，亦称老手法。首先由 1 个老手（专家）独立地提出一个处理权系数的方案，并对与均值偏差大的 a_{k1} 进行调整，然后求出 a_i 的均值

$$\overline{a_i} = \frac{1}{m}\sum_{k=1}^{m} a_{k1} \tag{9.17}$$

作统计加权和评价函数

$$\overline{U}(\boldsymbol{x}) = \sum_{i=1}^{m} \overline{a}_i f_i(\boldsymbol{x}) \tag{9.18}$$

求出满意解，比较方案的优劣。

4. 变动权系数法

令线性加权和函数中的各权系数 a_i 变动，求解

$$\min_{\boldsymbol{x}\in G}\sum_{i=1}^{m} a_i f_i(\boldsymbol{x}) \tag{9.19}$$

得全部优化的有效解。

5. 简单排序法

先对多目标函数

$$\boldsymbol{F}(\boldsymbol{x}) = \begin{bmatrix} f_1(\boldsymbol{x}) & f_2(\boldsymbol{x}) & \cdots & f_m(\boldsymbol{x}) \end{bmatrix}^{\mathrm{T}} \tag{9.20}$$

的 m 个分量按它们的重要程度依次排出顺序，设其次序为

$$f_1(\boldsymbol{x}),\cdots,f_m(\boldsymbol{x}) \tag{9.21}$$

令 $G^0 = G$，然后依次求出集合

$$G^k = \{\boldsymbol{x}^{(k)} \mid f_k(\boldsymbol{x}^{(k)}) = \min_{\boldsymbol{x}\in G^{k-1}} f_k(\boldsymbol{x})\} \quad (k=1,2,\cdots,m) \tag{9.22}$$

最后的 G^m 即为满意解集。

此法在求解过程中要求 $G^k = \Phi(k=1,2,\cdots,m)$，$\Phi$ 是向量空间。

6. 理想点法

对多目标函数 $\boldsymbol{F}(\boldsymbol{x})$ 的 m 个分量分别极小化，可得到 m 个最优分量函数值为

$$f_i^*(\boldsymbol{x}) = \min_{\boldsymbol{x}\in G} f_i(\boldsymbol{x}) \quad (i=1,2,\cdots,m) \tag{9.23}$$

于是获得多目标函数 $\boldsymbol{F}(\boldsymbol{x})$ 的理想点为

$$\boldsymbol{F}^*(\boldsymbol{x}) = \begin{bmatrix} f_1^*(\boldsymbol{x}) & f_2^*(\boldsymbol{x}) & \cdots & f_m^*(\boldsymbol{x}) \end{bmatrix}^{\mathrm{T}} \tag{9.24}$$

定义 $||\boldsymbol{F}(\boldsymbol{x})-\boldsymbol{F}^*(\boldsymbol{x})||$ 为 $\boldsymbol{F}(\boldsymbol{x})-\boldsymbol{F}^*(\boldsymbol{x})$ 的某种范数，为使各 $f_i(\boldsymbol{x})$ 在此范数的意义下，尽可能接近相应的 $f_i^*(\boldsymbol{x})$，则求解单目标极小化

$$\min_{\boldsymbol{x}\in G} ||\boldsymbol{F}(\boldsymbol{x})-\boldsymbol{F}^*(\boldsymbol{x})|| \tag{9.25}$$

一般情况下，给定不同的范数后，便得到不同意义下的解。

7. 最大-最小原理法

首先求出多目标函数 $\boldsymbol{F}(\boldsymbol{x})$ 的理想点

$$\boldsymbol{F}^*(\boldsymbol{x}) = \begin{bmatrix} f_1^*(\boldsymbol{x}) & f_2^*(\boldsymbol{x}) & \cdots & f_m^*(\boldsymbol{x}) \end{bmatrix}^{\mathrm{T}} \tag{9.26}$$

设

$$\boldsymbol{Z}(\boldsymbol{x}) = \begin{bmatrix} Z_1(\boldsymbol{x}) & Z_2(\boldsymbol{x}) & \cdots & Z_m(\boldsymbol{x}) \end{bmatrix}^{\mathrm{T}} \tag{9.27}$$

为 $F(x)$ 的增量函数,使满足

$$F(x) = F^*(x) + [F^*(x)]Z(x) \qquad (9.28)$$

式中

$$F^*(x) = \begin{bmatrix} f_1^*(x) & 0 & \cdots & 0 \\ 0 & f_2^*(x) & \cdots & 0 \\ \vdots & \vdots & & \vdots \\ 0 & 0 & \cdots & f_m^*(x) \end{bmatrix} \qquad (9.29)$$

由式(9.28)便可得增量函数的表达式为

$$Z(x) = [F^*(x)]^{-1}[F(x) - F^*(x)] \qquad (9.30)$$

为了使 $F(x)$ 尽可能地接近理想点 $F^*(x)$,增量函数 $Z(x)$ 的各个分量应尽可能地"小"。为此,求解最大–最小问题

$$\min_{x \in G} \max_{1 \leqslant i \leqslant m} [Z_i(x)] \qquad (9.31)$$

的解,即为所求的优化解。

8. 功效函数几何平均法

此法也称为功效系数法。先给出 $F(x) = [f_i(x) \quad \cdots \quad f_m(x)]^T$ 的 m 个分量函数,$f_i(x)$ 的 m 个功效函数

$$d_i = D_i[f_i(x)] \qquad (9.32)$$

要求

$$D_i[f_i(x)] = \begin{cases} 1, & f_i \text{ 达到最满意} \\ 0, & f_i \text{ 最不满意} \\ \delta_i, & \text{其他} \end{cases}$$

式中,$0 < \delta_i < 1$;$d_i = D_i[f_i(x)]$ 的具体形式可适当地选择,常用的形式有直线型、折线型和指数型。确定了各个功效函数后,便可构造它们的几何平均评价函数(总功效系数),即

$$U = \sqrt[m]{d_1 d_2 \cdots d_m} \qquad (9.33)$$

然后求解 $\max U$,于是得到了优化解。

此法的特点:若某一自变量 x 使得其中一个分量最不满意,就会导致 U 为 0,因此,怎样才能选择好适当的功效函数,是个比较困难的问题。

9.3.4 综合评价法

为了评价设计方案和设计的结果,首先要建立一个评价的模型,然后再通过优化的方法来比较方案的优劣和系统设计的结果。采用严格的数学模型去描述多个相互干扰因素构成的系统,不但模型本身极其复杂,而且也很难建立起这种模型。至于求解或优化模型就更加困难了,常常是不可解的。如果采用模糊综合评价的方法,往往比较容易获得满意的结果。本节介绍一种运用模糊集理论对武器系统质量进行综合评价的方法。

一、武器产品质量评判体系的确定

如前所述,武器产品质量水平主要由性能、可靠性、维修性、安全性、适应性、经济性和时间性等 7 个指标决定。这些指标的主要意义如下:

（1）性能（u_1）：性能是指产品的技术性能，即战术技术指标。

（2）可靠性（u_2）：可靠性是指产品在规定条件下和规定时间内，完成规定功能的能力。可靠性一般用下列标量来度量：性能随时间的衰减程度、对环境的敏感性、可靠度、平均无故障间隔时间（MTBF）等。

（3）维修性（u_3）：维修性是指产品可以维修的难易程度，对于武器产品而言，是在规定的时间和规定的条件下，按规定的程序和方法进行维修时，保持或恢复到规定状态的能力。武器产品的维修性可以通过产品结构的简化、互换性等途径来解决。

（4）安全性（u_4）：武器产品在储存、维修、试验和使用过程中容易发生安全事故，因此，安全性是武器产品质量的主要指标。

（5）适应性（u_5）：适应性是指武器产品对各种环境和使用条件的适应能力。环境条件包括气候环境、地理环境、电磁场、光辐射等，使用条件包括产品的运输、携带方便性，操作简单性以及用途的广泛性等。

（6）经济性（u_6）：经济性主要是指武器产品的寿命周期费用。它包括产品的研究费用、购置费用、使用保障费用和报废费用。研究费用指的是产品的设计、研制和试验费用，产品系统越庞大，技术越复杂，研制周期越长，研究费用就越高，反之亦然。购置费用包括产品的建造、装改、延寿等费用，物价、工资、可靠性等因素将直接影响这一费用。使用保障费用是指贯穿于产品整个服役期的费用，包括部队直接使用费、维修费、维持性投资和间接使用及支持费用等。报废费用是指产品在退役之前进行各种善后处理所需费用及经济损失等。

（7）时间性（u_7）：时间性主要指武器产品的研究和生产周期，从方案论证到工程研制，再到生产定型各阶段全部时间的总和。缩短研制和生产周期，是产品质量所追求的目标之一。

这 7 种因素构成了武器产品质量水平的评判体系，当进行产品质量模糊评判时，要综合考虑这些因素。因此，武器产品质量水平的因素集 U 为

$$U = \{u_i\} \quad (i = 1, 2, \cdots, 7)$$

二、理论方法

武器产品的性能、可靠性、维修性、安全性、适应性、经济性和时间性等 7 种因素具有一定的模糊性。就这些因素本身来看，譬如，性能有优、良、一般、差之分，可靠性有可靠、较可靠、一般和不可靠之分等，这些分类都是模糊的。由于这些因素具有模糊性，给准确评判产品质量水平带来了一定的困难，而模糊集合理论以及由此产生的模糊数学，是一种处理和综合模糊信息的数学方法。它是在经典数学的二值逻辑基础上，用 0 和 1 两个值分别表示一个对象不隶属于该集合和隶属于该集合，用 0 和 1 之间的数表示对象属性的渐变程度，这些数表示对象隶属于某一集合的程度，称为隶属度。

有了隶属度的概念，就给模糊事物以度量的方法，用 0 表示不属于这个集合，那么 1 就表示属于这个集合，在 0 和 1 之间的小数表示隶属于这个集合的不同程度。

（一）确定权重系数矩阵 $\underset{\sim}{W}$

产品质量指标权重的确定，是将产品质量评定体系中的各因素，按其对总体指标的影响程度分别赋予不同的权数，以充分体现各因素在质量指标体系中的地位、作用和相互之间的关系，为此，可采用专家模糊评判法。首先建立一个由两个因素 a_i 和 a_j 对比的标度值 a_{ij}（见表 9.1）构成的模糊评判矩阵

$$\underset{\sim}{A} = \begin{bmatrix} a_{11} & a_{12} & \cdots & a_{17} \\ a_{21} & a_{22} & \cdots & a_{27} \\ \vdots & \vdots & & \vdots \\ a_{71} & a_{72} & \cdots & a_{77} \end{bmatrix} \tag{9.34}$$

其中 a_{ij} 表示因素 i 与因素 j 相对于总体指标的标度。

表 9.1　模糊评判标度

a_i 和 a_j 的比较情况	标度值(a_{ij})
两个因素同等重要	1
两个因素稍偏重于一个因素	3
两个因素更偏重于一个因素	5
两个因素中,一个因素有主导作用	7
两个因素中,一个因素有强主导作用	9
折中情况	2,4,6,8 及其他中间值
两个因素的反向比较	$a_{ji} = 1/a_{ij}$

然后,根据模糊评判矩阵 $\underset{\sim}{A}$,可以求出各指标的权重系数矩阵
$$\underset{\sim}{W} = \begin{bmatrix} W_1 & W_2 & \cdots & W_7 \end{bmatrix}$$
其方法如下:
(1) 将 $\underset{\sim}{A}$ 每一列归一化

$$\bar{a}_{ij} = a_{ij}/(\sum_{k=1}^{7} a_{kj}) \quad (i=1,2,\cdots,7, j=1,2,\cdots,7) \tag{9.35}$$

(2) 每列经归一化后的判断矩阵按行相加

$$\overline{W}_i = \sum_{j=1}^{7} \bar{a}_{ij} \quad (i=1,2,\cdots,7) \tag{9.36}$$

(3) 对矩阵 $\underset{\sim}{W} = \begin{bmatrix} \overline{W}_1 & \overline{W}_2 & \cdots & \overline{W}_7 \end{bmatrix}$ 作归一化处理

$$W_i = \overline{W}_i/(\sum_{j=1}^{7} \overline{W}_j) \quad (i=1,2,\cdots,7) \tag{9.37}$$

则权重系数矩阵 $\underset{\sim}{W}$ 为

$$\underset{\sim}{W} = \begin{bmatrix} W_1 & W_2 & \cdots & W_7 \end{bmatrix} \tag{9.38}$$

(4) 模糊评判矩阵一致性检验:模糊评判矩阵一致性检验的目的就是两两元素(指标)对比标度的一致性。当矩阵具有完全一致性时,矩阵的最大特征根值 λ_{max} 与矩阵阶数 n 相等;有满意的一致性时,λ_{max} 略大于 n。矩阵的一致性检验可以用矩阵的一致性指标来判定,矩阵一致性指标 CI 为

$$CI = (\lambda_{max} - n)/(n-1) \tag{9.39}$$

$$\lambda_{max} = (1/n) \sum_{i=1}^{n} c_i/W_i \tag{9.40}$$

式中,c_i 为列矩阵 $\underset{\sim}{C} = \underset{\sim}{A} \cdot \underset{\sim}{W}^{\mathrm{T}}$ 的元素。

大量的试验证明:当 $CI \leqslant 0.1$ 时,模糊评判矩阵满足一致性要求。

(二) 确定评语集合 V

评语集合是由专家的评语所构成的集合。它的选取应符合人们对某类对象的评价语言。一般

$$V = \{V_j\} \quad (j = 1, 2, \cdots, m)$$

式中，V_j 为第 j 种评语；m 为评语的总数。

评语集合的元素名称和数量可以根据实际问题的需求来确定，对于武器产品质量水平，可以给出的评语集 V 为 $V = \{$好(V_1)，较好(V_2)，一般(V_3)，差$(V_4)\}$。

(三) 确定隶属函数矩阵 $\underset{\sim}{R}$

隶属函数矩阵 $\underset{\sim}{R}$ 是描述评价因素集和评语集模糊关系的函数，它由表示因素属于某种评语程度的若干组评价矢量构成，即

$$\underset{\sim}{R} = \begin{bmatrix} r_{11} & r_{12} & \cdots & r_{14} \\ r_{21} & r_{22} & \cdots & r_{24} \\ \vdots & \vdots & & \vdots \\ r_{71} & r_{72} & \cdots & r_{74} \end{bmatrix} \tag{9.41}$$

其中，r_{ij} 表示因素(指标)i 隶属第 j 种评语的程度。

(四) 确定综合评判矩阵 $\underset{\sim}{B}$

$\underset{\sim}{B}$ 是集合 U 和 V 之间的一个模糊关系，根据模糊数学原理，$\underset{\sim}{B}$ 确定了一个模糊映射，它把 U 上的一个模糊子集 $\underset{\sim}{W}$ 映射到 V 上的一个模糊子集 $\underset{\sim}{B}$。$\underset{\sim}{W}$ 是映射的原像，$\underset{\sim}{B}$ 是映射的像。模糊综合评判实际上就是已知原像 $\underset{\sim}{W}$(权重系数行矩阵)和映射 $\underset{\sim}{R}$(因素或指标评语矩阵)去求像 $\underset{\sim}{B}$(综合评判结果)的问题。这个问题的解决，可借助于模糊变换，显然

$$\underset{\sim}{B} = \underset{\sim}{W}\underset{\sim}{R} = \begin{bmatrix} W_1 & W_2 & \cdots & W_7 \end{bmatrix} \begin{bmatrix} r_{11} & r_{12} & \cdots & r_{14} \\ r_{21} & r_{22} & \cdots & r_{24} \\ \vdots & \vdots & & \vdots \\ r_{71} & r_{72} & \cdots & r_{74} \end{bmatrix} = \begin{bmatrix} b_1 & b_2 & b_3 & b_4 \end{bmatrix} \tag{9.42}$$

(五) $\underset{\sim}{B}$ 的归一化处理

$\underset{\sim}{B}$ 的表达式不够醒目，还需要进行归一化处理。首先将 $\underset{\sim}{B} = \begin{bmatrix} b_1 & b_2 & b_3 & b_4 \end{bmatrix}$ 中的各元素加起来，得到 $T = \sum_{i=1}^{4} b_i$ 值，然后再用 T 去除 $\underset{\sim}{B}$ 中各元素。这样就得到了新的模糊集合，即

$$\underset{\sim}{B}' = \begin{bmatrix} b_1/T & b_2/T & b_3/T & b_4/T \end{bmatrix} = \begin{bmatrix} b'_1 & b'_2 & b'_3 & b'_4 \end{bmatrix} \tag{9.43}$$

其中，$b'_j = b_j/T$ 表示武器产品质量隶属于第 j 种评语的程度。

例 9.1　以某型鱼雷为例，对其质量水平进行模糊综合评判。根据专家对其评定打分的结果，整理得出 $\underset{\sim}{A}$ 和 $\underset{\sim}{R}$ 分别为

$$\underset{\sim}{A} = \begin{bmatrix} 1 & 1.22 & 2.78 & 3.51 & 4.20 & 6.42 & 8.00 \\ 0.819\,6 & 1 & 1.34 & 3.15 & 4.11 & 6.29 & 7.16 \\ 0.359\,7 & 0.746\,3 & 1 & 2.98 & 3.88 & 6.01 & 7.11 \\ 0.284\,9 & 0.317\,5 & 0.335\,6 & 1 & 3.67 & 5.38 & 6.27 \\ 0.238\,1 & 0.243\,3 & 0.257\,7 & 0.272\,5 & 1 & 2.34 & 3.82 \\ 0.155\,8 & 0.159\,0 & 0.166\,4 & 0.185\,9 & 0.427\,4 & 1 & 3.21 \\ 0.125\,0 & 0.139\,7 & 0.140\,6 & 0.159\,5 & 0.304\,9 & 0.311\,5 & 1 \end{bmatrix}$$

$$\underset{\sim}{R} = \begin{bmatrix} 0.12 & 0.72 & 0.16 & 0.00 \\ 0.11 & 0.61 & 0.28 & 0.00 \\ 0.13 & 0.29 & 0.52 & 0.06 \\ 0.74 & 0.15 & 0.11 & 0.00 \\ 0.15 & 0.46 & 0.24 & 0.15 \\ 0.12 & 0.46 & 0.26 & 0.16 \\ 0.26 & 0.45 & 0.21 & 0.28 \end{bmatrix}$$

解　将式 $\underset{\sim}{A}$ 代入式(9.35)~式(9.40)中,可以求出

$$\underset{\sim}{W} = \begin{bmatrix} 0.302\,4 & 0.242\,1 & 0.196\,9 & 0.128\,1 & 0.065\,1 & 0.040\,2 & 0.024\,5 \end{bmatrix}$$

并且,CI $= 0.078 < 0.1$, $\underset{\sim}{A}$ 满足一致性要求。

将 $\underset{\sim}{R}$ 和 $\underset{\sim}{W}$ 代入式(9.42)和式(9.43)中,可以求得

$$\underset{\sim}{B}' = \begin{bmatrix} 0.204\,4 & 0.501\,5 & 0.264\,0 & 0.030\,1 \end{bmatrix}$$

这一结果表明,该鱼雷质量水平具有"好"评价的隶属度为 0.204 4,具有"较好"评价的隶属度为 0.501 5,具有"一般"评价的隶属度为 0.264 0,具有"差"评价的隶属度为 0.030 1。

通过实例可以看出:由于模糊数学的引入,不但发挥了专家的作用,充分利用人脑对模糊现象作出正确判断,而且还尽量减少了个人主观臆断所带来的弊端,从而为武器产品质量水平提供了科学的综合评判方法。

9.4　工程大系统设计全局协调优化

9.4.1　概述

对工程大系统进行"全局协调优化设计",就是从系统的全局观点出发,在满足系统性能指标、设计可用资源等条件限制下,按照对系统的评价标准,寻求各单元、各子系统协调一致的最优设计方案。其重点在于对各子系统及各单元设计方案的协调,目的是使总系统得到优化。

目前,在系统工程的大系统理论中,大系统优化的方法有两类:一类是直接法或称耦合法;另一类是分解法或称解耦法、分解协调法。直接法要全面考虑各子系统各单元的设计和它们之间的耦合关系,直接在整个大系统设计空间中寻优,因为问题规模很大,必须改进一般的优化方法去解决这些不同形式的大规模优化问题,这就形成了大系统优化直接法。这类解法的不足之处在于,一种方法只对一种特殊形式的大规模优化问题有效,更重要的是,这类直接法

未能体现各子系统相对独立的特点,故非长远之计。分解法则是把大系统优化分解成若干相应于各子系统(或单元)优化的子规划和一个进行全局协调的协调器或称为主规划。各子规划独立优化后,将结果以解耦参数的形式输给主规划,主规划按照整个系统优化的原则进行全局协调优化,将结果以协调参数的形式下达给各子规划,以协调各子系统的优化活动。分解法就是这样反复协调迭代直至收敛的过程。这类分解协调法反映了大系统各子系统既相对独立,又相互联系的结构特点,又便于计算机"并行运算",还解决了"维数灾"的问题,无疑是值得探索、有发展前途的好方法。

9.4.2　分系统单独优化与总系统优化关系

一、分系统优化与总系统优化的一般表达

(一) 一般系统的层次结构

一般系统的层次结构如图 9.5 所示。总系统 S 由 I 个既相对独立又相互联系的分系统 $S_i (i=1,2,\cdots,I)$ 组成。S_i 既可能是基础单元,也可能是由更小的分系统或单元组成的系统,S 也可能是更大系统的分系统,我们研究系统全局协调优化,首先从分系统优化与总系统优化的关系着手,所以,图示的层次结构即具有一般代表性。

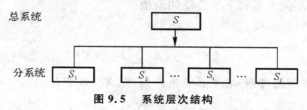

图 9.5　系统层次结构

(二) 分规划与"局优"

为考察系统设计"局优"与"全优"的关系,给定对第 i 个分系统单独进行优化设计的数学模型为如下的第 i 个分规划

$$
\text{SP}_i: \qquad
\left.
\begin{array}{l}
\text{寻找} \quad \boldsymbol{X}_i = \begin{bmatrix} x_{i1} & x_{i2} & \cdots & x_{iNi} \end{bmatrix}^{\mathrm{T}} \in \mathbf{R}^{Ni} \\[2mm]
\min f_i(\boldsymbol{X}_i) \\[2mm]
\text{s. t.} \quad g_{ij}(\boldsymbol{X}_i) \leqslant 0 \quad (j=1,2,\cdots,J_i)
\end{array}
\right\}
\tag{9.44}
$$

此模型可包括任何设计变量,任何线性的、非线性的目标函数和约束函数。由于等式约束可化为一对不等式约束,变量范围约束可表示为不等式约束,所以,此模型对于任何分系统的静态优化设计,尤其是结构等工程系统问题的优化设计具有广泛的适用性。

设拉格朗日函数

$$
L_i(\boldsymbol{X}_i) = f_i(\boldsymbol{X}_i) + \sum_{j=1}^{J_j} \lambda_{ij} g_{ij}(\boldsymbol{X}_i)
\tag{9.45}
$$

分规划在 $\boldsymbol{X}_i^*$ 点取极值的库恩-塔克(Kuhn - Tueker)必要条件为:在 $\boldsymbol{X}_i^*$ 点应有

$$\nabla L_i(\boldsymbol{X}_i) = \nabla f_i(\boldsymbol{X}_i) + \sum_{j=1}^{J_i} \lambda_{ij} \nabla g_{ij}(\boldsymbol{X}_i) = 0 \qquad (9.46)$$

$$\lambda_{ij} \geqslant 0 \quad (j=1,2,\cdots,J_i) \qquad (9.47)$$

$$\lambda_{ij} g_{ij}(\boldsymbol{X}_i) = 0 \quad (j=1,2,\cdots,J_i) \qquad (9.48)$$

$$g_{ij}(\boldsymbol{X}_i) \leqslant 0 \quad (j=1,2,\cdots,J_i) \qquad (9.49)$$

如果分规划 SP_i 是凸规划,则 $\boldsymbol{X}_i^*$ 就是其最优解,称其为系统优化中第 i 个分系统的"局优解"。

采用一般优化设计数学规划的各种方法,分别求解 I 个分系统的分规划 $SP_i(i=1,2,\cdots,I)$,即可得到所有分系统的"局优解" $\boldsymbol{X}_i^*(i=1,2,\cdots,I)$。

(三) 总规划与"全优"

为了描述总系统的全局优化设计,设定如下总规划:

$$TP: \qquad 寻找 \quad \boldsymbol{X} = [x_1 \quad x_2 \quad \cdots \quad x_N]^T \in \mathbf{R}^N \left.\begin{array}{l} \\ \min f(\boldsymbol{X}) \\ s.t. \quad g_j(\boldsymbol{X}) \leqslant 0 \quad (j=1,\cdots,J) \end{array}\right\} \qquad (9.50)$$

与分规划 SP_i 一样,它具有广泛的一般性。注意总规划 TP 的形式是任意的,即其变量、目标、约束等尚未与分规划 SP_i 的变量、目标、约束等发生任何关系,这就为描述总系统优化设计与分系统优化设计的不同关系留下了广泛的余地。

设定 TP 的拉格朗日函数

$$L(\boldsymbol{X}) = f(\boldsymbol{X}) \sum_{j=1}^{J} \lambda_j g_j(\boldsymbol{X}) \qquad (9.51)$$

TP 在 $\boldsymbol{X}^*$ 点取极值的库恩-塔克必要条件为:在 $\boldsymbol{X}^*$ 点应有

$$\nabla L(\boldsymbol{X}) = \nabla f(\boldsymbol{X}) + \sum_{j=1}^{J} \lambda_j \nabla g_j(\boldsymbol{X}) = 0 \qquad (9.52)$$

$$\lambda_j \geqslant 0 \quad (j=1,2,\cdots,J) \qquad (9.53)$$

$$\lambda_j g_j(\boldsymbol{X}) = 0 \quad (j=1,2,\cdots,J) \qquad (9.54)$$

$$g_j(\boldsymbol{X}) \leqslant 0 \quad (j=1,2,\cdots,J) \qquad (9.55)$$

如果 TP 为凸规划,则 $\boldsymbol{X}^*$ 就是 TP 的最优解,称其为系统优化的"全优解"。

上述总规划 TP 与诸分规划 $SP_i(i=1,2,\cdots,I)$ 间在表达上尚无任何联系,"局优解" $\boldsymbol{X}_i^*(i=1,2,\cdots,I)$ 与"全优解" $\boldsymbol{X}^*$ 当然也尚无任何关系。

二、"局优"组合为"全优"的条件

要想使各分系统单独优化所得的结果凑起来就是总系统全局优化的结果,诸分规划 $SP_i(i=1,2,\cdots,I)$ 与总规划 TP 必须有如下联系:

(1) 总规划 TP 的设计变量 $\boldsymbol{X}$ 由诸分规划 SP_i 的设计变量 $\boldsymbol{X}_i(i=1,2,\cdots,I)$ 的全体组成,即

$$\boldsymbol{X} = [\boldsymbol{X}_1 \quad \boldsymbol{X}_2 \quad \cdots \quad \boldsymbol{X}_I]^T = [x_1 \quad x_2 \quad \cdots \quad x_N]^T \in \mathbf{R}^N \left.\begin{array}{l} \\ \\ N = \sum_{i=1}^{J} N_i \end{array}\right\} \qquad (9.56)$$

式中,N_i 为分规划 SP_i 设计变量 $\boldsymbol{X}_i$ 的维数,一般系统优化通常都可具备这一联系条件。

（2）任一分规划 SP_i 的目标 f_i 都不能拖总规划目标 f 的后腿，即任一分规划目标的改善必须对总规划目标的改善作出积极的贡献。这就要求总目标 f 是各分目标的增函数，即总目标 f 对各分目标 f_i 的导数大于零（起码不小于零），即

$$f(\boldsymbol{X}) = f[f_1(\boldsymbol{X}_1) \quad f_2(\boldsymbol{X}_2) \quad \cdots \quad f_I(\boldsymbol{X}_I)] \tag{9.57}$$

$$\frac{\partial f(\boldsymbol{X})}{\partial f_i} \geqslant 0 \tag{9.58}$$

（3）总规划约束是诸分规划约束的全体，即可将总规划约束

$$g_j(\boldsymbol{X}) \leqslant 0 \quad (j = 1, 2, \cdots, J) \tag{9.59}$$

表示为

$$g_{ij}(\boldsymbol{X}_i) \leqslant 0 \quad (j = 1, 2, \cdots, J; i = 1, 2, \cdots, I) \tag{9.60}$$

这时，有

$$J = \sum_{i=1}^{I} J_i$$

这一条件并非一般系统优化都能具备。综合以上条件，若要使"局优"组合为"全优"，总规划 TP 应能表达为如下 TP^0 形式：

$$TP^0: \quad 寻找 \quad \boldsymbol{X} = [\boldsymbol{X}_1 \quad \boldsymbol{X}_2 \quad \cdots \quad \boldsymbol{X}_I]^T = [x_1 \quad x_2 \quad \cdots \quad x_N]^T \in \boldsymbol{R}^N \atop \min f(\boldsymbol{X}) = f[f_1(\boldsymbol{X}_1) \quad f_2(\boldsymbol{X}_2) \quad \cdots \quad f_I(\boldsymbol{X}_I)] \atop s.t. \quad g_{ij}(\boldsymbol{X}_i) \leqslant 0 \quad (j = 1, 2, \cdots, J; i = 1, 2, \cdots, I) \tag{9.61}$$

式中

$$\frac{\partial f}{\partial f_i} \geqslant 0$$

总规划目标为分规划目标的简单相加，经常出现于系统优化中，实际上，这种简单相加关系一般推广为非负系数线性组合，即

$$f = \sum_{i=1}^{I} a_i f_i + b_0 \tag{9.62}$$

式中，a_i 和 b_0 均为常数。

"局优"组合为"全优"的目标函数组合关系还可能是其他任意增函数形式，如乘积函数，串联系统可靠度即为各分系统可靠度的乘积，有

$$\boldsymbol{R}_s = \prod_{i=1}^{I} \boldsymbol{R}_i \tag{9.63}$$

当系统优化符合"局优"组合为"全优"的条件时，即可分别求解各分规划而直接得到全优解，完全不必采用大系统分解协调等优化方法，否则处理失当，反而会出错。

三、一般系统优化"局优"组合非"全优"的原因

系统优化符合"局优"组合为"全优"的 3 个条件就是要求各分系统优化即各分规划是完全独立的，要求它们之间没有任何耦合关系，主规划只是在形式上把它们联系在一起，总目标只要是各分目标的增函数，则分目标间也无实质上的耦合。但实际上，一般大系统优化问题都比较复杂，各分规划往往存在各种不同形式的耦合，这是因为系统本身就是由具有有机联系的分系统组成的，即分系统优化无耦合具有特殊性，分系统优化有耦合具有一般性。因而一般大系统优化往往不能同时满足"局优"组合为"全优"的条件，使得分别求解各分规划所得"局优解"凑起来并非"全优解"。具体表现在以下几个方面。

1.变量的耦合

由于总系统的优化设计结果,总应该确定各分系统的设计方案,所以,总规划 TP 设计变量 X 为各分系统设计变量 X_i 的组合,一般是没有问题的,即

$$X=[\begin{matrix} X_1 & X_2 & \cdots & X_I \end{matrix}]=[\begin{matrix} x_1 & x_2 & \cdots & x_N \end{matrix}]^T \in \mathbf{R}^N$$

"局优"组合为"全优"的第一个条件一般总能满足,但诸分规划变量不是独立的。对于一般系统优化,各分系统设计变量间常常存在可用等式方程描述的耦合关系,即

$$H(X)=0 \qquad (9.64)$$

它可能是一般的非线性方程组。系统优化模型中的关联耦合关系,无论是线性的还是非线性的,均可表示为式(9.64)所示的一般形式,它是关于总设计变量 X 的等式约束。由于等式约束可化为一对不等式约束,所以,可包括于式(9.50)所示总规划 TP 的一般约束内。

2.目标的耦合

"局优"组合为"全优"的第二个条件,一般系统优化是不能满足的,即总目标不一定是各分目标的简单增函数,而是整个总系统设计变量的一般函数,即

$$f=f(X) \qquad (9.65)$$

3.约束的耦合

"局优"组合为"全优"的第三个条件,一般系统优化也是不能满足的,在一般大系统优化设计中,总系统的约束函数并不都仅与某一个分系统设计变量有关,而是整个总系统设计变量的一般函数,即

$$g(X) \leqslant 0 \quad (j=1,2,\cdots,J) \qquad (9.66)$$

实际工程大系统优化设计总约束与分约束之间存在较为复杂的耦合关系,如结构系统优化设计的精度、刚度(基频)、强度(应力储备安全度)的总约束与分约束间就有很复杂的耦合关系,绝非简单的相加可以概括的。

当系统优化出现以上各种不能全部满足"局优"组合为"全优"的 3 个条件的情况时,由于不能靠求解各分规划求得"全优解",就必须求解能全面反映分系统优化各种耦合关系的总规划 TP 才能得到"全局最优解"。而总规划一般都比分规划规模大得多,复杂得多,难以用一般传统的求解理论与方法进行集中的分析与综合优化计算,这就是大系统优化理论与方法研究的背景。

9.4.3 分解协调规划一般数学形式

一、一般数学形式

系统是由既相对独立又相互联系的单元组成的具有特定功能的整体,"相对独立"与"相互联系"这两方面都是其应予重视和可以利用的特点。"相对独立"使我们有可能把它分解成若干子问题求解,"相互联系"又使我们必须考虑协调各子问题的耦合联系。

一般优化符合"局优"组合为"全优"的条件时,分系统无耦合完全独立,只解各分规划 SP_i,不解总规划 TP 即可求得全优解;否则,分系统除"独立"一面外还有"耦合联系"的一面,这时,必须解总规划 TP(不解分规划 SP_i)以求得全优解。但直接求解总规划 TP,由于规模大,耦合复杂,"独立"与"联系"两方面都要同时考虑而难以直接求解。能否构造一种新的规

划形式,把原总规划 TP 中"相对独立"与"耦合联系"两种因素分开,以"分解"和"协调"两种手段来分别处理"独立"与"联系"两方面的问题,从而使一个大规模、复杂的总规划 TP 化解为若干相对简单的规划,这就是分解协调规划的基本思路。

把相应于整个系统全局优化的总规划 TP 分解成若干相对独立的相应于各分系统(或单元)优化的子规划 SP_i 和一个进行全局协调优化的协调器或称主规划 MP,组成如图 9.6 所示结构的分解协调规划。

图 9.6　分解协调规划的结构

此分解协调规划中的子规划 SP_i 虽与前面的分规划 SP_i 使用字符相同,但其内涵将有所不同。

(1) 主规划 MP 不直接对各分系统进行设计,即不直接求解各分系统的细节设计变量,其任务是,为使总系统全局得到优化,而解决各分系统设计间耦合的全局协调问题。这些耦合主要包括目标的耦合、约束的耦合以及全局性的变量耦合,称之为强耦合。总之,主规划 MP 反映了系统"相互耦合联系"的一面,解决其"协调"问题,故可称为"协调器"。

(2) 各子规划 SP_i 只分别解决各分系统的优化设计问题,只从本分系统的目标与约束考虑寻求本分系统细节设计变量的优化解,而不涉及整个系统全局性的协调问题。必要时,也可处理与相邻分系统较弱的耦合关系。例如,若本分系统变量仅与个别相邻分系统的个别变量有关,则这种耦合比起全局性的目标、约束耦合来说,是局部性的较弱的耦合,称之为弱耦合,弱耦合也可放在子规划中处理。总之,各子规划 SP_i 反映了诸分系统"相对独立"的一面,可解决系统设计的"分解"问题。

(3) 各子规划 SP_i 对本分系统独立进行优化后,将优化结果以解耦参数 $\boldsymbol{D}_i$ 的形式输送给主规划 MP,主规划 MP 从整个系统的目标与约束考虑进行全局协调优化,将优化结果以协调参数 $\boldsymbol{C}_i$ 的形式下达给各子规划 SP_i,以协调各子规划的优化活动,从而实现系统优化中"分解"与"协调"两方面的统一。

(4) 整个优化过程是上述"分解 — 协调 — 再分解 — 再协调 ……"直至收敛的反复迭代的过程,此过程也符合"分解 — 综合 — 再分解 — 再综合 ……"的工程系统设计过程。

分解协调规划的一般数学形式可表示如下:

$$
(\mathrm{MP}){:}(\text{协调器}) \quad
\left.
\begin{aligned}
&\text{寻找}\quad \boldsymbol{Y} \\
&\mathrm{V-min}\quad \boldsymbol{F}(\boldsymbol{Y},\boldsymbol{D}) \\
&\mathrm{s.t.}\quad \boldsymbol{G}(\boldsymbol{Y},\boldsymbol{D}) \leqslant 0
\end{aligned}
\right\}
\tag{9.67}
$$

$$
\begin{array}{ll}
\text{协调参数} & \text{解耦参数} \\
\boldsymbol{C}_i(\boldsymbol{Y}^*) & \boldsymbol{D}_i(\boldsymbol{X}_i^*)
\end{array}
$$

$$
(\mathrm{SP}_i){:} \quad
\left.
\begin{aligned}
&\text{寻找}\quad \boldsymbol{X}_i \\
&\mathrm{V-min}\quad \boldsymbol{F}_i(\boldsymbol{X}_i,\boldsymbol{G}_i) \\
&\mathrm{s.t.}\quad \boldsymbol{G}_i(\boldsymbol{X}_i,\boldsymbol{C}_i) \leqslant 0 \\
&\boldsymbol{H}_i(\boldsymbol{X}_i,\boldsymbol{Z}_i,\boldsymbol{C}_i) = 0
\end{aligned}
\right\}
\tag{9.68}
$$

式中,各大写字母均为多维实数空间中的矢量。其中$Y \in \mathbf{R}^N$,$X_i \in \mathbf{R}^N$分别为总系统的协调变量和分系统的细节设计变量,Y一般不是诸X_i的组合,它可根据系统优化实际任意设定。F和F_i分别为总系统和分系统的目标函数,它们均可是多个目标决定的矢量函数。总目标F、总约束G与分目标F_i、分约束G_i有一定的关系,它们反映分系统的优化目标、约束,甚至变量的全局性耦合关系。各子规划中的等式约束函数H_i表示第i个分系统设计变量X_i与个别其他分系统中的个别设计变量的局部性弱耦合关系,其中Z_i表示与X_i有这种耦合关系的其他系统的设计变量,它应远不是所有其他分系统的所有设计变量,否则可作为全局性强耦合在主规划中处理。D_i为由分系统优化结果X_i决定的解耦参数,诸D_i组成D输给主规划的目标与约束进行全局性协调;C_i为由主规划协调结果Y^*决定的下达给SP_i的协调参数,将它输给分系统优化的目标与约束以协调各子规划的优化设计。

二、求解方法

(1)普遍型分解协调规划的具体求解过程是一反复分解协调的优化迭代过程:首先给定MP和各诸SP_i的初始设计方案$Y^{(0)}$,$X^{(0)}$以及$Z^{(0)}$,从而求得各协调参数$C_i^{(0)}$;将其输给各子规划SP_i,而后解各子规划SP_i,求得各分系统的优化设计方案X_i^*,以及相应的解耦参数D_i;将其输给主规划MP,再求解主规划MP,得到其最优设计Y^*和相应的协调参数C_i;然后输给各子规划SP_i完成一次迭代。反复解SP_i和MP,直到总目标或各设计方案不再变化,迭代收敛为止。

(2)具体迭代解法的基本步骤如下:

1)设$k=0$;

2)预定$Y^{(0)}$,求得各$C_i^{(0)}(Y^{(0)})$;

3)预定各$X_i^{(0)}$和$Z_i^{(0)}$;

4)令$C_i = C_i^{(k)}$,$Z_i = Z_i^{(k)}$;

5)求解各SP_i得$X_i^{(k+1)}$,$Z_i^{(k+1)}$;

6)求得各$D_i^{(k+1)}(X_i^{(k+1)})$;

7)令$D_i = D_i^{(k+1)}$;

8)求解MP,得$Y^{(k+1)}$,并求得各$C_i^{(k+1)}(Y^{(k+1)})$;

9)判断$\sum_i |C_i^{(k+1)} - C_i^{(k)}| \leqslant \varepsilon$? 是,则转11),否则转10);

10)令$k = k+1$,转1);

11)优化结束,输出有用数据。

(3)不难看出,在前面给出的普遍型分解协调规划数学模型中,在协调参数C_i、解耦参数D_i以及弱耦合变量Z_i给定后,主规划MP和诸子规划SP_i均为分别以Y和X_i为变量的数学规划的一般表达形式。它们均可根据其具体表达形式采用数学规划中的各种类型的解法(如线性规划的单纯型法、二次规划的瓦尔夫(Wokf)算法、莱姆克(Lemkor)算法、非线性规划各种利用梯度的解析算法、不利用梯度的直接搜索法和序列规划逼近法以及整数规划、动态规划等特殊规划算法)求解。这就可充分利用一般数学规划这一较成熟学科的各种理论与方法的现有成果,为各种不同形式的工程大系统设计的全局协调优化提供广泛的解法基础。

三、意义

(1) 普遍型分解协调规划将一个高维复杂耦合的大系统优化设计问题化解为若干低维相对独立分系统的优化和一个低维协调器的优化,对于具有多层次分系统的大系统,则可逐层分解协调,这就为复杂大系统优化问题的解决提供了一条根本的出路。

(2) 普遍型分解协调规划是大系统优化分解法或称解耦法的一般形式。对于不同形式的大系统优化设计问题,可以以此为基础,推导出更具体的形式。

(3) 只要大系统优化设计的实际问题本身是有解的,相应构造的普遍型分解协调规划的算法就是收敛的,其收敛的严格证明依赖于优化模型的具体表达。

(4) 直接使用普遍型分解协调规划的困难在于选取协调参数、解耦参数和协调器的工作内容,故须针对不同类型的大系统优化问题,研究其较为具体的分解协调规划形式。

9.4.4　全局协调优化方法

一、概述

在实体工程大系统中,结构只是其中的一个分系统。在实际工程设计中,结构设计本身也可能是一个工程大系统设计问题。这是因为下述原因:

(1) 在实际工程中确实存在一些复杂庞大的结构,如航天器结构、飞机结构和船舶结构等。由于这类结构设计变量维数高,单元类型多,性态函数复杂,故其设计应采用大系统的理论和方法。

(2) 实际工程结构往往由既相对独立又相互联系的若干分结构组成。工程设计部门往往将这些分结构设计任务及相应的设计指标分配给不同设计的科室人员单独进行设计,而后由结构总体设计人员综合协调,这显然很符合大系统分解协调设计的特色。

工程结构系统优化设计与一般系统优化设计相比,具有以下特点:

(1) 作为优化目标或约束的结构性态函数(位移、应力、基频等结构反应)是构件尺寸、几何形状等设计变量的高次非线性隐函数。

(2) 作为结构总系统目标或约束的性态函数,又与各结构分系统性态函数之间可能存在十分复杂的关系,例如,结构总的自振基频与各分结构自振基频的关系,绝非是一般大系统优化理论中处理的加性可分离关系。

因此,工程结构大系统全局协调优化设计具有较大的难度。

二、描述模型

(1) 工程结构系统设计可能成为优化目标或约束的性态函数有如下各种:

1) 质量:重力、体积、造价;

2) 静力特性:质心、惯矩;

3) 静力响应:位移(变形、精度、挠度)、应力(强度、稳定性、应力储备、安全度);

4) 动力特性:基频、模态;

5) 动力响应:位移、应力、刚度、强度;

6) 广义可靠度(考虑随机性、模糊性等不确定性因素时用)。

其中常用的有质量、挠度、应力和基频。

在以上性态函数中,质量总是与静动力特性、响应等相互制约的;在同等技术条件下,对质量要求低,结构质量大,则各种特性、响应等都能得到改善;反之,对质量要求高,结构质量小,则各种特性、响应等都会变差。所以,结构质量是提高结构各种特性、响应设计水平的设计条件。为了表述方便,按以上制约关系,把前述各种性态函数中的质量作为设计条件单独称呼,而把其他性态函数统称为性态设计水平。

(2) 工程结构大系统的全局协调优化可归结为工程大系统设计最优分配问题。

根据实体工程大系统设计的实际过程和指标、参数的分类性质,主要有如下两种对偶的全局协调优化主导思想:

I1:工程系统设计的全局协调优化应力求合理地将总设计条件分配给各分系统,以尽量提高工程系统的使用效能和工程质量。

在 I1 主导思想下,各分系统的设计条件分配量是主规划协调器的设计变量、协调参数和各分规划的主要约束,总系统的使用效能和工程质量是主规划协调器的优化目标,设计条件总数量不变是主规划的主要约束。

I2:在保证工作系统总使用效能和工程质量的前提下,合理地分配各分系统所用的设计条件,以尽量降低工程系统设计所需的设计条件总数。

在 I2 主导思想下,各分系统的设计条件分配量仍然是主规划协调器的设计变量、协调参数和各分规划的主要约束。但主规划协调器的优化目标变成了使设计条件总数量减少,变成了保证总使用效能与工程质量不低于工程要求。I2 与 I1 相比,仅仅是主规划协调器的目标函数与约束函数发生了对调。

两种对偶的全局协调优化主导思想的核心都是合理地分配设计条件,没有本质的不同,相应的解法也区别不大。究竟采用哪种主导思想,取决于针对不同工程系统的不同决策意图,可由方案论证确定,并与工程系统的总效益(成本加使用效益)有关,因为设计条件越少,成本虽然越低,但使用效能、工程质量则较差,使得使用效益下降,故应从总效益角度进行综合决策。

各分规划在主规划分给的设计条件下,对本分系统的细节变量进行设计,以努力提高对总系统的使用效能及工程质量的贡献,并将此贡献以解耦参数的形式输入主规划。

三、数学模型

按照前面提出的普遍型分解协调规划的基本形式,两对偶主导思想的设计条件最优分配数学模型分别为 I1 和 I2,如图 9.7 和图 9.8 所示。两数学模型中,Y_i,y_i 和 Y_0 分别为第 i 个分系统的设计条件分配量、实际使用量和预定总数量;F_i,F 分别为第 i 个分系统、总系统对位移精度、应力安全度、基频特性等多项性态设计水平的度量;F_{i0},F_0 分别为其预定下限;X_i 为第 i 个分系统的设计矢量,共 N_i 个分量;Z_i 为其他分系统变量中与 X_i 直接有关的变量组成的矢量;$H_i(X_i, Z_i) = 0$ 为第 i 个分系统的变量弱耦合约束方程。

两数学模型可按前面给出的工程大系统分解协调规划的求解方法求解,其中分规划的求解是一般结构优化问题,是在质量约束下的多性态目标优化。以上模型求解的主要困难在于主规划中结构总体性态函数与分结构性态函数关系的确定。

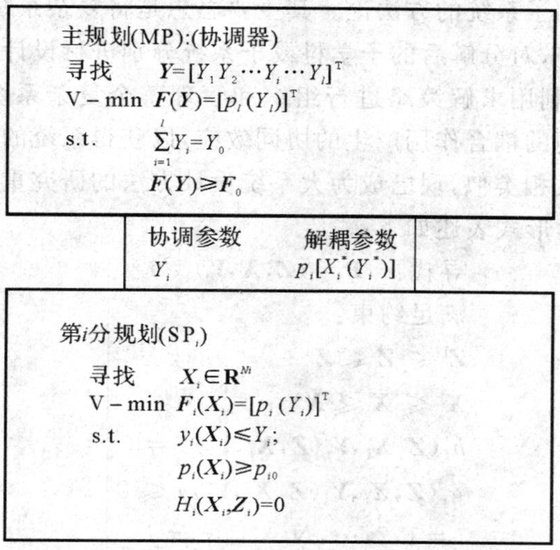

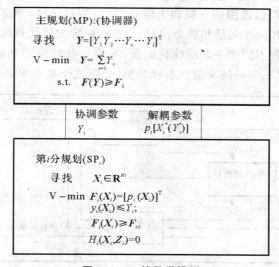

主规划(MP):(协调器)

寻找　$Y = [Y_1 Y_2 \cdots Y_i \cdots Y_l]^{\mathrm{T}}$

$\mathrm{V-min}\ \ \boldsymbol{F}(\boldsymbol{Y}) = [p_i(Y_i)]^{\mathrm{T}}$

s.t.　$\sum\limits_{i=1}^{l} Y_i = Y_0$

　　　$\boldsymbol{F}(\boldsymbol{Y}) \geqslant \boldsymbol{F}_0$

协调参数　　　　解耦参数

Y_i　　　　$p_i[X_i^*(Y_i^*)]$

第 i 分规划 (SP_i)

寻找　　$X_i \in \mathbf{R}^{Ni}$

$\mathrm{V-min}\ \ F_i(X_i) = [p_i(Y_i)]^{\mathrm{T}}$

s.t.　　$y_i(X_i) \leqslant Y_i;$

　　　$p_i(X_i) \geqslant p_{i0}$

　　　$H_i(X_i, Z_i) = 0$

图 9.7　I1 的数学模型

主规划(MP):(协调器)

寻找　　$Y = [Y_1 Y_2 \cdots Y_i \cdots Y_l]^{\mathrm{T}}$

$\mathrm{V-min}\ \ Y = \sum\limits_{i=1}^{l} Y_i$

　　s.t.　$\boldsymbol{F}(\boldsymbol{Y}) \geqslant \boldsymbol{F}_0$

协调参数　　　　解耦参数

Y_i　　　　$p_i[X_i^*(Y_i^*)]$

第 i 分规划 (SP_i)

寻找　　$X_i \in \mathbf{R}^{Ni}$

$\mathrm{V-min}\ \ F_i(X_i) = [p_i(X_i)]^{\mathrm{T}}$

　　　$y_i(X_i) \leqslant Y_i;$

　　　$F_i(X_i) \geqslant \boldsymbol{F}_{i0}$

　　　$H_i(X_i, Z_i) = 0$

图 9.8　I2 的数学模型

9.5　鱼雷总体多学科设计优化方法

9.5.1　多学科设计优化基本概念

多学科设计优化(Multidisciplinary Design Optimization，MDO)方法由美籍数学家 Sobieszczanski-Sobiesk 于 1982 年提出，它是一种通过充分探索和利用系统中相互作用的协同机制来设计复杂系统和子系统的方法论。其主要思想是将复杂系统按照学科或者部件分解为简单的子学科或子系统，对分解后的子学科或子系统分别进行设计与优化，同时考虑到各学科或子系统的耦合作用，利用求解策略进行组织和管理整个复杂系统的求解过程。MDO 充分利用学科或子系统之间的耦合作用产生的协同效应，以获得系统的最优解，设计流程与工程实际中的组织和管理模式相类似，现已成为大系统设计方法的研究重点。一个包含 N 个学科的 MDO 问题可以用数学形式表述如下：

$$
\left.
\begin{aligned}
&寻找：\quad \boldsymbol{P} = (\boldsymbol{Z}, \boldsymbol{X}, \boldsymbol{Y}) \\
&满足约束： \\
&\boldsymbol{Z}^{l} \leqslant \boldsymbol{Z} \leqslant \boldsymbol{Z}^{u} \\
&\boldsymbol{X}^{l} \leqslant \boldsymbol{X} \leqslant \boldsymbol{X}^{u} \\
&h_i(\boldsymbol{Z}, \boldsymbol{X}_i, \boldsymbol{Y}_i(\boldsymbol{Z}, \boldsymbol{X}_i, \boldsymbol{Y}_j)) = 0 \\
&g_i(\boldsymbol{Z}, \boldsymbol{X}_i, \boldsymbol{Y}_i(\boldsymbol{Z}, \boldsymbol{X}_i, \boldsymbol{Y}_j)) \leqslant 0 \\
&i = 1, 2, \cdots, N \quad 且\ i \neq j \\
&最小化：\quad f(\boldsymbol{Z}, \boldsymbol{X}, \boldsymbol{Y})
\end{aligned}
\right\}
\tag{9.69}
$$

其中，$\boldsymbol{P}$ 表示设计向量；$\boldsymbol{Z}$ 表示系统设计变量，$\boldsymbol{Z}^{l}$ 和 $\boldsymbol{Z}^{u}$ 为其取值范围的下限和上限；$\boldsymbol{X}$ 表示学科设计向量，$\boldsymbol{X}^{l}$ 和 $\boldsymbol{X}^{u}$ 为其取值范围的下限和上限；h_i 和 g_i 表示学科 i 的等式和不等式约束；$\boldsymbol{X}_i$ 和 $\boldsymbol{Y}_i$ 分别表示学科 i 的局部设计向量和状态向量；f 表示系统的优化目标。

多学科设计优化问题不同于一般的优化问题，有着一些特定的基本术语和参数定义。如图 9.9 所示，以一个包含三学科的非层次系统为例，介绍几个基本术语和符号。

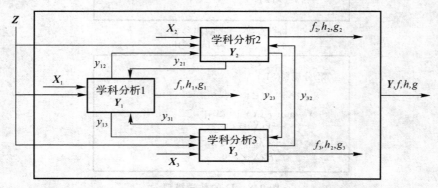

图 9.9　包含 3 个学科的非层次型多学科优化问题

（1）学科：也称为子系统或子空间，是指系统中本身相对独立、相互之间又有数据交换关系的基本模块。以鱼雷为例，学科通常是指水动力、结构、控制、推进等子系统。

（2）设计变量：用于描述工程系统的特征，在设计过程中受到设计者控制的一组相互独立的变量。根据作用范围的不同，设计变量可以分为共享设计变量和局部设计变量。共享设计变量也称为系统设计变量，是同时被两个或两个以上的学科控制的设计变量，如图 9.9 中的 $\boldsymbol{Z}$；局部设计变量又称为学科设计变量，是只被某一个学科或子系统控制的设计变量，如图 9.9 中的 $\boldsymbol{X}_1, \boldsymbol{X}_2$ 和 $\boldsymbol{X}_3$。

（3）状态变量：用以描述复杂工程系统的性能或特征的一组参数，一般需要通过各种分析或计算模型才能得到。状态变量分为系统状态变量、学科状态变量和耦合状态变量。系统状态变量用以表征整个系统性能,如图9.9中的 Y;学科状态变量是属于某一学科的状态变量,如图9.9中的 Y_1,Y_2,Y_3;耦合状态变量用以表征学科之间的耦合关系,如图9.9中的 y_{12},y_{21} 等。

(4)学科分析:是指以系统设计变量、学科局部设计变量、其他学科对该学科的耦合状态变量为输入,求解学科状态方程的过程,工程上多利用商业软件包来完成。

(5)系统分析:也称多学科分析,是给定系统设计变量,通过求解系统的状态方程得到系统状态变量的过程。复杂工程系统的系统分析过程涉及多门学科分析,如果系统是非层次型的,由于学科之间的耦合关系,整个过程需要反复迭代才能完成。

(6)一致性设计:在系统分析过程中,由设计变量及其相应的满足系统状态方程的系统状态变量组成的设计方案。满足一致性设计方案就是可行的设计方案,能够使系统目标函数最小(或最大)的设计方案就是最优设计方案,分为全局最优和局部最优两类。

9.5.2　多学科设计优化研究内容

随着多学科设计优化技术的不断发展,其研究内容也不断地得到充实和扩展。根据多学科综合优化问题的特点,Sobiesk 等人将其研究内容分为 3 类:信息科学技术、面向设计的学科分析和多学科设计优化过程。美国航空航天学会(AIAA)的 MDO 技术委员会在 1998 年将 MDO 的研究内容归纳为 4 大类共 16 个方面,本书仅介绍其中几个主要研究内容。

(1)系统分解与规划。复杂系统往往具备如下几个特征:数学模型的复杂性(如高度非线性)使得数值优化往往难以得到可信赖的稳定解;计算量大;系统本身的复杂性造成对系统难以认知、求解等。分解协调是复杂系统问题求解的有效方法,协调对应于分解,分解为基础。分解的目的就是把一个复杂的大系统分解为多个相互较为独立、容易求解、规模较小的子系统(学科)。系统分解既可以从建立数学模型的过程中,为便于计算进行分解,也可以从便于管理的角度进行分解。故系统分解不是一个单纯的理论问题或数学问题,对不同设计阶段或不同系统,其分解方式各有侧重,有时甚至需要将多种分解方式结合起来。分解之后,各子系统(学科)之间往往存在层次型与非层次型两大基本关系。

(2)系统集成建模。确定各学科的分析方法,并建立复杂工程系统的系统集成优化模型是进行多学科设计优化的前提。一个优化设计问题,不管如何表达,最终都可以用一个由设计变量、目标函数以及约束条件组成的优化数学模型来表示。研究优化建模的目的就是帮助设计者正确表达设计思想,提高建模的方便性和自动化程度,主要方法包括直接建模、自适应建模、可变复杂度建模及过程建模等几类。此外,MDO 问题的建模也应遵循 3 个主要原则:首先,在不违反同一设计问题相通理论的前提下,MDO 模型可比单个学科模型的设计细节要少一些;其次,在保证必要精度的前提下,MDO 模型的复杂程度要比单学科的低一些;第三,特殊场合时,同一学科不同复杂程度的模型可同时使用,较复杂的用于学科本身的分析与计算,而简单的则用于描述与其他学科的耦合。

(3)参数化几何建模。参数化几何建模是一种可共享的设计对象描述方式,可以方便地解决学科间或不同部门及地点之间的通信。为此,MDO 过程需要发展参数化模型与自动建模技术,所建立的统一参数化几何模型应与现有的 CAD 软件兼容,并且参数化模型应该在设计变量发生变化的情况下仍能够保持精度与真实性。此外,在工业应用中,鲁棒的、自动化的、精确的非参数化模型,如学科间的网格映射技术,也是必要的。对于这些要求来说,经过很好验证的软件也是比较实用的。

（4）近似技术。由于复杂工程系统的 MDO 问题比单学科优化复杂得多，导致一次完整系统分析需要巨大的工作量，其中存在着大量的反复迭代权衡计算，使得在系统优化迭代的每一步完整地执行整个系统分析是不切实际的。因此，近似技术的研究成为多学科设计优化研究领域的一项重要内容。多学科设计优化过程中近似技术的研究主要集中在如何构建满足精度要求的近似模型。近似模型用来代替各子学科中原有的分析模块，能够很容易地集成到MDO 流程中，从而使复杂工程系统的多学科设计优化变得切实可行，因此构建近似模型成为支持 MDO 实用化的关键。实际的工程系统优化设计中通常使用的近似方法主要包括基于泰勒级数展开函数的局部近似方法以及多项式响应面、Kriging 模型和神经网络等全局近似方法。

（5）灵敏度分析。MDO 的系统灵敏度分析是为了跟踪学科之间耦合设计变量的相互影响而提出的。Sobieski 认为，单学科的灵敏度分析方法同样适用于 MDO 问题的灵敏度分析。然而在许多实际例子中，进行 MDO 系统灵敏度分析时，因系统分析具有整体规模的特性，所以不能简单地扩展单学科灵敏度分析方法。20 世纪 90 年代初，用于耦合系统灵敏度分析的全局灵敏度分析方法（Global Sensitivity Equation, GSE）及其高阶导数由 Sobieski 推导而得出，GSE 是一种能有效计算相互耦合多学科灵敏度的方法，该方法直接从隐函数原理推导而来，精确性较高。

（6）优化算法。优化算法一直是优化设计领域研究的重点。现有的优化算法，可归纳为两大类方法：一是具有严格数学定义的经典优化算法，如梯度法、内点法等；二是进化方法，如模拟退火、神经网络、遗传算法和演化算法等。算法研究可从两方面入手。首先，开发新算法。在工程优化设计中，尤其在多学科优化中，问题性态更为复杂，维数急剧增加，如组合优化问题、非光滑不可微优化问题、系统动态设计和非数值优化问题等等，对这些问题难以实现优化。因此需要进一步研究开发出一些能解决设计全过程中出现的难解、不可微、非光滑等问题的高效的、对数学形态没有特殊要求的、具有并行处理特点的优化算法。其次，集成和整理已有算法。MDO 中，优化任务不同，其所需要的算法也可能各有不同，有些任务可能需要组合应用几种算法，才能取得较好的效果；对于同一个优化任务，也可以采用不同的优化算法进行比较，以获得任务的最优解。

（7）求解策略。MDO 求解策略也称为 MDO 方法、MDO 优化过程或 MDO 优化框架等，是 MDO 问题的数学表达及这种表达在计算环境中实现的过程组织。MDO 求解策略是在系统分解的基础上进行的。在层次型模型中，只有父子模型之间存在耦合，同一级别的子模型之间没有耦合。而在非层次型模型中，耦合关系包含系统变量同时影响多个子模型的父子模型之间的耦合；耦合变量为某子模型的计算结果与对其他子模型产生影响的子模型之间的耦合。各种 MDO 求解策略的最终目标就是将上述耦合关系解耦，并在解耦的过程中最大限度地挖掘系统的设计潜力。

（8）软件集成平台。多学科设计优化软件集成平台是指能够实现多学科设计优化方法的软硬件计算环境，在软件集成平台中能够集成和运行各子系统的学科分析和计算，并实现各子系统之间的通信。软件平台是 MDO 方法实现的具体支持环境，其研究内容与计算机科学密切相关。好的软件平台，不仅具有良好的人机交互界面，还能够支持多学科设计优化过程的进行，得到系统总体设计的最优方案。随着 MDO 技术的不断发展，开发以计算机网络为基础，能集成各学科分析工具,并提供 MDO 技术进行多学科设计优化的软件平台已成为必然趋势。目前,国外有许多政府或企业的研究中心致力于多学科设计优化软件框架的开发,并取得了显著的研究成果,其中有些已经作为商业 MDO 框架软件被设计者选用,用以开发针对具体设计对象的多学科设计优化软件集成平台,如 iSIGHT,AML 和 ModelCenter 等。

9.5.3　多学科设计优化策略研究

鱼雷总体设计问题是一个顺序执行的弱耦合设计问题。因而,适当的多学科设计优化求解策略对于鱼雷总体多学科设计优化过程的控制、学科间的数据传递以及优化结果的得到都有直接的影响。

协同优化策略因具有算法结构与实际工程设计的组织形式一致、能够实现各学科并行分析和优化、易于实现模块化设计的特点,成为研究较多、应用较为广泛的 MDO 求解策略,适合于解决弱耦合的设计问题。但协同优化策略设计变量较多,耦合变量协调十分困难,导致了整体计算量过大、优化过程收敛速度过慢或不能收敛的问题,使得它在复杂工程系统 MDO 问题中的应用存在较大的困难。为减少协同优化策略的计算量,提高优化过程的收敛速度,使其能够适用于鱼雷总体 MDO 问题的求解,本节在变量分配的基础上,通过对系统级和学科级数学模型进行改进,介绍了一种改进的多学科设计快速收敛协同优化策略(Improved Fast Convergence Collaborative Optimization,IFCCO)。该求解策略在系统级添加了与全局变量相关的约束条件,构建一致性约束方程,并简化子学科优化功能,从而能够提高计算效率,加快优化过程的收敛。

一、协同优化策略

协同优化策略即 CO 策略,是解决非层次型耦合系统分解问题的多级优化策略,最大程度地保持了各学科计算的自治性。CO 策略是一种两级优化求解策略,整个多学科设计优化问题将在两个层次级求解,即系统级和学科级。系统级处于顶层,消除了单个学科子系统的所有局部变量,只负责向各学科提供共享或相关信息的协调值,构造系统级的一致性约束以消除各学科之间耦合因素的不协调问题,进行整体优化的规划协调,指挥优化的大方向。处于下层的各学科子系统之间是相对独立的,每个学科自主选择本学科设计变量,在满足本学科自身约束的前提下,最小化学科设计变量和系统级提供的设计变量优化解之间的差别,以减小与其他学科之间耦合变量的不一致性,在此基础上尽量实现自身最优化。学科优化后的设计变量值将和系统级变量一起在系统级优化器中构成一致性约束的方程组,CO 策略通过系统级和学科级的多次迭代达到整个优化系统的协调和目标函数最优。

CO 策略的数学建模中最重要的环节是构建耦合变量的一致性约束方程,即要求 $Y_i = Y'_i$,其中 Y_i 为给定的某个设计变量值,Y'_i 为经过子系统分析给出的实际设计变量值。建立一致性约束的方案主要有以下几种:

$$|Y_i - Y'_i| \leqslant \varepsilon_1, \quad i = 1,2,\cdots \tag{9.70}$$

$$|Y_i - Y'_i|^2 \leqslant \varepsilon_2, \quad i = 1,2,\cdots \tag{9.71}$$

$$\left|1 - \frac{Y_i}{Y'_i}\right| \leqslant \varepsilon_3, \quad i = 1,2,\cdots \tag{9.72}$$

$$\left|\ln\left(\frac{Y_i}{Y'_i}\right)\right| \leqslant \varepsilon_4, \quad i=1,2,\cdots \tag{9.73}$$

其中,ε 为松弛因子,是一个非常小的正数,表示允许的误差。CO 策略中通常采用第二种一致性约束,因为这种约束的收敛速度比其他几种快。

系统层对学科之间的耦合变量进行协调控制,系统设计变量和所有的耦合状态变量在优化过程中均为设计变量,优化任务是使整个系统目标最优,约束条件只包括一致性约束。系统级优化数学模型如下:

$$\begin{aligned} &\min_{Z,Y_i}: \quad f(\boldsymbol{Z},\boldsymbol{Y}_i) \\ &\text{s.t.} \quad J_i = \|\boldsymbol{\sigma}_i^* - \boldsymbol{Z}\|^2 + \|\boldsymbol{a}_i^* - \boldsymbol{Y}_i\|^2 = 0, \quad i=1,\cdots,N \\ &\qquad \boldsymbol{Z}^l \leqslant \boldsymbol{Z} \leqslant \boldsymbol{Z}^u \end{aligned} \tag{9.74}$$

式中 $\boldsymbol{Z}$——系统设计变量,$\boldsymbol{Z}^l$ 和 $\boldsymbol{Z}^u$ 分别代表变量的下限和上限;

      $\boldsymbol{Y}_i$——耦合变量,$i=1,\cdots,N$;

      J_i——一致性约束条件;

      $\boldsymbol{\sigma}_i^*$——学科 i 优化后得到的辅助设计变量最优值;

      $\boldsymbol{a}_i^*$——学科 i 优化后向系统级输出的耦合变量值。

学科级优化任务是在给定系统设计变量 $\boldsymbol{Z}$ 和其他学科耦合变量 $\boldsymbol{Y}_j$ 的最优值,并满足本学科约束条件的前提下,通过调整本学科的局部设计变量 $\boldsymbol{X}_i$、辅助设计变量 $\boldsymbol{\sigma}_i$,使本学科的优化方案与系统级传递来的目标方案的差异最小。学科 i 的数学模型如下:

$$\begin{aligned} &\min_{\boldsymbol{\sigma}_i,\boldsymbol{X}_i}: J_i = \|\boldsymbol{\sigma}_i - \boldsymbol{Z}\|^2 + \|\boldsymbol{Y}_i - \boldsymbol{a}_i\|^2 \\ &\text{s.t.} \quad \boldsymbol{g}_i(\boldsymbol{\sigma}_i,\boldsymbol{X}_i,\boldsymbol{Y}_j) \leqslant 0 \quad j \neq i \\ &\qquad \boldsymbol{X}_i^l \leqslant \boldsymbol{X}_i \leqslant \boldsymbol{X}_i^u \end{aligned} \tag{9.75}$$

式中 $\boldsymbol{X}_i$——学科 i 的局部设计变量;

      $\boldsymbol{X}_i^l, \boldsymbol{X}_i^u$——学科局部设计变量 $\boldsymbol{X}_i$ 的下限和上限;

  $\boldsymbol{g}_i(\boldsymbol{\sigma}_i,\boldsymbol{X}_i,\boldsymbol{Y}_j)$——学科 i 的约束条件;

      $\boldsymbol{a}_i$——学科 i 经过学科分析输出的耦合变量,以 $\boldsymbol{A}_i$ 表示学科 i 的计算模型,则有

$$\boldsymbol{a}_i = \boldsymbol{A}_i(\boldsymbol{\sigma}_i,\boldsymbol{X}_i,\boldsymbol{Y}_j) \quad j \neq i \tag{9.76}$$

通过对上节 CO 策略的数学模型进行分析可知,CO 策略在解决复杂系统的设计问题时,有其独到的优点,主要是以下几点:

(1) 实现了各学科并行优化,提高了计算效率。系统级的每一次迭代中,由于学科之间相对独立,所以各个学科的优化问题都得到求解。

(2) 保持了各学科设计优化的自治权,每个学科可以自由地选择或制定本学科的优化流程。

(3) CO 策略的组织结构与实际工程设计的组织形式具有高度的一致性,易于实现模块化设计。

(4) 当学科之间耦合性较弱、耦合变量较少时,CO 策略的维度比单级优化策略小。

同时,它也存在以下缺点:

(1) 由于将状态变量当作系统级设计变量,当耦合变量较多时,协调比较困难,计算量过大,导致求解计算成本较高。

（2）学科级增加了与系统设计变量和耦合变量对应的辅助设计变量,扩大了设计变量的维数,导致计算量增大,计算效率降低,收敛困难。

（3）由于系统级一致性约束条件在最优点处的雅可比矩阵有时候是奇异的,CO 策略求解问题存在收敛性问题。

二、快速收敛协同优化策略

在构建鱼雷总体设计 MDO 策略时如何减小系统级优化任务,实现各学科并行优化,并保证学科之间耦合变量的一致性是首先要考虑的因素。CO 策略在求解大型复杂工程系统的优化问题时具有独有的优势,但是在收敛性和收敛速度方面则存在一定的局限性,为充分发挥 CO 策略的优点,本节将针对 CO 策略的收敛速度进行改进,介绍一种改进的快速收敛协同优化策略（IFCCO）来解决复杂工程系统的多学科设计优化问题,并应用于鱼雷总体多学科设计优化中。

IFCCO 策略中将所有的变量分为全局变量和局部变量两种。系统级处理全局设计变量: $\boldsymbol{p}_u = \{\boldsymbol{Z}, \boldsymbol{Y}_i\}$, $i = 1, 2, \cdots, n$ 。 $\boldsymbol{Z}$ 表示系统设计变量; $\boldsymbol{Y}_i$ 表示学科 i 的输出与其他学科耦合的变量。学科级处理本学科的局部设计变量: $\boldsymbol{p}_r = \bigcup \boldsymbol{X}_i$, $i = 1, 2, \cdots, n$ 。 n 为子学科个数; $\boldsymbol{X}_i$ 表示学科 i 的局部设计变量。

IFCCO 策略中学科级优化的任务是满足本学科约束条件的前提下最优化本学科目标函数,学科目标函数的优化将对系统总目标的优化起促进作用。学科优化问题的设计变量为局部设计变量 $\boldsymbol{X}_i (i = 1, 2, \cdots, n, n$ 为子学科数目）,优化过程中系统设计变量 $\boldsymbol{Z}$ 和耦合变量 $\boldsymbol{Y}_i$ 固定,为系统级优化之后传递到本学科的优化值 $\boldsymbol{Z}^*$ 和 $\boldsymbol{Y}_i^*$,子学科 i 的优化模型为

$$
\left.
\begin{aligned}
\min_{\boldsymbol{X}_i} \quad & \boldsymbol{f}_i(\boldsymbol{X}_i) = \begin{bmatrix} f_i^1(\boldsymbol{X}_i) & f_i^2(\boldsymbol{X}_i) & \cdots & f_i^k(\boldsymbol{X}_i) & \cdots & f_i^{\mathrm{nob}_i}(\boldsymbol{X}_i) \end{bmatrix} \\
\mathrm{s.t.} \quad & \boldsymbol{g}_i(\boldsymbol{X}_i) \leqslant \boldsymbol{0} \\
& \| \boldsymbol{Y}_i^* - \boldsymbol{A}_i(\boldsymbol{X}_i) \|^2 = 0 \\
& \boldsymbol{X}_i^l \leqslant \boldsymbol{X}_i \leqslant \boldsymbol{X}_i^u
\end{aligned}
\right\}
\tag{9.77}
$$

式中　$\boldsymbol{f}_i(\boldsymbol{X}_i)$ ——学科 i 的目标函数;

$f_i^k(\boldsymbol{X}_i)$ ——学科 i 的第 k 个目标函数;

nob_i ——学科 i 的目标函数个数;

$\boldsymbol{g}_i(\boldsymbol{X}_i)$ ——学科 i 的约束函数向量;

$\boldsymbol{Y}_i^*$ ——系统级优化后传递到学科 i 的耦合状态变量,子学科中固定;

$\boldsymbol{A}_i$ ——只依赖于本学科局部设计变量 $\boldsymbol{X}_i$ 的计算模型;

$\boldsymbol{X}_i^l$ 和 $\boldsymbol{X}_i^u$ ——学科 i 设计变量 $\boldsymbol{X}_i$ 的下限和上限。

工程中常常通过线性组合法来处理多目标优化问题,构造统一的优化目标函数。通过引入各个学科独立求解时达到的 Pareto 最优解 $\boldsymbol{f}_i^*$,即在式（9.77）中把所有变量都作为优化设计变量时得到的最优解,称为各学科的理想解,并假定 $f_i^{k*} > 0 (k = 1, 2, \cdots, \mathrm{nob}_i)$,在绝大多数工程问题中,该条件可以得到保证。然后采用下列公式来构造学科 i 的目标函数:

$$
f_i(\boldsymbol{X}_i) = \sum_{k=1}^{\mathrm{nob}_i} \left(\omega_{ik} \frac{f_i^k(\boldsymbol{X}_i)}{f_i^{k*}} \right)
\tag{9.78}
$$

式中　f_i^{k*} ——学科 i 的第 k 个目标函数 $f_i^k(\boldsymbol{X}_i)$ 的理想解;

ω_{ik} ——学科 i 的第 k 个目标函数 $f_i^k(\boldsymbol{X}_i)$ 的权重,为严格正数,且 $\sum \omega_{ik} = 1$ 。

权重分配问题在系统评价决策中得到广泛研究,本书不再赘述。例如,根据决策分析,越重要的目标,其相应的权值应越大,可采用熵值法、层次分析法、比较矩阵法和模糊子集法,以及某些可消除主观随意性的组合赋值法等进行权值的确定。

IFCCO 策略中系统级优化的任务是在满足耦合变量一致性约束的条件下最优化系统整体目标函数。系统级优化问题的设计变量为全局设计变量,在优化过程中各学科的设计变量为学科优化之后传递过来的最优值 X_i^*,约束条件包括三部分:全局设计变量取值范围约束、系统级优化固有约束和各学科中与全局设计变量相关的约束函数。系统级优化的数学模型如下:

$$
\begin{aligned}
& \min \quad \boldsymbol{f}_{\mathrm{S}}(\boldsymbol{Z},\boldsymbol{Y}_i) = \sum_{i=1}^{n}(\omega_i f_i) \\
& \text{s.t.} \quad \boldsymbol{g}(\boldsymbol{Z},\boldsymbol{Y}_i) \leqslant 0, \quad \boldsymbol{g}_i^c(\boldsymbol{Z},\boldsymbol{Y}_j) \leqslant 0 \\
& \qquad \sum_{i=1}^{n} \parallel \boldsymbol{Y}_i - \boldsymbol{A}_i(\boldsymbol{Z},\boldsymbol{Y}_j) \parallel^2 = 0 \\
& \qquad \boldsymbol{Z}^l \leqslant \boldsymbol{Z} \leqslant \boldsymbol{Z}^u
\end{aligned}
\right\}
\tag{9.79}
$$

式中　　$\boldsymbol{f}_{\mathrm{S}}(\boldsymbol{Z},\boldsymbol{Y}_i)$ —— 系统整体优化的目标函数;

ω_i —— 学科 i 的目标函数 f_i 的权重;

$\boldsymbol{g}(\boldsymbol{Z},\boldsymbol{Y}_i)$ —— 系统级固有的约束函数;

$\boldsymbol{g}_i^c(\boldsymbol{Z},\boldsymbol{Y}_j)$ —— 学科 i 中与全局设计变量相关的约束函数向量;

$\boldsymbol{A}_i$ —— 仅依赖于全局设计变量的学科 i 的计算模型;

$\boldsymbol{Z}_i^l$ 和 $\boldsymbol{Z}_i^u$ —— 系统设计变量的下限和上限。

与 CO 策略一样,利用 IFCCO 策略求解多学科设计优化问题时,将优化问题的整体结构分为系统层和学科层上、下两层(见图 9.10),学科层为并列的多个子学科模块,各子学科模块并行同时独立地地进行本学科的分析和优化,系统层也独立地进行系统级优化问题求解。在整个优化问题的求解过程中,设计信息在系统层和学科层之间进行传递,优化过程在系统级和学科级之间来回切换,经过多次的循环迭代直至收敛。

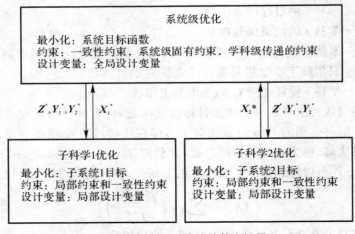

图 9.10　IFCCO 策略的基本框图

IFCCO 策略是一种改进的 CO 策略,其求解过程与 CO 策略类似,具体的求解流程如下:

(1) 初始化设计变量(初始值最好在可行域内);

(2) 构造系统层优化的数学模型;

(3) 系统层优化问题求解,获得全局变量(共享设计变量和耦合变量)的初始最优值;

(4) 系统层将全局变量的初始最优值传递给子系统层的各学科;

(5) 子系统层各学科根据系统层传来的全局变量初始最优值进行本学科优化问题的求解,得到子学科目标函数的最优值和局部设计变量的最优解;

(6) 子系统层将各学科的局部设计变量的优化结果传递给系统层;

(7) 系统层根据子系统层传来的局部设计变量最优解进行系统级优化问题求解,得到全局设计变量的最优解和系统整体目标的最优值;

(8) 系统层比较该值和上次传递给子系统的全局变量最优值的差别,如果差在某个可允许的范围内,则迭代结束,得到最终的优化结果,否则转至第(3)步;

(9) 重复步骤(4)至(8),直至收敛。

通过对 IFCCO 策略的结构模型分析和数据传递流程分析,可以看出 IFCCO 是一种具有分层结构和整体优化的 MDO 求解策略,具有如下特点:

(1)IFCCO 策略中系统所有的设计变量被分解为两部分:全局变量(共享设计变量和耦合状态变量)和局部变量,系统级只能够控制全局变量,而各个子学科则只控制本子学科的局部设计变量。

(2) 系统级和学科级都包含了一致性约束状态方程,通过方程求解可以在严格意义上保证耦合状态变量的一致性和求解精度,且系统级包含了与全局设计变量有关的所有约束。

(3) 系统级采用真实的计算模型,增加了计算量,因此在求解复杂工程系统的优化问题时,必须用多保真近似模型来代替真实的计算模型,降低计算成本。

(4) 各子学科具有更高的自治权,子学科的优化只对系统目标的优化起指向性作用,各子学科可以并行优化;并且 IFCCO 策略和 CO 策略的结构形式与实际工程设计的组织形式一致,易于实现模块化设计。

三、数学算例

本数学算例包含两个相互耦合的子学科 A 和 B,设计变量共有 5 个,即 x_1, x_2, x_3, x_4, x_5。子学科 A 和 B 的耦合变量分别为 y_1 和 y_2,二者之间相互耦合,其数学关系表达式描述如下:

子学科 A:$y_{12} = x_1^2 + 2x_2 - x_3 + 2\sqrt{y_{21}}$, $z_1 = x_1^2 + 2x_2 + x_3 + x_2 e^{-y_{21}}$

子学科 B:$y_{21} = x_1 x_4 + x_4^2 + x_5 + y_{12}$, $z_2 = \sqrt{x_1} + x_4 + 0.4 x_5 y_{12}$

寻找:x_1, x_2, x_3, x_4, x_5

满足约束:$11 - z_1 \leqslant 0$, $12 - z_2 \leqslant 0$, $0 \leqslant x_1, \cdots, x_5 \leqslant 10$

最小化:$f = z_1 + z_2$

下面分别利用 CO 和 IFCCO 策略求解该优化问题,其中利用 CO 策略的分解过程不再赘述。利用 IFCCO 策略将该优化问题分解为一个系统级优化问题和两个学科级优化问题。

系统级优化问题描述如下:

寻找:$\boldsymbol{Z} = \begin{bmatrix} x_{1S} & y_{1S} & y_{2S} \end{bmatrix}$

满足约束：$0 \leqslant x_{1S} \leqslant 10$,

$$g_{1S} = 11 - f_{1S}(\boldsymbol{Z}) \leqslant 0, \quad f_{1S}(\boldsymbol{Z}) = x_{1S}^2 + 2x_{2A} + x_{3A} + x_{2A}\mathrm{e}^{-y_{2S}}$$

$$g_{2S} = 12 - f_{2S}(\boldsymbol{Z}) \leqslant 0, \quad f_{2S}(\boldsymbol{Z}) = \sqrt{x_{1S}} + x_{4B} + 0.4x_{5B}y_{1S}$$

$$J_{1S} = \| y_{1S} - y_{1A}(\boldsymbol{Z}) \| = 0, \quad y_{1A}(\boldsymbol{Z}) = x_{1S}^2 + 2x_{2A} - x_{3A} + 2\sqrt{y_{2S}}$$

$$J_{2S} = \| y_{2S} - y_{2B}(\boldsymbol{Z}) \| = 0, \quad y_{2B}(\boldsymbol{Z}) = x_{1S}x_{4B} + x_{4B} + x_{5B} + y_{1S}$$

最小化：$f = f_{1S}(\boldsymbol{Z}) + f_{2S}(\boldsymbol{Z})$

式中，x_{1S} 为系统设计变量，子学科 A 和子学科 B 共享该变量；y_{1S}，y_{2S} 分别为子学科 A 和子学科 B 的耦合状态变量；x_{1S}，y_{1S} 和 y_{2S} 构成全局设计变量；g_{1S}，g_{2S} 分别为系统级中添加的子学科 A 和子学科 B 中包含耦合变量的约束条件；J_{1S}，J_{2S} 为系统级的耦合状态变量一致性约束方程；f 为系统级的优化目标函数；x_{2A}，x_{3A}，x_{4B} 和 x_{5B} 为子学科 A，B 传递到系统级的局部设计变量优化值；下标 A 和 B 分别表示子学科 A 和子学科 B，下标 S 表示系统级。

学科 A 优化问题：

寻找：$\boldsymbol{X}_A = \begin{bmatrix} x_{2A} & x_{3A} \end{bmatrix}$

满足约束：$g_{1A} = 11 - f_1(\boldsymbol{X}_A) \leqslant 0, \quad J_{1A} = \| y_{1S} - y'_{1A}(\boldsymbol{X}_A) \| = 0$

$$y'_{1A}(\boldsymbol{X}_A) = x_{1S}^2 + 2x_{2A} - x_{3A} + 2\sqrt{y_{2S}}$$

$$0 \leqslant x_{2A}, \quad x_{3A} \leqslant 10$$

最小化：$f_1(\boldsymbol{X}_A) = x_{1S}^2 + 2x_{2A} + x_{3A} + x_{2A}\mathrm{e}^{-y_{2S}}$

式中，x_{1S}，y_{1S} 和 y_{2S} 为系统级传递到子学科 A 的全局设计变量优化值，在子学科内固定；g_{1A} 为子学科 A 的局部约束条件；J_{1A} 为子学科 A 的一致性约束方程；$f_1(\boldsymbol{X}_A)$ 为子学科 A 优化问题的目标函数；$\boldsymbol{X}_A$ 为子学科 A 的局部设计变量，共包括 x_{2A} 和 x_{3A} 两个设计变量。

学科 B 优化问题：

寻找：$\boldsymbol{X}_B = \begin{bmatrix} x_{4B} & x_{5B} \end{bmatrix}$

满足约束：$g_{2B} = 11 - f_2(\boldsymbol{X}_B) \leqslant 0, \quad J_{2B} = \| y_{2S} - y'_{2B}(\boldsymbol{X}_B) \| = 0$

$$y'_{2B}(\boldsymbol{X}_B) = x_{1S}x_{4B} + x_{4B} + x_{5B} + y_{1S}$$

$$0 \leqslant x_{4B}, \quad x_{5B} \leqslant 10$$

最小化：$f_2(\boldsymbol{X}_B) = \sqrt{x_{1S}} + x_{4B} + 0.4x_{5B}y_{1S}$

式中，x_{1S}，y_{1S} 和 y_{2S} 为系统级传递到子学科 B 的全局设计变量优化值，在子学科内固定；g_{2B} 为子学科 B 的局部约束条件；J_{2B} 为子学科 B 的一致性约束方程；$f_2(\boldsymbol{X}_B)$ 为子学科 B 优化问题的目标函数；$\boldsymbol{X}_B$ 为子学科 B 的局部设计变量，包括 x_{4B} 和 x_{5B} 两个设计变量。

本节利用 iSIGHT 9.0 软件实现上述多学科设计优化求解策略，系统级和学科级设计空间搜索方法均采用序列二次规划方法（NLPQL）。为了验证 IFCCO 策略的可行性，并对比这 5 种 MDO 策略的效果，选取 3 个不同的起始点进行优化，起始点 1，2 和 3 的所有变量分别取值为 10，5 和 3。针对 3 个不同的起始点进行优化，限于篇幅，给出系统级目标函数的优化历程如图 9.11 所示。

将 IFCCO 策略的计算结果与 CO 策略的计算结果对比，列于表 9.2。

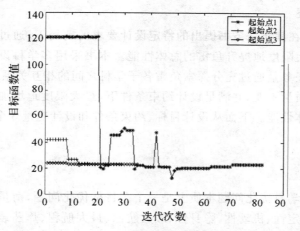

图 9.11　IFCCO 策略的目标函数迭代历程

表 9.2　目标最优值及迭代次数的比较

起始点		1	2	3
目标函数值	CO	23.000	23.000	23.014
	IFCCO	23.015	23.000	23.000
系统级迭代次数	CO	121	139	123
	IFCCO	82	29	35
学科 A 迭代次数	CO	4 173	4 536	3 899
	IFCCO	847	143	302
学科 B 迭代次数	CO	4 370	4 159	4 198
	IFCCO	1 617	358	228
目标函数最优解		23.0		

　　从表 9.2 可知,这两种 MDO 策略都可以得到目标函数最优值或接近最优值。与 CO 策略相比,IFCCO 策略对起始点 2,3 的求解可以得到更精确的目标函数最优值。从计算效率来看,CO 策略总的迭代次数最多,效率最低,利用 IFCCO 策略对起始点 1 进行优化时,系统级的迭代次数相对于 CO 策略大大减少,对于起始点 2 和 3,IFCCO 策略的迭代次数显著减少,效率很高,IFCCO 策略在最优解计算和计算效率方面都优于 CO 策略。

9.5.4　多学科设计优化实例

　　本节结合鱼雷总体设计特点,建立了包含外形与阻力、结构、操稳性、弹道、噪声、动力推进和质量布局共 7 个学科的鱼雷总体多学科设计优化参数化系统集成模型,奠定了进行多学科设计优化的基础;基于 IFCCO 策略建立鱼雷总体设计问题的数学模型;并利用软件平台 TCMDOP 实现鱼雷总体设计的多学科综合优化,使得在满足总质量不变和各种设计条件要求的情况下,最大限度地提高鱼雷的综合性能。

一、优化问题描述

鱼雷总体设计是在满足任务书提出的特定设计要求的前提下,通过对设计变量的调整和分析模型的计算,最大限度地提升鱼雷的总体性能。本书采用多学科设计优化技术对鱼雷进行总体设计,其主要任务是通过充分探索鱼雷各子学科之间的相互关系,对总体设计参数进行寻优搜索,在鱼雷总质量不变,并满足设计约束条件下,最大限度地增加鱼雷战斗部的炸药装载量,同时提高其总体性能。下面从设计目标、约束条件和设计变量 3 个方面对优化问题进行说明。

(一) 设计目标

鱼雷总体设计多学科优化问题本质上是一个多目标优化问题,衡量鱼雷总体性能的指标有快速性、平衡性、稳定性、机动性、隐身性、最大航深、最大航程、炸药装载量等。对于根据特定任务使命而提出设计要求的鱼雷,其最大航程、最高航速和最大航深通常在设计任务书中指定,而鱼雷的平衡特性和稳定性也通常以约束条件的形式表示,因此,本书将鱼雷总体设计的优化目标设定为:① 最小化回转半径;② 最小化鱼雷头部驻点处流噪声的声压级;③ 最大化鱼雷炸药装载比 λ_m(炸药装载质量 m_{war} 与鱼雷总质量 m 的比值)。可见,鱼雷总体设计是一个多目标优化问题,因此平衡各目标之间的关系至关重要。

多目标优化常用的方法有两种,一种是基于 Pareto 解的多目标优化,该方法将各个目标的权重因子均设置为 1,所求得的解为一系列的优解(Pareto 前沿),用户可以在 Pareto 前沿上选择满意解,该方法保持了多目标的本质;另一种方法是目标归一法,该方法是在优化过程开始前由用户自己设定各目标的权重因子,进行目标函数归一化处理,但要保证目标函数对应的权重因子总和为 1。归一化方法将多目标优化问题转化为单目标优化问题,用这种方法求得的解是所设置权重下的单一最优解,而且该方法用户可以根据自己需要的目标重要性,控制目标的权重分配,应用灵活。归一化方法对目标函数的表述如下:

$$\mathrm{Obj} = \min \sum_i \frac{W_i}{\mathrm{SF}_i} \times F_i(X) \tag{9.80}$$

式中,Obj 表示系统优化的归一化目标函数;SF_i 表示规模因子;W_i 表示权重因子;$F_i(X)$ 表示第 i 个目标函数。

从上式可以看出,归一化方法将多目标优化问题转换为一个加权的最小化问题,因此必须针对归一化之前的各优化目标选择优化过程进行的方向,如果一个目标是最大化,则需要在它的权重因子前加负号或取其倒数(该目标为正值)。本书根据鱼雷总体多学科设计优化软件平台目标函数的设定特点,采用归一化方法对鱼雷总体设计问题进行多目标优化的处理,并结合工程实际,给出归一化后的目标函数如下:

$$f = 0.5 \times \frac{\lambda_m^{**}}{\lambda_m} + 0.25 \times \frac{\mathrm{SPL}}{\mathrm{SPL}^{**}} + 0.25 \times \frac{R_{z\min}}{R_{z\min}^{**}} \tag{9.81}$$

式中,λ_m^{**} 表示鱼雷炸药装载比的期望值;SPL^{**} 表示头部驻点处流噪声辐射声压级的期望值,dB;$R_{z\min}^{**}$ 表示最小回转半径的期望值,m。

(二) 约束条件

鱼雷总体设计的约束条件主要包含三大类型:一种类型是鱼雷的总体性能约束条件,如鱼雷的最大航行深度、最大航程、最大航行时间、航行速度、炸药装载量等的设计要求；另一种类型是设计条件的限制约束，如鱼雷耐压壳体结构内部的有效容积要满足内部设备对耐压空间的需求，壳体内部的有效直径应大于内部设备的最大直径，耐压壳体强度和稳定性应满足材料和工作压力要求，鱼雷头部最大减压系数的值应满足不发生空化的要求，鱼雷头部的丰满度应满足设定要求，鱼雷的平衡攻角和平衡舵角应小于许用值，鱼雷的动稳定度在 $0 \sim 1$ 之间，重心与浮心的相对位置应满足第 4 章中的要求等；还有一种类型是设计变量的上下限取值约束条件。本节中"鱼雷 A"和"鱼雷 B"的第一类和第二类约束条件列于表 9.3 中，第三类约束条件将在下小节中给出。

表 9.3　鱼雷总体设计问题的约束条件

序号	约束含义	鱼雷 A	鱼雷 B
1	雷体尾锥半角	$g_1 = \alpha_e - 12$	$g_1 = \alpha_e - 12$
2	头部丰满度	$g_2 = 0.75 - \phi_h$	$g_2 = 0.8 - \phi_h$
3	头部最大减压系数	$g_3 = 1.2\xi_{\max}/\sigma_k - 1$	$g_3 = 1.2\xi_{\max}/\sigma_k - 1$
4	最大减压系数的轴向位置	$g_4 = 0.08 - x_{\xi_{\max}}$	$g_4 = 0.04 - x_{\xi_{\max}}$
5	耐压壳体有效容积	$g_5 = V_{need}/V_{eff} - 1$	$g_5 = V_{need}/V_{eff} - 1$
6	耐压壳体有效内径	$g_6 = 0.472 - D_{eff}$	$g_6 = 0.282 - D_{eff}$
7	跨度中点处壳板横向平均应力	$g_7 = \sigma_2^0/(0.85\sigma_s) - 1$	$g_7 = \sigma_2^0/(0.85\sigma_s) - 1$
8	肋骨处壳板的纵向相当应力	$g_8 = \sigma_{leg}/\sigma_s - 1$	$g_8 = \sigma_{leg}/\sigma_s - 1$
9	肋骨的应力	$g_9 = \sigma_r/(0.55\sigma_s) - 1$	$g_9 = \sigma_r/(0.55\sigma_s) - 1$
10	壳板失稳的实际临界压力	$g_{10} = 1 - P_{cr}/P_j$	$g_{10} = 1 - P_{cr}/P_j$
11	舱段失稳的实际临界压力	$g_{11} = 1 - (P_{cr})_g/(1.2P_j)$	$g_{11} = 1 - (P_{cr})_g/(1.2P_j)$
12	平衡攻角	$g_{12} = \alpha_0 - 0.8$	$g_{12} = \alpha_0 - 1.2$
13	平衡舵角	$g_{13} = \delta_{h0} - 2.8$	$g_{13} = \delta_{h0} - 2.5$
14	平衡质量系数	$g_{14} = k_h - 3.5$	$g_{14} = k_h - 1.4$
15	纵向动稳定度	$g_{15} = G_y(G_y - 1)$	$g_{15} = G_y(G_y - 1)$
16	侧向动稳定度	$g_{16} = G_z(G_z - 1)$	$g_{16} = G_z(G_z - 1)$
17	侧平面运动的回转半径	$g_{17} = R_{z\min} - 80.0$	$g_{17} = R_{z\min} - 25.0$
18	重心浮心距	$g_{18} = |x_c| - 0.12$	$g_{18} = |x_c| - 0.05$
19	重心下移量	$g_{19} = y_c(y_c/0.014 + 1)$	$g_{19} = y_c(y_c/0.006 + 1)$
20	重心侧移量	$g_{20} = |z_c| - 0.01$	$g_{20} = |z_c| - 0.005$
21	负浮力	$g_{21} = -(F_B + 2500.0)$	$g_{21} = -(F_B + 1000.0)$

注：$g_i \leqslant 0, i = 1, 2, \cdots, 20$。

（三）设计变量

结合鱼雷总体设计的多学科系统集成模型可知，鱼雷耐压壳体结构强度及稳定性分析的两种计算模型存在设计参数不统一的现象，低精度理论估算模型采用肋骨间距作为肋骨布置的根据，而有限元分析高精度数值计算模型则以平行中段肋骨个数作为肋骨布置的根据。本书为统一设计参数的选取，并考虑到理论估算模型修改的方便性，将其肋骨间距转化为肋骨个数,作为肋骨布置的控制参数。肋骨设计参数统一之后,本书选取其中与鱼雷总体性能密切相关的 20 个设计参数作为鱼雷总体多学科设计优化的设计变量,其初始值已经在第 2 章和第 3 章中的鱼雷算例中列出,此处仅给出设计变量的取值范围,见表 9.4。

表 9.4　鱼雷总体设计问题的设计变量

序号	设计参数 / 单位	符号	鱼雷 A		鱼雷 B	
			下限	上限	下限	上限
1	头部线型可调参数 1	qh_1	0.0	3.0	0.0	0.7
2	头部线型可调参数 2	qh_2	0.0	20.0	0.0	20.0
3	尾部线型可调参数 1	qt_1	0.0	7.5	0.0	6.0
4	尾部线型可调参数 2	qt_2	1.5	2.8	2.0	12.0
5	平行中段耐压壳体厚度 /m	t_C	0.005	0.008	0.004	0.007
6	平行中段肋骨个数 / 个	n_{lg}	20	33	10	15
7	肋骨横截面几何参数 /m	l_3	0.005	0.015		
8	肋骨横截面几何参数 /m	l_4	0.005	0.015	0.007	0.015
9	肋骨横截面几何参数 /m	d_2	0.006	0.012	0.004	0.008
10	肋骨横截面几何参数 /m	d_3	0.005	0.009	0.004	0.007
11	肋骨横截面几何参数 /m	d_4	0.012	0.017	0.005	0.010
12	鳍舵展长 /m	a	0.52	0.54	0.335	0.450
13	鳍舵根弦长 /m	b_0	0.75	0.95	0.345	0.395
14	鳍舵梢弦长 /m	b_1	0.55	0.75	0.245	0.345
15	舵弦长 /m	b_r	0.05	0.12	0.05	0.09
16	前桨直径 /m	D_1	0.4	0.45	0.235	0.295
17	二桨盘面轴向间距 /m	d_0	0.04	0.09	0.035	0.085
18	前桨毂径比	d_{1k}	0.25	0.5	0.27	0.47
19	后桨毂径比	d_{2k}	0.2	0.4	0.21	0.31
20	炸药装载量 /kg	m_{war}	250	350	45	60

二、基于 IFCCO 的鱼雷总体 MDO 数学模型

如前文所述,第 3 章对鱼雷总体设计进行了学科分解,建立了各学科的分析计算模型,并利用设计结构矩阵描述了总体设计中学科之间的耦合关系。通过对鱼雷总体设计的系统集成模型的研究,可以发现,外形与阻力学科与其他 6 个学科都存在数据耦合关系。其中,雷体几何特征设计参数($D_F,D,L,L_H,L_C,L_{TW},l_{Tdw},qh_1,qh_2,qt_1,qt_2$)则是最主要的耦合参数,为多个学科共用,因而,本书将这些参数作为总体设计参数处理,这样可较大程度地减少学科之间的耦合变量数目。

提出总体设计参数之后,在这些存在耦合关系的学科中,外形与阻力学科、操稳性学科和弹道学科之间的耦合数据较多,如外形与阻力学科和操稳性学科之间的耦合变量 y_{13} 包括外形几何模型特性参数($D_E,\varphi,V_P,a_{hf},A_{hf},A_{hr},L_{hf},L_{hr}$)和鱼雷水动阻力系数($C_{x0},C_{xS}$)共 10 个耦合参数;外形与阻力学科和弹道学科之间的耦合变量 y_{14} 包括外形几何模型特性参数

(V_P, x_B, y_B, z_B)、鱼雷附加质量$(\lambda_{11}, \lambda_{22}, \lambda_{33}, \lambda_{26}, \lambda_{35}, \lambda_{44}, \lambda_{55}, \lambda_{66})$和水动阻力系数$C_{xS}$共 13 个耦合参数;操稳性学科和弹道学科之间的耦合变量 y_{34} 包括鱼雷的最小回转半径 R_{zmin} 和外形流体动力参数$(C_y^\alpha, C_y^\delta, C_{yz}^{\omega_z}, C_z^\beta, C_z^{\delta v}, C_{zy}^{\omega_y}, m_y^\beta, m_y^{\delta v}, m_y^{\omega_y}, m_z^\alpha, m_z^{\delta z}, m_z^{\omega z}, m_x^\beta, m_x^{\delta v}, m_x^{\delta d}, m_x^{\omega x}, m_x^{\omega y})$ 共 18 个耦合参数。

由此可见,外形与阻力学科、操稳性学科、弹道学科 3 个子学科之间存在大量需要交换的耦合数据,且数目巨大,为强耦合关系,具体的耦合关系如图 9.12 所示。

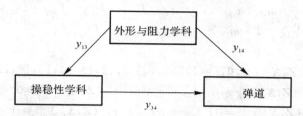

图 9.12 外形与阻力、操稳性和弹道 3 个子学科之间的耦合关系

在 IFCCO 求解策略中,耦合变量在系统级处理,其数目的增多会造成优化过程收敛困难或收敛速度过慢,增加优化的难度,所以基于这些特点,本章需要对鱼雷总体设计多学科系统集成模型的各学科进行重新规划,以便于减少耦合变量的数目,加快优化过程的收敛。

考虑到数据信息的耦合,将具有强耦合关系的外形与阻力学科、操稳性学科和弹道学科整合为一个子系统,从而极大地减少了耦合变量的数目;此外,考虑到流噪声学科与外形学科共用雷体几何特征设计参数为设计变量,且流噪声特性也是流场特性的一个表现,将其也整合到该子系统中,称之为水动力子系统(子系统 A)。结构学科、动力推进学科和质量布局学科不变,仍称之为结构子系统(子系统 B)、动力推进子系统(子系统 C)和质量布局子系统(子系统 D)。则重新分解规划后的鱼雷总体设计多学科优化系统集成模型如图 9.13 所示。

从图 9.13 可知,总体参数 $D_f, L_h, L_C, L_{TW}, l_{Tdw}, qh_1, qh_2, qt_1, qt_2, D, L, v_T, \text{Range}_{max}$ 是各子系统共用的设计参数,本书根据工程实际情况,认为 $D_f, L_h, L_C, L_{TW}, l_{Tdw}, L, v_T, D$ 和 Range_{max} 是固定值,而 qh_1, qh_2, qt_1 和 qt_2 为共享设计变量;$V_f, x_{cf}, C_{xS}, m_{sf}, x_{csf}, V_P, x_B, D_{eff},$ $V_{eff}, m_{DJ}, V_{DJ}, m_{DC}, V_{DC}, m, x_c, y_c, z_c, J_{xx}, J_{yy}, J_{zz}, T$ 和 Q_x 为 4 个子系统之间的耦合变量,共享设计变量和耦合变量共同构成了鱼雷总体设计 IFCCO 数学模型中的全局设计变量。

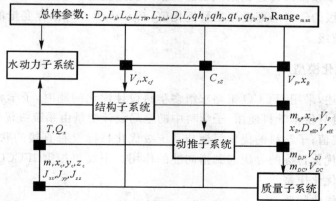

图 9.13 基于 IFCCO 策略的鱼雷总体设计子系统耦合关系图

（一）系统级优化模型

系统级优化目标应为鱼雷总体多学科设计优化问题的设计目标，设计变量为全局设计变量，包括共享变量和耦合变量。给出系统级优化问题的数学模型如下：

寻找：$\boldsymbol{Z}=\begin{bmatrix}\boldsymbol{P}&\boldsymbol{Y}\end{bmatrix}$

$\boldsymbol{P}=\begin{bmatrix}qh_1&qh_2&qt_1&qt_2\end{bmatrix}$

$\boldsymbol{Y}=[\,C_{xS}\quad V_f\quad x_{cf}\quad m_{sf}\quad x_{csf}\quad V_P\quad x_B\quad J_{xxsf}\quad J_{yysf}\quad J_{zzsf}\quad D_{\text{eff}}\quad V_{\text{eff}}\quad m_{DJ}$
$V_{DJ}\quad m_{DC}\quad V_{DC}\quad T\quad m\quad x_c\quad y_c\quad z_c\quad J_{xx}\quad J_{yy}\quad J_{zz}\,]$

满足约束：

$\boldsymbol{P}^{\text{l}}\leqslant\boldsymbol{P}\leqslant\boldsymbol{P}^{\text{u}},g_{iS}(\boldsymbol{Z},\boldsymbol{X}_i^*)\leqslant 0,i=1,2,3,4,5,6,12,13,14,15,16,17$

$J_{1S}=\parallel C_{xS}-C_{xS}(\boldsymbol{Z},\boldsymbol{X}_i^*)\parallel=0,\quad J_{2S}=\parallel V_f-V_f(\boldsymbol{Z},\boldsymbol{X}_i^*)\parallel=0$

$J_{3S}=\parallel x_{cf}-x_{cf}(\boldsymbol{Z},\boldsymbol{X}_i^*)\parallel=0,\quad J_{4S}=\parallel m_{sf}-m_{sf}(\boldsymbol{Z},\boldsymbol{X}_i^*)\parallel=0$

$J_{5S}=\parallel V_P-V_P(\boldsymbol{Z},\boldsymbol{X}_i^*)\parallel=0,\quad J_{6S}=\parallel x_{csf}-x_{csf}(\boldsymbol{Z},\boldsymbol{X}_i^*)\parallel=0$

$J_{7S}=\parallel x_B-x_B(\boldsymbol{Z},\boldsymbol{X}_i^*)\parallel=0,\quad J_{8S}=\parallel J_{xxsf}-J_{xxsf}(\boldsymbol{Z},\boldsymbol{X}_i^*)\parallel=0$

$J_{9S}=\parallel J_{yysf}-J_{yysf}(\boldsymbol{Z},\boldsymbol{X}_i^*)\parallel=0,\quad J_{10S}=\parallel J_{zzsf}-J_{zzsf}(\boldsymbol{Z},\boldsymbol{X}_i^*)\parallel=0$

$J_{11S}=\parallel D_{\text{eff}}-D_{\text{eff}}(\boldsymbol{Z},\boldsymbol{X}_i^*)\parallel=0,\quad J_{12S}=\parallel V_{\text{eff}}-V_{\text{eff}}(\boldsymbol{Z},\boldsymbol{X}_i^*)\parallel=0$

$J_{13S}=\parallel m_{DJ}-m_{DJ}(\boldsymbol{Z},\boldsymbol{X}_i^*)\parallel=0,\quad J_{14S}=\parallel V_{DJ}-V_{DJ}(\boldsymbol{Z},\boldsymbol{X}_i^*)\parallel=0$

$J_{15S}=\parallel m_{DC}-m_{DC}(\boldsymbol{Z},\boldsymbol{X}_i^*)\parallel=0,\quad J_{16S}=\parallel V_{DC}-V_{DC}(\boldsymbol{Z},\boldsymbol{X}_i^*)\parallel=0$

$J_{17S}=\parallel T-T(\boldsymbol{Z},\boldsymbol{X}_i^*)\parallel=0,\quad J_{18S}=\parallel m-m(\boldsymbol{Z},\boldsymbol{X}_i^*)\parallel=0$

$J_{19S}=\parallel x_c-x_c(\boldsymbol{Z},\boldsymbol{X}_i^*)\parallel=0,\quad J_{20S}=\parallel y_c-y_c(\boldsymbol{Z},\boldsymbol{X}_i^*)\parallel=0$

$J_{21S}=\parallel z_c-z_c(\boldsymbol{Z},\boldsymbol{X}_i^*)\parallel=0,\quad J_{22S}=\parallel J_{xx}-J_{xx}(\boldsymbol{Z},\boldsymbol{X}_i^*)\parallel=0$

$J_{23S}=\parallel J_{yy}-J_{yy}(\boldsymbol{Z},\boldsymbol{X}_i^*)\parallel=0,\quad J_{24S}=\parallel J_{zz}-J_{zz}(\boldsymbol{Z},\boldsymbol{X}_i^*)\parallel=0$

最小化：$f(\boldsymbol{Z},\boldsymbol{X}_i^*)$

$$f=0.5\times\frac{\lambda_m^{**}}{\lambda_{mS}(\boldsymbol{Z},\boldsymbol{X}_i^*)}+0.25\times\frac{\text{SPL}_S(\boldsymbol{Z},\boldsymbol{X}_i^*)}{\text{SPL}^{**}}+0.25\times\frac{R_{z\min S}(\boldsymbol{Z},\boldsymbol{X}_i^*)}{R_{z\min}^{**}}$$

式中，$\boldsymbol{P}=\begin{bmatrix}qh_1&qh_2&qt_1&qt_2\end{bmatrix}$ 为系统设计变量，4 个子系统共享该设计变量；$\boldsymbol{P}^{\text{l}}$ 和 $\boldsymbol{P}^{\text{u}}$ 分别表示系统设计变量的下限和上限；$\boldsymbol{Y}$ 为 4 个子系统的耦合状态变量；$\boldsymbol{P}$ 和 $\boldsymbol{Y}$ 共同构成全局设计变量 $\boldsymbol{Z}$；$g_{iS}(\boldsymbol{Z},\boldsymbol{X}_i^*)$ 为子系统级传递到系统级的与全局设计变量 $\boldsymbol{Z}$ 相关的约束函数；$\boldsymbol{X}_i^*$ 为子系统优化后传递到系统级的学科局部设计变量优化值；$J_{1S},\cdots,J_{24S}$ 为耦合变量的一致性约束方程组；下标 S 表示系统级。

（二）学科级优化模型

如第 4 章中所述，采用 IFCCO 策略求解多学科设计优化问题时，子学科的设计变量是局部设计变量，该变量只供本学科使用；子学科中的全局设计变量由系统级优化之后传递到学科级，子学科中为固定值；子学科的优化目标与系统级优化目标没有直接的联系，但子学科目标的优化将对系统级优化目标的寻优起到指向性的作用。下面将根据 IFCCO 策略的这些特点构建 4 个子系统的优化模型。

水动力子系统优化问题：

寻找：$\boldsymbol{X}_A=\begin{bmatrix}a&b_0&b_1&b_r\end{bmatrix}$

满足约束：

$$\boldsymbol{X}_A^{\mathrm{l}} \leqslant \boldsymbol{X}_A \leqslant \boldsymbol{X}_A^{\mathrm{u}}$$

$$g_{iA}(\boldsymbol{Z}^*, \boldsymbol{X}_A) \leqslant 0, i = 12,13,14,15,16,17$$

$$J_{1A} = \| C_{xS}^* - C_{xS}(\boldsymbol{Z}^*, \boldsymbol{X}_A) \| = 0, \quad J_{2A} = \| V_f^* - V_f(\boldsymbol{Z}^*, \boldsymbol{X}_A) \| = 0$$

$$J_{3A} = \| x_{cf}^* - x_{cf}(\boldsymbol{Z}^*, \boldsymbol{X}_A) \| = 0, \quad J_{4A} = \| V_P^* - V_P(\boldsymbol{Z}^*, \boldsymbol{X}_A) \| = 0$$

$$J_{5A} = \| x_B^* - x_B(\boldsymbol{Z}^*, \boldsymbol{X}_A) \| = 0$$

最小化：$f_A(\boldsymbol{Z}^*, \boldsymbol{X}_A)$

$$f_A(\boldsymbol{Z}^*, \boldsymbol{X}_A) = \frac{\mathrm{SPL}(\boldsymbol{Z}^*, \boldsymbol{X}_A)}{\mathrm{SPL}^{**}} + \frac{R_{z\min}(\boldsymbol{Z}^*, \boldsymbol{X}_A)}{R_{z\min}^{**}} + \frac{C_{xS}(\boldsymbol{Z}^*, \boldsymbol{X}_A)}{C_{xS}^{**}}$$

式中，$\boldsymbol{Z}^* = \begin{bmatrix} \boldsymbol{P}^* & \boldsymbol{Y}^* \end{bmatrix}$ 为系统级优化之后传递到子系统 A 的全局设计变量优化值，在子学科内固定；$\boldsymbol{X}_A$ 为子系统 A 的局部设计变量；$\boldsymbol{X}_A^{\mathrm{l}}$ 和 $\boldsymbol{X}_A^{\mathrm{u}}$ 分别为子系统 A 局部设计变量的取值下限和上限；$g_{iA}(\boldsymbol{Z}^*, \boldsymbol{X}_A)$ 为子系统 A 内部固有的约束函数向量；$J_{1A}, \cdots, J_{5A}$ 为子系统 A 耦合变量的一致性约束条件；$f_A(\boldsymbol{Z}^*, \boldsymbol{X}_A)$ 为子系统 A 优化的归一化目标函数；C_{xS}^{**} 表示鱼雷阻力系数 C_{xS} 的期望值；下标 A 表示水动力子系统。

结构子系统优化问题：

寻找：$\boldsymbol{X}_B$

$$\boldsymbol{X}_B = \begin{bmatrix} t_C & n_{\mathrm{leg}} & l_3 & l_4 & d_2 & d_3 & d_4 \end{bmatrix}$$

满足约束：

$$\boldsymbol{X}_B^{\mathrm{l}} \leqslant \boldsymbol{X}_B \leqslant \boldsymbol{X}_B^{\mathrm{u}}$$

$$\boldsymbol{g}_{iB}(\boldsymbol{Z}^*, \boldsymbol{X}_B) \leqslant \boldsymbol{0}, i = 5,6,7,8,9,10,11$$

$$J_{1B} = \| m_{sf}^* - m_{sf}(\boldsymbol{Z}^*, \boldsymbol{X}_B) \| = 0, \quad J_{2B} = \| x_{c\_sf}^* - x_{c\_sf}(\boldsymbol{Z}^*, \boldsymbol{X}_B) \| = 0$$

$$J_{3B} = \| D_{\mathrm{eff}}^* - D_{\mathrm{eff}}(\boldsymbol{Z}^*, \boldsymbol{X}_B) \| = 0, \quad J_{4B} = \| V_{\mathrm{eff}}^* - V_{\mathrm{eff}}(\boldsymbol{Z}^*, \boldsymbol{X}_B) \| = 0$$

$$J_{5B} = \| J_{xxsf}^* - J_{xxsf}(\boldsymbol{Z}^*, \boldsymbol{X}_B) \| = 0, \quad J_{6B} = \| J_{yysf}^* - J_{yysf}(\boldsymbol{Z}^*, \boldsymbol{X}_B) \| = 0$$

$$J_{7B} = \| J_{zzsf}^* - J_{zzsf}(\boldsymbol{Z}^*, \boldsymbol{X}_B) \| = 0$$

最小化：$f_B(\boldsymbol{Z}^*, \boldsymbol{X}_B) = \dfrac{m_{sf}(\boldsymbol{Z}^*, \boldsymbol{X}_A)}{m_{sf}^{**}}$

式中，$\boldsymbol{Z}^* = \begin{bmatrix} \boldsymbol{P}^* & \boldsymbol{Y}^* \end{bmatrix}$ 为系统级优化之后传递到子系统 B 的全局设计变量优化值，在子学科内固定；$\boldsymbol{X}_B$ 为子系统 B 的局部设计变量，$\boldsymbol{X}_B^{\mathrm{l}}$ 和 $\boldsymbol{X}_B^{\mathrm{u}}$ 为子系统 B 局部设计变量的取值下限和上限；$\boldsymbol{g}_{iB}(\boldsymbol{Z}^*, \boldsymbol{X}_B)$ 为子系统 B 内部固有的约束函数向量；$J_{1B}, \cdots, J_{7B}$ 为子系统 B 耦合变量的一致性约束条件；$f_B(\boldsymbol{Z}^*, \boldsymbol{X}_B)$ 为子系统 B 的优化目标函数；m_{sf}^{**} 为包含鳍舵附体在内的壳体结构总质量 m_{sf} 的期望值；下标 B 表示壳体结构子系统。

动力推进子系统优化问题：

寻找：$\boldsymbol{X}_C = \begin{bmatrix} D_1 & d_0 & d_{1k} & d_{2k} \end{bmatrix}$

满足约束：

$$\boldsymbol{X}_C^{\mathrm{l}} \leqslant \boldsymbol{X}_C \leqslant \boldsymbol{X}_C^{\mathrm{u}}$$

$$J_{1C} = \| T^* - T(\boldsymbol{Z}^*, \boldsymbol{X}_C) \| = 0, \quad J_{2C} = \| m_{DJ}^* - m_{DJ}(\boldsymbol{Z}^*, \boldsymbol{X}_C) \| = 0$$

$$J_{3C} = \| V_{DJ}^* - V_{DJ}(\boldsymbol{Z}^*, \boldsymbol{X}_C) \| = 0, \quad J_{4C} = \| m_{DC}^* - m_{DC}(\boldsymbol{Z}^*, \boldsymbol{X}_C) \| = 0$$

$$J_{5C} = \| V_{DC}^* - V_{DC}(\boldsymbol{Z}^*, \boldsymbol{X}_C) \| = 0$$

最小化：$f_C(\boldsymbol{Z}^*, \boldsymbol{X}_C) = \dfrac{\eta_D(\boldsymbol{Z}^*, \boldsymbol{X}_C)}{\eta_D^{**}}$

式中，$\boldsymbol{Z}^* = (\boldsymbol{P}^*, \boldsymbol{Y}^*)$ 为系统级优化之后传递到子系统 C 的全局设计变量优化值，在子学科内固定；$\boldsymbol{X}_C$ 分别为子系统 C 的局部设计变量，$\boldsymbol{X}_C^l$ 和 $\boldsymbol{X}_C^u$ 分别为子系统 C 局部设计变量的取值下限和上限；$\boldsymbol{g}_{iC}(\boldsymbol{Z}^*, \boldsymbol{X}_C)$ 为子系统 C 内部固有的约束函数向量；$J_{1C}, \cdots, J_{5C}$ 为子系统 C 耦合变量的一致性约束条件；$f_C(\boldsymbol{Z}^*, \boldsymbol{X}_C)$ 为子系统 C 的优化目标函数；η_D^* 为螺旋桨推进效率 η_D 的期望值；下标 C 表示动力与推进子系统。

质量布局子系统的优化问题：

寻找：$\boldsymbol{X}_D = (m_{war})$

满足约束：

$\boldsymbol{X}_D^l \leqslant \boldsymbol{X}_D \leqslant \boldsymbol{X}_D^u$

$\boldsymbol{g}_{iD}(\boldsymbol{Z}^*, \boldsymbol{X}_D) \leqslant \boldsymbol{0}, i = 18, 19, 20, 21$

$J_{1D} = \| m^* - m(\boldsymbol{Z}^*, \boldsymbol{X}_D) \| = 0, \quad J_{2D} = \| x_c^* - x_c(\boldsymbol{Z}^*, \boldsymbol{X}_D) \| = 0$

$J_{3D} = \| y_c^* - y_c(\boldsymbol{Z}^*, \boldsymbol{X}_D) \| = 0, \quad J_{4D} = \| z_c^* - z_c(\boldsymbol{Z}^*, \boldsymbol{X}_D) \| = 0$

$J_{5D} = \| J_{xx}^* - J_{xx}(\boldsymbol{Z}^*, \boldsymbol{X}_D) \| = 0, \quad J_{6D} = \| J_{yy}^* - J_{yy}(\boldsymbol{Z}^*, \boldsymbol{X}_D) \| = 0$

$J_{7D} = \| J_{zz}^* - J_{zz}(\boldsymbol{Z}^*, \boldsymbol{X}_D) \| = 0$

最小化：$f_D(\boldsymbol{Z}^*, \boldsymbol{X}_D) = \dfrac{\lambda_m(\boldsymbol{Z}^*, \boldsymbol{X}_D)}{\lambda_m^{**}}$

式中，$\boldsymbol{Z}^* = [\boldsymbol{P}^* \quad \boldsymbol{Y}^*]$ 为系统级优化之后传递到子系统 D 的全局设计变量优化值，在子学科内固定；$\boldsymbol{X}_D$ 为子系统 D 的局部设计变量，$\boldsymbol{X}_D^l$ 和 $\boldsymbol{X}_D^u$ 为子系统 D 局部设计变量的取值下限和上限；$\boldsymbol{g}_{iD}(\boldsymbol{Z}^*, \boldsymbol{X}_D)$ 为子系统 D 内部固有的约束函数向量；$J_{1D}, \cdots, J_{7D}$ 为子系统 D 耦合变量的一致性约束条件；$f_D(\boldsymbol{Z}^*, \boldsymbol{X}_D)$ 为子系统 D 的优化目标函数；下标 D 表示质量布局子系统。

三、优化结果

系统级优化目标函数的迭代历程如图 9.14 所示。通过图 9.14 可以发现，经过 191 步的迭代过程，系统级优化过程收敛，系统级优化目标逐渐由非可行解收敛到最优值：1.599 14。系统级优化目标在 3 步和 120 步之间变化起伏较大，存在轻微的振荡现象；随着迭代次数的增加，在 140 步之后变化幅度减小，并逐步过渡得到目标函数的最优值。

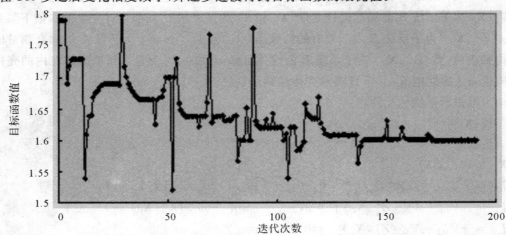

图 9.14　"鱼雷 A"系统级目标函数的迭代历程

优化设计前后,总体设计方案的变量参数对比列于表 9.5,鱼雷总体性能指标参数的对比列于表 9.6。由表 9.6 可知,优化结果在满足鱼雷总体设计约束的情况下,阻力性能和螺旋桨的性能得到一定程度的提高,含附体的耐压壳体结构总质量显著降低,而声学性能、机动性能和有效装载性能则得到很大的提升;鱼雷的总体性能得到显著提高。

表 9.5　"鱼雷 A"优化前后设计方案的参数对比

序号	变量	初始值	优化值
1	qh_1	3.1	2.25
2	qh_2	9.0	7.31
3	qt_1	1.0	1.15
4	qt_2	1.8	2.09
5	t_C	0.006	0.005 2
6	n_{lg}	26	21
7	l_3	0.01	0.010 5
8	l_4	0.01	0.011 1
9	d_2	0.008	0.004 3
10	d_3	0.008	0.002 4
11	d_4	0.17	0.228
12	a	0.530 4	0.532 6
13	b_0	0.8	0.883
14	b_1	0.65	0.697
15	b_r	0.06	0.075
16	D_1	0.41	0.43
17	d_0	0.052	0.053
18	d_{1k}	0.273	0.275
19	d_{2k}	0.23	0.232
20	m_{war}	281.2	314.3

表 9.6　"鱼雷"优化前后总体性能参数的对比

序号	变量	初始值	优化值	改进程度
1	C_{xS}	0.134 375	0.130 118	3.16%(减小)
2	SPL	103.736	91.003	12.27%(降低)
3	$R_{z\min}$	65.506 9	58.974 2	9.97%(减小)
4	m_{sf}	228.867 1	203.321 4	11.16%(减小)
5	η_D	0.826 79	0.857 41	3.7%(提高)
6	λ_m	0.171 46	0.191 65	11.78%(提高)

9.6 鱼雷总体计算机辅助设计方法

9.6.1 外形计算机辅助设计

本节结合实例,用 ICEM 和 CFX 软件完成光体 MK46 鱼雷外形分析,计算其阻力和压力分布,给出流场速度云图和压力云图。MK46 鱼雷外形的计算机辅助设计主要包括以下 5 个过程。

一、用 UG 建立三维模型,导出 mk46. x_t 文件

用 UG 建立 MK46 鱼雷的几何模型如图 9.15 所示,导出 parasolid 格式。

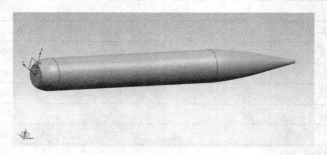

图 9.15　几何模型

二、将上一步文件导入 ICEM 中,划分六面体网格,导出 mk46. cfx5 文件

ICEM 六面体网格划分的基本思想:用六面体拓扑结构(Block)来模拟划分网格的区域,然后对六面体块进行网格划分。分块的基本思想:轴向、周向有突变的地方就劈分块,径向有突变的地方就用 O‒Grid 劈分块。

(1)导入文件:将 mk46. x_t 导入到 ICEM 中,选择单位为 Millimeter,划分六面体网格。

(2)建立外围流场区域:建立的流场区域尺寸为 20m×10m×10m,其中上下左右对称,入口距雷头 5m。建立的几何模型如图 9.16 所示。

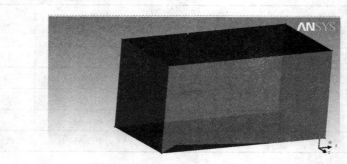

图 9.16　外围流场几何模型

（3）建立计算域边界：建立计算域边界名称。主要有：入口、出口、壁面、mk46（头部、平行中段、尾部）。

（4）网格划分：网格总体分块的思路是先建立一个整体的 Block，利用 O-Grid 功能将所有的块分割，再次利用 O-Grid 功能将之分块，使中间的 Block 贴近雷体轮廓，对 mk46 各个端面的点进行轴向切分，以上过程完后如图 9.17 所示。

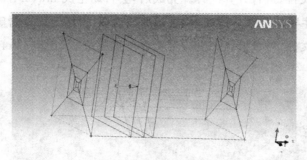

图 9.17　块的切分

右击屏幕左面设计树中的 Block，点击 Index Control，在屏幕右下面将出现分块控制选项，点击 O 项，只显示最内层的块，然后与雷体关联。关联之后将雷体内的 Block 删除，得到外围流场的块。划分块之后，设置各个边的网格点数量及最小间距。点击屏幕左面设计树中 Block 中 Pre-Mesh 预览网格，如图 9.18 所示。网格质量都大于 0.50，质量较高。

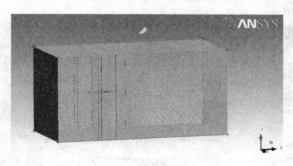

图 9.18　网格预览

（5）网格输出：先点击设计树中的 mesh 下的 load from blocking，然后用 Output 菜单将网格导成 mk46.cfx5。

三、将上一步文件导入 CFX-Pre 中，进行边界条件设置，导出 mk46.def 文件

定义物理模型、材料属性和边界条件。主要步骤有：创建新项目、导入网格（Import Mesh）、定义模拟类型（Simulation Type）、创建计算域（Domain）、指定边界条件（Boundary Condition）、给出初始条件（Initial Conditions）、定义求解控制（Solver Control）、定义输出数据（Output File & Monitor Points）、写入定义文件（.def File）并求解，最后导出 auv.def 文件。

本项目中的具体设置参数如下：

· 湍流方程：SST 方程；

· 材料：海水，密度：1 023 kg/m³，黏性：0.001 003；

· 入口：速度入口，10 m/s；如有攻角可通过速度分量来形成；

· 出口：压力出口，相对静压 0Pa；

· 收敛标准：均方根残差 RSM＝1e－6，迭代步数：300。

四、将上一步文件导入 CFX‐Solve 中，开始计算，导出 mk46.res 文件

双击 mk46.def 文件，进行计算。计算完成后，会自动生成 mk46.res 文件。

五、将上一步文件导入 CFX‐Post 中，进行数据读取、流场云图查看等

双击 mk46.res 文件，对数值结果进行量化和可视化分析，读取 mk46 的压力和速度流场变化，如图 9.19、图 9.20 所示。

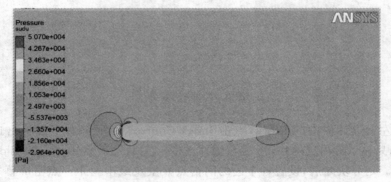

图 9.19 雷体压力场

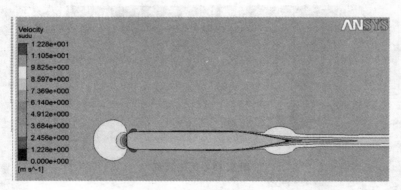

图 9.20 雷体速度场

9.6.2 结构计算机辅助设计

本节以矩形肋骨形式的圆柱耐压壳体结构作为算例，描述鱼雷壳体结构的计算机辅助强度和稳定性分析校核的过程。鱼雷壳体结构的计算机辅助设计主要包括以下 5 个过程。

一、UG 几何模型建立

模型的几何参数为：壳体厚度 $t＝4.0$mm，肋骨间距 $l＝110$mm，肋骨宽度 $t_2＝15$mm，肋骨高度 $l_2＝11$mm。

材料的参数为屈服极限 343MPa，弹性模量 71GPa，泊松比 0.33，密度 2.7e－6kg/mm³。

UG 几何模型如图 9.21 所示。

图 9.21　壳体结构几何模型

二、前处理

使用 Ansys Workbench 进行壳体结构分析,前处理主要包括建立静力分析及稳定性分析模块、设置材料属性、导入几何模型、划分网格等。

(1)建立静力分析及稳定性分析模块:打开 Ansys Workbench,建立静力分析及稳定性分析模块,稳定性分析模块的 Setup 部分一定要与静力分析的 Solution 部分关联,如图 9.22 所示。

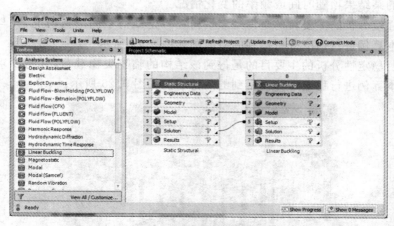

图 9.22　静力分析及稳定性分析模块的建立

(2)设置材料属性:在材料库中选择铝合金材料,修改材料的参数为屈服极限 343MPa,弹性模量 71GPa,泊松比 0.33,密度 2.7e−6kg/mm³。

(3)导入几何模型:几何模型来自 UG 的参数化建模,转成 parasolid 格式后导入 Ansys Workbench 中。

(4)划分网格:算例中采用四面体网格,网格尺寸取 20mm,如图 9.23 所示。

三、施加约束及载荷、设置求解参数并求解

(1)设置约束条件:模型的一端为固定约束,另一端只允许轴向移动。

(2)施加载荷:施加的载荷主要是深水压力的面载荷。其一是外表面的压力载荷,其值为 6 MPa。其二是轴向载荷,其值要通过压力转换计算而来,通过计算发现,轴向载荷为 34MPa。

（3）强度分析求解：在施加了载荷并设置了相关的分析选项之后，即可调用求解程序开始求解。

（4）稳定性分析求解：在强度分析的基础上，对其稳定性进行分析。

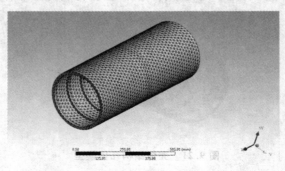

图 9.23 划分网格

四、后处理

所谓后处理就是按照不同的需求，把各计算结果用坐标图或者彩色云图表示出来等。Ansys 程序提供两种后处理器：通用后处理器和时间历程后处理器。通用后处理器也简称为 POST1，用于分析处理整个模型在某个载荷步的某个子步，或者某个结果序列，或者某特定时间或频率下的结果。时间历程后处理器也简称为 POST26，用于分析处理指定时间范围内模型指定节点上的某结果项随时间或频率的变化情况。

（1）强度：强度分析的主要目的是得到该结构在一定载荷下的应力情况，并与材料的屈服极限相比较。本算例进行强度分析得到的应力图如图 9.24 所示。

（2）稳定性：稳定性分析的主要目的是得到该结构的临界失稳载荷，并与要求的工作环境载荷相比较。本算例进行稳定性分析得到的失稳情况如图 9.25 所示。

图 9.24 强度分析结果

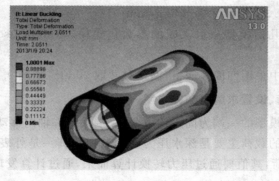

图 9.25 稳定性分析结果

五、实验结果分析

(1)强度分析结果：从图 9.22 中可以看出，500m 水深时此结构最大应力 $\sigma_{max}=$ 229.99MPa。由于材料的屈服极限为 $\sigma_s=343$MPa，则 $0.85\sigma_s=291.55$MPa。可见，$\sigma_{max}<0.85\sigma_s$，所以此参数的壳体强度满足要求。

(2)稳定性分析结果：从图 9.23 中可以看出，该圆柱壳体的失稳载荷系数为 2.0511，所以其失稳临界载荷为 $P_{cr}=12.3$MPa，计算载荷 $P_j=6$MPa，其值满足 $P_{cr}>1.2P_j$，所以此壳体也满足稳定性要求。

9.6.3 弹道计算机辅助设计

本节以鱼雷纵平面内作定深航行为例，利用 MATLAB 完成鱼雷弹道的仿真。仿真计算在以下初始条件下的定深弹道（定深目标为 $y=-40$m）：

$$x_0=0, y_0=-20\text{m}, \theta=0, v_x=10\text{m/s}, v_y=0\text{m/s}, \omega_z=0.$$

控制律：

$$\delta_e=0.5\Delta y+12.0\theta+2.0\dot\theta \text{ 且 } |\delta_e|>12° \text{ 时}, \delta_e=10°\cdot\text{sgn}(\delta_e)$$

其中，Δy 为设定深度与当前深度的差值，且当 $|\Delta y|>4.0$ 时，$\Delta y=4.0\cdot\text{sgn}(\Delta y)$；$\theta$ 为俯仰角；$\dot\theta$ 为俯仰角变化的微分。

鱼雷的总体及流体动力参数见表 9.7。

表 9.7 鱼雷的总体及流体动力参数

沾湿表面积/m²	12.10	质心位置 X_c/m	0.05	$C_y^{\delta_h}$	0.3295
总长度/m	6.6	质心位置 Y_c/m	−0.02	$C_y^{\omega_z}$	0.7430
质量/kg	1300	附加质量 λ_{11}/kg	41.5	$m_z^{\omega_z}$	−0.3930
浮力/N	12640	附加质量 λ_{22}/kg	1232	m_z^{α}	0.5580
推力 T/N	1280	附加质量 λ_{26}/kg	−419.5	$m_z^{\delta_h}$	−0.1692
海水密度/(kg·m⁻³)	1019	附加质量 λ_{66}/kg	3230		
直径/m	0.533	$C_{x\Omega}$	0.00239		
转动惯量 J_{zz}/(kg·m²)	4400	C_y^{α}	2.666		

程序清单：

```
clear all;
clc;
global Omega L M B T Rho D Jzz Xc Yc G deltaG S;
global L11 L22 L26 L66;
global Cxomega Cyalfa Cydeltah Cywz Cxs;
global mzwz mzalfa mzdeltah;

%输入鱼雷总体参数
Omega=12.1;   L=6.6;   M=1300;   B=12640;
T=1280;Rho=1019;   D=0.533;   Jzz=4400;
Xc=0.05;   Yc=-0.02;   G=M*9.8;   deltaG=G-B;
S=pi*(D/2)^2;
```

%输入鱼雷附加质量
L11＝41.5；　L22＝1232；　L26＝－419.5；　L66＝3230；

%输入鱼雷流体动力参数
Cxomega＝0.00239；　Cyalfa＝2.666；　Cydeltah＝0.3295；　Cywz＝0.7430；　Cxs＝Cxomega＊Omega/S；
mzwz＝－0.3930；　mzalfa＝0.5580；　mzdeltah＝－0.1692；

%计算鱼雷流体动力参数
Ax＝0.5＊Rho＊Cxs＊S；
Yalfa＝Cyalfa＊0.5＊Rho＊S；
Ydeltah＝Cydeltah＊0.5＊Rho＊S；
Ywz＝Cywz＊0.5＊Rho＊S＊L；
Mzalfa＝mzalfa＊0.5＊Rho＊S＊L^2；
Mzdeltah＝mzdeltah＊0.5＊Rho＊S＊L^2；
Mzwz＝mzwz＊0.5＊Rho＊S＊L^2；

%输入鱼雷初始参数
x_ini＝0；y_ini＝－20；　y_target＝－40；
theta_ini＝0/180＊pi；
vx_ini＝10；vy_ini＝0；wz_ini＝0/180＊pi；
v_ini＝sqrt(vx_ini^2＋vy_ini^2)；
Theta_ini＝atan(vy_ini/vx_ini)；
alfa_ini＝theta_ini－Theta_ini；
deltay_control＝4；
deltah_control＝12；

%调用仿真程序
sim('vertical_trajectory_sim')；

%对结果画图
figure(1)；
plot(x,y)；
title('弹道曲线','FontSize',16)
xlabel('X/(m)','FontSize',16)；
ylabel('Y/(m)','FontSize',16)；
figure(2)；
plot(t,v)；
title('速度随时间变化曲线','FontSize',16)
xlabel('t/(s)','FontSize',16)；
ylabel('V/(m/s)','FontSize',16)；
figure(3)；
plot(t,wz)；
title('角速度随时间变化曲线','FontSize',16)

```
xlabel('t/(s)','FontSize',16);
ylabel('ωz/(rad/s)','FontSize',16);
figure(4);
plot(t,deltah);
title('水平舵角随时间变化曲线','FontSize',16)
xlabel('t/(s)','FontSize',16);
ylabel('δh/(rad)','FontSize',16);
figure(5);
plot(t,alfa);
title('攻角随时间变化曲线','FontSize',16)
xlabel('t/(s)','FontSize',16);
ylabel('α/(rad)','FontSize',16);
figure(6);
plot(t,theta);
title('俯仰角随时间变化曲线','FontSize',16)
xlabel('t/(s)','FontSize',16);
ylabel('θ/(rad)','FontSize',16);
figure(7);
plot(t,Theta);
title('弹道倾角随时间变化曲线','FontSize',16)
xlabel('t/(s)','FontSize',16);
ylabel('Θ/(rad)','FontSize',16);
```

Simulink 仿真框图如图 9.26～图 9.29 所示。

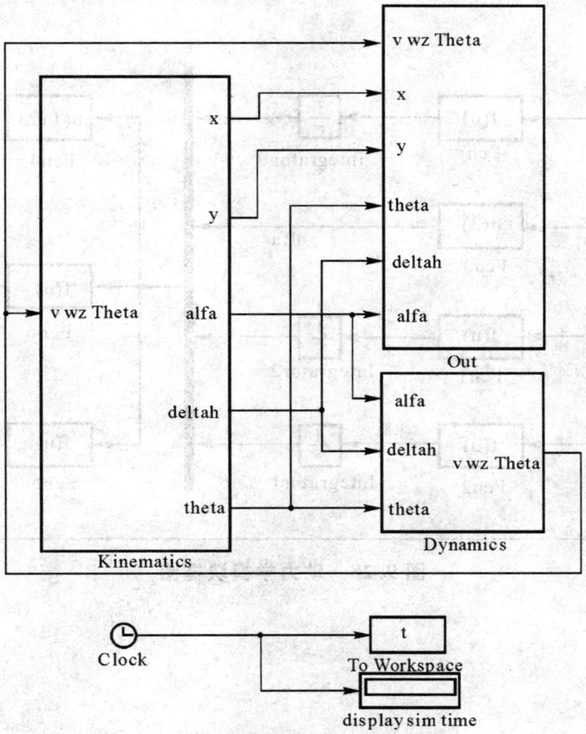

图 9.26　整体框图

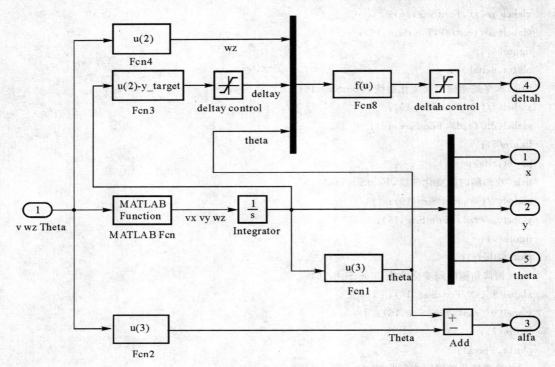

图 9.27　运动学模块框图

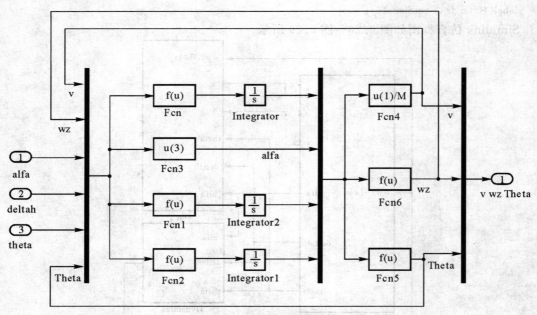

图 9.28　动力学模块框图

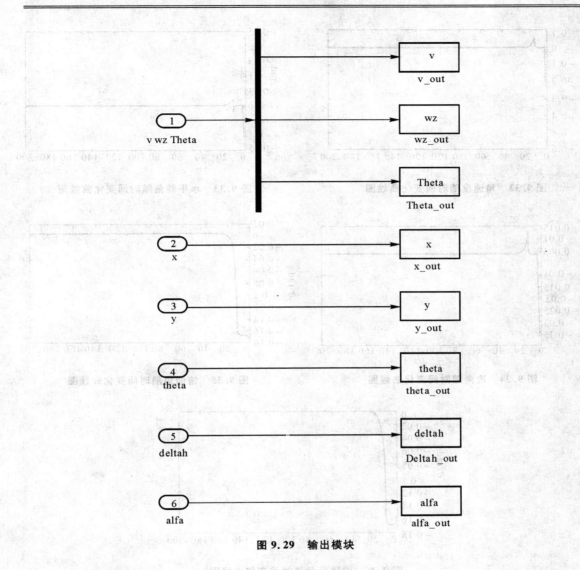

图 9.29　输出模块

仿真结果曲线如图 9.30～图 9.36 所示。

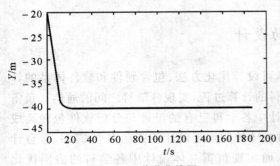

图 9.30　弹道曲线图

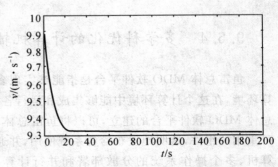

图 9.31　速度随时间变化曲线图

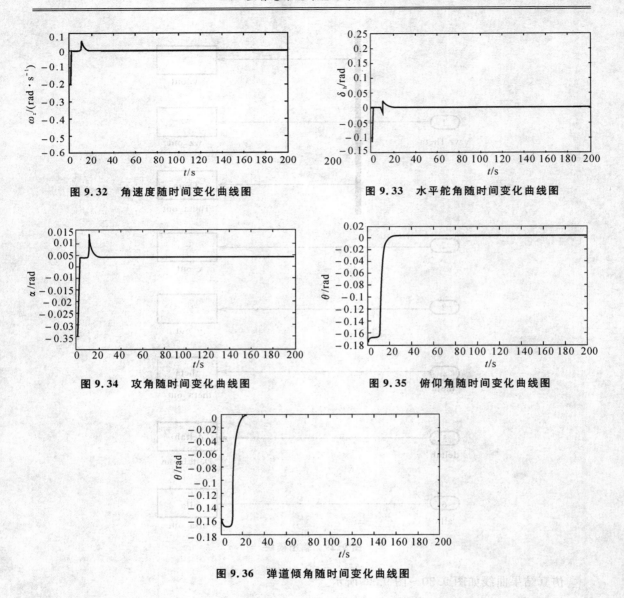

图 9.32　角速度随时间变化曲线图

图 9.33　水平舵角随时间变化曲线图

图 9.34　攻角随时间变化曲线图

图 9.35　俯仰角随时间变化曲线图

图 9.36　弹道倾角随时间变化曲线图

9.6.4　多学科优化的计算机辅助设计

　　鱼雷总体 MDO 软件平台是指能够实现多学科设计优化方法、包含硬件和软件体系的计算环境,在这个计算环境中能够集成和运行各学科的计算过程,实现各学科之间的通信。鱼雷总体 MDO 软件平台的建立,可以将鱼雷总体设计中各学科已有的设计与分析软件包转换成可重用的组件,透明地发布给各系统使用,并通过总体控制实现设计任务在多个 CPU、多台计算机、多个操作系统的分散部署和并行计算,从而实现鱼雷总体设计中各学科的协同优化设计。

　　本节将在前面各节工作的基础上,利用鱼雷总体设计的多学科综合优化软件平台 TCM-

DOP(Torpedo Conceptual Multidisciplinary Design Optimization Platform)对鱼雷进行计算机辅助的总体设计。

一、学科分析模型的自动生成方法

(一)学科分析模型生成器

多学科设计优化的模型生成器是指：基于一个统一的几何模型能够自动生成各子学科分析模型的计算程序(或模块)。多学科设计优化模型生成器的实质就是要为复杂产品多学科设计优化中各学科的分析模型自动准备好输入数据文件。它是实现复杂产品多学科设计优化(MDO)流程自动化的一个关键环节。以鱼雷为例，多学科设计优化模型生成器是指能自动生成阻力、结构、操稳性、弹道动推、噪声和质量质心等分析模型的计算程序。

在一个集成多学科模型生成器的优化过程中，优化设计的流程是：首先，制定优化任务，输入设计参数(包括设计变量和固定参数)；然后，由多学科模型生成器自动读取设计参数，通过学科分析模型进行求解计算，将计算结果输出到生成的各学科分析结果报告文件中；最后，优化框架读取各学科计算结果，并进行评估，再根据评估结果选择优化方法进行寻优，直至最终得到全局最优解，并输出最终的优化结果。集成多学科模型生成器的优化流程如图 9.37所示。

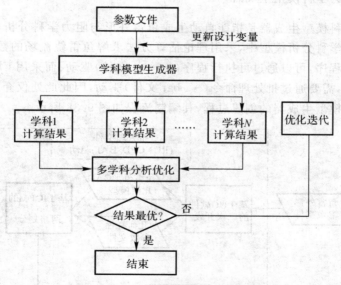

图 9.37　集成多学科模型生成器的优化流程

编制多学科模型生成器的关键技术：①能够自动生成产品的参数化三维 CAD 模型；②基于生成的三维 CAD 模型自动生成各学科分析所需的文件。目前主流 CAD 软件(UG,CAT-IA,Pro/E 等)一般都提供二次开发接口，利用 CAD 软件的二次开发功能可编制一个自动生成三维 CAD 模型的应用程序，实现参数化几何建模的功能。

要编制通用的多学科模型生成器，要求各学科分析软件是无用户界面的自编程序，分析过程通过可执行程序(＊.exe 文件)驱动；或是有用户界面的商用软件(提供宏录制、脚本录制或二次开发功能)，分析过程通过批处理命令(＊.bat 文件)驱动。

（二）模型生成器的编制流程

鱼雷总体设计多学科优化模型生成器是指基于统一的参数化鱼雷几何模型能自动生成流体动力分析模型、结构分析模型、衡重布局分析模型、弹道分析模型等的计算程序。实质就是通过参数化 CAD 模型的自动生成，编制各学科分析模型的应用程序，能够完成各学科性能的分析计算，并自动地输出计算结果。

建立鱼雷总体设计多学科优化模型生成器的流程如下：

（1）建立鱼雷的参数化几何模型，利用 UG 软件的二次开发技术编制参数化几何建模的应用程序，自动生成可供各个学科使用的三维 CAD 模型及几何特性参数文件。

（2）基于各学科三维 CAD 几何模型，利用学科分析工具对几何模型进行处理，建立学科分析模型并进行求解计算，导出计算结果文件。

（3）编制接口程序，自动生成各学科的分析模型。

（4）利用批处理命令使上述过程自动进行，从而实现从几何模型到生成各学科分析模型整个过程的自动化。

二、鱼雷总体 MDO 的学科模型生成器

（一）外形与阻力学科模型生成器

外形与阻力学科模型生成器是指能自动生成鱼雷外形与阻力学科分析模型的计算程序。在鱼雷外形与阻力学科分析模型中，采用理论估算方法求解鱼雷绕流场的数值方法是利用编程语言编写的分析程序，可以通过可执行程序（∗.exe 文件）驱动；而采用 CFD 方法计算阻力的过程则较为复杂，需要通过批处理命令（∗.bat 文件）驱动，因此此处仅介绍基于 CFD 方法的外形与阻力学科模型生成器的创建过程，其编制流程如图 9.38 所示。

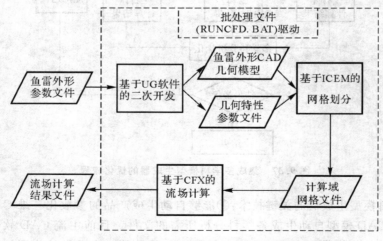

图 9.38　外形与阻力学科模型生成器编制流程

外形与阻力学科模型生成器创建的基本步骤如下：

（1）利用 UG 二次开发技术，建立鱼雷外形的三维 CAD 模型，并保存为 parasolid 格式的文件，用于流场网格划分；并提取鱼雷 CAD 模型表面面积、丰满度、横截面面积、浮心位置等

几何特性参数,保存到指定的文件中,以便于鱼雷流体动力的计算。

(2)将鱼雷外形几何模型 parasolid 文件导入到网格生成软件 ANSYS ICEM CFD 中进行网格的划分。首先,根据鱼雷外形总体尺寸建立适合流场分析的计算域,并根据鱼雷外形的几何特征对计算域进行分块;然后,沿鱼雷轴线方向在各个小块内布置疏密不同的节点(即鱼雷头部和尾部网格较密,平行中段较疏,从雷体前端面和后端面到流场入口及出口逐渐变疏),沿鱼雷径向方向上,节点布置的规律是从密到疏;最后,划分鱼雷几何模型的表面网格,基于面网格生成计算域内的三维网格,并将生成的网格保存为 CFX5 格式的文件。

(3)在 ANSYS ICEM CFD 软件环境中依次完成上述的每一个步骤,并保存操作过程的脚本文件。修改该文件,删除无效的操作命令,添加退出软件的命令,并保存为脚本文件 Grid-Gen. rpl。鱼雷几何模型更新时,利用该脚本文件,可以实现鱼雷流场计算域网格的自动划分。但是需要说明的是,这种自动划分网格的方法只适用于几何模型变化不大的情况,即雷头类型、鳍舵的翼型及肋骨的类型需保持一致。以命令行的形式调用命令流脚本文件 GridGen. rpl 自动划分网格的命令如下:

" …… \ Ansys　Inc \ v110 \ icemcfd \ win64 _ amd \ bin \ icemcfd. bat " – batch – script GridGen. rpl。

(4)将鱼雷绕流场的计算网格的 CFX5 格式文件导入流体动力分析软件 ANSYS CFX 中,进行流场求解计算。首先,定义流体出口、入口、壁面等边界条件;然后选择求解器及湍流模型,并修改相关控制参数,启动计算过程;最后,读取流场求解结果,进行后处理,将鱼雷的流体动力参数输出到指定的文件中。

(5)在 ANSYS CFX 软件环境中依次完成流场求解计算的每一个步骤,并保存操作过程的脚本文件。ANSYS CFX 软件的流场求解过程共分前处理、求解和后处理三部分,并生成前处理和后处理的脚本文件,即 ModelDef. pre 和 CalPost. cse,修改这两个文件并保存。调用命令流脚本文件 ModelDef. pre 自动定义计算模型的命令如下:

" ……\ANSYS Inc\v130\CFX\bin\cfx5pre. exe" ModelDef. pre

调用 ANSYS CFX 求解器自动求解鱼雷绕流场的命令如下:

" ……\ANSYS Inc\v110\CFX\bin\cfx5solve. exe" – definition TorpOpt. def

调用命令流脚本文件 CalPost. cse 自动处理计算结果的命令如下:

" ……\ANSYS Inc\v110\CFX\bin\cfx5post. exe" – session CalPost. cse

(6)利用批处理命令实现从参数化建模到流场求解计算的自动化。建立一个批处理文件 RUNCFD. BAT,在文件中逐行加入启动 UG 软件参数化几何建模程序的命令、启动 ICEM 进行网格划分的命令和启动 CFX 进行鱼雷绕流场求解计算的命令。通过驱动该批处理文件,就可以实现创建外形与阻力学科模型生成器的工作。

在流体动力计算分析过程中,当拓扑结构保持不变时,采用相同的有限元网格划分参数和方法,可以保证有限元单元数不变,从而保证边界和载荷的相对加载位置不变。

(二)结构学科模型生成器

结构学科模型生成器是指能自动生成鱼雷结构学科分析模型的计算程序。在进行鱼雷结构学科的壳体强度及稳定性分析时,采用理论估算方法求解壳体强度及稳定性的分析模型是利用编程语言编写的分析程序,可以通过可执行程序(＊. exe 文件)驱动;而基于有限元方法分析壳体结构强度及稳定性的过程则较为复杂,需要通过批处理命令(＊.bat 文件)驱动,因此此处仅介绍基于 ANSYS 软件的结构学科模型生成器的创建过程,其编制流程如图 9.39 所示。

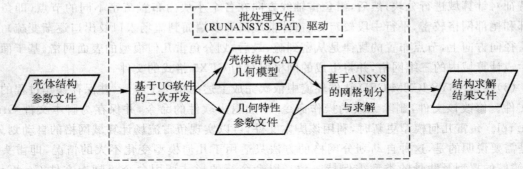

图 9.39　结构学科模型生成器编制流程

结构学科模型生成器创建的基本步骤如下:

(1)利用 UG 二次开发技术,建立鱼雷壳体结构的三维 CAD 模型,并保存为 PARASOLID 格式的文件,用于壳体结构有限元网格划分;此外,利用二次开发应用程序提取鱼雷平行中段 CAD 模型直径、长度、质量、质心位置等几何特性参数,保存到指定的文件中,以保证壳体结构分析中约束和载荷的加载位置的准确,也为质量布局学科提供所需的参数。

(2)将鱼雷壳体结构几何模型 parasolid 文件导入到结构有限元分析软件 ANSYS 中进行网格的划分与求解计算。首先,选择分析类型和单元类型,根据鱼雷壳体结构总体尺寸,合理布置径向和轴向节点的疏密分布,划分结构分析的有限元网格;然后,根据壳体结构的几何尺寸,将约束和载荷施加到几何模型或有限元模型上,选择壳体结构分析的类型(即静力学分析和屈曲分析),设置分析参数并选择合适的求解器进行求解计算;最后,在 ANSYS 后处理器中导入有限元计算结果,并进行处理,提取应力、应变、屈曲分析特征值和壳体质量等参数,输出到指定的文件中,以便于写入数据库和结构性能的评估。

(3)在 ANSYS 软件环境中依次完成上述的每一个步骤,并保存操作过程的脚本文件 CalStructure.lgw。该脚本文件就是 ANSYS 软件进行结构有限元建模和求解计算所需的脚本文件,鱼雷壳体结构几何模型改变时,利用该脚本文件,可以实现鱼雷壳体结构强度和稳定性分析的自动执行。以命令行的形式调用命令流脚本文件 CalStructure.lgw 自动执行有限元分析的命令如下:

"……\Ansys Inc\v110\ANSYS\bin\intel\ansys110.exe"－b－p ANSYS－i CalStructure.lgw－o temp_s.txt

(4)利用批处理命令实现从参数化建模到壳体结构求解计算的自动化。建立一个批处理文件,在文件中逐行加入启动 UG 软件参数化几何建模程序的命令和启动 ANSYS 进行鱼雷壳体结构有限元分析的命令。通过驱动该批处理文件(＊.bat 文件),就可以实现创建结构学科模型生成器的工作。

(三)噪声学科模型生成器

噪声学科模型生成器是指能自动生成鱼雷结构学科分析模型的计算程序。在进行鱼雷噪声学科的流噪声分析时,基于数值计算方法的计算模型是利用编程语言 VC++编写的分析程序,可以通过可执行程序(＊.exe 文件)驱动;而基于 FLUENT 软件的流噪声分析过程则较为复杂,也需要通过批处理命令(＊.bat 文件)驱动,因此此处仅介绍基于 FLUENT 软件的噪声学科模型生成器的创建过程。由于流噪声的计算是指鱼雷绕流场中声学特性的计算,是建立在流场求解计算基础上的,因此噪声学科模型生成器编制过程与外形与阻力学科类似,只是将网格划分工具和求解器替换成 GAMBIT 软件和 FLUENT 软件,并生成对应的命令流记录脚本文件,调用方式此处不再赘述。对外形与阻力学科模型生成器的创建流程稍作修改,即可得到噪声学科模型生成器的编制流程,如图 9.40 所示。

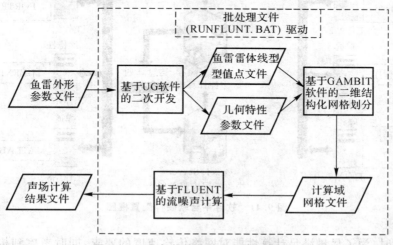

图 9.40　噪声学科模型生成器编制流程

(四)其他学科模型生成器

鱼雷总体设计多学科优化中其他学科模型生成器的编制都是采用计算机编程语言 MAT-LAB 和 VC++来实现的,利用生成的可执行程序(＊.exe 文件)进行驱动,在计算机语言编程中将实现读取参数、建立模型、计算求解和导出计算结果的过程。模型生成器的编制难点在于利用计算机语言实现物理模型的数学建模,而不在于数据交换和过程驱动,因此这里将不再介绍它们的编制过程。

三、计算机辅助设计的硬件、软件环境

(一)硬件环境的建立

硬件环境采用 LAN 分布式局域网计算环境,由一台主控计算机、一台客户端计算机、一台中央数据库服务器和多台分析服务器组成,通过网络交换机实现各机器的互联,如图 9.41 所示。其中主控计算机用于任务的制定和总体优化流程的制定;客户端计算机用于用户查看优化数据、监控优化过程;数据库服务器用于存储优化设计过程中的各种数据;分析服务器用于各子学科计算模型的分析和求解。

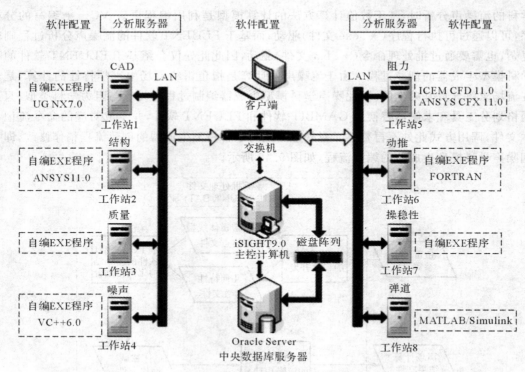

图 9.41 软件平台软硬件配置框图

构建平台时,为了尽量满足计算性能对网络传输速度的要求,同时考虑到构建成本,采用光纤网络连接各节点(计算节点和主控节点)。计算节点对 CPU 处理速度和内存要求较高,因此使用高性能服务器;主控节点主要用于数据存储和流程调度,对计算能力要求不高,因此使用海量存储服务器。由于平台中各学科的数据交换仅局限于分析数据和调度信息,数据传输量较少,因此使用 100M 以太网能够满足性能要求。

(二)软件环境的建立

软件配置主要包括以下几个方面:操作系统、MDO 集成框架、鱼雷各学科分析商业软件、自编程序等。

所有计算机或工作站的操作系统选择统一的 Windows XP SP3 操作系统。

iSIGHT 集成框架:主控计算机上安装 MDO 集成框架 iSIGHT 9.0 软件,用于优化流程的执行和控制、学科分析工具的综合集成等。

各学科商业软件主要包括参数化几何建模 CAD 软件(UG NX 7.0)、外形与阻力学科分析 CFD 软件(ICEM CFD 11.0,ANSYS CFX 11.0)、结构学科分析 CAE 软件(ANSYS 11.0)、数学分析软件(MATLAB 6.5)、流噪声学科分析软件(GAMBIT 2.3.16,FLUENT 6.3.26)等。

自编程序主要包括鱼雷航行动力学仿真程序、操稳性和航行性能计算程序、动力系统计算程序、螺旋桨水动力性能分析计算程序、质量布局学科分析计算程序等。上述程序的编制语言没有限制,本书主要采用 C++,FORTRAN 和 MATLAB 这 3 种计算机编程语言。

四、计算机辅助鱼雷总体多学科设计实例

本节将以"鱼雷 B"的多学科设计优化应用为例,来介绍计算机辅助的鱼雷总体多学科设计优化。鱼雷 B 的设计目标、多学科求解策略设计变量及设计约束见表9.8和表9.9。

表9.8　鱼雷总体设计问题的约束条件

序号	约束含义	鱼雷 B
1	雷体尾锥半角	$g_1 = \alpha_e - 12$
2	头部丰满度	$g_2 = 0.8 - \varphi_h$
3	头部最大减压系数	$g_3 = 1.2\xi_{max}/\sigma_k - 1$
4	最大减压系数的轴向位置	$g_4 = 0.04 - x_{\xi_{max}}$
5	耐压壳体有效容积	$g_5 = V_{need}/V_{eff} - 1$
6	耐压壳体有效内径	$g_6 = 0.282 - D_{eff}$
7	跨度中点处壳板横向平均应力	$g_7 = \sigma_2^0/(0.85\sigma_s) - 1$
8	肋骨处壳板的纵向相当应力	$g_8 = \sigma_{leg}/\sigma_s - 1$
9	肋骨的应力	$g_9 = \sigma_r/(0.55\sigma_s) - 1$
10	壳板失稳的实际临界压力	$g_{10} = 1 - P_{cr}/P_j$
11	舱段失稳的实际临界压力	$g_{11} = 1 - (P_{cr})_g/(1.2P_j)$
12	平衡攻角	$g_{12} = \alpha_0 - 1.2$
13	平衡舵角	$g_{13} = \delta_{h0} - 2.5$
14	平衡质量系数	$g_{14} = k_h - 1.4$
15	纵向动稳定度	$g_{15} = G_y(G_y - 1)$
16	侧向动稳定度	$g_{16} = G_z(G_z - 1)$
17	侧平面运动的回转半径	$g_{17} = R_{zmin} - 25.0$
18	重心浮心距	$g_{18} = |x_c| - 0.05$
19	重心下移量	$g_{19} = y_c(y_c/0.006 + 1)$
20	重心侧移量	$g_{20} = |z_c| - 0.005$
21	负浮力	$g_{21} = -(F_B + 1000.0)$

注:$g_i \leqslant 0, i = 1,2,\cdots,20$。

表9.9　鱼雷总体设计问题的设计变量

序号	设计参数	符号	鱼雷 B 下限	上限
1	头部线型可调参数1	qh_1	0.0	0.7
2	头部线型可调参数2	qh_2	0.0	20.0
3	尾部线型可调参数1	qt_1	0.0	6.0
4	尾部线型可调参数2	qt_2	2.0	12.0
5	平行中段耐压壳体厚度 /m	t_C	0.004	0.007
6	平行中段肋骨个数 / 个	n_{lg}	10	15

续 表

序号	设计参数	符号	鱼雷 B	
			下限	上限
7	肋骨横截面几何参数 /m	l_3		
8	肋骨横截面几何参数 /m	l_4	0.007	0.015
9	肋骨横截面几何参数 /m	d_2	0.004	0.008
10	肋骨横截面几何参数 /m	d_3	0.004	0.007
11	肋骨横截面几何参数 /m	d_4	0.005	0.010
12	鳍舵展长 /m	a	0.335	0.450
13	鳍舵根弦长 /m	b_0	0.345	0.395
14	鳍舵梢弦长 /m	b_1	0.245	0.345
15	舵弦长 /m	b_r	0.05	0.09
16	前桨直径 /m	D_1	0.235	0.295
17	二桨盘面轴向间距 /m	d_0	0.035	0.085
18	前桨毂径比	d_{1k}	0.27	0.47
19	后桨毂径比	d_{2k}	0.21	0.31
20	炸药装载量 /kg	m_{war}	45	60

优化任务的制定包括计算模型选取、设计变量设定、目标函数选择、优化算法选择和求解策略选择等几个主要部分,以结构学科为例,设计变量的设定如图 9.42 所示。

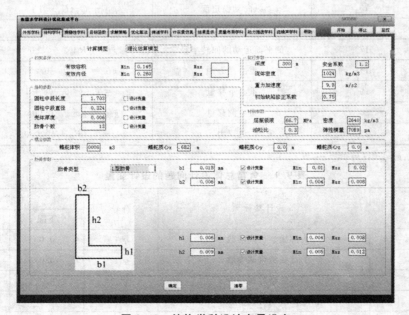

图 9.42　结构学科设计变量设定

1. 优化任务的制定

由于学科级的目标函数已经通过计算模型确定,因此只需要确定系统级优化的目标函数,目标函数设定及优化算法的选择界面如图 9.43 所示。求解策略选择本书提出的多学科设计快速收敛协同优化策略,如图 9.44 所示。

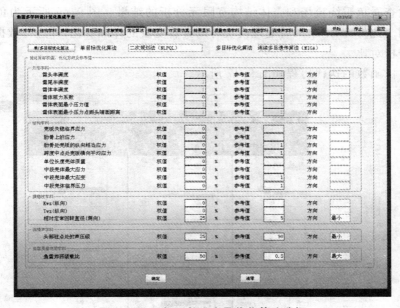

图 9.43　目标函数设定及优化算法选择

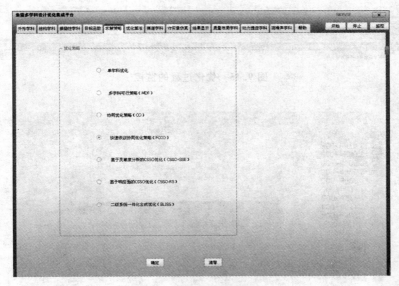

图 9.44　求解策略选择

2. 优化过程的监控

在进行优化时需要对优化过程进行监控,以便于提前发现并解决问题。本书中软件平台的监控功能通过调用 iSIGHT 软件的可视化模块实现,在优化过程开始之前,点击软件平台界面上的监控按钮,启动优化过程监控模块,并设定需要监控的参数,然后再进行优化计算,"鱼雷 B"优化过程中水动力学科参数迭代历程的监控界面如图 9.45 所示。

3.结果浏览

优化过程结束之后,可以通过执行高精度数值模拟计算模型进行一次完整的分析过程,从而可以形象地查看鱼雷绕流场和壳体结构有限元分析的结果。图 9.46 所示为鱼雷绕流场的压力分布云图。此外,调用结果后处理模块可以查看变量的详细变化,并进行数据挖掘。

4.结果分析对比

系统级目标函数的迭代历程如图 9.47 所示。

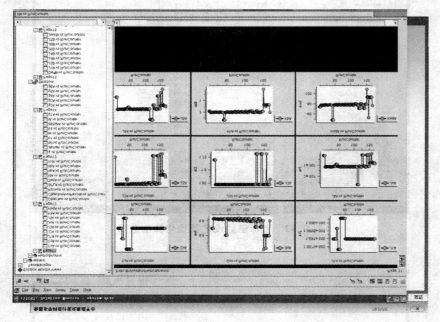

图 9.45　优化过程的监控

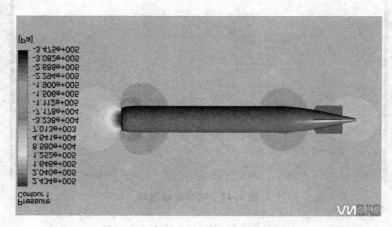

图 9.46　鱼雷绕流场的压力分布云图

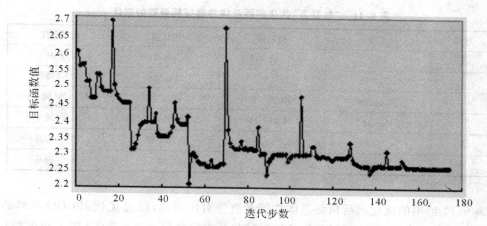

图 9.47　"鱼雷 *B*"系统级目标函数的迭代历程

通过图 9.47 可以发现，系统级优化目标经过 174 步的迭代计算得到最优值：2.260 56。在迭代过程的 120 步之前系统级优化目标变化幅度较大，存在轻微的振荡；但随着迭代次数的增加，系统级优化目标在 130 步之后变化幅度减小，逐渐趋于稳定。

优化设计前后，总体设计方案的变量参数对比列于表 9.10，鱼雷总体性能指标参数的对比列于表 9.11。

表 9.10　"鱼雷 *B*"优化前后设计方案的参数对比

序号	变量	初始值	优化值
1	qh_1	0.5	0.016
2	qh_2	8.0	9.314
3	qt_1	3.0	3.532
4	qt_2	3.0	2.187
5	t_C/m	0.006	0.005 5
6	$n_{lg}/个$	13	11
7	l_4/m	0.01	0.012
8	d_2/m	0.006	0.004 3
9	d_3/m	0.006	0.004 5
10	d_4/m	0.009	0.011 2
11	a/m	0.338 5	0.343 2
12	b_0/m	0.4	0.46
13	b_1/m	0.32	0.35
14	b_r/m	0.09	0.098
15	D_1/m	0.236	0.239
16	d_0/m	0.083	0.035 1
17	d_{1k}	0.273	0.278
18	d_{2k}	0.230	0.233
19	m_{war}/kg	47.8	53.4

表 9.11   "鱼雷 B"优化前后总体性能指标参数的对比

序号	变量	初始值	优化值	改进程度
1	C_{xS}	0.097 847	0.093 218	4.73%（减小）
2	SPL/dB	121.287	114.386	5.69%（降低）
3	R_{zmin}/m	20.705 6	17.257	16.66%（减小）
4	m_{sf}/kg	38.949 21	36.241 56	6.95%（减小）
5	η_D	0.769 87	0.783 69	1.79%（提高）
6	λ_m	0.203 4	0.231 5	13.8%（提高）

　　由表 9.11 给出的优化前后鱼雷总体性能参数的对比可知,经过优化 IFCCO 策略的计算结果在满足鱼雷总体设计约束的同时,总体设计目标有效载荷比从 0.203 4 增大到 0.231 5,提高的幅度较大;头部驻点处的流噪声的平均声压级由 121.287dB 减小到 114.386dB,流噪声性能有小幅度的改进;侧平面的回转半径由 20.705 6m 减小到 17.257m,对机动性的提高较为明显;此外,鱼雷的阻力系数和含附体的耐压壳体质量都有了较为明显的减小,但螺旋桨的效率则变化不大。

习　　题

　　9.1　阐明系统的定义、特征以及系统工程的含义。

　　9.2　阐明系统工程的观点与方法,并举例说明。

　　9.3　在系统建模过程中,主要分哪几个步骤? 其所遵循的原则是什么?

　　9.4　为生产某产品,可建大型厂、中型厂或小型厂。产品可得利润不仅与生产规模有关,还和产品的销售情况有关,产品可能畅销,可能滞销,也可能销售情况一般。把上述 3 种方案的 3 种销售情况的获利及 3 种销售情况可能发生的概率列于表 9.12。请分别采用风险情况下决策分析方法和不确定情况下决策分析方法,从 3 种方案中选择出 1 种最佳方案,并对不同的决策分析方法作对比分析。

表 9.12   各方案的 3 种销售情况获利及其发生的概率

获利 结局 方案	C_1(畅销) $P(C_1) = 0.3$	C_2(销售一般) $P(C_2) = 0.4$	C_3(滞销) $P(C_3) = 0.3$
a_1:建大型厂	100	50	−20
a_2:建中型厂	75	35	10
a_3:建小型厂	40	20	5

　　9.5　给出多目标决策模型以及常用的多目标决策方法。

　　9.6　某型鱼雷性能主要由制导 a_1、战斗部 a_2、动力 a_3、构型 a_4 和结构 a_5 等 5 个子系统组成,已知由任意两个子系统 a_i 和 a_j 对比的标度值 a_{ij} 构成的评判矩阵为

$$A = \begin{bmatrix} 1 & 2.5 & 1.2 & 6 & 4 \\ \dfrac{1}{2.5} & 1 & \dfrac{1}{2.2} & 4 & 2.4 \\ \dfrac{1}{1.2} & 2.2 & 1 & 5.4 & 3.4 \\ \dfrac{1}{6} & \dfrac{1}{4} & \dfrac{1}{5.4} & 1 & \dfrac{1}{2.2} \\ \dfrac{1}{4} & \dfrac{1}{2.4} & \dfrac{1}{3.4} & 2.2 & 1 \end{bmatrix}$$

其中，a_{ij} 表示子系统 $i(i=1,2,\cdots,5)$ 与子系统 $j(j=1,2,\cdots,5)$ 相对于鱼雷总体性能的重要程度，其值越大，就表示子系统 i 比子系统 j 越重要；且满足 $a_{ji}=1/a_{ij}$，其值等于 1，就表示两个子系统同等重要。试求每个子系统在鱼雷总体设计中所占的权重大小。

9.7　分系统最优解组合成总系统最优解的条件是什么？试证明。

9.8　阐明大系统分解协调规划的基本思想和求解方法。

9.9　试建立鱼雷系统(或结构系统)设计的全局协调优化的数学模型。

9.10　如何采用系统工程方法对鱼雷进行总体设计和分析？

参 考 文 献

[1] 张宇文. 鱼雷总体设计原理与方法. 西安:西北工业大学出版社,1998.

[2] 张宇文. 鱼雷弹道与弹道设计. 西安:西北工业大学出版社,1999.

[3] 黄震中. 鱼雷总体设计. 西安:西北工业大学出版社,1987.

[4] 黄景泉,张宇文. 鱼雷流体力学. 西安:西北工业大学出版社,1989.

[5] 李溢池. 现代鱼雷——水下导弹. 北京:海洋出版社,1995.

[6] 詹致祥. 鱼雷制导规律及命中精度. 西安:西北工业大学出版社,1995.

[7] 张宇文. 鱼雷外形设计. 西安:西北工业大学出版社,1998.

[8] 尹韶平,刘瑞生. 鱼雷总体技术. 北京:国防工业出版社,2010.

[9] 尤乐毫. 导弹与运载火箭总体设计. 北京:宇航出版社,1993.

[10] 屈西曼 D. 飞机空气动力设计. 冷远猷,等,译. 北京:国防工业出版社,1989.

[11] 王光远,陈树勋. 工程结构系统软件设计理论及应用. 北京:国防工业出版社,1996.

[12] 编写组. 航空气动力手册. 北京:国防工业出版社,1983.

[13] 徐一飞,周斯富. 系统工程应用手册——原理、方法、模型程序. 北京:煤炭工业出版社,1991.

[14] 尤立克 R J. 水声原理. 哈尔滨:哈尔滨船舶工程学院出版社,1993.

[15] 卜广志,张宇文. 鱼雷总体综合设计理论与方法研究[D]. 西安:西北工业大学,2003.

[16] 李文哲,张宇文. 基于对抗仿真的鱼雷作战效能研究[D]. 西安:西北工业大学,2009.

[17] 阚雷,张宇文. 浮力驱动式水下滑翔机研究[D]. 西安:西北工业大学,2009.

[18] 刘乐华,张宇文. 水下大深度动机座发射动力学系统数学建模及应用[D]. 西安:西北工业大学,2004.

[19] 邓飞,张宇文. 水下超高速航行体超空泡流动机理实验研究[D]. 西安:西北工业大学,2004.

[20] 高强,张宇文. 细长超空泡外形研究[D]. 西安:西北工业大学,2005.

[21] 杨武钢,张宇文. 航行体通气超空泡形态研究[D]. 西安:西北工业大学,2007.

[22] 范辉,张宇文. 超空泡航行器动力学建模与仿真研究[D]. 西安:西北工业大学,2009.

[23] 郭正玉,张宇文. 超空泡水下航行器壳体强度分析研究[D]. 西安:西北工业大学,2009.

[24] 李代金,张宇文. 超空泡水下航行器航行控制系统研究[D]. 西安:西北工业大学,2010.

[25] 刘立栋,张宇文. 水下无人作战平台武器安全投放控制研究[D]. 西安:西北工业大学,2012.

[26] 朱灼,张宇文. 基于遗传算法的 UUV 线型多目标优化设计[D]. 西安:西北工业大学,2012.

[27] 王亚东,张宇文. 潜射导弹垂直发射弹道与载荷特性研究[D]. 西安:西北工业大

学,2013.

[28] 张宇文,杨国鹏.双参数椭圆型曲线及其在航行器线型设计中的应用[J].西北工业大学学报,1996,14.

[29] 卜广志,张宇文.基于作战效能的鱼雷总体设计方法研究[J].系统工程与电子技术,2002,24(9).

[30] 杨春武,张宇文.现代高性能鱼雷航行性能分析方法研究[D].西安:西北工业大学,2004.

[31] 卜广志,张宇文.使用多学科设计优化方法对鱼雷总体综合设计的建模思路研究[J].兵工学报,2005,26(2).

[32] 卜广志,张宇文.一种新的武器总体综合设计方法[J].数学的实践与认识,2006,36(1).

[33] 张宇文,王育才,等.细长体空泡流型试验研究[J].水动力学研究与进展,2004,19(3).

[34] 邓飞,张宇文,等.水下超空泡航行体流体动力设计原理研究[J].西北工业大学学报,2004,22(6).

[35] 裴譞,张宇文,王银涛,等.两栖 UAV 滑跳动力学特性仿真研究[J].计算力学学报,2011,28(2).

[36] Granville P S. Geometrical Characteristics of Nose and Tail for Parallel Middle Bodies [J]. Journal of Ship Research,1974(2).

[37] 张宇文,袁绪龙,邓飞.超空泡航行体流体动力学.北京:国防工业出版社,2014.